能源与储能

Energy Source and Energy Storage

陈诵英　陈　桥　王　琴　编著

科 学 出 版 社

北　京

内 容 简 介

本书在介绍可再生能源逐步替代化石能源及氢基能源逐步替代碳基能源的巨大历史发展趋势后，接着介绍能源革命和可持续能源技术，在此基础上重点讨论了建立智慧能源网络系统所必需的各种储能技术，阐述其基础、操作、发展和应用。讨论的储能技术包括：机械能存储技术中的泵抽水电、压缩空气和飞轮储能等；电磁能存储技术中的超级电容器、电化学电容器、超导磁能储能系统等；化学能存储技术中的各类电池，特别是锂离子电池；化学能存储技术中的各类燃料存储，特别是氢燃料的存储；热能存储技术中的显热、潜热和化学反应热能存储及各种组合存储技术。

本书可以作为从事能源领域如电力、电池、化工、材料和环境等技术利用及工程技术开发和设计的广大科技人员、工程师和各级管理人员的主要参考书，也是高等院校能源及管理、电力、电化学和化工以及民用和环境相关专业本科生、研究生和教师的重要专业参考书籍。

图书在版编目（CIP）数据

能源与储能 / 陈诵英, 陈桥, 王琴编著. -- 北京 : 科学出版社, 2024. 11. -- ISBN 978-7-03-079853-4

Ⅰ. TK

中国国家版本馆 CIP 数据核字第 2024VU7142 号

责任编辑：李明楠 / 责任校对：杜子昂
责任印制：赵 博 / 封面设计：图阅盛世

科学出版社出版
北京东黄城根北街 16 号
邮政编码：100717
http://www.sciencep.com
三河市春园印刷有限公司印刷
科学出版社发行 各地新华书店经销
*
2024 年 11 月第 一 版 开本：720 × 1000 1/16
2025 年 1 月第二次印刷 印张：33
字数：665 000

定价：180.00 元

（如有印装质量问题，我社负责调换）

前　言

在不断高涨的能源改革大潮中，除了太阳能和风能电力以很高速度增长，在电力和供热市场天然气替代煤炭成为热门外，储能也成为热门词且其装置容量快速增加。可再生能源（RES）在能源网络系统中渗透率的快速增长给其稳定、高质量运行带来严重挑战。为确保能源网络系统高效稳定运行，储能是不可或缺的。储能单元可理解为是蓄能器、缓冲器、调节器或另一类能源，对其研究热情远超预期。

作者一辈子几乎都与能源、主要是煤炭转化打交道，尽管从事的是催化科学，但专业针对的是能源转化。几十年的研究教学和实践工作不仅大大丰富了自己的基础专业理论知识，而且累积了大量实际经验。退休后自身身体许可，把一生所得以催化丛书（催化基础 7 册、实际应用 4 册）形式传录下来。鉴于自身对在能源技术发展中氢能和燃料电池工作的浓厚兴趣和研究工作经验，已完成燃料电池“三部曲”书稿（化学工业出版社编辑出版中）。书稿完成之时正好赶上能源改革大潮和储能快速成为热门，对撰写储能技术（也是能源技术）书稿产生了冲动，于是就开始收集、阅读和整理文献资料准备撰写一部新书。

书名是书稿的点睛，不可马虎，为使储能书具有特色，列出了若干书名反复斟酌思考，一直到初稿完成大半才最终确定所要撰写的书名为《能源与储能》（*Energy Source and Energy Storage*）。该书名不仅能使书稿显示出能源和储能的极大重要性和紧密关联性，也更突出了储能书的特色。本书的特色可概括如下几点：

（1）阐述人类利用能源历史的大趋势，即利用能源资源的碳氢比逐渐降低，从煤炭到石油再到天然气，最终利用的氢能碳氢比为零；利用的能源资源的状态从固体到液体再到气体，特别是氢气是个很好的实例。不可再生化石燃料可能耗尽和其大量使用带来的大量污染性温室气体排放已经造成对环境气候的严重影响。本书从这样的角度介绍使用清洁可再生能源替代化石能源的必然性和必要性，即显示的能源资源使用模式必须要进行革命。

（2）介绍了在从化石能源系统向可再生能源系统的过渡时期内必须发展使用可再生、可持续的能源，涵盖可再生能源利用技术（特别是氢能技术）、节约能源技术和降低能源消耗技术及不同种类的储能技术。

（3）多数可再生能源（电力）生产具有固有的随机波动间歇特性，它们的大量进入会给电力网络系统的稳定高质量运行带来巨大挑战，解决此挑战的最好办法是使用储能装置，这是必然的结果。

（4）以主要篇幅分类介绍了各种储能技术的原理、操作、特性和应用：机械能存储技术包括泵抽水电、压缩空气和飞轮储能等；化学能存储包括各类电池，特别是锂离子电池和燃料存储；热能存储包括显热、潜热和化学反应热存储技术。

本书章节安排：前三章重点在能源发展和能源革命，后七章为各类储能技术。具体而言，第 1 章从简要的全球能源的资源总量、生产消费及其产生的温室效应和气候影响视角阐述可再生能源替代化石能源和使用储能技术的必要性。接着对储能技术的含义、分类、特性和应用领域做了简要综合性介绍，阐述了储能在世界各国特别是中国的发展现态和前景。在第 2 章中，在介绍全球能源利用发展趋势（从高碳氢比向低碳氢比和从固体到液体再到气体）基础上重点介绍进行能源革命的必要性，简要讨论了可持续能源技术、向智慧能源网络过渡和储能技术在各类能源网络系统中的作用。第 3 章电力部门对储能的需求，在讨论全球特别是中国可再生能源电力快速发展态势基础上，深入介绍储能装置的集成和分布式发电装置需要的储能技术，也介绍了德国电力生产和电网管理经验，以及中国可再生能源电力的消纳问题。从第 4 章起用六章的篇幅分别介绍重要储能技术的原理、操作、发展和应用。第 4 章是机械能存储技术，包括泵抽水电存储技术、压缩空气储能和飞轮储能技术。第 5 章讨论电磁能存储技术，包括常规双层电容器、超级电容器、其他电化学电容器和超导磁能储能技术。用三章的篇幅讨论化学储能技术：在第 6 章中介绍讨论了不同类型的电池，包括铅酸电池、钠硫电池、钠-金属卤化物电池、镍镉电池和镍-金属氢化物电池、各类液流电池（如全钒铁铬多硫化物-溴锌溴等）、燃料电池、金属空气电池等；在第 7 章中专门介绍讨论了锂电池，特别是锂离子电池；第 8 章介绍讨论了化学能储能中的燃料存储技术，在介绍若干重要燃料后着重介绍讨论氢燃料的存储技术。第 9 章是热能存储，重点是显热存储、潜热存储和化学反应热存储技术，包括使用的材料、结构、操作方法和在建筑物中的使用。第 10 章是混合能源（储能）技术，介绍了热电联产和冷热电三联产、混合动力电动汽车和可再生能源系统与氢储能的集成系统。

作者衷心感谢中科合成油技术股份有限公司、浙江大学催化研究所和浙江新和成股份有限公司的朋友们在本书撰写过程中给予的关心、帮助和支持；同时感谢中国海洋大学的刘立成研究员和浙江大学的陈林深博士在文献资料收集中给予的帮助和方便；也衷心感谢在资料收集和写作过程中家人给予的帮助、支持和理解。

由于作者水平和经验所限及时间相对仓促，书中难免会存在问题和不足，也会存在不尽如人意的地方，敬请和欢迎各方面专家学者及广大读者批评指正，不胜感谢。

陈诵英

于浙江大学西溪校区

2024 年 1 月

目　录

第1章 绪　论

1.1 概　述

1.1.1 引言

人类社会的生存和发展有赖于能量源（energy source，可简称“能源”）的利用，能源是人类生活最基本的需求之一，支配着人类的一切活动。生活水平与能源消耗间有着极强的关联；能源在关乎人类福祉的各要素排序中是最前列的。实现工业化、电气化和网络数字化必然会消耗大量能源。化石能源快速大量消耗会排放大量污染物，包括温室气体（GHG），给人类健康和环境带来了严重影响。当今人类面对的一个巨大挑战是，既要保持足够的能源供应又要保持良好的环境。解决的办法只能是坚定贯彻可持续发展战略，大力促进并推动发展和利用低碳（或零碳）技术和可再生能源资源。在一定意义上，人类社会发展的历史就是人类有效利用能源资源的历史。

随着科学技术的发展，人们逐渐认识到能量有多种显示形式，如热能、电能、磁能、机械能、化学能、光能、声能等。在很大程度上它们是可以相互转换的，如热能通过机器转换为机械能、机械能可转换为电能，而电能可以转换为几乎所有形式的能量，包括热能、光能、机械能、声能、化学能等。因此，最方便利用和转换并普遍使用的能量形式是电能。除了电能外，人类最频繁使用的能量形式还有热能，一般由燃料，包括气体、液体和固体燃料，直接燃烧产生。而高效的交通运输工具消耗着大量液体燃料。总之，人们的衣食住行都需要有能量源（能源）的支持，以能量消耗为代价，生活水平越高消耗的能量越多。

衡量一个国家发达程度最主要的指标是国内生产总值（GDP）和人均GDP。GDP 直接关系到能源消耗。发达国家的人均 GDP 要高于发展中国家，因此发达国家的人均能源消耗也高于发展中国家。同样，如果以工业生产率、农业丰收程度、洁净水量、运输便利度及人类舒适度和健康作为衡量人们的生活标准，则更能说明生活质量与能耗之间的强关联性。相关数据指出，发达国家的人均能源消耗要比发展中国家和贫困国家高许多。

对最合适形式能量［电能、燃料（如氢气）和热能］的需求是针对数以亿计的全世界人民的。21 世纪的工业化度与 18 世纪比有巨幅上升，全球范围内正以惊人的速度消耗巨大数量的化石燃料。化石燃料的稀有性及其导致的全球气候变暖，强烈迫使人类须尽快解决它们带来的能源危机和缓解全球气候的日益恶化。

高效利用能源又能将其对环境的影响降至最小是世界各国面对的最重大挑战之一。环境影响、能源脆弱性和化石燃料消耗三大因素导致国际能源署（International Energy Agency，IEA）多次重申如下倡议：能源需要革命，推进实施低（零）碳技术和鼓励重新思考能源使用的模式，推进发展可持续能源技术和战略。因此，提高能源利用效率和必须推进加速用可再生能源替代化石能源的进程是当务之急。尽管仍然存在这样那样的困难，但持续增大可再生能源利用的趋势是不可避免的。最近 20 年中可再生能源电力在总电力生产中的占比持续上升，这为最终缓解和完全解决大量化石能源消耗带来的环境问题［温室气体（GHG）排放和全球变暖等］提供了机遇和希望。

1.1.2　能量资源

能量资源（energy resources）的利用和生产是极其重要的。能量资源指能源的储量，例如，地球上可利用的化石燃料就属于能量资源。能量资源也称能源资源。地球上有巨大的能源资源，包括可再生能源资源和不可再生能源资源，前者如太阳能、水力、生物质、海洋和地热，后者如化石燃料。一直以来人类总是以有效方式（利用新思想和发展新兴技术）从这些能源资源获取能量并加以利用，满足人类社会的需求。地球上能从这些能源资源可回收利用的能量（估计值）示于图 1-1 中。

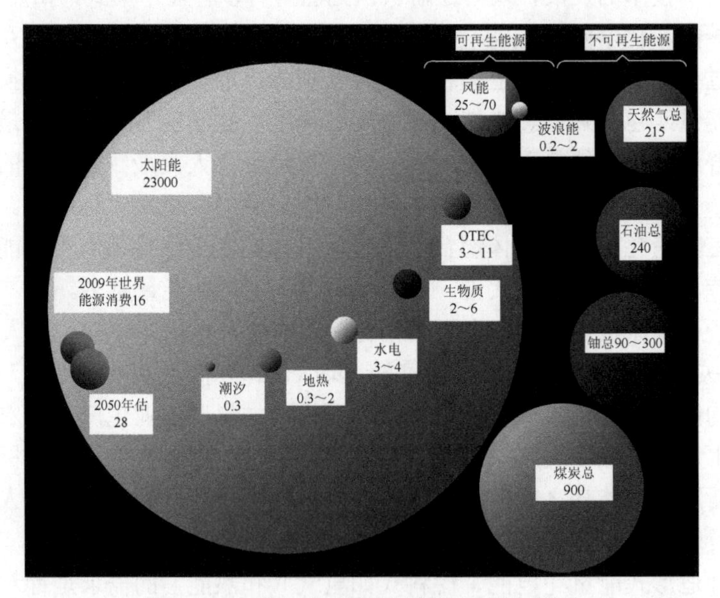

图 1-1　地球上不可再生能源和可再生能源

数据单位：TWy（表示 10^{12}W/a）。对于不可再生能源，用发现总储量（简称“总”）表示，对于可再生能源，用年潜力表示图中清楚地显示，不可再生化石燃料可利用总储量2000TW上下；太阳能可利用的能量数量最大，完全能满足未来人类对能量的需求；核能可利用储量也是比较少的，虽然它可帮助满足能源过渡中期的能源需求，但从长期能源供应角度看，核燃料存在环境危险和安全风险。

全球能源资源可分为两大类：一类是与太阳能相关的能源资源（SDES），包括太阳能、风能、水力、生物质和海洋能（表1-1）及化石能源；另一类是与太阳能无关的能源资源（SIES），主要是地热能和核能（表1-2）。

表1-1 SDES的理论潜力、技术潜力和可利用性

能源资源	理论潜力/(EJ/a)	技术潜力/(EJ/a)	可利用性/(10^9J/a)
水力	146	50	5
太阳能	3.9×10^6	1575	8～10
风能	6000	640	5～7
生物质	2900	276	5
海洋能	7400	74（理论潜力的1%）	5
总计	3.92×10^6	2615	5～10

注：1EJ = 10^{18}J。

表1-2 SIES的理论潜力、技术潜力和可利用性

能源资源	理论潜力/(EJ/a)	技术潜力/(EJ/a)	可利用性
地热能	1.4×10^8 （深至3～10km）	2.8×10^7	约12000年（占总要求2300EJ/a的100%）
核能	1.564×10^{13}	1.564×10^{11}（理论潜力1%） 1.564×10^{12}（理论潜力10%） 7.82×10^{12}（理论潜力50%）	约6.8亿年（占总要求2300EJ/a的100%）， 34亿年（占总要求2300EJ/a的100%）

1.2 全球能源需求和消费

1.2.1 《世界能源统计年鉴》数据分析

根据2020年英国石油公司（BP）发布的《世界能源统计年鉴》，2019年中国一次能源消耗总量为141.7×10^{18}J，居世界首位，其次为美国，达到$94.65\times$

10^{18}J，印度、俄罗斯分别以 34.06×10^{18}J、29.81×10^{18}J 居于第三、四位，欧洲总计为 83.82×10^{18}J。2019 年世界能源消耗总量居于前十位的国家见图 1-2，非水可再生能源消耗量居于前十位的国家见图 1-3。不同能源资源消耗居于前三位的国家见图 1-4。预测的全球各地区不同可再生能源电力的占比分布见图 1-5。从图中可以看出，2019 年中国在初级能源消耗、非水可再生能源消耗及各类主要能源资源包括非水可再生能源消耗都居于世界首位。总体而言，2019 年中国在非水可再生能源、煤炭、水电消耗量上均居世界首位，石油消耗量居于世界第二位，天然气、核能消耗量居于世界第三位。

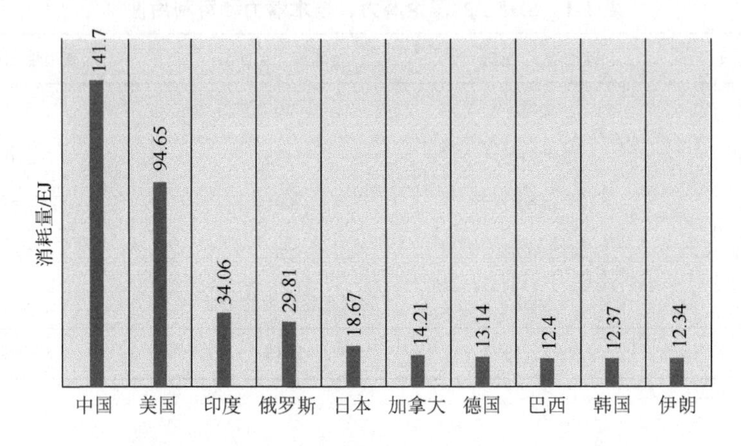

图 1-2 2019 年世界能源消耗总量居于前十位的国家

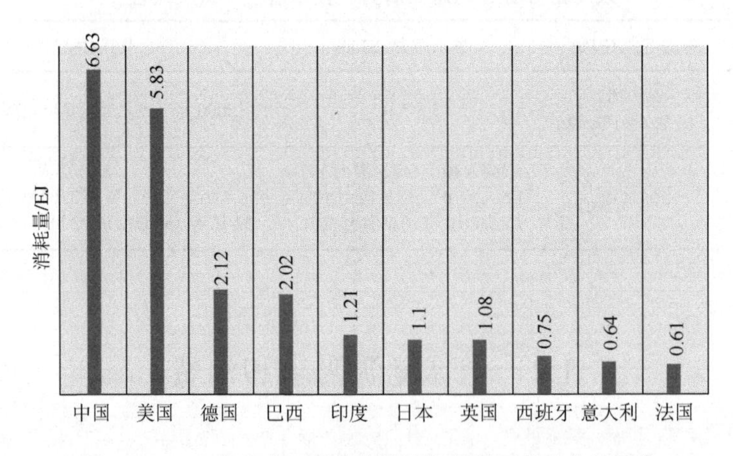

图 1-3 2019 年非水可再生能源消耗量居于前十位的国家

有意思的预测值指出，直至不远的将来对化石能源的需求仍将继续增长。例如，数据指出 2022 年三大化石燃料能源消耗量占全球总能耗的 82%。但人们已经认识到，大量使用和快速消耗化石能源会产生大量污染物和碳排放，以及带来其他环境危险因素。因此，近些年来对增加可再生能源资源利用的兴趣快速膨胀。

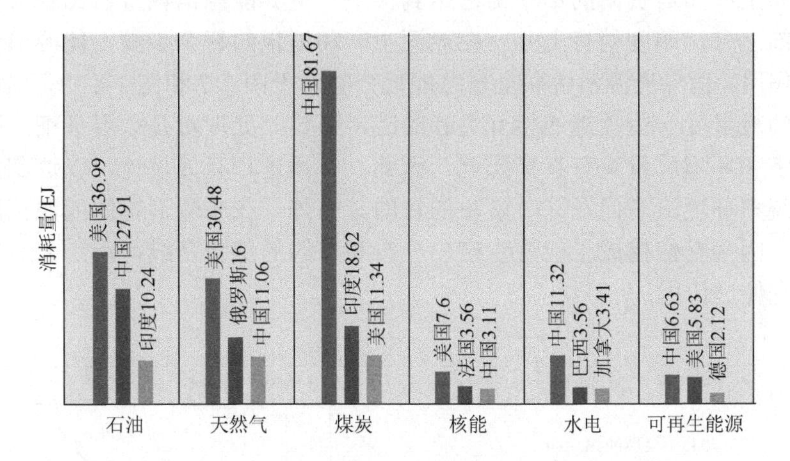

图 1-4 2019 年不同能源资源消耗量居于前三位的国家

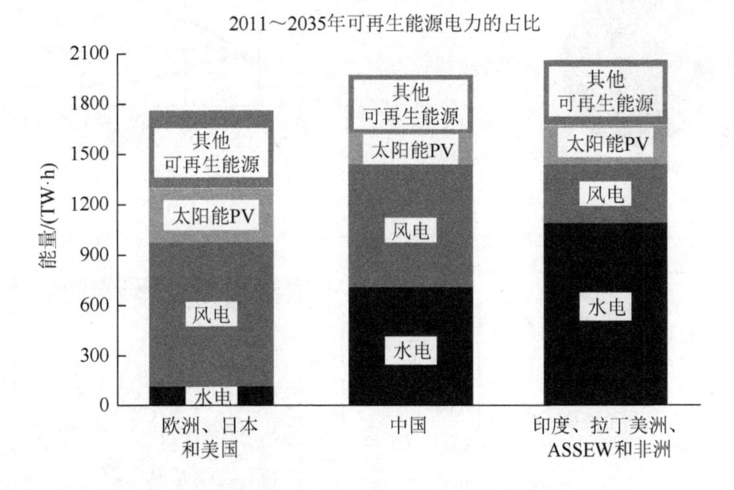

图 1-5 预测的全球各地区不同可再生能源电力占比

ASSEW 代表除中国和日本外的亚洲

参考 BP 世界能源统计各年鉴（BP Statistical Review of World Energy）的统计数据，国际能源署（IEA）发布的《国际能源展望（International Energy Outlook，IEO）》给出世界能源需求和世界市场能源消耗数据，如图 1-6 所示。由图可知，从煤炭到石油的能源需求上升，但这一需求量在经济合作与发展组织（OECD）

国家已有显著下降。这可能是由于它们对使用可再生和其他非化石燃料基能源资源（为平衡和满足他们的能源）的生产和需求有较大兴趣。自 2007 年以来，世界市场能源消耗量持续恒定地以每年 1.4%的速率增加，总计增加已达 49%，说明能源生产和消费间的不平衡已达到极限。世界能源消耗量占比中，美国下降，中国上升，印度稍有上升。在能源生产和消耗的每个步骤，能源节约都起着关键作用。世界能源消费和全球总能耗分类示于图 1-7 和图 1-8 中，由此可推断能源消耗量受一些关键的相互关联的因素影响，处理时必须要仔细，因为它们对经济和环境质量具有直接影响。因此，必须进行有效设计，以达到能源节约、系统和环境诸多问题同时解决的目的。另外，在末端消耗的能源范围也同样重要，因为它们构成了能源生产、分布和节约的综合基线，反过来对解决主问题会有促进作用。

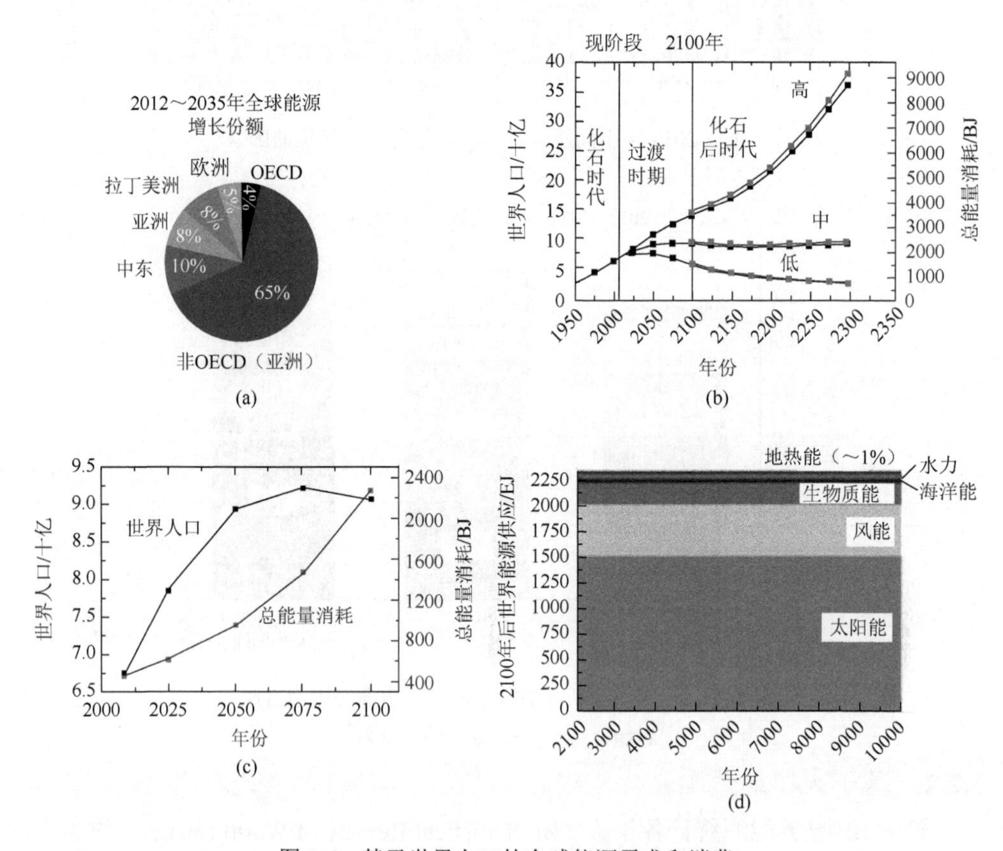

图 1-6 基于世界人口的全球能源需求和消费

（a）不同地区能源增长份额；（b）世界人口和总能量消耗的预测；（c）世界人口和总能量消耗曲线；（d）2100 年后不同可再生能源的比例

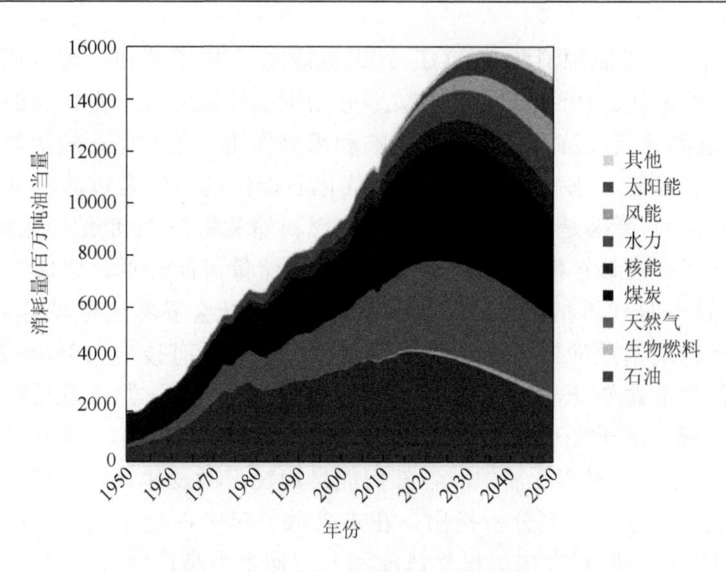

图 1-7 1950～2050 年世界能源消费

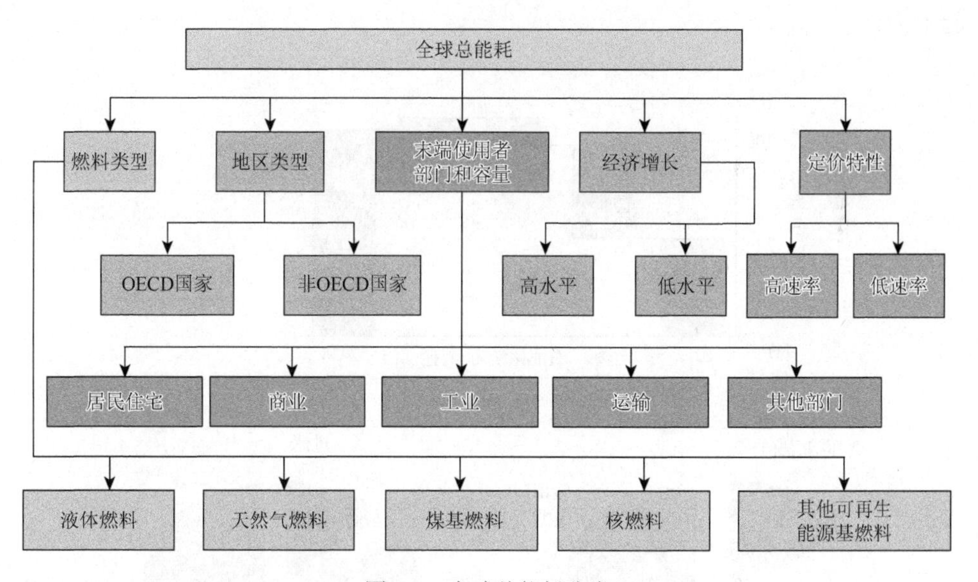

图 1-8 全球总能耗分类

1.2.2 基于人口的预测

另一类预测是基于人口预测趋势来预测全球能源生产和消费（图 1-6）。该预测的要点如下：①把能源需求-消费划分为不同（历史）时期，即化石时代（碳基能源时代）、过渡时期（氢碳基能源时代）和化石后时代（氢基能源时代）；

②2100年后人均年能源消费250 GJ；③世界能源需求-消费在一定时期遵循随世界人口增加而增加。1950～2010年被划分为碳基能源时代，占优势的化石燃料（能源）对世界各国经济产生了巨大影响和积极作用；用非化石能源如可再生能源（太阳能、风能、水力能等）逐步替代化石能源的时期是过渡时期（碳基和氢基能源并存），原因是化石燃料供应和核燃料储量将在21世纪结束或22世纪开始时段耗尽。在该过渡时期，虽然化石燃料储量可能耗尽，但核裂变能源可使（预期）这个时代维持相当时间，除技术经济和社会妥然运行没有大灾难外，主要取决于核增殖反应器安全掌控和控制核裂变的所有技术。1950～2050年世界消耗的各种能源资源表述于图1-7中。全球按耗能的分类（消耗能源类型和耗能各大领域）示于图1-8中。各部门的能耗由图1-9给出，其中图1-9（a）、（b）及（c）分别给出石油需求、各部门能量消耗份额及建筑物末端使用和损耗的能量份额。数据的研究分析指出，在未来数十年中占全球电力生产最大份额的仍然可能是化石燃料发电。虽然风能和太阳能电力高速增长，但对2035年的预测指出，其占全球安装总发电容量仍不会太高，风电增长最多，其次是太阳能电力。

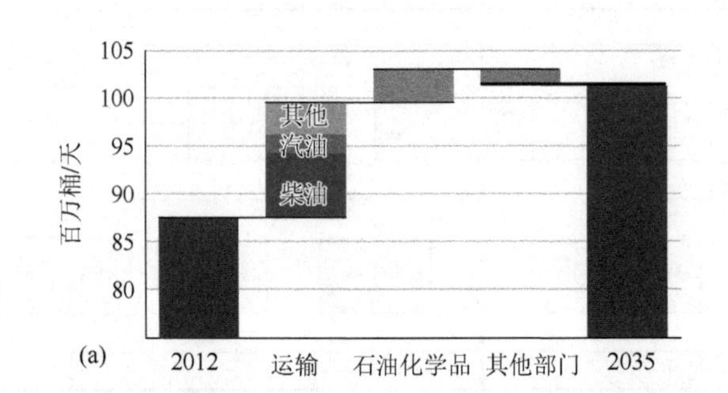

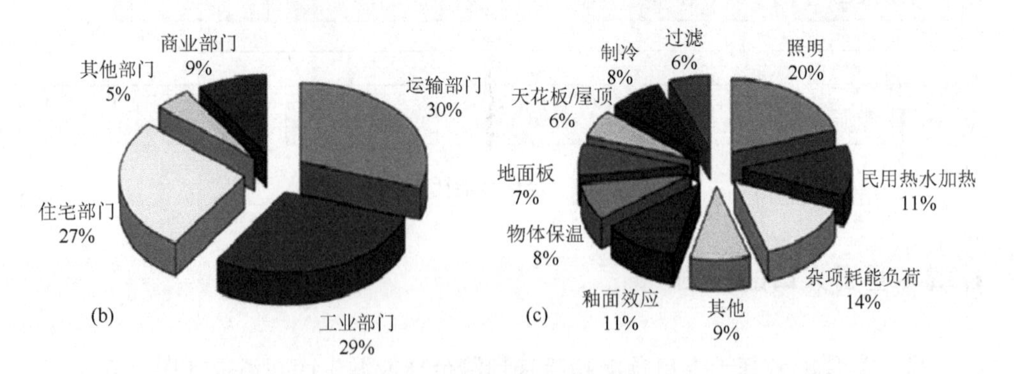

图1-9 （a）各个部门的石油需求；（b）各个部门的能耗份额；（c）建筑物中末端能量使用和损失的相对份额

1.2.3 化石后时代能源预测

化石后时代（氢基能源时代）将由两种主要（可再生）类型能源资源提供所需能量：依赖于太阳能的能源资源和独立于太阳能的能源资源。太阳能、水力能、风能、海洋能和生物质能等属于太阳能依赖型能源，核聚变和地热资源是太阳能独立型能源（表 1-1 和表 1-2）。从图 1-6 中能够看到，在世界人口低和中等趋势场景下，预测十分有效，而在人口高增长场景下，预测的是 2100 年后达到的能源需求-消费的上限。

对化石后时代所做的大多数预测都是基于中等人口增长场景（人口在 90 亿～100 亿范围）。这个时代能选择先进经济可利用能源资源来满足日常能源所需生产-消费需求，这是没有任何问题的。太阳能依赖型能源资源，特别是太阳能，被认为是可行的解决办法，其贡献将超过 2100 年世界能源总需求（约 2300EJ/a）的 70%。其次是风能，可为能源总需求贡献约 640EJ/a。生物质、水力和海洋能源资源的技术潜力分别为 276EJ/a、50EJ/a 和 74EJ/a（假设 7400EJ/a 的理论潜力转化 1%）。这些能源占优势的时间范围达 50 亿～100 亿年。表 1-1 中给出了太阳能依赖能源资源的理论潜力和技术潜力，在表 1-2 中给出了非太阳能依赖能源资源的理论潜力和技术潜力。对独立于太阳能能源资源的核能和地热能，储存量使其能够在 22 世纪发挥作用。核能（裂变能和聚变能）有能力参与解决世界未来的能源需求-消费。但是，核反应器的成功率极大地取决于储能技术以外的社会经济学的远景发展。即便从核燃料抽取能量在技术上是可行的，放射性半衰期和相关的核排放安全问题也是不能够完全不考虑的。在某些发达国家核发电厂的退役是从环境观点考虑的，可认为是一种正向努力。基于文献给出的预测，核燃料（特别是铀）储量可坚持到过渡时期的结束（达 80～90 年）。一个比较聪明的做法是，在不远的将来，主要不是依靠核能而是把重点放在可再生能源资源上。预期在 2100 年后，重要的是要求接受地热能源供应世界能源需求-消费的条件。地热能源资源量可使用高达 12000 年，满足世界能源总需求的 100%（约 2300EJ/a）。同样核聚变也能完全满足在不远将来的能源挑战。这是因为核聚变理论计算总潜力值达 1.564×10^{13}EJ（基于全球总能源需求完全由核聚变满足的假设）。文献预计指出，如果理论潜力的 1%被转化为技术潜力，则核聚变可供应高达 6800 万年（近似）。如果技术潜力增加到理论潜力的 10%和 50%时，那么核聚变满足需求的期望值分别约为 6.8 亿年和 34 亿年。

1.3 能源消耗与环境问题

从英国工业革命开始到现在使用的绝大部分能量来源于所谓的三大化石燃

料：煤炭、石油和天然气。在各种固定和移动能源体系中所有（固体、液体和气体）燃料燃烧和制造工厂都大量排放污染物，主要是NO_x、SO_x、颗粒物质和温室气体（GHG，如CO_2和甲烷），这已成为全球性的环境问题。由于对全球气候变化的关注，已强烈要求降低GHG特别是CO_2排放。目前化石燃料在全球规模能源消费和电力生产中占有并将继续占有重要地位，GHG排放现时仍然是不可避免的。因其对人们健康和生活环境有很大影响，必须进行治理。如何在高效利用能源的同时把对环境产生影响降至最小是世界各国面对的最重大挑战。

需求和消费的主要能源类型（参阅图1-8和图1-9）指出，世界能源市场的绝大部分是被运输、工业和住宅（建筑物）部门消费的。其中，住宅或建筑物是必须不停供应能源的最重要部门，因为多数人的大部分时间是停留在建筑物内（任何类型工作），而建筑物内部都是要消耗能量（小或大）的，这与提供的公用服务密切相关。末端能源使用和相关损失的相对份额表述于图1-9（c）中。从国家（解决状态）视角看，增值的建设部门（房地产）在未来市场投资中起着关键作用，甚至变得是要起决定性的作用。在经济增长边这是能够接受的，但在另一边其能源消费可能是十分巨大和具有挑战性的。IEA统计报告指出，对于发达国家，正在建设的建筑物消费的主要能源要占40%，利用能量中的70%是电能，即该部门占GHG排放的40%。一般地，建筑物消费世界生产总能源的三分之一或四分之一。建筑界年消费主要能源的计算值给于表1-3中。

表1-3 世界范围建筑物年耗能总值

年份	年能耗/10^{18}Btu①	年份	年能耗/10^{18}Btu①
2004	72.2	2020	97.3
2010	82.2	2025	103.3
2015	90.7	2030	109.7

注：①1Btu = 1.05506×10^3J。

化石燃料特别是高碳含量燃料如煤炭、原油和其他重质烃类的大量消耗，已经导致不可逆转的全球变暖。已证实大气中CO_2浓度上升和全球平均温度上升间存在相关性（图1-10和图1-11）。该关联的一个惊人特征是，CO_2和温度自工业革命以来开始同步上升，也就是当化石燃料消费突然加速后显示的温度上升特征一直继续到现在。如果碳基燃料需求仍然按目前增长速率增加，大气中CO_2浓度的增加可能加速。导致的全球变暖使过去150年中地球表面和近表面温度上升稍多于1℃。GHG中含水、CO_2、CH_4、N_2O、氟氯烃（CFC）和气溶胶。CO_2、CH_4、N_2O和CFC的温室潜力（不同估算值的平均值）分别是1∶11∶270∶（1300～7000）（与CFC特定类型有关）。大部分CO_2排放来自化石燃料，少量来自水泥生产。预测指出，GHG 以预期的速率继续排放，这将导致其在大气中浓度持续上升，直至 21 世纪末。CO_2 浓度上升与能源消费是成比例的，图 1-10 显示在过去 150 年中全球温度的上升［跟在一个长平台（约 1000 年）后］，尽管在 20 世纪 50 年代中似乎观察到有减慢的趋势。

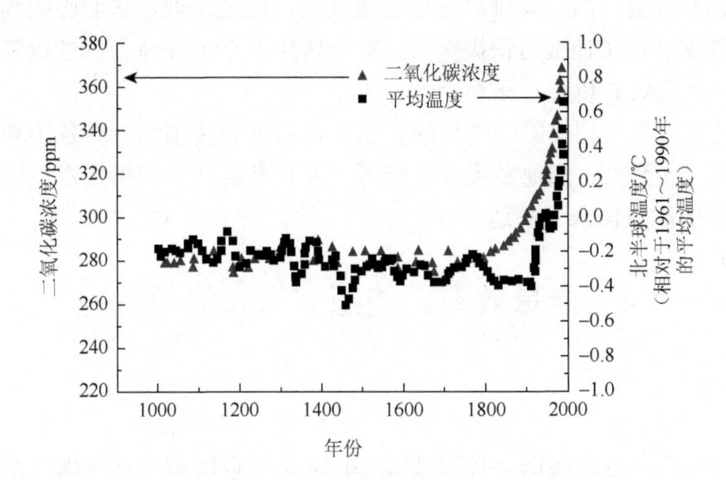

图 1-10　CO_2 在大气中浓度和全球平均温度上升

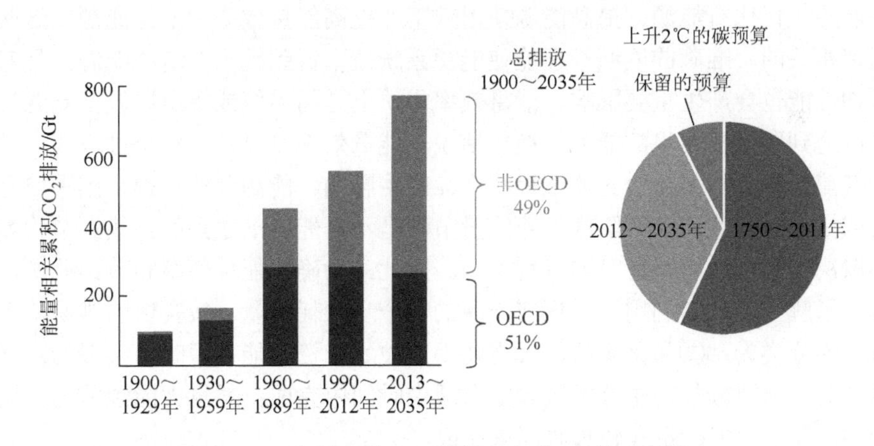

图 1-11　能量相关 CO_2 排放和上升 2℃的碳预算

CO_2 排放的地区目标可用式（1-1）表示：

$$CO_2\text{排放地区的目标} = CO_2\text{排放} - \text{EACE} \tag{1-1}$$

其中，EACE 指生态学允许的 CO_2 排放，可表示为

$$\text{EACE} = \text{CC} - \text{IC} \tag{1-2}$$

其中，CC 为共同贡献；IC 为各自贡献。前者是具有共同性的（如海洋移去 GHG

是所有国家所共有的），而 IC 是指所有国家采用各自碳管理技术导致的 CO_2 排放降低。简单来说，CC 是与人类活动无关的，而 IC 可能包含与人类参与有关的因素。有意思的是，从图 1-11 可注意到，为稳定大气中 CO_2 浓度，必须使其降低到现时排放状态的一半。精确地说，承诺降低 CO_2 排放且有降低计划的国家必须最小化排放 CO_2 数量，虽然其排放速率是较高的。反过来说，它们必须为完成 CO_2 减排目标和增加 EACE 做出积极努力。对于稍高于 CO_2 减排目标的国家，也应通过努力增加其 EACE 以弥补平衡。

现在已发出与之相关影响气候的警示，也已号召并推动世界各国和国际社会进行广泛共同的努力，加速发展非碳能源（尤其是氢气）利用技术以满足全世界 21 世纪中期的能量需求（高达 10TW）。

1.4　能量效率、能源节约和能源管理

1.4.1　引言

世界已经基本达成共识，必须降低 GHG 排放以缓解全球平均气温上升和气候变化。降低 GHG 排放主要依靠两个办法：一是提高能源使用效率；二是用可再生能源替代化石能源。提高能源使用效率即提高能量效率和节约能源，这两者是紧密相关的。准确的能源管理能使能源系统效率得到提高并节约能源，且对系统长期性能也会产生重要影响。能量效率本质上是指系统或模组以较低能源消耗获得或达到所要求结果的能力。换句话说，能量效率可以针对一个过程或一件产品，其能耗的降低不会对其他过程和产品产生影响。能源节约可视为因采取有效手段或措施后导致的能耗降低，即能量节约是不可能自动达到的。能源节约数量大小取决于具体应用或针对的过程类型。因此，为确保能量效率和节约能源，必须深入了解（生产和利用）过程或产品的每个步骤耗能量。按实现的难易，可把能量节约分类为：①易落实的，仅需要小的技术投资和能在短时内实现的；②中等复杂的，需要额外的中等投资和能在适中时间内完成；③重大能源节约，这是复杂的，需要更多投资和较长时间来完成。

1.4.2　提高能量效率和节约能源的措施

在能源需求增长条件下，提高能量效率需要落实的措施和面对的挑战主要有：①初级能源资源的短缺；②初级能源加工处理的复杂性；③向大气排放污染物，如 GHG 和氮氧化物；④存在气候变化、臭氧消耗和全球环境变暖潜力；⑤能源燃料价格的上涨。

显然初级化石能源的过度消费对碳排放有显著影响（碳排放水平增加），气候变化和全球变暖潜力也增加。为缓解能源挑战和碳排放，增加能量效率可采取如下一些有效措施：①发展新能源策略和管理技术以降低能源消费和碳足迹；②贯彻落实能量节约措施确保能源安全；③优化使用先进材料，在所有实际步骤上提高能量效率（不管其环境条件的不稳定变化）；④发展适合于可再生能源且可与现在能源系统集成的技术，延长初级能源储量赋存时间和降低碳足迹；⑤实施新精确策略性的能源政策和计划措施，有预见性地解决未来能源生产与消费。应该说这些措施是解决缓解气候变化的有效策略平台，能在不影响经济稳定增长条件下降低碳足迹（特别是 CO_2 排放）。

为实现并完成它们，必须引进能增值的能源管理技术，发展出管理能源的有效系统。碳管理概念的吸引力近年来不断增加，其核心是要在优化成本条件下设计出有效的能源管理系统。降低碳排放的一个合理可行方法是，在时间和空间范围内能量载体能给出足够数量的能量流（在规定时间空间内，能源从资源地原点到使用地终点的流动能量）。但是合适能量载体的选择取决于多重因素，需要满足如下要求：①有高的体积能量密度和质量能量密度；②（甚至）在环境温度下无需高压也易存储；③无毒、可靠、安全和易于管理；④其传输过程带来的危险有限；⑤与现有公用基础设施匹配且无需新额外专用设备；⑥生产和使用期间是环境友好的。

地区性可利用能源资源与实际要求间的合适组合对保持环境可持续性是非常有帮助的。多项常规碳管理与可再生能源技术的集成分别给于表 1-4～表 1-9 中。不管问题是否被确认，有一线希望总是意味着能找出一种好而有效解决办法。

表 1-4　化石燃料能源管理中的增值碳管理

与增值碳管理集成的能源技术	增值富碳产品	加碳管理效应
增强石油和天然气床层中甲烷的回收	石油、天然气、甲烷	把 CO_2 封存在废气的矿井中
地下煤气化（UGC），接着把 CO_2 存储在 UCG 空隙中	合成气（$CO+H_2$）	把 CO_2 封存在 UGC 空隙中
生物甲烷	生物甲烷	把 CO_2 封存在生产生物甲烷的储库中
甲烷水合物	甲烷	作为 CO_2 水合物封存 CO_2

表 1-5　与增值碳管理集成的化石燃料能源技术的前景和约束

与增值碳管理集成的能源技术	前景	约束
增强石油和天然气床层中甲烷的回收	EOR[①]是对商业化和成本有利的；EOR、EGR[②]、ECBMR[③]能够成本有效地生产部署；EOR 和 EGR 显著增加可采石油和天然气储量	EGR 和 ECBMR 处于中间试验阶段，需要进一步研发；所以技术上都需要压缩 CO_2

续表

与增值碳管理集成的能源技术	前景	约束
甲烷水合物；地下煤气化(UCG)，接着把 CO_2 存储在 UCG 空隙中	煤矿中存在很大数量的潜在甲烷，但常规采矿是不可行的，CO_2 循环提高了对煤气化的商业兴趣并能加速 UGC 的部署	处于研究阶段，需要重要的研发突破；UCG 反应器的热力学和动力学特征存在一些未解决问题；UCG 需要进一步研发和原位示范验证技术
生物甲烷	常规 CCS 具有提高成本有效性的潜力	微生物生产甲烷受限于动力学；可能出现合适位置选择问题

注：①EOR 指提高原油采收率；②EGR 指废弃再循环；③ECBMR 指乙基纤维素生物膜反应器。

表 1-6　可再生能源技术中的增值碳管理

与增值碳管理集成的能源技术	增值的富碳产品	附加的碳管理效应
太阳能燃料合成	合成气、合成燃料	使用捕集的 CO_2
CO_2 和 CO 的催化加氢，CH_4 和高碳烃能利用捕集的 CO_2，CO_2 电化学转化	CO、CH_4 和高碳烃	使用捕集的 CO_2
	HCOOH、CO、CH_3OH、CH_2CH_2、CH_4	使用捕集的 CO_2，获得的化学品能够用于合成稳定富碳材料（如聚合物），因此更多碳能够长期存储
三重整	甲醇、尿素	使用捕集的 CO_2
常规增值肥料、材料和化学品	尿素、异氰酸酯、聚碳酸酯、水杨酸、羧酸酯和内酯、碳酸酯、氨基甲酸酯、聚合物	使用捕集的 CO_2

表 1-7　与增值碳管理集成可再生能源技术的前景和约束

与增值碳管理集成的能源技术	前景	约束
太阳能燃料合成	在所有可再生能源中太阳能有最大可利用容量	需要进行中间工厂示范做验证，若干工作仍然需要重要的研发努力，任何合成都受限于高效催化剂，它们在可见光中具有活性
CO_2 的催化加氢	它是与 CO_2 反应最可行的路径之一	需要可再生能源氢和发展高效催化剂
CO_2 电化学转化	能够在低温下与 CO_2 反应，甲酸是市场上有吸引力的产品	需要可再生能源，需要进一步进行研发努力
三重整	能用作存储 CO_2 的反应技术	当前不能够确保其成本有效性
常规增值肥料、材料和化学品	这类产品有很成熟的市场	CO_2 过程使用的容量潜力是有限的

表 1-8　在非 CO_2 转化的能源技术中增值碳管理

与增值碳管理集成的能源技术	增值富碳产品	附加碳管理效应
冷冻剂	CO_2 作为传热流体	能够存储 CO_2
地热传输流体	CO_2 作为传热流体	能够存储 CO_2

表 1-9 与增值碳管理集成的非 CO_2 转化能源技术的前景和约束

与增值碳管理集成的能源技术	前景	约束
冷冻剂	空调车辆数增值增加冷冻应用潜力，能够最小化常规非环境友好冷冻剂的泄漏	CO_2 总存储容量低；必须开发专用制冷应用
地热传输流体	能够最小化常规非环境友好冷冻剂的泄漏，对地热发电厂和热泵应用是可行的	能够最小化常规非环境友好冷冻剂的泄漏；必须开发 CO_2 循环的专用能源应用

在快速耗尽的能源场景中可看到，发展替代能源资源被认为是解决今天能源问题的好办法。前面已指出，太阳能可用于解决现时大多数和未来的能源需求。这是因为太阳可利用的总能源储量是任何其他能源资源（包括非可再生和可再生能源资源）的 200 多倍。因此，基于可再生能源（太阳能）的新能量有效能源系统的发展能有效和显著地降低高强度消耗的化石燃料和碳及污染物质的排放。

1.4.3 提升能源效率

可持续推进《巴黎协定》气候行动的重要元素之一是提高能源效率标准。为达到全球变暖温升不超过 2℃的目标，必须提升能源效率。自 2016 年《巴黎协定》生效以来，全球提交 NDCs（国家自主贡献）的 189 个国家中，已有 168 个国家将改善能源效率列为气候行动中的优先实施项目。有报告指出，通过增加可再生能源占比，可在 2030 年前使某些国家能源强度降低 5%～10%（与常规水平比较）。如果同时提高能源效率和提升可再生能源的替代，全球对化石能源总需求可在 2030 年前降低 25%。其中部分目标可通过提高电气化技术应用、增加部署现代更高效炉灶（转换效率提升 2～3 倍）及加速向太阳能和风能过渡等措施来实现。这些措施比使用热转换技术更加有效。在政策上，能源效率和可再生能源间能够产生协同效应。有越来越多的国家在提升能量效率目标的同时，进一步促进发展可再生能源的利用。能源转型中的电力市场发展正在稳步推进。发展存在诸多机遇也面临众多挑战，需要世界各国通力合作，尽可能地实现减排、提高可再生能源利用率、降低电力成本、强化储能技术，构建全球能源互联网、实现智能互联等目标，进而推动全球电力市场进一步发展。

1.4.4 能源体系转型

伴随能源体系转型进程的加快，最终全球将迈入一个脱碳和清洁的新能源世界。但能源体系的发展面临矛盾局面：初级能源需求增加却要求减少碳排放。

满足不断增长能源需求的同时又要求大幅降低化石能源消费和碳排放。在《巴黎协定》框架下，世界各国已做出明确承诺。一方面，全球能源消费总量要在未来 20 年间再增长 35%；另一方面，未来 25 年要将全球化石能源消费占比由目前的近 86%（2022 年该占比为 82%）逐渐降至约 50%。这必须提升可再生及其他清洁能源的消费比例。要实现“多能源、低排放”的新型能源体系发展目标，需要达成一个具有全球共识的解决方案。但到目前为止，联合国或国际能源组织仍未形成相对具体的共识。为有效应对该挑战，一个可行方案是要充分发挥可再生能源和技术创新的作用。以构建全球能源互联网发展为背景，利用可再生能源资源生产电力能大幅降低污染物和 GHG 排放，甚至达到零排放（图 1-6）。通过国际可再生能源及电力领域的合作，尽最大可能完成《巴黎协定》框架内各国承诺的目标。

1.5 电力生产的低碳或无碳化

《巴黎协定》将全球气候治理的理念确定为低碳绿色发展，将所有成员国承诺的减排行动纳入统一的具有法律约束力的框架中。英国是实行电力市场改革最为成功的国家之一。为顺利推进电力（最终的次级能源和能源载体）市场改革，英国政府不断出台并深化改革政策，最终确定了 2050 年实现无碳化电力生产目标及改革路线图。澳大利亚也相继通过了“碳税立法案”和“能源白皮书”草案，表明了澳大利亚发展新能源的决心。欧盟为 2030 年的气候和能源问题设立了三个主要目标，即温室气体至少减排 40%（与 1990 年相比），可再生能源比例提高至 32%，能效至少提高 27%。该目标符合欧盟 2050 年有竞争力的“低碳经济路线图”“2050 能源路线图”“交通运输白皮书”中制定的长期目标。美国区域温室气体减排行动是美国第一个基于市场的强制性区域性总量控制与温室气体排放交易体系，不仅覆盖电力行业，而且能实现灵活全面的价格调控。除此之外，世界其他发达国家及发展中国家（特别是中国）也在不断推动电力市场化改革，加快可再生能源市场发展，提高清洁化能源消费应用，降低碳排放，努力向低碳或无碳化目标迈进。

可再生能源市场发展中面临的重要挑战包括成本和技术竞争力。与传统化石能源相比，可再生能源仍面临成本较高和储能技术不成熟等问题。可再生能源下一步发展的关键在于找到一种既可以实现市场电量级储能又是成本可控的技术。该技术的突破就能实现可再生能源电力的大规模应用。受自然因素影响，可再生能源电力可控性不高，因为要随风速、光照等能源本身的随机波动性而变化，该随机波动性也会导致系统频率波动性增大，进而降低电力质量。

未来电力市场面临的问题会极大影响全球经济结构和能源结构的演进，也是能源体系革命的巨大推动力。电力和公用事业在面临诸多机遇的同时，也要面对前所未有的挑战。能源供需结构改变、全球气候变化、消费者角色变化、可再生能源电力渗透、CO_2 减排力度增加及数字化的到来，都将极大地影响未来电力市场的发展。

1.5.1 可再生能源电力

众所周知的能量守恒定律指出，能量是不能够创生也不能够消失的，只能从一种形式转化为另一种形式，即一个系统的总能量数量是保持恒定的。储能系统也遵从这个定律：能量在一个时间（非高峰条件）被存储，在另一个时间（高峰条件）释放满足需求。电力需求负荷总是以连续消耗能量方式随机变动着，这会对中心化电力生产分布和电网稳定性产生可怕影响，对此的一个解决方法是发展和使用储能技术。在这个意义上看，储能是一种致力于存储和释放电力的技术，目前大多数储能系统都是用于满足这个目的。但也应该注意到，需求边能量管理可用储热技术来实现。可再生能源系统与储能的集成能提高能源使用效率和系统操作性能。应该说，所有储能技术对现在和未来的能源产需都是可行的。

现在的单一能源模式中，常规能源资源（如煤炭、石油和天然气）的运输是十分困难的，电网延伸也不是成本有效的（地区偏远和地形复杂）。利用孤立偏远地区自身的可再生能源资源可能是最合适解决办法，这取决于地理位置和条件。为满足地区性能源需求，最好选择利用本地区的可再生能源资源（可再生能源电力）。对于孤立偏远地区，能源供应选用单一技术系统（如太阳能光伏、风电和水电）是可行的。对于单一模式，可选择使用单一技术或多项技术。对于农村地区（如村庄或小村庄）的电力，因远离公用电网，可采用单一能源电力技术。例如，对于遥远平原地区，可采用太阳能光伏系统和风电系统；对于遥远森林地区，适合采用生物质气化/生物气体系统；对于遥远山区，适合采用小水电技术系统。屋顶太阳能光伏系统，现在已在一些国家城市地区普及，主要用于满足建筑物的能量需求。

常规电网系统中的电力现在主要来自使用化石燃料的大规模中心化发电厂，其随机波动性极小且可控性很高。鉴于使用化石能源带来的严重环境问题（CO_2 排放和全球变暖），可持续发展战略要求要大力推行低碳甚至是零碳化电力生产，可再生能源替代化石燃料生产电力的大趋势不可避免。脱碳化电力生产路线主要是大规模利用可再生能源资源（主要是风能、太阳能和生物质能）生产电力。

到 2021 年，世界上累计安装可再生能源（RES）发电容量已经达到 3064GW，其中风电 825GW，光伏 849GW，而且快速增长的势头仍在继续。2011～2035 年（估）RES 电力增长示于图 1-12 中。在不同类型 RES 资源中，有类似于常规燃料的如生物质（包括秸秆和其他废弃物料）可在常规炉子和锅炉中燃烧生产电力，只要生物质燃料能连续足够供给，生物质发电厂就能像燃天然气或燃煤发电厂那样进行操作和调度，跟随市场信号和按计划生产电力满足需求。由于资源有限，它们不可能承担替代化石燃料的重任，仅能为电网提供辅助服务，如支持稳定电压和频率。对资源极为丰富的 RES 资源（如太阳能和风能），它们的电力生产存在天然随机波动性甚至间断性，即 RES 电力（如风电、太阳能电力、波浪能电力和潮汐电力）基本特征是可变的和难以预测的，只能作为随机功率源使用。也就是说，它们生产的电力是随时间随机变化的，仅有很小部分是可预测的。原因之一是 RES 资源是高度位置特定性的，在性质上是间断性的。例如，一些能源资源在冬季是丰富可利用的，而另一些在夏季是丰富可利用的。所以，当单一模式中需求功率增加时将涉及单一技术系统的高成本和低可靠性。为了处理单一技术系统的这类限制，已经出现了可单独应用可再生能源（IRES）系统电力集成的概念。该概念多用于遥远孤立地区，用自有 IRES 为自己供电，其能源需求的满足是依靠发挥地区可用 RES 资源能量的潜力。该 IRES 技术利用 RES 资源如太阳能、风能和微水电、生物质和生物气体等生产电力，有潜力提供多种 RES 资源组合利益模式，如能量效率和能量节约。集成有储能单元的 RES 可被最小化且都能提供功率供应可靠性和电力质量。但是，组合配置储能单元是必需的，特别是当单独使用 RES 时，为的是很好管理 RES（如太阳能和风能）的随机行为。在这类集成系统中的控制系统是集成 IRES 的心脏，不仅提供系统各个组件的信息和它们间的交流（通信），而且用于调节 RES 的输出并为程序化储能子系统转储负载产生和传输信号。因此，它保护储能系统过载和帮助在预先设定极限内操作储能系统。一旦有盈余能量可利用，就把其送到储能系统存储，如储能系统已满电，则会放弃这一转储操作，转而用于烹饪、加热水、烘焙等。在需求超过生产供应时储能系统释放能量补足过量负荷需求。

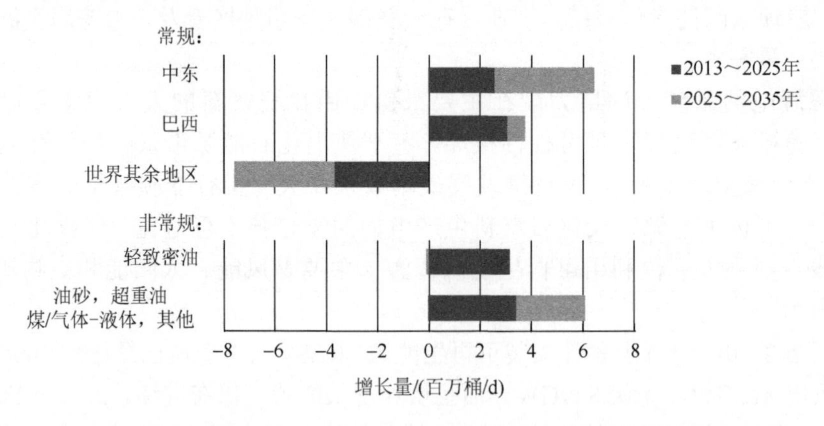

图 1-12　2011～2035 年（估）可再生能源发电的增长

在化石能源系统向 RES 的过渡时期中，需要解决的最大挑战之一是要以令人满意的经济方式有序生产和消费能源。增加随机发电容量在电网系统中所占比例和提高 RES 利用效率的最可行选项是利用储能技术。储能装置能补偿和提高（非常有限的）风电、太阳能电力的可预测性。储能装置是能源系统中重要的一环，不仅能使电力供需达到相对均衡，而且其储能大小和应用范围极宽，具有很广泛的应用前景。例如，地区性使用的储能技术容量较小，可解决单个家庭或车辆（包括电动车辆或氢能车辆）的储能问题；中心化和脱中心化能源系统应用的是大容量储能技术，如泵抽水力存储和压缩空气储能；对国家间电力传输和长距离交易即大电网管理也离不开储能技术。储能涵盖电力存储、燃料存储和热能存储，其中包括不同形式能量间的转化和传输。在全球能源不同的解决方案中，都离不开对储能技术的需求。

1.5.2 电网储能时间线

从前述不难看出，储能在不同领域有不可避免的需求。文献中对储能需求的不同时间线做出若干预测。对常规电力系统的掌控管理（没有专用储能单元），波动性 RES 电力渗透 40%～50%是极限。以欧洲为例来说明电网纯时间线问题。

现时欧洲整体电力系统离该极限百分比仍有较大空间：欧盟（EU）仅有 20%的电力来自 RES，其中还包括了较稳定可预测和储能生物质和废物电力以及水电。EU 中的一些地区（如丹麦、德国北部和西班牙 Catalonia 地区）的 RES 电力占比已经很高，但它们与可作为缓冲器使用的地区有很好的电连接，因此在无专用储能条件下也运行得不错。例如，丹麦约 30%电力供应来自风电，能有这样高水平风电渗透离不开挪威水电的支撑。而其他国家（地区）是不可能复制丹麦情形的（没有储能单元配置下容纳 30% RES 电力）。一般而言，需要采取特殊措施稳定电网频率和周期，这在相当程度上取决于（局部）地区电网质量，如对电压波动的耐受度、需要的无功功率补偿和短路容量以及与邻接地区电网连接强度。

虽然扩展欧洲电力传输网络有一个“费钱计划”，但也不能解决未来所有问题。因此必须设想可采用的各种解决方法（具有平衡经济性和可行性能力）。其中的一个方法是建设多个燃烧化石燃料常规热电厂用以平衡容量。但鉴于环境考虑，欧洲正在加速淘汰这类发电厂，现在它们只用于提供辅助服务（如频率和电压控制），不可能用于（我们已习惯的那样）稳定电网。这说明风电和太阳能电力容量的高水平渗透必须依靠与电网连接的功率电子装备（逆变器），但它们有可能使电网有不稳定性问题且有缺乏短路容量的问题。因此，要合适解决这些问题的一个好的选项是使用储能系统。新近研究获得的一个结论是，新储能技术第一个商业应用正是配送辅助服务。应该记得，已有历史的储能装置泵抽水电在许多地方已商业应用，它们几乎都是服务于该特殊目的的。

现在的欧洲电网构架仅作为供应方式使用，即从中心发电厂输送电功率到分散的使用者。该类系统目前正在让 RES 电力进行高水平渗透，因其已连接有很多中等规模（＜72kW）和小规模（＜1kW）RES 发电厂，包括许多家庭住户光伏（PV）系统，其电压已降到 200～240V。鉴于分布电网已达到其极限和为最大化家庭 PV 发电份额，配备短期快反应储能装置如电池是极好的解决办法。电池储能时间能同步达到 4h，这使系统中分布电网有相当的自主操作时间。已发现，该储能装置商业应用的经济性虽然仍未被确定（如西门子股份公司已商业化 300kW 锂离子电池储能系统），但仍可作为德国南部（社区有 3 倍于消费电力的 RES 电力生产装置）智慧电网中的一个组件。大规模储能装置在未来 10～20 年中很可能成为整个能源系统中必不可少的组成部分，这样就能实施短时间能量转移（能量套利）和季节储能。季节储能系统的一个好例子是热能存储：热能在夏季收集存储为冬季使用。

1.5.3 可再生能源电力的持续发展

IEA 指出，预计到 2035 年，为完全满足全球能源需求，对全球能源的投资需要达到 48 万亿美元，其中的 40 万亿美元用于开发和维护能源基础设施，其余 8 万亿美元用来提高能源使用效率。从整个能源系统及可再生能源体系发展看，在未来能源可持续发展中投资是重要依托，而投资回报率是目前能源领域发展和具备可持续竞争力的最大推动力。根据 IEA 能源投资报告，为有效应对能源安全和气候变化，未来数十年内每年都需要增加 2 万亿美元左右的投资。

2022 年 5 月 4 日，联合国启动 2025 年前能源承诺促进行动计划，以促进 RES 的使用。到 2025 年实现再使 5 亿人获得电力供应，并使 10 亿人获得清洁烹饪解决办法。该行动计划目标中还包括，到 2025 年使全球 RES 发电能力翻番，在 RES 和能源效率领域增加 3000 万个工作岗位，大幅增加对全球清洁能源的年度投资。同时启动的还有能源契约行动网络，旨在为那些承诺和寻求实现其清洁能源目标的政府提供资金以及为政府和企业牵线搭桥。该网络行动得到了联合国能源机构的支持。在联合国能源机制中汇集了近 200 个对“能源契约”做出自愿承诺的政府、企业和其他民间合作伙伴，以便帮助引导投资，把专门知识用于资源开发，以实现所做的承诺。该机制与世界各国合作并提供实施方案和服务，使所有重要伙伴和利益攸关方实现联合国可持续发展目标——确保人人获得负担得起的、可靠的和可持续的现代能源。联合国能源机制成员包括：联合国粮食及农业组织、国际原子能机构、联合国开发计划署、联合国环境规划署、联合国儿童基金会、联合国妇女署、世界粮食计划署、世界卫生组织、世界银行等组织机构。

1.5.4 连接不同能源部门的储能

在不同部门（电力、燃料、热能和运输）相互连接的能源系统中，储能单元起着极重要的作用。它在为整个能源系统增加灵活性和牢固性的同时，也确保系统运行的经济性和资源利用的高效率。短期（未来10年）内，不同部门间的交叉能量传输主要将是电力与热能间的相互转化，一定程度上再加上移动应用的电动车辆。热能存储系统具有集成很大数量风电或太阳能电力的巨大潜力，在RES电力高生产时段存储热能，然后在RES低生产时段使用。

电力到气体燃料的概念是把电力转化为合成天然气，这是连接电力和气体燃料系统的一个办法。该技术能让我们继续使用气体燃料（甚至在天然气供应已经耗尽时），不至于报废现时（欧洲）许多国家的大气体存储设施。继续使用广泛和或多或少贬值的欧洲天然气分布公用基础设施，再加上继续使用住户和工业中的燃气锅炉、透平、加热器和炉子，就能够极大减少新设施建设的巨大投资。

最后但不容忽视的是，欧洲最终不使用化石能源供应目标意味着，运输也必须依赖RES。运输占欧洲能源总需求的约30%。为适合移动应用，需要存储大量来自风能和太阳能的能量，这需要我们有很多年大量的研发努力。有效和经济RES基运输可能是对储能新应用的重大挑战。把车辆、卡车、船舶和航空器推进动力完全转换到使用RES可能需要数十年甚至上百年。

1.5.5 智能电网建设

为应对能源转型和气候变化，未来电力市场改革是重中之重，具体可在保障电力供应、提高发电效率和降低公众电力成本等环节进行改革，令其成为安全、经济环保和可持续的能源系统。RES发电量正在快速大幅提升并被大规模集成进入电网，大量小容量分布式发电装置也可以入网方式来操作。为满足用户需求，广泛应用的生活智能化及电气化储能设备也推动着用户电力消费向更加经济、节能、环保及多元化要求方向发展。这类供需结构变化使电力市场发展更具灵活性、经济优质性、开放性和互动性，即正在建设的是智能电网系统。

智能电网对未来电力市场发展具有重要推动作用，不仅可提供技术支持、可靠电力流和信息流以及高效运营平台，也可不断推动电力市场改革，进一步完善电力市场机制、创新交易模式，最大限度优化市场资源配置，进而降低发电及用电成本。

1.6 储能技术简介

1.6.1 引言

从化石能源系统向非化石能源系统（如波动的可再生能源资源）过渡的最大挑战之一是要以令人满意的经济方式有序消费和生产能源。在有效解决办法中储能技术是优先选项之一。储能技术被定义为以热、电、化学、动能或位能形式存储能量的技术，需要时它释放能量。储能技术（系统）范围很宽很分散，在存储时间尺度上可以从秒到年。随着储能产业的发展，新型储能技术不断取得突破，在越来越多场景中实现示范应用，包括热能存储技术、氢储能技术等。

热能存储技术属于能量型储能技术，能量密度高、成本低、寿命长、利用方式多样、综合热利用效率高，在 RES 消纳、清洁供暖及太阳能光热电站储能系统应用领域均可发挥大的作用。近来备受关注的热能存储技术主要是熔融盐储热技术和高温相变储热技术。熔融盐储热技术的主要优点是规模大，方便配合常规燃气机使用，主要应用于大型塔式光热发电系统和槽式光热发电系统。高温相变储热技术具有能量密度高、系统体积小、储热和释热温度基本恒定、成本低廉、寿命较长等优点，也是目前研究的热点。该技术适用于新能源消纳、集中/分布式电制热清洁供暖、工业高品质供热供冷，同时可作为规模化的储热负荷，为电网提供需求侧响应等辅助服务，目前已应用于民用供热领域，并逐步向对供能有更高需求的工业供热领域拓展。

氢储能技术是通过电解水制取氢气，将氢气存储或通过管道运输，有用能需求时通过氢引擎或燃料电池进行热（冷）电联供的能源利用方式。该技术适用于大规模储能和长周期能量调节，是实现电、气、交通等多类型能源互联的关键。氢储能技术主要包括电解制氢、储氢及燃料电池发电技术。该技术可用于新能源消纳、削峰填谷、热（冷）电联供，以及备用电源等诸多场景。目前，国内的氢储能技术还处于示范应用阶段。

1.6.2 支撑大规模新能源发展的关键技术

大规模随机波动新能源并网给电网运行带来挑战。风能、太阳能等发电方式受自然因素影响很大，具有很大随机性和波动性。这类新能源并网容量增加，电力系统将由原来的需求侧单一随机性波动系统发展为“需求侧-电源侧”双侧随机波动系统。另外，电力峰谷差日益加大，基于高峰负荷需求扩建增容将影响电力资产利用率。例如，我国整体用电负荷是：日间电力负荷峰谷差持续拉大，尖峰负荷增长显著，谷电期负荷水平不及峰值的一半；年峰值负荷持续时间从数日到数小时。为满足短时间高峰负荷需求，需扩大电厂规模和提高输配电能力，这导致投资大和利用率低。多种能量间的相互耦合和制约影响多能源系统的灵活性和可靠性。以常见热电联供系统为例，若系统没有储能设施，热电联供系统将按照以热定电、以电定热或混合运行三种模式工作，灵活性较差；随着电力系统中源单元种类增加，多种能源之间的强相关和紧密耦合将更加突出，多能系统灵活性和可靠性亟待提升。

储能技术是支撑大规模发展新能源、保障能源安全的关键技术之一，具有提高新能源消纳比例、保障电力系统安全稳定运行、提高发输配电设施利用率、促进多网融合等多方面的作用。储能技术是将随机波动能源变为友好能源的关键技术之一。应用储能技术可打破原有电力系统必须实时平衡发、输、变、配、用的瓶颈。电源侧，储能技术可联合火电机组调峰调频、平抑新能源出力波动；在电网侧，储能技术可支撑电网调峰调频，在系统发生故障或异常情况下保障电网运行安全；在用户侧，储能技术可在为用户实现冷热电气综合供应的同时，充分调动负荷侧资源弹性，支撑电网需求侧响应。储能相对于发电厂来说是建设周期短、可移动且便于灵活配置的装置。因此，应用储能装置是应对峰值负荷、延缓发输配电设施升级的有效措施之一。储能装置还可作为调峰资源，主动参与电力需求响应，进一步提升电力资产利用效率和经济性。储能技术也是实现多能融合、跨能源网络协同优化的重要媒介。利用电化工技术，可实现电能向多种能源的转化。储能技术作为能源转化、存储的关键连接点，可实现电力系统与其他能源系统的连接，是多网融合的纽带，将在能源互联网各环节发挥重要作用，具有广阔的发展前景。储能使电网均衡功率成为可能，并对电网稳定性和可靠性做出贡献。储能是需要投资成本的，但是这些成本能够被部分补偿。这是因为储能具有降低扩展传输和分布公用设施成本的能力，同时具有使 RES 占有份额不断扩展的竞争能力。当存储成本下降和对电网稳定性有更多关注时，储能也是平衡产需的有效解决办法。当储能扩展至整个电力系统时，将为更广泛领域带来利益。储能技术对囿于能源影响的国家和全球最贫苦人民获得清洁有效的能源服务能够发挥重要作用。

储能技术能在越来越多的应用场景中展现其价值。在现代的和预期的能源生产-消费方案中，最重要的挑战是能源安全和气候变化。从利用能源资源生产能量开始到所有消费领域的能量使用各个阶段中发生能量损失的机会极多，加上为弥补能源供需间的间隙，储能概念和技术的发展势头越来越猛。

1.6.3 储能技术的作用和意义

1. 大幅提高电网有效利用可再生能源的能力

据国际可再生能源署（IRENA）数据显示，2010～2020 年全球光伏累计装机容量维持稳定上升趋势，2020 年为 707494MW。国际世界风能协会统计，截至 2021 年底，全球风电累计装机容量达到 837GW。大量 RES 应用（分布式和集中式电源），特别是风电和光伏电都具有随机性、间歇性和波动性，大规模接入将给电网调峰、运行控制和供电质量等带来巨大挑战。储能技术能够有效提升电网接纳清洁能源的能力，解决大规模清洁能源接入带来的电网安全稳定问题。

2. 电动汽车规模化应用，实现用户侧调节电力需求

电动汽车兴起，形成动力储能电池的巨大市场。电动汽车和广泛分布的电动汽车充电站间的双向电力交换——车辆到电网（vehicle to grid，V2G）技术，将成为未来智能电网重要的负荷特性。电动汽车储能电池既吸纳大量电能，又可为电网提供总量巨大的储能能力，实现电能在智能电网和电动汽车间的双向互动。理想中的 V2G 平台是在非高峰时段充电，在高峰时段放电（售电），为电网峰谷负荷调节、转移备用、电力质量改善和稳定控制提供服务。

3. 优化能源系统能量管理，提高系统效率和设备利用率

电力系统负荷存在白天高峰和深夜低谷的周期性变化，负荷峰谷差可达最大发电出力的 30%～40%，且近年来有增大趋势。这种峰谷差给发电和电力调度带来一定困难。目前的电力供应紧张状况大部分出现在夏季负荷高峰期。如果电力系统能大规模地储存电能，即在晚间负荷低谷时段将电能储存起来，白天负荷高峰时段再将其释放出来，就能在一定程度上缓解缺电状况，减小负荷峰谷差，提高系统效率和输配电设备利用率，延缓新发电机组和输电线的建设。

4. 提高电网安全稳定性和电力质量，实现用能经济性

在电力系统发生扰动、电压暂降与短时中断、短路等事故时，储能装置能瞬时吸收或释放能量，使系统调节装置有时间进行调整，避免系统失稳，保证优质供电。系统因故障停电时，储能装置又可以起到大型不间断电源（UPS）的作用，避免突然停电带来的损失，提高综合经济效益。

5. 燃料网和热能网

未来能源的智慧能源系统中，除了电网外还有燃料网和热能网，因为社会和工业应用是离不开燃料和热能的。目前利用的燃料和热能基本都是来自不可再生化石能源（煤炭、石油和天然气）。对于未来智慧能源网络，鉴于与电力网络同样

的原因，要求能源资源用 RES 逐渐替代化石能源资源，即燃料和热能的生产逐渐转向 RES（如太阳能和风能等）。由于 RES（生物质例外）难以直接转化，可能需要对获得的电能做进一步转化（如电解水和 CO_2 产氢和烃类燃料），因此也难以离开储能技术。

总而言之，储能技术的意义在于：①平稳能源短期波动；②在短暂功率扰动或波动期间供应所需功率；③能降低对紧急发电或部分操作发电厂（需消耗初级能源资源）的需求；④利用存储低峰时段（夜间）盈余能量再用于满足高峰时段（日间）的能源需求；⑤增强对利用 RES 随机产生电力的利用率；⑥在较小环境影响条件下提高能源安全性；⑦改进能源系统操作性能。

1.6.4　能量存储（储能）技术类型

储能涉及领域非常广泛，根据储能过程涉及的能量形式，可将储能技术分为物理储能和化学储能。物理储能是通过物理变化将能量储存起来，可分为重力储能、弹力储能、动能储能、储冷储热、超导储能和超级电容器储能等几类。按存储能量形式可分为三大类：电能存储、化学能（包括电化学能）存储和热能存储。电容器储能和超导储能是直接储存电能的技术。化学储能是通过化学变化将能量储存于物质（如烃类和氢燃料）中，包括二次电池储能、液流电池储能、燃料和氢储能、化合物储能、金属储能等。电化学储能则是电池类储能的总称。鉴于现时世界的情形，未来最具可能性的超大规模储能技术方向是纯化学储能，如氢储能、甲醇储能、金属储能等。大型能源公司在开发超大规模储能技术方面具有一定资源优势，可借此承担大部分能源安全保障任务。

有许多不同类型的储能技术或方法，其中的多数是可以相互转换的。规模最大的储能技术一般是由能源供应商拥有和/或经营的，较小的则主要与能源使用者有关。存储能量是世界上科学家、工程师、技术专家和工业专业人才当前有广泛兴趣研究发展的课题。文献中存在数量巨大的储能技术和方法的研究工作，已为哺育和发展储能技术提出了很多建议。燃料的存储和分布在世界范围内已有成熟网络。燃料分配系统，最简单储存能量的燃料是木材、煤或原油等天然燃料，它们可储存在输送系统内，如管库、船舶和管道。例如，原油和一些较轻石化产品储存在炼制厂附近油库（有时称为油库终端农庄）的储槽中，通常靠近海上油轮港口或管线。但是，由于这类临时缓冲存储器容量一般相对较小，必须有其他能处理大量能量的方法加以补充。为防止能量损失，热能存储多是区域性的，技术也相对比较成熟。当前研发重点有电能存储、氢存储和大规模热能存储技术。

电能存储可经由电力输入或输出直接或间接进行，而热能存储利用物质显热、潜热或反应热存储，再重新使用满足热能需求。

储能技术除按存储能量形式分类（表 1-10）外，也可以按其应用容量规模分类：①低功率微小规模应用；②中等功率小规模应用；③较大功率复杂负荷应用（如网络连接）；④大功率大规模应用。储能体系也可按功能（如功率、能量或两者兼而有之）分类：①电或机械高功率储能系统；②机械高能量储能系统；③电化学高功率和高能量储能系统。如果把前述的电能存储细分电能和机械能两类，再把燃料细分为电化学能和化学能存储两类，则储能技术有五大类型：电能存储、机械能存储、电化学能存储、化学能存储和热能存储，如图 1-13 所示。

表 1-10　电能存储系统（EES）分类

电或机械高功率 EES	机械高能量 EES	电化学 EES（高功率和高能量）
超导磁能存储（SMES） 超级电容器/电化学双层电容器（EDLC） 飞轮储能（FES）	压缩空气储能（CAES） 泵抽水电储能（PHS）	内存储电池，如铅酸电池、镍镉电池、锂离子电池、钠氯化镍电池、钠硫电池；外存储电池，如氢存储系统、液流电池

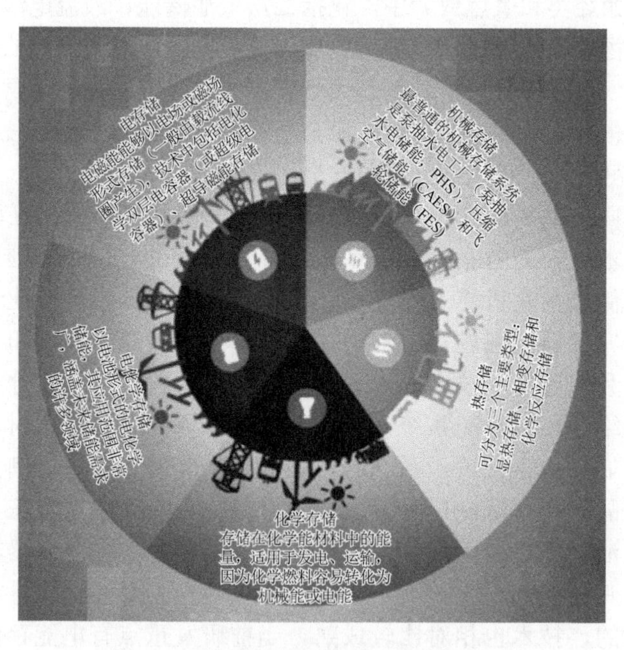

图 1-13　按存储能量类型分类储能技术

1.6.5 智能电网应用储能技术分类

对智能电网中的储能技术应用分类，国际储能委员会（ESA）给出了表 1-11 中所示的分类及说明。

表 1-11 智慧电网中储能技术应用分类

领域	应用
发电系统	能源管理，负荷的运行、跟踪和管理
输配电系统	电压控制，提高电力质量、需要可靠性和资产利用
辅助服务	邻里车控制管理设备、备用容量和长期备用管理
可再生能源利用	可再生能源发电控制和系统集成、系统错峰发电和可再生能源储备
终端用户	不停电电源管理、穿越管理，外购电力优化，无功功率和电压支撑

电化学能存储技术又可按高功率（HP）或高能量（HE）分类。应该注意到，第一种分类中的前面两类很适合于小规模体系，包括以动能（如飞轮）、压缩空气、氢（燃料电池）、化学能、超级电容器或超导磁能量存储等技术；后一分类意味着是大规模系统，包括以重力能量、热能、化学能（流动电池和蓄能器）和压缩空气存储耦合液体或天然气（NG）方式的储能。按存储容量和时间分类的储能技术示于图 1-14 中。

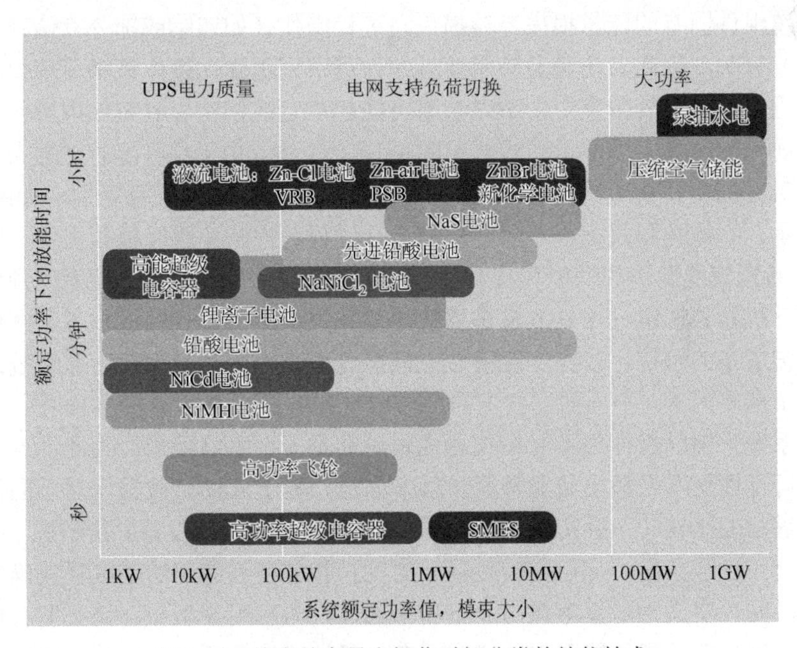

图 1-14 按存储容量和操作时间分类的储能技术

1.6.6 储能技术的评估和比较

不同储能技术具有各自独特特征，其应用领域和能量需求方面可能有很大不同。对储能系统进行技术和经济评估，有可能为能源应用选择合适的储能体系。对储能系统进行评估的准则包括：①存储容量：取决于充能后存储系统可利用能量的数量。在放能不完全时留存的存储容量对系统总存储能量有重要影响，存储总能量总是高于其能取回的能量。电池储能系统的最小荷电状态是指最大的放电深度。在频繁充放电期间，能取回能量数量通常低于其存储容量，这是因为储能系统效率的降低。②能量和功率密度：能量密度是指存储装置单位体积（质量）存储的能量，单位为 W·h/L 或 W/kg。同样，功率密度是指存储装置质量（或体积）能够输出的（额定）功率（W/kg 或 W/L）。不同储能系统的功率密度与能量密度的关系示于图 1-15 中。③应答时间：是指对负荷变化需求做出释放或存储能量应答所需时间。不同储能系统的应答时间是不同的，可在数微秒到数小时之间，也与应用有关。因此，特定储能系统对特殊应用的适合性极大地取决于储能系统应答时间及其功率密度和存储容量。④自释能（自放电）：是储能系统的自身特性，是指在储能周期内存储能量数量随存储时间的衰减（保留速率），即储能系统在备用期间内自身也会（损失）释放能量。⑤效率 η：储能系统效率是指可用能量与存储总能量之比。储能系统或装置在存储和释放能量过程中通常都会有能量损失，包括系统组件固有的能量损失。该损失与过程操作（如连续或部分存储释放及构成速率）有关，因此，在满足应用要求的前提下采用优化操作策略可获得高的效率。在确定储能系统效率中，瞬时功率可能起决定性作用。对充放电操作存在的优化时间和最大效率以图示形式给于图 1-16（a）中。由于组件运行的复杂性（操作条件对应的电和荷电状态），对实际情形常与理论优化结果有差别，如图 1-16（b）所示。⑥控制和跟踪：对储能系统进行过程的控制和跟踪极其重要，用以确保系统/装置储能操作的性能和安全性。⑦预期寿命：准确估算储能系统预期寿命对确保它可靠长期运行也是非常重要的。估算中包括原始投资成本、系统储能过程和维护成本的预期。⑧操作经济性：储能过程成本可能是评估存储系统经济前景的一个重要因素。不同储能技术的操作成本和维护成本给于表 1-12 中。对于某些储能系统，辅助组件成本对系统总成本可能是一个关键因素。为此，这类储能系统的可行性受限于最小储能容量和功率输出。基于 Raster 数据，对不同储能技术成本进行的比较（包括相关系统/装置所需要的功率调节设备）给于图 1-17 中。⑨可持续（自给自足，self-sufficiency）时间：指储能系统能够连续释放确定能量的最长时间，定义为能量容量与放电功率之比，与应用类型和存储类型有极大关系。⑩耐用性：是指储能系统能够实现存储释放能量循环的总次数。储能系统演化越大发挥性能的时间周期（循环）越长。储能系统耐用性很强地关系到其荷电状态，通常用操作循环次数表示，铅酸电池例子示于图1-18中。对于大多数实际情形，储能系统耐用性与预测的有相当大差别，这指出基于系统演化数量获得的定量循环次数具有相当大不确定性。⑪操作约束：对特定储能系统（满足能量要求的）的选择必须考虑诸多安全性因素，如可能的毒性、可燃性、持久性和其他因素（如温度和压力），这会对储能系统操作形成一定约束。不同储能技术的额定功率、能量含量和放电时间给于图1-19（a）中，储能技术可行性、潜力和需求的进一步研究和发展示于图1-19（b）中。不同储能技术的重要基本特性表述于表1-13中。

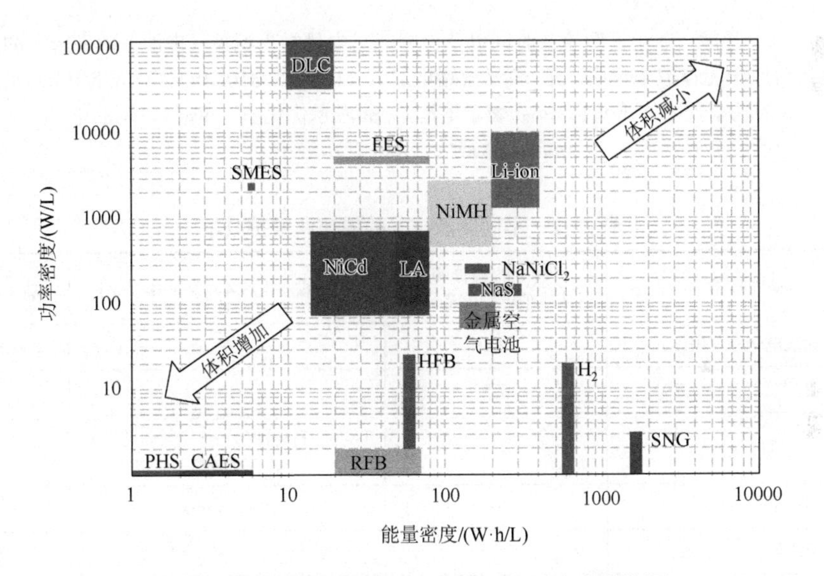

图1-15 不同储能技术功率密度对能量密度的作图

PHS：泵抽水电储能；CAES：压缩空气储能；RFB：氧化还原型液流电池；HFB：混合液流电池；SNG：合成天然气；FES：飞轮储能；DLC：双层电容器；SMES：超导磁能存储；Li-ion：锂离子电池，其余为各类电池简写如LA

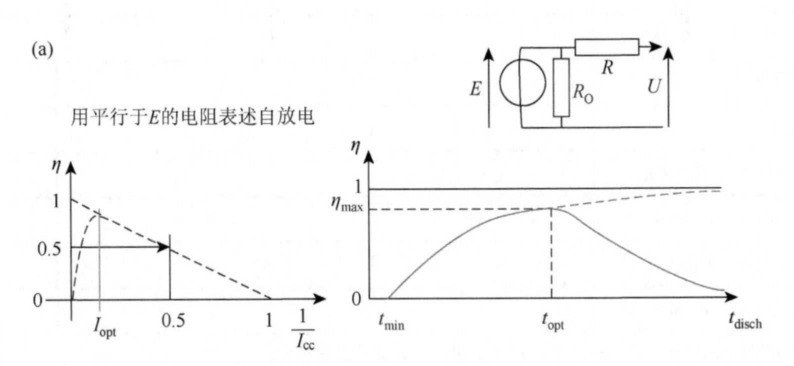

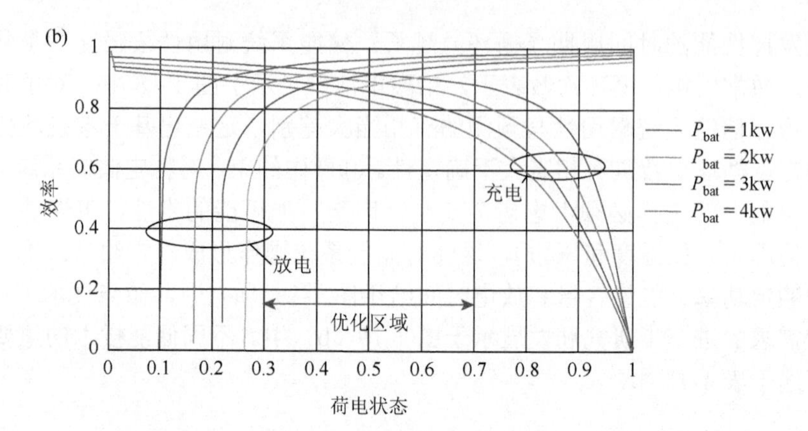

图 1-16　(a) 释能（放电）倒流或时间以及自释能对电化学累积器（电池）效率影响的图示表述（虚线对应于无自放电电阻，I_{CC} 表示短路电流）；(b) 48V-310A·h（15kW·h/10h）铅酸电池的功率效率（下角标：bat 表示电池，opt 表示优化值，disch 表示放电，max 表示最大，min 表示最小）

表 1-12　不同储能技术的操作和维护成本

储能技术	大规模储能、操作和维护成本/[美元/(kW·a)]	分布式发电成本/[美元/(kW·a)]	功率质量
泵抽水电储能（PHS）	2.5	—	—
压缩空气储能（CAES）	2.5	10	—
氢能储能	—	3.8（燃料电池），2.5（气体透平） —（电解器）	—
飞轮储能（FES）	—	1000 美元/a*	5**
超导磁能存储（SMES）	—	—	10
电化学双层电容器（EDLC）	—	—	5
铅酸电池（LA）	5	15	10
镍镉电池（NiCd）	5	25	—
镍金属氢化物电池（NiMH）	—	—	—
锂离子电池（Li-ion）	—	25	10
钠硫电池（NaS）	20	—	—
钠氯化镍电池（$NaNiCl_2$）	—	—	—
钒氧化还原电池（V-redox）	—	20	—
锌溴电池（ZnBr）	—	20	—
锌空气电池（Zn-air）	—	—	—

*特指 18kW/37kW·h 飞轮系统成本；**指高速或低速飞轮系统成本。

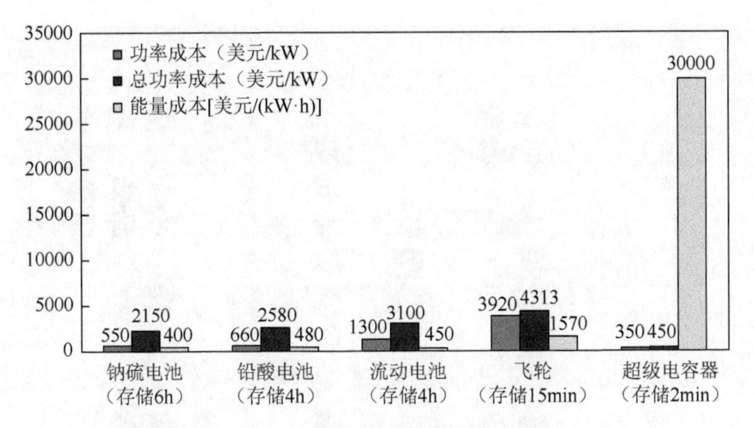

图 1-17　某些储能系统的成本比较

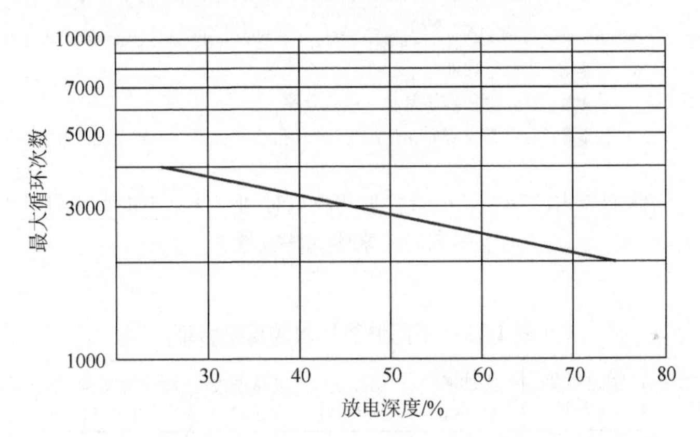

图 1-18　铅酸电池循环容量演化与放电深度间的函数关系

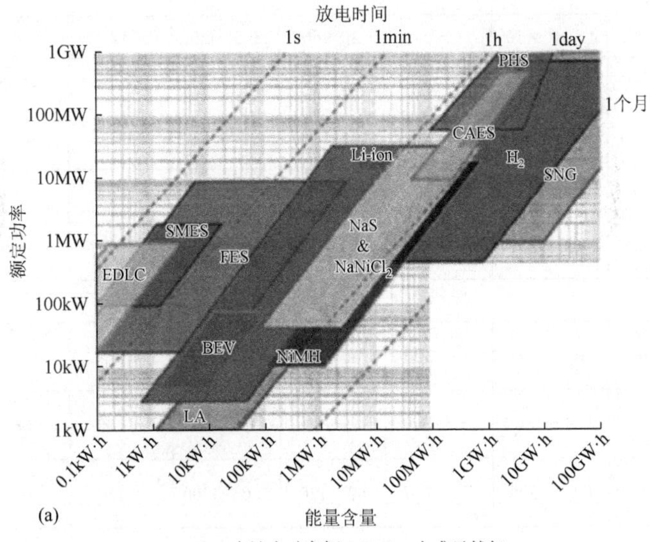

BEV：电池电动车辆；SNG：合成天然气

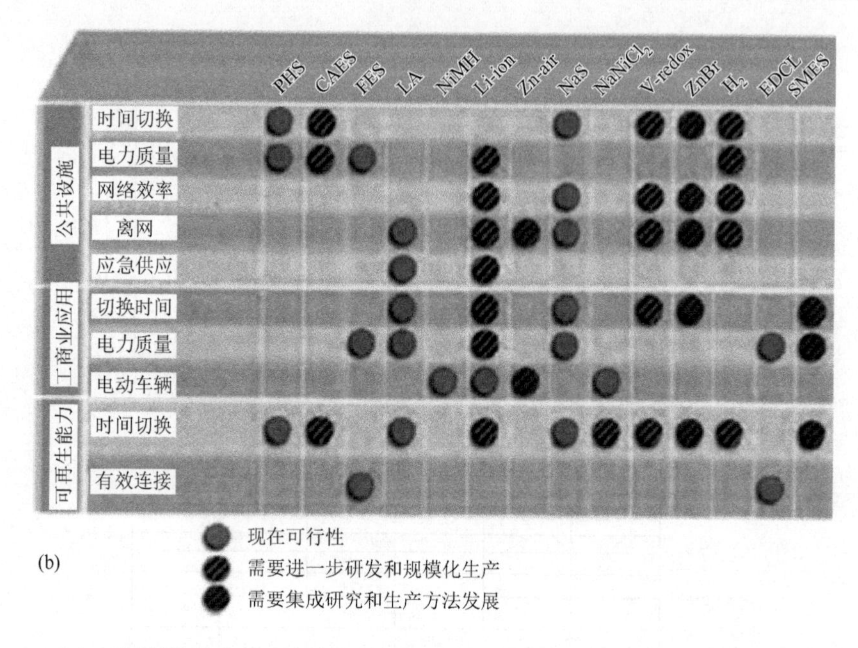

(b)

图 1-19 （a）不同储能技术的功率、能量含量和放电时间；（b）电能存储可行性、未来潜力、需求的未来研究和发展

表 1-13 不同储能技术的重要特征

储能技术	额定功率/MW	额定能量/(kW·h)	比功率/(W/kg)	比能量/(W·h/kg)	功率密度/(kW/m³)	能量密度/(kW·h/m³)	往返效率/%	临界电压/V
PHS	100～5000	2×10^5～5×10^6	—	0.5～1.5	0.1～0.2	0.2～2	75～95	—
CAES	100～300	2×10^5～10^6	—	30～60	0.2～0.6	12	≤5	—
氢储能	<50	10^5	>500	33330	0.2～20	600	29～49	—
飞轮储能	<20	10^{-5}～10^3	400～1600	5～130	5000	20～80	85～95	—
SMES	0.01～10	0.1～100	500～2000	0.5～5	2600	6	—	—
EDLC	0.01～1	0.001～10	0.1～10	0.1～15	4×10^4～1.2×10^5	10～20	—	0.5
常规电池								
铅酸电池	<70	100～10^5	75～300	30～50	90～700	75	80～90	1.75
镍铬电池	<40	0.01～1500	150～300	45～80	75～700	<200	70～75	1.0
金属氢化物电池	10^{-6}～0.2	0.01～500	70～756	60～120	500～3000	<350	70～75	1.0

续表

储能技术	额定功率/MW	额定能量/(kW·h)	比功率/(W/kg)	比能量/(W·h/kg)	功率密度/(kW/m^3)	能量密度/(kW·h/m^3)	往返效率/%	临界电压/V
先进电池								
锂离子电池	0.1～5	10^2～10^5	230～340	100～250	1300～10000	250～620	90～98	3.0
钠硫电池	0.5～50	6000～6×10^5	90～230	150～240	120～160	＜400	85～90	1.75～1.9
钠氯化镍电池	＜1	120～5000	130～160	125	250～270	150～200	90	1.8～2.5
储能技术	放电时间	应答时间	寿命/年	寿命（循环次数）	操作温度/℃	自放电/(%/d)	特殊要求/[m^3/(W·h)]	充电时间
PHS	h～d	s～min	50～100	＞500	常温	0	0.02	min～h
CAES	h～d	1～15min	25～40	—	常温	0	01～0.28	min～h
氢储能	s～d	ms～min	5～15	＞3000	-80～100	0.5～2	0.005～0.06	瞬时
飞轮储能	15s～15min	ms～s	≥20	10^5～10^7	-20～40	20～100	0.28～0.61	＜15min
SMES	ms～5min	ms	≥20	10000	-270～-140	10～15	0.93～26	min
EDLC	ms～h	ms	≥20	5×10^6	-40～85	2～40	0.43	s～min
常规电池								
铅酸电池	s～3h	ms	3～15	2000	25	0.1～0.3	0.06	8～16h
镍铬电池	s～h	ms	15～20	1500	-40～45	0.2～0.6	0.03	1h
金属氢化物电池	h	ms	5～10	300～500	-20～45	0.4～1.2	0.02?	2～4h
先进电池								
锂离子电池	min～h	ms～s	8～15	＞4000	-30～50	1.0～0.3	0.01?	min～h
钠硫电池	s～h	ms	12～20	2000～4500	300	20	0.019	9h
钠氯化镍电池	min～h	ms		1000～2500	270～350	15	0.03?	6～8h
流动电池								
钒氧化还原电池	s～10h	＜1ms	10～20	＜1300	0～40	0～10	0.04	min
锌溴电池	s～10h	＜1ms	5～10	＞2000	20～50	0～1	0.02	3～4h
锌空气电池	6h	ms	30	＞40000	0～50	—	0.005	—

注：?表示存疑。

1.7　非电力部门对储能的需求

1.7.1　引言

储能技术除了传统大型电力系统应用外，其他领域也有广泛需求，因为能量使用领域是非常广泛的。不同领域使用的储能单元，其要求的功率和能量范围有很大不同，在图1-20中给出了储能装置功率和能量等级与使用设备类型间的关系，也列举了一些典型顾客用户。从图中可以看到，便携式设备、移动装置和固定应用的储能装置，其功率和能量等级有很大差别。电力部门对储能需求在第3章中专门讨论，本节只对非电力部门储能需求做简要介绍。

功率等级	能量等级	设备类型	用户举例
≤1W	MW·h	便携储能设备	电子表、手机
1～100W	W·h		电子设备、电动工具
≤500W	≤500W·h	移动储能设备	电动自行车
10～200kW	2～200kW·h		节能与新能源汽车
100～500kW	约500kW·h		铁路机车、城市轨道交通车
1kW	5kW·h	固定储能设备	家用储能设备
10～100kW	30kW·h		小型工业和商业设施
兆瓦级、吉瓦级	MW·h级、GM·h级		智能电网、风能、光伏 移峰填谷储能电站

图1-20　储能单元功率等级和能量等级与使用设备间的关系

1.7.2　便携式设备装置对储能的需求

便携式设备装置在日常生活中是离不开的，例如，随处可见的许多中小型电子设备。这些设备装置的运转必定依靠携带储能单元的能量。便携式应用使用的储能单元绝大部分离不开电池。它们对储能单元电池的要求（重要参数）与移动和固定应用储能单元有很大不同。现在无处不在地非常普及便携式设备，如手提计算机、手机、音乐播放器、摄像机、个人数字助理以及电子手表和助听器等，几乎都是由各种类型电池供电的。这充分说明不同类型电池储能技术是多么重要。这有几个方面的原因：一是它们对能量需求是零星而不是稳定的，没有必要长期与固定电源一直连接着，电池（可以是二次充电式的也可以是一次性的）能提供这类灵活性；二是便携式设备中应用的储能单元质量因素是很重要的，而另一些体积能量密度是至关重要的，即它们对质量和体积要求是相当苛刻的（是电池需要考虑的非常重要的参数）。好在现在某些类型电池能够满足该类要求，因为它们有较高质量能量密度（比能量）和体积能量密度。除了近年在这些方面已取得很大进展外，价格和安全性（因小体积中储存较大数量能量）方面也在取得进展，但仍需进一步努力。

近年来变得特别可见的储能应用领域是汽车，其数目已变得非常巨大。此外，正在再次考虑发展全电动汽车，电能储存组件对其是至关重要的。这些不同类型的应用所需的主要特性差别是很大的。因此，发展多种不同类型储能技术是很重要的。

1.7.3　车辆对储能的需求

目前汽车中使用的推进动力，除了传统内燃引擎（消耗汽油或柴油燃料）外，正快速引入电动机驱动，虽然只占总量的一小部分。电动车辆包括纯电动车辆（以储能电池为电力）、混合动力车辆（以内燃机-电池组合为动力，主要是乘用车）和氢能车辆（以氢为动力，主要是物流车、大型公交车和装置车辆）三种。纯电动车辆由车载电池一般是锂离子电池提供推进动力，常规车载电池常在夜里充电从电网获得能量。现在中国电动车辆处于快速发展期（2023年年产销都已达到约950万辆），国家政策也快速跟进。混合动力车辆仍然以常规内燃引擎提供主要动力，相对小的高速电池辅助（用于存储车辆减速时产生的部分动能），内燃引擎与电池组合可在相当大程度上减少燃料消耗。受到越来越多关注的另一种称为插电式混动车辆，该类车辆中电池组件充的电量可让车辆行驶一定距离。因此，如果开行距离不很远，它们的动力源来自电网。只有启行距离更远时，其推进动力除电网获得能量外还需要利用常规汽油或柴油燃料。此外，世界上已经在使用的电动摩托车和电动自行车接近3亿辆（仅中国就有2.3亿辆）。它们也是从电网中获取能量的。因此，随着插电式混合动力和全电动车辆数量的增加，交通能源需求总体上将逐渐从液体燃料移向电力。因电力部分负荷多在夜间获得，其他时间需求下降，这将有助于电网负载均衡。虽然混合动力车辆源自日本，但目前在中国越来越受到重视，发展更快。

在纯电动、混动和插电式混动汽车中使用的储能装置都是电池。它们使用电池的特征有所不同。混动车辆中使用的电池相对较小，因为其必须储存的能量相对较少；相反，吸收制动过程能量的速率可能是很高的。因此，使用电池必须具有高速率或高功率操作的能力，为此使用的是金属氢化物/镍电池。但参与发展这类车辆的几乎所有汽车制造商都期望在未来使用的是锂离子电池，因为其单位质量储存能量比目前使用电池要高相当多，当然也希望能有在高功率下操作的能力。

全电动和插电式混合动力车辆的应用则不相同，因为车辆必须有合适行驶距离和存储的能量要足够大，需用大而重的电池。因此，它们是以能量存储而不是以高速率来进行优化的。其结果是这类车辆应该合理使用不同的两类电池：一类是优化能量，另一类是优化动力。更重要的因素是成本，特别是对于更受欢迎的锂离子电池，这是一个目前受到大量研究和开发关注的领域。

1. 普及电动车辆

普及电动车辆是降低排放和提高能源效率的重要手段之一。大量电动车辆形成的是随机用电负荷，能起到储能单元的一定作用。因此，它们已成为影响能源网络运行的重要参数。近些年来电动车辆获得了飞速的发展，特别是在中国。截至 2018 年，全球范围内售出电动汽车 450 万辆，2022 年已超过 1000 万辆，其中 2/3 的电动汽车由电池供电，1/3 为插电式混合动力车。中国和美国的电动汽车总量约占世界的 2/3。中国在 2023 年就销售了 949.5 万辆新能源汽车。目前，全球至少有数以百万计的电动汽车充电桩安装在家庭、企业、停车场、购物中心和其他地方。随着未来几年电动汽车数量的增长，预计电动汽车充电桩的数量将迅速增长，特别是在中国受到政府的大力推动。随着电气化、移动化服务和车辆自动驾驶间的相互协同作用，电动汽车充电行业也会随之快速增长，这将对交通运输领域产生深远影响。

2. 电动汽车用储电系统的特性

选择适用于电动汽车应用的储电系统（ESS），主要取决于如下几个特性：容量、总输出功率、放电时间、放电深度（DOD）、自放电、循环寿命、充放电效率、尺寸和成本。ESS 容量定义为完全充电之后，系统中存储的可用总能量。基于自放电、DOD 和响应时间方面的不同，不同 ESS 的容量利用率可能有所不同。ESS 可用总能量限制了转换系统和负载参数，因为 ESS 通常只可以其最大值放电或再充电。ESS 功率输出和放电取决于系统响应和需求。功率特性可体现在放电倍率上或按负载要求释放需求电量的总时间上。放电时间是指可以用 ESS 存储总能量与系统最大释放能量的比表示。自放电特性则是指 ESS 在未运行或闲置状态下能量随时间的流逝，即损失的能量。循环寿命是指 ESS 的耐久性，取决于 ESS 提供能量可充放电的循环次数，通常是由构成 ESS 材料和操作水平决定的。效率则是指从 ESS 存储能量中能输出应用的能量数量之比。

ESS 可能受到多个参数的限制，如自放电、循环寿命、材料特性、能量转换和工作温度。ESS 尺寸是电动汽车（EV）应用必需的关键特征。紧凑的尺寸对应的是电池效率性能。高能量密度电池对应的是小的质量和体积。成本与规模密切相关。而且，ESS 资本成本中包含了储电系统设计、材料、包装、维护、损耗、寿命，以及因环境问题产生的部分成本。

ESS性能是由上述基本特性参数决定的。高能量密度、高功率密度和小尺寸，对储能应用是ESS必不可少的特征。作为EV动力的ESS在制造和选择过程也需要确认零排放、可忽略不计自放电、化学反应引起低材料腐蚀、高耐久性、高效率及低维护成本等因素。此外，也要求ESS能对爬坡过程做出快速反应和在正常运行中保持稳定。为了这些目的，提出了混合ESS概念以更好地应用于EV中。现在对ESS的进一步研发重点集中在技术改进和新的先进ESS技术。

1.7.4 氢推进动力车辆对储能的需求

近来，人们对使用氢作为车辆推进燃料很感兴趣，特别是在物流车辆和重载车辆领域，如城市公交车和重载物流车辆。该主题实际上有两个不同版本：一是氢在内燃引擎中直接燃烧；二是氢作为燃料电池燃料。对于前者现在就可做到，仅需要对现有汽油或柴油引擎做轻微改动，但需在相对高压力下喷入气态氢。德国宝马集团已对这类汽车示范多年。氢以液态形式存储于低温绝缘罐中。也可以固态金属氢化物储氢替代液氢存储。该类材料本质上与普通氢化物/镍电池负极中使用的氢化物材料是类似的。加热金属氢化物可使其释放氢气供在氢引擎或燃料电池中使用，后者已被美国和日本政府大力推广许多年，这是以氢燃料电池产生电力为推进动力的车辆（车载储氢）。由于是金属成分，金属氢化物很重，仅能存储百分之几质量的氢。美国能源部（DOE）正在支持一项基础性研究计划，目标是要找到至少能存储6wt%（质量分数，后同）氢的材料。这个目标的设立是基于这样的假设：消费者需要的是行驶里程与目前内燃引擎汽车大致相同的氢动力车辆。很明显，人们对高里程汽车兴趣的增加明显是与现在电动汽车性能（行驶里程不够长）联系在一起的。应该注意到，德国一家公司正在生产由氢燃料电池提供动力的军用潜艇，使用固体金属氢化物存储所需的氢气。氢化物材料质量对潜艇来说不是问题，目前有一些令人满意的材料满足其使用目标。

1.8 储能优化管理建筑物中能量

住宅和商业建筑物使用的能量数量很大，包括电能和热能，因此是分布式发电和热电联供装置的好场所。为优化利用电能和热能，配备储能设备是一个好的选择。除了储电单元（如大容量电池）外，还需要储热单元（如存储热水的大容器）。这不仅能提高能量利用效率，而且能使家庭和建筑物空间保持在舒适的温度（和湿度）。在家庭和建筑物用能中，除大量电器设备和照明外，调节生活和工作空间温度也是必不可少的。在冬季，这涉及供热，在夏季，通常用空调设备来降低温度。为了提高热能利用效率和降低能耗，在家庭和建筑物中除了利用高热绝缘材料进行装修外，使用储热技术也能有效降低热能消耗。已经为此发展出多种类型储能系统，这将在热能存储技术一章中做较详细介绍讨论。

1.8.1 改进照明技术

电力现在占美国总能源使用的40%左右，其中约22%用于照明。在美国，超过8%的总能耗是用于照明的。在全球范围，约2700TW·h或总电力消费的约19%是用于照明的。今天大多数照明仍然使用钨丝白炽灯，电能把钨丝加热到3500K，其发射光谱的范围非常宽，从人眼敏感区域到产生热量的红外光。只有大约5%电能转化为可见光，其余95%转化为热量。因此，这是一个非常低效的过程。照明技术正在快速改变，我们有理由预计，未来照明技术在总能源使用量中所占的比例将多少有所下降。该下降过程的第一步是大量增加日光灯的使用。日光灯的发光效率为20%～25%而不是白炽灯的5%。在许多地方正在用政府法规禁止低效白炽灯的使用。例如，美国加利福尼亚州一项法律要求，到2013年必须达到25 lm/W的最低标准，到2018年60 lm/W。除了这些地方举措外，美国联邦政府禁止在2014年1月后生产和销售普通白炽灯。然而，现在一般认为，荧光技术将利用半导体、发光二极管（LED）或LED发光光源。在这个方向的开发努力已进行了很长时间，取得了飞跃性进展。现在一些LED产品已被广泛用于自行车灯、汽车尾灯、城市路灯和室内照明。主要的突破包括了GaN-LED组成和加工，以及把这些材料做成发射不同波长范围光线的器件。现在清楚的是，这种固态照明技术的能源效率是白炽灯的15倍，且已快速进入商业市场，将在未来发挥更大的作用。这三种技术的相对能源效率可从表1-14的数据中看到。

表1-14　不同照明技术的效率　（单位：lm/W）

光源	效率
钨丝白炽灯	17.5
紧凑荧光灯	85～95
白光辐射二极管	170

1.8.2 发展储能技术的建议

为促进储能技术的发展和它们在能源系统中的集成，提出和推荐如下倡议以供在下一个二三十年采用。①由于储能必定被预期是未来可再生能源系统的基石，应该把它作为单独的研究领域予以支持；②应该优先强化和重点支持与储能技术相关材料的研发；③要在未来一段时期内实现 100% RES，研究和创新的同时必须确保解决其灵活性、可靠性和经济性能源系统方法的发展。对中间示范项目的推荐建议如下：①为完成示范项目需要更加努力研究，其中包括储能与电网集成、热管理和工业废弃物热能存储、电网连接电池存储和热能存储（包括地热技术）等领域；②完成电网间连接的示范，如功率到气体概念（电力被转化为合成甲烷或氢气）。对储能市场提出如下倡议：①在电力市场集成储能设计市场项目；②发展市场基方法以达到分配灵活性(以经济方式提供灵活性)。对系统提出如下倡议：①对功率系统大小和位置应该考虑随机功率的可变性和不可预测性、网络拓扑和未来储能操作经济性；②应该发展规则设置，以有利于电能、热能和气体公用基础设施的有效耦合。

1.9　储能技术发展现状与趋势

1.9.1　世界主要国家储能产业政策与发展情况

随着新能源产业的兴起，储能应用日益受到世界各国的重视。由于各国处于技术发展的不同阶段，储能产业政策具有各自的特色。在储能产业初始发展阶段，政府多采用税收优惠或补贴政策，促进储能成本下降和规模应用；在储能应用较广泛时，政府通常鼓励储能企业深入参与辅助服务市场和实现多重价值。

1. 北美（美国和加拿大）

北美以政策和补贴鼓励发展分布式储能。例如，美国各州近年来很关注储能的部署。美国能源和自然资源委员会推出的《完善储能技术法案》（BEST）修订版由一系列储能法案构成，其中包括：《2019 促进电网储能法案》《降低储能成本法案》《联合长时储能法案》等；采购储能系统流程、回收储能系统材料（如锂、钴、镍和石墨）的激励机制，以及联邦能源管理委员会（FERC）制定的收回储能系统部署成本的规则与流程。

美国加利福尼亚州计划到 2030 年部署装机容量达 11～19GW 的电池储能系统，建议采用持续放电时间为 6～8h 的锂离子电池。纽约州计划到 2030 年部署装机容量为 3GW 的储能系统。马萨诸塞州确定 2025 年实现装机容量达到 1GW 的储能目标。弗吉尼亚州明确的目标是，2035 年部署 3.1GW 储能系统，2050 年实现 100%可再生能源（RES），用户必须从第三方储能系统获得超过 1/3（35%）的储能容量。内华达州、新泽西州和俄勒冈州也制定了储能目标。各州还采取激励措施支持储能部署：俄勒冈州要求每家公用事业公司至少部署 10MW·h 储能系统和 1%的峰值负荷；加利福尼亚州为 2020 年部署装机容量 1325MW 的目标增加 500MW，并向储能系统相关发电设施提供超 5 亿美元的资助，为可能受到火灾影响的区域部署户用储能系统提供 1000 美元/(kW·h)资助。

在美国储能市场处于领先地位的各州正在审查将储能设备连接到电网的可行性，把储能系统作为未来强大电网的关键组成部分，并对互联过程中储能系统部署有明确规定，以确保其灵活性和响应性。马里兰州、内华达州、亚利桑那州和弗吉尼亚州都已采取措施，在互联标准制定中解决储能系统问题。明尼苏达州、密歇根州和伊利诺伊州等就此展开了调研和对话。

税收方面，美国政府为鼓励绿色能源投资，2016 年出台了投资税收减免（investment tax credit，ITC）政策，提出先进储能技术都可以申请投资税收减免，可以通过独立方式或并入微网和独立 RES 发电系统等形式运行。补贴方面，自发电激励计划（SGIP）是美国历时最长且最成功的分布式发电激励政策之一，用于鼓励用户侧分布式发电。储能也被纳入 SGIP 的支持范围，储能系统可获得 2 美元/W 的补贴支持。SGIP 至今经历多次调整和修改，对促进分布式储能发展发挥了重要作用。

加拿大许多地区纬度偏高，四季冰寒，储能是其保障电力供应的有效措施之一，应用比较普遍。2018 年 4 月，安大略省能源委员会（OEB）发布规划以促进包括储能项目在内的分布式能源发展。中立管理机构独立电力系统运营公司建议投资者重点关注能提供多重服务的细分领域，充分发挥储能潜力。阿尔伯塔省计划在 2030 年实现 30%的电力由 RES 供应。

2. 欧洲

欧洲主要国家储能部署已趋饱和，政策偏重引导新需求。欧洲电力市场的发展方向明确：更多的 RES、更便宜的储能系统、更少的基本负荷、热力和运输领域实现电力化。2019 年，欧盟中 17 个成员国成功实现电力网络互联。对部署天然气和柴油峰值发电设施的审查更加严格，储能系统部署备受青睐。

补贴和光伏是欧洲储能产业发展的两大推手。为给 RES 介入而带来日益增高的欧洲电网运营成本做支撑，德国、荷兰、奥地利和瑞士等国开始尝试推动储能系统参与辅助服务市场，为区域电力市场提供高价值服务。随着分布式光伏的推广，欧洲许多国家以补贴手段扶持本地用户侧储能市场，意大利实施了补贴及减税政策。

欧盟制定了欧洲能源的目标：2050 年实现“净零”GHG 排放。为此需要大量部署储能系统和其他灵活的 RES。2040 年欧洲将拥有 298GW 可变 RES 发电能力，这需要有容量为 118GW 灵活性的发电设施来平衡系统波动，储能将起很重要的作用。欧洲在储能部署上先行了一步并获得了巨大成功。频率响应和其他电网服务已得到基本满足。因为当前欧洲储能市场接近饱和，储能发展放缓。

德国政府高度重视能源转型，近 10 年一直致力于推动本国能源系统转型变革。为推动储能市场发展，德国采取了一系列措施，包括逐年下降上网电价补贴，高零售电价，高比例 RES 发电，由德国复兴信贷银行为用户提供储能补贴等。为了鼓励新市场主体参与二次调频和分钟级备用市场，在 2017 年市场监管者简化了参与两个市场的申报程序。这为电网级储能应用由一次调频转向二次调频和分钟级备用等两个市场做准备。此外，德国政府部署了大量电化学储能、储热、制氢与燃料电池研发和应用领域的示范项目，使储能技术的发展和应用成为能源转型的支柱之一。例如，位于柏林市区西南欧瑞府零碳能源科技园（占地面积 $5.5\times10^4m^2$，共 25 幢建筑，建筑面积约 $16.5\times10^4m^2$）的能源供应有 80%～95%来自 RES 电力，园区采用了一系列先进智能化能源管理，包括光伏、风电、地热、沼气热电联产、储热储冷及热泵等的多能联供模式，以及无人驾驶公交车和清扫机器人、无线充电及智能充电等高新技术，获得了能源性能标准认证及铂金级低能耗绿色建筑等头衔，提供灵活储能电站和智能管理负荷微电网等。整个园区成为集低碳城市理念展示、科技创新平台为一体的产学研一体化的新能源和低碳技术产业生态圈。智慧能源与零碳技术的有机融合使其在 2013 年获“联合国全球城市更新最佳实践”奖，成为德国能源转型的创意灵感象征。

英国自 2016 年以来大幅推进储能相关政策及电力市场规则的修订工作。政府将储能确定为工业战略的一个重要组成部分，制定了一系列推动储能发展的行动方案，明确储能资产的定义、属性、所有权及减少市场进入障碍等，为储能市场的大规模发展注入了强心剂。英国政府提议，降低准入机制，取消装机容量 50MW 以上储能项目的政府审批程序，消除电网规模储能系统部署的重大障碍。另外，取消了光伏发电补贴政策，客观上刺激了户用储能的发展。

3. 亚洲

亚洲主要国家的储能以分散部署为主，政策与补贴关注点在户用与交通储能。亚洲储能项目装机主要分布在中国、日本、印度和韩国。2016 年 4 月，日本政府发布《能源环境技术创新战略 2050》，对储能做出部署，提出研究低成本、安全可靠的快速充放电先进电池技术，使能量密度达到现有锂离子电池的 7 倍，成本降至 1/10，应用于小型电动汽车时续航里程达到 700km 以上。日本政府除了对户用储能提供补贴，对新能源市场的政策导向也十分积极。例如，要求公用事业太阳能独立发电厂装备一定比例电池以稳定电力输出，要求电网公司在输电网上安装电池以稳定频率，对配电网或微电网使用电池进行奖励等。为鼓励新能源走进住户，又要求缓解分布式太阳能大量涌入带来的电网管理挑战，日本政府采用激励措施鼓励住宅采用储能系统，对实施零能耗房屋改造家庭提供一定补贴。

中国的储能产业虽然起步较晚，但近几年发展速度令人瞩目。2019 年，据全球知名能源咨询顾问公司 Wood Mackenzie 预测，到 2024 年，中国储能部署基数将增加 25 倍，储能功率和储电量分别达到 12.5GW 和 32.1GW·h，将成为亚太地区最大的储能市场。政府在储能领域的积极政策激励是促进行业快速发展的主因，也是部署储能的主要推动力。

印度在其 2022 年智能城市规划中，将 RES 装机目标增加到 175GW。为此，政府发布了光储计划、电动汽车发展目标、无电地区供电方案等政策文件。很多海外电池厂商在印度建厂，印度希望不断提升电池制造能力，陆续启动储能技术在电动汽车、柴油替代、RES 独立并网、无电地区供电等领域的应用。

韩国持续推动储能在大规模 RES 领域的应用，政府主要通过激励措施，如为商业和工业用户提供电费折扣优惠等方式，支持储能系统部署。

1.9.2 美欧储能市场发展

据中国相关部门统计，到 2021 年年底，全球电力储能装机容量为 209.4GW，不同储能技术所占容量百分比示于图 1-21 中。可以看到，泵抽水电首次低于 90%，新型储能装机容量为 25GW，锂离子电池占绝对主导地位，其份额为 90%。从 2011 年到 2021 年储能容量增长情况给于图 1-22 中。从图可以看到，自 2013 年开始，储能单元安装容量增速逐年增加，近几年储能容量增长更有加速的趋势。例如，2021 年全球新型储能装机规模比前一年增长超过 60%。美国、中国和欧洲仍然引领全球储能市场的发展，三者合计占 80%。

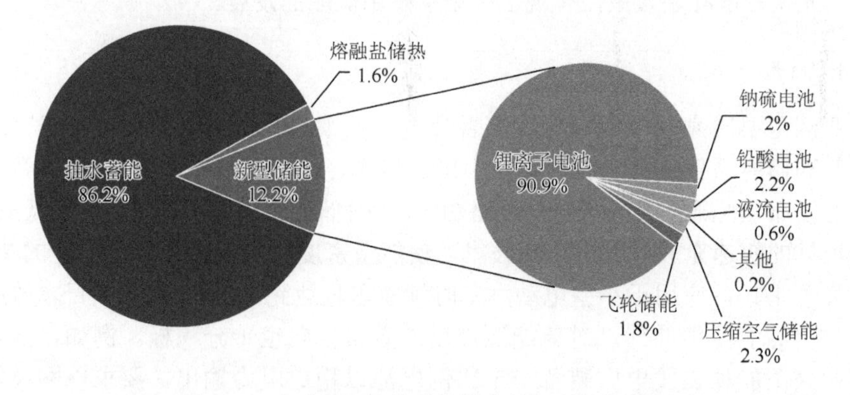

图 1-21 全球不同电力储能技术装机容量的占比

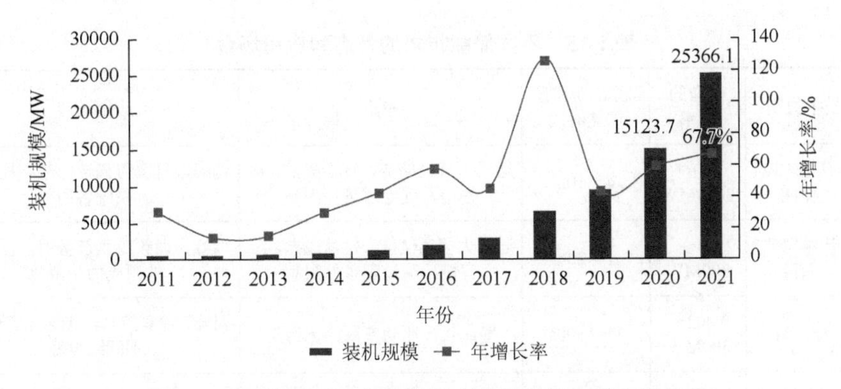

图 1-22 2011～2021 年全球新型储能装机容量和增长率

1. 美国储能市场

在面临涨价的不利形势下，美国储能市场仍创造新纪录，储能容量首次超过 3GW，比 2020 年增长约 2.5 倍。以电源侧储能为主，占总装机容量 88%，主要是独立运行的储能电站。此外，单机储能容量也不断刷新历史纪录。2021 年完成的最大储能项目是佛罗里达独立和照明公司 409MW/900MW·h 的 Manatee 储能项目。美国将从百兆瓦级进入吉瓦级项目新时代。

2. 欧洲储能市场

欧洲各国在 RES 目标和承诺以及各种电网服务市场机遇开发的驱动下，自 2016 年以来储能装机容量一直呈现持续快速增长态势。2021 年欧洲新增投运储能容量超过 2.2GW，用户市场表现强劲，容量达 1GW。德国在该领域仍然处于主导地位，储能新增装机容量的 92%来自用户，累计安装达 43 万套。此外，意大利、奥地利、英国、瑞士等国的用户储能装机也已启动加速。电力生产边储能主要集中于英国和爱尔兰，其中英国的英格兰和威尔士允许建造容量分别在 50MW 和 350MW 以上的储能单元，因此装机容量快速攀升，单项容量升至 54MW。威尔士的储能资源开放了辅助服务市场。阿克若兰的电网级电池储能容量已超过 2.5GW，短期市场规模将不断攀升保持快速增长。

1.9.3 储能技术发展前景

已发展的储能技术特点及其场合总结给于表 1-15 中。不同储能技术成熟程度与其系统规模的作图给示图 1-23 中。主要储能技术目前的安装成本估算值给于表 1-16 中。

表 1-15　不同储能技术的特点和应用场合

储能技术类别		典型的功率	额定功率下放能时间	特点	应用场合
机械储能	泵抽水电储能	100～3000MW	4～10h	适于大规模储能，技术成熟，应答慢，受地理条件限制	调峰，日负荷调节，频率控制，系统备用
	压缩空气储能	10～300MW	1～20h	适于大规模储能，技术成熟，应答慢，受地理条件限制	调峰，调频，系统备用，可再生能源电力平滑化
	飞轮储能	0.002～300MW	1～1800s	寿命长，比功率高，无污染	调峰，频率控制，电能质量控制，不间断电源
电磁储能	超导磁储能	0.1～100MW	1～300s	应答快，比功率高，低温条件，成本高	输配电稳定，遏制震荡
	超级电容器储能	0.01～5MW	1～30s	应答快，比功率高，成本高，比能量低	电能质量控制
电化学储能	铅酸电池	kW～MW	数分钟到数小时	技术成熟，成本低，寿命短，有环保问题	备用电源，黑启动
	液流电池	0.05～100MW	1～20h	可深度放电，便于组合，环保性好，能量密度低	能量管理，备用电源，可再生能源电力平滑化
	钠硫电池	0.1～100MW	数小时	比能量和比功率高，高温条件，存在运行安全问题	电能质量控制，备用电源，可再生能源电力平滑化
	锂离子电池	kW～MW	数分钟到数小时	比能量高，循环特性好，成组寿命和安全问题尚需提高	电能质量控制，备用电源，可再生能源电力平滑化

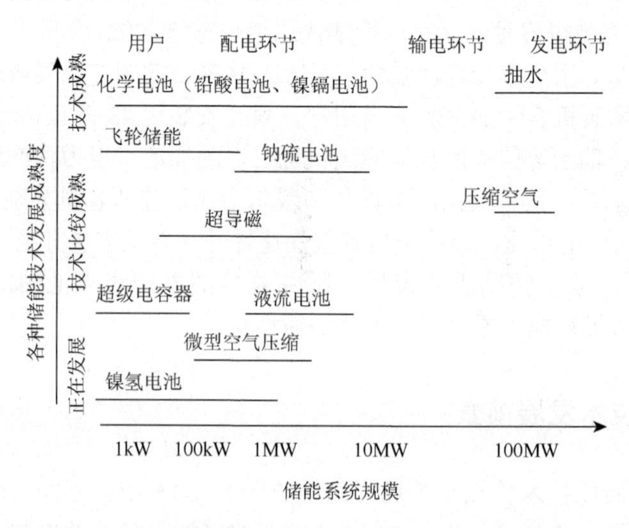

图 1-23　不同储能技术成熟程度与系统规模的作图

表 1-16　重要储能技术现在的安装成本

储能技术	典型功率/MW	典型容量/(MW·h)	单位成本/(美元/kW)	单位成本/[美元/(kW·h)]
泵抽水电储能	1～3000	10～10000	600～2000	10～125
压缩空气储能	10～300	10～3000	450～830	80～180
铅酸电池	3020	4.5～40	570～1580	390～590
钠硫电池	0.5～6	0.7～48	810～2270	230～810
锌溴电池	0.03～0.25	0.05～0.5	500～2000	400～800
钒电池	0.03～3	0.24～1.5	1300～2600	262～645
飞轮储能	0.002～2	0.001～0.1	460	700～1500000
超级电容器	0.001～5	0.001～0.01	400～500	750～1375
超导磁储能	0.1～100	0.001～0.3	220～510	1000000

国外风电场储能系统配置比例情况：美国夏威夷 30MW 风电场配 15MW 储能系统；美国杜克能源公司 153MW 风电场配置 36MW 储能系统；日本东北电力公司 51MW 风电场配置 34MW 储能系统。仅 2009 年上半年，日本碍子（NGK）株式会社就与美国、阿联酋和法国等签约共销售约 600MW 的大型钠硫电池储能电站，超过了过去 10 年的总和。美国市场研究机构 Lux Research 公司估计：现阶段全球如 10%投运的并网风电场使用储能装置（不含光伏发电），仅此即可带来约 500 亿美元的市场规模。可见储能系统将成为现有发电、输电、变电和配电四大电力环节之外生长出来的一个新产业。

我国国家电网有限公司在河北省张北地区实施的风光储输联合示范工程，风电总规模 300～500MW，一期 100MW；太阳能光伏发电 100MW，一期 50MW；储能电站总规模 110MW，一期 20MW。2011 年 3 月，新招标公告有五个包，其中四个磷酸铁锂电池系统，分别为 6MW/6h、4MW/4h、3MW/3h 和 1MW/2h；一个液流电池系统包，为 2MW/4h。当大型储能电站技术获得认可，将给大型储能技术带来很好的发展机遇。

新能源汽车开始兴起，对储能产业的需求愈加迫切。按照 2009 年 3 月公布的《汽车产业调整和振兴规划》，到 2011 年“形成 50 万辆纯电动、充电式混合动力和普通型混合动力等新能源汽车产能，新能源汽车销量占乘用车销售总量的 5%左右”，车辆用动力电池需求量巨大。

1.9.4　储能主动性和策略——未来可持续能源系统的储能策略计划

欧盟成员国政府和欧洲议会决定，在未来十年期间，欧洲能源形式将是使可再生能源（RES）所占能源供应中的比例逐渐增加。但因风能、太阳能有其固有可变性，不可能像常规化石能源那样调度（人们对化石能源依赖已经超过一个世纪），这类不可控制 RES 电力将对在时间尺度内功率供需施加严重挑战。对于最坏情形即 100% RES 情形，将产生严重不匹配：有时有太多电力可用，而在另一些时间又极度短缺。因此为达成 RES 目标，必须要有转移过量电力到另一段时间的能力。对此问题的解决欧洲当局有责任在规划未来能源系统时把注意力重点集中放在一系列技术步骤上。储能现时是最昂贵的解决办法，但是变革中的新技术成本有可能降低成本，因此对电网稳定性而言，储能成本被证明是必需和适当的。

储能技术也能为完全独立系统带来广泛范围的利益。目前这些利益仅有部分被货币化。需求边能量管理（DSM）通常是应对可变 RES 的首选和较便宜的方法。经典 DSM 使用已有很长时间了，由工厂和其他大使用者管理消费。近来出现的新型 DSM 适合于私人住户使用。依靠时间和市场价格，它的使用使家庭 PV 发电装置住户具有调节自己消费（与自身生产电力多少有关）的能力。虽然 DSM 是优化电力需求的常规做法，而住户中电力-热能系统也能用于吸收过量能量。随着热能存储的加入，同一系统在低风电生产时期可降低功率需求。提高电力传输和分布容量是目前选择 DSM 的第二优势。沿着脱中心化供应结构改变趋势和发展分布系统的同时，对传输网络的投资有助于波动性 RES 电力进行长距离传输以平衡过量或短缺的供应。

1.10 中国储能技术和市场的发展

1.10.1 中国储能市场的发展特点

2020 年中国储能产业的发展虽然受到新冠疫情的影响，但基于产业内生动力、外部支持及碳中和目标等利好因素的多重驱动，储能装机逆势大幅增长，如期步入规模化高速发展的快车道。纵观 2020 全年，中国储能产业发展有如下六个特点：①国家和地方调高对储能产业的基调；②显现能源和储能融合发展的趋势；③储能商业化应用期盼市场长效机制；④创新商业模式崭露头角；⑤储能技术不断取得突破，成本下降；⑥新势力异军突起，各方加码储能产业。

在进入“十四五”规划发展新阶段，经济社会对能源安全、高效、清洁利用提出了新要求。为实现碳达峰、碳中和目标，新能源规模化发展利用势在必行。储能是促进新能源跨越式发展的重要技术支撑。在世界经济格局发生变化的形势下，打造新经济增长点已成为战略性新兴产业的发展目标，储能产业就是其中的重要一环。推动储能技术全面商业化发展，建立国际储能市场主导地位，助力能源变革和新能源开发利用，成为“十四五”储能发展的重点方向。面对我国能源发展的新形势，中国储能市场规模与新能源配套发展的趋势不可逆转。有必要前瞻性地尽快解决面临的技术难题和商业化应用瓶颈，虽然储能尚未在电力领域发挥不可替代的作用，但其对增进我国新能源规模化发展的重要价值绝不容忽视。

1.10.2 中国储能产业规模

2010 年是中国储能从商业化初期向规模化发展的第一年，国家规划要求到 2030 年装机容量 30GW。中国各个省区市都发布了储能规划目标，要求 RES 必须匹配相应储能目标要求。2021 年新增储能装机容量首次超过 2GW，以新能源装置侧配置储能和独立储能应用为主。新增百兆瓦级储能项目（包含规划、在建和投运）达到 78 个，容量 26.2GW，采用多种储能技术如锂离子电池、压缩空气储能、液流电池、飞轮储能等。统计数据指出，到 2021 年我国电力储能累计装机容量 46.1GW，占世界总装机容量的 22%。其中泵抽水电储能 39.8GW，新型储能累计装机容量 5729.7MW。2021 年新投运装机容量达到 10.5GW，其中泵抽水电储能 8GW，新型储能装机容量达 2.4GW，其中锂离子电池和压缩空气储能有跨越式增长。我国不同储能技术装机容量示于图 1-24 中。

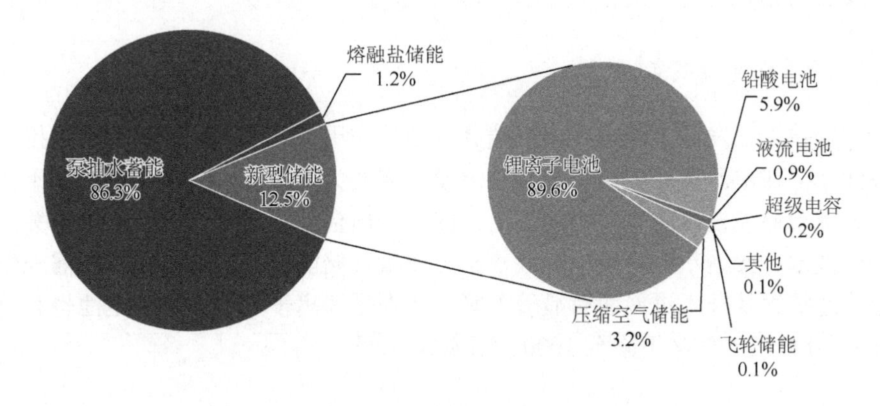

图 1-24 中国不同电力储能技术装机容量的占比

RES 发电和电动汽车快速发展给储能产业带来了新发展机遇。在新型高效可靠储能装置及配套设备以及关键材料的研发，特别是在大容量储能技术与动力电池产业化和降低成本领域仍需加大研发力度和示范应用。产业主管部门还需要给予强力的政策扶持。随着各种储能技术的发展进步和不断涌现高性能储能电池，我国储能装备将会得到广泛应用，储能产业一定会不断发展壮大。

1.10.3　当前需要解决的几个重要问题

1. 发展大容量储能系统

可采取两种技术路线：①电池并联成较大容量，以锂离子电池技术为主。在多节电池并联成的电池组中，如果有一块电池损坏，一般就可以认为这组电池寿命的终结，必须进行维修、更换。尽管锂离子电池在电动汽车领域普遍被看好，但在大容量储能市场中，还需经示范应用验证。②专门开发大容量电池。国际主流技术是钠硫电池和液流电池。我国钠硫电池和液流电池都处在示范应用阶段。大容量储能技术产业化需要加快步伐，集成成组技术还有待发展，成本需要降低，一些关键部件尽快实现国产化。还需要重视钠离子电池、锌氯液流电池等新型储能电池的研发。

2. 发展产业链

储能是一个产业链很长的产业，需要从关键材料，如钒液流电池低成本、高性能的双极板材料及离子交换膜材料、电解液以及锂电池电极材料等方面解决产业链发展问题。

3. 降低投资和成本

储能技术在发电、配电和用户端具有独特作用，储能产业已引起诸多投资者的关注。但在电源电或电网中加装储能设备需要大量投入，投资回报机制不够健全。为推动储能技术在电网中的应用，国家应出台相应支持政策，鼓励相关方应用储能技术、接纳新能源发电和改善电力质量。储能电池的价格因市场需求生产规模快速扩大及技术进展而有显著下降，特别是锂离子电池。钠硫电池也有望从现在的 2000 美元/kW 下降至 1000 美元/kW 水平。

4. 延长使用寿命

电网公司一般要求，在风电、太阳能发电等 RES 发电领域应用的电池寿命为 15 年，按每天充放一次计算，大概需要 6000 次。因此，要求磷酸铁锂电池达到 5000～6000 次循环。

1.10.4　中国储能市场发展趋势

有一机构对中国2021～2025年储能市场发展规模和趋势进行了预测，现简述如下。

1. “十四五”期间物理储能迎来快速发展期

2021年全国能源工作会议明确提出，要大力提升新能源消纳能力、大力发展泵抽水电等储能产业。电力系统安全稳定经济运行主要调节工具泵抽水电储能将迎来更快的发展期。因为在该五年规划期间电力系统对储能设施的要求更为强烈，泵抽水电发展规模化储能优势有更大发挥空间。考虑在建抽水蓄能电站工程施工进度，预计到2025年总投运装机规模可达65GW。

大规模压缩空气储能技术发展迅猛，2020年6月已完成百兆瓦计膨胀机的加工集成与性能测试，各项测试结果全部合格，达到或超过设计指标，这是我国压缩空气储能向大规模低成本应用前进的主要里程碑事件。鉴于国家“双碳”目标推动RES电力快速发展，具有容量大、寿命长和安全系数高优势的压缩空气储能技术受到了发电企业和投融资机构的高度重视，未来发展应用空间很大。

在2019年实现兆瓦级商业应用的飞轮储能技术突破后，2020年有更多企业单位机构参与到储能项目中，主要是石油钻井行业、轨道交通和UPS备用电源等领域。同年8月，工业和信息化部发布的规则中特别将高效兆瓦储能作为新能源解决途径之一，未来飞轮储能在汽车领域的应用潜力巨大。

2. 熔融盐储能示范项目及其新应用

到2020年年底，我国累积投运光热项目规模530MW。其中内蒙古乌拉特中旗100MW示范项目是国家能源局的首批光热示范项目，而该批示范项目仍有13个项目未完成，总规模899MW。玉门鑫能和甘肃阿克塞各50MW熔盐塔式光热发电项目在2020年完成，青海德令哈项目在2020年建成。随着RES电力实业大规模发展加速，多种能源高度协同发展趋势日渐明显，成本进一步下降，灵活可调的光热发电单元获奖，使多能互补及综合能源基地项目迎来新发展机遇。

3. 电化学储能重启高速增长规模化发展趋势

2020年我国电化学产业重启高速增长态势，新增投运装机容量1559.6MW，首次超过吉瓦大关。该机构在保守和理想场景条件下对2021～2025年电化学储能市场规模进行了预测：①保守场景［图1-25（a)］，2021年电化学储能市场继续保持快速发展，累积装机规模达 5790.8MW。“十四五”期间是储能探索市场的“刚需”应用、系统产品化和获取稳定商业利益的主要时期。2021～2025 年电化学储能累积规模复合增长率为 57.4%，超过先前市场稳步快速增长趋势。②理想场景[图 1-25（b）]，“双碳”目标对 RES 和储能行业都是巨大利好。在较理想市场发展条件下，2021 年累积生产规模将达 6614.8MW。随着新能源为主的新型电力系统建设，储能规模化应用强势跟随，如未来两年能有稳定盈利模式保驾护航，2024 年和 2025 年将新一轮高增长，累积规模分别达到 32.7GW 和 55.9GW，用以匹配风电和光伏在 2025 年的装机目标。

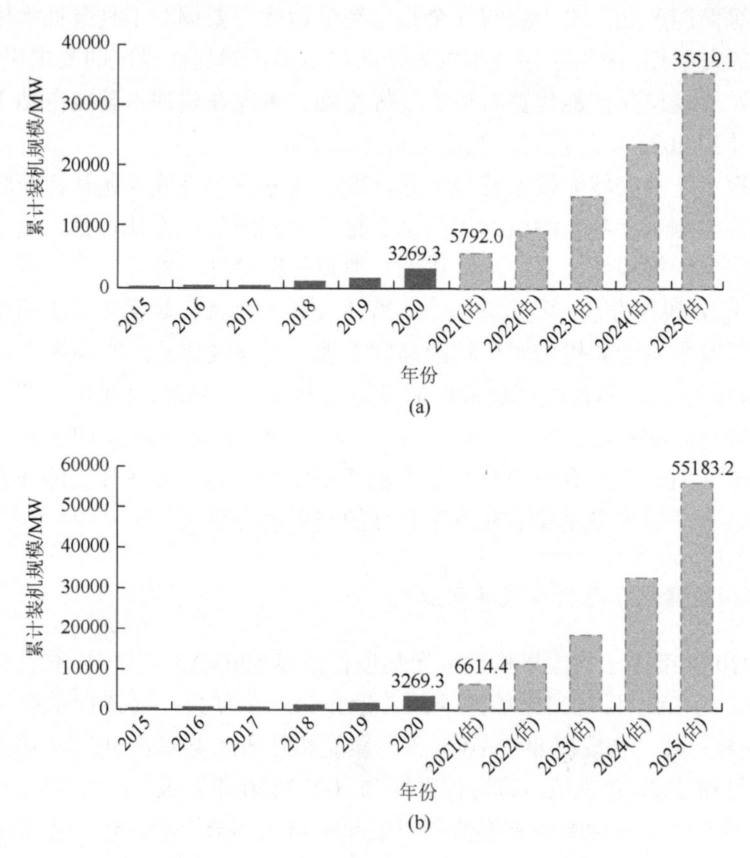

图 1-25　中国 2021～2025 年电化学储能累计装机规模预测

（a）保守场景；（b）理想场景

对于机械储能（泵抽水电和压缩空气储能）、熔融盐热能存储和电化学储能这三类技术，该机构综合预测指出：2021 年保守场景下中国储能市场累计投运容量为 40.80GW。其中电化学储能技术组增长速率最高，市场份额有大幅提升，进入规模化发展阶段。理想场景下这一数字将提升至41.66GW，比保守场景多出的容量主要来自电化学储能（图1-26）。

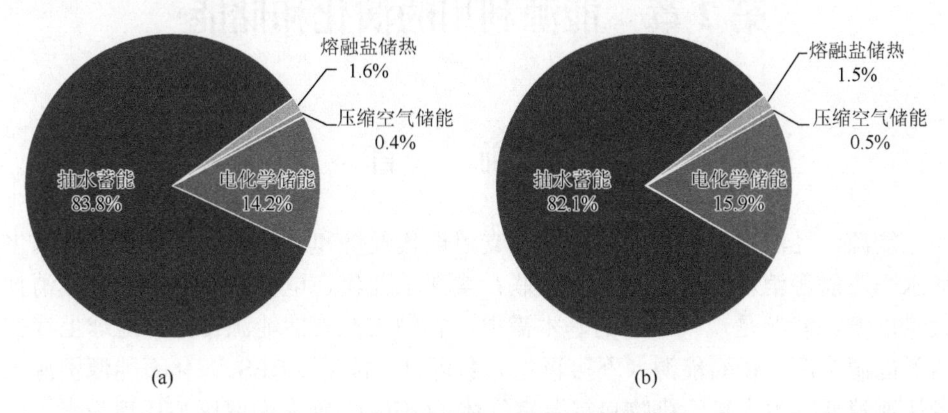

图1-26　2021年中国储能累积投运规模预测

（a）保守场景；（b）理想场景

预测的最后看法是，“十四五”期间我国电化学储能市场跨入规模化发展阶段。其主要原因是：2019年开始RES加储能的应用模式逐渐在各地展开，已经有20多个省份发布鼓励或强制新能源装置必须配备储能单元的文件。2020年，“双碳”目标的提出更进一步推动RES电力的快速发展，助推建立以新能源为主的新电力系统建设。这为储能大规模市场化发展奠定了基础。另外，随着电力改革的不断深入，市场化规则将更有利于包括储能在内的新市场化主体，推动储能以独立身份深度参与电力生产交易以体现其合理的价值。

第 2 章　能源利用的演化和储能

2.1　前　　言

能源，经济增长的主要引擎，是支撑现代经济和社会发展的基石。人类生活水平与能源消耗间有着极强的关联；实现工业化、电气化和网络化必然消耗大量能源。能源是现代国家的基本需求，它们来自天然能源资源。地球上存在两类能源资源：化石能源（不可再生）和可再生能源（RES）。化石能源资源大量快速消耗产生大量污染物包括温室气体（GHG），给人们健康和环境带来了严重的影响。解决该能源环境困境的办法是坚定贯彻可持续发展战略，大力促进推动发展和利用低碳和零碳能源。在一定意义上，人类社会发展历史就是人类有效利用能源的历史，能源是持续发展战略的关键。坚持用清洁和环境友好RES，如太阳能、风能、水力能、波浪能和潮汐能等，逐步替代化石能源资源，似乎是历史的必然。

统计数据指出，世界能源消耗仍在稳定增长。图 2-1 中给出 1990～2015 年之间能源资源消耗的持续不断增长，主要是在亚洲大陆。而在图 2-2 中给出的是另一方面数据，15 年里 RES 电力的占比有上升趋势，指出最终缓解和完全解决大量化石能源消耗的环境问题（GHG 排放和全球变暖等）具有很光明的前景。

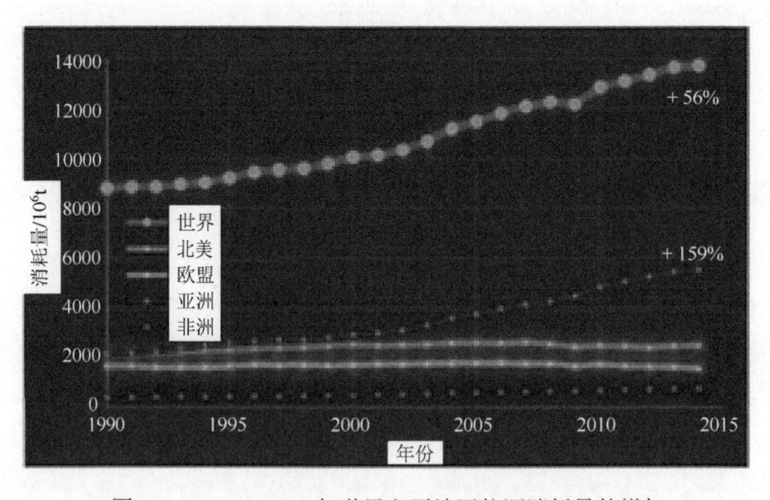

图 2-1　1990～2015 年世界主要地区能源消耗量的增加

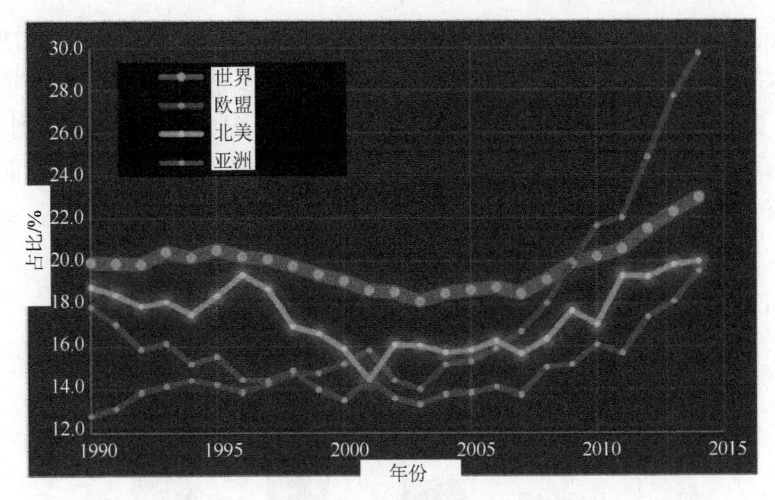

图 2-2　1990～2015 年世界主要地区可再生能源电力占比变化

IEA 多次重申如下倡议：由于有环境影响、能源脆弱性和化石燃料消耗三大因素，能源领域必须要进行革命，推进实施低碳和零碳能源技术和鼓励重新思考现有的能源资源使用模式，大力推进和发展可持续能源技术和战略。因此，提高能源资源利用效率和加速 RES 替代化石能源进程是必需的也是必然的。尽管仍然存在这样那样的困难，但持续增大 RES 利用的趋势不可避免且不可阻挡。在消耗的天然能源资源中，生产电力占比是很大的。有模型预测指出：①在未来数十年电力生产中化石能源资源仍将占有优势地位；②利用风能和太阳能资源（最主要 RES）生产的电力，尽管现在增长很快且还会继续加速，但到 2035 年安装容量占比仍然不会太高。在图 2-2 中也给出了 1990～2015 年世界不同地区使用 RES 的占比变化。

2.2　能源资源利用历史及其发展趋势

2.2.1　能源资源的利用历史

人类社会的发展进步是随着使用能源种类变化而进步的。纵观世界能源资源利用技术的进程，原始社会的钻木取火时代是“柴薪能源时代”，以收集枯萎树枝、牲畜粪干、秸秆茅草等为主要能源；到 17 世纪 80 年代，煤炭的利用超过柴薪，终结了“柴薪能源时代”进入到“煤炭能源时代”；自 1886 年开始的工业革命，石油逐渐取代煤炭成为世界第一大利用的能源资源，从“煤炭能源时代”进入了“石油能源时代”；现在又开始从“石油能源时代”向“天然气能源时代”和/或“氢能源时代”的过渡。有预测指出，21 世纪后期我们有可能进入“氢能源经济”时代。在利用能源的整个历史时期内，能够观察到一个趋势，即从利用高碳含量能源逐渐地向低碳含量或无碳能源过渡，能源中含氢量不断增加。根据该发展趋势预期，2050 年无碳能源的使用量将占有较大比例（图 2-3 和图 2-4），到 2080 年氢能源将可能承担能源使用量的 90%。这也就是说，利用 RES 生产的氢能源将会最终结束含碳能源时代。

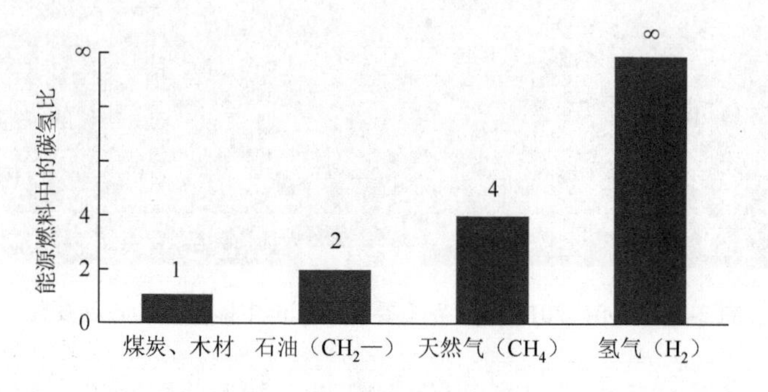

图 2-3　燃料中的碳氢比

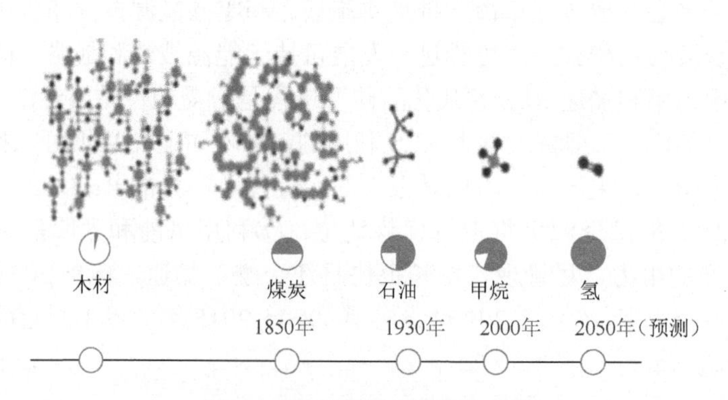

图 2-4　燃料中氢含量变化趋势

对人类利用能源资源历史的深入研究发现了如下一些规律：①从使用能源资源主要形态来看，煤炭等是固体，石油为液体，而天然气为气体。这说明利用能源资源的更替历史是从固体被液体再被气体能源替代的过程，最后过渡到氢能源，如图 2-5 所示。②从利用的优势能源碳元素含量（碳氢比）来看，从早期煤炭、柴薪能源碳氢比约为 1∶1，中期石油能源碳氢比约为 1∶2，而后期的天然气能源碳氢比为 1∶4，最终氢能源的碳氢比是无穷大。这说明随着社会的发展，使用能源资源氢碳比越来越高，最终必将进入无碳能源时代。能源资源转化利用的历史是一个减碳增氢的历史。这是因为气体燃料具有比液体燃料（石油）和固体燃料（煤炭）更高的燃烧效率和更低的污染物排放水平。天然气的使用不仅能降低全球的碳排放，同时也降低了对石油、煤炭等化石燃料的依赖，是最后向无碳氢能源过渡时期内的最好选择（低碳能源）。这再次说明，利用 RES 生产氢能源将最终终结碳基能源时代。

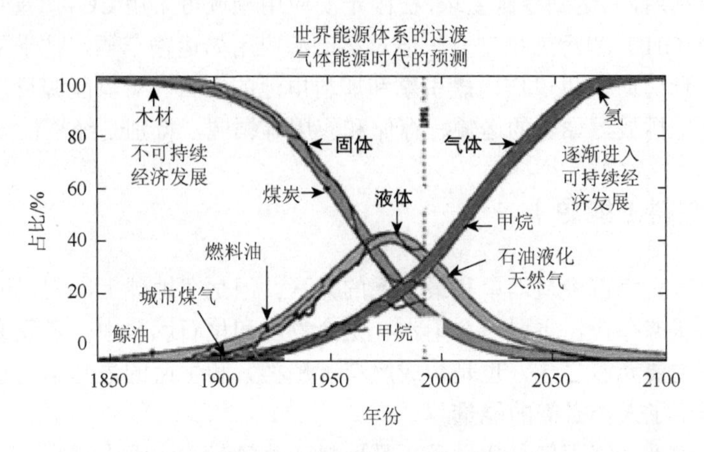

图 2-5　1850～2100 年全球能源体系过渡

为过渡到氢基能源时代、实现氢经济，必须要发展低环境影响的氢能生产、存储、输送和利用技术。按照西班牙战略研究与管理中心（Centro de Gestão e Estudos Estratégicos，CGEE）的研究，对氢能感兴趣的国家多是能量需求和 GHG 排放相对高的国家。氢能作为替代能源和能量载体的竞争力在很大程度上取决于支持该技术的政策和效率，包括支持研究和发展氢能技术的各个环节和最终进入商业化时间。总体来讲必须提供具有全球竞争性的供应、需求和激励。

2.2.2　零碳能源

广义上讲，零碳能源包括核能、RES（如水力、地热、风能、太阳能及生物质能）资源。核能，尽管其增速缓慢，但现在仍为美国提供 20%和为法国提供超过 50%的电力。核能的大规模发展受很大限制，不仅存在可利用资源量有限，而且存在严重的安全风险、核废料分散和核武器扩散等问题（其中一些现在似乎已经解决或有所进展）。对水力资源的利用，发达国家如美国几乎接近饱和，但对世界上多数发展中国家仍有巨大的开发潜力。地热资源利用受深井技术约束较大。风能和太阳能的资源量都很大，随着利用技术的成熟，风电、太阳能电力生产近些年正以惊人的速度增长，完全有作为未来主力能源的潜力。生物质资源的利用目前仍占有显著地位，特别是在农村农业界和不发达地区。利用生物质的技术仍在不断创新中，其发展潜力颇大。虽然 RES 利用不断扩大且已取得巨大进步，但仍然面临有巨大的挑战，主要包括它们大规模可利用性、成本、覆盖面、不可预测的间歇波动性、利用过程复杂性及对储能技术的强制需求等。世界各国电力生产使用的初级能源，目前主要仍然是煤炭、天然气，核能，RES 占比不高。对化石能源资源利用，为达到零碳要求，在固定源应用领域可采用 CO_2 捕集封存（CCS）技术来减少 GHG 和污染物排放。但对移动源应用如运输车辆，几乎不可能使用 CCS 技术，此时必须以氢作内燃引擎和燃料电池的燃料。对氢能源目前仍然面对需克服的若干挑战，如氢的运输、存储和应用等领域，特别是经济性（成本）。

2.2.3 氢燃料（能源）

氢是最轻、宇宙中最简单和最普遍的元素。但是在地球上，它仅能以与其他元素结合的状态存在，主要包含于水、生命物质和化石燃料中。氢元素不仅是构成生物的最主要元素之一，也是构成燃料（烃类）和生命的最基本元素。氢和碳与氧反应产生了人类必需的能量。

已经认识到，氢不仅是化学品更是燃料和能量载体，因为它具有优良的能源和能量载体特征。氢能源具有替代消耗性化石能源的巨大潜力。氢能源是可持续的，能利用环境友好 RES（如太阳能、风能、水力能、波浪能和潮汐能等）生产；氢能是清洁的，其利用不会产生污染物，对环境极其友好。只要继续努力降低氢气生产、储存、运输和应用的成本，氢能源将完全能替代化石能源。

氢是一种次级能源，需要利用初级能源资源生产。它是有吸引力的清洁能量载体和未来的清洁燃料，特别适合于运输和储能领域的应用。以氢介质存储能量，容量高，1kg 氢含大约 33kW·h 能量（表 2-1）。

表 2-1 作为能源的氢和不同燃料间的比较 （单位：MJ/kg）

燃料	含能	燃料	含能
氢	120	乙醇	29.6
液化天然气	54.4	甲醇	19.7
丙烷	49.6	焦炭	27
汽油	46.4	木材（干）	16.2
柴油	45.6	甘蔗渣	9.6

自发现氢元素以来，氢气作为化学品已经有大规模广泛的应用，特别是合成大宗化学品（如氨和甲醇）、精细化学品和改质烃类油品等领域。氢作为能源和能量载体使用是相对近期的事情，这主要得益于燃料电池技术取得的显著进展。随着人们对低碳技术的重视和积极发展及贯彻落实可持续发展战略，氢能源和氢经济概念相继浮现，并越来越被大众接受。

氢能源体系是一种非碳能源体系。氢类似于极为重要的次级能源电力，可作优良能源和能量载体使用。氢可容易地在透平机和内燃机中燃烧或在燃料电池中进行电化学反应把化学能转化为热能和电能等通用能量形式。氢燃料可在固定和移动领域应用，氢作为能量载体主要使用于燃料电池。氢具有改变世界能源体系的巨大潜力，为此氢能源越来越受重视。

氢能源具有如下一些优点：①降低对化石燃料特别是原油的依赖，确保能源安全性；②发挥 RES 利用可持续性的优点，解决其间断性和波动性问题；③氢能源是零碳能源，很少或没有污染物排放，能贡献于空气质量的提高；④在全球未来能源市场中氢能具有经济可行性。氢是世界范围接受的清洁能源载体，来源广泛和单位质量含能高。虽然氢高温燃烧时会产生少量氮氧化物，但在低温燃料电池中则完全没有污染物排放。可再生电力电解氢储能系统（RHHES）还可为遥远或孤立地区供应电力，如农村、酒店、孤立区域和岛屿。

2.2.4　氢经济

氢经济描述了以氢为主要能源和能量载体的新经济范式。氢作为气体燃料可在引擎或透平中燃烧或经由燃料电池把其化学能转化成需要的能量（电能和热能）形式，也能替代含碳燃料广泛应用于各类固定和移动如运输（车辆）等领域中。氢经济密切关系到 RHHES，包括氢能源的生产、输送分布、储存和使用。RHHES 具有改变和替代现时实际使用能源系统的能力。

氢作为能源和能量载体能够被广泛使用，其基础是具备有效低污染的生产、存储、运输分布和安全使用氢能源的技术，保证氢经济能以成本有效、平衡和可持续的方式发展和实现。同样氢经济中也必然包含市场因素，要使其能以竞争的价格、质量、可靠性和安全供应下达到完全商业化，生产氢的能源必须是世界上广泛可利用的 RES。美国能源部（DOE）提出了氢经济演化过渡的时间表，如图 2-6 和图 2-7 所示。

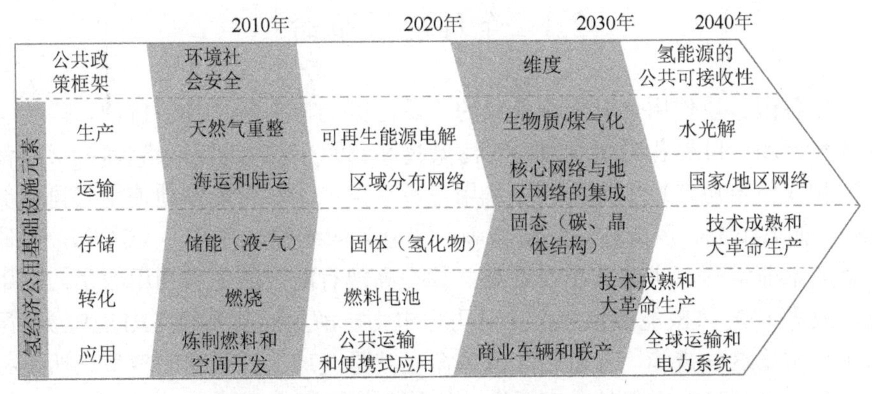

图 2-6　过渡到氢经济生产链中技术发展的可能性

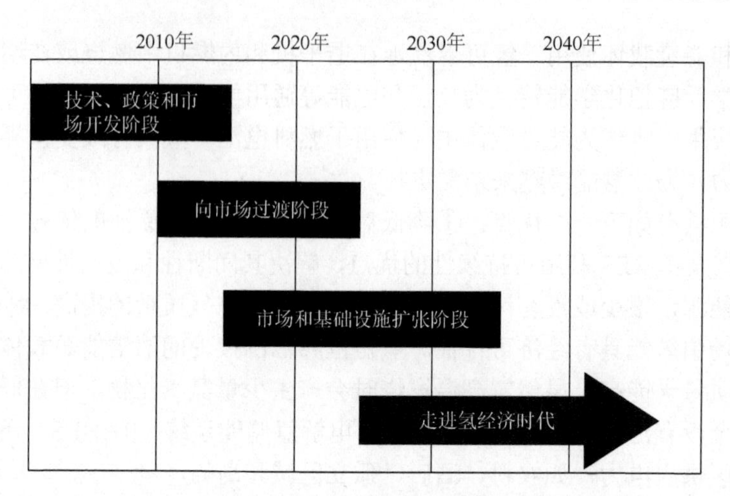

图 2-7　美国氢能发展路线图

为推动国际氢能技术的发展，多个国家与国际氢能经济和燃料电池伙伴项目（IPHE）和 IEA 签订了合作推进协议。为发展氢生产技术，IPHE 提出了建立世界氢经济的活动链，联合政府和私人企业共同投资于这些领域的基础和应用研究、产品开发和服务。IPHE 为向氢经济过渡确定的主要研发领域包括：氢的生产存储和氢燃料电池技术、制定规则和标准，以及努力提高社会对氢经济的认知度。可以预计，这些国际合作组织推动实施实用性氢能源和燃料电池技术的国际合作研究，必将加速世界氢能技术的发展和加快向氢经济的过渡。政府作为氢经济的激励者和参与者，可建立世界范围的标准并促进推动技术成本的显著降低。因此，世界各国都需要为促进加速向氢经济过渡采取行动，勾画出氢经济的市场需求。很显然，这些国际性的行动能够降低世界氢能源集成系统的成本和加速向氢经济时代的过渡。

2.3　全球能源革命

世界各国大量使用化石能源导致的大量污染物特别是 GHG 排放，产生了严重的环境问题。世界各国政府需要对污染物和 GHG 排放进行严格管控。《京都议定书》和《巴黎协定》中提出，可采用三种手段：①尽可能多地使用可再生能源（RES），如太阳能、风能和生物质能等；②分离浓缩和封存 CO_2（CCS），但该技术投资成本非常高，实现又相当困难；③提高现有能源转化和利用效率，采用先进的低或零 CO_2 排放能源系统，如可再生电力电解氢储能系统（RHHES）。尽管目前正在实施这些措施，但进行能源革命也就是全球能源系统的转型仍然是必需的。能源革命是可能实现的，可采取的措施包括以下六方面。

1. 能源供应多样化或多元化（diversification）

从能源供应安全性看，供应多元化无疑是一件好事。已经有越来越多技术可把各种初级能源资源转化为电力，包括化石能源（煤炭、石油、天然气）和 RES（如水电、太阳能、风能、地热能、海浪能、潮汐能等），也包括核电和生物质能。

2. 加速能源的低碳化或脱碳化（decarbonisation）

从 1992 年里约联合国环境与发展会议，到 1997 年《京都议定书》，2009 年《哥本哈根协议》，2014 年《巴黎协定》，几乎每个国家都承诺采取积极减排 GHG 行动（美国总统特朗普在 2017 年宣布退出《巴黎协定》，拜登上任后宣布重新加入）。能源不低碳化，就不可能减排 CO_2，也就无法缓解全球气候变暖问题。低碳化首先要采取的措施是节能，其次是大力发展和利用低碳或无碳电力技术，尽可能多地利用 RES。

3. 能源的数字化（digitalisation）、信息化和智能化管理

这是信息与通信技术渗透应用于整个能源系统。包括如下两个方面：信息与互联网技术对能源系统的渗透和促进能源产业链本身之间的互联互通。这可使能源生产和消费智能化，减少浪费，提高能源系统的整体效率。能源系统数字化能加速能源领域的创新，但能源不同于信息，能源创新不会像信息创新那样快速。

4. 推进和发展分布式发电去集中化（decentralisation）

传统能源体系的发展强调规模经济以降低单位成本。于是发电厂规模越建越大，输电电压越来越高，投资成本越来越高，损耗也随之增大。随着新能源技术和能源系统数字化的发展，就地发电、就地利用、就地分享的微电网模式发展迅猛。例如，德国在 15 年前发电厂仅有百家，现在的独立发电商数量多达 300 万家，去集中化的分布式发电趋势非常明显，需要有政策的激励促使其加速发展。

5. 能源网顾客要求民主化（democratisation）

在能源网络系统中，不再是供应者一家说了算，能源消费者应该拥有知情权和选择权。消费者不仅可以自行在家里生产电力（如屋顶太阳能电池或燃料电池技术），而且可选择能源（电力或燃气）供应商，获得更大主动权。这个民主化可使老百姓参与能源投资决策过程，如建核电站和安装风力发电机需要征求附近用户意见，是同意还是不同意。

6. 能源的清洁化和去污染化（depollution）

能源的清洁化和去污染化也就是能源生产和消费都应该尽可能不产生污染物，尤其是对化石能源利用，如煤炭、石油、天然气。没有能源的清洁化，污染很难根治。因此，需要积极发展应对全球气候变化的低碳经济和治理本地污染的“低排放经济”，最大限度减少污染物的排放，特别是对我国这样深受本地污染折磨的国家。

上述的能源革命“6D”推动力可比做 6 个轮子，它们驱动着全球能源系统的转型，重塑世界能源格局。例如，石油供应多元化，如页岩油气技术的发展以及新近的俄乌战争改变着能源供应的地缘政治格局，也改变着某些国家的前途命运和大国间的关系。

这里所说的能源转型即能源革命实际上主要是指电力生产的革命，也就是在全球范围内电力生产要多元化、低碳化、清洁化和去中心化，管理要数字化和民主化。应该指出，这类能源革命不是目的仅是手段，其真实目的是要保障能源供应安全和环境安全，使能源发展高效而且可持续。6D 能源革命为能源发展带来了机遇也带来了挑战。毫无疑问，能源发展的脱碳化、数字化、去中心化、民主化蕴藏着许多机会，但也对能源系统安全运营带来了巨大挑战，并为未来能源发展施加了强大的约束。一个国家能源系统的未来发展目标主要有三个：保障供应安全、保护环境、保证经济效益。这需要有政府的推动和社会各界的支持。无论今天或者将来，每一种能源都有其优缺点，而大规模、廉价、低碳环保的能源显然没有人会反对，但这样的理想能源（氢能）现在只能是追求的长远目标。能源选择是全社会的抉择，能源决策者与生产企业需要加强与社会消费者的沟通，而不是先决策再沟通。推进 6D 能源革命的可能路径与欧洲多年前就开始推动的所谓“氢经济”和“燃料电池技术”是一致的，都是要推动“双碳”目标的实现。

2.4　可持续能源技术

为实现“双碳”的宏大目标，发展和广泛使用可持续能源技术是必需的。幸运的是，在过去一段时间内，世界各国已经发展出一些可以被认为是可持续的能源技术，基本都属于低碳和零碳技术。根据文献，列出了总共 17 项可持续能源技术，简述如下。

1. 氢能源和氢燃料电池

如前所述，该类技术是要把氢气的化学能转化为电力并副产热能，目前受到的关注度最高，对它的期望值也很高。这是因为使用 RHHES 具有降低 GHG 排放的巨大潜力，能够作为清洁能源（燃料）替代固定和运输领域使用的含碳燃料。生产氢能可采用最生态和最清洁环保的方法，即使用 RES 电力（风电、太阳能电力和水电）来生产（电解水）。

2. 新低碳、零碳和增能建筑技术

发展高能量性能新建筑物技术受到的关注相当高。该技术的最雄伟目标是：①设计和建造能够产生能量（产生的能量多于消耗的能量）且最小污染物排放的建筑物；②建造近零能耗（产生能量和耗用的能量几乎相等）的建筑物。在其示范项目中应用的技术涵盖了多种可持续能源技术。例如，意大利的一个零能建筑物示范项目应用了组合木头和混凝土结构材料、三釉窗户（三层隔热）、地板加热、地热源热泵、光伏太阳能发电厂和热量回收通风设备等先进技术。

3. 现有建筑物能源系统改造

该技术的目的是提高现有建筑物能源系统性能，该类示范项目中使用的技术与近零和增能建筑物建筑使用的技术相同。其中的一个例子是在英国，为了持续提高建筑物的能源性能，对现在使用建筑物进行了改造并在改造中引入全新的概念，使其不仅具有环境利益和能源可持续前景，也从社会和经济可持续性的观点来改造提高老建筑物能源性能。

4. 光伏技术

光伏（PV）技术示范项目主要针对光伏板的发展和应用，直接把太阳能转化为电能。可把它认为是可持续能源的顶端技术，关注度非常高。有很多类型 PV 示范项目：美国从 20 世纪 80 年代中期开始建立了世界上第一个商业 PV 工厂，到 2010 年在屋顶建立了 100 万个 PV 系统（虽然不是很成功），再到在 Dalmatain 地区建立太阳能示范项目，以及在欧洲市场的玻璃示范项目，再到中国对 PV 技术示范项目的巨大投资，增大其在发电领域的占比，目标是要改变中国能源（电力）工业面貌。

5. 碳捕集和封存技术

碳捕集和封存示范项目的目的是要捕集排放的或从大气中分离出的 CO_2，把其封存到地下位置。该技术受到的关注度也是高的。一个 CCS 技术例子是日本的 Tomakomai 示范项目，这个示范项目从 2012 年开始进行到 2020 年，在海床下 1100m 和 2400m 的两个储库中注入多达 10 万 t 的 CO_2。中国也实施了该类示范项目，实现了 CCS 的初始目标。

6. 生物柴油

生物柴油衍生自生物质能，如谷物和海藻，是可用于运输领域的油品，受到的关注度相当高。与衍生自化石能源的乙醇比较，用木头和锯末生产的生物乙醇可使 GHG 排放降低 76%。巴西的乙醇汽油产量巨大。

7. 车用替代燃料

这类示范项目是要试验使用电池和/或燃料电池电力来驱动车辆。在近几年，中国对锂离子电池和氢燃料电池投入了大量资金，使纯电动车辆步入了发展快车道，年产销已接近千万辆。中国的燃料电池车辆样机中，有一辆达到的最大速度为 122km/h，行驶里程范围 230km。氢耗 1.12kg/100km，相当于每 100km 消耗 4.3L 汽油。

8. 智慧/微电网技术

智慧/微电网示范项目也颇受人们的关注，已发展出可组合使用传统化石能源和可持续可再生能源（RES）电力的能源分布系统，该系统能非常灵活地使用可持续 RES。该类智慧/微电网能为提高能量效率做出相当的贡献，例如，西班牙的一个示范项目中已经探索使用智慧电网的可能性，实现了使能量节约增加 20%即增加能量 20%和 GHG 排放降低 20%的目标。

9. 风力发电技术

风电技术的发展和使用受到了相当的关注，特别是近些年使用风力透平发电项目大量建造，装机容量快速增加。风力透平发电是利用可持续 RES 的成熟技术。近来，有许多风力透平构成的大风力发电场形成了非常独特的集成景观。自 2010 年以来，甚至国土面积很小的国家如塞浦路斯也建立了风力发电场。中国的风电的装机容量和发电量发展非常快，2021 年累积风电装机已超过 800GW。

10. 洁净煤技术

从世界范围来看，全球对清洁煤技术示范项目的关注度不是很大，因为现在世界上以煤炭为主要能源的国家屈指可数。发展中国家如中国和印度，发达国家美国，它们很大部分工业发电容量仍然使用煤炭，煤炭是这些国家的主要能源之一。特别是在中国，因为能源资源禀赋，对该技术的关注度非常高，有很多这类示范项目。除了合理利用煤炭资源外，发展该技术的另一主要目的是努力降低煤炭产生的 GHG 排放。不言而喻这是非常重要的。现在普遍接受的意见是：在未来煤炭仍然要继续使用，一则因其使用年限在化石能源中是最长的，二则因可持续和可再生能源技术在很长一段时间内仍然无法满足全球的能源需求。虽然没有把煤炭设想为可持续能源，但它可以被清洁化，因此洁净煤技术仍然成为关注的重点。例如，在美国和中国有数量不少的大清洁煤技术示范项目在运行。

11. 能量存储技术

对电力存储技术已经有详细介绍和广泛应用，虽然收集的文献中对发展和试验使用电力存储系统的关注度并不那么高。但是，能够预计，在未来储能技术会变得越来越重要且会不断增长。这是因为，储能系统对利用RES电力解决其间歇波动性是必需的，也能为均衡电网系统电力做出贡献。储能系统是一类能量缓冲器，用于平衡能源网络中电力生产过量和高峰时期的电力需求。但对现有的能量存储技术，在捕集、转化和分布能量中的效率仍有待进一步提高。该类技术示范项目的目的是要试验改进、促进和发展这些储能技术成为实际可行的技术。使用储能系统有如下重要作用：第一，可使能源生产和利用效率提升，在电力（能量）生产过剩时把盈余电力储存起来供电力生产不足或停止生产时使用（存储装置可释放并输出需要数量的电力）；第二，能够在时间和空间上把能量（电力）的生产和消费分开；第三，能够促进从区域化能源生产（数个大发电厂）向分布式能源生产的过渡，这可增加整个能源生产-分布系统的效率，降低传输和分布过程的能量损失及实现更加环境友好的电力生产；第四，可较大幅度提升RES电力的利用率。在中国，随着RES电力装机容量的扩散增大，最近储能技术也已开始进入快速发展时期。储能单元也是一类能源。

12. 工业过程能量系统改造

尽管这类技术的关注度不是很高，但其重要性及目的在于可应用PV系统和生物能来提高工业及其生产过程的能源性能。对工业过程能量系统改造，可从近零、零和增能建筑物技术中学习并使用它们对过程进行能量改造的经验。在芬兰，有若干个对现有工业进行洁净化改造的示范项目，主要是对制纸工业和纸浆公司能源系统进行改造，以降低生产过程的能耗。其他例子是用新可持续能源生产和回收技术改造更新老发电厂。

13. 地热能

地热能存在于地球内部，通过打深井或利用热喷泉取出可用热量。这类项目使用的是地球内部的热量。地热能技术一般不能作为核心技术使用，因此对其的关注度不高。但它能与其他技术组合应用，如热泵技术、新零能和增能建筑物技术和现有建筑物能源改造技术。特别是地热-热泵的组合应用，被认为是一种可持续的组合（集成）能源技术。

14. 热泵

热泵用于给环境注入和从环境拉出能量，犹如空调但利用的是环境能量，因此多应用于可持续建筑物及其革新项目中。它也能像地热能那样与建筑物新技术组合应用。由于该技术属于相对小的类别，关注度很小。

15. 太阳热能

与同样是利用太阳能的 PV 示范项目比较，太阳热能项目使用热量收集器收集太阳的热能来加热流体［如水或气体（空气）］，组合了太阳能利用和热储能技术。利用获得的热流体来驱动发电装置生产电力或用于生产热水供老百姓和建筑物使用。近来建立的一个太阳热能示范项目用于脱除水中的盐分。中国在西北地区建立了多个大规模太阳热发电厂。太阳热技术也能像地热能和热泵那样，与其他（建筑物和工业）可持续能源技术组合应用。

16. 水电

这是利用水能来发电的项目。水流推动水轮机和水磨直接把水能转化成电力。水电能够显著降低电力生产中 GHG 排放。世界可开发和已开发的水电数量是巨大的，但因该技术已经非常成熟，其关注度也是不高的。

17. 生态城、能源互联网、热量回收、海上运输能源改造和建立零碳建筑物

这类技术的关注度都非常低，但在未来很可能增长。在 2016 年，中国发布了两个“生态城”的概念，它由设计的新可持续理想城市概念构成，目的是要使用上述多个可持续能源技术。“能源互联网”概念也是各种可持续能源技术、行动者和公用基础设施的浓缩和集成，这类技术很可能发展成从现在的低关注度到未来的较高关注度。应该强调，很低关注度的“热量回收”和“建立零碳建筑物”技术可与较高关注度示范项目组合形成集成可持续的组合能源技术，可用于新建筑物中，也可用于改造现有建筑物。“海上运输能源改造”技术虽然关注度很低但也是重要的。

上面所述的 17 项可持续能源技术按对象可分类为：①能源资源利用和转化技术（4、6、9、10、13、14、15、16）占了近一半，共八类技术。它们把能源资源转化为电力和热量，主要是 RES 利用转化技术，以及化石能源资源利用技术如洁净煤炭技术。②提高能量利用效率的技术（1、2、3、7、11、12），共六项，包括电能和热能利用效率，这里应该特别重视的是储能技术。③能量管理技术

（8 和 17）共两项，主要是智慧能源网络建设；还有降低 GHG 排放即碳捕集和封存技术。

按照文献所述关注度分类，在前述的 17 项可持续能源技术中，前 9 项似乎是最重要的，因关注度相对较高（关系到近期的研究热点）；而后 5 项的重要性相对较小，关注度也较低。但应该注意，这些可持续能源技术的未来发展方向可能发生变化。目前的重点是：快速发展新持续利用和转化 RES 的技术，特别是太阳能、风能、地热能等 RES 发电技术以及氢能源和燃料电池技术；其次是存储能量（电力和氢）的技术。以及智慧能源网络（电网、燃料网和热网）技术。与此同时，也必须关注化石能源的洁净智慧利用，因为它们在能源过渡的中短时期内是非常重要的，如洁净煤技术、热泵技术和建筑物能源利用效率提升等。

2.5　传统能源网络向未来能源网络的过渡

世界上初级能源资源储量的分布是极不均匀的，一般也不在人口相对集中的能源使用地。解决该问题的办法有两个：一是建立运输线，例如，产于中东的石油和部分天然气（冷冻液化）利用大轮船经海路运输到使用地东亚和美国，距离较短时通过管道进行输送，例如，俄罗斯天然气经管道输送到欧洲，中亚天然气经管道输送到中国；二是把初级能源转化成常规次级能源（电力或油品）后再外送，例如，中国西北的煤炭转化为电力后再经电网输送到中国的东南部，美国的煤炭也在产地发电后再把电力外送。电力是高质量方便使用的二次能源，通常都是极受欢迎的，于是世界上几乎所有国家都已建立起全国性发电和供电网络系统。另外，为满足运输车辆对二次能源油品的需求，世界上有不少国家已建设起炼油供油（汽油、柴油和煤油）的管网系统；为满足住宅用户对气体燃料的需求（取暖、供热水）也已建立天然气管网。在寒冷地区居住地供热，通常建立有区域供热管网系统。这些能源运送线路和管网现在多是各自独立运行的，尚未形成统一的国家能源网络系统。

对于一个完整的能源网络系统，无论是现时使用的还是未来的，都应该是能够传输和分布三种基本次级能源：电能、燃料和热能，它们之间也不应该是彼此独立的而是相互连接可相互转换和替代的。

2.5.1　现时传统的能源网络系统

现时，多个国家都已建立完整的电网和燃料（天然气和煤气）管网，供热网络相对比较区域性（基本上仍然是局部性的，如北方各个城市供暖管网）。能源网络系统中通常不包括除天然气外的初级能源供应使用。但是，在完整的能源网络系统中也应该包括初级能源供应和使用网络。因此，完整能源网络系统由初级能源供应使用网络、电网、燃料网和供热网络以及各种类型的应用客户构成。

现在全球能源供应主要依赖的初级能源是化石燃料。如果继续现在的模式，因人口膨胀和经济增长，化石燃料将在可预见的年份内耗尽。使用化石燃料的另一个严重问题是大量排放影响环境的污染物，如 GHG、SO_2、NO_x和颗粒物质等。它们已经对环境气候和城市空气质量产生了严重影响，这是人类面对的环境和经济双重挑战。对于发展中国家如中国和印度，因能源需求随经济增长快速增加，能源供应安全性和城市污染成为必须面对的特别重要的事情。而对于世界上的发达国家，老化的电力网络公用基础设施对安全、可靠和高质量供应形成的威胁也在不断增加。所述的这些挑战已经强烈要求每一个（重要）国家和经济体为智能能源网络的研发和为利用可持续可再生能源（RES）采取更积极的具体行动。

以三大化石能源资源（石油、煤炭、天然气）为主的现时传统能源网络系统示意表述于图 2-8 中。由于三大化石燃料都是含碳能源，因此传统能源网络是一个碳基能源网络系统。化石燃料的使用是不可持续的，与人类社会期望的可持续发展战略相悖。含碳化石能源资源的大量消耗不仅存在资源耗尽的问题，而且其排放的污染物已经带来了严重的环境问题。因此，必须改变思维方式，用低碳或无碳能源网络系统逐渐替代碳基能源网络系统。

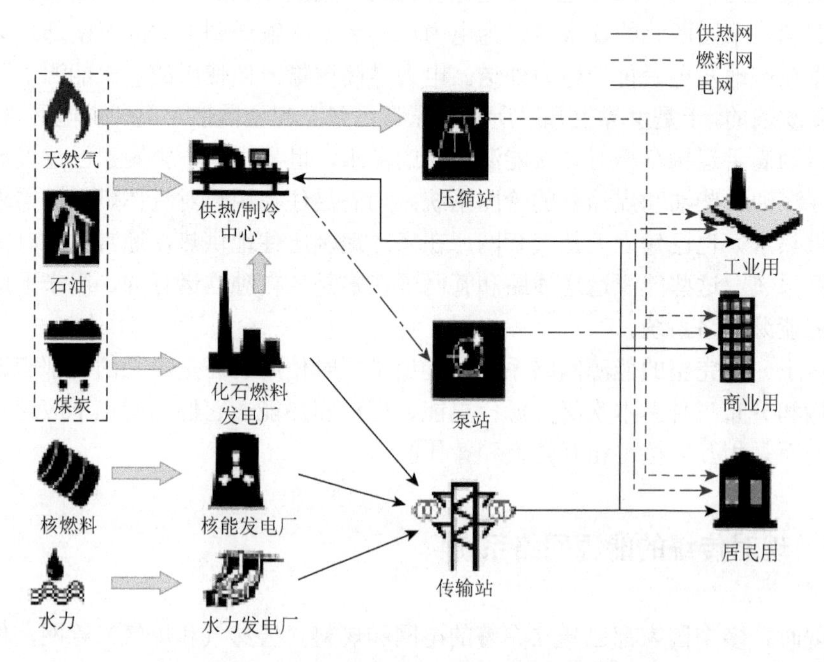

图 2-8　传统能源网络构型：电网、供热网和燃料网

传统能源网络中的电网以中心发电站为基础，容易受到潜在不友好事件的攻击，导致发生大面积的停电事故（如多年前纽约的大面积停电）。为避免这类灾难性能源事故，要求电力系统（生产传输和供应）必须是高标准和高可靠性的。由于电力需求市场不是恒定的而是波动的，存在负荷高峰和低峰需求时段，因此电网管理的主要任务是针对需求方，如均衡负荷、利用备用发电容量削峰填谷等。

传统能源网络中电网的基本特征是：①一个严格的分级系统，能量流动是单一方向的，从发电机到顾客。②发电厂是接收不到有关负荷变化实时信息的。之所以会这样是由于发电厂的电力输出一般是按照预测的最大需求计划建造的，而对发电机的调节至多只能达到中等程度。③电网系统稳定性对生产和/或负荷变化是高度敏感的，为此公用电网公司引入了不同层次上的命令控制功能，如数据采集与监控系统。这类系统仅能使公用电网公司对其上游功能变化进行控制，而分布网络仍然处于实时控制之外。

对建立背景牢靠的能源网络系统的需求强烈。背景牢靠实际上就是指在能源网络系统中设置很多分布式发电装置，把原来中心化改变为脱中心化的能源网络系统（大幅减少对中心发电站的依赖程度）。为缓解和解决使用能源产生的环境问题，必须在能源网络系统中逐渐用 RES 替代化石能源，直到最终完全替代形成完全可持续的清洁能源网络系统。这对实现“碳中和”目标是最基本的。21 世纪初期提出和发展的信息技术（IT），包括通信、数据处理、智能表计量、控制和软件等，为精巧管理控制调节脱中心能源网络系统中的大量能量供应源或甚至包括传输分布和能源负荷变化的控制应答，IT 提供了很好的机遇和方法。IT 有可能使脱中心能源网以更加有效、可靠、灵活、持续和成本有效方式进行操作和运行。燃料电池电源技术有其固有的高可靠性、高灵活性、零排放和高效性等优势，这能帮助能源网络系统集成更多分布式（较少中心化）和较多（最终完全）利用 RES 的智慧能源网络系统。

2.5.2　设想的未来能源网络系统

为解决能源安全使用和环境污染的两难问题，必须要改造现有的传统能源网络系统，即必须用 RES 逐步到最终完全替代化石能源，逐渐向未来能源网络系统过渡。一个设想的未来能源网络系统示意表述示于图 2-9 中。从图 2-9 与图 2-8 的比较中不难看出，传统和未来能源网络系统虽然都含有电网、燃料网和供热网，但在使用的初级能源资源上，后者使用的能源资源全部是可再生的低碳和无碳能源资源，不再出现不可持续的石油、煤炭和天然气含碳能源资源。低碳和无碳可再生初级能源资源主要包括太阳能、风能、水力能、地热能、海洋潮汐能、生物质能等，它们都是可持续和清洁的。应该特别注意到，在未来能源网络系统中出现了新的氢能源、燃料电池和储能装置，它们是未来电网、燃料网和供热网系统中必不可少的重要组成部分。因此，未来能源网络系统的主要组件（子系统）包括如下装置：RES 分布式发电、分布式热能、运输传输、电力存储、热量存储，以及电力网络、气体燃料网络和热量网络等，特别要提到的是氢能源子网络系统，氢既是存储介质又是燃料和能量载体。包括微电网和热电联用装置的更为形象的未来能源网络系统构型示意表述于图 2-10 中。

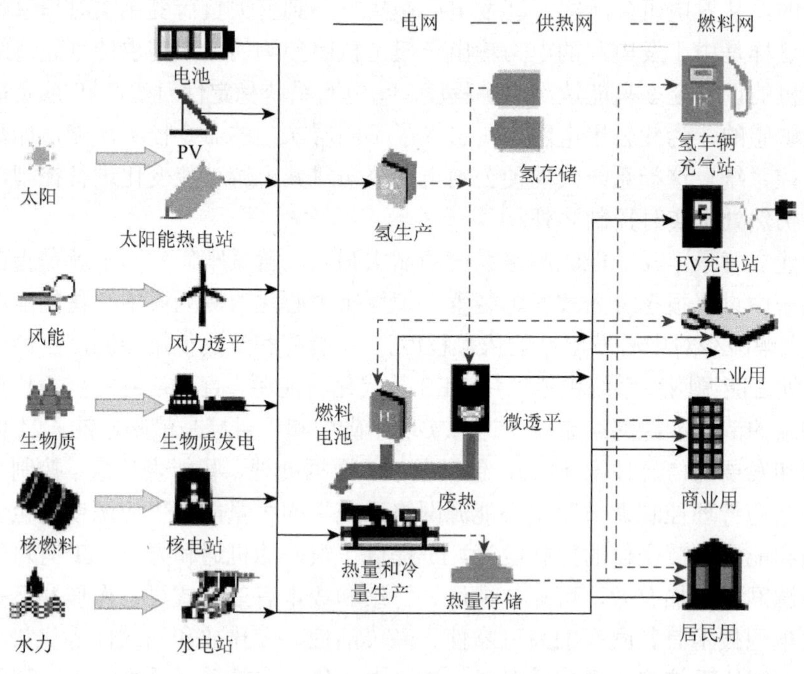

图 2-9　未来能源网络构型的示意表述

实际的未来能源网络是一个非常复杂的系统，集成了巨大数量在地理上非常分散的能源资源、转换装置和终端使用装置，还有必需的也非常复杂的储能装置和传输线路网络。这些能源资源及其转换装置和终端使用装置的能量流全都是通过电力传输线路、燃料和热量传输管道进行复杂的连接、相互转换和循环的，形成的是相互连接包括各种用户庞大的电网、燃料网和供热网网络系统。三种可传输的能量形式电力、燃料（气体）和热量与储能装置相互连接的示意表述给于图 2-11 中。不同能量载体流通过网络系统流向分布在不同地区和位置的大量功率负荷、燃料负荷和热量负荷装置，不断和持续地满足它们的需求。系统内的能量流在网络内和不同能源间是可按需求和供给进行管理、分配和调节的。能源的生产装置大小和规模没有限制，可以是大规模中心发电厂，也可以是小规模的分布式能源和分布式能源群，即微电网。

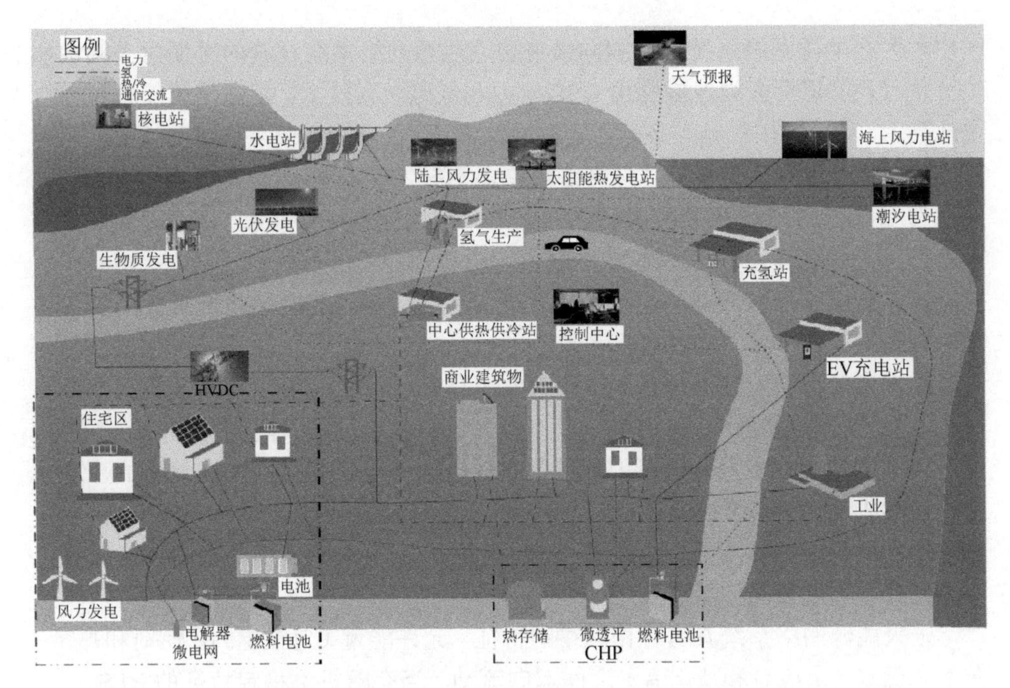

图 2-10　未来智慧能源网络：电网、供热网和燃料网

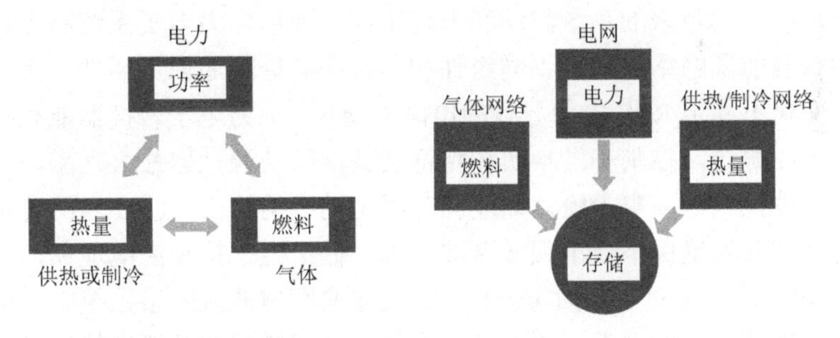

图 2-11　在电力、供热/制冷（热能）和气体（燃料）网中的三种可传输的能量

很显然，这类未来能源网络系统必定是一个智慧网络系统。所谓智慧网络意味着：在各类子系统和各类装置间有完整的通信系统，使数量巨大的能量发生者和消费者可利用能量管理系统发生相互作用，并能够基于系统要求进行实时的调节操作。具有普遍控制特征的高智慧能源管理（AMI）系统和分布命令&控制策略能够在所有网络节点上进行，使用区域和分布存储容量能够完全补偿和克服 RES 电力的间断性和波动性，保证了整个能源网络系统可靠稳定地运行。

在未来能源网络系统中包含以“虚拟能源工厂”和“即插即用”形式出现的所有参与者。已为实现这样一个复杂先进的能源网络系统进行了强大和持续的研究努力，以解决因巨大系统集成带来的必须解决的新技术挑战。应该进一步强调指出，为在能源网络系统发展和向未来智慧能源网络系统过渡的时期内大幅增加RES的使用，需要大力发展利用RES电力和低碳燃料技术，特别是氢能源和燃料电池技术。利用RES电力必须伴随发展储能技术（氢是很好的储能介质）。利用氢燃料电池技术作为储能技术［即逆燃料电池技术、燃料电池-电解器（也称“电解池”）组合技术］不仅能使氢转化为电力，而且也能利用剩余（或不稳定）RES电力产氢（水电解）。在未来能源网络系统中传输能量的形式也是电力、燃料（包括氢）和热量，但它们间的相互作用及其转换要比传统能源网络系统情形复杂和强大许多。

在未来可持续能源网络系统中包含的源有燃料电池、电池、PV发电、太阳能热电、建筑物集成光伏、微透平、风力透平、小水电机组、潮汐发电站等不同类型能提供电功率的装置，除很大数量分布式电源外也配置有规模很大的中心发电站，如集成气化组合发电（IGCC）和集成气化组合燃料电池发电（IGFC）、生物质发电、太阳能集热发电、风电农庄、水电和核电等发电装置，它们在能源网络中也具有非常重要的作用。

未来能源网络系统具有合作网络的特征，允许能量（包括电力、燃料和热量）在不同玩家（供应者和使用者）之间双向流动。当有随机不稳定特征的RES电力高渗透进入能源网络系统时，需要有一个活跃和合作的能源转化单元（如储能装置）来解决由它们带来的系统波动和不稳定性。使用电力电子系统和先进控制模块能增加智慧能源网络系统中不同组件和装置间的循环通信灵活性。例如，为解决因引入变化不稳定RES电力导致的电网不稳定，电力电子转换器能承担两个管理任务：①在源边，控制和转换负荷特征使其能够从源抽取最大功率，保证最大电功率传输并控制调节电力流，即能同时限制功率的输出；②在电网连接边，控制有功功率注入和确保不会出现低谐波失真、低电磁干扰和漏电现象，进行对有功/反应性功率控制和对电力质量的控制。在未来智慧能源网络系统中还可结合和使用多个先进技术，如用于预测、需求应答、电网增强和源聚集的技术，它们的使用是要增加系统灵活性、提高系统容量并解决集成随机不稳定RES电力带来的挑战。

利用RES发电的装置［如光伏（PV）板］可置于使用地和/或建筑物上（如屋顶和墙面），这样做可达到双重目的：①降低非可再生化石能源消耗；②降低污染物和GHG排放。但RES电力供应存在短期（小时）和长期（季节）时间尺度上的变化（即不稳定和间断性），与需求（负荷）时段是极端不匹配的。于是只能把它们生产的大部分电力输送给电网，但这并不能降低自身所需的能耗。对此提出的（最好）解决办法是：自己存储电力再供自己在需要时消耗。这样就能使这类屋顶发电装置为自在地区提供附加功率。屋顶发电提供一个新的商业机会，在融资上可能更为稳定、灵活和可靠。

很显然，建筑物屋顶安装太阳能 PV 板也是利用 RES 的一种方式，是一类分布式电力生产装置。它们能在如下几个方面做出自己的贡献：发展发电技术、避免和减少新传输线路建设、对顾客用户需求电力的供应增加了可靠性、开发新电力市场、降低环境影响等。对这类利用地区性 RES 的发电源，在设计时通常不考虑总电力需求，其主要目的是降低化石能源消耗或降低地区电力峰负荷。这类分布式发电具有的间断性和季节性问题常可通过电网平衡来解决，能创生出多个新商业机遇：买卖电力、为电网提供辅助服务、为可移动车辆提供能量（氢气）。

针对屋顶发电装置和能量存储方法，对不同地区进行个例研究获得的结果说明：使用短期和长期组合储能方法可使屋顶生产电力利用率达到 100%；氢燃料电池操作时间主要集中于冬季和高电力需求时；储能系统可提高电网和分布式发电装置可靠性；对此使用电池储氢组合技术是最好的储能办法；在优化条件下地区碳排放可降低 22%，在降低操作成本的同时增强了电网和系统的可靠性。

2.5.3　能源网络系统的过渡

从上述不难看出，为了解决能量使用和环境污染的两难问题，也就是逐步实现上述的 6 个 D 的能源变革，必须改变现有以使用化石燃料为主的能源网络系统（图 2-8），逐渐向未来使用 RES 为主的能量网络系统（图 2-9 和图 2-10）过渡。在该过渡时期中，必须大力发展利用 RES 的电力生产（中心化和分布式）以及氢能技术、储能技术的发展，当然也要发展满足终端各类顾客用户要求的能源技术（可持续能源技术）。利用 RES 生产电力必须伴随发展配置储能系统（储氢和氢燃料电池技术是极好的储能技术），氢能可容易地转化为电能和热能（例如，RES 电力经电解器电解水生产氢气）。图 2-12 中示出了电-氢转化技术（电力-气体技术）框图。也就是生产电力的燃料电池也能作为电解器使用电解水产氢。水蒸气电解可生产 H_2，CO_2 电解可生产 CO，则水蒸气和 CO_2 混合气体电解就能生产合成气（$CO + H_2$）。

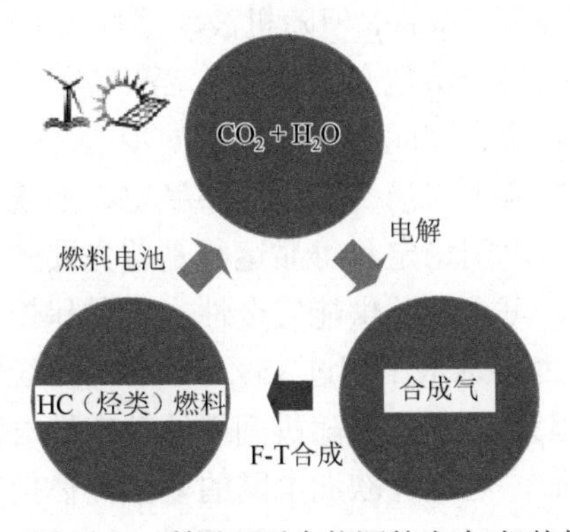

图 2-12　利用可再生能源的电力-气体技术

从现时传统能源网络系统向未来能源网络系统的过渡需要的时间肯定不会短，数十年甚至数百年，因此过渡时期的存在是相当漫长的。在这个过渡时期中，使用的初级能源包括化石能源（石油、煤炭、天然气）、可再生能源（RES，如太阳能、风能、地热能、潮汐能、生物质能等）及核能。在过渡时期中，RES 电力占比会越来越大，化石能源占比逐渐下降。因此，在该过渡时期内必须很好解决使用 RES 电力供应带来的随机波动性和间歇性问题，这对未来能源网络系统有效和可靠、持续和高质量运行具有关键性意义。解决此问题的一个好方法是发展使用可靠有效经济的储能技术，如机械能存储、电化学电池储能和燃料储能（特别是低碳、无碳氢能和燃料电池技术）。随着时间推移和储能技术的不断成熟和完善，RES 替代不可再生化石能源过程终将完成。很显然，该过渡时期的能源网络系统（示意表述于图 2-13 中）既不同于传统能源网络系统，也不同于未来能源网络系统，实际上它是在传统能源网络系统基础上逐步增加 RES 电力、相应储能单元和控制管理单元（智能化）等构成。也就是说，过渡时期能源网络系统既有传统能源网络系统中一些主要组成单元，又逐步增加了未来能源网络系统中的一些主要单元。过渡时期能源网络系统虽然变得更为复杂，但表述了从传统能源网络系统向未来能源网络系统过渡的必须过程。在整个过渡时期及其以后，氢能源和燃料电池/电解池技术对电网、供热网和燃料网的能量流分配作用变得越来越重要。为成功过渡，必须配套有技术和商业方面的重大革新和革命，特别是大力增加 RES 电力、储能单元、氢燃料和氢能系统（包括燃料电池）和技术以及智能化技术。在未来智慧能源网络系统中的另一个必须技术是利用 RES 电力生产气体燃料（氢或甲烷）技术。不同能量形式与储能单元间的相互连接如图 2-11 中所表述的。

对可调节能源（如氢气、水电、生物质能和核能），生产能量的装置功率输出可根据应答负荷变化进行有效的调控和计划。对于 RES 电力渗透水平不高的电网系统，主要技术事情是供能安全性、设备保护和服务质量（如 AC 波形畸变等），这些都能在硬件界面上获得基本解决。但随机波动不稳定 RES 电力高渗透进入智慧能源网络系统是必然的趋势，将把必须克服的若干挑战带入未来能源网络系统中，这不仅与电力需求在时间、空间上无法达到同步匹配，而且也存在供应电力电压和频率的波动、足量供应用户消费功率的不稳定、系统运行成本有效性、技术和市场壁垒等问题。其中电网稳定和可靠运行是首先要解决的主要事情，可保障网络系统运行的稳定性、可靠性、供能安全性、设备保护和高服务质量。已有的经验指出，只要 RES 电力渗透水平超过 15%～20%，传统常规电网运行的稳定性和可靠性就难以保持，因为 RES 电力随机间断波动定性对常规电网构架及其灵活性产生的影响太大。例如，对现代欧洲电网的多个评估指出，当风电引入和渗透达 10%～20%时，电网安全稳定运行技术层面就会面对多个必须解决的挑战。

而对于未来智慧能源网络系统，因其是建立在新电网构架（内有大量 RES 发电单元和储能单元）之上，利用了电网先进控制管理程序（预测和实施响应需求及进行能量调度），配备有智能传感、计量和通信系统以及高效储能和先进电力电子器等装置，这样就能毫无困难地解决 RES 电力高水平渗透带来的问题。其中储能单元起着非常重要的作用。对于能源系统网络中的燃料网，也必须配备有足够燃料储存容量的储能单元以有效帮助解决可再生能源电力高渗透引起的多重问题。已充分认识储能单元的使用是使 RES 在未来能源智慧网/微网或混杂系统中达到高渗透水平的必要前提。在技术层面上，它能用于支持稳定电网电压和电流频率以及电网相角、均衡负荷、调峰、应急备用、确保电力质量和功率可靠性、支撑穿越和补偿不平衡负载。储能系统的设计密切关系到 RES 特征、负荷场景和 RES 渗透水平等技术-经济事情。

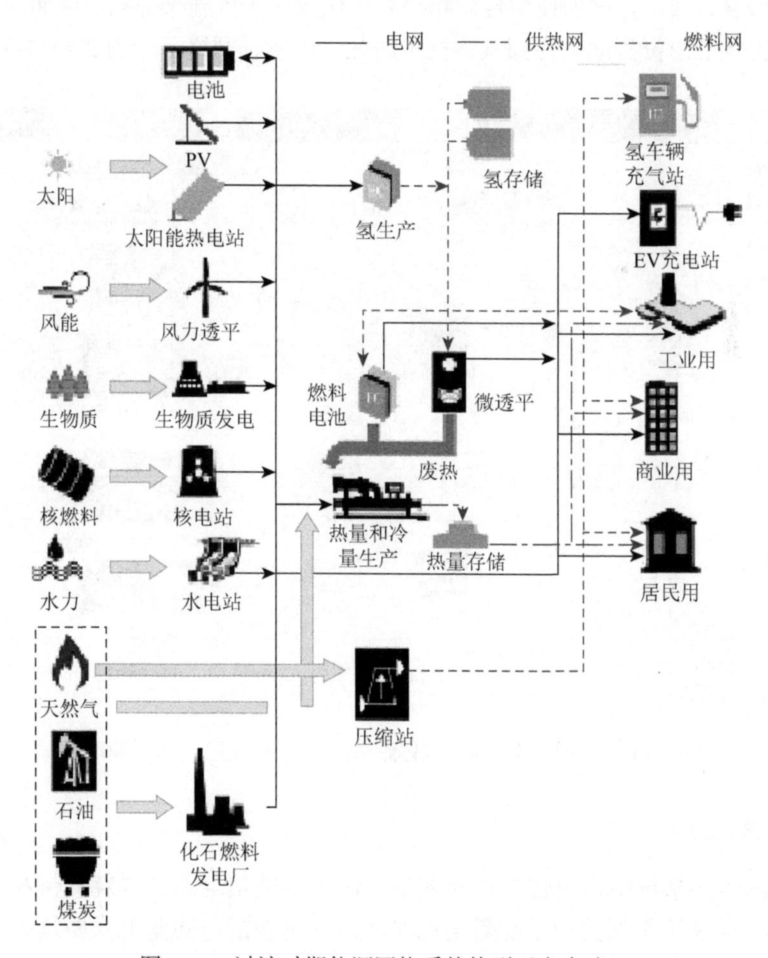

图 2-13　过渡时期能源网络系统构型示意表述

1. 燃料网更新——电力到气体的储能

传统能源网络中的燃料网主要是利用石油生产的液体油料（汽油、柴油和航空煤油等），随着化石燃料被替代，这类高碳燃料也将被低碳（甲烷）和无碳（氢气）气体燃料替代。完成这一替代的一个很重要技术就是电力到气体技术。这是一种利用可再生能源电力电解水和/或二氧化碳生产氢气和甲烷的技术。

通过电解产生气体（氢气或甲烷），先产氢，接着是一氧化碳加氢甲烷化。这个方法所产燃料是通用和高能密度的，能无损失进行储存。甲烷和氢都能直接作为车辆、卡车、船舶和航空器的燃料。已建立的气体分布公用基础设施能够管控合成甲烷和低氢浓度气体燃料，对纯氢使用需要做一些改进；也能把存储在气体中的化学能转化为电力，但其转化的往返效率相对较低，约 35%。对于电解合成经济性可通过降低装备成本、增加使用寿命和提高转化效率等措施来提高。例如，德国政府和汽车工业已出资资助电力到气体技术研究（子系统网络示于图 2-14 中）。

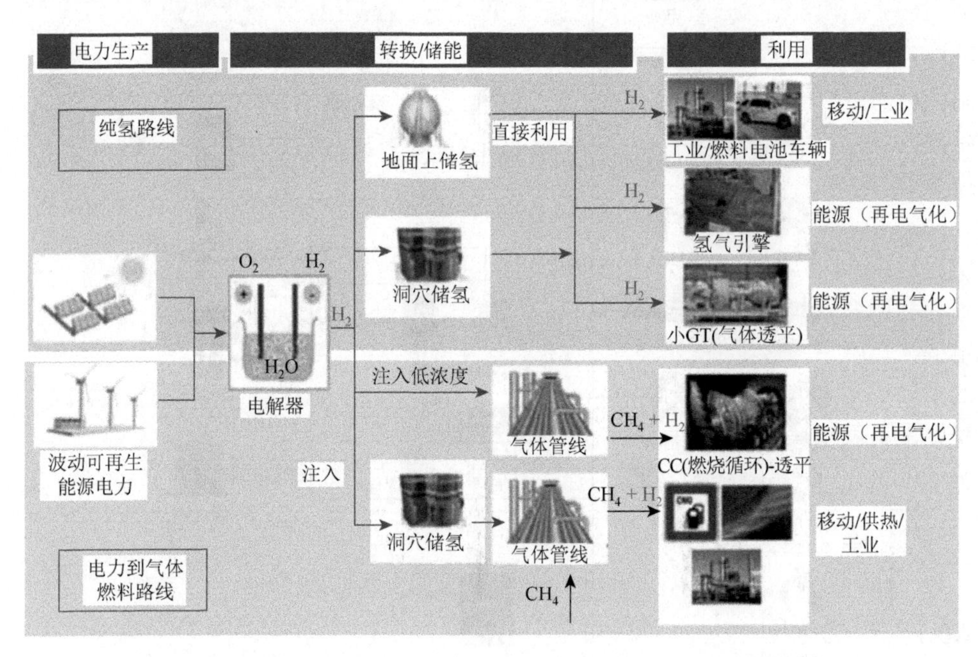

图 2-14　含电解和电力到气体燃料能源系统的生产、转换和利用

2. 热能存储

能源网络系统中肯定包含热能网络，因为热能消耗占总能耗比例相当大。例如，欧洲有多于 50%的最后能量是以热能形式消费的。热量的长距离传输损耗很大，这导致热能网络多是局部性的。而且热能多是利用其他能量形式（如燃料电

力）转化（或副产）而来的，少量利用自然资源（如地热）。好的热量管理中离不开热能存储，它在未来能源系统中具有明显的优先地位。燃料管理中的热能存储是要达到有效使用能量（如废热的利用），它置于能源供应总管理（时间转移）体系中。对储热研究主要包括：社区供热系统中低温显热存储（地面上水储槽及一些地下储热技术）、高温显热存储、发展热存储新材料（如相变材料）和热化学热能存储系统（具有潜在的高储能密度）。

2.5.4　小结

由于对化石燃料消耗带来的环境问题以及能源安全性问题的关心增长，发展清洁和可持续能源系统的兴趣在过去几十年有显著增长。从能源网络系统现时以化石燃料为主向生态可持续、可再生能源网络系统的过渡，在发达国家和中国正在取得长足的进展。为能源网络系统过渡提出的智能电网概念为，电网具有自动节约能源和提高效率、高可靠性、经济性和可持续性功能。智能电网能容纳高度分散的分布式电力生产源，支持大量和大规模利用清洁和 RES 电力，如风电、太阳能电力、水电等。解决 RES 电力间断不稳定性的好方法是在能源网络系统中配备储能单元，特别是以氢为主的燃料网和气体燃料形式储能以及利用氢燃料电池技术调节电力。智能电网的发展使从化石燃料经济向氢经济过渡变得更加切实可行。氢燃料形式的储能及高效燃料电池/电解池系统是未来能源网络系统极其重要的关键技术，虽然现时不同国家对该技术的发展持有不同观点，实施的能源政策不尽相同，在产业界存在很大争论，但是不管怎样，从技术前景看，燃料电池/电解池技术系统对未来智慧能源网络系统的发展和完善以及逐步向氢经济过渡中的重要作用是毋庸置疑的。大量的讨论和研究已经确认，它们在智慧能源网络系统中是不可或缺的关键性技术。

2.6　可持续能源网络（未来能源网络）的特征

2.6.1　智能电网

未来智慧能源网络是指一个完整的使用分布式源和多联产产品的能量网格系统，它是由数以千计甚至数以十万计的具有不同操作特征和容量的能量源（电源、燃料源和热源）和耗能单位群（不同类型工业、农业、商业企业、机构单位、建筑物和住户）构成。与传统电网比较，未来能源网络在结构和拓扑总体上是新的和复杂的，需要利用新的技术或方法来管理网络中的能量流和新能量载体。由基础电网、供热网和燃料网构成的智慧能源网络系统（包括氢能源系统所必需的关键技术如燃料电池、电解器、储氢单元、氢管道系统，以及局域性热量/冷量管道系统、能量智慧计量控制系统、IP-基通信系统和能量管理系统等）具有若干显著优点。未来智慧能源网络系统的发展需要有“系统性思考”和“对能量的全面思维”。从整体观点看，整个未来智慧能源网络系统是多学科和多工程领域的综合和集成，是一个由相互关联和关系错综复杂及集成有大量单元的网络系统。现时对发展未来以智慧方式集成的电网、供热网和燃料网构成的完整能源网络正在做巨大努力且有加强趋势。

如前所述，要大量有效利用 RES 电力必须克服如下挑战：①供应电功率的随机波动和间断性；②因 RES 电力供应分布是高度分散的，它们的引入会显著改变传统电网的拓扑结构；③对于 RES 电力生产、传输和分布，要求电网有精巧的控制系统和新的拓扑结构。显然，为满足终端顾客用户变化的电力需求，就要求对未来能源网络系统（电网、燃料网和供热网）的控制管理智能化。在智能电网中使用数字和其他先进技术来跟踪和管理网络中所有电力生产装置、传输和分布系统，统筹管理所有的发电机、电网操作者、终端使用者和电力市场利益相关者，只有这样才能满足它们对电功率和容量的不同需求，且要求尽可能以最高效率、最低成本和最小环境影响来操作运行整个能源网络中的所有子系统，保证整个系统具有最大可靠性、灵活性和稳定性。智能电网是未来可持续能源网络系统中的最重要组成部分，自 2009 年以来整个世界对智能电网系统的研发工作显示出少有的主动性，对其投资也在持续快速增加。

1. 智能电网是特殊的电网

在智慧能源网络系统不同载体［电力、燃料（氢）和热能］的能量流彼此按照控制需求在网络中进行转换和流动。智能电网则是智慧能源网络系统中具有一定特殊性的电网。

2. 智能电网建设

中国国家电网有限公司（SGCC）计划投资 6010 亿美元升级国家电力传输网络。其中在 2009～2020 年期间投资的 1010 亿美元专用于发展智能电网技术，另外有 1860 亿美元投资于建设全国性传输电网。最近数年加速投资于高电压传输线路，特别是超高电压传输系统。2009 年第一条 1000kV 超高压交流输电线路（UHVAC）正式运行，2010 年第一条 800kV 超高压直流输电线路开始运行。1000 多亿美元则用于安装智能电表。

2007 年美国通过的《能源独立和安全法案》使智能电网建设成为联邦政策。有接近 100 亿美元（联邦投资 40 亿美元和私人资金 56 亿美元）的投资进入智能电网技术。欧洲对智能电网技术的研发投入的资金也是很大的。欧盟在 2008～2012 年期间对智能电网的投资保持在每年 2 亿欧元（2011 年为 5 亿欧元），并继续持续投资，在 2010～2020 年期间达到了 565 亿欧元。

除中国外的亚太地区，包括日本、韩国、澳大利亚、泰国和新加坡等，也大力推动对智能电网的研发。例如，日本正在发展并入太阳能发电装置的智能电网，政府投资超过 1 亿美元；韩国政府已经为智能电网投资 6500 万美元；澳大利亚政府投资 1 亿澳元在"智能电网，智能城市"的商业规模智能电网示范项目。

尽管电能是能量供应系统中最广泛使用的能量形式，在实际应用中还有两种能量形式即热量和燃料需求也是非常普遍的。因此，对于完整的能源网络系统而言，理所当然地包含电网、供热网和燃料网三种形式的能量网络，它们之间存在必要的相互转化和协同作用。为达到良好的协同，氢能源和燃料电池技术是至关重要的。因此，很有必要进一步探索考察氢燃料电池/电解池技术在无碳氢基智慧能源网络系统中所起的关键作用。

3. 燃料电池/电解池

燃料电池/电解池技术的进展对智慧能源网络系统的发展和建设是必需的，该智慧能源网络系统是由具有可调配（相互转换）能量流的电网、供热网和燃料网组成。对于智慧能源网络系统而言，使用的初级能源资源必须是清洁、可再生、可持续且能满足对能源所有需求的。解决 RES 随机波动和高间断性问题的方法是必须要配置具有调配不同网间能量能力的储能单元和装置。众所周知，利用 RES 最有效的方法是首先将其转化为方便通用的电力（如风能发电、光伏发电等）或热能（如太阳热浓缩器）。对整个电力系统目前最常用的储能单元是泵抽水电，其次是高容量电池。而在网络层面上，能为能源网络提供大量、可靠和成本有效的储能的是燃料网而不是电池。

氢是燃料也是能量载体，氢燃料能够像其他燃料那样在内燃引擎中燃烧（氢引擎），提供各种需求需要的能量和电力，也可利用燃料电池把氢化学能转换为电能和热能，电解技术（逆燃料电池）则可把 RES 电力或热力转换为氢化学能。氢是可以大规模存储于燃料网中的燃料，也就是说，燃料电池（也包括氢引擎）能为未来智慧能源网络系统提供氢到电力的高效转换，而电解池能够进行从电力到气体（氢燃料）的高效转换。从这个意义上看，燃料电池/电解池技术能够在电网、燃料网和供热网相互联系和相互转化中起关键作用。电力-气体（电解）技术在构建氢公用基础设施中也是很重要的，现在它是部署燃料电池电动车辆中面对的一个重要挑战。由燃料电池和电解池创生的不同能源载体间能量转换和调配是成功实现智慧能源网络的关键技术，特别是在集成 RES 和插入式车辆以及进行有效和可靠的能量管理时。

2.6.2 智能电网和未来能源网络系统的基本特征

传统电网中的电力源来自相互连接的大中心发电站，电力传输主要通过高电压传输系统，它把高电压电力传输给使用地区的低电压线路，再进入低压电路分布系统。现在，这些大中心发电站多使用碳基化石燃料（如煤炭和天然气），在生产电力的同时排放污染物和GHG。因担心化石燃料耗尽和价格上涨以及对环境造成的巨大影响，正在大力激励和推动利用清洁RES（如太阳能、风能、波浪能和水力等）生产电力。不仅兴趣在增加，政策力度也在不断加码。低碳和无碳RES更适合用于终端用户附近的小规模的分布式发电（DG），也完全能胜任用于远离需求中心的大规模发电装置。当把很大数目且具有高度波动间断性的小规模地区性分散发电装置连接到现有电网中时，对电网操作将形成严重挑战，如电力流动反转及导致线频率和区域网低压等大幅波动（可导致灾难性停电）。克服该问题的可能途径之一（除储能技术以外）是对集成RES发电电力网络进行新的拓扑与控制设计。另外，在加入DG的同时应该利用信息技术，这有利于顾客与电网间积极的相互作用，提高能量使用的效率。因此，可持续能量网络系统具有的最主要关键词是可再生能源、能量效率和清洁。

可再生能源（RES）完全可为我们提供足够的可持续的能量供应。在传统能源网络到未来能源网络的过渡时期中，RES将逐步替代化石能源。与传统电网比较，未来智慧能源网络系统中集成了很多可再生能源的发电装置，如太阳能电力、风电、波浪能电力、潮汐能电力、水电和生物质电力等。这在保证能源安全性的同时也降低了对化石燃料资源的依赖，为缓解温室气体对环境影响提供了机遇。

关于能量效率，在未来可持续的能源网络系统中，其能量转换和利用效率是非常高效的，并在确保能量密集型产品公平可利用性的同时能够以动态和谐（或稳定）协调的方式为所有人提供服务。未来可持续能源网络系统的一个显著特点是，在靠近顾客用户地点安装部署大量分布式电源并都被集成到统一的能源网络系统中。

关于清洁能源，利用RES的小规模分布式装置提供的电力是清洁零碳的，被集成的中心发电站使用的技术也都是“清洁的”。因此，未来可持续的能源网络系统是清洁的，几乎不产生污染物和GHG排放，对地球生态环境是友好的。

尽管要把利用RES发电技术集成到常规电网构架中是一个具有挑战性的任务，但对使用了电力电子器、储能、控制和信息等多种先进技术的智能电网是没有问题的，完全能解决部署这些“清洁”发电技术带来的挑战。智能电网能够根据提供的电网实时系统信息在电网系统水平上进行有效的操作，并使发电机、顾客和操作者都能主动提供电功率，满足自己电力需求和对电力质量进行管理。这样在确保电网稳定和平衡运行的同时大大增加了系统的灵活性。

美国能源部（DOE）为智能电网和未来能源网络系统列举了七大基本特征，分述于下。

1. 顾客参与

这是智能电网区别于常规电网的最重要特征之一。在常规电网中，顾客几乎很难与电网相互作用，仅有的作用是使用供应的电功率。但在智能电网中，顾客不仅是电功率的使用者，也是电功率的提供者。顾客能够获知电网状态的信息，能够选择在最好的时段卖出电力（给电网）和（从电网）购买电力。这使顾客和电网都能够获利：顾客节约了电费支出，电网赢得的是供应高质量电力和稳定的电网操作。

2. 容纳所有种类电源和储能方式

智能电网集成的是高度分散供电源，容纳大量利用 RES 的清洁电力装置，而且是以简单方便的“插入和拔出”方式进行连接。未来智慧能源网络系统的构型中包含很大数目的分布式发电机组、储能和微电网单元、多个中心发电站以及很大数量的各类用户。储能装置可存储化学能（如电池、氢）、热能（如热量存储）、机械能（位能和动能）等多种形式的能量。

3. 提供新的产品、新的服务和新的市场

为所有发电单元（无论其规模大小和利用的能源资源）提供开放可接入的市场，智能地确认和清除废源和无效单元。未来能源网络系统能为用户提供新绿色电力产品和为新一代电动车辆供电。这样的开放竞争环境市场对小容量发电装置是非常有利的。未来能源网络系统自身能进行很有效的配送分布，降低了电力传输线路的拥塞和损失，进一步提高系统的可靠性和有效性。

4. 为数字经济提供高质量电功率

快速发展的数字经济暗示，在家里和商业部门使用电子设备是非常广泛和普遍的，它们需要有高质量的电力供应。电力质量是计量和测量配送电力有用性的关键指标。智能电网系统提供的电力质量是高水平的，能帮助顾客主动跟踪、诊断和应答电力质量存在的缺陷。这样，顾客就能更好地管理自有家用电器和能量的使用，不仅可避免或降低可能的能量损失，而且使用成本也降低了。而差的电力质量受损失的是顾客。

5. 优化利用资产并进行有效运作

智能电网使用信息和通信技术，以自动方式收集信息并作用于它，使操作者能实时优化系统可靠性、资产利用性和安全性，使电网运行操作达到最小成本、最少设备失败和更加安全。

6. 自愈能力（对系统扰动自身预测和做出应答）

在无须技术人员干预情况下，智能电网能进行连续的自我评估、检测和分析电网单元组件并对发生的扰动做出应答。在无须截断负荷情况下，智能电网系统能自行通过检测故障组件并离线确定和替换故障组件。智能电网的这个特征能最大化系统的可利用性、操作性、可维护性和可靠性。

7. 自我保护能力（系统抗击攻击和自然灾害能力以及具备操作弹性）

自我保护是建立可靠信誉的一种能力。它在两个方面预测、检测和恢复受攻击后产生的影响：①配备有防范系统，妥然处理由恶意攻击或级联故障（自我修复措施未被纠正的）引起的相关问题；②基于传感器早期报告能预测问题并采取相应措施避免或缓解系统受攻击。

未来智能电网的成功发展和部署能为未来能源网络系统在可靠性、经济性、效率、环境、安全和保障等方面带来实质性好处。在其构成中的最重要组成子系统之一是氢能源。组合氢能源燃料电池的子系统是未来能源网络系统中不可或缺的关键装置。氢既是重要的气体燃料也是重要的能量载体，在未来能源网络系统中有其自己的生产、存储、输送分布和应用系统，以及它们在相应电力和热量市场和分布系统中的应用。这些系统不仅起到辅助电力的作用，也起到补足电池储能短板的作用。更为重要的是，也帮助解决 RES 电力的波动间断性这个极为重要的关键问题。

2.6.3 未来能源网络系统中的运输部门

交通运输部门是耗能大户之一，占全部能源消耗的 1/4～1/3，是未来能源网络系统中重要组成部分之一。未来能源网络系统为分散运输部门提供所需的足量能源，特别是燃料和电力。运输部门也是整个能源系统的大储能器。因此，对能源网络系统的能量（电功率、燃料和热量）传输和协调分配起着极重要作用，是不可或缺的。因此，必须考虑其与系统其他重要组件间的相互作用，以有利于运输系统集成到未来智慧能源网络系统中。应该着力发展以燃料电池、电池和氢内燃引擎为动力的功率链，因为它们是运输部门车辆所需电力和燃料重要提供者。

在运输部门中，最重要的是广泛使用作为运输工具的各种车辆。为在未来能源网络系统中使用，现在已研发出新的交通运输产品，如（纯）电池电动车（BEV）、燃料电池电动车（FCEV），以及空中和海上使用电池和燃料电池系统的运输用产品。它们多少也会关系到氢能源和燃料电池技术。鉴于BEV和FCEV的重要性(在交通运输领域不仅具有代表性，而且大规模普遍使用和逐步替代内燃引擎车辆)，后面将对其进行较深入的专门讨论。

现代运输车辆需要有足够电力来满足计算机、控制系统、空调、灯光和其他功能及组件的功率需求。对一些特殊用途车辆，还需要有能够加热或冷却车上特殊设备的电功率。直接使用高效率高温燃料电池来产生电力能够降低引擎负荷。配备有辅助功率单元（AUP）来产生电力的车辆可以使用较小的内燃引擎。另外，高温燃料电池与引擎使用的是同种燃料。

从内燃引擎到各类燃料电池［如低温质子交换膜燃料电池（PEMFC）］的过渡，能进一步增加运输车辆工作效率。消除台速损失和零污染，要求发展大规模有效生产和分布的氢燃料和移动存储技术。用常规化石能源生产运输燃料氢气常伴有GHG排放，因此甲烷蒸汽重整和煤气化产氢（灰氢）过程需要配备碳捕集和存储（CCS）装置。为避免配备昂贵的CCS装置，可用核电和RES电力电解水产氢（绿氢）来替代。核能除发电外也能利用其产生的高温热分解水生产氢气，为此已提出若干热力学循环。该类热力学循环（正在发展中）提供的热能到化学能转化效率要高于电解水产氢效率。比较现实和更为有效的选择是，直接使用RES电力为现在电动车辆直接充电。也可把RES电力转换为氢燃料，但以此绿氢作为车辆驱动动力的效率不高(有较大能量损失)，因转化过程是多步的。再加上氢气运输、充气和存储等过程会使效率进一步下降。目前看来，不仅效率较低且成本也比较高。

但是氢能系统是未来能源系统中的重要子系统之一。在运输部门应用氢能，其移动存储是必需的，这是一个复杂的挑战。因为在标准状态下氢的体积能量密度非常低，即便高压或液体形式，其体积能量密度仍然是比较低的。对氢气的移动存储，高压容器存储仅能使汽车行驶有限距离，而且还需要用高强度材料制造，很可能增加车辆质量。冷冻存储也是耗能的，损失能量可高达存储氢气能量的25%～40%。固体氢化物化学储氢是一个可行选择，目前仍处于发展阶段。氢的“化学存储”最熟知的是烃类燃料，如汽油或柴油也是氢气载体，可经由车载重整装置生产氢气。虽然重整过程会降低系统总效率，但许多研究显示，使用车载燃料重整的总效率高于纯氢直接储存的总效率，但其产氢过程有显著的GHG排放。初步看来，纯电动车辆似乎比氢电力车辆具有优势，但需深入分析后才能获得可靠结论。

1. BEV和FCEV

新发展的（纯）电池电动车（BEV）和氢燃料电池电动车（也包括混合动力车）都是低或零排放车辆（只要为电池充电电力和产氢使用RES电力、核电或有CCS的化石燃料电力)，它们都被认定为是未来低碳（无碳）运输系统的最好技术。两类车辆的支持者都认为对方是自己的竞争对手。BEV 拥护者对 FCEV 的批评集中于高成本和公用基础设施缺乏。BEV 的现时成本确实低于 FCEV，但仍然要比内燃引擎动力轿车高。由于使用电力已有非常完善的电网，因此 BEV 比 FCEV 便宜和方便得多。批评者进一步宣称，FCEV 不是一种未来运输系统中的清洁和经济的技术，而 BEV 则是。但从科学观点看，未来运输系统中能替代内燃车辆起主要作用的将是 FCEV，因其潜力巨大且比较可行。研究证明，FCEV 具有的优点比 BEV 更多，如行驶距离长、体积和质量比功率高、全生命循环成本低和充燃料时间短、气候适应性强等。从长远看，FCEV 大规模渗透进入车辆市场所受限制较少，可替代所有类型车辆（如 SUV、大巴和重载卡车等），而 BEV 仅限于小型车辆。

BEV 的优点是简单、可利用现有公用电网电力。但其短板是行驶距离短、充电时间长、温度和气候适应性差、质量比功率低、生命循环成本高及环境分散成本高等。这些不足使其对于 FCEV 的相对竞争力减弱。如果不能够缓解和解决 BEV 技术的这些短板，长期而言 FCEV 将可能在旅客轿车市场中占据较大优势。也就是说从技术观点看，在支配未来交通运输上 FCEV 似乎有更好的前景。已证实，基于现时技术的 BEV 性能受运行地区环境温度影响很大，一般不推荐在极端寒冷地区大规模部署 BEV，而是优先推荐 FCEV 或混合动力车［HEV，如电池/PEMFC 或电池/氢内燃引擎（ICE）］。但是，众所周知，电池是非常重要的储能技术，具有简单、方便、技术成熟且高的电力-车轮效率优点。对于气候温暖地区，如我国江南地区，包括广东、广西、福建和海南等地区，大量部署 BEV 应该优先得到支持。有关 BEV 和 FCEV 间的争论，焦点集中于如下三个方面：效率、储能性能和成本。虽然它们之间是密切相关不可分离的，但为叙述方便仍然分开做单独的讨论。

2. 能量效率

初步看来，使用 RES 电力的 BEV 能量效率高于 FCEV，其短期（数天）存储往返能量效率可达到 80%量级。而对于 FCEV，电解器效率一般在 90%（基于高热值），储能效率 95%，燃料电池能量效率（高热值）约 50%，因此 FCEV 可比较的往返能量效率仅有 43%。这个很低的往返效率已经使人们只选择 BEV，完全不理睬 FCEV 了。但是，人们早已知道，电池有自放电现象，放置长时间导致的能量损失非常可观。因此，当 BEV 有段时间不使用时，其往返效率会快速下降，数个月后甚至可能下降到零。在考虑了电池自放电能量损失后，BEV 的总往返能量效率很可能与 FCEV 效率是类似的。

批评 FCEV 效率不高的依据之一是由于出现了可在电网充电的插入式 BEV。但是，该理由似乎缺乏系统观点，无视了能源网络系统的整体效率。当计算车辆能源效率时考虑极端气候下的热负荷（加温取暖）或制冷负荷，BEV 的较高效率就可能有问题了，这是因为 BEV 需要消耗大量能量来处理好温度适应性。在极端低或高的温度时，一方面电池能发送的功率远低于正常温度（如图 2-15 所示，BEV 最好的行驶温度范围为 15～24℃）；另一方面电池充电能力也大为下降（例如，对于锂离子电池，温度低于冰点时就可能无法充电了。只有电池温度上升到中等温度才可进行充电，为上升电池温度必定要消耗额外的能量）。而且，为车内取暖也会消耗电池存储的能量。这意味着，BEV 要在极端温度条件下行驶必须要进行加热或冷却，这样必然导致其行驶里程的显著降低，效率降低。相反，为 FCEV 供热和制冷所需的热能可由燃料电池操作副产的热量提供。因此，从技术层面上讲，在未来交通运输系统中，FCEV 的潜在机会要比 BEV 多很多。电池虽然是能源网络系统中的重要储能设备，但在未来交通运输市场中它很可能只起次要的作用（限于在正常气候城市中使用的小汽车）。燃料电池能量效率 50%是指其电效率，但把燃料电池产生的热量加以利用时（所谓热电联产），其能量效率会有相当幅度提高。例如，采用组合热电（CHP，或叫热电联供）设备，FCEV 的能量损失是很小的，即其油井-车轮效率是比较高的。在表 2-2（行驶距离 320km）和表 2-3 中给出了对 FCEV 和 BEV 多种性能的定量比较。从数据不难看出，当电力来自天然气、煤炭或生物质时，从（车辆行驶里程在该有范围内）质量、体积、寿命循环成本、充燃料时间、温室气体排放和油井-车轮效率等数据看，FCEV 显示的优势是很明显的。

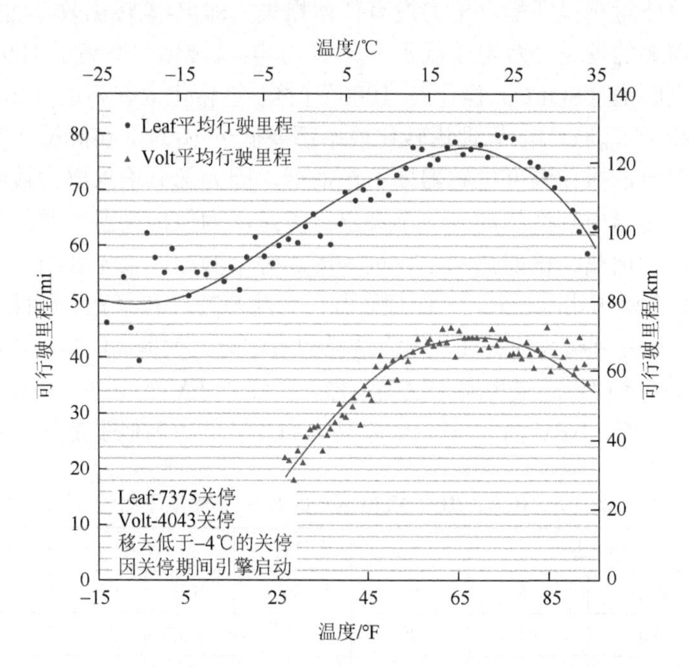

图 2-15　BEV（Chevrolet Volt 和 Nissan Leaf）可行驶里程随温度的变化

$$1\text{mi} = 1.609344\text{km}，\quad t(\text{K}) = \left[\frac{5}{9}(t - 273.15) + 32\right](°\text{F})$$

表 2-2　氢 FCEV 和 BEV 间的比较（行驶里程 320km）

项目	FCEV	BEV
车辆质量/kg	1259	1648
存储体积/L		
70MPa	179	382
35MPa	382	
燃料成本/(美分/km)［电力为 6 美分/(kW·h)，氢为 3.3 美元/kg］	3.36	1.23
加注燃料成本/(美元/辆)	955	878
需要的风电/(kW·h)	164.9	90
加注燃料时间/h		
24V，40A，单相，7.7kW	0.07	11
480V，三相，150kW		0.55
校正寿命循环成本/美元	133380	16187

电解化学的详细分析指出，电解需要的电力随操作温度增加而降低，存在一个所谓的热中性电压（V_m），在此电压下输入电力的能量与电解（分解化合物）反应需要的总能量精确匹配，电力没有任何损失，即电-氢转化效率达到 100%。但当电解水需要的理论分解电压低于 V_m，此时电-氢转化效率高于 100%。例如当固体氧化物电解池（SOEC）操作在 1000℃时电-氢转化效率高达 136%。而当电解操作电压高于 V_m 时，电-氢理论转化效率都要低于 100%，实际操作时电效率甚至更低，大多数低操作温度电解器属于该情形，因为部分输入电力被消耗用于额外的供热了。高温电解产氢的另一个突出优点是，为保持高温需要的热量可利用低成本太阳热、地热、核能热和工业过程废热等。例如，聚光太阳能热发电厂和核发电厂电效率受卡诺（Carnot）原理限制，为此 SOEC 和聚光太阳能热发电厂或核发电厂的组合受到极大的关注，因为这样的组合能大大提高能量（电能）利用效率。把 SOEC 废热用于产氢也属于这类情形，可使 FCEV 效率进一步提高。从上述分析不难获得结论，BEV 油井-车轮效率高于 FCEV 的论断似乎是站不住脚的。

表 2-3　ICE、BEV 和 FCEV 的油井-车轮效率比较　　（单位：%）

初级能源	燃料生产		分布	零售	车辆		油井-车轮效率
原油	汽油	86	98	99	ICE	30	25
	柴油	84	98	99	ICE	35	29
	电力	51	90		BEV	68	31
	电力→氢	34	89	90	FCEV	56	15
	氢气	51	89	90	FCEV	56	23

续表

初级能源	燃料生产		分布	零售	车辆		油井-车轮效率
天然气	CNG	94	93	90	ICE	30	24
	柴油[a]	63	98	99	ICE	35	21
	电力	58	90		BEV	68	35
	电力→氢	39	89	90	FCEV	56	18
	氢气	70	89	90	FCEV	56	31
煤炭	汽油[a]	40	98	99	ICE	30	12
	柴油[a]	40	98	99	ICE	35	14
	电力	50	90		BEV	68	30
	电力→氢	34	89	90	FCEV	56	15
	氢气	41	89	90	FCEV	56	18
生物质	乙醇	35	98	99	ICE	30	10
	生物柴油	35	98	99	ICE	35	12
	电力	35	90		BEV	68	21
	电力→氢	24	89	90	FCEV	56	11
	氢气	31	89	90	FCEV	56	14
可再生能源电力	电力	100	90		BEV	68	61
	电力→氢	68	89	90	FCEV	56	30
铀	电力	28	90		BEV	68	17
	电力→氢	19	89	90	FCEV	56	8

注：a. 汽油、柴油经 F-T 合成生产。

2.7　能源网络中的储能单元

2.7.1　可再生能源电力存储

RES 的扩大使用，需要有有效低成本、高能量密度的储能技术，对环境影响有时也有要求。相对于化石燃料有相对较长时期内的稳定供应，RES 电力生产是变化的，在时间尺度上具有随机间歇波动和间断性。太阳能电力、风电不仅随时间随机改变，而且具有强烈的季节性改变，生物质能、水能和某些地热能等 RES 也有此特性。如果不配备大容量储能系统，RES 电力可用性不高，更无法使负荷得到稳定的电力供应。为它们配备的储能单元，除大规模高容量泵抽水电和压缩空气（可与化石燃料组合）存储装置外，大容量电池也可使用，如高性能锂离子电池和大规模液流电池。热能存储技术已被用于存储和浓缩太阳能，存储的能量可以在任何时间使用。太阳热发电厂的短期存储是简单的，可用高热容量材料如熔盐来存储热能，再利用熔盐释放的热量来发电。存储太阳热能的介质除熔盐外也可以使用冰和液化天然气等。已发展和实现高效转化技术如电解，可把电能转化为化学能进行存储。作为能源载体，氢气能够被使用于引擎中产生机械能，或在燃料电池（如 PEMFC）中产生电能和热能。

表 2-4 中列出了主要储能技术的充放能时间、循环寿命、占地大小、选址难易和技术成熟程度。表 2-5 则是表 2-4 中没有的储能电池的重要参数。

表 2-4　主要储能技术的特征

特征	抽水技术	CAES	飞轮技术	热技术	超级电容器	SMES
充放能时间	小时量级	小时量级	分钟量级	小时量级	秒级	分钟到小时量级
循环寿命	≥10000	≥10000	≤10000	≥10000	＞100000	≥10000
占地/单元大小	在地面上是大的	在地面下是中等的	小	中等	小	大
选址难易	困难	困难或中等	—	容易	—	未知
技术成熟程度	成熟	发展早期	发展早期	成熟	可利用	早期研发阶段，发展中

注：CAES 表示压缩空气储能，SMES 表示超导磁能存储。

表 2-5　储能技术选项和主要参数

技术选项	成熟度	容量/(MW·h)	功率/MW	持续时间/h	效率/%(总循环次数)	总成本/(美元/kW)	成本/[美元/(kW·h)]
地上 CAES	示范	250	50	5	（＞10000）	1950～2150	390～430
先进铅酸电池	示范	3.2～48	1～12	3.2～4	75～90（4500）	2000～4600	625～1150
Na-S 电池	商业化	7.2	1	7.2	75（4500）	3200～4000	445～555
Zn-Br 流动电池	示范	5～50	1～10	5	60～65（＞10000）	1670～2015	340～1350
钒氧化还原电池	示范	4～40	1～10	4	65～70（＞10000）	3000～3310	750～830
Fe-Cr 流动电池	R&D	4	1	4	75（＞10000）	1200～1600	300～400
Zn-空气电池	R&D	5.4	1	5.4	75（＞4500）	1750～1900	325～350
锂离子电池	示范	4～24	1～10	2～4	90～94（＞4500）	1800～4100	900～1700

大规模储能技术都有其环境影响，在评价性能时不应该被忘记。例如，电池化学品的毒性，水和空气存储项目中的土地占用。小规模、高能量和功率密度能量储能技术，如电池、超级电容器和飞轮，对运输车辆的混合功率链是重要的。显然，储能装置增加了可再生能源（RES）利用成本，应该在计划大规模 RES 时加以考虑。与化石燃料组合，只要可能，应能作为替代方案。

2.7.2　未来能源系统中的储能技术

为了消除 GHG 排放和提高能源安全性，世界上多个国家宣布了逐步淘汰电力系统使用化石燃料的时间表。例如，丹麦在 2050 年将完全淘汰电力系统，中国也有碳中和计划。尽管 RES 电力发展使用高速增长，但 RES 电力的高水平渗透会极大损害电网的均衡性和降低其调节能力。解决这些挑战最好选择是使用储能技术，很显然，在未来储能的重要性会不断增加。储能技术能通过协同能源供应和需求提高系统可靠性和能源供应安全性。储能现在已成为电力、地区供热、天然气、生物气体和运输系统的集成部分。具有不同特征储能单元间的相互作用能够创生平衡（均衡），储能是能源系统的有效功能化单元。但是，应该认识到，储能仅仅是促进电力系统均衡和可靠性的若干技术手段之一。下面重点讨论储能技术与其他选项间的相互作用和竞争。

2.7.3　现在和未来能源系统中的储能

在能源系统中现有的两个储能单元是组合热能存储的组合热电系统及水电系统中的水库储能。CHP 工厂必须满足对热量和电力的需求，其常用实施手段包括热能存储、降低系统电力边操作约束和允许对电力需求进行调度。储热容量可缓解调节所受的约束。使用水库储能的水电系统，提供储能服务的时间尺度范围从秒到月份（与水电工厂位置密切相关）。水库储能可满足和解决高峰需求、平衡（均衡）其他可变发电装置和稳定水电工厂输出（因雨量是有季节性或年度改变的），这对低灵活性系统具有特别的价值。

有效使用现有的储能、生产和调节容量可增加地区间功率传输容量。由地区电力网络相互连接形成的较大系统可获得互利受益（对不同区段），如覆盖局部的不均衡和提高能源供应安全性，当然这是以增加投资和更依赖电网为代价的。对于扩展的电力市场，可进行子系统和地区间的调度和交换。例如，在斯堪的纳维亚电力网络系统中，挪威电网系统以水电为主，丹麦电网系统以热电为主。在干旱年份，水电是短缺的，此时丹麦热电可帮助挪威电力系统；相反在湿润年份，过量挪威水电可输出供应丹麦电网（年份尺度上互利电力均衡的例子）。RES 电力

（如太阳能电力和风电）数量巨大且是不可控制的随机电力生产单元，对此需要利用其他电力生产系统来均衡需求和解决生产的不平衡问题，既可以是供应边的也可以是需求边的。在斯堪的纳维亚电力需求中，利用水库水电供应对（如丹麦）电力系统进行大规模调度。

2.7.4 系统集成、强筋电网和气体存储

对储能单元的需求在很大程度上取决于在能源系统技术间的相互作用，引入或增大储能容量与总能源系统构型密切相关。对能源系统采用合适构型或“智能化”可最小化对常规储能和调度容量的需求，从而降低系统总成本。例如，丹麦同时采用了 PV 和风电，与单独使用风电比较，同时使用分布场景更适合于现有电力需求的分布场景。也就是说，添加 PV 电力后对备用能源和调节容量的需求下降。当连接不同地区电力传输线路使容量增大时，可减小相互连接风电不均衡电力生产对电网系统的影响，从而降低对备用电力和储能的需求。地区间传输容量增加对大电力市场影响体现在整个电网电力可利用分布调节容量（资产）的增加。

非常大容量储气设施可能是未来地区储能系统中的重要组成部分，如对生物质气化或以氢为能量载体（用于发电）情形。例如，丹麦现时有两个大天然气（NG）存储库：位于 Stenlille 的地下水层和位于 Lille Torup 的盐圆顶溶洞（图 2-16，已安全运行 30 多年）。丹麦能源网络系统是与欧洲 NG 网络和北海丹麦天然气田（在未来废弃天然气田可改造成为巨大气体存储库）相互连接的，NG 管道已覆盖国家的大部分地区，能为地区、国家甚至局部能源系统从不均衡变得均衡做出贡献。

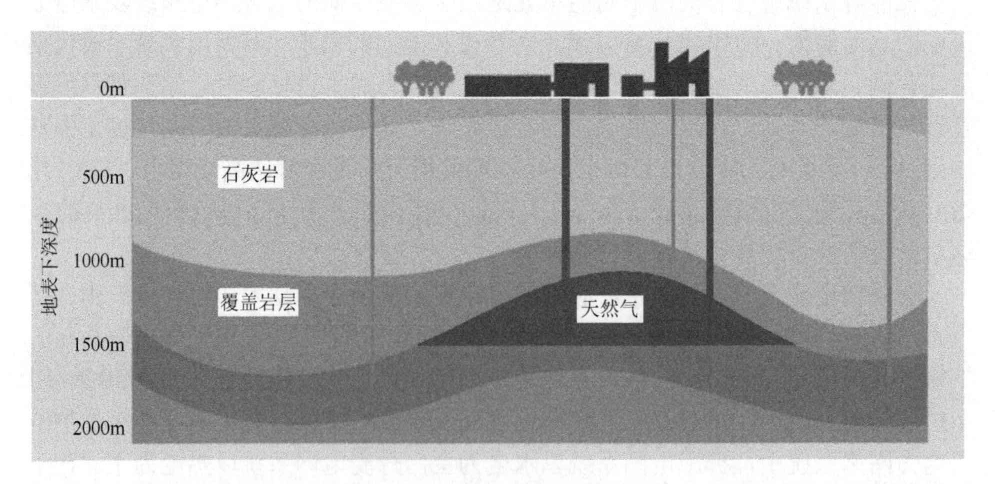

图 2-16 Stenlille 含水层气体存储设施（地表下 1500m 处的砂岩，上面有约 300m 气密黏土层），可把天然气存储于含水层中

延伸的天然气（燃料）网络与电网是互补的。这样使发展 RES 电力成为可能，也使能源供应保持高的安全性。也就说，基于 RES 电力和气体供应可保持分布电力系统的持续生产及其发展，这是可采用的一个现实选项。

2.7.5　分布式发电、存储和灵活消费的新兴选项

能源消费的需求边管理（DSM）是另一重要管理技术选项。作为均衡能源系统的一个方法，需求边灵活性等当于在对映时间尺度上对常规供应边的管理选项。聚集进入需求边的大规模资产管理灵活性对未来智能电网和能源网络系统的发展是必不可少的。与供应边管理组合的 DSM 可使能源网络系统变得更加灵活和牢固可靠。例如，储热热泵对提高受约束 CHP 系统灵活性是非常有效的。虚拟电厂（VPP）是一组小发电机或/和储能系统，可用作微电子设备、IT 和通信系统的电源，因此有广泛范围的分布。例如，电动车辆车队使用的 VPP 基电池组。电动车辆（EV）和插入式混合电动车辆（PHEV）可能是未来电力系统的游戏改变者，因为它们与电网间的相互作用具有很大灵活性。组织得当的电动车车队可能是一个巨大且非常灵活的电力储库，时间尺度范围从秒到小时。例如，100 万辆 EV 的车队，每辆与电网连接功率是 10kW，其传输电力可能达到 10GW。对于丹麦电网而言，这一进出功率可与约 600 万人口（丹麦总人口）电力需求（约 6.5GW）相比较。EV 电池容量在未来将高于现时电池容量加上 EV 数量的增加，于是 EV 车队对高峰容量和较长时间尺度的调节能力将可能是很大的。在运输领域中不再应用的“秒生命”EV 电池，很可能再被集成作为专用于电力系统调节的固定应用单元。电池基 VPP 的另一个例子是集成的不间断电源（UPS）供应系统。电池通常能够使这些小自主单元（电源）作为 IT 系统、医院和其他应用的可靠电源，因为对这些应用甚至是极短间断也是不可接受的。由于 UPS 在许多时间都是闲置的，原理上它们是能够被设计成服务于电网的调节，且并不影响其主要功能。

以风电、太阳能电力和其他可变电力供应系统为基础的功率系统，虽然其调节容量是有限的，但也可把它们看作是潜在的电力平衡资源。

2.7.6　储能用于提高能源安全性

除了掌控需求和供应中存在的自然波动外，整个能源系统必须有能力应对组件失败的危险，并有能力在希望水平可靠性、牢固性和安全性基础上保持连续和足够的功率供应。强化地区电网间的相互连接有利于电网系统平衡和功率支持（功

率供应安全性）。但是，过分依赖电网有可能使电网失败危险增加。相互连接大能源网络系统的安全性仅是一权衡折中，失败结果可传播很长距离。大规模功率失败对社会经济产生的影响是非常巨大的，结果是可怕的。对于很多商业，尽管能源成本仅是预算的一小部分，但大于数分钟的功率切断很可能导致停工停产。为了降低电网失败危险及其导致的结果，建议把大电网设计成由有独立运行能力的较小自主子系统或甚至是微电网系统组成。降低这些分离电网的失败危险也就降低了国家或地区范围的停电危险。

为使整个智能电网中分离单元具有独立运行能力，可能需要相当的储备和能为高需求时提供储能服务，尤其是在随机间断性 RES 电力占比较大时。要使这类电网系统具有足够长度主动操作时间，需进一步扩大投资增大发电容量。已经预计到，因大规模集成随机波动发电源（风电和太阳能发电厂），需要进一步增加功率的调节容量（储能容量）。但是，在建造未来能源网络系统时，对储能要求来自多个方面：未来电网系统通常要涵盖很宽的地理区域，需要扩大贸易商业利益，发电机组放置位置需有竞争性和灵活性，较大电网间相互支持，有能源灵活性、存储和调节特征的新市场发展，以获取增加供应和需求边备用容量的利益。

2.7.7 多个选项和结果

从上述叙述能够看到，常规电力网络系统供应边和需求边都存在相当多未开发调节资产，进一步开发出其潜在调节容量对电力网络系统可能是不经济的，因为常规电力网络系统已有足够充足的调节容量。但对于未来能源网络系统，由于不断增加的 RES 电力，这些调节资产可被开发应用于需求边，找到其市场应用。为满足存储和调节服务需求，可利用多种相互竞争的手段（储能技术除外）。因不同方法间可能存在相互作用，对能源网络系统影响也可能产生多重结果且会影响到许多利益相关者（图 2-17），为强力支持 RES 的渗透，可开发储能和调节的潜力用以提高实现系统操作的灵活性、电网稳定性和可靠性，延缓或推迟在传输和分布中对新储能和调节容量的高昂投资。完整透彻研究储能和调节方法经济性是重要的，用以获得广泛范围的清晰结果。而对于支持公用电网传输和分布中使用储能装置的看法，对结果需要进行合适分析（涵盖不同利益相关者和整个社会）和对详细发展计划方案进行模型化。兆瓦和千瓦级储能系统对地区间传输和分布子电网会产生重要影响，可用于支持削峰、推迟投资、做频率调整及获得可靠性。

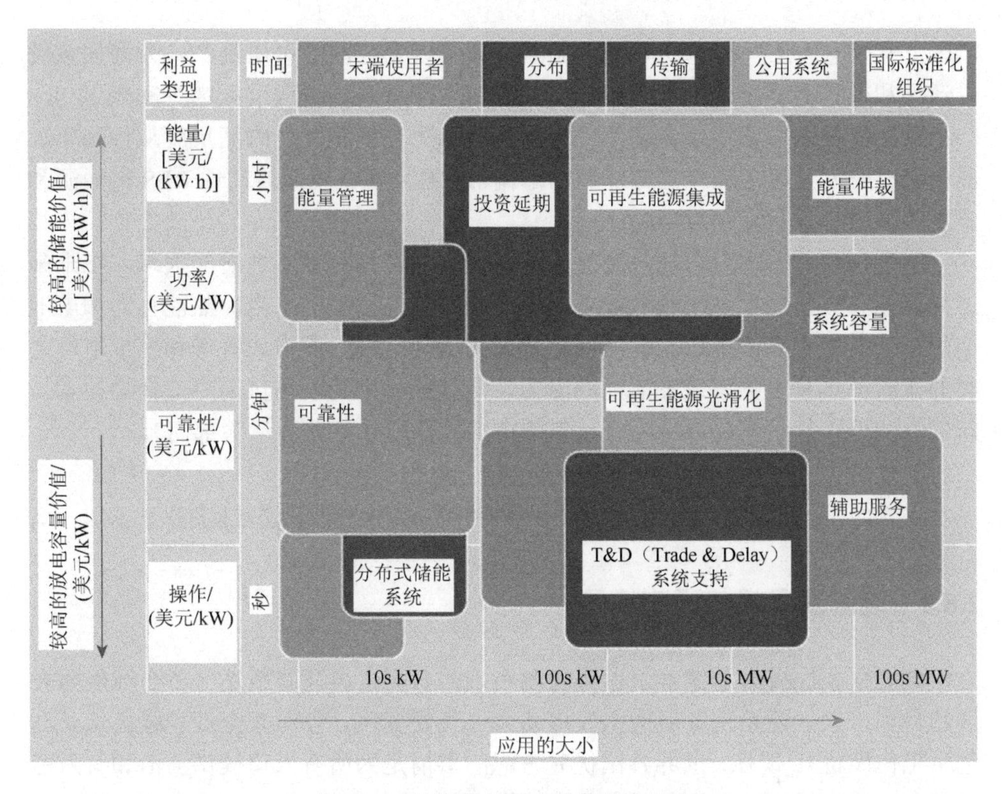

图 2-17　操作利益货币化储能的价值

图中显示能够为未来智慧功率网络提供可定量化利益的多个储能方法。这些利益有宽范围的容量、功率输出和时间尺度，盖过使用者、载体、发电机和调节者。此外，需求边能量管理和虚拟发电厂（调动现在和未来能源系统潜在灵活性的两个选项）可以补充常规储能方法。经由集成电力、热量、气体燃料和运输部门可能出现新的解决方法

2.7.8　市场发展

为改进电力市场的调节和储能效能，首先要调动利用未开发资产。市场应该有能力货币化现有电网系统的灵活性，必须促进投资和增加储能调节的供应容量。这些可导致新部门（特定未开发资产）的出现。例如，热泵和电动车辆拥有者可为分散地区电力系统提供储能和调节服务。现有电力市场可通过扩展新的和现有的未开发资产来支持分布和传输系统的操作者利用市场系统中的灵活性。智慧计量和价格信号能够帮助分布式（常是小规模）存储和调节资产进入市场。

储能单元能在能源系统需求边和供应边进行操作。需求边灵活性的解决办法可由系统操作者用（快速配送调节利益和低时间尺度拓宽的）未开发资产来提供。对于供应边，可在常规电力公司投资组合内，选择小规模分散存储和调节作为市场方法。这可能关系到改进市场结构以为开发系统（作为整体包括需求边管理、

UPS、模拟电力工厂和电动车辆）灵活性创生较宽范围的可用资产。为增加系统灵活性和效率需要修改市场结构，使其有能力在总系统中货币化这些资产。

从储能技术可获得服务功率额定值范围从千瓦到兆瓦，时间尺度从秒到年。能在小时时间尺度上操作的存储和功率调节，对大规模集成波动性 RES 电力源和限制其调节容量是特别重要的。

总之，储能技术对总能源网络系统扩大延伸是具有基本性质的大事。在未来选择储能和其他技术系统时是需要做权衡和折中的。泵抽水电、热能存储和电池储能今天在能源系统中已广泛使用。未来的智能电网、需求边管理和模拟电厂之类的概念都具有增强系统灵活性的潜力，是储能和平衡功率供需可选择的技术。新的办法可以是不同选项的组合（包括电力、热能、气体和运输部门）。

2.8 储能在未来可持续能源系统中的作用

2.8.1 能源发展趋势预测场景

储能重要性极大地依赖于世界能源系统的变化。再简要叙述一下全球能源发展趋势和未来能源系统发展的主要推动力（气候变化、能源安全性、绿色增长和创生工作岗位）。现在，世界各国优先考虑的事情是为所有人口提供清洁和有效能源服务，对此储能技术具有极为重要的作用。

1. 气候变化

气候变化这种推动力因素可以用两种方式表达：气候变化可看作是《哥本哈根协议》设置的政治目标，用以限制到 21 世纪末平均温度上升不超过 2℃；要求世界各国家和各经济体将 GHG 排放降低至特定目标。一方面，全球能源需求和 GHG 排放在继续增长，另一方面，国家和地区水平上的能源供应和需求结构正在逐渐发生转变。IEA 在 2012 年《国际能源展望》中讨论了能源需求和供应的三个不同规划政策场景（图 2-18）：①反映现时商业运作路径和政策的场景；②全部实现设想规划政策的场景；③最艰巨场景，即全球年度排放水平确保实现大气中 GHG 浓度稳定并低于 450ppm 目标，也称为 450 场景。这个 450 场景与 21 世纪末全球最大温升 2℃政治目标（50%概率）是密切相关的。450 场景允许世界能源需求有相当增长。已清楚的是，不同方案设想的能量供应源是有明显差别的，且很强地依赖于能源使用效率的增加。而 IEA 新近报告中指出，并不是世界每个地方都在很好地执行 450 场景。这很危险，有可能使 21 世纪末地球平均温度上升达到 3.6～5.3℃。如果按照政府间气候变化专家咨询组和世界银行专家的推测，将导致世界的戏剧性后果。

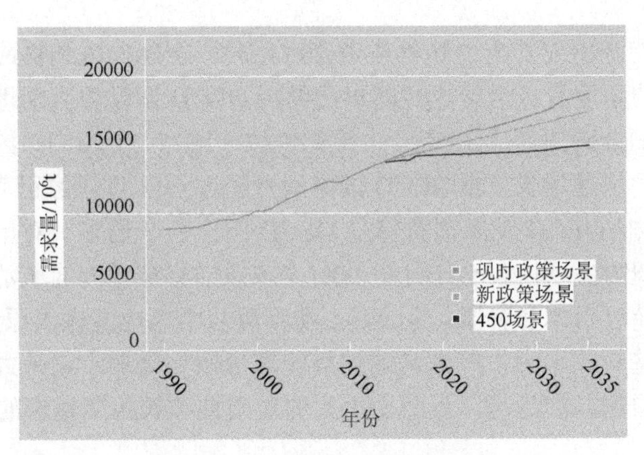

图 2-18　全球初级能源需求场景

2. 能源安全和绿色增长优先性

鉴于能源安全和绿色增长优先性是多种多样的，对它们的分析评估是比较困难的。很多国家如经济合作与发展组织（OECD）国家考虑的关键参数是化石燃料的输入比例，对主要发展中国家如中国和印度也是这样（基于地区性原因）。IEA 给出了欧盟、美国、日本、中国和印度的现时和预期的油气输入比例，如图 2-19 所示。日本依靠能源输入已持续多年，不可能指望会发生变化。欧盟、中国和印度也对这个趋势（输入油气比例不断增长）非常关心。与此非常不同的是美国，它依靠国内页岩气的发现使生产向着能源独立方向转变，在油气生产上仍保持继续增长（虽然对页岩气资源的预测总体上仍是不确定的）。美国在增加国内原油生产的同时还为燃料效率设置了较严格的标准，以此降低未来的石油输入比例。

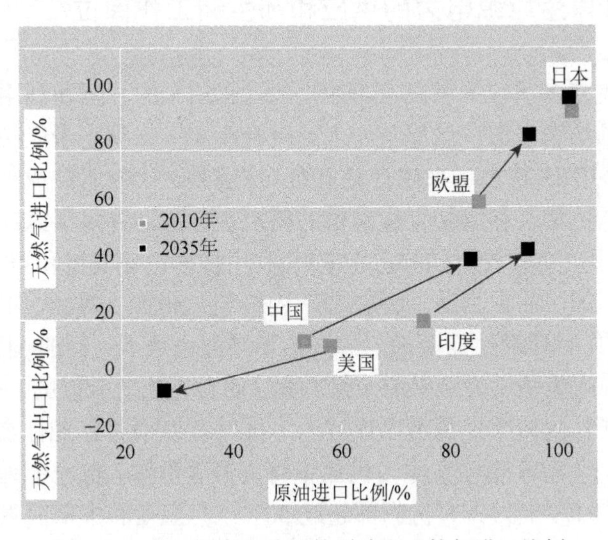

图 2-19　若干国家和地区的原油和天然气进口比例

在对未来能源供应安全性和价格进行讨论时，全球需求和供应分布变化是关键因素。从大的角度看，全球能源需求已经由 OECD 国家占支配地位逐渐转移到受发展中国家如金砖国家（BRIC）占支配地位［图 2-20（a)］。因为这些国家的人口和经济活力快速增长，非 OECD 国家消费超过 OECD 国家已有数年。预测指出，在 2030 年非 OECD 国家消费将是 OECD 国家的 2 倍多。对单个国家的预测也是由 IEA 给出的，到 2035 年几乎 90%中东原油将被亚洲国家消费，而中国和印度的消费将超过日本和韩国，美国有可能不再从中东地区输入原油。图 2-20（b）指出另一重要趋势：电力生产消耗的初级能源份额将增加。这是大多数国家（工业化和发展中国家）的趋势，反映出电力的通用性和长距离输送的容易性。

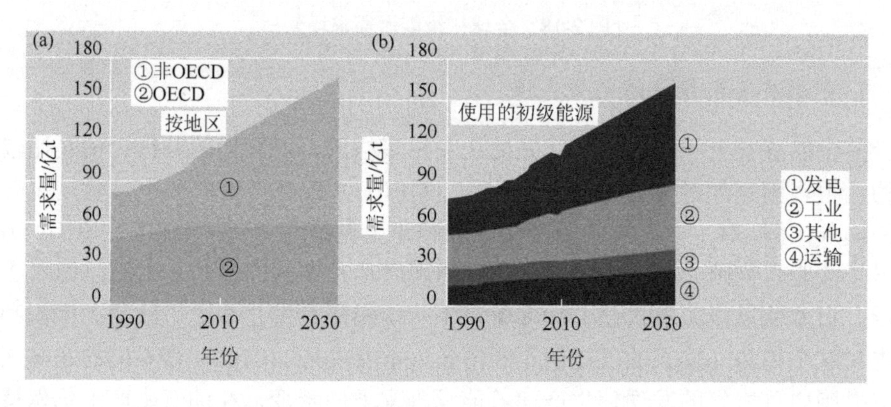

图 2-20　2030 年不同地区能源需求总量份额的变化（a)，不同使用领域所占份额变化（b)

2.8.2　扩展可再生能源电力的供应和创生新工作岗位

许多国家实施多项政策激励可再生能源（RES）的开发和利用，使其在初级能源中所占份额快速增加。这反映如下的组合事实：宏观水平能源安全和气候变化考虑加上许多 RES 技术越来越有竞争力，原因是这类技术的成就和化石燃料价格的增长。对绿色增长和增加工作岗位的需求也在推动许多国家在短期内尽可能扩展 RES 的使用。全球投资趋势也令 RES 利用技术快速发展和增长。

对未来电力部门的预测是，快速提升 RES 电力份额。对此，不同研究机构的预测是不一样的，有代表性能源部门的兴趣和预测也是不一样的。其中 REN21（21 世纪可再生能源政策网站）给出的一组方案（明显是相对分散的）给于表 2-6 中。不同机构预测评估的离散性是可以理解的。虽然各种预测方案有差别但显示的趋势是很清楚的，即 RES 电力在电力供应中将占显著份额。在表中列出的所有预测中，到 2050 年 RES 电力占有份额都超过 50%。对短期和中期前景的预测差别比较大，这是因为所获预测结果极大地取决于其所做的（关于 RES 渗透速率及全球需求变化）假设（这些假设导致预测结果的不同）。在表 2-7 中，所列 2011～2015 年数据来自 IEAKey World Energy Statistics 报告，而 2016～2020 年的数据来自 BP Statistical Review of World Energy June 2017—2021。

表 2-6　全球电力生产中可再生电力预计的份额

预测方案	年份	电力占比/%
到 2030～2040 年		
ExxonMobil 能源展望 2040（2012 年）	2040	16
BP 能源展望 2030（2012 年）	2030	25
IEA 时间能源展望（2012 年）“新政策”	2035	31
IEA 时间能源展望（2012 年）“450”	2035	40
Greenpeace（2012 年）能源革新	2030	61
到 2050 年		
IEA 能源技术前景（2012 年）“205”	2050	57
GEA 全球能源评估（2012 年）	2050	62
IEA 能源技术前景（2012 年）“205 高可再生能源”	2050	71
GEA 全球能源评估（2012 年）	2050	94
WWF（2011 年）生态能源方案	2050	100

表 2-7　2011～2020 年全球电力结构汇总

指标	2011 年	2012 年	2013 年	2014 年	2015 年	2016 年	2017 年	2018 年	2019 年	2020 年
全球发电总量/(TW·h)	22257.0	22806.3	23435.2	24031.7	24270.5	24915.2	25623.9	26659.1	27001.0	26823.2
燃煤发电量/(TW·h)	9144	9168	9 633	9707	9538	9451.0	9806.2	10101	9824.1	9421.4
燃油发电量/(TW·h)	1058	1128	1028	1023	990	958.4	870.0	802.8	825.3	758.0
燃气发电量/(TW·h)	4852	5100	5066	5155	5543	5849.7	5952.8	6182.8	6297.9	6268.1
核能发电量/(TW·h)	2584	2 461	2478	2525	2571	2612.8	2639.0	2701.4	2796.0	2700.1
合计/(TW·h)	17638	17857	18205	18410	18642	18872	19268	19788	19743.3	19147.6
非再生能源发电量占比/%	79.7	78.8	78.1	77.3	77.1	75.7	75.0	74.3	73.1	71.4
再生能源发电量/(TW·h)	4488	4811	5117	5406	5534	6058.3	6408.6	6827.3	7261.3	7675.6
再生能源发电量占比/%	20.3	21.2	21.9	22.7	22.9	24.3	25.0	25.7	26.9	28.6

化石燃料发电仍然占据主导地位，其中以燃煤发电为主，其次是燃气发电，而燃油发电份额很小。2020 年非 RES 发电占全球发电总量的 71.4%，比 2019 年减少了 1.7%；而 RES 电力上升了 1.7%。

全球电力生产系统中水电将保持有重要的地位，在某些地区还将进一步扩展，特别是在非洲。然而全球 RES 的主要扩展来自风电、太阳能电力和生物质技术，地热能源仅占很小部分。不同技术的实际预期份额在不同方案间也是不一样的。大多数的预期指出，风电、太阳能电力在未来二三十年内将接近甚至超过水电，但对不同地区也是显著不同的。对于 RES 电力，OECD 国家占有最高电力生产百分数。例如，丹麦的风电占国家总电力供应的约 30%。最近有报告显示，2021 年全球电力的 10%来自太阳能和风能（该报告汇总了 2021 年 75 个国家的数据，其电力需求占全球 93%）。目前，有 10 个国家的四分之一电力来自太阳能和风能，丹麦、卢森堡和乌拉圭则分别高达 52%、43%和 47%。该报告强调，2021 年太阳能和风能发电量增长了 17%，而到 2030 年，年增速将达到 20%。中国的统计报告给出的 2021 年数据，RES 电力占比已达 27%。

总体来看，2021 年，全球 38%的电力来自无碳能源，包括核能，最主要的 RES 电力仍然是水电。与此同时，煤炭发电量仍占比 36%。在后疫情时代，在电力需求激增的影响下，煤炭的需求也会反弹。事实上，2021 年，煤炭发电量已经历了前所未有的大反弹，同比增长 9%，达到 10042TW·h。

另据 BP 2020 年报告的数据，将能源清洁化定义为

能源清洁化（%）= [（核能年发电量 + 水力发电年发电量 + 再生能源年发电量 + 其他年发电量）/年发电总量] ×100%

2020 年对世界各国或地区电力清洁化程度进行了汇总，如表 2-8 所示。表中“其他”包括地热发电、生物质发电和其他 RES 发电；“其他”中包括了二次能源发电，如抽水蓄能、非再生废物发电及统计差。从表中数据可以看出：全球电力清洁化程度平均值为 38.7%；电力清洁化程度最高的地区是中南美洲（达 68.5%），电力清洁化程度最高的国家是巴西（86.0%），其次是加拿大（82.9%）。数据也指出，2019 年底至少有 32 个国家运行的 RES 发电容量在 10GW 以上。预计到 2050 年，有 77 个国家 10 个地区和 100 个以上城市将达到净零碳排放。

表 2-8　2020 年世界各国或地区电力清洁化程度

国家或地区	发电量/(TW·h)								
	原油	天然气	原煤	核能	水力发电	再生能源	其他	总量	电力清洁化/%
加拿大	3.3	70.9	35.6	97.5	384.7	51.2	0.7	643.9	82.9
墨西哥	33.7	183.1	18.9	11.4	26.8	39.2	—	313.2	24.7
美国	18.8	1738.4	844.1	831.5	288.7	551.7	13.4	4286.6	39.3

续表

国家或地区	发电量/(TW·h)								
	原油	天然气	原煤	核能	水力发电	再生能源	其他	总量	电力清洁化/%
北美洲	**55.8**	**1992.4**	**898.6**	**940.4**	**700.2**	**642.1**	**14.1**	**5243.6**	**43.8**
阿根廷	7.4	79.8	2.5	10.7	30.5	11.2	1.0	142.5	37.5
巴西	7.5	56.3	22.9	15.3	396.8	120.3	1.0	620.1	86.0
其他国家或地区	78.6	97.4	51.1	—	233.1	61.3	—	520.2	56.6
中南美洲	**93.5**	**233.5**	**76.4**	**26.0**	**660.5**	**192.9**	**0.1**	**1282.8**	**68.5**
德国	4.3	91.9	134.8	64.4	18.6	232.4	25.5	571.9	59.6
意大利	9.7	136.2	16.7	—	46.7	70.3	3.1	282.7	42.5
荷兰	1.3	72.1	8.8	4.1	†	32.0	4.0	122.4	32.8
波兰	1.4	16.7	111.0	—	2.1	25.6	1.1	157.8	18.3
西班牙	10.7	68.7	5.6	58.2	27.5	80.5	4.6	255.8	66.8
土耳其	0.1	70.0	106.1	—	78.1	49.8	1.3	305.4	42.3
乌克兰	0.7	13.9	41.2	76.2	6.3	9.7	1.0	149.0	62.6
英国	0.9	114.1	5.4	50.3	6.5	127.8	7.7	312.8	61.5
其他国家或地区	17.2	175.4	145.2	584.3	469.5	292.8	29.1	1713.5	80.3
欧洲	**46.3**	**759.1**	**574.8**	**837.4**	**655.3**	**921.0**	**77.4**	**3871.3**	**64.3**
哈萨克斯坦	—	21.3	73.0	—	9.8	3.7	1.4	109.2	13.6
俄罗斯	10.7	485.5	152.3	215.9	212.4	3.5	4.9	1085.4	40.2
其他独联体国家	0.8	151.1	4.2	2.1	43.4	0.9	0.1	202.5	23.0
独联体	**11.6**	**657.7**	**229.4**	**218.0**	**265.6**	**8.1**	**6.4**	**1397.1**	**35.7**
伊朗	82.1	220.4	0.7	6.3	21.2	1.0	—	331.6	8.6
沙特阿拉伯	132.8	207.0	—	—	—	1.0	—	340.9	0.3
阿联酋	†	131.2	—	1.6	—	5.6	—	138.4	5.2
其他中东国家或地区	142.6	277.4	19.0	—	4.3	11.0	—	454.3	3.4
中东	**357.5**	**836.1**	**19.7**	**8.0**	**25.4**	**18.6**	**—**	**1265.2**	**4.1**
埃及	25.8	150.0	—	—	13.1	9.7	—	198.6	11.5
南非	1.4	1.9	202.4	15.6	0.5	12.6	5.1	239.5	14.1
其他非洲国家或地区	42.4	180.3	33.6	—	128.9	20.0	0.6	405.8	37.9
非洲	**69.6**	**332.2**	**236.0**	**15.6**	**142.6**	**42.3**	**5.7**	**843.9**	**18.8**
澳大利亚	4.5	53.1	142.9	—	14.5	49.9	0.3	265.2	24.4
中国	15.6	346.9	5043.7	397.6	1325.0	873.4	56.5	8058.9	51.2

续表

国家或地区	发电量/(TW·h)								
	原油	天然气	原煤	核能	水力发电	再生能源	其他	总量	电力清洁化/%
印度	4.9	70.8	1125.2	44.6	163.6	151.2	0.6	1560.9	23.1
印度尼西亚	6.8	51.3	180.9	—	19.5	16.8	†	275.2	13.2
日本	41.6	353.5	298.8	43.0	77.5	125.6	64.8	1004.8	30.9
马来西亚	0.9	45.6	89.6	—	20.3	3.1	—	159.6	14.7
韩国	7.0	153.3	208.5	160.2	3.9	37.0	4.1	574.0	35.7
泰国	0.7	113.9	36.8	—	4.5	20.5	†	176.4	14.2
越南	1.2	35.1	118.6	—	69.0	9.5	1.2	234.5	34.0
其他亚太国家或地区	40.5	233.5	141.4	9.3	149.3	34.9	0.8	609.7	31.9
亚太地区	**123.8**	**1456.9**	**7386.4**	**654.8**	**1847.2**	**1322.0**	**128.3**	**12919.3**	**30.6**
世界	**758.0**	**6268.1**	**9421.4**	**2700.1**	**4296.8**	**3147.0**	**231.8**	**26823.2**	**38.7**

注：中国数据中，其中台湾地区各数据分别为4.2，99.9，126.0，31.4，3.0，10.3，4.9，279.8，51.2。数据单位与表中一致。

2.8.3 储能解决间断性、可变性和分布式电力生产

随着 RES 电力占比份额的不断增加，重点是把其集成到已有电网系统中，以及如何从少而大的中心化电力源向更多脱中心化电力源［包含数以千计甚至更多离散分布（地区性）］过渡。在 RES 利用和缓解气候变化的一个特别报告中，国际电力委员会（IPCC）确认，在集成 RES 电力及其供应中需要考虑 RES 电力源的如下三个主要特征：①可变性和不确定性（不可预测），它们对电力系统程序操作安排和调度（连续优化）会产生很大的重要影响；②位置，它关系到电力网络（电网）设计；③容量因子，这是容量信贷和电力工厂特征（RES 与热化石和核能电力源工厂比较）。对于大多数 RES 电力，其共同性是位置依赖，传输系统设计和发展受其位置的约束。另外也应该注意到，不同 RES 电力的可变性和不确定性也是很不同的。例如，大规模水电需要水库，地热和生物质发电厂具有的可预测性和可调度性相对较高；而 PV 和风电系统在短期和季节期间上都是高度可变的，可调度性有限。

太阳能电力和风电利用及扩展的主要挑战是要在确保高供应安全性条件下发展国家（地区）范围电网结构和备用系统，以容纳更多的可变电力供应源。对此有多种选择，取决于国家（地区）条件、现有电网结构的灵活性以及与其他国家（地区）电力系统相互连接的可能性。对于电力系统发展方法，IEA 能源技术前景特别报告中的分析处理指出，储能技术必然要起重要作用，虽然有些储能技术仍

不完全成熟且成本偏高。因此，储能是否有好的应用和成为游戏改变者，仍将很强地取决于一些最可行技术的快速发展。这包括增强地区电网间的相互连接、提高效率和规范顾客行为，以及在总能源系统设计中的一些其他手段［与储能选项兼容或（取决于设计）使储能选项更具吸引力］。在《可再生能源与减缓气候变化特别报告（SRREN）》中，也对集成选项进行了详细分析，考察了提高公用基础设施、增加发电灵活性、需求边措施、改进操作和规划方法（含短期预测以增加可预测性）和储能。并没有对什么是“最好”方法提供任何结论或推荐，替代的是强调 RES 电力能集成进入所有类型电网系统中。其挑战关系到多个因素，包括现时系统的设计、需求场景、电力生产混合体、RES 地理位置或要被集成的数量等。为进一步阐明这些因素的影响，需要探讨不同储能技术的潜力，重点在电力系统（这是世界范围重要事情）。在国家（地区）层面上，特别重要的可能是在供热和制冷系统中使用的储能技术。RES 和储能技术也同样能在关系到脱中心电网和/或离网应用中起特殊作用。重要的是把发展中国家和孤岛社区也看作一个全球化内容，因为这涉及至今仍未使用电力的 10 多亿人。

2.8.4　支持自主独立电网

自主电力系统一般是指相对小和在遥远（孤立）地区使用的电网，这是因为把中心电网延伸到这些地区（如孤立岛屿）是不经济或技术不可行的。原理上，RES 电力集成进入自主电网系统所面对的事情与大中心电网类似。能够选用的技术通常是有限的，因为对集成事情的管理是弱的。储能在这类自主电网中的作用一般要大于大中心电网情形。世界上许多小规模电力系统常使用内燃柴油发电机供电。但随着燃料和运输成本的增加，利用本地 RES 的兴趣显著增加。在过去 20 年中，家庭和机构建筑物使用自有小规模太阳能电力系统和基于 RES 的离网电气化已开始逐渐占据主导地位，主要是为照明、通信和家用电器提供电力，配送的能源水平是有限的。但当把小规模电力供应系统集成进入微电网（多个电力源相互连接）中时，电网系统将变得更加牢靠，也能增加能源供应（如供应烹饪和生产用）。对于许多情形，这促进了从直流到三相电力的转变（满足高功率装置需要）。所以，许多发展中国家和地区对于研究 RES 基微电网系统很有兴趣，用以取代昂贵的柴油发电机，并为单个家庭 PV 系统集成进入社区电网系统提供机遇（当然它也可与其他地区 RES 电力源连接组合）。由于有显著数量的间断发电源（大多数是 PV、风电和小水电）需要集成，出现了新微电网概念，但其可调度能力是有限的。为增加可调度性，在微电网系统中可安装储能单元以保证稳定的功率供应。中心电网精细超级控制系统或者简单雇佣网络操作人员连续管理基础微电网系统，都不是经济可行办法。因为波动的顾客负荷和可变的发电源对大微电网系统的影响要小于对小微电网系统的影响，这说明配备安装储能单元是一个理想的可行选择。多个储能选项是相互关联的，但到目前为止，电池仍然在这个市场中占有支配地位。对不同国家和地区的电网系统以及新出现的微电网市场，其他储能技术是有可能替代电池并商业化的。

第3章　电力部门储能需求

3.1　前　　言

虽然前面对整个能源系统的储能需求所做介绍讨论中已经涉及电力部门，但鉴于电力二次能源的广泛应用及其特别重要性，以及新近对储能的关注也主要是由电力系统引发的，因此以一章篇幅介绍讨论电力部门对储能需求仍然是有必要的。

电能有一个非常明显的特点，即无法存储，也就是说，发多少电力就要用掉多少电力。从总量角度看，发电总量是要与用电总量保持一致的；而从瞬态角度看，生产的电功率与消耗的电功率需要保持动态平衡。作为电力生产侧与电力使用侧间的中间地带，国家电网一直承担着维护电力生产与使用间平衡的重任。在以火电为主的时代，国家电网依靠种种调控手段还能够勉强维系电力供需间的平衡。其实施的调节控制手段包括：区域电网间的调度，即把一个地区多发的电力输送至缺电的地区；采用高峰与低谷时段的不同电价来平抑高峰需求和增加峰谷需求；对发电机组进行输出功率控制调节以匹配不同时段的用电需求，满足调峰、调频的要求。对于现时的传统电网，尽管用电需求边是不稳定波动的，但常规火电发电侧的电力供应是稳定可控的。也就是国家电网能够把可控可调节供给侧电力供应作为最终的调控手段，达到与需求端电力负荷变化的匹配，维持电网稳定和电力在供需间的平衡。

但是，在现时碳达峰、碳中和的浪潮下，一个国家的整个能源网络系统向未来智慧能源系统过渡已是必然的趋势，因此用可再生能源（RES）电力逐步替代化石燃料电力是大势所趋。现在世界各国包括发达国家和重要发展中国家（为实现自己的承诺）的能源政策都在大力鼓励和发展 RES 电力，其在电力电网系统中的渗透快速增加，占比持续快速上升。但是，这类绿电生产具有随机波动和间断性特征，其占比的增加会导致现时电网的调控措施逐渐变得无能为力，必须采用新的调节控制手段。对此的研究指出，最有效的新调节手段似乎是引入储能装置（一类极重要的二次能源装置），也就是说对储能技术的需求必然是日益扩大和迫切的。在快速发展和大力建设 RES 电力时，匹配的储能容量也在快速扩展。

有适用于不同需求的多种储能技术。对于大规模 RES 电力，泵抽水电是提供储能容量的主力；而对于分布式规模较小 RES 发电装置和微电网，电池储能很可能将逐渐占有优势地位，成为该类储能市场的主力，这是因为电池储能是一种灵活性强、成本适中的储能方式；对未来智慧能源网络中的燃料网，氢气储能（包括燃料电池）技术预期的前景也是光明的。

不同储能形式，其运行时间周期和适用规模是很不同的。例如，液流电池比较适应大规模储能应用，抽水蓄能更是只是大型水电站的专项；而对于锂离子电池，在日用消费品、3C 产品上用作电源已经司空见惯。对不同储能技术以其可持续使用时间（放电周期）对功率规模两个维度的作图示于图 3-1 中，而以整体循环寿命和效率两个维度的作图示于图 3-2 中。对于可在大规模系统中应用的不同储能技术，其成本比较给于图 3-3 中。从这些图中可以观察到，锂离子电池无疑是当前市场筛选出来的佼佼者。这是因为锂离子电池在图 3-1 中的位置，虽然功率性能偏低，但放电周期居中；在图 3-2 中的位置，效率中上但循环寿命偏低；而在图 3-3 中的位置则是有较低单位能量成本，虽然单位功率成本较高。把诸多储能技术放到一起，我们不难发现，单纯一种储能技术，想要以一己之力满足多种应用场景的全部要求是困难的。随着系统技术的发展，尤其储能系统控制管理水平的提升，储能采用的很可能是混合储能。为了混合储能系统春天的到来，其关键影响是构建复杂系统的低成本，如延长组合储能系统使用寿命。

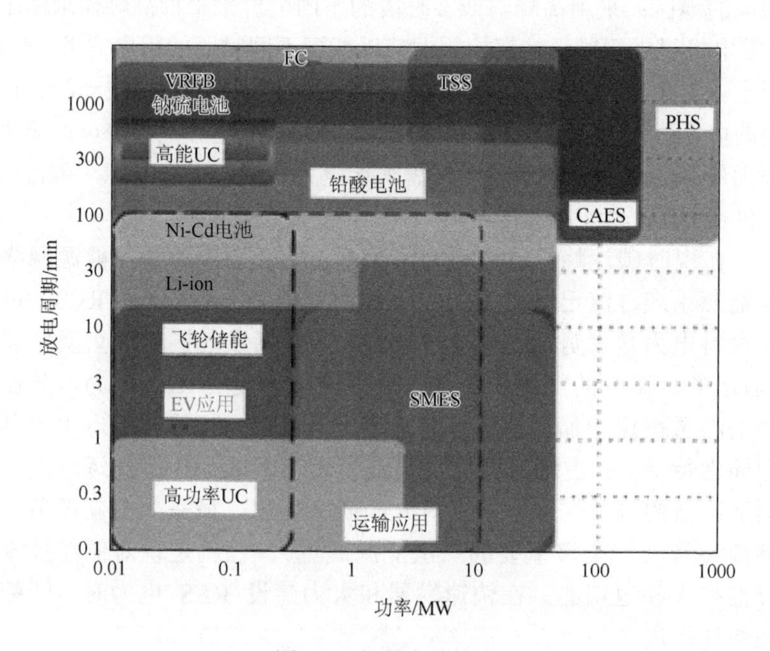

图 3-1　能量存储技术

FC：燃料电池；VRFB：钒液流电池；TSS：热能存储；CAES：压缩空气储能；PHS：泵抽水电储能；SMES：超导磁能存储；Li-ion：锂离子电池；UC：超级电容器

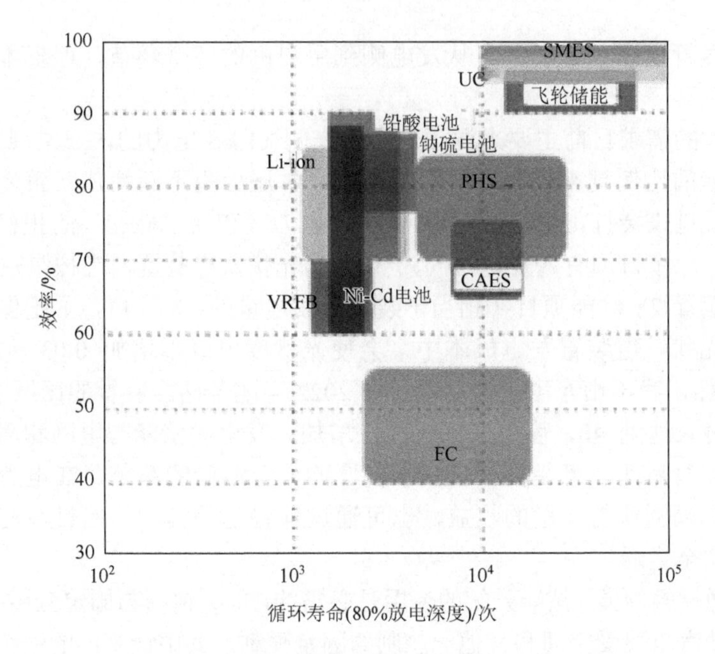

图 3-2　电能存储技术的效率-循环寿命曲线

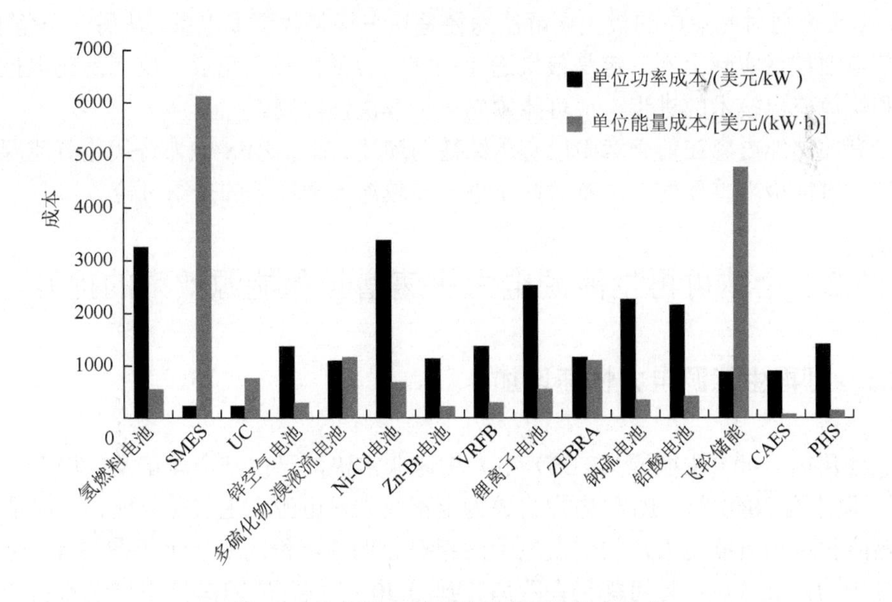

图 3-3　大规模电能存储技术的总资本成本

从长期观点看，储能虽然前景光明，但短期看却起步艰难。作为 RES 电力系统配套刚需，储能目前主要还是一个成本项目而非盈利项目。在我国的电力系统中，尽管储能可灵活参与从发电侧到用户侧的各个环节，但资本进场的意愿并不强。

对储能的需求目前主要来源于电力生产侧（RES 电力的快速发展）。随着要求配置储能的比例越来越高，电力生产侧成本压力也不断增加，致使下游成本增加，这反过来会打击消费者对使用 RES 电力（和使用储能）的积极性。分析计算指出，一个日均有效发电时间为 3.8h 的光伏发电装置，当按常规 10%装机容量比例配置 2h 储能项目（相当于装置总发电量的 5%）后，如把储能单元成本分摊至光伏发电装置发电成本中，会使光伏度电成本增加 0.03 元（增加约 10%）。例如，我国山东枣庄电站项目在 2022 年配备储能容量的比例已达 30%，最高配储时长达到 4h，度电成本有相应增加。发电侧储能与电网和用户侧储能情形不同，对后两者可经由社会资本自愿购买电池储能系统，在电力市场通过参与调峰、调频获得补偿的收益，也可通过峰谷电差套利。但目前的盈利模式仍然尚未完全走通。

在交通运输领域，储能系统的使用是必需的，但其情形与固定应用有所不同。例如，电动汽车要受空间和其他一些制约因素限制，其中最突出的一个就是用户对续航的焦虑感。这种焦虑使得电动汽车生产者有强大的动力追求能量密度。目前，多数公司对此焦虑的最主要解决途径是让车辆装载更多电量。从另一个角度，提高电池数量实际上不一定是最快途径，它很容易出现天花板。反而是充电桩建设和快速充电技术的进步，很可能领先一步解决该问题。

有关储能内容在前一章中已有总结性的简述。鉴于 RES 电力替代化石能源电力这件事情极端重要性，本章对此做进一步较深入和详细的介绍讨论。

3.2　全球可再生能源电力快速增长和能源效率的提升

3.2.1　可再生能源电力快速增加

近几年，可再生能源（RES）电力增速非常快，已占到全球年发电增量的近 2/3。预计到 2040 年，RES 电力将成为全球最大发电源，主要是风能、太阳能、地热能和生物质能电力，它们发电量的相对比例随年份的变化示于图 3-4。全球 RES 电力发展的风向标可能仍在欧洲。到 2040 年，欧洲 RES 发电增量将占全球发电增量的 53.4%；美国占全球发电增量的 34.5%；中国将超越全球 RES 发电增量 29%的平均水平，达到 29.9%；印度也将成为全球主要的 RES 发电国，发电增量占比将达到 27.8%（图 3-5）。图 3-4 中给出了从 1995 到 2040 年的不同 RES 电力占比的变化。世界主要国家/地区 RES 电力增量占比给于图 3-5 中。

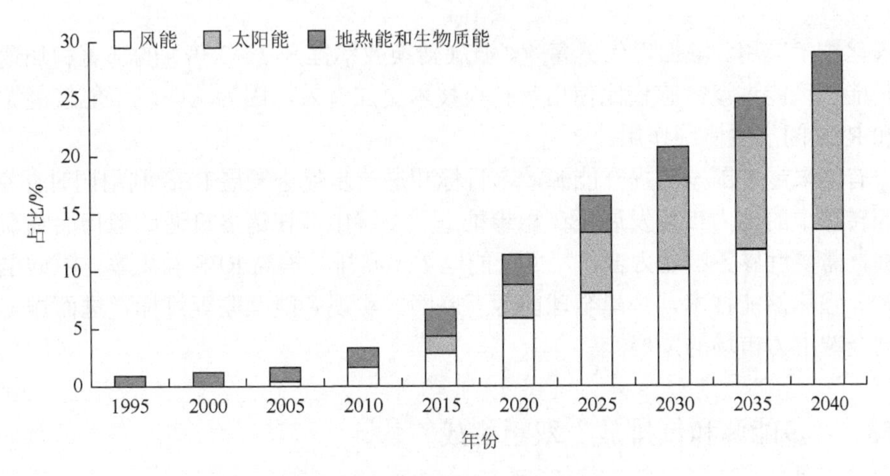

图 3-4　不同可再生能源电力占比

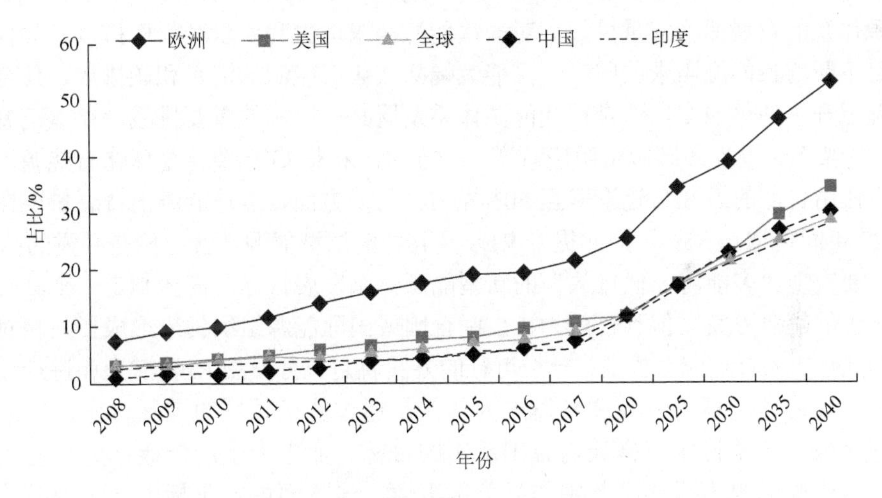

图 3-5　全球主要国家或地区可再生能源发电增量占比

3.2.2　发展可再生能源的关键要素

可持续推进《巴黎协定》气候行动的重要元素之一是提高能源效率。为达到全球变暖温升不超过 2℃的目标，必须提升能源效率。自 2016 年《巴黎协定》生效以来，全球提交国家自主贡献（NDCs）的 189 个国家中，已有 168 个国家将改善能源效率列为气候行动中的优先实施项目。有报告指出，通过增加可再生能源（RES）占比，可在 2030 年前降低某些国家的能源强度 5%～10%（与常规水平比较）。如果同时提高能源效率和提升 RES 的潜能，可使全球能源总需求在 2030 年前降低相当大百分比（如 25%）。其中部分目标可经由如下措施的实施达到：提高电气化技术应用、增加现代更高效炉灶（转换效率提升 2～3 倍）的部署和加速向太阳能、风能过渡，它们比使用热转换技术更加有效，因为这些政策能使能源效率和 RES 间产生协同作用。

有越来越多国家对提升能源效率目标和进一步促进发展 RES 利用同时并举。能源转型中的电力市场发展正在稳步推进，发展中存在诸多机遇，但仍面临众多挑战，需要世界各国通力合作，尽可能地实现减排、提高 RES 利用率、降低电力成本、强化储能技术，构建全球能源互联网、实现智能互联等目标，进而进一步推动全球电力市场的发展。

3.2.3 “多能源和低排放”双重挑战

伴随能源转型进程的加快，全球终将迈入一个脱碳和清洁的新能源世界。但能源体系的发展面临双重挑战：对一次能源需求增加和要求减少碳排放。如何在满足不断增长能源需求的同时，又能大幅降低化石能源的消费和碳排放，使全球气温上升不超过 2℃，这是现代能源体系发展必须解决的重要挑战。在《巴黎协定》框架下，世界各国做出明确承诺。一方面，未来 25 年要将全球化石能源消费的占比由目前的近 82%逐渐降至 50%左右；另一方面，全球能源消费总量要在未来 20 年间再增长 35%，因此提升 RES 及其他清洁型能源消费比例是必需的。

要实现“多能源、低排放”的新型能源体系发展目标，需要制定一个具有全球共识的解决方案。但到目前为止，联合国或国际能源组织仍未形成任何相对具体的共识。为有效应对挑战，一个可行的方案就是充分发掘 RES 潜力和进行技术创新。以构建全球能源互联网发展为背景，通过能源领域的国际合作，尽最大可能完成《巴黎协定》框架内各国承诺的目标。而电力生产低碳或无碳化以及对可再生能源电力投资是其中的最关键事情，该方面内容包括电动车辆的普及等已在第 1 章中叙述过，此处不再重复。

3.3 可再生能源电力在中国的发展

3.3.1 中国的可再生能源发展

中国积极向绿色、低碳、清洁能源转型的态度和庞大的能源供需规模，决定了中国在全球能源体系和未来 RES 发展中日益重要的地位。2017 年，仅中国对 RES 的投资就达到 1266 亿美元，较 2016 年同比增长 31%，2020 年和 2021 年虽然有疫情影响，但对 RES 投资仍远超 2017 年。中国是迄今为止世界上最大的 RES 投资国，尤其体现在对太阳能电力、风电投资方面。在达到 2050 年全球供应的

80%电力应由低碳能源提供的目标（政府间气候变化专门委员会报告提出）上，中国已可成为未来RES发展及电力供应的重要力量。

中国近年来实现了RES电力的快速发展，在太阳能光伏发电和风电领域所展示出来的巨大生产能力正在推动中国成为全球最大的太阳能电池板及风塔制造国。IEA发布的数据显示，中国已成为全球最大且增速最快的RES市场，中国RES专利年登记数量已超过欧洲专利局，增速全球第一。通过增加RES的经济和技术吸引力，中国对全球RES的推动力大为增强。

我国未来电力生产结构将继续清洁化，火力发电占比逐渐降低，核电、水电、风电和太阳能电力占比都将持续上升。凭借技术、产量等优势，过去十几年，光伏发电的成本降幅超过90%，我国光伏和风电产业基本上已达到平价上网时代。如今在中国西部很多地区，光伏电价已低于火电，这为光伏可持续发展打下了牢固基础，未来仍有进一步下降的空间。特别是与风力、光伏发电相关的原材料、设备、制造、产业、品牌等，我国都已走在美国、欧盟和日本之前。与水力发电受到“理论上限”的制约相比，光伏和风电却有着更为广阔的发展前景，再加上智能电网对新能源并网调峰作用日益加强，将会使风力和太阳光能源利用变得更安全、更有保障。图3-6～图3-9中分别给出了我国水力发电厂、太阳能热发电厂、光伏发电装置和风电装置的实景照片。

图3-6　水力发电厂

图3-7　太阳能热发电厂（位于青海省）

图3-8　光伏发电装置

图3-9　位于陆上和海洋中的风电装置

我国在 2021 年可再生能源电力如风电和光伏电占全社会用电量比例达到11%，到2050年，仅光伏电力的占比就将达到39%（发展和改革委员会预测值）。2021年，我国可再生能源事业取得了突出的成绩。至2021年底，可再生能源电力装机容量突破 10 亿 kW，占总电力装机容量的 44.8%，水电、抽水蓄能、风电、太阳能发电、生物质发电装机容量规模均居世界第一；可再生能源电力发电量 2.48 万亿 kW·h，占全社会总用电量的 29.7%；其利用总量达到 7.5 亿 t 标准煤，占一次能源消费总量的 14.2%。截至 2022 年 5 月底，我国 RES 电力再创新高，装机容量超过 11 亿 kW。其中常规水电 3.6 亿 kW、抽水蓄能 0.4 亿 kW，风电、光伏发电、生物质发电等新能源发电装机容量突破 7 亿 kW。同年 1～5 月，全国 RES 发电新增装机容量 4349 万 kW，占全国发电新增装机容量的 82.1%，已成为我国发电新增装机容量的主体；发电量达到 1.06 万亿 kW·h，约占全社会用电量的 31.5%。RES 电力的快速发展为构建清洁低碳、安全高效的能源体系做出了积极贡献。在我国的 23.5%可再生能源电力中，水电依然占绝对优势（17.2%），其次是风电（3.5%）、生物质电力（1.4%）、太阳能光伏电力（1%）、地热电力（0.3%）、太阳能光热电力（0.1%）。

光伏发电必须依靠太阳光照射，一个地方的太阳光照射不仅随地理位置如地球纬度而变，而且随一天中时段和气候条件随机变化（夜间没有太阳光照射光伏电力生产就停止），这是人们无法掌控的。也就是说，光伏装置的电功率输出在本质上是波动间断和不稳定的。使光伏风电能够达成稳定供应功率的一个很有效方法是使用储能技术。在 RES 电力生产侧配备储能装置时，可在 RES 电力生产高峰时“消化”并储存电力，而 RES 生产电力的低谷时段，释放存储的电力稳定供应满足用电需求。这说明，为使 RES 电力生产有稳定的功率输出，配备储能装置是必需的。储能系统在功能上相当于一个可调控的电力产生装置，可起到供给侧稳定和调控绿电的作用。

国家公布的多个相关政策指出，我国储能项目建设（如泵抽水电、电池、氢储能等）正处于快速发展时期，到 2025 年将实现储能产业的规模化发展，2030 年实现全面市场化发展。显然储能从商业化初期到全面市场化的过程将需要相当长时间，不可能一蹴而就。具体说来，对于发电侧而言，我国政策已强制性要求风电和光伏项目安装配置合理比例的储能系统，其储能单元的装机容量为 RES 电力生产总容量的 10%～20%。

在我国，对发电（电力生产）侧和电网侧需求的储能装机容量的测算指出，2021～2025 年每年发电侧增置的独立储能容量分别要达到 1.2GW·h、3.5GW·h、6.3GW·h、9.8GW·h 和 13.8GW·h，复合增长率为 85%。即在 2025 年我国发电侧和电网侧的储能装机容量将达到 80GW·h。另外，2025 年国内动力电池预测的出货量将达到 500GW·h，两者相比，储能容量仍是很小的。不过按国家政策规划，2025年储能仅能作为规模化发展的起点，随着风、光等清洁能源在能源系统占比的持续快速增长，未来储能市场规模很可能超过动力电池，达到1000～2000GW·h。

储能市场的发展是确定无疑的且具有快速持续增长的特征。储能长期发展空间远景是光明的，但短期的起步却是艰难的。作为RES电力系统配套的刚需，储能目前主要还是一个成本项目，而非盈利项目。在我国的电力系统中，尽管储能可灵活参与从发电侧到用户侧的各个环节，但资本进场的现在意愿并不强。

3.3.2 中国可再生能源电力发展特点

中国RES发电的特点如下：①在“十四五”规划开局之年的2021年，公布了一批纲领性文件：《中华人民共和国国家经济和社会发展第十四个五年规划和2035年远景目标纲要》（简称《“十四五”规划》）《关于完整准确全面贯彻新发展理念做好碳达峰碳中和工作的意见》《2030年前碳达峰行动方案》《“十四五”现代能源体系规划》《可再生能源“十四五”发展规划》等，用于指导新型能源体系的发展；②RES领域科技创新应用取得新进展：水电领域百万千瓦级水轮机组、陆上风电低风速风电技术、海上大容量风电机组技术和持续快速发展的光伏制造技术等，这些都为全球RES电力发展做出贡献，使中国RES产业优势进一步增强，水电产业优势明显，风电产业链完整，有6家风电机组制造企业位列全球前十位，光伏全产业链在全球占有70%以上的市场份额，占主导地位；③中国的RES电力技术的未来发展将更重视“创新”和“质量”。例如，要求在新型电力系统承担更多任务的泵抽水电蓄能电站做到“一专多能”，实现协同创新投资运行、勘测设计、施工建设、装备制造等全产业链，补齐链中的短板（如设备制造）；④为促进RES电力规模化跃升式发展，在体制机制、开发模式、能源产品品种利用、多品种融合发展及产业链协同等领域有创新发展，为全力推动我国RES电力大规模、高比例、市场化、高质量发展，为实现“双碳”目标做出应有贡献。

3.3.3 中国可再生能源发展规划要点

《“十四五”规划》指出，“十四五”及今后一段时期是世界能源转型的关键期，全球能源加速向低碳、零碳方向推进，RES逐步成长为支撑经济社会发展的主力能源；我国RES发展正处于大有可为的战略机遇期，坚决落实碳达峰碳中和目标任务，大力推进能源革命的纵深发展。

“十四五”时期我国RES正在进入高质量跃升发展新阶段，呈现出新的特征：①大规模发展：在跨越式发展基础上，进一步加快提高RES发电装机占比；②高比例发展：由补充电力转为电力主体，RES电力在电力消费中的占比快速提升；③市场化发展：由补贴支撑发展转为平价低价发展，由政策驱动发展转为市场驱动发展；④重视高质量：大规模开发、高水平消纳、保障电力稳定可靠供应。我国的RES将成为引领能源生产消费转型的主流方向，在能源绿色低碳化中起主导作用。按照2025年非化石能源消费占比20%左右任务要求，正在大力推动RES电力的生产和利用并积极扩大其非电利用规模。

1）可再生能源总量目标

2025年，RES消费总量达到约10亿t标准煤。“十四五”期间其在一次能源消费增量中占比超过50%。

2）可再生能源电力发电目标

2025年，RES年发电量达到3.3万亿kW·h。“十四五”期间RES发电量增量在全社会用电量增量中占比超过50%，风电和太阳能发电量实现翻倍。

3）可再生能源电力消纳目标

2025年，全国RES电力总量消纳责任权重达到33%左右，其电力非水电消纳责任权重达到18%左右，RES利用率保持在合理水平。

4）可再生能源非电利用目标

2025年，地热能供暖、生物质供热、生物质燃料、太阳能热利用等非电利用规模达到6000万t标准煤以上。大力推进风电和光伏发电的基地化，积极推进发展分布式风电和光伏发电，统筹推进水-风-光综合基地一体化，稳步推进生物质能利用多元化，积极推进地热能的规模化利用，稳妥推进海洋能利用示范。

《“十四五”规划》在鼓励发展RES电力的同时，强调要加快配套的储能调节设施的建设并强化多元化、智能化、电网基础设施的支撑作用，提升电力网络系统对高比例RES电力渗透的适应能力。加强分布式发电的终端直接利用，扩大其多元化非电利用规模，推动RES电力规模化制氢利用，促进扩大乡村RES综合利用并提升其利用水平。提升RES电力的储能能力、促进就地就近使用、推动加强外送消纳和多元直接利用。

《“十四五”规划》要求深化能源体制改革，推进能源低碳转型，激发市场主体活力，完善RES电力消纳保障机制，健全其市场化发展体制机制和绿色能源消费机制，充分发挥市场在资源配置中的决定性作用，更好地发挥政府作用，为RES电力发展营造良好环境。

3.4　可再生能源电力与储能单元的集成

3.4.1　引言

可以把选用 RES 作为降低化石燃料消耗的一种策略选择，它不仅适用于大规模能源系统，而且也适合于小规模自主能源系统。把电网延伸到遥远和孤立社区是非常费钱的甚至是不可能的，说明选择独立的 RES 系统不仅是必要的也是非常有利的。使用自主 RES 系统已经成为不可避免的事情，因它能化解化石燃料中心化发电系统的经济约束。

对 RES 的研究也揭示，以离网方式发展和运行 RES 电力有可能减少或消除高成本电网延伸，并有助于解决发展中国家常有的电力短缺。对这类自主离网 RES 电力，必须要解决的问题是，使它能稳定供电和 RES 电力的高效利用。其解决之道是必须努力研发部署适合于自主 RES 应用电能存储（EES）单元。

以经济有效方式工作的 EES 系统能够存储随机变化的 RES 电力，而在需要时释放存储电力满足负荷需求。对于大规模电网系统操作，EES 系统能提供的重要应用有：稳定电网运行、稳定电力质量并进行可靠管理、负荷切换和支持电网操作等。因此，许多发达国家（如欧盟、美国和日本）和重要发展中国家（如中国）对发展和应用 EES 系统有热烈持久的热情和兴趣，全力支持这类项目的落实实施。

对任何随机波动间断性 RES 电力如风电、太阳能电力（水电、地热能电力和生物质电力的波动间断性要小很多），若无储能系统帮助，其能量利用率将很低，只能被浪费掉，更有可能失去其作为能源潜力的优势地位和导致经济损失。使用储能系统是缓解 RES 电力随机波动间断性的最好选择。随着 RES 快速持续发展，储能系统重要性持续增加。EES 系统的功能是，在高产电和/或低电力需求时段充电，在低产电和/或高电力需求时段放电满足电网服务需求。能源及转化利用的专家对集成 RES 电力与 EES 的兴趣很大且越来越大，对相关领域的研究和利用已取得显著进展。EES 系统除了缓解 RES 电力随机波动间断性外，常规电力工业管理也需要它，因为它与 RES 的集成能用于平衡电力的供应和需求，稳定电网电压和频率，提高电网性能和运行可靠性。

作为电网电力波动变化的例子，在图 3-10 中示出了加拿大渥太华电网夏季和冬季在一天不同时段电力需求和总风电生产曲线。风电系统的电力输出数量很大，但其变化波动也是巨大的。图示指出，风电曲线与需求电力负荷是非常不匹配的（光伏电力输出情形也是类似的），这导致 RES 电力技术的低竞争性，而常规电力生产系统没有这类随机波动间断性，它们是可控和可调节的。如果把 RES 电力与储能单元集成，极不匹配情形将会消失，其竞争力也大为增加。对于小分散的 RES 电力生产系统，只要配置了储能系统（即 RES 与储能单元集成）就能够满足顾客负荷需求，为不同时段和不同周期提供服务。

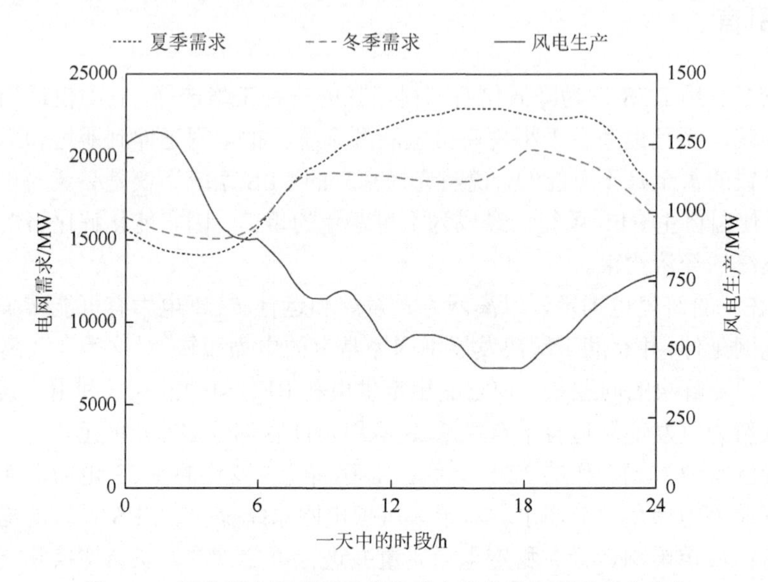

图 3-10　渥太华电网的夏季和冬季电力负荷和夏季风电生产

为加速 RES 电力的渗透和发展 EES，现时全球都非常有兴趣进行组合投资，尽最大努力确保其稳定可持续提供功率供应。RES 对总能源的贡献预期将会持续增加，以解决能源需求不断上升且强烈要求降低化石燃料消耗这一两难困境。

3.4.2　可再生能源电力配置电能存储的必要性

电力部门配备 EES 的集成系统具有的功能示于图 3-11 中。该图揭示了集成有 EES 的 RES 电力系统具有的功能：解决 RES 电力随机波动性和缓解平滑化 RES 电力输出；提高 RES 电力利用率，为商品盈利、传输支持、分布延期、电力质量、微电网（含 DG）支持和离网地区电力供应做出贡献。这清楚说明，EES 体系有能力为电力系统提供多方面功能服务。下面简述之。

1. 缓解 RES 随机波动间断性和支持自主电网或微电网

RES 电力的本征特征是其功率供应的随机波动间断性，这与需求负荷极端不匹配，更难以平衡。电能存储（EES）系统是解决该不匹配、不平衡所必需的。现时全世界都对利用 RES 抱有极高热情且正在大力推进其快速发展，同时也对其

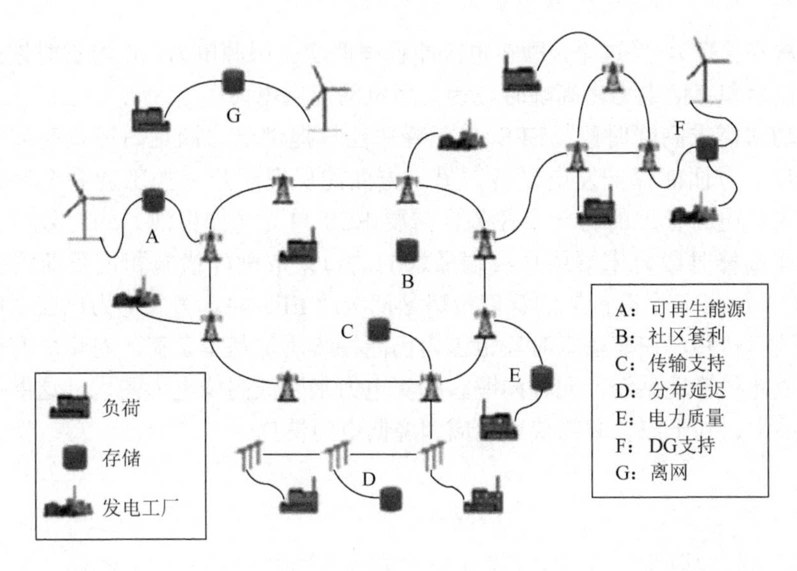

图 3-11　各类储能系统功能应用

随机波动间断性本性予以极大的特别关注。RES 高渗透进入电网系统对电网操作调控带来了巨大挑战，这也需要用 EES 单元来缓解和解决。在更高层次上，EES 能存储 RES 生产的电力并确保 RES 电网的稳定性。这些为 RES 电力高渗透和高效利用及稳定运行都必须集成 EES 装置提供了进一步说明和证实。另外，对供应遥远地区（RAPS）的 RES 电力，也必须使用 EES 单元才能确保均衡稳定地供应电力。对 RAPS 使用的 RES 电力系统，占优势的运行方式是连接区域电网或微电网（含 DG）进行操作，当然它们的电力容量是有限的。RAPS 电力负荷需求通常具有传统电力负荷分布形态。使用 EES 系统作为支持区域性 DG 能源计划的调控策略手段是非常有吸引力的，能够为缓解和消除使用 DG 带来的约束和重的电力负荷分布支线提供支持。

2. 负荷管理应用

可再生能源（RES）电力源（如光伏电力、风电）都有作为满足电力需求主能源的潜力，配上必需的储能单元再加上必要的管理调控单元就能解决 RES 电力的随机波动间断性，成为稳定可控的电力源。

电力管理调控系统很显然是服务于能源生产者和末端使用者的，使系统能保持能源供需间的持续平衡。对于发电侧，RES 生产的盈余电力被存储在 ESS 单元中，以在 RES 电力生产不足和不生产时段满足功率需求。管理系统需对顾客负荷需求的快速变化做出快速应答，让 EES 释放存储能量满足负荷需求（属于对储能系统的常规管理）。反过来，顾客也应能管理调度公用源电力，在峰谷时期或低成本时间使用和存储电力，高峰时段为公用电网提供电力。

对功率需求高峰时段，EES 单元释放能量提供电力满足高峰负荷需求。这样的管理一方面能保护发电设备，另一方面能保证用户（如工业系统）的功率持续需求。电力管理的另一个任务也需要 EES 单元（如电池）的有效配合，尤其是当在高峰时段为末端用户终端需求的缺口采取削峰措施和使负荷均衡化时（参考图 3-12）。一个有价值的管理策略是把电池 EES 并合进入电力供应系统来实现负荷缺口转移，在宽需求时段范围内仍能持续满足基本负荷。对集成有储能单元的有效能量管理系统，允许向顾客购买电力来降低高峰电力需求，这能有效降低电力成本、利于应答时间快速响应和降低电力消耗。

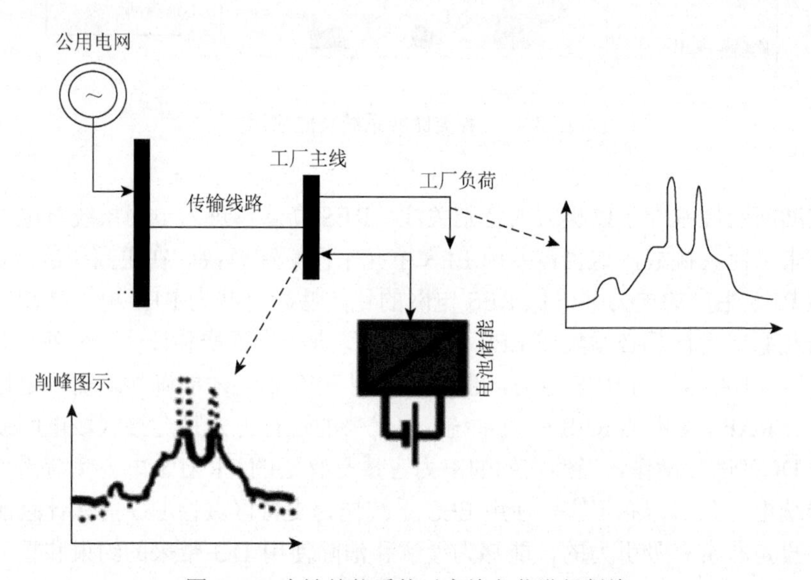

图 3-12　电池储能系统对高峰负荷进行削峰

3. 备用电力容量和电力质量管理

电网服务系统对基础电力的管理是要确保为终端使用者持续提供质量达标的电功率、满足用户需求和保持对系统的防护。由于 RES（如风能和太阳能）产生电力的可靠性非常低，由此产生了电网供电安全管理的概念。安全供应电力被定义为电力电网系统对终端使用者持续供应可用且质量达标的电功率。该定义明确了对备用电力系统即对 EES 系统的需求。备用 EES 系统不仅能确保持续高质量电力的供应，而且也可作为供应系统的备用电源，在电力供应短缺或中断时提供时长在数小时或一天时内的电力供应。以昂贵燃料运行的备用常规发电机组（常被用户和商业中心使用），现在正快速被 EES 替代。在把备用 EES 集成进入电力供应网络时，必须进行合适的规划，以使其能在电力紧急短缺事件中充分补偿电力损失。

4. 功率电子设备技术的改进提高

现在必须要注意的一个问题是，多种电力源和各种类型功率电子新技术和新设备的连接界面接口机制，因DG的RES渗透率快速提升，其连接需要使用很多种新型功率电子设备（PE）技术。例如，当有很大数量先进电动车辆和摩托装置进入电网时，将对风电、水电和生物气体发电及储能系统（如飞轮储能系统）运行产生非常大的影响，需要配置许多功率电子控制设备。而燃料电池发电电力系统与所用功率电子设备间的网络界面，使用的电能控制网络系统示于图3-13中。该控制网络中，连接有储能系统与双向DC/DC转换器，转换器的功能是帮助电力可在两个方向上做转换，这样能够提高系统的瞬态应答性能，而DC/DC逆变器能使电流和功率逆向流动成为可能。

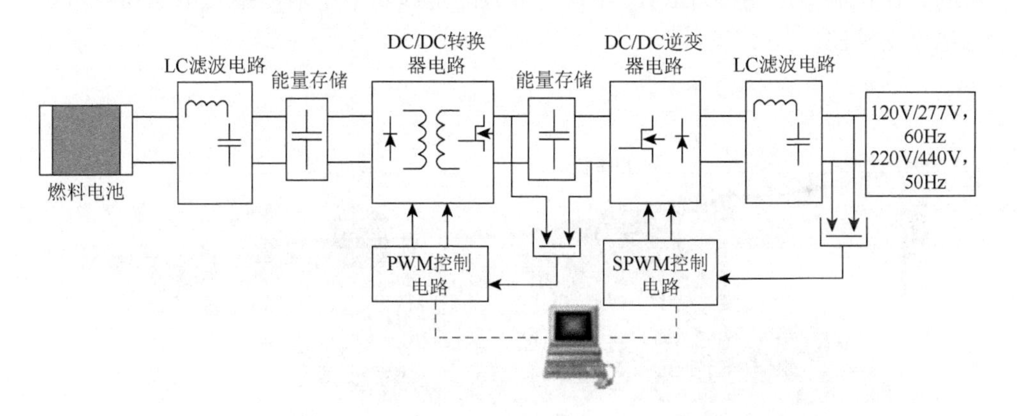

图3-13 有电子功率装置界面的燃料电池功率系统的控制网络

5. 延缓某些必需传输线路的扩展延伸

有时扩展延伸电网传输线路是必需的，特别是当电力需求增加需要提高扩大供电能力时。为避免系统容量受约束，电网系统的升级似乎是必需的，因为超负荷供电有可能使电网系统崩溃。电网进行扩展延伸的时间选择受地区情况的影响，取决于电力增长需求和扩展延伸电网需要的资金大小。有能够替代电网传输线路扩展延伸的低成本办法，一个好的选项是配备EES系统，其需要的资金数量不大。该类EES单元有能力应对变化的电力需求（取决于传输线路），它利用电负荷峰谷时段盈余电力充电，在负荷高峰时段为电网送电，确保输电线路的稳定和配送可靠的电功率。

6. 智慧微电网发展

智慧储能系统是电力电网系统发展中的新水平和新台阶。在电网-车辆系统的渗透变得越来越显著时，电动车辆（EV）和插入式混合电动车（PHEV）使用者能够感受到智慧储能系统的影响及其重要性。智慧储能系统的发展可促使 RES 电力系统进一步强化使用储能装置，也将进一步推动 EV、PHEV 和 EES 与微电网（MG）的集成，形成智慧 MG 系统（图 3-14）。反过来，在电力网络中要添加更多智能单元同样也需要有 EES。MG 与 EES 的集成能有效降低对建设新发电厂的需求（尤其是在需求飙升和电网可靠性降低时），节省资金。鉴于此，世界各国政府现在都强调使用集成 EES 和建设新一代“智慧电网”。使用中等和大规模容量 EES 需要有非常的智慧和前瞻性，这极有利于未来智慧型新公用基础设施的发展。鉴于智慧电网系统的精巧本性，急需要有可靠的电力供应系统来确保其能够持续、安全、可靠供应电功率，这也是智慧电网系统保持其先进功能所必需的。在该领域应用的 EES，最有吸引力的是锂离子电池，钠硫电池和液流电池也很受关注。

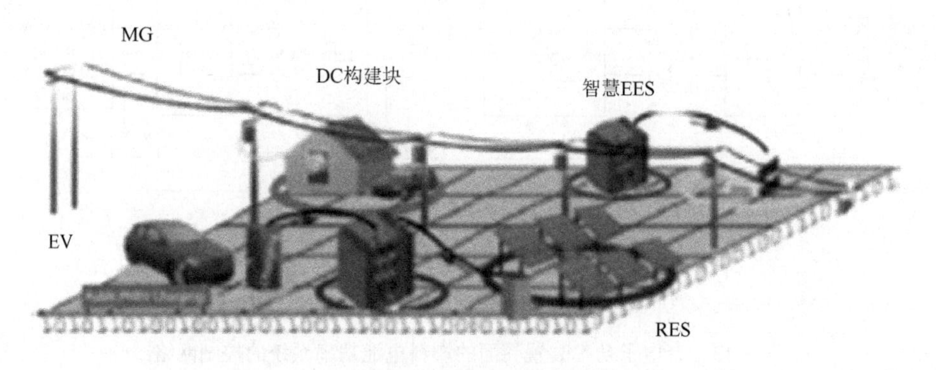

图 3-14　微电网及其未来应用

3.4.3　集成可再生能源选择电能存储时需要考虑的因素

1. 经济可行性、效率和寿命

在选择储能装置时，经济可行性是必须考虑的。储能系统效率越高和使用寿命越长，其经济性越好，因为它们是对能量配送净投资成本有很重要影响的中心问题。储能系统投资成本是非常重要的因素，在图 3-15（a）中给出了不同储能体系与其单位能量产出成本间的关系。在 EES 成本中，操作和维护成本是体系总成本的重要组成部分，决定了储能体系替代的周期。对于大功率应用，储能系统要考虑的更为重要因素是可靠使用寿命的长短和系统效率的高低。在图 3-15（b）中给出了重要储能系统（放电深度 80%）的循环寿命。锂离子电池、钠硫电池、液流电池和铅酸电池及泵抽水电都有合适效率和循环寿命，能满足商业和民用储能需求。

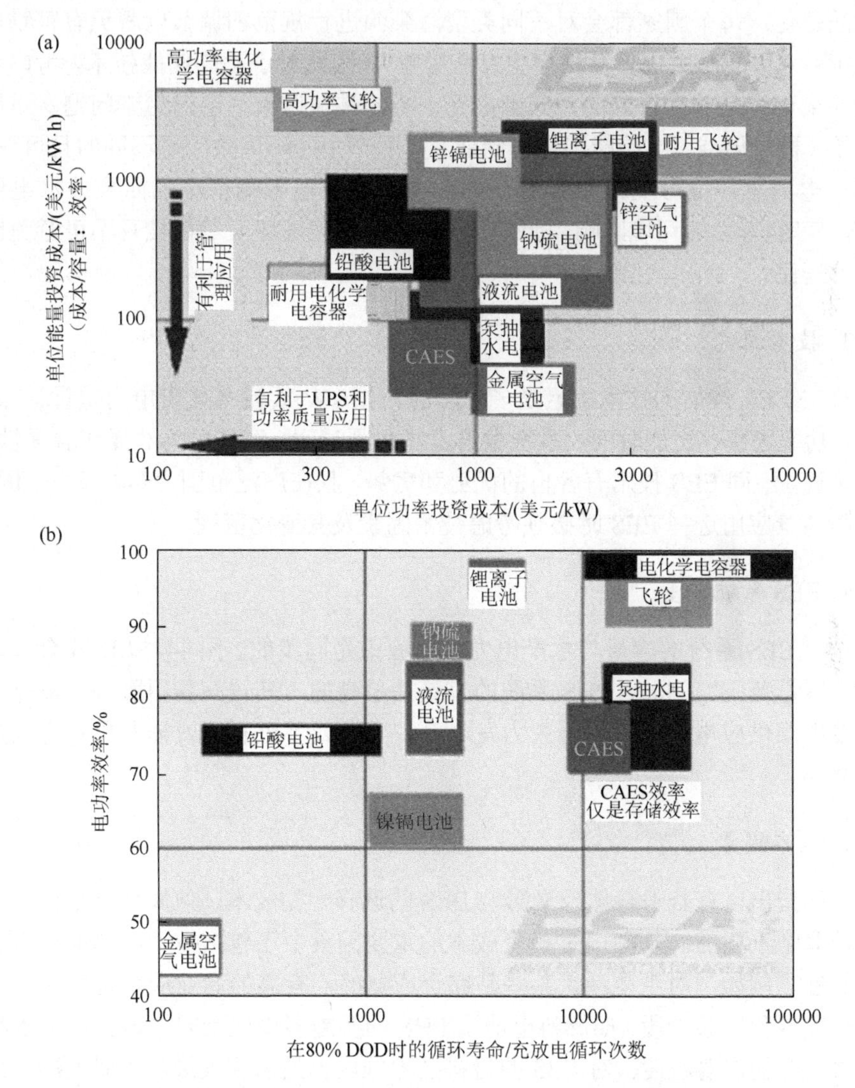

图 3-15　（a）储能系统的单位功率或单位能量的投资成本；（b）每种储能系统在 80%放电深度时的效率和寿命

2. 环境影响

目前发电厂和运输部门消耗的大部分是常规化石燃料，它们是 GHG 排放主要贡献者（密切关系到全球气候变暖、局部污染和化石燃料价格上涨）。前已指出，集成 RES 电力不仅可满足增加的能源需求，而且能有效降低化石燃料的消耗。解决引入 RES 电力带来的问题和提高其利用效率，重要的是要选择合适 EES 装置。

某些 EES 也排放有害化学物质，导致空气污染和引起环境质量、土壤和水体结构的退化。每个国家都会对不同类型污染源进行规范和调节以避免有害物质的排放（因为可能对生物多样性产生有害影响）。因此对于不同储能技术，考虑全球环境约束可能是非常重要的，其中最受关心的是地球大气层的污染问题。不同储能系统（机械储能、电储能和化学储能）实际产生的环境效应是不同的且可变的。例如，电池对环境影响是中等的，燃料电池对环境影响很小，而泵抽水电储能（PHS）可能有大的环境影响，因为建造 PHS 可能破坏天然植被且不可避免地需要转移居民。

3. 技术因素

决定 EES 性能的技术因素是多方面的，如 kW 质量（代表电力质量）、运行时间、功率速率、充能时间、系统做出应答所需时间、存储时间和操作容易性等。也就是说，不同 EES 技术有各自的优势和劣势，且在广泛范围内是可变的。因此，为不同场景应用选择 EES 时必须考虑技术因素及其变化范围。

4. EES 系统容量

一个 EES 系统的容量与生产电力容量应该是同步的。不同类型 EES 有各自的电功率容量范围。例如，PHS 系统的容量是最高的，其较高备用服务容量能够替代主发电源供应电力，可用于主力发电系统失败或不可利用或需要再补充大量电力的情形。

5. 成本因素

前已指出，有若干整体因素影响 EES 的选择，如成本、效率和能量密度，这些都是非常重要的。影响 EES 投资成本的重要因素中还包括技术成熟性和系统牢固可靠性。例如，对于电池，某些是完全成熟的，有高的商业应用价值，另一些仍处于发展和试验阶段（如燃料电池）。PHS 的实施多少要受限于地区可用水利资源或水资源的丰富程度。对 EES 的材料技术领域也是需要大量深入研究的，目标是降低成本和物理结构的大小。例如，电池技术重点在正极，可能会出现更多技术背景和壁垒。

对于 EES 系统的投资成本，PHS 为 600～2000 美元/kW，电池为 300～4000 美元/kW。燃料电池（FC）成本是最高的（10000 美元/kW），效率也是不高的，这使其在民用和商业应用中的竞争力多少要低一些。虽然 FC 被认为是间接 EES，但该领域新技术是要发展研究可逆 FC，现已显露头角。对这类 FC 系统的操作设计应很便于进行常规可逆操作。即反应物在电解质介质帮助下进行反应产生电力，而生成产物能够借助于电力可逆地再生成反应物（氢气和氧气）。

此外，PHS 和 FC 仅有很小的甚至没有自放电现象。电池的自放电现象随类型而变，钠硫电池有最高的自放电速率，近似每天 20%；液流电池每天自放电很小；铅酸电池和锂离子电池自放电范围在每天 0.1%～0.3%；镍镉电池范围为每天 0.2%～0.6%。

各种 EES 技术的使用寿命也是不同的，PHS 有最长寿命，接近 50 年，而电池和燃料电池寿命在 5～15 年范围，取决于所用材料的质量和所用电解质化学降解速率。每种 EES 系统的放电时间范围也是不同的，变化范围很宽，从秒到季度甚至年。它们的存储时间也是不同的。PHS、液流电池和 FC 的存储时间可以小时到月计，但对常规电池如镍镉电池、铅酸电池则以分钟到天计，钠硫电池由数秒到小时计。对于 EES 系统的能量密度，FC 范围为 800～10000W·h/kg，电池为 10～240W·h/kg，而 PHS 最低，仅为 0.5～1.5W·h/kg。

总而言之，对 RES 电力需要使用适合的 EES 和对其进行好的管理。电力电网工业领域选用 EES 需要考虑的因素很多。到目前为止，没有单独一个 EES 能满足电力电网使用的全部要求，即没有单独一个 EES 系统既能理想地集成随机波动间断性 RES 电力系统，又能理想地缓解和满足电力公用部门的管理需求。影响储能系统的综合能力因素具有宽范围的可变性，如投资成本、技术成熟度、能量密度、存储容量、功率容量和应用以及相应的劣势。但可以说，机械储能、电磁储能和电化学储能这三类 EES 系统与具有随机波动间断性 RES 电力的集成以及对电力稳定进行质量管理都是合适的。对上述因素进行优化组合能给出 EES 的最好选择，就能满足工业和民用电力应用中的所有需求。对电力电网和储能系统集成有需求的某些场景，研究发现它们对应用性质和地理位置是高度依赖的。在离网偏远位置使用 RES 电力系统（微水电、孤立太阳能电力和风电）并作为电功率供应主源时，EES 系统能用于管理 RES 电力的随机波动间断性，也能作为备用电源。例如，RES 电力与电网连接，目前 PHS 是最大储能系统；在未来，预期电池和燃料电池技术的进一步改进提高也能使它们在大规模电力消费中起重要作用。

3.5　分布式发电系统的储能需求

3.5.1　引言

本节重点叙述分布式发电系统对储能的需求。分布式发电单元在基础电力网络中正在快速增加，特别是风电和太阳能电力。它们具有显著降低 GHG 排放和最终提供便宜电力的巨大潜力。例如，在丹麦，现在有约 3600MW 安装风电容量，而到 2030 年要达到 6000MW。太阳能电力的增长甚至更快，预期在 2030 年安装的光伏（PV）电力容量将达到 7000～8000MW。中国的风电和太阳能电力的规模和增长速率更快更大。

可再生能源（RES）电力组合热电（CHP）工厂能够为各地区供应热能和电力。在丹麦，预期到 2030 年最大电力需求约为 7000MW，为实现未来以 RES 为唯一电力源电力系统预留了很多时间。在这段过渡时期内，预期分布式发电或区域电网的快速增长对全丹麦电力电网系统运行和控制会带来大的挑战。不仅仅在丹麦，该事情也已吸引世界各国电力工程师的很多关注，提出了解决挑战的有效方法——“智慧电网”概念，利用有特色的信息与通信技术（ICT）、需求边管理和主动使用不同能量载体。

在管理 DG 的多个概念中，最吸引人的是“微网”（MG）概念。把电力电网概念延伸到较小和地区性的规模，组合 DG 系统和地区能量载体的 MG，能够有平稳的总功率输出、高的能量效率和电网能够得到灵活辅助手段的支持。这导致电力电网工业发生根本性变化，其范围从大规模公用基础设施投资到运行控制新方法再到设备组件制造新方法。为有序过渡到新能源时代，重要的是要为 DG 装置相互连接特性设置合适的标准，尤其是风电和太阳能 PV 电力工厂。

3.5.2 电力电网规则

电力电网连接工作的现时目的是要有能力保持相对活跃和使更多 DG 系统进入电网。特别要强调的是，电力电网是需要使用辅助装置（手段）的。在美国，2003 年公布了 IEEE 1567 标准，该标准定义了 DG 系统和功率网络间连接的性能、运行、试验和维护。在欧洲，ENTSO-E（欧洲电力传输系统操作者运行电力网络，the European Network of Transmission System Operators for Electricity）涵盖系统运行、计划（调度）和安全的修正规则。新 ENTSO-E 电网分类编码的目的是要在功率分布网络水平上最好地使用各种能量载体能量。制定 ENTSO-N 电网分类编码草案的目的，是要为每种电力生产模式及其目标清楚地设置要求，包括每个单元和装置组，它们应该密切联系国内电力市场并确保系统安全地发挥作用。ESTSO-N 的总要求中，对不同大小发电厂性能确定了支配规则。大多数单个 DG 装置的容量都低于 10MW，它们通常都被连接到分布电网或次级传输系统而不是直接连接到中心发电系统（高压传输网络）中。低于一定极限容量（ENTSO-E

推荐的是 0.8kW）的电力发生源仅需要有限的控制功能。当发电容量增加时，引入的要求是能为强大可靠电网提供更多需要的辅助服务。较大的 DG 系统（如北欧地区在 1.5MW 以上）可能被要求提供保持频率的服务，这意味着必须改变它们的输出（如果可能的话），用于帮助改进电功率供需间的不平衡。当需求大于供应时，系统频率（在欧洲为 50Hz）可能会下降，为校正它就会要求发电厂增加其生产；当供应大于需求时，系统频率可能上升，就会要求发电厂必须减产。增加系统惯性能实现该“频率支持（校正）”，使电网更加稳定。需要的是输出变化（达到一定极限）与频率改变成比例（图 3-16）。

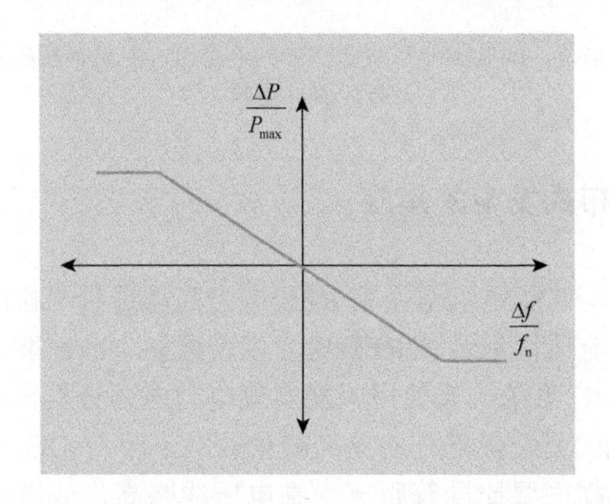

图 3-16　为校正频率漂移（Δf），电网编码要求电力生产单元在给定时间改变其电力生产量（ΔP）

P_{max} 放电单元最大额定容量；ΔP 要求改变的有功功率输出；f_n 系统的正常频率（中国和欧洲为 50Hz）；Δf 因需求和供应间不平衡引起的频率偏差

ENTSO-E 推荐的频率偏差对现有生产变化之比应在 2%～12%范围内。这个功能早先仅用于大的同步发电单元，它们是保持传统电网稳定性和功率多样性的仅有手段。现在，随着 DG 的增长和相应热电工厂的退出，该服务功能逐步转移给 DG，它们为频率偏差提供合适的应答。当系统频率太高，DG 能够按比例降低输出从而帮助频率回到正常值。但对于低频率，其应答相对比较困难，这是因为大多数 DG 都是 RES 电力，它们功率输出的增加取决于天然资源（如风和太阳光）的可利用性，并不受控制系统控制。对此情形，配备有储能单元的 DG 就能够对频率下降进行校正，尤其是当 DG 系统是以风电和太阳能电力为主时。可使用的储能单元包括电池、电力锅炉/热泵和电动车辆（轮流使用）。一个含 DG 系统、低电压分布系统、热和电存储、能量消费者及其通信网络的代表性微网示于图 3-17 中。

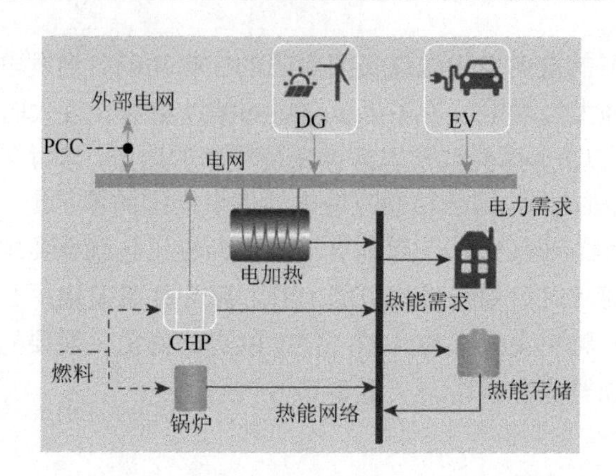

图 3-17 含 DG 系统、低电压分布系统、热和电存储、能量消费者及其通信网络的有代表性微网

3.5.3 电池与分布式发电的集成

已充分认识到，储能系统是克服 RES 电力高渗透带来挑战的有效手段。现在实施的大多数储能项目是要求 RES 电力生产配备电池储能单元。从电网操作者观点看，电池和 DG 系统一起使用就能实现电力电网分类代码中需要的频率调节。电池-DG 集成的另一优点是能提高能量效率，因为 DG 系统通常与低电压网络连接，其传输损失要比同等距离中高电压线路高，低压传输需较大电流，电阻损失较大。

为设计储能系统与 DG 相互作用提出了不同策略。电池可使更多 DG 系统电力在地区内消费，从而使总损失降至最低。但事实上仍缺少商业例子，也缺少对电池储能投资电网操作有吸引力的合适规则。电池技术仍在继续发展，目标是降低成本和延长寿命。不管怎样，电池存储-DG 电力集成的吸引力在不断增加。

设计很好的储能系统能为电网分类编码地区提供满意的辅助服务，特别是对频率变化能做出正确的校正应答。储能系统能提供的其他重要功能还包括缓解和消除 RES 电力随机波动间断性、负荷削峰、降低电网拥堵和提高网络电力质量等。下面极简略讨论电池与风电和太阳能电力中的光伏电力的集成。

1. 电池与风电集成

电力电网中风电渗透水平的增加和风电随机波动间断性都导致必须增加储能单元。即便在负荷功率需求稳定条件下，风电的随机可变性也会给电网系统运行带来诸多操作问题。为确保电力电网系统安全有效运行，需要使风电能像传统电力生产源那样有稳定的输出。为此，必须要为风电配备一定容量的储能单元，即要集成风电和储能，这说明风电的使用是离不开储能的。对以风电为主的 DG，配备的储能单元通常是电池，世界上已有很多个不同规模的这类示范项目。例如，在德国的 Enercon 6MW 风力透平配备的是 1MW 钠硫（NaS）电池；日本也有多个大规模钠硫电池与风电和太阳能电力集成的例子，现阶段最大容量达到 34MW/245MW·h（与 51MW Rokkasho 风电农庄组合）；美国加利福尼亚州的智能微电网（由 1.2MW 太阳能光伏板、1MW 燃料电池和 5 个 2.3kW 风力透平构成）中连接有 2MW·h 磷酸铁锂电池；美国加利福尼亚州公用事业公司 Palmdale Water District 把 450kW 超导磁能存储（SMES）系统集成于微电网中，以保持电网稳定性，该微网由 950kW 风力透平、200kW 燃气发电厂和 250kW 水力透平组成；按计划美国阿拉斯加州 Kodiak 电力为 Pillar 山上风力透平机与 3MW 铅酸电池的组合，该风电容量从 4.5MW 增加到 9MW。这类例子还有很多。储能帮助缓解因风电波动间断性引起的问题，使风电农庄能在不同时间段为电网稳定配送电功率，减少了对安装额外专用发电单元的需求并为网络提供辅助服务。

2. 电池与光伏电力集成

光伏（PV）电力是世界上增长最快的可再生能源电力技术之一。PV 年安装容量从 2000 年的 1000MW 上升到 2010 年末的 18.2GW，2021 年猛增到 849GW。与风电一样，PV 电力输出也具有随机波动间断性，与负荷需求的电功率极不匹配，因此也必须配套集成相应的储能单元。把储能装置连接到 PV 发电厂形成的电力网络能克服 PV 电力带来的电压波动和分布问题。由 PV 系统直接充电的高容量储能装置也能单独向工业提供稳定可靠的电功率，满足需求。

使用电池存储 PV 电力的例子非常多。例如：美国夏威夷群岛 Kauai 岛公用事业公司使用 1.5MW/1MW·h 电池储能单元与 3MW 太阳能 PV 发电厂集成；夏威夷 Lanai 小岛也有 1.5MW 太阳能 PV 发电厂连接 1.125MW/0.5MW·h 铅酸电池的 DG 电网；德国柏林智能电网设施中采用连接有钠硫电池的太阳能 PV 发电厂系统；日本 Wakkanai 市把 1.5MW 钠硫电池与 5MW 太阳能发电厂相连接；澳大利亚新南威尔士州则把两组锌-溴液流电池（200kW/400kW·h 和 100kW/200kW·h）与太阳能 PV 和小风力透平连接；澳大利亚昆士兰大学把锌-溴液流电池（90kW/240kW·h）与 340kW 太阳能光伏板连接一起运行；中国的例子更多，不再一一列举。

显示的发展趋势表明，不远的将来很可能出现很多与电网连接安装在家庭住宅的 PV 系统（配备电池储能单元）。这类 PV 组合系统一般是与低压（LV）电网相连接的，容量通常小于 100kW。

LV 电网通常采用辐射性构型，传统上其电功率流是单方向的，即从上游电网向下游负荷传输。但是，随着 PV 渗透水平的提高，因电压上升和功率质量等有可能导致 LV 系统中电流流动方向反转，给操作带来问题。解决这类问题的最简单有效方法是把 PV 系统与足够容量储能电池集成，电池用于在 PV 电力生产高峰和电力需求峰谷时段存储电力，对 PV 停止和低峰生产电力时段或负荷需求高峰时段电池释放存储的电力满足负荷需求。系统的操作者预计，对使用电池储能的顾客，运行较平稳且负荷场景是可预测的，能确保有更好的网络操作和控制，电网能够容纳更多的 PV 容量。此外，储能的使用可促进 PV 发电厂参与电力市场，提供承诺的电力供应（一天中的一定时段）。

3.5.4 使用其他能源资源的分布式发电

为使 DG 显现其潜力获得更多利益，把 DG 及其相关负荷形成的"微网"作为主电网的一个子系统。微网是指由 DG 装置、储能装置和可控制负荷组成（集成）的低电压分布系统，以协调方式操作该自主系统为顾客提供可靠和负担得起的电力热能供应。协调方式操作可为顾客和公用电力部门提供若干利益：高能量效率、最小化总能量成本、操作可靠性和操作弹性（灵活性）等，因此具备了网络操作优点。这样的微网概念能以成本更加有效的方式替代电力公用基础设施所需投资。微网的大小与容量有关，其改变范围在千瓦到数兆瓦之间。

1. 电力锅炉和热泵

电力锅炉和热泵都是把电能转化为热能的装置。电力锅炉使用电力而不是直接燃烧燃料来产生蒸汽或热水。电力锅炉使用电阻或浸入型加热单元以非常高的效率把电能转化热能。热泵以相对小数量电力的使用从环境捕集相对大数量的低温热量，用于为微建筑物供热使其温度上升到人们舒适的温度。以供热需求来选用电力锅炉和热泵的大小，因此随地区和建筑物类型而改变。电力供热与其他形式供热的需求特征是不同的。因建筑物通常具有很大热质量，其加热和冷却速率相对较慢，这有利于控制电力需求。在功率网络系统有盈余电力时，可把其用于加热热泵系统吸收额外能量，这样还可部分控制电网。加热热泵系统吸收的额外能量既能直接传输给终端使用者，也能把其存储在热库中。当功率供应短缺时，该系统能从热库中重新抽取热量满足需求（或者简单地断开短时间减少负荷，这与建筑物砖块和混凝土传热时间常数有关）。

借助于智能控制系统的帮助，能对 DG 装置、热泵装置和支持系统一起进行有效操作运行（可提供新单位分类编码获得所需的频率应答特征）。好的控制策略能使可再生电力 DG 不再受风电随机波动间断性的困扰。例如，丹麦未来电力负荷的很大部分由单个热泵构成，其在住宅 PV 装置中的使用将大幅飙升。智能电网的发展将很可能把 PV 发电和热泵装置进行组合（集成），其有效协同主要也是用于缓解因低电压网络 DG 和 RES 电力快速渗透带来的挑战。

2. 电动车辆

丹麦和许多其他国家特别是在中国，都计划在未来道路运输中更多地使用电池动力车辆，这是由于电动车辆（EV）不仅可达到零排放，而且是可持续的运输工具。对电池 EV 的巨大兴趣在于它们使用的是储能单元存储的能量。充电时 EV 需要与电网连接，即 EV 必定是电网系统的组成部分，它们的作用类似于分布式储能系统。电动车辆使用的储能电池，最有竞争力的非锂离子电池莫属。与早前镍基电池和其他电池比较，锂离子电池综合性能是最好的。车辆用电池平均容量在不断提高，一次充电平均行驶里程已超过 600km，但完全充满电用时仍然远大于燃油车辆。

与固定储能系统比较，EV 储能系统的主要问题是，不知道它们何时何地是可利用的。一辆典型 EV 除了行驶（如 1h 或两天一次）外，余留大部分时间可能要与电网连接消费电网电力。充电可使用公用充电桩或家里的插座，因此定义 EV 的市场渗透水平是困难的。未来它们将逐渐替代常规燃油车辆。几乎可以肯定的是，能把 EV 车队看作是可为电网服务的一种资源或可存储 PV 或风电剩余电力的一种手段或方式。研究 EV 的一些项目已开始考虑用它来稳定电网甚至作为较长期储能装置。例如，现时一个很先进的概念是“车辆到电网”（V-to-G）的储能。随着电池功率密度提高和操作寿命延长，EV 车主的商业模式可被看成是（高水平可再生能源利用的国家）有吸引力的长期储能选项的组成部分。

3.5.5　混合储能系统

除了上述的电池储能外，对可再生能源（RES）电力特别是大规模的、使用更多的储能技术是机械储能技术，如飞轮、泵抽水电和压缩空气储能。例如，风能耦合飞轮存储、太阳能电力耦合泵抽水电存储、风能耦合泵抽水力存储、太阳能电力耦合压缩空气存储、风电耦合 CAES 等，这方面的内容将在第 4 章机械能存储技术中做较详细介绍，下面重点介绍讨论混合储能技术与 RES 电力的组合集成。

混合储能系统组合不同类型机械能存储（MESS）技术，能有效增加 RES 的利用率，也能降低化石燃料发电带来的负面影响，且能组合利用不同的能源资源。有多种类型的 MESS 组合和不同类型能源资源组合：太阳能电力-柴油发电-飞轮储能组合、太阳能电力-柴油发电-PHS-电池组合、太阳能电力-气体透平-CAES、太阳能电力-有机 Rankine 循环和 CAES、太阳能电力-风电-FESS、太阳能电力-风电-PHS、太阳能电力-风电-CAES、风电-柴油发电-CAES、风电-柴油发电-飞轮储能、风电-柴油发电-PHS、风电-电锅炉-PHS、风电-飞轮储能-CAES、风电-气体透平-PHS、风电-地热发电-CAES、风电-风电-CAES、风电-热存储-PHS、风电-CAES-热存储等。也就是说，混合能源系统可以按能源资源（为主）也可以按储能系统（为主）以不同方式进行组合。能源资源组合的例子是太阳能-风能、太阳能-柴油、风能-柴油等，而储能系统组合的例子有飞轮-CAES、CAES-热储能等，也能与能量存储技术如电池和燃料储能组合。混合能源系统可以是单一 RES 系统，也可是不同 RES（如风能或太阳能）与储能的组合。例如，选择绝热 CAES 作为储能系统就可避免其他类型热能的输入，这样做可使可逆功率供应中的能量损失降得非常低（不会超过 1%）。

对于混合能源系统，投资成本是考虑的最主要事情。但在总成本已有显著降低时，如太阳能-风能-PHS 组合系统可使电力平准化成本降低 32.8%（与太阳能-PHS 系统比较）到 45%（与风能-PHS 系统比较），可不再考虑投资成本。混合能源系统最可能被遥远地区独立能源系统所采用。

现今世界各国实施的政策是：增加 RES 电力渗透率的强制要求迫使增加使用 MESS。近年来有关组合太阳能和/或风能论文数目有惊人增加，足以说明这个主题的重要性。

3.5.6 小结

世界上大多数国家制定能源政策的主要推动力来自能源安全和气候变化。能源消耗排放的 GHG 仍在增加。为实现全球温度上升不超过 2℃的目标，必须依靠新能源政策的快速实施和加速提升 RES 使用比例（特别是电力部门），要求到 2050 年 RES 电力占比在 50%以上；要花大力气解决风电、太阳能电力供应的随机波动可变间歇性问题，储能是若干选项中的优先选项之一（表 3-1）。

表 3-1　电力电网系统灵活性选择

	应答时间框架应用										放电时间/长度
	小时					分钟			秒		
	能源套利	放电容量延迟	(T&D)投资延迟	拥挤管理	电压支持	黑启动	备转容量/差的跟随	降低可再生电力锯齿波形	规章制度	电力质量	
发电											
常规发电		M	M		M	M	M	M	M		> 小时
发电再调度			M	M							> 小时
水力发电			M	M	M	M	M	M	M		> 小时
分布式发电					D	D	D	D	D	D	分钟/小时

续表

	应答时间框架应用										放电时间/长度
	小时					分钟			秒		
	能源套利	放电容量延迟	（T&D）投资延迟	拥挤管理	电压支持	黑启动	备转容量/差的跟随	降低可再生电力锯齿波形	规章制度	电力质量	
需求应答											
工业	M	M		D	D		M				小时
商业/居民区				D	D	D	D	D	D	D	分钟/小时
网络/相互连接											
相互连接	M	M	M	M		M	M	M			小时
传输	M	M	M	M	M	M			M	M	>小时
静态补偿装置			M		M						>小时
电力电子设备										M	秒
储能技术											
泵抽水电	M	M	M	M	M	M	M	M	M		小时
CAES	C	C	C	C	C	C	C	C			小时
飞轮储能						D	D	D	D	D	分钟
超级电容器										D	秒
电池技术						C/D	C/D	C/D	C/D	C/D	小时/分钟
操作手段											
保护措施			M	M							秒
动态输送容量			C	C							小时
预测	M										小时
技术成熟程度	M 成熟		C 商业化		D 示范						

储能技术作用的发挥取决于如下一些因素：总电力电网系统的设计要求和增加满足中短期应变能力和灵活性。目前，多数储能系统仍需要在技术上做进一步改进、较大幅度提高效率和使成本有显著降低。随着新（微）电网系统（如发展中国家离网地区和孤立岛屿电网系统）中 RES 电力源数量和容量持续快速增加，储能所起作用将会越来越明显和重要。

对于 RES，一方面它是清洁能源，另一方面也会带来操作挑战。为此需要推动新电网分类编码建设，这将帮助确保稳定顺利过渡到新能源时代。未来能源系统中的电力电网服务供应者要比现在多得多而且品种繁多。RES 发电厂与传统发电厂一起运行可确保能源供应的安全性。因 DG 逐渐替代传统化石燃料热电厂发电，电力电网服务如电压和频率支持的提供者也必须由现时的传统发电厂转移给

DG 网，因此必须对无功和有功功率有足够的可控性。从这个角度看，DG 装置与储能装置合作是保持电力电网安全运行的优先选择，尤其在 RES 电力是 DG 的主电源时。连接 DG 网的储能单元优先选用的是电池，尽管现时的电池技术仍存在高投资和高运行成本问题。一些逆变器制造商现已开始提供含储能单元的复合装置。如上所述，电池确实能够缓解和解决 RES 电力供应的随机波动间歇可变性问题。集成储能电池后可获得如下运行优点：稳定光滑化输出、负荷削峰、频率校正和电压控制。

微网（MG）概念可能为未来分离和组合部署能源资源提供巨大广阔的空间。MG 可包括很多个 RES 发电源、区性或单个供热系统、电动车辆、组合热电、储能单元和其他装置。MG 网络能在一定范围为这些单元装置间的合作创生巨大可能性，合作也可以跨越整个 MG。电力电网和热能网络的集成连接（使用电力锅炉、热泵和热水存储容器）创生出微能源网络。供热系统可作为 DG 的储能单元，在电力有盈余和（必要的）独立需求暂时性降低时吸收存储电力。微能源网络也可起单一大单元作用（如与分布电网不同部分连接时），这可为开启支持主电网运行和参与电力市场提供机遇。微能源网内不同技术的协调和算法控制确保了对总目标的支持，说明微网在主电力电网内是一个好“市民”。

智能电力电网中的通信技术和公用基础设施都是极为重要的。运输部门电气化运行有可能导致在 DG 中出现应力危险。虽然运输部门的负荷场景（满足电动车辆新需求）必定会有显著变化，但电池加上能源网络的大储能容量仍能与 DG 合作形成车辆到电网的结构。整个 V-to-G 概念取决于有足够数量运行的 EV，可把 EV 作为储能装置使用。虽然该概念有潜在吸引力，但其吸引力远比其他储能技术低。实践中，上述 DG 技术在多个方面仍然需要有进一步发展。例如，电网分类编码可针对小和中等大小 DG 网（虽然仍处于发展中）。鼓励对新方法的增量投资也是必需的。总之，储能单元可帮助 DG 网在未来能源市场中获取成功，帮助输出计划程序的制定和执行以及为价格变化做出适当应答。最后 MESS 的近期发展也应该予以足够重视。

3.6　德国的电力市场和电网管理经验

在电力电网的管理上，欧盟特别是德国的经验教训是值得借鉴的。下面简述之。

3.6.1　电力市场体系设计

新能源的日内市场设计是因为气象条件的变化，准确功率预测一般很困难，时间越长，准确率越低。例如，在我国第一批电力现货试点市场中发现，可再生能源（RES）电力参与电力市场的方式普遍是报量不报价，并且在日前市场报完价之后实时是不允许调整的。目前只有甘肃允许 RES 电力在日前市场报量报价，并且允许在实时市场进行二次调整。如果日前基于自身功率预测报量之后，RES 电力在气象条件发生变化或功率预测不准确而产生的偏差就被迫在实时市场进行结算，这很有可能会造成亏损。又如，我国第一批 8 个现货试点地区如山西、甘肃等电力大省，上述情况是使其 RES 电力企业亏损的重要原因。这方面我们应该借鉴德国的经验，因为德国的日内市场设计很好地解决了这个问题。

德国日内市场包含 1h 产品和 15min 产品，利用连续竞价的方式一直可以交易到交割前的 5min，这就给了 RES 发电站有充足机会根据自身功率预测来调整偏差。与实时运行时间越接近的功率预测，其准确率自然更高，也能使 RES 电力企业避免大的损失。

3.6.2　平衡结算单元设计

德国有 2700 多个平衡结算单元，各平衡结算单元的平衡责任方负责确保平衡结算单元内的电力平衡。一旦有不平衡情形出现，就要在平衡市场中购买平衡服务。虽然平衡资源价格一般都是比较高的，但为了避免不平衡带来的成本损失，利用平衡结算单元（一般都有多种方式可用）可提高区域内功率预测的水平，用多种手段来保证平衡。出现的预测偏差来自气象预测和功率预测本身。

1. 气象预测

多年前，撒哈拉沙漠吹了一场大风，把沙尘吹到了德国的光伏板上，光伏输出功率骤然下降，这是平衡结算单元预测不到的情况，结果损失惨重。后来，德国天气预报中心在撒哈拉建立了专门的气象站，开展了针对撒哈拉沙尘预报服务的研究，用以减少德国光伏发电预测误差。此后，德国出现了很多专门给发电厂提供天气预报的服务公司，天气预报被高度市场化。利用各种标准的天气预报数据、卫星图像数据、气象雷达和气象气球实测数据、航海和航天的天气预报数据等，以大数据技术来提高气象预测准确率。德国也有专门针对天气预报的金融衍生品，用来对冲天气变化的风险。

2. 功率预测

薄薄的晨雾、撒哈拉的沙子，都曾引起过德国电力电网系统备用量不足的问题。对此在德国功率预测模型中考虑的因素越来越多，包括积雪、冷风、飓风、云层空气对流、网络弃风弃光、RES 发电站运行状态及网络检修计划等。现在德国对风电日前功率的预测误差仅为 2%～4%，对光伏日前功率预测误差也只有 5%～7%。德国有 5 家能够提供 RES 电力生产预测的小公司，不仅向德国而且也同时向全球提供预测服务，用最经济的价格满足市场预测需求。据不完全统计，其中两家小公司在全球 RES 电力预测服务市场的份额已经达到了 50%以上。

3.6.3 活跃的跨境交易

德国与奥地利、荷兰、法国、瑞士、捷克、波兰、丹麦、比利时和卢森堡等国接壤。德国电力电网通过 30 个 220～400kV 的跨国输电线路与邻国电力电网互联，还有海底电缆与瑞典、挪威电力电网互联。

随着RES电力装机规模的不断提升，其生产输出电力的波动范围也逐渐增大。在德国 RES 电力对电网供应充裕时，可通过这些跨国输电线路将多余电力输送给邻国。反过来当德国 RES 电力生产输出不足导致电网电力供应紧张时，能够用这些跨国输电线路从邻国输入电力。

德国电力市场是欧洲统一电力市场的一员。在整个欧洲统一电力市场中，跨境交易的电力占四分之三。这种活跃的跨境交易，为德国解决 RES 电力随机波动间歇性问题提供了很好的途径，其负面影响被降到最低。

3.6.4 灵活性资源开发——火电灵活性改造

火电灵活性被认为是实现高比例 RES 电力系统渗透的关键。火电灵活性主要体现在三个方面：最小负荷、爬坡速率和启动时间（冷态、温态、热态）。

在欧洲，德国是进行火电灵活性改造的主要国家。硬煤机组最小出力达到 25%～30%，爬坡速率可达到（4%～6%）/min，冷态启动时间 4～5h，热态启动时间 2～2.5h。褐煤机组最小出力达到 40%～50%，爬坡速率达到（4%～6%）/min，冷态启动时间 6～8h，热态启动时间 2～4h。

通过提升火电灵活性，可极大地消纳 RES 电力，建立起高比例 RES 电力为主的新型电力电网系统。而传统火电机组几乎没有能力适应 RES 供应电力的快速随机波动变化。通过对传统火电机组的灵活性改造就能避免机组频繁启停导致的高额成本，而且也降低了 GHG 排放量。当然，机组灵活性的提高是要以缩短电厂使用寿命和增加运行维护成本为代价的。德国发电厂运营商是明知提高灵活性后会在一定程度上缩短电厂寿命，但仍然坚持对其进行灵活性改造。在某种程度上其原因关系到德国能源转型政策。这是德国此类发电厂灵活性要高于其他国家的原因之一。

3.6.5 储能

德国储能设施主要包括抽水蓄能、电池储能、压缩空气储能及电力到X（气体或热能）的转化（power-to-X）。自2011年德国启动储能基金以来，到2017年底已累计支持了259个研发项目，投入资金达1.843亿欧元。

德国国土面积较小，政府通过补贴鼓励私人住宅安装光伏发电系统。生产的电力可自用，也可卖给邻居或者卖给电网。德国政府要求自2023年开始，所有新建屋顶必须安装光伏发电系统，太阳能板覆盖屋顶面积至少达到30%。

德国是欧洲最主要的家用储能市场，2019年出货量占欧洲的66%。2021年，德国新装住宅电池数量约为150 000个。根据德国储能协会的数据，目前德国居民安装了超过300 000套储能系统，约10万户家庭使用储能单元且与电网连接。这些储能系统既可独立运行，当电力系统出现波动时又可整合到虚拟大电池或虚拟电厂中参与一级备用服务。

3.6.6 虚拟电厂

随着RES在电力系统中的日益普及，德国制定了很多对虚拟电厂（VPP）有利的法规。2021年7月，“德国能源法”对VPP的角色、市场机会和义务进行了法律定义。德国VPP主要有3类：独立组合商的VPP、大型公用事业（跨国、地区、市政）VPP和利益参与者VPP。VPP在德国已完全商业化。VPP主体通过组合分布式发电资源（热电联产、沼气厂、分布式风电、分布式光伏等）、需求侧灵活性资源和储能等形式参与电力批发市场和平衡市场。VPP的准入门槛相对较低。通过参与电力批发市场和平衡市场，VPP不仅为电网提供了灵活性服务，减少了因高比例电力带来的大量基础设施投资，同时也为资源拥有者提供了经济性收入。

随着德国RES电力装机容量占比不断提升，功率预测偏差也会不断增大，使需要的平衡资源越来越多。但实际上，经由完善电力市场体系设计和灵活性资源的开发，德国市场中的平衡市场交易量近几年却在下降。也就是说，德国电力电网系统在充分消纳RES电力的同时，其运行也是安全和稳定的。

3.7 我国可再生能源电力消纳与储能

3.7.1 引言

消纳问题一直是阻碍可再生能源（RES）电力发展的难点和堵点。近来以来，

“双碳”目标的提出和完善基础设施建设等利好政策的刺激使 RES 电力领域成为投资热点，产能扩张迅猛，这使得 RES 电力消纳压力增大。《“十四五”可再生能源发展规划》日前发布，强调促进储能消纳，高比例利用可再生能源，切实提高其消纳能力，避免大规模弃风弃电问题的发生。这已成为全面推动我国能源清洁化转型的一项重要工作。

近年来，我国大力发展 RES 电力产业，推进能源结构调整。数据显示，截至 2021 年底，全国风力、光伏累计发电量 9785 亿 kW·h，同比增长 35.0%。风电和光伏电占全社会用电量比例首次突破 10%。RES 电力占比显著提升，能源结构有效改善。但是，随着 RES 电力项目加速落地，部分地区特别是 RES 资源富丰地区，弃风弃光问题仍相当严重，亟待解决。2021 年全国弃风电量 206.1 亿 kW·h，弃光电量 67.8 亿 kW·h。如果与北京市 2021 年发电量 459 亿 kW·h 比较，这些未被有效利用的清洁电能足够北京用半年。

一方面，清洁电未得到充分利用；另一方面，我国不少省份面临电力缺口。云南、河北、浙江、河南、安徽等近期密集发布迎峰度夏举措，采用轮流停电等方式保障电力供应。解决 RES 消纳问题能推动清洁能源革命，有效打通供需“肠梗阻”。解决好 RES 电力消纳问题责任重大且时间紧迫，在国家统筹谋划的同时，各地要积极行动，主动担责，多措并举，推动 RES 产业持续健康发展，促进我国能源结构转型。

随着我国能源结构转型、“双碳”目标的提出，新能源装机规模快速增长，预计到 2030 年将达到 12 亿 kW，2060 年达到 50 亿 kW，占电源总装机比例超过 60%。大规模高比例新能源并网，会对电力系统接纳适应性和安全稳定提出巨大挑战。

3.7.2　消纳难主要原因

RES 电力之所以消纳难，有两个方面原因：一是在电力生产边的 RES 电力生产自身具有的特点与其随机波动可变性和间歇性密切相关；二是在电力电网管理边，RES 电力的直接高水平渗透给管理边带来严重挑战。RES 电力自身特点与电网要求的稳定和可靠供电极不相匹配。目前，我国电力电网供应结构以燃煤发电为主，抽水蓄能、燃气等灵活和可调节电力供应源相对缺乏和调峰能力不足。这成为影响 RES 电力入网（消纳）的关键因素。因此，为有效实现削峰填谷，保障电网安全，在开发 RES 电力的同时需要配套建设储能设施，配备有足够容量储能装置的 RES 电力就能像常规发电厂那样直接为电力电网稳定输送电力，因此这样的电网扩容不会给其运行管理调度带来额外问题。

为了推动促进储能设施的建设，近两年国家陆续出台了《国家发展改革委、国家能源局关于加快推动新型储能发展的指导意见》《“十四五”新型储能发展实施方案》《国家发展改革委办公厅 国家能源局综合司关于进一步推动新型储能参与电力市场和调度运用的通知》等政策文件，要求各地充分认识建设储能设施的重要意义，在储能项目投资建设、并网调度、运行考核等方面结合实际给予政策支持，推动“新能源＋储能”的深度融合，切实改善电网电源结构，破解 RES 电力上网的技术难题。一些省市和地区为落实政策采取了一些措施。例如，新疆将新型储能产业纳入绿色金融重点支持领域，有效解决了新型储能项目资金难题。

虽然弃风弃光问题产生的根本原因是 RES 电力的随机波动性和间歇性本性，但具体说来，造成弃风、弃光的重要原因也在于现有电力电网系统的管理调度调峰能力严重不足（电力电网管理边问题）。当某一时刻火电等常规能源发电出力已降至最小（出让负荷需求），而入网的风、光等 RES 电力容量仍大于总用电负荷时，为了保证电力系统安全，就必须弃掉一部分 RES 电力以使电网电力保持供需平衡。问题是，为什么是把常规火电等出力降至最小而不是直接停机呢？事实上，电力系统调度确实会预先安排一些常规电源停机以为 RES 电力让出供电空间，但这种停机安排是有限度的：一是因系统频率、电压、稳定等方面的安全要求，必须保障有一定量常规电源运行。二是燃煤火电等常规电源停机、启动经济成本通常比较高，且启停过程要增加不少碳排放。如果新能源消纳困难时长及预计弃电量不很大时，常规电源停机的增多从经济成本及总碳排放量来看都是不合算的。三是燃煤火电等常规电源停机、启动所需花费的时间通常长达数个小时，而由于新能源随机性和波动性大，其消纳困难时段可能与负荷高峰时段相距较近，停下来的常规电源如果无法迅速恢复并网和要求较高出力时，就有可能导致无法满足负荷高峰用电需求而拉闸限电，这也是得不偿失的。

电力电网的输电能力不足（断面约束）是造成弃风、弃光的另一原因。解决办法是以新建输电设施等方式增加断面输电能力。我国 RES 电力送出困难，重要原因是资源地与消费需求地呈逆向分布：西北部地区风光资源丰富，但工业基础相对落后，产业不太发达，用电需求不足；而东南部地区产业发达，用电需求大，但 RES 资源相对不丰富。因此推动输电线路特别是特高压线路建设和实施“西电东送”战略是优化电力资源配置的重要举措。也就是说，输电能力不足（断面约束）是造成弃风、弃光的另一原因。要降低断面约束弃电，一是可通过提升断面内系统的调峰能力增加断面内消纳量；二是可通过新建输电设施等方式，增加断面输电能力。但新建输电设施会受到走廊空间、投资等条件限制，而风电光伏的随机性和波动性会导致新建输电设施利用率低和经济性差。

加强输电通道建设、推动电力外送是“十四五”时期促进 RES 电力消纳的工作重点之一。“十四五”期间，国家电网规划建设特高压工程“24 交 14 直”，涉及线路 3 万余千米，变电换流容量 3.4 亿 kV·A，总投资 3800 亿元。仅 2022 年就开工“10 交 3 直”共 13 条特高压线路。特高压建设沿线各地要主动承担属地管理职责，做好统筹调度、联络协调等工作，保障工程顺利推进。

就地就近消纳 RES 电力难也是一个原因。一般而言，就地消纳不仅成本低且具有延长 RES 产业链条、带动当地经济发展的综合效益。例如，2022 年 2 月全面启动“东数西算”工程后，甘肃省庆阳市依托丰富的风光资源，打造国家数据中心集群，既促进了 RES 电力的消纳，又全面提升了本地区的产业信息化和技术化的水平；吉林省白城市在发展 RES 电力产业的基础上，大力引进新材料、冶金、装备制造等产业和项目，建成一批由 RES 专线供电工厂和园区，在有效利用 RES 电力的同时，促进了东北老工业基地的复兴。能源产业富集地区可以借鉴这些经验，充分发挥主动性，利用土地、信贷等优惠政策积极招商引资，推动相关产业发展，提高 RES 电力消纳水平。切实提高消纳能力，避免大规模弃风弃电问题发生，成为全面推动我国能源清洁化转型的一项重要工作，而且也能带动当地经济发展的综合效益的提升。

3.7.3　解决消纳的可能办法

如上所述，解决 RES 电力消纳的可能办法中包含储能单元和传输通道配置建设及就地消化三类。其中储能单元建设属于电力生产边问题。为解决 RES 电力的消纳问题，建设电力电网传输线路似乎是必需的。与高投入、高损耗的远距离跨省输送相比，RES 电力的就地就近消纳是解决该问题好且有效的办法，不仅成本更低，还具有延长能源产业链条、推进本地经济发展和就业的利好。

低谷促消纳与高峰保供应所需的均是电力系统的调峰能力，增加调峰能力是解决消纳的有效手段。要提升系统的调峰能力，重点应开展三方面工作：一是增加调峰资源；二是为解决 RES 电力随机性和波动性，要让调峰资源能及早获知每日各时段所需调峰容量大小，以便预先做好安排，灵活有效地发挥作用；三是建立政策机制，持续促进调峰资源的增加和依据调峰需求灵活有效地使用。

在增加调峰资源方面，对火电机组进行灵活性改造、投资建设各种类型的储能设施、提升用户用电负荷的可调节性等措施均能切实增加调峰资源。但应该注意到，储能类调峰资源不限于电储能，与电力能够相互转化的其他类型储能设施均具有作为电力调峰资源的潜力，如储热设施和企业仓库。

在让调峰资源有效发挥效用方面可在两个维度开展工作。对电力系统调度在日前或日内均可在第一时间获知掌握全网调峰需求，因此预先匹配的主要工作是使调度掌握的调峰信息能及早传导至各类调峰资源。调峰资源可分为两大类：调度能管控的调峰资源和调度难以管控的调峰资源。调度能管控的调峰资源主要是指调度可马上直接调用的调峰电力源，可接受调度指令主动进行调峰，这类资源对灵活有效调用基本不存在问题。调度难以管控的调峰资源主要来自用户所属调峰资源，通常是不能直接接受调度指令的，只能被动式地响应调峰需求。目前国家对 RES 电力消纳制定了严格的考核制度，各级调度均能做到及时、充分地调用调峰资源，并通过省间现货市场、应急调度机制等完成各省区之间调峰资源的优化调配。当前调度积极推动建设虚拟电厂等新型调峰资源，正是将难以管控的资源通过技术、机制转换为可管控资源，从而更充分、灵活、有效地发挥可使用的调峰能力。在电力系统发生事故等紧急情况下，调度也可调用可管控资源给电力系统以及时有效地进行调节支撑。

对促进调峰资源增加和促进资源灵活有效使用的机制建设方面，也可分为非市场与市场两类。非市场类主要采用行政手段等给予激励和引导。对储能项目、火电灵活性改造的补贴、税收优惠等政策激励虽能促进调峰资源的增加，但不能促进资源灵活有效使用。在传统上应用较广的政策激励是各地的峰平谷电价政策，这对引导用户削峰填谷是有效的。但在有随机性波动性特征的风电光伏渗透日益增长的形势下，电力系统峰谷所在时段及峰谷差的程度也受 RES 生产电力变化影响，因此长期固定峰谷时段和价格的政策难以贴合电网运行的实际变化，如能每年更新（至少），在统计意义上是能取得较好效果的。

市场类机制主要以价格变化引导调峰资源发挥其调峰能力。其中最有效的当属电力现货市场，它以日前分时价格引导各类调峰资源预先做好次日安排，再在日内依据各时刻具体电力供需情况指导实时价格，激励调峰能力的灵活有效使用。例如，就山西现货市场实践看，现货运行一段时间后，以市场化运作的用户负荷出现了明显跟随削峰填谷变化的趋势。与原调峰辅助服务市场比较，低谷火电降低了其运行的下限，而在高峰尽量提升出力和降低厂自用电比例。现货市场对增加调峰资源及其灵活有效使用均产生了较强的激励作用。为进一步发挥付汇市场作用，需完善以现货市场为核心的电力市场体系建设，同时有序拓展参与市场的主体范围和参与程度。例如，若风电光伏不参与市场，按固定电价收购，它们只会在乎总发电量多少而不在乎有效供电的变化；而若其参与现货市场，就会更主动地设法在高峰提高出力，把可能降低出力的检修等事情尽可能安排在低谷时段。山西省开展的中长期分时段交易、零售市场分时交易就是对市场体系的进一步完善，目的是在中长期批发市场中明确体现电能分时价值，并通过零售市场传导至零售用户。实践证明，参与分时交易的零售用户的确比未参与用户有更强的调峰表现。市场机制的另一优势是能将调峰资源使用的成本显性化（货币化），进而对消纳收益与调峰成本进行经济性分析，可避免消纳成本过高情形，有利于以最低的社会经济成本推进能源低碳化。

3.8 有关消纳的一些问题

对有关可再生能源电力消纳若干问题再进一步做如下简要说明。

1. 用户负荷似与解决消纳无直接关系

电能以光的速度传输，电力电网系统中传输的功率总是由多种类型电力生产源随时生产和随时供应用户使用的。因此，顾客使用的电功率实际上是没有办法区分出是由可再生能源（RES）生产的还是由传统化石能源生产的。在不考虑有特别约束的情况下，只能根据当时新能源出力占总发电出力的比例来认定该时刻用户使用的电能中新能源电能所占比例。若从提供调峰能力的角度来分析用户负荷对促进消纳的作用，不管各省区电力市场发展处于哪种阶段，用户负荷对新能源消纳实际作用与用户同新能源各类交易情况均无直接关系，只与用户每日实际负荷曲线和系统调峰需求匹配情况有关。其作用是积极的还是消极的，取决于负荷曲线为正调峰还是反调峰。例如，只在负荷高峰时段用电的用户，其调峰表现对新能源消纳的作用是消极的，因为它会造成火电等常规电源开机容量的增大，并导致消纳困难时段弃电量增加。

2. 用政策或措施促进解决消纳

对于大规模电力电网，调峰能力是关键。围绕关键的调峰能力，衡量一项政策或措施能否提高 RES 电力的消纳和保障电力供应，主要看其是否对增加调峰资源及其灵活使用有贡献，以及是否有利于调峰资源与需求间的匹配和促进机制建设［如直接分布式微网（即 DG 网）的占比］。

3. 加大加快分布式风电光伏电的发展

就大规模电力电网而言，在不考虑断面约束和电网损失条件下，分布式风电光伏电并不会增加系统的调峰资源，也不会对资源需求匹配及资源灵活有效使用做出贡献，因此并不能促进其消纳。但是，分布式电源能把大电网消纳问题分散到小的微电网中，极有利于消纳问题的分散，这肯定也有利于消纳问题的解决。显而易见，分散的小问题总是比集中式大问题容易解决。这说明，RES 电力的分布式生产能够带来更多利益。因此可看出，用分布式 RES 电力生产替代中心化大规模生产极有利于消纳问题的解决。

4. 用户的光伏风电参与中长期交易（包括 DG 装置与大规模电网交易）

这似乎是大趋势，将会有更多用户包括 DG 装置与大规模电网连接，参与中长期交易。虽然这可能会增加电网管理的难度，但有利于 RES 电力消纳问题的解决，特别是对地区性的消纳问题。对此也有从大规模电网运行角度考虑的另一方面声音：因用户光伏风电与电网交易的中长期合同多以货币化形式执行，其长期交易行为与电网系统日前和日内运行安排基本无关，即中长期交易不会改变电网系统的总调峰能力，也不会改变资源与需求的匹配和使用。

电网（如 DG 网）间的中长期交易相当于负荷的增加。其对促进消纳是否有利取决于交易曲线是正调峰还是反调峰，还与交易曲线与网内调峰需求匹配情况有关。鉴于国家政策是要促进地区电网系统多使用 RES 电力这类新能源，使地区间交易不一定会有利于 RES 电力的消纳。

鉴于上述，地区电网间进行中长期交易是否能够促进消纳需视具体情况而定。然而从机制建设角度看，RES 电力参与中长期交易肯定是有益的。这是因为，现货市场能够激励调峰资源的增加和促进调峰资源的利用（需要为中长期交易建设好基础）。也就是说，鼓励 RES 电力源参与中长期交易有利于拓展其参与的主体电力市场范围和参与程度，也有利于以现货市场为核心的电市场机制的建设。

5. 大现货市场价格波动范围可否促进消纳?

在现货市场中降低下限价或提高上限价，均有利于扩大峰谷价差范围，增强对调峰的引导作用，有利于促进消纳。有研究提出，在现货市场中对高峰时段设下限价、低谷时段设上限价，确实可以拉大峰谷电力价格间的差距，但 RES 电力随机波动性导致的每日峰谷时间段和峰谷差程度也会发生变化，因此该措施存在与峰平谷电价政策类似的问题。

必须承认，相关政策或措施可能有多重目的，不仅仅为促进 RES 电力的消纳，也可能是不以促进消纳作为主要目的。例如，火电机组进行背压改造，通常会显著降低其调峰能力。但若在节能降耗、供热等方面的效益高于调峰能力下降带来的损失，则该政策仍然可取的，但在推动过程中应做好综合评估，尽量多让市场机制发挥作用。

总之，各类与 RES 电力消纳相关的政策及措施应遵循电力系统的客观运行规律，理清其影响消纳的作用原理，综合考虑当前技术、经济、体制机制实际，以经济社会和环境的综合成本最小化为目标，统筹做好政策衔接协调，明确政策目的并采用与之匹配的措施和手段。

第4章　机械能存储技术

4.1　前　　言

在满足全球能源消费和降低化石燃料资源消耗的方案中，渴望大力增加能量存储（储能）单元的配置。众所周知，能量是守恒的，这意味着能量既不能创生也不会消失，只能从一种形式转化为另一种形式。从另一个方面理解，能量可以在一个时间点被存储，在需要的另一个时间点释放出来。例如，电力可利用天然能源资源经由能量转换技术生产，可以电荷和荷电粒子形式临时（瞬时）存储在储能单元中用以满足高峰时段电力需求。为提高电网稳定性和可靠性，改善目前时常发生的电力短缺，发展和配置储能技术应该是一好的选择。

多数储能系统是被用来存储和释放电力的，因此可把储能看作是一种存储和释放电力的技术。而且电力需求边也需要有储能技术来进行能量管理。储能系统（单元）一般都被集成在整个能源系统中。可再生能源（RES）电力的有效利用更离不开储能技术。确切地说，对于现在和未来电力（能量）生产和需求，使用储能技术似乎是必需的，不应该低估其重要性和功能。储能的重要意义在于：①满足所需要的短期波动能源需求；②在短暂功率扰动或波动期间充分供应能量需求；③降低对紧急发电或部分运行发电厂的需求，等当于初级能源资源消耗的降低；④转移谷峰时段盈余能量用于满足高峰时段电力需求；⑤提高 RES 电力利用率，满足波动负荷需求；⑥较小环境影响条件下提供能源安全性；⑦提高能源系统操作性能。

在已发展的可行和有吸引力的储能技术中，开发最早的储能（电力）技术是机械能存储系统。物理储能的基础是把电能转换成机械能进行存储和再释放。充能时使用机械把电能转化为机械能（如位能和动能），放能时经由机械（如水力透平或膨胀机和发电机等）把机械能（如位能和动能）转化为电能。以机械能形式存储电能的技术主要有三类：泵抽水电储能、压缩空气储能和飞轮储能。

在今天，对投资最有吸引力的储能技术是电池，因为它们已广泛成功应用于固定和移动车辆等许多领域。但从长期观点来看，储氢储能技术是最值得注意的。不同能量存储技术具有各自的特色，它们的使用场合也不尽相同，取决于应用中需要考虑的多个参数：能量和功率密度、应答时间、成本和经济规模、寿命、跟踪和控制设备、效率和操作约束等。这些是选用最合适储能技术类型的最重要因素。从对环境影响的角度看（表 4-1），机械能存储影响是较低的（表 4-2）。本章介绍三种机械能存储技术的原理、操作特性和应用。

表 4-1　普遍使用储能系统的环境影响

储能系统	环境影响
合成天然气（SNG）	有害污染物和温室气体
生物燃料	生物多样性，水质量和水量问题
生物气体	有害烷烃如甲烷
热化学（TC）	取决于反应物和产物
电池	资源消耗和重金属污染，如锂离子降解和不可再循环
超级电容器	碳化
热能存储	取决于材料如有机蒸气致癌
机械储能	相对较低

表 4-2　风电-CAES、风电-NGCC（天然气组合循环）和常规煤基系统的 CO_2 排放量和燃料消耗量比较

系统	二氧化碳排放量/[g CO_2/(kW·h)]	燃料消耗量/[MJ/(kW·h)]
风电-CAES	61	1.03
风电-NGCC	216	4.22
常规煤基系统	876	9.71

4.2　机械能存储基本原理

4.2.1　引言

热能存储、机械能存储和热-机械能存储技术是目前最普遍使用的技术，能够存储巨大数量的电能，主要应用于电力生产侧。统计数据指出，泵抽水电存储/储能（PHS）系统占世界电力存储容量的约 90%，目前它仍然是最重要的储能系统且容量还在不断增长。机械能存储系统中另一种重要技术是压缩空气储能（CAES），也已经使用了几十年。它能存储大量电力，主要用于满足供应和负荷需求，以及均衡发电厂、电网和顾客需求间的不平衡。储能系统能吸收盈余可再生能源（RES）电力和峰谷时段多出的电力，用以满足电力供应不足或电网高峰需求时段的电力供应（因发电厂是基于恒定负荷出力的）。

能大量存储电力以平抿电价大幅波动的经济储能方法也是需要的。评价电力存储技术性能的最重要参数包括：①功率（MW）；②充电速率和放电速率；③储能容量（MW·h）；④占地大小，即体积容量（MW·h/m^3）和面积容量（MW·h/m^{2}土地）；⑤效率，即循环电存储效率或往返效率（MW·h$_{生产的电力}$/MW·h$_{存储的电力}$）。效率可以不同方式定义，例如，对于热机械系统 CAES，需要把热量传输给存储工厂或进行相反的传输（与热能分布网络集成），于是基于纯电力输出定义效率可能不是最好的。对于一般情形，储能效率的正确定义需要应用到热力学，以㶲分析来解释。对与电网相连接地区，需要有其他方法来独立地定义电力存储效率。

机械能存储有两个基本类型，它们都来自力材料体系中的能量变化：一是位能变化；二是质量运动即动能变化。它们之间是可以可逆地相互转化的，也可方便地转化为机械能和热能，再进一步转化为电能，因此它们可归属于存储电力的技术。

4.2.2 位能存储原理

位能是将力强加于材料体系产生的，存储的能量是施加力和距离乘积的积分，即

$$\int 力 \times 距离 \tag{4-1}$$

例如，有一力施加在固体棒上，使它增长（图 4-1），产生长度变化 $\Delta x/x_0$ 和应力（$\boldsymbol{\sigma}$）。应力是单位横截面上的力，会导致相应的应变。对于金属材料，应变（ε）与应力成比例，可用应力-应变曲线表示（图 4-2）。比例常数称为杨氏模量 γ，该线性关系称为胡克（Hooke）定律。如果产生的机械形变是弹性的，弹簧上所做的功（W）是应力-应变曲线下的面积，与应力大小成比例：

$$W = \frac{1}{2}\boldsymbol{\sigma\varepsilon} = \gamma\boldsymbol{\varepsilon}^2 \tag{4-2}$$

如果该过程是可逆的，没有任何能量损失，其所做功等于存储在这个简单体系中的能量。对于金属和陶瓷材料，施加的力在达到剪应力临界值（称为屈服点）前杨氏模量一直是恒定的。这是因为在这类材料中，原子间力导致的小距离位移是线性的。但是当施加力较大时，产生的剪应力可能导致塑性形变（不可逆），最终材料粉碎。对于聚合物和橡胶，杨氏模量随剪应力值而变，这是因为在它们微结构中有不同的物理作用。普通橡胶的典型剪应力-应变曲线示意表述示于图 4-3 中。在机械钟中的金属弹簧形变，应用于功耗型飞机的弹性橡胶带是这类位能存储的简单例子。

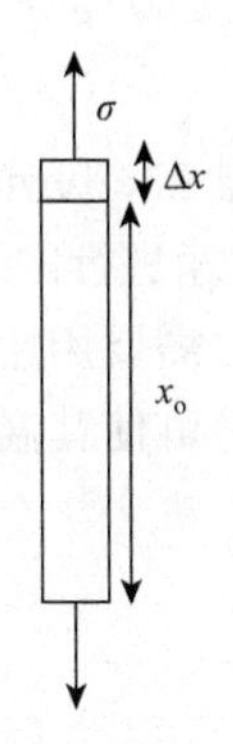

图 4-1　将应力施加于固体棒两端的结果是棒拉长（简单例子）

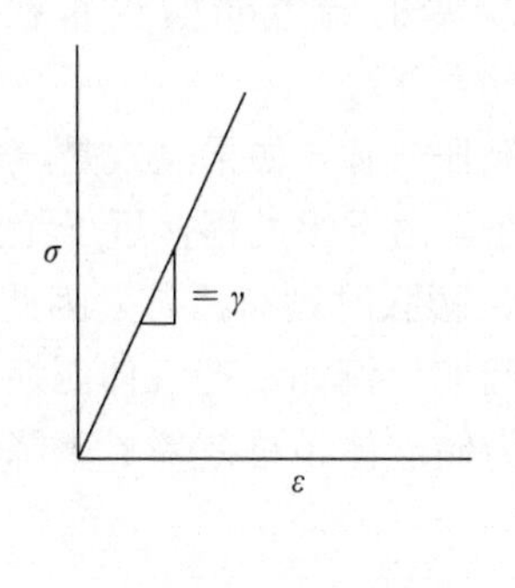

图 4-2　弹性金属的应力-应变曲线示意表述

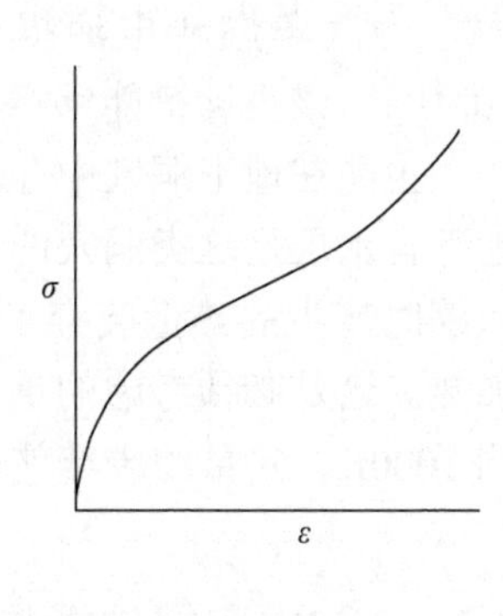

图 4-3　橡胶应力-应变曲线的示意表述

4.2.3　气体存储能量原理

当存储能量的介质为气体时，施加的力导致其体积缩小，因此应力与应变关系为气体压力和体积间的关系。例如，每个为自行车胎打过气的人都知道该过程需要做功（把能量存储在气体中的简单例子），随胎内压力的增加施加的力也需要增加（图 4-4）。如果有漏气或阀开着，轮胎中的气体就跑掉了。利用气体的弹性是能够存储能量的，类似于固体弹性的能量存储。通过对理想气体定律或理想气体状态方程的讨论就更容易理解了：

$$PV = nRT \tag{4-3}$$

其中，P 为气体绝对压力；V 为体积；n 为气体的摩尔数；R 为摩尔气体常数，其值为 8.314J/(mol·K)或 0.0821 atm/(K·mol)；T 为热力学温度。使用该摩尔气体常数值，气体的摩尔体积在 273K（0℃）和 1atm 下为 22.4L。在恒定体积时，压力与气体数量成比例。压缩的气体能存储在储槽中。只要压力在储槽材料强度允许范围内，储槽是不会破裂漏气的。例如，氢燃料电池用的燃料氢气现在一般是被存储在耐压的气瓶中。用于制造气瓶的碳纤维复合材料具有较高强度和较轻质量，因此作为高压存储氢气的储槽材料越来越有吸引

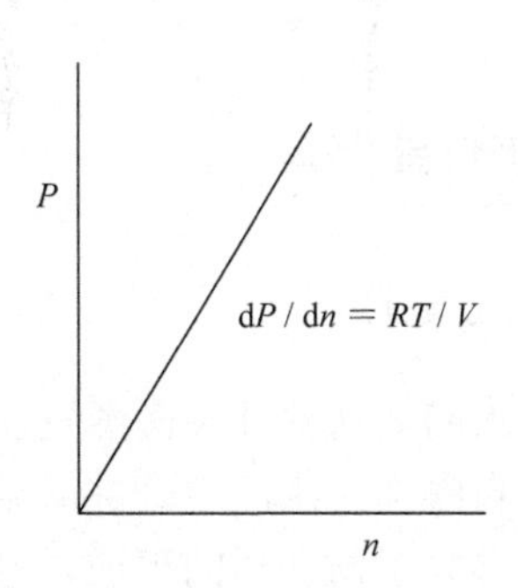

图 4-4　在压力条件下气体的弹性行为

力。为汽车燃料电池提供功率的储氢储槽也正在发展中，其操作压力可达70MPa。该类储槽能够携带氢气 8kg。

也能在地下洞穴中存储高压气体（如果洞穴是气密的）。大盐穴、废弃油井和地下含水层是这类洞穴的例子。由于该过程接近于绝热（如果快速进行的话），在压缩时产生的热量废弃了，在膨胀时则有冷却。因此再次使用时需要用燃料进行加热。这是必须考虑的重要问题。例如，把气体压缩到 70atm 时可使其温度升高到 1000K。热量的废弃使压力储能体系总效率显著降低。

4.2.4 重力存储位能原理

与利用固体或气体弹性储能不同，已发展出利用重力生产和存储能量的方法。一个好例子是大家都熟悉的机械钟，它由重锤质量或“重量”的重力驱动，如“始祖钟”和“布谷鸟钟”。钟的演化始于 400 多年前，由于科学家伽利略发现钟摆摆动的周期与振幅无关，因此可用于计时。1657 年，摆钟被发明出来。由质量驱动的“布谷鸟钟”一般有一运动的鸟，其叫声模仿鸟的叫声，成了在那个时期的大众化旅游项目。钟摆钟是由摆重力而不是金属弹簧驱动的。对于此类情形，位能是两个物体间的引力 W_{pot}：

$$W_{pot} = -G\frac{Mm}{r} \tag{4-4}$$

其中，G 为重力常数，$6.67\times10^{-11}m^3/(kg\cdot s^2)$；$M$ 为地球的质量，约为 $5.98\times10^{24}kg$；m 为运动部件质量；r 为与中心之间的距离。于是产生的力为

$$\Delta W_{pot} = -GMm\left(\frac{1}{r+\Delta r}-\frac{1}{r}\right) = mg\Delta r \tag{4-5}$$

其中，$g = GMr^{-2} = 9.81m/s^2$。

4.2.5 水位能储能

1. 水力发电

水被太阳能从地球表面蒸发（全球气候循环的一部分）。部分蒸发量来自地面，但主要来自海洋。水汽上升并凝结在天空中形成的云被全球大气循环输送。这些湿气而后参与了雨和雪的形成，它们从高空落下部分存储于水库中，水库中存储的水因处于高位就有了可用能量——位能。水因重力落下流过管道驱动水力透平

发电机生产电力。生产电力的数量与水释放出的位能（水质量乘以高度差再乘以重力加速度，*mgh*）成比例。这个“水力发电”是世界上若干个国家的主要电力源，如瑞士和挪威，在中国和美国也是主要的电力源。它的主要优点之一是通过透平发电机的水流动可按要求打开或关闭，对电力需求做出较快应答，但无法达到瞬时应答，因启动透平发电机需要的时间约在数分钟量级。水力发电（或储能发电）的缺点：①大水库和收集水的面积需要占据相当数量土地面积，有可能成为政治问题；②建造水坝是十分昂贵的。

利用水位能生产能量也可在规模很小的设施上实现。例如，有许多利用水落差（位能）驱动生产电力的小水轮机；利用小水道中水流推动水磨加工粮食和驱动泵抽水（使用和存储）。另一种形式水的位能能量也能利用，即海水在潮汐现象中的涨落（这是月亮和太阳引力共同作用于地球海洋海水的结果），其涨落高度差是随位置和时间变化的。理论上如海水深度均匀、没有地面质量和地球不旋转，月亮引力效应将引起海平面上升约 54cm（最高高度）。太阳引力效应要小一些（因距离远），在可比较条件下理论上产生的振幅约 25cm。潮汐上升和落下的时间循环周期大约为 12h（取决于与太阳和月亮的相对位置）。地球上有些地区海水潮汐差很大，如英吉利海峡、新西兰沿海、芬迪湾和加拿大东部昂加瓦海湾，以及中国东部的杭州湾。已经有利用潮汐能发电的计划，该类发电装置产生电力的周期性随潮汐而变。中国浙江沿海已建立和运行一个 20000kW 的潮汐发电厂。

2. 泵抽水力存储

水力发电厂的概念能被移植应用作为储能装置，就是所谓的“泵抽水力”电力存储。泵抽水电装置的一般构型是含有两个海拔高度不同的储水设施（称为上水库和下水库）。水库可以是天然存在的（如地下岩洞、老矿井、废弃石油储库），也可以是人工新建造的，其容量大小范围很宽。

当电力电网需要电功率时，让水从上水库流到下水库驱动水力透平发电机生产电力（类似于水力发电厂）。当电网中有盈余电力（如 RES 电力生产高峰时期）时，利用它驱动水泵，把下水库中的水抽到上水库中储存起来。泵抽水电装置中使用的透平机是可以双向的，即该透平机既是发电机也是电动机。虽然大规模水力驱动透平机的效率是很高的（甚至超过 95%），但可逆双循环储能系统效率在 80%左右。泵抽水电过程还会有一些其他损失，如水从两个水库中蒸发，透平泄漏和运动水摩擦损失等。泵抽水电储能系统通常使用于电力电网系统中的白天削峰和负荷平衡，以及电功率需求有星期和季节性变化的场合。世界上已经建造了许多这类泵抽水电储能系统，中国各省已建成和正在建设中的泵抽水电储能装置装机容量见图 4-5。

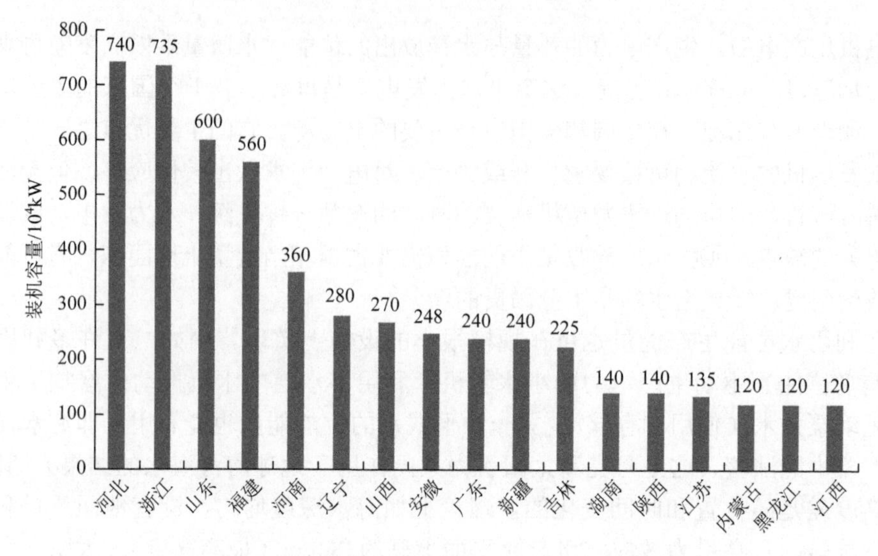

图 4-5　中国各省建成和在建的泵抽水电储能装机容量

4.2.6　流动水动能的利用

在多年前已建设了许多利用水落差驱动机械和输出电力的小水轮机发电设施。它们一般位于小江河的水道上。也可利用水落差推动水磨（如需要，常在水道建适度储水场以储存水）。这些装置利用的都是流动水的动能。河流中的流动水是能够用于驱动螺旋桨或透平机生产电力的。应该注意到，流动的水流随时间是相对恒定不变的。

另一种可用水落差是潮汐海水的上升和降落，如前述这是月亮和太阳重力耦合地球旋转效应的结果。峰值的变化也受临时条件的影响。潮汐上升和落下时间循环周期约 12h，其长短取决于太阳和月亮的相对位置。最大振幅潮汐发生于太阳和月亮成一条直线时，称为“涨潮”。最小振幅潮水称为“落潮”。潮汐振幅在不同地区变化很大，取决于局部海洋的深度以及附近水下土地的地势。为利用有巨大变化的水面，一些地区已构建了池塘，以实施利用海水通过透平机释放（发电）的计划。当然以这种方式获得的电力具有周期性，与潮汐时间有关。虽然潮汐水流利用似乎相对简单，但仍有一些实际问题要注意，如海水腐蚀性，生物和其他附着物在表面生长等。新设计使用可伸缩和可周期性清洗的螺旋桨。

4.2.7　线性运动储能原理

物体的动能 E_{kin} 是物体质量 m 和其线性运动速度 v 平方乘积的一半：

$$E_{\mathrm{kin}}=\frac{1}{2}mv^2 \tag{4-6}$$

以锤子作为表述原理的例子，运动物体的动能被用于锤打或推动钉子（或其他目的）使其进入其他物体（如木头）中。在混合内燃引擎-电动动力车辆中，驱动链中的电动机-发电机驱动车轮，其功率由电池供给（有时由超级电容器供电），在需要时内燃引擎可为超级电容器充电。在车辆减速或刹车时，电动机-发电机进行反向操作，把车辆的一些动能转化为电能为电池充电，充入电池的能量可用于推进车辆。在市区行驶时回收能量的数量一般约为基本推进能量的10%。混合动力车辆的另一形式是所谓的“插入式混动车辆”，夜间车辆不使用时可连接到家庭电力系统中为其充电。对于此情形，车辆中的电池已被充电器替代。

4.2.8　转动动能存储能量原理

物体旋转时具有的动能可表示为

$$E_{\mathrm{kin}}=I\omega^2 \tag{4-7}$$

其中，I为转动惯量；ω为角速度。转动动能的存储可使用飞轮。飞轮能把机械能转化为电能或把电能转化为机械能。现代飞轮能存储的能量数量高达125W·h/kg，储能容量可达2kW·h。转动物体惯性矩（转动惯量）利用式（4-8）计算：

$$I=\int\rho(x)r^2\mathrm{d}x \tag{4-8}$$

其中，$\rho(x)$为质量分布；r为离旋转中心的距离。旋转体系的动能大小随转动速度和I（转动惯量）的增加而增加。当物体质量大且r值也大时，I值是大的。旋转速度可以非常大，一般在20000～100000r/min。在高速飞轮中空气动力阻力是显著的，因此飞轮一般在真空中进行操作。飞轮旋转需要的轴承现在都使用磁轴承。

必须考虑构造飞轮材料的强度，因为它必须耐受强大的离心力，如图4-6所示。离心力可由式（4-9）计算：

$$力=质量\times加速度=mr\omega^2 \tag{4-9}$$

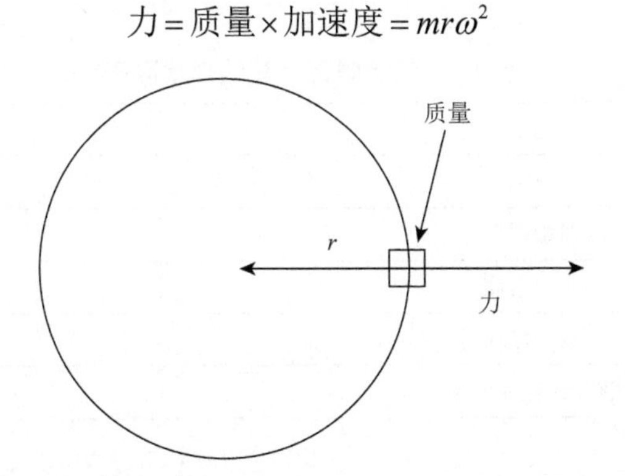

图4-6　旋转质量离心力的示意表述

飞轮有多种形状。优化研究指出最好使用盘式设计，以使每处剪应力是等同的。如果建造飞轮使用的是同一材料且是均一的，一般可采用如图 4-7 和图 4-8 所示的飞轮形状。飞轮每个局部处的厚度 b 可用式（4-10）计算：

$$b = b_2 \exp(\text{常数} \times r^2) \tag{4-10}$$

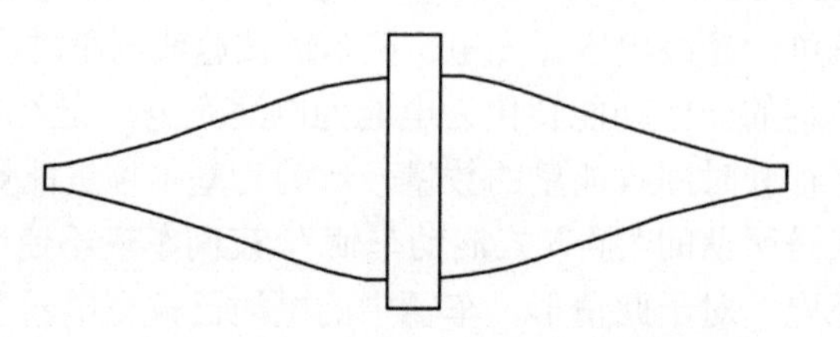

图 4-7　在中心轴外圆碟横截面示意图

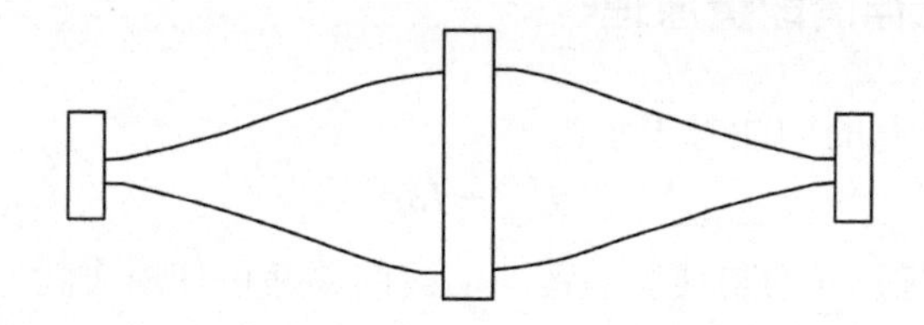

图 4-8　恒定厚度外缘的恒定应力圆碟

径向应力要引起切向应变，因此产生了切向应力。为了提高这类飞轮承载的切向应力，其外部周边中多使用高强强化碳纤维替代常规或强化纤维。对上述均一情形，飞轮的比能量即单位质量的动能由式（4-11）给出：

$$\frac{E_{\text{kin}}}{\text{质量}} = \frac{\sigma_{\max}}{\rho} K_{\text{m}} \tag{4-11}$$

其中，$\sigma_{\max}$ 为最大许可应力；ρ 为材料密度；K_{m} 为形状因子。应注意到，比 $\sigma_{\max}/\rho$ 是材料强度-质量比，而不是材料的强度。飞轮形状因子值给于表 4-3 中。

表 4-3　简单碟形飞轮的形状因子

形状	K_{m}
刷形	0.33
平板碟形	0.6
恒应力碟	1.0
仅薄轮缘	0.5
薄轮缘恒应力碟	0.6～1.0

因飞轮具有在很高应力下操作的优点，利用纤维（Kevlar 或碳纤维）强化材

料来建造高性能飞轮的趋势明显。然而这些纤维材料并不是各向同性的，因此飞轮一般不使用简单的碟盘形设计，而是多使用有高应力轮缘（圈）的恒定应力中心形状设计。使用这类材料建造的现代飞轮，其储能值可高达 200kJ/kg。飞轮类型及其特性给于表 4-4 中。

表 4-4　飞轮的特性

飞轮类型	形状因子 K	质量/kg	直径/m	角速度/(r/min)	存储的能量	储能/(kW·h)
自行车轮	1	1	0.7	150	15J	4×10^{-7}
燧石轮	0.5	245	0.5	200	1680J	4.7×10^{-4}
火车车轮	0.5	942	1	318	65000J	0.018
大货车车轮	0.5	1000	2	79	17000J	0.0048
货车刹车飞轮	0.5	3000	0.5	8000	33MJ	9.1
电功率备用飞轮	0.5	600	0.5	30000	92MJ	26

应该指出，飞轮是具有危险性的：当操作偏离平衡或已有损坏时，其部件很可能以很高速度弹出。为保持安全可靠，多以多个小片形式来建造飞轮，也就是采用圆刷形状概念设计的飞轮。飞轮通常置于非常牢固的钢质容器中，因安全原因装置一般置于地下。飞轮也能以机械应变位能形式储能（如弹簧），因在其上面施加了力。但这类位能存储的数量是小的，仅能存储动能的约 5%。

使用飞轮储能要考虑的另一个因素是加入和取出能量（功率）的速率。能够应用和提取的最大功率关系到中心轴的机械性质。飞轮能抗击的最大扭矩 $\tau_{\max}$ 可表示为

$$\tau_{\max}=\frac{2}{3}\pi\sigma_{s}R_{0}^{3} \tag{4-12}$$

其中，R_0 为转动轴半径；σ_s 为轴材料最大切变强度。飞轮旋转速度（ω）变化时产生的扭矩 τ 为

$$\tau=I\frac{d\omega}{dt} \tag{4-13}$$

对于直径 R 和厚度 T 的碟形飞轮，扭矩为

$$\tau=\frac{\pi}{2}\rho TR^{4}\frac{d\omega}{dt} \tag{4-14}$$

当 τ 值等于上述 $\tau_{\max}$ 值时，可获得最大可逆加速度值：

$$\frac{d\omega}{dt}=\frac{4}{3}\frac{\sigma_{s}}{\rho RT}\left(\frac{R_{0}}{R}\right)^{3} \tag{4-15}$$

功率（P）等于动能变化的速率。因此，对于该情形，在轴材料强度与飞轮材料强度相等时功率达到最大，$P_{\max}$ 为

$$P_{\max} = \frac{\pi}{2}\rho\omega TR^4 \frac{d\omega_{\max}}{dt} = \frac{\pi}{3}R_0^3\sigma_{\max} \tag{4-16}$$

飞轮能够使用的最大旋转速度取决于材料的强度

$$\omega_{\max} = \frac{1}{R}\left(\frac{2\sigma_{\max}}{\rho}\right)^{\frac{1}{2}} \tag{4-17}$$

为观察飞轮功率值的大小，考虑一质量为4.54kg的飞轮，其 $R = 17\text{cm}$，$T = R_0 = R/10$，$\sigma_{\max} = 1.5\times10^6\text{lb/in}^2$，$\rho = 3.0\text{g/cm}^3$，当 $\omega_{\max} = 1.6\times10^6\text{rad/s}$ 时最大功率 $P_{\max}$ 为 $5\times10^8\text{W}$ 或 10^6W/kg。这是非常大的数值。因此飞轮对掌控高功率（瞬态能量）是非常有利的。作为比较，对于一般电池，单位质量功率在100W/kg量级。

动能（或旋转能）是飞轮机械储能的关键。飞轮储能系统中厚重的旋转圆柱体部件通常是使用磁性漂浮轴承支撑在缸体上。飞轮与发电机/电动机耦合支配存储的能量，整个飞轮系统被放置在低压（或真空）环境中以降低剪应力扰动-摩擦损失（由风力或外力引起）。飞轮储能系统的操作基于上述的动能能量存储或释放（取决于负荷需要）原理。在存储期间，飞轮储能系统被电动机带动高速旋转；在释放能量期间，飞轮存储的动能被利用于驱动发电机。经由合适的功率控制和功率变换器，能够有效地提供所需的能量。因存储在飞轮中的动能直接比例于它的质量和速度的平方（转速），能存储的最大能量密度取决于飞轮材料的抗张强度。另外，旋转部件的形状和惯性效应也决定了飞轮能存储的能量数量。飞轮储能系统的最大比能量能够从如下关系计算：

$$\text{最大比能量} = \frac{\text{能量密度}}{\text{旋转碟形飞轮材料密度}} \tag{4-18}$$

4.2.9 结构内能形式的存储能量

也有可能把不同类型机械能通过塑性形变引入到固体材料中，利用它们内部微结构的变化。因固态材料机械形变而形成包括位移或结晶缺陷浓度或分布的变化。在极端情形如高温锻造，其内部结构变化可能是相当明显的（从颜色变化可观察到）。当机械形变显著而广泛时，固体结构内部的温度会上升。虽然存储的结构形变能量能够在退火时回收，但因固体结构内能的增加通常是不可逆的，要应用它们是困难的。

4.2.10 小结

电力是提高能源生产和利用效率的有效手段之一。为降低电力损失和提高其利用效率，以及增加 RES 电力在电力电网中的渗透，有必要配置能量存储系统，它的主要作用有：①存储已产出但一时用不了的盈余电力（能量）；②在电力需求高峰时期（不能够满足顾客对电力需求时期）和电力生产停止时期释放存储的电力（释放部分或全部存储的电力）来弥补供应不足和满足用户需求；③储能系统能使电力生产和消费在时间和空间上分离；④使用储能系统有利于使电力生产从中心化过渡到分布式生产，即把数个中心化大发电厂电力生产模式转变为由众多小发电厂分布式电力生产的模式。电力的分布式生产不仅能增加整个电力生产分布系统的效率，而且能有效降低电力在传输和分布过程中的能量损失。电力损失的降低和发电效率的提高降低了化石燃料的消耗和污染物排放，因此对环境更友好。

由于科技工作者的努力和各国政府的推动，已经发展出多种类型的储能技术，使清洁低碳能源生产持续增加、能源效率不断提高和 GHG 排放持续降低。储能最主要的是电能存储。现有多种存储电能技术可供利用，其中应用于发电侧的储能技术最主要的是机械能储能技术，如压缩空气储能（CAES）、泵抽水电存储（PHS）和飞轮储能（FES）。此外，还有电磁能储能［如超级电容器和超导磁能存储（SMES）］、电化学储能（如各类电池特别是锂离子电池和液流电池）、化学燃料储能特别是储氢储能及热能存储技术。

4.3　泵抽水电存储技术

4.3.1　引言

在一座泵抽水电站中，充能期间使用盈余电力把低位水库中的水抽到高位水库；在放能期间，高位水库中的水向下流，利用其位能推动水力透平生产电能。PHS 工厂也可用盐水作为存储电能的介质。该类系统中使用的水力机器是可逆的，既能作泵也能作透平机使用，它们连着可逆电机（交流发电机-电动机）。PHS 系统的充放电功率大小主要取决于上下水库间的高度差（水头位能），而存储电力容量由水库的库容确定。泵抽水电存储概念是众所周知的，可容易地用于满足峰负荷需求。PHS 系统的往返过程效率取决于设备特性，在 60%～80%之间，最高可达 87%，预期寿命不会低于 30～50 年。如上所述，PHS 系统的两个关键参数是水的下落高度和可利用水的体积，例如，1t 水从 100m 高度落下可产生的能量为 0.272kW·h。

PHS 依据位能存储原理，使用泵抽取从低水位（下水库）到高水位（上水库）。为利用存储的位能，让上水库水从高水位流到下水库并驱动水力透平发电机，把电功率送回到电网，如图 4-9 所示。PHS 的一般构型示于图 4-10。PHS 的特征是相当高的效率（达 80%）和大的占地面积。体积容量取决于两个水库间的高度差。

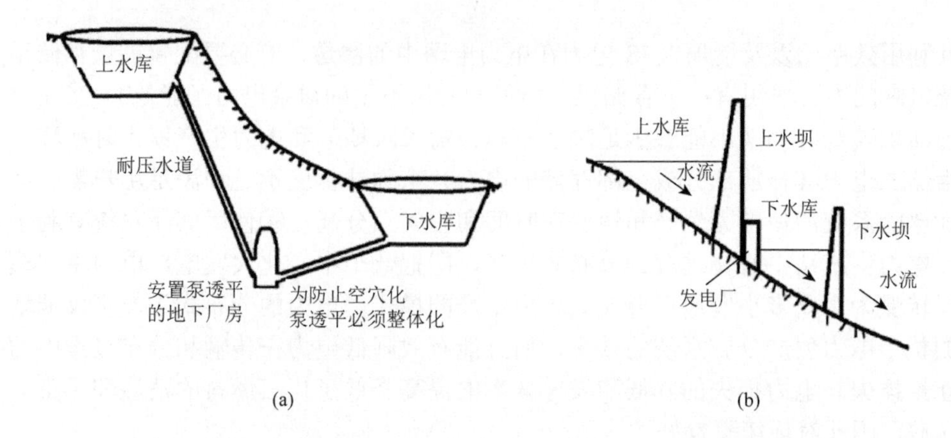

图 4-9　PHS 储能过程操作：（a）泵抽水；（b）储水发电

图 4-10　PHS 的一般构型

PHS 技术已经作为电力电网组成单元商业使用一个多世纪了，早于 1890 年在意大利和瑞典建成，1929 年初在美国进入常规运行，20 世纪 50 年代引入可逆泵-透平机装置。PHS 存储能量（电力）的 99%储存于水中。现在占世界安装的电力存储容量的约 90%（2021 年为 86.5%）。新 PHS 系统每年都在增加，特别是中国。

PHS 是能长期存储能量的一种成熟技术，具有高效、低投资和短应答时间等特点，适合于大规模和存储电网电力应用。泵抽水电站额定功率一般为 1000～3000MW，是储能系统中存储容量最大的技术。放能时间数小时或数天，应答时间小于 1min。其单位功率和能量投资成本分别为 500～1500 欧元/kW 和 10～20 欧元/(kW·h)。PHS 对大规模电力存储有吸引力。

尽管是成熟技术，PHS 系统的主要缺点是：对地理结构高度依赖，合适位置选择受约束，需要大面积土地和很大体积的水，能量密度低（$0.3kW/m^3$），建设时间长（约 10 年），一次投资成本高（数以百万欧元计），水库会对环境造成影响。

为确保泵抽水既满足低峰需求又满足顾客高峰负荷需求，对其有持续需求。这说明 PHS 仍有进一步提高的潜力。为克服其缺点，已触发对新思想的研究和发展，例如，扩展使用 PHS 系统的构造和位置服务类型，包括非常高水头和非常低水头（用新类型泵-透平），通过发展可变速度电动机-发电机增加 PHS 的灵活性，增加额定容量和服务，在该服务内水透平功能是有效的和稳定的。主要发展领域包括：①增加水头高度差，使 PHS 能够更有效地进行操作；②使用地下水库（如废弃的矿山）；③以海水作为介质进行操作，使用海洋作为低位水库可降低 PHS 的建设成本，但也增加了材料防腐的开支；④可变的透平/泵速度；⑤增加透平模式中的功率范围和缩短反应时间，用微透平能降低 PHS 装置尺寸大小，建设低容量小工厂使 PHS 系统能成为适合于小电网体系的应用技术。总而言之，其发展目的是要增加 PHS 系统的灵活性和存储效率以及进一步发挥其潜力。但其发展常受限于地域地理位置的稀缺。在技术层面，它的负面影响是可能带来相当严重的环境危害。正在发展的新PHS技术有可能缓解对环境的影响和在未来能在与地区地质条件无关的情形下使用。

世界上已安装的泵抽水力电能存储工厂，其容量都是很大的。电储能系统在电力生产、传输和供电（电力质量和能量管理）部门有重要应用，不仅能增强已有发电厂的发电能力，使其避免昂贵改造升级，而且能作为关键调节器来缓解和管理 RES 电力的随机波动间歇性、稳定电力电网运行和提高供应电力的质量、调节电力供需（负荷）间的平衡。随着电能存储（EES）单元的引入，可使现有电力电网中 RES 电力渗透比例大幅增加，最终达到完全使用的目标。虽然完全商业化仍有高投资成本和缺乏经验问题，将来 EES 必将得到大量广泛的应用。

解决农村地区电气化问题一般选用分布式可再生风电和光伏电力，为此必须配备有解决这些电力间断性波动性问题的电力存储系统，PHS 也是合适的选项。这是因为它对缓解集成有间断性发电源电网波动性不稳定性具有很重要作用。

泵抽水电现有多种类型，下面简要分述之。

4.3.2　常规泵抽水电存储

泵抽水电储能系统主要由三个部分构成：泵抽系统、水力透平和上下水库。当有过量电力时，水被泵从下水库抽到上水库，需要时存储能量被再次使用。常规泵抽水电储能系统是 PHS 第一代储能系统，一般构型给于图 4-10 中。该技术的经济可行性和可持续性已被许多国家证明。常规 PHS 系统也已与风电集成形成混合储能系统，如图 4-11 所示。

利用常规泵抽水电储能系统可管理调度电力电网，如频率控制、备用容量和电功率网络。其能存储的电能可达数十 GW·h 或容量 100MW 以上。泵抽水电技

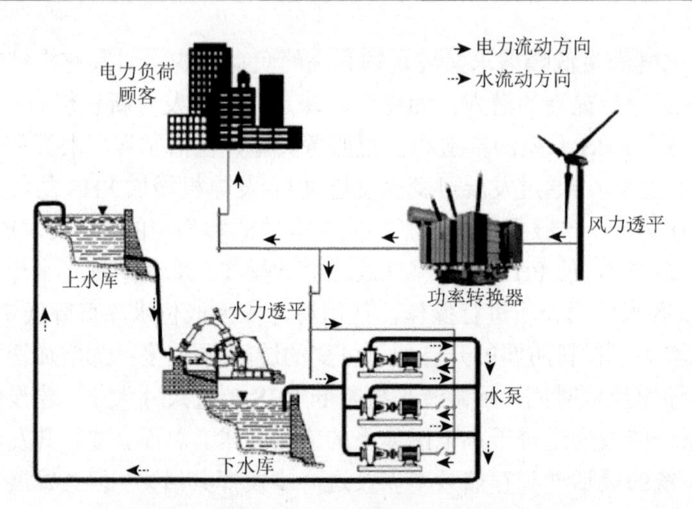

图 4-11　风电-泵抽水电储能系统耦合模型

术能在短时间（1min 内）提供需求的电功率。这类储能在日间削峰、负荷平衡以及能源需求有星期和季节性变化时是特别有用的。美国已投运泵抽水电系统数十个，其容量范围从 50MW 到 2100MW，可存储产生电功率超过 10h 的能量，且能平衡负载，缓解和解决波动问题的需求。现在中国已进入发展泵抽水电储能系统的黄金期。

4.3.3　地下泵抽水电存储

PHS 的另一种类型是地下泵抽水电储能（UPHS），与常规 PHS 的差别仅在于水库位置的选择。有合适的地区和地质是建造 UPHS 的关键，地下水库可建在平原或地面上。为克服常规 PHS 位置缺乏的缺点，研究了利用地面和地下水库间运行 PHS 系统的潜力（图 4-12）。地下水库一般是废弃的矿坑，此时单位地面面积存储容量仅主要取决于矿坑的深度。该技术的挑战是地下泵抽透平的操作和维护。当前研究的另一个办法是，要在位于地面以下 25m 深处的灵活储槽中存储水。当海水被泵先抽到地面上的储槽中，在灵活储槽下落前它被放空。该方案提出的工厂体积 175 万 m^3，80%电效率时存储容量 30MW/200MW·h。也提出了仅用一个地下圆柱水库的 PHS 方案，其活塞是垂直移动的。

4.3.4　离岸泵抽水电存储

为有更多位置建设 PHS，提出所谓“绿色功率岛”和“海边 Seahorn 能源”的设想，即在人造岛上建造水坝（离岸水库）。为该水库充水的水泵直接使用附近离岸风电农庄的电力，也可把透平直接建在水坝上。需要电力时，把水直接放回

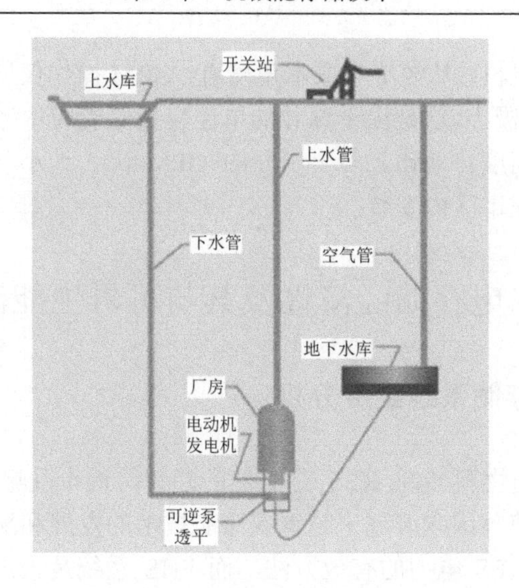

图 4-12　地下 PHS 系统（废弃矿井作为下水库）

到海中回收电功率。由于该类 PHS 能使用的高度差远低于常规 PHS 工厂，需要使用特殊的低水头泵-透平。该类 PHS 系统建造容量在 400MW·h 到 50GW·h，占据的面积为 1.5～65km^2。

4.3.5　重力发电模式泵抽水电存储

现时发展的一种新 PHS 系统设计是重力发电模式（GPM），如图 4-13 所示。GPM 系统深井中的大活塞由铁和水泥做成。当存储能量时，用电网过剩电力驱动泵强制把水充满活塞下方，使活塞上升抬起；当释放电力时，活塞下落使水强

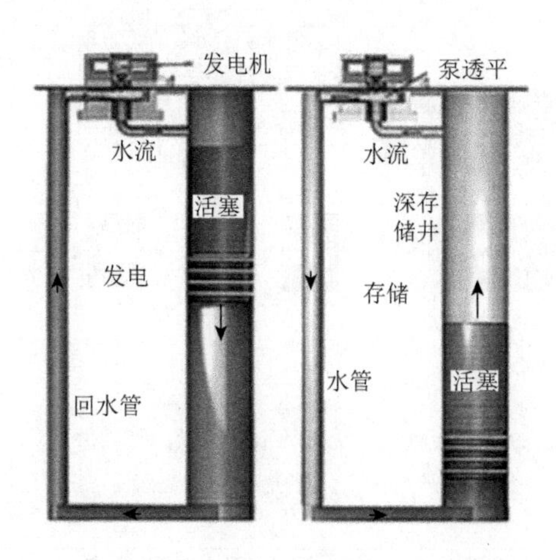

图 4-13　重力发电模式 PHS 设计

制通过透平带动发电机。从经济和成本角度看，GPM 操作仅取决于深存储井建造的高度差，投资成本极小，这是由于深井的单位容量储能成本远低于其他类型 PHS 系统，且能够达到高度自动化。多个深井的 GPM 因占地小和安静操作不会干扰周围生活环境，可在市区内安装。

4.4　泵抽水电存储经济性及其与可再生能源电力组合

4.4.1　泵抽水电存储系统经济分析

能源供应由化石燃料转向 RES 是必然的趋势，近十几年来世界范围内 RES 电力快速发展，迫使各国政府越来越重视储能技术的发展和配置。储能单元是管理随机波动间歇性 RES 电力的有效方法，而 PHS 系统是大规模存储电力容量极为适合和成熟的技术。PHS 是当前在公用事业规模电力存储中使用容量最大的储能技术。PHS 在全球继续大量部署是与现在电力生产更多使用 RES 电力密切相关的。虽然 PHS 有很多优点，但其受限于可利用地理位置、高投资成本或短循环寿命的约束。为了完全商业化 PHS 系统，需要从经济性角度进行分析，靠政策扶持其发展是不可持续的，必须商业化才能大规模广泛使用。

为对 PHS 进行经济分析，图 4-14 中给出了 PHS 系统的能量流。PHS 需要的投资成本很高而可利用合适位置在减少，已为 PHS 寻找潜在位置发展了一个计算机程序，用以扫描并确证一个地区是否有可能建设 PHS 系统。用此程序对爱尔兰西南部 20km×40km 的地区进行了评价。给出的结论是，该地区位置受限但仍是可行的 PHS 地区。

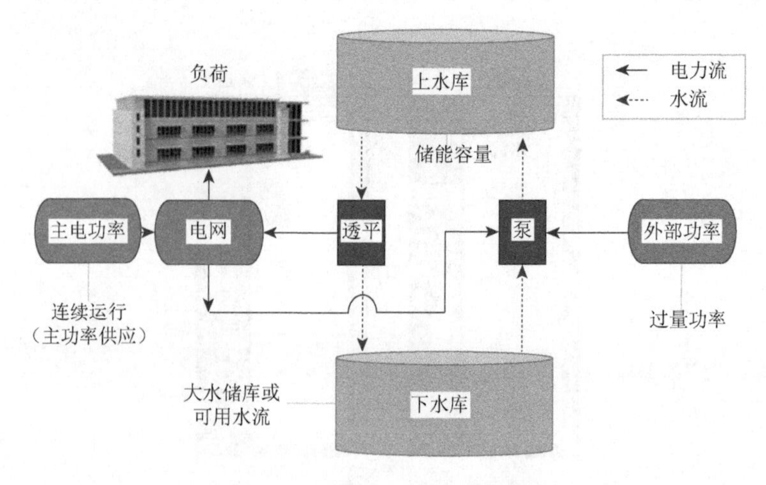

图 4-14　在 PHS 过程中的能量流

为降低 PHS 系统的投资成本，需进行经济分析。为此已发展出简单网格用于评估使用 PHS 系统有效性以及进行优化调节。能基于给定时段的输出分析确定 PHS 有效使用，可确定存储和非存储间的边界和成本变化敏感性，就能给出如何在竞争框架中实现并优化使用 PHS。

对美国建设 PHS 系统机遇和壁垒进行的研究评估指出：美国可掌控的建设 PHS 系统潜力容量大于 1000GW。影响美国 PHS 发展的多个因素中，页岩天然气大规模生产是其中重要的一个。非常规页岩天然气供应增加显著降低了天然气价格，使 PHS 竞争力降低（因高峰电力负荷供应将更多地来自天然气发电厂）。但是另一方面，物流价格成本或 GHG 排放压力很有可能增加 PHS 的经济前景。因此，因地制宜发展能使 PHS 在美国低碳电力系统发展中起重要作用。

对德国 PHS 系统发展现状、收益潜力和发展壁垒（高投资成本）进行分析评估后指出，其关键问题是 PHS 盈利能力及其在德国电力市场中的渗透。在德国，PHS 的未来成本是不确定的，从电网服务中获得报酬也是高度不确定的。PHS 系统项目的实现依赖于政府和机构企业的补贴。尽管 PHS 对解决 RES 电力随机波动间歇问题仍有一些疑问，但在未来它成为电力电网中组成部分却是确定无疑的。总之，PHS 系统显示的技术成熟度和优异特色使德国能放心地使用它来显著增加电力电网的储能容量。

在希腊，利用 PHS 储能工厂一年中运行数据和电力电网数据以及希腊现时金融条件对常规 PHS 储能单元性能进行了模拟，并在详细研究能源生产后获得的结果说明：有相当数量可利用能源电力盈余需要存储，但对 PHS 系统投资经济可行性取决于一些关键参数，如优化大小和操作策略。作为实例，希腊 Gran Canaria 岛上要建设一 PHS 系统，以岛现有水库作储能水库，但需要论证该 PHS 设施是否能降低化石燃料消耗和 CO_2 排放（现有三个 54MW 燃化石燃料发电厂）。从希腊政府促进清洁可再生能源利用总导引框架中可发现，PHS 系统具有的开发潜力是巨大的。作为泵抽热电存储（PTES），它有能力为未来储能做出重要贡献。对 PTES 要分析的热力学事情包括：能量和功率密度，各种不可逆性源和它们对往返效率的影响等。在充电期间，PTES 使用高温比率热泵把电力转换为热能，以显热形式存储在两个热储库（一个是热的另一个是冷的）中。需要能量时可通过有效运行热泵（作为热引擎）把热能转化为电力返回。PTES 的往返效率和存储密度随压缩温度比增加而增加。但是，高温度比也就是高压力比，暗示热储库的高成本。用单原子气体如氩作为工作流体可适当降低该高成本。

对于 PHS 操作策略，基于 13 个电力现货市场价格判据对具有 360MW 泵、300MW 透平和 2GW·h 存储的 PHS 设施做了研究，对不同优化策略产生的利润也做了比较。获得的结果指出，以日前电力价格能量存储策略进行优化时，几乎所有利润（约 97%）是由 PHS 设施提供的；但以利润最大化策略进行优化时，需要的日前电力价格必须是实际价格数据，而且要为 PHS 设施充电或 PHS 操作者必须提供非常正确的价格预测。

在能源需求、经济性和环境约束下对泵抽存储单元的潜力进行研究优化后获得的结果说明，泵抽存储和热能生产单元组合对环境的影响是最小的。

4.4.2 泵抽水电存储与太阳能电力组合

太阳能-PHS 是缓解光伏（PV）电力波动性的有效策略。但必须指出的是，要有智能电网管理系统以准确预报太阳能-PHS 发电和应答使其达到优化操作。

该太阳能-PHS 电力组合系统的工作过程是 24h（白天和夜里）。白天利用过量太阳能电力转动泵把下水库水抽到上水库存储，在夜里没有太阳光时，水从上水库通过电动机-发电机（与供应电力控制中心连接）返回到下水库，送出电力。太阳能-PHS 系统的优化可降低它们的操作成本，从而降低电网电力成本。该组合系统已被用于没有电网供应的遥远岛屿或地区，其操作运行降低了能量平准化成本并增加了电力供应可靠性，因为系统是自动控制的，比较简单，无需控制系统。漂浮 PV 与 PHS 的集成也能节约保留特定陆地资源需求并供给所需水量。

4.4.3 泵抽水电存储与风能电力组合

PHS 也可从风力透平接收电力，再经水力透平为电网供应电力。PHS 从风力透平接收电力，用水泵把水抽到上水库，需要时上水库水位能通过水力透平发电供应电网。风能-PHS 也是一种电力生产和储能的组合，与 PHS-光伏电组合一样也常用作与电网无法连接岛屿（以风电作为主要能源）的电力供应系统。这样不仅能增加 RES 电力渗透，而且有效降低地区 GHG 排放，还能减少总电力存储容量和降低常规发电厂电力生产数量。

为了评估风能-PHS 组合系统的经济和环境影响，必须了解和研究风速和生产电力的变化波动性。用于研究这些不确定影响的一个随机程序是混合整数型非线性程序。PHS 系统可用于光滑化海上风电的波动性、平衡电力的供应和需求、降低失衡的成本和风电的不确定性。它能激励峰荷发电机组的启动效应并减少负荷下落危险。风力透平能通过变速箱机械连接泵（送出机械能）或把风电传输送给电网（送出电能）。两种类型的动力源各有其自身的特征。机械连接有可能导致高的电力损失。把风能-PHS 系统中的电力经传输线路与电网的直接连接可能是较好选择。实践经验指出，让风力透平进行 24h 操作是比较好的，因此上水库体积的设计应使风力透平能够在白天和夜间都进行操作。例如，为做更好的选择，对黎巴嫩两个水坝（Chabrouh 和 Quaraoun）进行了比较。为存储和使用盈余风电，风电-PHS

耦合系统（图 4-15）被成功应用于海水淡化，目标是要降低电力和淡水生产成本以及减少 GHG 排放。常规风电-PHS 系统中的风力透平，其生产的过量电力部分被释放使用，其余部分被缩减了。因此，非常希望把这个缩减的电力用于淡化海水（因为水在储能和脱盐系统中都是最重要组分）。这样做的结果实际上降低了淡水生产系统中要消耗的化石燃料数量。淡化过程的优化能达到降低电力和淡水生产成本以及减少 GHG 排放的目标。该系统的优化不仅是在设计阶段也是选择组件大小时都要考虑的事情，包括优化操作和日常运行安排。上水库中初始存水量显然越多越好。农村微电网的定量能量管理可从风电-PHS 耦合系统中受益，用来支持本地区的灌溉系统。

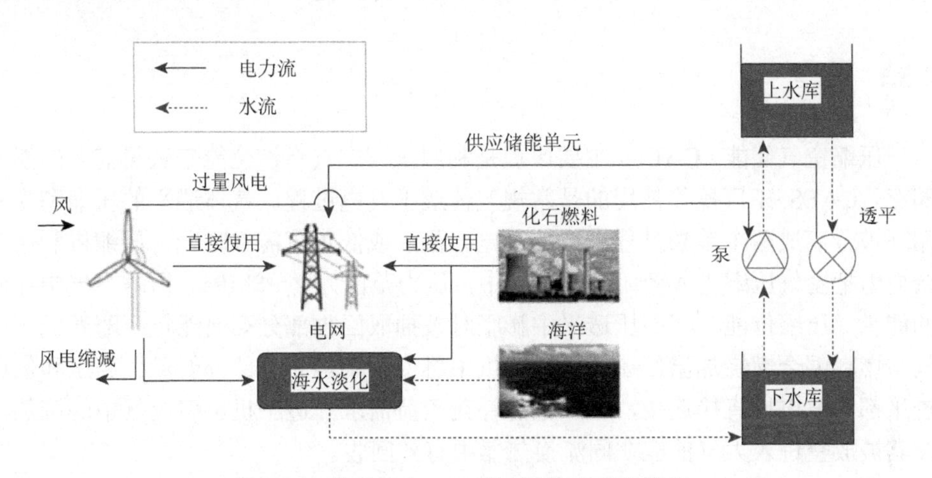

图 4-15　基于风电-PHS 耦合的海水淡化原理

加大风电在电力电网中的渗透，发展风电-PHS 系统是一个经济可行方法，并可增加 PHS 盈利和缩短还本时间。由于功率的每个操作都是特定性的，因此在利用风电-PHS 系统时需要检查它是否运行在优化条件下。可使用三种不同类型控制器（强力控制器、高压直流控制器和负荷跟踪控制器），来降低风电-PHS 系统成本并对系统进行优化。对它们进行比较的结果发现：①在变速泵体系中用双水门替代单一水门能使风能利用率从 81.04%提高到 95.33%；②风力透平与 PHS 的串联连接（即风力透平不与发电机直接连接）是光滑化风电的优化方法，这是因为可使上水库水都用于生产电力；③对于农村微电网，要量化能量的管理以使灌溉系统从风电-PHS 系统中受益。

风电-PHS 系统经济可行的另一路径是提高风电渗透率，增加 PHS 盈利和缩短系统还本时间。为达此目的，需要让系统在优化操作条件下运行（要求每个操作对有限功率必须是特定性的）。对 PHS 研究采取可变速度泵也是获得盈利的办法之一。

风电-PHS 系统的缺点之一是高投资成本（风电初始投资成本虽然比较高，但其操作成本是低的，对环境影响和水淹面积也是低的）。为降低投资成本，在大力支持使用该系统的同时必须要进行商业实践，在政策上要对化石燃料使用采取高碳税收政策。

对风电-PHS 系统和常规储能系统进行比较研究后获得如下结论：尽管有较高初始成本，但运行成本低且有低环境影响和水淹面积，因此风电-PHS 系统要好很多，其投资成本极大地取决于风能可用性和工厂建设面积。

4.5　压缩空气储能

4.5.1　引言

压缩空气储能（CAES）主要原理是利用压缩空气弹性位能来获得需要的能量储存。CAES 工厂操作使用的是常规气体透平发电过程。气体透平的压缩和膨胀循环被分离成两个单独过程进行。在电力盈余或低负荷需求时段，压缩机利用盈余电力把空气压缩进入密闭存储空间中，压力范围为 4～8MPa。压缩空气中存储的能量（压缩位能）在高压透平中膨胀时被抽取回收部分存储能量。随着低压尾气与燃料混合燃烧加温后在低压透平机中再度膨胀再回收部分能量。高压和低压透平都与发电机直接连接，生产电能补充负荷需求。透平机出口废气中的废热，在其被放空进入大气前应在同流换热器中有效回收。

世界上早期的两个 CAES 工厂使用了这类储能系统（它们的照片见图 4-16），一个建在德国 Huntorf，另一个位于美国阿拉巴马州的 McIntosh。德国工厂自 1978 年开始运行，其洞穴（盐丘）容量约 310000m^3，位于地下约 600m 深处。该系统与容量 60MW 压缩机（最大压力 10MPa）集成，其操作为每天 8h 循环充/压缩空气，2h 发电达 290MW。该工厂具有 90%可利用性和 99%启动可靠性。另一个美国工厂自 1991 年开始运行，压缩单元提供最大压力约为 7.5MPa。存储压缩空气的洞穴与德国工厂类似，在地下深 450m 处，存储容量约为 500000m^3，26h

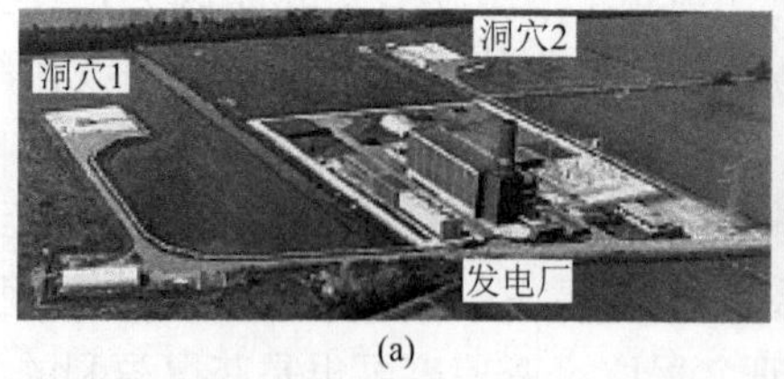

(a)

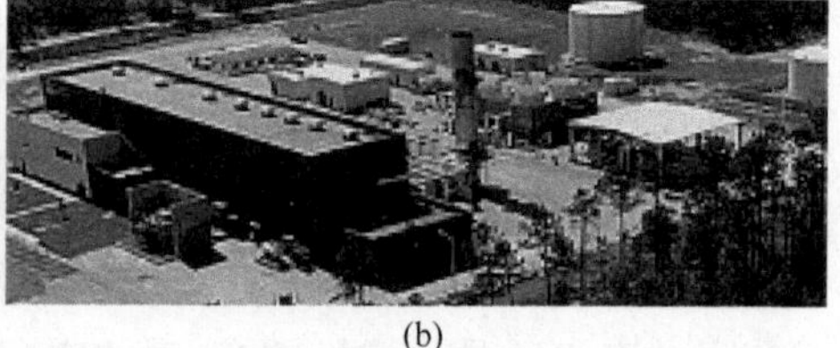
(b)

图 4-16　德国（a）和美国（b）CAES 工厂照片

操作循环的发电容量为 110MW。该工厂使用同流换热器回收废热，其燃料消耗降低了约 25%（与 Huntorf CAES 工厂比较）。现在又建立了若干 CAES 工厂，如中国常州的金坛区。CAES 工厂的示意表述给于图 4-17 中。

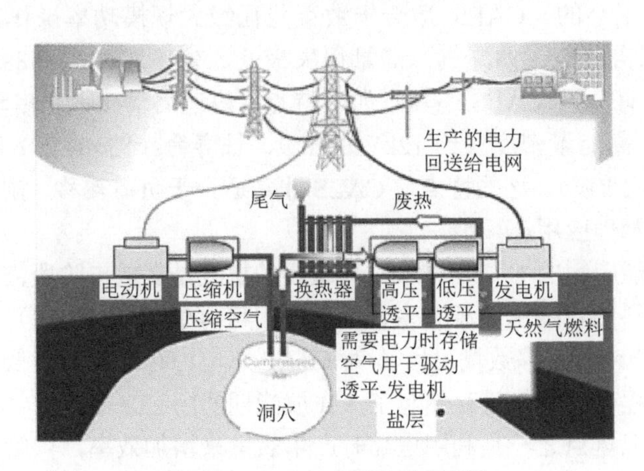

图 4-17　CAES 工厂的示意表述

CAES 系统中利用的都是地下岩洞（如由溶解盐矿物形成）作为空气存储库。为给岩洞充空气（压力达 10MPa），常由电动机带动空气压缩机。为生产电力，让压缩空气在轴向透平机中膨胀带动发电机。压缩空气膨胀时温度会降低，因此透平机的出力（可用功率）受限。为保持压缩空气输出功率，膨胀前空气流常用天然气燃烧器加热。实践中在燃烧器添加的热量很多，几乎占系统输出功率的 2/3，即仅有 1/3 来自压缩空气流。燃料占能量供应的比例很大，使效率计算复杂化。在文献中有若干种方法来定义 CAES 效率。例如，基于㶲分析计算其效率，常规 CAES 系统效率相当低，约 40%（体积容量高于 PHS 系统）。

CAES 被认为是商业可用技术，能提供非常大的储能容量（仅次于 PHS 系统）。CAES 由 5 个关键组件组成：①有特殊离合器的发电机或电动机装配体，使压缩机和透平机链分离；②配备有中间和后冷却器的两段或多段空气压缩机，以获得压缩机的经济性和降低压缩空气中湿气含量；③高和低压透平机链；④存储空气的地下洞穴或空腔；⑤控制和辅助设备，如燃料存储和热交换器组件。存储空气的地下洞穴或空腔的建造可采用：①挖掘硬和无渗透性岩石；②干法开采或盐类的溶解创生洞穴；③由多孔介质制作洞穴储库，如含水蓄水层或开采完天然气或石油油田的废矿坑。

发展建设 CAES 工厂的限制因素有：①建立空气储库所要求的蓄水层、盐洞穴、废弃天然气田或矿井等地理位置稀缺；②需要有非独立且有有效功能的气体透平系统；③不容易与其他发电源耦合，如热、核、峰透平或太阳光伏发电厂；

④消耗化石燃料或初级能源资源，随之排放大量污染物和 GHG，导致气候变化。但 CAES 系统平均寿命估计超过 40 年。对于地下空气存储条件，从长时间尺度储能角度看，与 PHS 系统是差不多的。CAES 系统自放电特性非常低，对地面环境影响也是很小的。CAES 适合于数百兆瓦级大规模功率操作，其储能时间大于 1 年。因自放能（如漏气）能量损失极低，效率达 70%～89%（与压缩机和透平机效率有关）。CAES 还具有如下特点：快速启动（紧急启动 9min，正常条件 12min）、高能量密度（约 12kW·h/m^3）、长寿命（约 40 年）和低投资成本（400～800 欧元/kW）。这些特点使 CAES 非常适合于负荷转移、削峰、频率和电压控制等电力管理应用。

对于纯储能应用的 CAES 技术，最重要的挑战是在放电阶段需要消耗燃料。能替代化石燃料的较绿色能源有生物气体和用可再生能源（RES）电力电解生产的氢气（现在尚未有足够数量可用）。对 CAES 总电力存储效率较低的一个解决办法是把压缩过程产生的热量存储起来，在放能期间用它来提升空气温度。因此，CAES 技术研究重点之一是利用压缩时产生热量来增加效率，供给弥补膨胀期间的吸热。这类“绝热 CAES”是德国 ADELE 计划的目的，利用大陶瓷装配体可存储温度高达 600℃的显热，这能使 CAES 往返效率增加到约 75%。

CAES 技术的最近创新是改用液化空气、超临界压缩空气或压缩 CO_2 作为储能介质。这是因为：用液化空气可使压力损失显著降低和系统总效率增加；用超临界压缩空气可提高储能效率，例如，当存储压力和释放压力分别为 12.0MPa 和 9.5MPa 时，效率可达 67%，达到的能量密度比常规 CAES 大 18 倍；超-临界压缩 CO_2 和超超-临界压缩 CO_2 储能系统效率更高和储能密度更大，恒定额定功率下的存储体积较小，且系统构型比较简单。CAES 技术虽然也有碳排放，但给定燃料数量条件下其生产电力数量是常规气体透平的 3 倍多。

CAES 系统可与位于海上、海岸或孤立地区的风力透平集成；把 CAES 与 PHS 组合可克服各自缺点，增加能量密度和提高工厂效率。当然，当 CAES 与不同能源集成形成总系统时，投资总成本也肯定要增加。世界上 CAES 技术的发展总结于表 4-5 中。下面简述各类 CAES 系统。

表 4-5　世界上 CAES 技术的发展

系统	描述
常规 CAES	已在德国 Huntorf 和美国 Alabama 常规运转的第一代 CAES
先进二代 CAES（膨胀机吸取喷入空气）	基于第一代但用多个空气膨胀机驱动发电机，用空气抽取增值燃烧引擎功率
先进 CAES（带入口冷却）	使用多个空气膨胀机，冷尾气导入燃烧引擎，入口冷却为冷却压缩机提供功率增值

续表

系统	描述
CAES-用膨胀机抽取空气注入	与底部循环概念有差别，注入燃烧容器的空气来自高压膨胀机尾气
绝热 CAES	绝热 CAES 不用燃烧转换存储的压缩空气，利用存储热能冷却压缩机和加热存储的空气
小 CAES-管道存储	该类 CAES 工厂利用太阳能把空气注入气体透平和用压力容器替代洞穴存储压缩空气

4.5.2　常规压缩空气储能系统

在常规 CAES 系统流程中，空气被压缩至合适压力再进行存储，放能时压缩空气在透平机中膨胀带动发电机生产电力。从生产电力的角度看，压缩空气存储仅在与气体透平联用时才有意义。常规气体透平由两个组件构成，即压缩机和以单一轴连接的透平。在气体透平进行常规操作时，空气进入压缩机进行压缩。为增加放能时压缩空气中的能量含量，加热是一种有效手段，即用热压缩空气推动透平机旋转带动发电机生产电力。虽然气体透平常与压缩机紧密连接，但 CAES 系统的压缩机能在分离系统中运转并在不同时间生产电力，即 CAES 工厂中的压缩机和透平机是分离的，它们能分离地与电动机、发电机连接（经离合器系统）。

常规 CAES 系统的基本操作类似于常规气体透平操作。在 CAES 储能模式操作中，气体透平的压缩机段是由可逆电机（电动机-发电机）驱动的，利用的是电网峰谷多余电力。压缩后的高压空气被存储在特殊洞穴（空气储库，如硬岩石洞穴、盐洞穴、枯竭油气田等）中。需要电力时，压缩空气从洞穴流入燃烧室与燃料混合进行燃烧。此时可逆电机以发电模式操作，生产电力。岩石洞穴成本比盐洞穴高约 60%。盐洞穴的优点是可按特定要求设计，可用水溶解盐加以控制，因此比较理想，当然过程长且费钱。典型常规 CAES 系统的操作示意表述示于图 4-17 中。

在常规 CASE 系统中，把空气压缩到高压（7～10MPa）常采用多段压缩（充能阶段），段间配备有内冷却器和后冷却器（图 4-18）。在放能阶段，从储库中取出压缩空气并加热（由燃烧天然气供给或使用回收/循环热量）后在透平机组中膨胀带动发电机产生电力。除了压缩机冷却器外，CAES 系统需要的其他部件如多轴气体透平、带离合器的可逆电机等，这些单元及其控制辅助设备（如燃料储罐和热交换器）都被放置于存储压缩空气的地下储库中。

4.5.3　绝热压缩空气储能

为多生产电力提出了绝热 CAES 概念，即把存储空气压缩时产生的热量（使

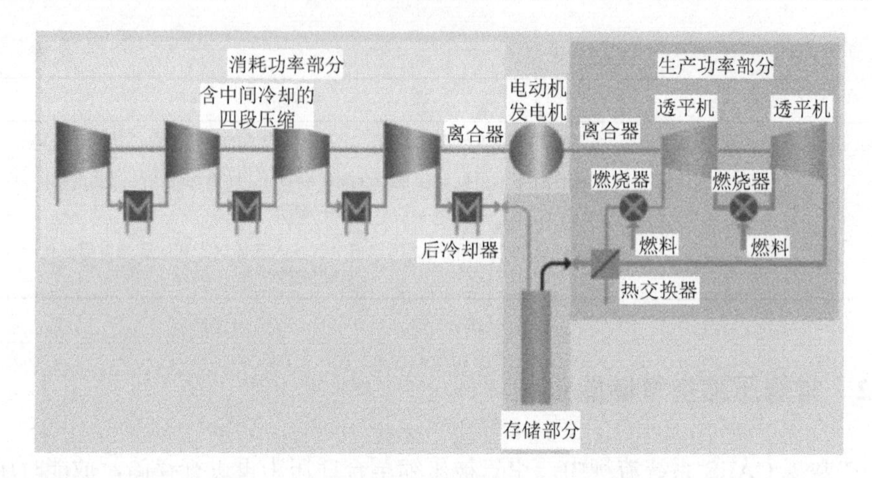

图 4-18　压缩段配中间冷却的部分 CAES

用储热器）在放能时用于加热压缩空气，用以提高进入透平的空气温度（无须再消耗燃料）。存储压缩时放出的热量可使用固体、液体或相变材料。该系统把热能存储作为工厂的中心元素，收集压缩时的热量供工厂需要时使用。在放能期间，存储的热能用于加热空气流，再让加热的压缩空气进入空气透平中膨胀生产电力满足电网负荷需求。该类系统无 GHG 排放，因回收能量时避免了用天然气燃烧（焓）供应加热压缩空气所需的热量。

为增加 RES 资源利用，推荐在 CAES 系统设计中优先引入先进的绝热 CAES。这类绝热 CAES 设施设计的关键部分是最小化效率损失（因不同部件间传热不可逆性热损失和管道中流动时的能量损失）。因此，需对存储热量进行仔细管理以降低循环热损失。典型绝热 CAES 工厂流程给于图 4-19 中。首先把空气压缩到高压并存储于不锈钢压力容器（或天然洞穴）中，把压缩时产生的热量存储于储热容器中（减少甚至避免加热高压空气消耗燃料）。对于小规模 CAES 系统（功率容量小于 10MW），其压缩热量的大部分可被利用。例如，采用 Kalina 循环（使用不同沸点流体两相溶液的组合循环）可使效率增加 4%。

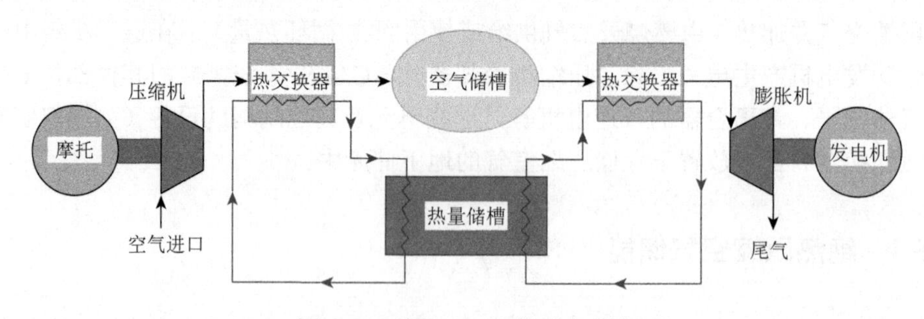

图 4-19　绝热 CAES 的示意表述

可以看到，绝热与常规 CAES 系统间的主要差别也是其主要优点是，运转透平机无须添加附加燃料。为提高小规模绝热 CAES 中热量有效利用，最好是把制冷、供热和电力组合成冷热电三联产（CCHP）系统。这是因为 CCHP 系统中能使用低质热量进行制冷和供热，而气体引擎则用于增强电功率输出。对这类 CCHP 系统的敏感性分析指出，透平机进口空气温度和压力以及热交换器效率对系统热力学性能有大的影响。用储热容器替代燃烧室能使效率提高且有可利用存储容量的优点。

4.5.4　等温压缩空气储能

管理 CAES 工厂热量的另一个方法是压缩阶段避免热量的产生，即在压缩和膨胀中使用等温过程（恒定温度）。等温 CAES 系统的优点是热力学效率更高，压缩气体需要的比功最小。但在实践中很难实现等温操作，能以等温过程操作将是发展的一大突破。不过有许多公司对该思想进行了商业研究，如 LightSail、SuStain 和 General Compression 等。研究获得的是专利解决办法，例如，添加液体以吸收压缩过程产生的热量，使压缩时空气温度相对保持恒定，热量被存储在液体如水中（因温度上升），热水作为膨胀阶段的热源；又如，在 LightSail 方法中，把水雾喷洒到活塞压缩/膨胀的气缸中（图 4-20）。

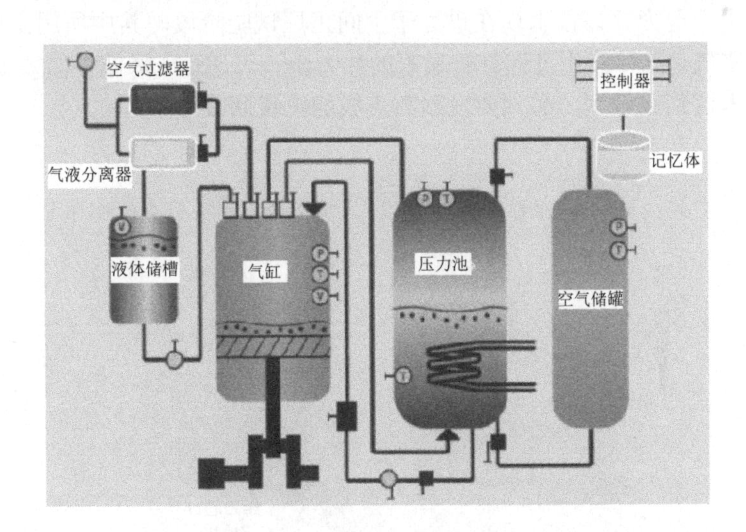

图 4-20　被专利过的等温 CAES

最新一代等温 CAES 系统以水介质经由泵/透平压缩和膨胀空气。这样做能降低压缩机动力消耗，完全不需要外部热能输入和增加存储系统总效率。在该等温 CAES 中使用了两种不同介质：空气作为存储介质和水用于控制存储空气的压力。

该系统可以是开放的也可以是封闭的。封闭型系统属于常规型，因为它仅有一个组合空气和水的存储槽。而开放型使用两个彼此用可逆阀连接的圆筒，预期能增加储能密度，约是封闭型性能的两倍。

4.5.5 液体活塞压缩空气储能

液体活塞 CAES 操作如图 4-21 所示：存储容器（或岩洞）中的空气（在充能阶段）不是被直接压缩（如常规 CAES 那样），而是用泵注入液体占用容器空间体积压缩空气（增加压力）。在放能阶段，高压空气膨胀把水推出容器（岩洞）驱动透平机（如常规 PHS 那样），即透平机不是如常规 CAES 那样由空气推动的。水基本是不可压缩的，在压缩时水温度仅有很小的上升。对于该类组合系统，限制因素是水和空气间的传热（在循环期间空气温度可能改变）。该系统中的水介质也可用饱和盐水。对于较小规模应用，类似液体活塞 CAES 技术发展采用的是把空气存储在金属气缸（容器）中，利用泵抽的液体水进行压缩。

另一个液体压缩概念利用的是液体空气的生产技术。在充能过程中，用电力压缩空气，再冷却膨胀直到空气被液化。产生的液体空气被存储在储槽中（CAES 压力部件仅须耐受中等压力）。在放能阶段，存储的液体空气在高压下被泵出，用蒸发器（从大气或低温废热源吸收热量）蒸发液体空气获得高压气体，再在透平机中膨胀生产电力。该技术现在仍处于中间工厂试验阶段。其中所用工作流体可用氮替代空气。气体液化过程具有显著的热力学不可逆性（降低存储效率），所以要使该技术达到高效率，必须要发展高集成的热量回收技术。

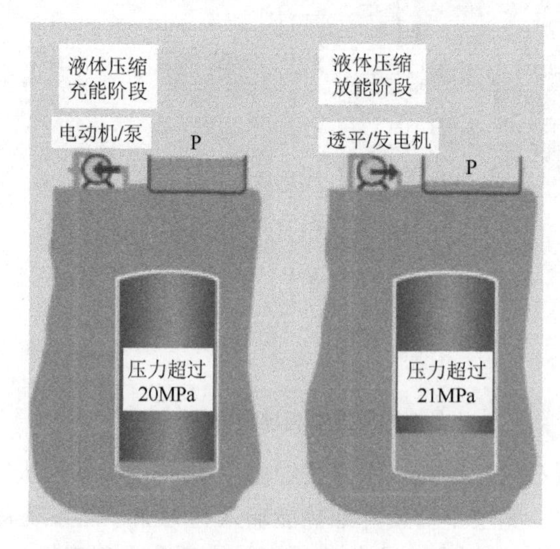

图 4-21　绝热液体活塞 CAES（空气被注入）

4.5.6　超临界 CO_2 热-机械存储

从其他领域中传输技术借用来的一个新思想是，使用超临界热泵可逆循环，以 CO_2 蒸气作为工作流体（图 4-22）。把 CO_2 热泵用于存储电力的思想出现于20 世纪早期。该存储技术采用超临界 CO_2 循环，CO_2 在次临界压力下蒸发再被压缩，压缩的 CO_2 气体在次临界压力下冷却（CO_2 蒸发发生于恒定温度）。该过程能很好地匹配水-冰混合物热能存储。在超临界冷却阶段温度发生改变，能与水储槽集成存储显热。该技术中的可逆压缩机/膨胀机单元可选用大和高效的组件。目前这类技术尚未有商业化应用。

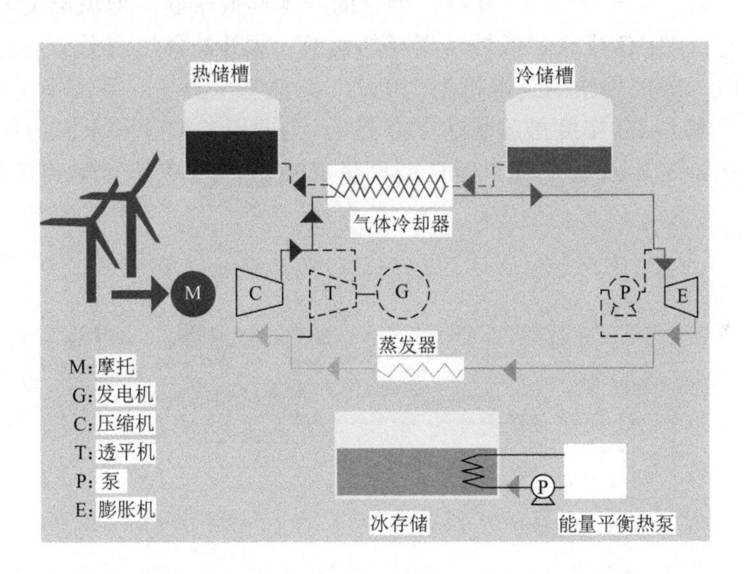

图 4-22　以次临界 CO_2 作为工作流体在冰-热水中存储热能的热泵

4.6　压缩空气储能技术的应用

4.6.1　引言

CAES 被认为是绿色能源选项，成熟、可靠、经济可行和有吸引力，是已大规模应用的储能技术。它能帮助可再生能源（RES）电力（如风电）在电力电网系统中实现很高的渗透率。该系统由压缩机（把空气压缩进入洞穴）、高压透平、低压透平和发电机构成。压缩机在工业和服务部门的使用是成熟的，其生产和掌控也是安全和容易的。对于大多数工业设施，压缩空气是必配的。欧盟为压缩空气而消耗的电力占工业总耗电 10%以上。CAES 工厂可用于公用事业电网管理、削峰、调峰、供需平衡等基本服务。因 CAES 具有灵活性和快启动、快应答等特点，对与太阳能电力、风电组合和小规模应用方面的研究很热门。择重点分述于下。

对于遥远地区，为增加风电渗透速率可采用混合风电-柴油机-CAES 组合系统（示意表述于图 4-23 中）。在低风速时段风电不足以满足负荷需求和保持负荷平衡时，系统中柴油发电机开始工作。基础负荷电力可由两个电力源供应：天然气组合循环（NGCC）发电厂和（与风电组合的）CAES 发电厂。对于风电与支持基础负荷电力供应系统组合的情形，研究结果揭示：与风电-CAES 发电厂组合比较，风电-NGCC 发电厂组合的成本要低一些；但风电-CAES 发电厂组合具有低 GHG 排放和低燃料消耗的优势（额外的环境利益）。例如，加拿大遥远地区一般使用柴油发电机生产电力。柴油基电力生产系统不仅费钱而且也不高效，其 GHG 年度排放量达 120 万 t。为此用 CAES 和 RES 的集成组合系统来替代，这是因为 CAES 能直接收获 RES 能量且易于传输和把其转化为电力。

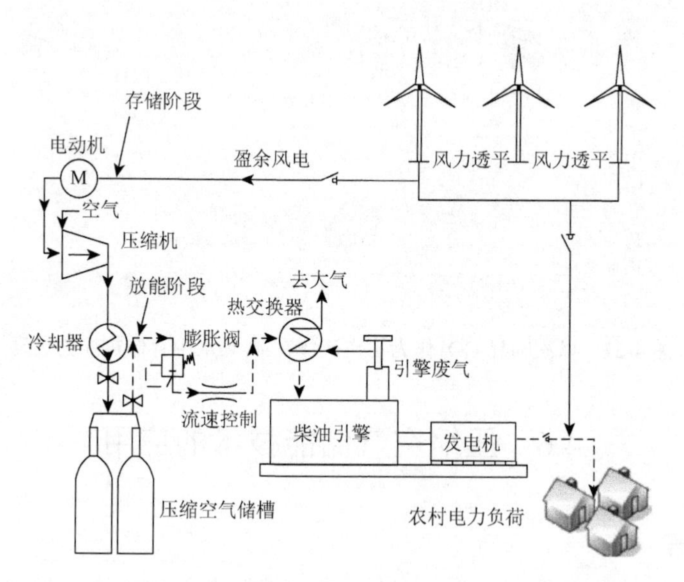

图 4-23 混合风电-柴油机-压缩空气储能组合系统示意表述

对 CAES-离岸热能存储组合系统也进行了可行性考察。将 RES 与 CAES 储能和热能存储集成，当压缩空气被输送给膨胀机发电机系统时，能够回收机械功（可再转化为电功率）。该类 CAES-RES 集成系统示意表述于图 4-24 中。

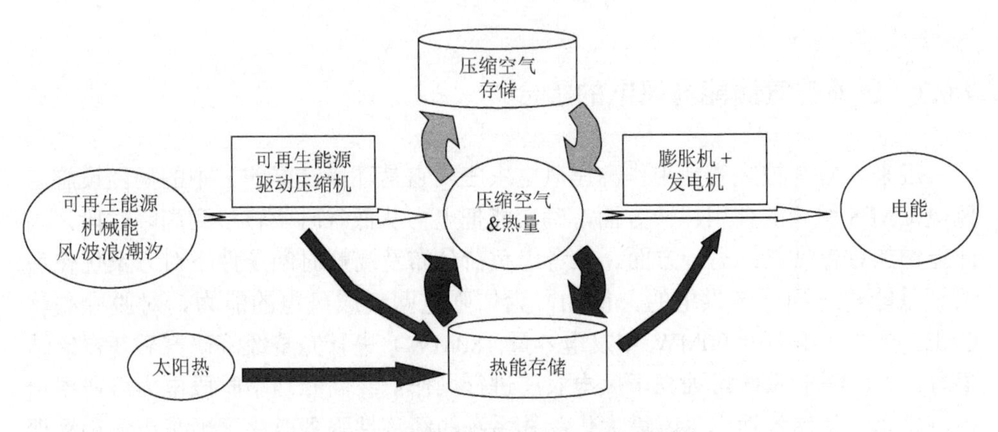

图 4-24　压缩空气可再生能源集成系统

已开发出把压缩空气和热能存储系统组合的冷热电三联产（CCHP）系统。该系统的制冷功率是由压缩空气直接膨胀提供，而不是由制冷器技术提供。该 CCHP 系统能满足终端使用者对电力、热能和制冷功率的需求，能利用膨胀机空气输入压力和温度调节输出。该系统在冬季的整体效率是非常高的（约 50%，因没有制冷需求）；在夏季，因空气压缩过程高功率消耗和压缩空气不足够的膨胀（生产制冷功率），整体效率降低到约 30%。但不管怎样，该系统对实际应用是非常可行的（构型简单且灵活性好），特别是极有利于 RES 电力的利用。

为确定 CAES 系统的额定功率和容量提出了一个优化模型，可用于最大化 CAES 经济收益。用该模型对含 19 辆巴士的功率系统和 8 个风电农庄的系统进行了试验验证。结果揭示：①CAES 的利益相关者能获得临时性收益，且缩短了风电投资回收时间；②在 CAES 系统的基本操作条件下是实际可行的；③能显著降低系统的 GHG 排放。碳补偿政策的实施能使 CAES 利益相关者从环境保护政策中获取额外利润。

4.6.2　压缩空气储能与太阳能电力的组合

组合太阳热能-CAES 的目的与一般储能系统目的相同：降低燃料消耗和 GHG 排放。太阳能 PV 农庄-CAES 组合是一类能在瞬态操作条件有效运行的系统，不仅能增加 PV 输出电力的稳定性，而且提高了系统的净收入。在对 PV 农庄个例进行研究的基础上 CAES 系统被标准化了。PV 农庄-CAES 组合的标准化系统增加了 PV 电力的利用率。在 CAES 和漂浮 PV 工厂的集成系统中，PV 浮船是作为存储库使用的，其中用钢圆筒替代了聚乙烯管线。该系统也可在大水池中实现，要注意的是对其中的模块筏浮力结构必须进行预先研究。

4.6.3　压缩空气储能与风电的组合

近来CAES被频繁地用作离岸风电农庄（它是环境友好的）中的储能设施。风电-CAES组合的使用：一方面，确实能把电力从低谷时段转移到高峰时段，因此能增加总包收益；另一方面，在考虑负荷分布及高峰时间条件下对方案优化后系统是能够达到稳定供电的。例如，为增强电网集成风电的能力，对脱中心化CAES储能（压缩机90MW和发电容量180MW）进行完整经济研究后获得的结果有：①CAES系统可独立于风电农庄进行操作；②高峰功率时段电力可在现货市场售卖，使储备功率生产最大化；③系统的经济性强烈取决于现货市场和短期储备市场；④在政府无法提供某些支持时，CAES工厂仍能经济地操作；⑤对于风电的集成，中心化CAES工厂比小CAES工厂更有吸引力。

对额定功率为2MW风力透平的小规模风电-CAES（存储容量为1.32MW·h）组合进行的研究指出，该组合系统有稳定输出功率的能力，可使盈利增加成本降低6.7%。在对埃及的一个个例研究后，使用CAES（与单独风力透平比较）后其净时值在25年间从20700万美元增加到30600万美元。风能-CAES组合系统的CO_2排放要比粉煤和天然气循环发电低71%。对两者进行比较后说明，组合系统盈利增加成本降低6.7%。使用CAES系统后风电农庄效率显著提高。

为达成风能-CAES系统的主要目标（缓解和解决风电随机波动间断性，形成自主稳定供电的功率源系统），对耦合系统需要进行常规优化。例如，根据风力发电时间表优化，利用风电盈利能力能够降低成本和提高能量效率（增加CAES容量和压缩机额定功率）。风电-CAES系统的主要组件如风力透平和压缩机的效率受风速变化影响，为达到最高效率要求有稳定和中等的风速。与大转速轴相比，转速可变轴的使用也可降低成本和提高效率。对双室（水力和气体压力）液体压缩空气储能系统进行模型化研究的结果指出，在风电-CAES组合系统中，CAES-风力透平的平行连接好于串联连接。在图4-25中示出了风电-CAES组合系统平行和串联连接构型，前者的电力系统较小、盈利增加、电网中电力产需更匹配、压缩耗电少，处理风力波动能力强。

对水下和地下CAES所做的比较研究发现，对于离岸风电农庄，应用水下CAES效率较高，其总操作成本要低3.36%，实施需要有两个容器：一个密封，另一个连接漂浮风力透平。该类系统中的低压容器用于保持平衡和支持漂浮。对这类离岸漂浮柱式平台型风力透平，液体水活塞泵用于压缩空气并提供低压空气，这可降低能量损失，增加总效率。已在许多风电中应用现代型绝热CAES系统，节省了加热用燃料和气体透平。该类系统能把压缩气体产生的热量存储起来，用于加热膨胀的空气。因此，体系的成功很大程度上取决于热能存储。

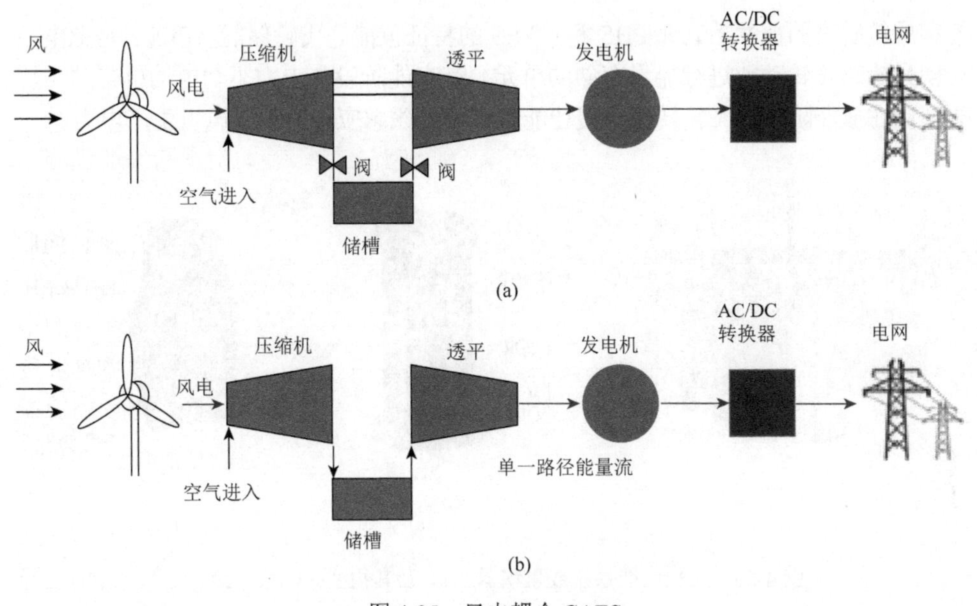

图 4-25　风电耦合 CAES

（a）平行连接；（b）串联连接

从经济利益考虑，风电耦合中心化 CAES 选择优于脱中心化 CAES。为从存储压缩空气到透平轴传输增加额外驱动力（光滑化风电），对用于转换机械能的蜗杆膨胀机进行数学模型化。结果指出，风能和 CAES 的协同对降低传输成本和增加风电渗透是有吸引力的。对出现的需求拥挤，要用基本管理程序和操作策略来处理和调度系统。目前，最重要的需求应答程序（DRP）和随机程序（SP）被作为反馈方法使用时，能够摆脱间断性和降低操作成本，以及降低风电缩减和提供更好的频率安全性。为使用这些程序，重要的是必须进行危险条件下风险评估研究。

为降低功率波动，应使用可变的多段压缩机和多段膨胀机构型，以便在可变模式下操作和增加风电到电网的连接，可使效率从 26.29%增加到 70.62%。与单独风力透平比较，含 CAES 的风电集成系统 GHG 排放要比粉煤和天然气循环发电低 71%。在风电农庄中对 CAES 储能和浮力储能进行的比较研究结果说明，CAES 效率（84.8%）远高于浮力储能（36%）。从热经济观点看，CAES 肯定是一个解决地区性风电网不平衡问题且成本有效的好方法。

4.7　飞轮储能（动能储能）技术

4.7.1　引言

飞轮可用于存储电力，但存储的是机械动能。存储原理示于图 4-26 中，飞轮动能和旋转质量的惯性矩犹如 PHS 和 CAES 的特征位能。飞轮储能（FES）是把电力转换为旋转飞轮动能进行能量存储的单元。在充能阶段，电力驱动电动机带动飞轮旋转；在放能阶段，飞轮转速变慢让能量通过电磁感应传输给发电机生产电力。

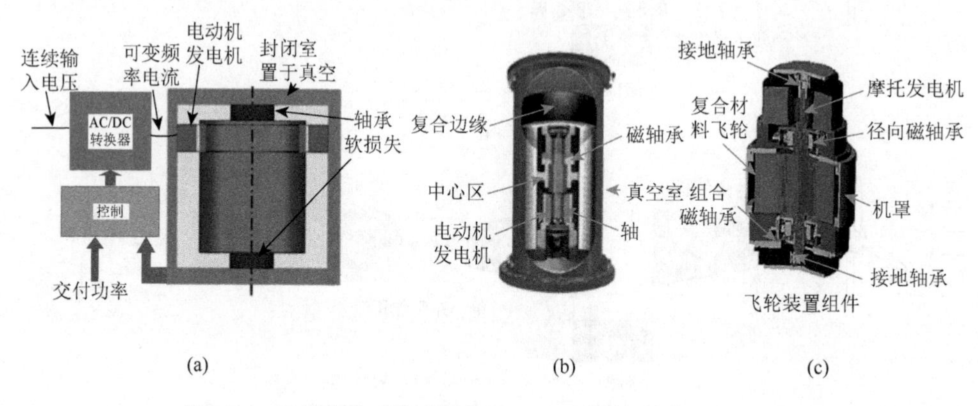

图 4-26 飞轮储能系统或累积器（a）及其构型［（b）、（c）］

使用飞轮可溯源于蒸汽引擎诞生时代。历史上，飞轮发展中心是在美国的 Beacon Power 公司，自 2008 年 11 月以来在新英格兰等地用电网操作器进行了飞轮的商业运行。飞轮储能的不间断电源（UPS）系统有能力发送 2.4MW 功率 8s（约 5kW·h）。这些现代飞轮设计利用的是高分子复合材料和冶金材料，因此具有高强度和高密度，再加上使用磁轴承和在真空中操作，其能量损失显著降低。除美国外，英国、西班牙和德国等地也进行了有意思的飞轮试验。例如，在德国 Frelburg 火车上进行了飞轮试验，用于存储火车刹车时释放的能量并返回用于火车的离站，这样能使年节约电力达 25 万 kW·h。

原理上能生产出很宽范围大小的飞轮（必要时可平行使用），从数兆瓦公用事业应用到汽车、巴士和轮渡应用的小系统。Beacon Power 公司，飞轮产品的支配者，只制造一种型号，其额定值为 100kW/25kW·h，但这些产品能被组合成组以提供需要的容量。标准单元含 10 个飞轮，总容量为 1MW/250kW·h。飞轮储能技术也有危险元素。例如在 2011 年，严重事故毁坏了在纽约 Stephentown 的一个新 20MW Beacon 频率调节工厂的 200 个飞轮。对于高功率飞轮技术，下一步发展的重点是提高其安全性和可靠性以及操作成本的降低。

飞轮非常适合于短期应用，它的特征是高功率和相对低存储容量，可应用于补充高功率需求时的电力供应。早在 20 世纪 50 年代，就在公交车上对 FES 技术进行了试验验证。FES 系统可单独作为存储能量装置使用，也可与分布式发电装置或其他储能设备（如电池）组合使用。FES 系统可按照飞轮旋转速度分高速和低速 FES 两类。高速 FES 能进行较长时间的能量存储，但功率密度低，低速 FES

则正好相反。在能源市场上可利用的飞轮有两种类型，常规钢转子飞轮用于低速操作（<6000r/min），先进材料飞轮用于高速操作（10^4～10^5r/min）。

常规低速飞轮非常适合于作为不间断电源。在市场上，著名Piller POWERBRIDGE™ 低速飞轮能配送250～1300kW的电功率，在低速飞轮运行的15s期间配送1.1MW功率。长期和短期飞轮储能系统近来日益受欢迎。例如，Beacon Power公司的著名飞轮产品能满足短期和长期能量储能应用要求。该公司产品的发展演变示于图4-27中，可清楚看到飞轮系统应用类别的改变和扩大。建设在美国纽约州斯提芬镇的飞轮农庄（图4-28）能够在15min内发送20MW，这是高速飞轮电网应用的典型例子。

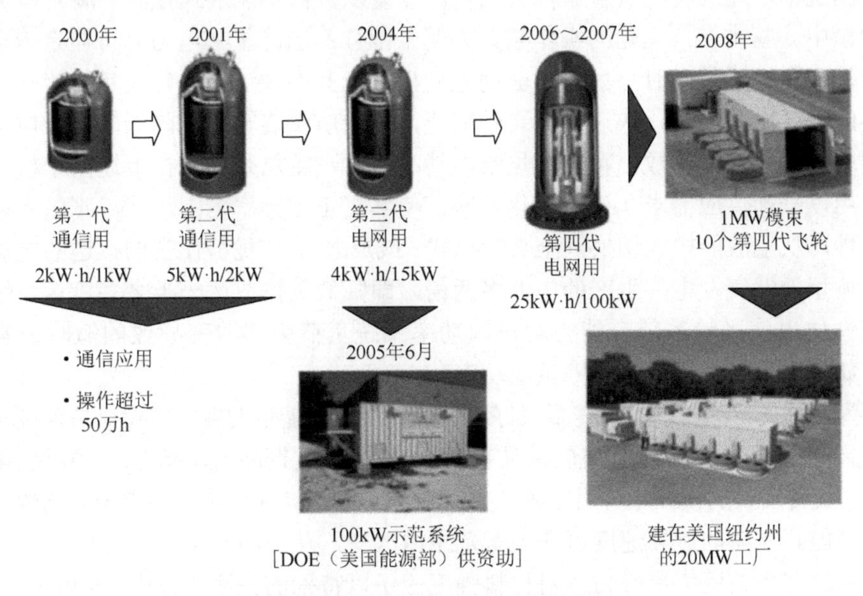

图4-27　Beacon Power公司飞轮系统的演化

图4-28　为美国纽约州公用事业应用安装的大规模飞轮储能装置

飞轮储能系统的优缺点列举如下：①高可靠性或高速循环能力（深度放电循环达 10^5 数量级）；②寿命长，达 15 年和 20 年；③切换充放电的高容量，即高功率密度；④高循环效率；⑤随时间有高速率自放电（每小时约 20%）；⑥设计方面的严苛限制使它不能应用于长期储能；⑦生产时材料成本高。这些优缺点说明，飞轮系统更适合于需要瞬时功率发送的短期储能应用，能满足频繁负荷波动和管理调节部门应用要求。

4.7.2 飞轮储能原理

围绕轴快速旋转的质量被称为飞轮。能量以机械动能形式存储于旋转质量的角动量中。基本上，飞轮的操作被分为两个部分：当能量（电力）有盈余需要把其存储于飞轮质量中时，由电力驱动电动机加速其同轴连接飞轮质量的旋转；在需要能量（电力）时，快速旋转飞轮减速，飞轮质量旋转速度降低，此时电动机以发电机模式操作释放出存储能量给电功率网。飞轮总是操作在上述两个模式之间，用以平衡供应需求和调节优化电网，使其在正常频率范围运行。飞轮有能力在数秒内从全放能模式切换到全吸能模式（或反之）。该优势使它们运送的电能至少比典型天然气发电厂生产的电能多两倍，即降低碳排放达一半之多。这个快速应答性质也使飞轮系统有能力解决因功率系统负荷突然改变导致的短时瞬态问题，如电压降低（可能导致停供电功率）。

为了解飞轮的物理学，需要很好地了解支配飞轮能量的数学方程。任何旋转物体都具有动能。旋转质量如飞轮都具有动能。飞轮旋转期间的动能 E_{kin} 由方程（4-7）给出。旋转质量的惯性矩可用方程（4-8）计算。高旋转速度和大惯性矩的飞轮具有较大动能。飞轮的旋转速度可在很宽范围内改变，从 20000r/min 到 100000r/min。由于旋转产生的巨大离心力，对材料强度应予以特别的关注［方程（4-9）］。

现代飞轮按如下方式设计和制造：能存储能量可高达 125W·h/kg，容量也高于 2kW·h。设计飞轮的关键策略之一是要这样设计主体：施加于全部质量上的应力在所有方向上应是相同的。飞轮失去平衡可导致极大危险，为此需要用小颗粒材料来制作它们的组件。大飞轮单元通常置于地下，被牢固的钢覆盖层所保护。飞轮系统操作的旋转速度（可变频率）有很宽的范围，这使它们的设计和制造变得比较复杂，特别是在耦合结构和频率调整的电子电路时。实际飞轮系统旋转期间其转子会产生一定数量热量，原因是飞轮和周围零件间的摩擦、转子轴承和其支撑结构以及转子本身的应变应力。该类热量导致的温升应被保持在允许范围之内。移去该热量可采用一些方法，但每个方法都可能同时移去飞轮系统的一些优点。因此，为选择最好的热量移去方法应该在这些方法间采取权衡和折中策略。

4.7.3　飞轮的典型结构

典型飞轮系统由若干关键部件组成：①转子：它是飞轮储能系统的主要储能部件（图 4-29）；②轴承：支撑转子轴并使其保持在固定位置旋转的组件；③电机：把存储在转子中的动能转化为电能，消耗来自电网的功率或反过来向电网提供功率；④功率电子界面，调整和控制电机输出/输入电压和频率；⑤仪器和跟踪：跟踪飞轮状态是为确保其操作在设计边界之内；⑥外壳：包住飞轮的室，使飞轮处于真空中和保护组件不受损坏。

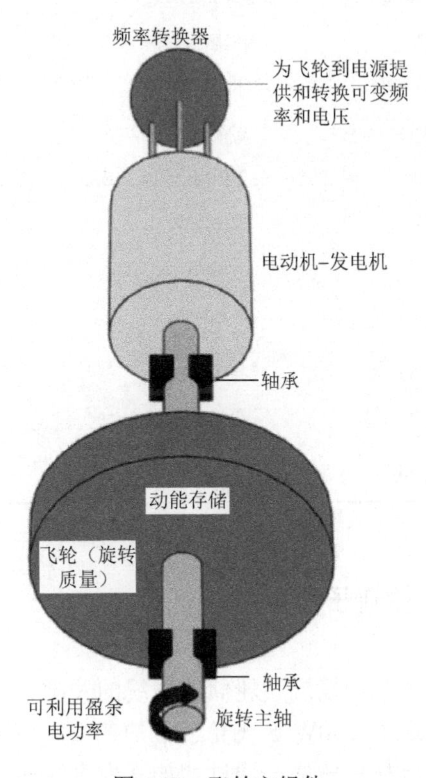

图 4-29　飞轮主组件

有一类电机具有轴向通量和径向通量，与二极管一起能把 AC 功率发送给逆变器单元。作为功率转换器，逆变器单元使用脉冲宽度调制技术用 AC 功率产生 AC 电流（由二极管整流器单元产生）。功率转换器能为飞轮到电网功率流（或相反）提供更多控制灵活性。功率转换器能在其终端匹配谐波过滤器，使其有可能以清洁波形式（消除了存在的谐波）为电网提供功率。但是，永磁机发生突然的脱磁会导致其温度上升。这些类型的电机是昂贵的和低控制强度的。为应对这个问题，推荐用可变磁阻机器，因为它们不具有脱磁特性且可通过可变磁阻产生扭矩。对于高功率应用，可使用异步电机，因为其有高扭矩、低成本和简略结构。采用双进料异步电机可降低功率电子设备大小。该类机器界面特性总结于表 4-6 中。

表 4-6　适合于飞轮储能系统的电机主要特性

机器参数	异步性	可变阻抗（磁阻）	永磁同步性
功率	高	中等和低	中等和低
比功率	中等（0.7kW/kg）	中等（0.7kW/kg）	高（12kW/kg）
转子损失	铜和铁	因缝隙损失铁	无
自旋损失	用环通量可移去	用环通量可移去	不可移去，静态通量
效率	高（93.4%）	高（93%）	非常高（92.2%）
控制	矢量控制	同步：矢量控制；切换：DSP	正弦：矢量控制；梯形：DSP
使用功率大小	1.81kW	2.61kW	2.31kW
抗张强度	中等	中等	低
扭矩波动	中等（7.3%）	高（24%）	中等（10%）
最大/基础速度（定性表达）	中等（＞3）	高（＞4）	低（＜2）
脱磁	无	无	是
成本	低（22 欧元/kW）	低（24 欧元/kW）	高（38 欧元/kW）

4.7.4　储能系统的飞轮转子

飞轮转子的设计是研究和发展飞轮储能系统的关键。讨论了飞轮储能系统转子设计一般方法后，确定了 600W·h 飞轮转子的参数。该飞轮用具有各向同性和韧性的钢或金属中心复合材料做成。通过增加其内直径和降低最大外直径，使其最大应力位置总是处于飞轮转子内半径内。

飞轮装置的关键因素是飞轮材料及其几何形状和长度，它们直接影响飞轮的比能量和储能数量。飞轮设计的形状因子给于图 4-30 和表 4-7 中。飞轮系统一般由钢（或复合材料）制旋转飞轮、存储/释放能量电机、两个磁性轴承（避免机械摩擦）和真空室（降低气动力学损失）组成。存储电力的数量取决于旋转飞轮的质量和旋转速度。因此，为增加存储的能量可增加飞轮质量或/和其旋转速度。例如，用复合材料制作的飞轮能以每分钟旋转十万次（10^5r/min）的速度旋转。在实际使用中，对低速旋转（6000r/min）FES 推荐用大质量飞轮，但是现在更多的是希望使用高速旋转的 FES。为达到高储能密度而使用高速旋转的飞轮，要求飞轮所用材料（恒定应力部分）必须是高强度和低密度的复合材料。为使飞轮有最大储能密度，需要对其应力进行分析并对其形状进行设计优化。

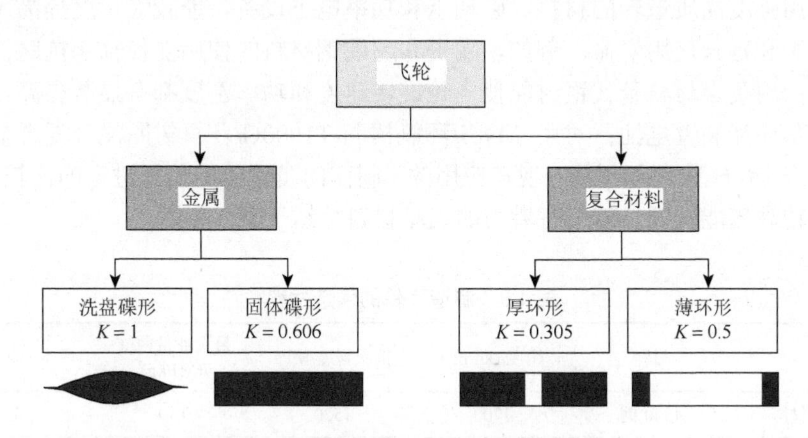

图 4-30　不同飞轮的形状（K 为形状因子）

表 4-7　飞轮的形状因子

飞轮几何形状	横截面形状	形状因子 K
盘形		1
恒定的改进盈利盘形		0.931
平板未穿透盘形		0.806 0.606
薄紧缩形		0.500
有形棒		0.500
带网轮圈		0.400

续表

飞轮几何形状	横截面形状	形状因子 K
单一棒	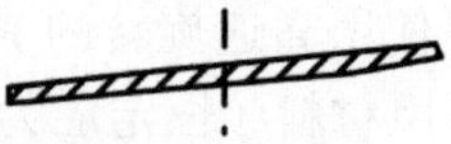	0.333
平板穿透棒		0.305

使用强度高质量轻的材料、磁轴承和功率电子设备，能较大幅度提高飞轮的储能效率和延长使用寿命。例如，陶瓷和超硬钢材料的使用能使轴承抗脆性有很大提高；用复合材料替代钢材能使飞轮旋转速度和功率密度都有显著提高，甚至超过化学储能装置电池；对用 M46J/环氧树脂-T1000G/环氧树脂混合复合材料和硼/环氧树脂-石墨/环氧树脂（现在应用的）制作的飞轮储能装置进行的比较发现，前者有较高储能密度。若干有潜力的飞轮材料总结于表 4-8 中。

表 4-8　制造飞轮的候选材料

	材料	密度/(kg/m^3)	抗张强度/MPa	最大能量密度/(MJ/kg)	成本/(美元/kg)
单一材料	4340 钢	7700	1520	0.19	1
复合材料	E-玻璃	2000	100	0.05	11.0
	S2-玻璃	1920	1470	0.76	24.6
	碳-T1000	1520	1950	1.28	101.8
	碳-AS4C	1510	1650	1.1	31.3

机械轴承因高摩擦和短寿命，已不适合现代飞轮使用。现在几乎都使用磁性轴承。磁性轴承具有如下特点：无移动部件、可进行无轴操作、极少磨损、无需润滑剂、长期储能内损失很小。制造磁性轴承的材料给于表 4-9 中，不同类型轴承给于表 4-10 中。

表 4-9　不同类型磁性材料

材料	密度/(kg/m^3)	抗张强度/MPa	剩磁(顽磁)/T
烧结钕-铁-硼	7400～7600	80	1.08～1.36
烧结钐钴	8000～8500	60	0.75～1.20
烧结铁酸盐	4800～5000	9	0.20～0.43
注入模复合材料（Ni-Fe-B）	4200～5630	35～59	0.40～0.67
压缩模复合材料（Nd-Fe-B）	6000	40	0.63～0.69
注入模负荷铁酸盐	2420～3840	39～78	0.07～0.30

表 4-10　不同类型轴承的比较

轴承	功率损失/W	优点	缺点
球轴承	5～200（加密封损失）	简单、低成本、紧凑	需润滑、密封、轮壳和轮轴
磁性轴承	10～100	直接作用于旋转体、能无变化动作	高成本、需要“接地轴承”可靠性
高温超导（HTS）	10～50	低损耗、高强制	要求长期发展、有管理损失

使用生命循环成本分析方法，对铅酸电池和飞轮转子系统间能量成本进行的比较研究结果说明，农村安装飞轮-家庭太阳能集成系统可节约每度电成本 37%。在提出的一个飞轮转子稳定系统中，其转子轴一端用支点轴承，另一端用高温超导（HTS）主体轴承。支点轴承中的损失是比较小的，因为支点轴承仅需要小的支柱力。该方法能应用于大规模飞轮储能系统。也已发展出用压电传动装置的超导飞轮储能系统，其仅有的缺点是需要电磁阻尼器（因超导轴承没有足够的阻尼系数）。对永磁体和 HTS 主体间 300μm 间隙阻尼可行性进行了试验。用超导飞轮的实际试验，永磁体和 HTS 本体间间隙是 1.6mm，永磁体振动幅度为 25μm。优化电压输入可提高振动励磁（替代压电传导装置）的合适性。该试验结果证明，用压电传导装置产生阻尼是可行的，对稳定飞轮操作是非常有用的，也说明压电传导装置可作为各种超导应用的阻尼系统，虽然仍需要有进一步的基础研究。

4.7.5　飞轮储能技术的创新

飞轮储能技术的新发展有：①新电动机和 REBCO（稀土钡铜氧化物）磁铁磁轴承，它能使 7～10t 飞轮以 6000～9000r/min 的速度旋转，提供约 1000kW 的电力输出和约 300kW·h 的存储能量；②引入 HTS 新轴承能显著降低空转损失，且切换快和成本不高，虽然需要用液氮保持其在极低的超导温度状态（在表 4-10 中对不同类型轴承做了比较）；③在硬件无重要改变或不增加成本条件下，使用单极同步电机实现了高性能无传感控制。这是由于使用了反馈线性方法学发展出的电压空间矢量参考框架机器模型，它也可用于高性能扭矩控制和实现电力流动的高性能控制。这是一种非常重要的动态和高精确性控制技术。

飞轮储能系统主要优点包括：效率很高（达 90%～95%）、寿命很长（达 20 年）、维护成本很低、无深度放能现象、环境友好、操作温度范围宽、应答时间短和充能很快等。其综合性能完全可以与电池储能系统比较。为增加飞轮的比能量，可采用平行连接飞轮系统，在高速时可从 5W·h/kg 增加到 100W·h/kg。但是，飞轮技术的一个关键劣势是能量损失，因摩擦和气动力学可使飞轮每小时损失的能量达到存储能量的约 20%。

4.8　飞轮储能技术的应用

目前，飞轮储能技术在功率系统稳定和可靠性中已获得广泛应用（电力系统应用例子见表 4-11），也被应用于固定和运输（车辆）等多个领域。特别是运输汽车领域，它是车辆中混合能量（电力）存储系统的重要部件和组成部分。飞轮单元是车辆动力学能量回收体系中的关键组件，对瞬时能量回收起着关键作用。汽车制动时产生的能量能使飞轮旋转速度快速达到 60000r/min，制动能量可被飞轮装置回收，再在引擎停车时使用，这样能使汽车燃料消耗降低 25%。

表 4-11　飞轮储能装置在电力系统中的应用

研发国	基本参数	技术特点	作用
日本	8MW·h，充放电 4h，待机 16h	高温超导磁悬浮立式轴承，储能效率 84%	平滑化负荷
日本	215MW/8GJ	输出电压 18kV，输出电流 6896A，储能效率 85%	UPS
美国	277kW·h	引入风力发电系统	全程调峰
美国	24kW·h，转速 11610～46345r/min	电磁悬浮轴承，输出电压 110V/240V，全程效率 81%	电力调峰
德国	5MW/100MW·h，转速 2250～4500r/min	超导磁悬浮轴承，储能效率 96%	储能电站
巴西	额定转速 30000r/min	超导与永磁悬浮轴承	电压补偿

为了管理风力透平电力产生中的短期波动性，使用快速应答固态功率控制器（DSTATCOM 系统）连接的飞轮储能系统与 DC 主线的系统，在电力网络管理中有其特别的应用。例如，该系统采用瞬时面积控制误差策略可有效平滑化负荷、纠正瞬态期间电压偏斜和功率波动（图 4-31）。

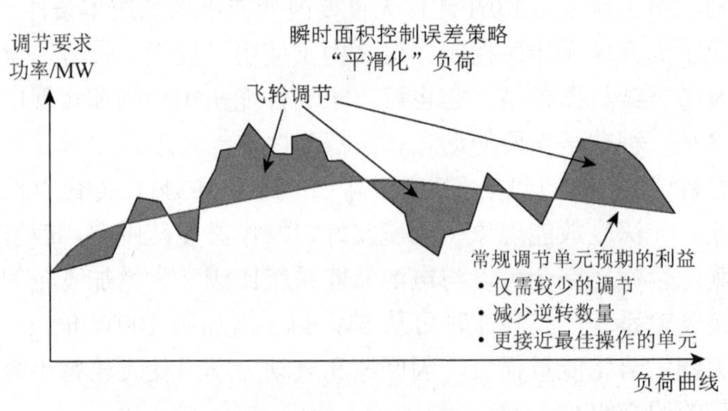

图 4-31　采用瞬时面积控制误差策略调节负荷分布

飞轮单元常与风力-柴油或光伏-柴油发电机组集成作为不间断电源（UPS）单元使用，它能降低单元成本及减少柴油发电机燃料消耗和污染物排放。飞轮储能系统也可作为备用电源使用，其作用是通过产生高压有功功率和无功功率、补偿电源频率和电压波动等来提高电力质量。在飞轮与电池组合的混合储能体系中，电池是能量存储主单元，而飞轮单元是作为瞬时电源来使用。由于飞轮技术储能非常灵活，可进行无数次充/放循环，在作为转化储能应用时很适合于匹配风力或光伏-柴油发电机体系。这类混合飞轮系统也很适合于如下一些应用：小规模储能、峰功率缓冲和谐波过滤、分布网络、UPS 和高功率 UPS 系统、航空应用等。飞轮储能装置现已被引入摩托车运动，特别是世界一级方程式锦标赛中。

4.8.1　缓解风电和太阳能电力随机波动性

飞轮储能单元能缓解风能和太阳能（人类无法调节的能源资源）系统电力的随机波动性。在阳光照射充裕和有风时段，其盈余电力输出可快速存储在飞轮储能单元中，而在风速小和/或太阳低辐射时段，飞轮中存储的电力（能量）再被送入电力电网中（削峰应用）。图 4-32 显示的是为区域负荷供应电功率的分布式能源（风能、太阳能、柴油机和飞轮储能单元的组合）构型。该构型中的飞轮储能装置能降低柴油发电机的频繁启动/停车循环操作、增加系统寿命、减少污染物排放和节约燃料消耗。飞轮储能单元也能有效地补偿电力系统中长时间电压下降，能为消费者提供高能量密度和低成本的能源服务。

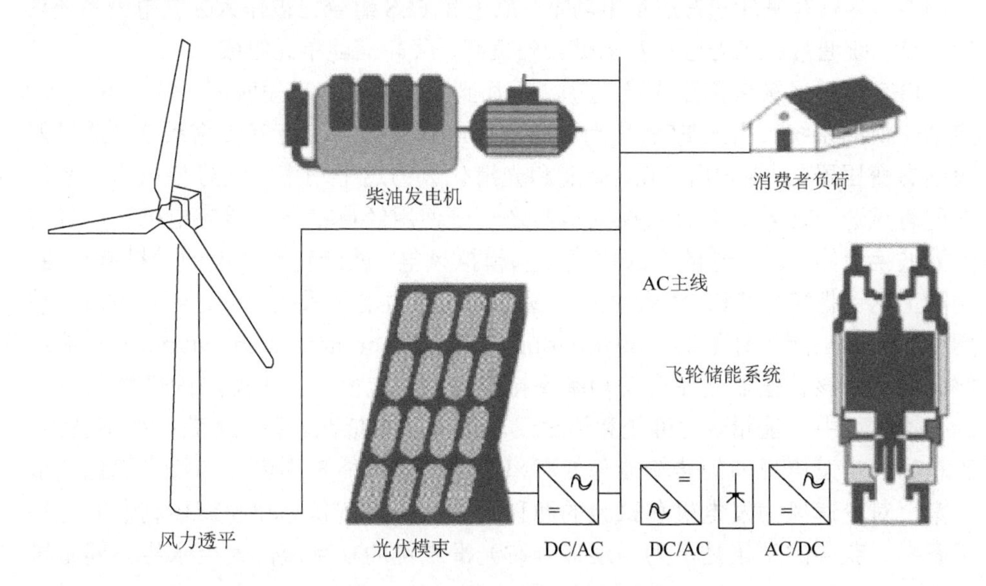

图 4-32　分布式发电元联产电力

飞轮储能系统具有非常好且非常快速的应答特征，因此非常有助于电力的快速频率调整。图 4-28 中给出的是北美大规模（20MW）飞轮储能系统，目的是为管理网提供频率调节服务。为在技术和经济上分析该系统的操作，对记录的多达 18 个月实际操作数据用 ISO 算法进行了处理，这样就能以瞬时测量信号面积控制误差方法获得发电机可接受的瞬时应答。场地数据确认了该系统在处理成本、排放和操作约束方面的优越性能。美国加利福尼亚州能源协会进行的另一研究证实，飞轮储能系统是有能力在最短时间内跟踪和调节系统频率的。

对于组合有飞轮单元的可再生能源（RES）电力集成系统，在储能装置中可再连接电池，与飞轮一起形成功率工厂。通过对其进行单独供电的可行性研究，结果发现，利用先进总体“绿色”技术的系统，离网运行是可行的；其能量和经济可行性是可与常规 RES 系统比较的。最后的结论是，低价格飞轮系统等当于电化学电池系统。

4.8.2 风能耦合飞轮存储

现在对用飞轮存储风电的兴趣很大。风电是最有利于市场应用的电力资源之一，但同时必须面对其电力供应与需求间的不匹配问题。风电和需求负荷同时随机变化是对电力电网安全有效运行的一大严重挑战。该问题需要用具有快速应答能力的储能技术来解决，而飞轮储能（FES）是具有优秀快速应答能力的，因此其使用是非常有利的。使用飞轮存储风电，一方面可使其功率输出光滑化，另一方面能够为顾客供应较好质量电功率。风电和 FES 组合已被作为独立电力系统使用。该系统通常由风力透平发电机、外负荷、飞轮储能单元组成。

FES 几乎只被应用于中高功率（千瓦到兆瓦级）和需短时间（秒到分钟级）启动切换的系统。引入 FES 是为了增强风电农庄的高压直流传输系统（通过两段固态变压器）。为利用 FES 储能和光滑化风力透平功率，最好使风力透平能在所有风速下运转。最有效控制策略之一是使用经典鼠笼式感应电机和串联整流滤波换流器。以这样的方式模式化和模拟风电，就能克服风电的随机波动性。实际上这已把风电-FES 体系中的问题转化为电力电网系统的问题。已发现，使用分布式静止同步补偿器（distribution static synchronous compensator）也能缓解此问题，该补偿器能使有功功率保持在近似恒定值（等于生产的平均功率）。为传输体系中的能量，对可变和恒速飞轮进行了模拟比较研究，获得如下结果：飞轮和同步发电机间的传输能降低频率波动偏差和能量损失。为找出优化调节方案，对变速风力发电机和试验的两种控制器（比例积分和模糊控制器）进行了研究，获得的结论是，为了连接到有光滑电位的功率流，使用永磁体同步发电机是合适的。

4.8.3　飞轮储能与风力-柴油发电机的组合

对独立风电工厂中的储能系统（包括飞轮）进行了研究。与同步发电机连接的飞轮和柴油引擎示意表述于图 4-33 中。对恒定速度和可变速飞轮系统（可变速系统配备功率电子转换器）进行了静水力学传输模拟，获得的结果说明，可变速构型对抗击风速变化显示出有更合适的行为，而对负荷变化有最好应答的却是恒定速度构型。在美国加利福尼亚州，对储能单元的调节效率比较于图 4-34 中。也对连接有 FES 电网中的双进料可变速风力感应发电机和有风力发电机、双进料感应发电机和功率控制的系统的动态行为进行了研究。对系统的总动态性能而言，矩阵变换器在技术上是常规 AC-DC-AC 转换器的可行替代物，可作为风电工厂界面单元使用。

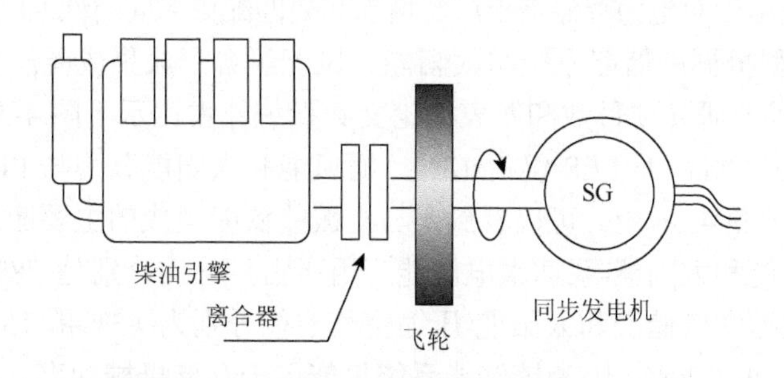

图 4-33　与同步发电机和柴油引擎连接的飞轮

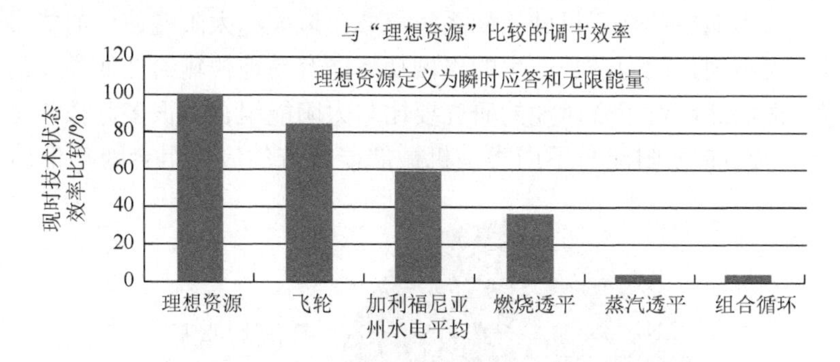

图 4-34　快速应答储能技术需要的调节效率比较

4.8.4　电池和高功率不间断电源的飞轮储能系统

飞轮储能单元能用于高功率脉冲系统能量的存储和释放。飞轮储能单元使用单极同步电机功率流控制高性能模型（从电压空间矢量参考框架机器模型导出），采用了扭矩角和转子速度控制策略（使用传感器的概率较小）。

4.9 机械储能系统的比较

4.9.1 不同机械能储能技术的比较

机械能存储电能领域已经演化出显著不同的类型，每种类型有各自的性质特征和优缺点。机械能电力存储是目前最广泛采用的储能技术。已安装的 PHS 容量占全球电力存储总容量的约 90%。CAES 技术虽好但效率不高，现在实际应用的不算多。飞轮对短期调节应用已实现商业化。PHS 和 CAES 已成功操作运行多年，但很清楚，要进一步扩展，它们仍面对一些挑战。为此已提出了对这些技术的新思考和推出了若干变种。这些革新思想的广泛性说明，新形式机械能储能技术有潜力在未来被更广泛使用，这是由于对电力存储需求广泛增加和要匹配更多间断性 RES 资源的引入。

对不同类型机械能储能系统与太阳能、风能组合形成集成能源系统已进行了广泛研究，申报的研究项目数和发表的论文数量统计占比示于图 4-35 中。PHS 占 45%、CAES 占 42%，而 FES 仅占 13%。而风能和太阳能分别与 PHS、CAES 和 FES 的占比给予图 4-36 中。可以看到，与机械能储能集成的主要应用是风能：风能-泵抽水电储能和太阳能-泵抽水电储能应用所占百分比分别是 78%和 22%，而对应的风能-压缩空气储能和太阳能-压缩空气储能分别为 85%和 15%。飞轮储能仅与风能组合，即 100%，因为该储能系统仅能用于存储机械功率。造成这种情形的主要原因是被组合 RES 的性质特征，它们对机械能储能类型的选择有重大影响。风能特征比太阳能更适合于机械储能系统集成：风能和太阳能使用的能量转换组件类型有很大不同，风力透平产生的机械功率能容易地传输给任何类型的机械能储能装置。很显然，对组合风能的研究要比与太阳能组合多很多。按年份来分析（图 4-37），对风能/太阳能与不同类型机械储能系统的应用组合随年份出现突然

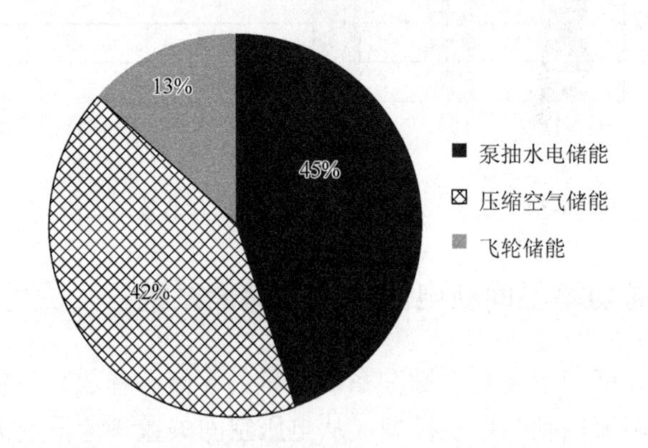

图 4-35 与风能和太阳能组合的机械能储能系统在申报研究项目数和发表论文数目间的差别

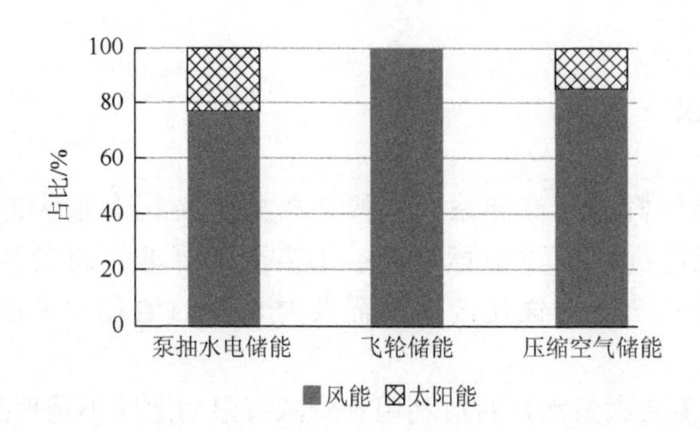

图 4-36　与风能和太阳能组合的机械能储能系统占比的差别

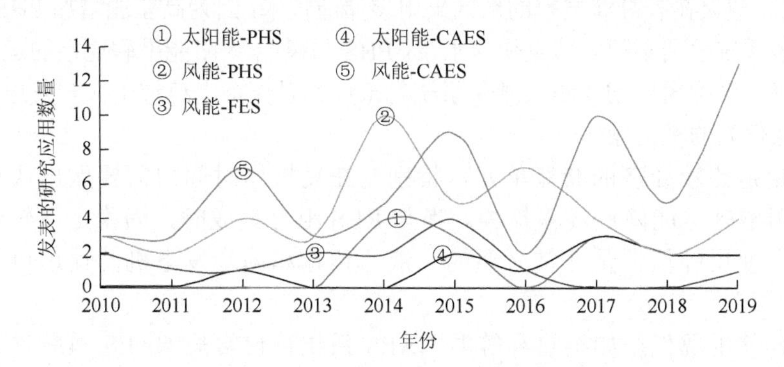

图 4-37　风能和太阳能与不同类型机械能储能系统组合研究应用数随年份的变化曲线

的暴增和剧降现象。近期研究应用最多的是风能-压缩空气储能，在其显著增加时其他类型机械能储能系统则显示下降或保持不变。另外也应注意到，太阳能组合曲线总是低于风能组合曲线，确证风能更适合应用于机械储能。为选择合适的机械能储能系统进行研究和应用，对不同类型储能技术本质特征差异的研究是必需的。不同类型储能系统都具有其自身的一些特殊特征，如飞轮储能非常快速的放电、泵抽水电储能高效率，压缩空气储能的高稳定性。在表 4-12 中总结比较了不同类型机械能储能系统的特点以及它们各自的优缺点。

表 4-12　不同类型机械能储能系统总结和比较

机械能储能系统	优点	缺点
飞轮储能	无污染，长寿命，数分钟内放电数量巨大，低成本	充放电受限制，不能够单独与 PV 组合
泵抽水电储能	高效率，高稳定性，低成本，长放电时间	高投资成本，低能量密度，占用大量土地
压缩空气储能	高灵活性，长放电时间，快速启动，低成本，高稳定性	低效率，膨胀前空气通常要用天然气燃料加热，平均 CO_2 排放较高（绝热 CAES 除外）

4.9.2 推荐建议

由于不同类型机械能储能系统的操作模式和特征有很大差异，因此为机械能储能系统应用提供以下推荐建议：①需要选择非常特定性和适合实际条件的机械能储能系统；②优化选择前需要对地区的地理和经济条件进行预先研究。

例如，PHS 需要大量水，对可利用水资源有限的地区不是理想的储能技术。该系统的优点是能利用山区下落的雨水，但需要避免在低温和高温时水的冷冻结冰和蒸发。建议在有高海拔差的地区采用该储能技术，因为高差能增加 PHS 效率。为增加该系统盈利必须安装可变速水泵。PHS 与风能/太阳能串联连接的运行稳定性会更好，必须用自动控制（避免系统复杂性）以保持高速透平（与发电机连接的仅有组件）的稳定操作。

飞轮是比较经济的储能单元，特别是在短操作时间内需要做出快速应答时。使用磁轴承能降低传输损失。当与 RES 组合集成时，为稳定飞轮储能单元输出，使用补偿器是非常必要的。液压传输和同步发电机的使用可降低频率偏差。

推荐使用现代型如绝热和等温 CAES 系统替代常规 CAES 系统，以避免使用其他热源、增加工厂效率和降低 CO_2 排放。多段 CAES（有多段压缩机和多段透平）的使用对降低功率波动性具有巨大潜力。CAES 与海上漂浮风能/太阳能系统的集成有大的吸引力，可使用水下存储，比地下存储显示出更好的性能。

对所用类型机械能储能系统，非常有必要采用组织有序的持续操作和反馈策略。政府部门对利用机械能储能单元项目的支持只是提供研究所必需的信息和划拨工厂建设所需土地。

建议：①综合考虑可利用条件、电力供应和负荷发展情况来选择并优化储能系统。这有助于达到成功选择适合于应用的最合适储能系统。②应预先研究先进混合机械能储能体系以提高工厂效率和尽可能多地组合不同类型储能系统优点，容易地实现负荷减峰和增加工厂容量。混合机械能储能系统是保持系统生态友好和满足任何类型应用要求的最优方式。③须对组合机械能储能和电力存储混合系统做预先研究和模型化研究，帮助发现这类混合系统的巨大潜力和进一步找出最优选择。即便是这样，组合单一机械能储能也是一种很有利的选择，但对于某些特例，它们可能无法满足所有要求。此时不同类型储能体系的组合可能是必需的。最重要的事情是对它们的良好管理，以使系统成为以一种机械能储能为主和另一种为辅的系统，这样就能更多地降低对环境的影响。

4.9.3　小结

对风能和/或太阳能应用，组合机械能储能系统已有相对完整的研究。对具有随机波动间歇性特征的可再生能源（RES）资源，最需要和最重要的是要进行储能研究。近来，在该领域已显示有惊人的发展和演变。它们与机械能储能系统的组合集成可以不同方式进行——串联和平行连接。串联似比并联更好，但平行连接可节约更多功率。配套的自动控制是为了防止和降低太阳能、风电功率的突然下降，因为控制系统能使功率强制先流过机械能储能系统，再流至负荷，以此确保装置运行的稳定性和安全性（因为它与系统是连接的且能简化控制）。

总而言之，机械储能系统有三种主要类型：飞轮储能、泵抽水电储能和压缩空气储能。飞轮储能属于短期能量存储，以动能形式存储能量。其特点是具有最快速的应答，数分钟内能释放巨大数量的功率，但其容量是非常有限的。它是最经济的电能存储系统，具有快速应答和最低成本（元/kW）。飞轮储能中最普遍使用的两种电机是高速和低速电机。为稳定电功率必须使用补偿器。在出现显著波动时，液压传输和同步发电机可能是最有利解决办法。泵抽水电容量取决于高位水库中存储的水量，以位能存储能量。在如下地区建泵抽水电储能是最有利的：有大空间可利用且有足够数量的水。它的特点是有最高效率，但安装需要大的占地面积。可变速度泵要好于固定速度泵，要保持高速透平的持续操作以供应电网所需要的功率。压缩空气储能具有自己的特征，依赖压缩机来存储高压空气。当需供应能量时，压缩空气可随时进行膨胀。CAES 是非常灵活的，具有快速启动和低操作效率特征。使用绝热 CAES 替代常规 CAES，借助于热能存储容器的帮助能避免对辅助热源的需求。使用多段先进 CAES 有助于降低功率波动，漂浮系统（基于水下存储，提供较高存储效率）是比较有利的选择。压缩机的高功率消耗也可能因使用等温 CAES 而降低，因为它借助于泵水作为工作流体以压缩空气。封闭型 CAES 有较高的储能密度。

第5章　电磁能存储技术

5.1　前　　言

随着因环境和气候严重挑战带来的对可再生能源（RES）资源利用的高度重视，以及不断提高其在电力电网系统中渗透程度，对储能技术的需求和应用越来越广泛。目前出现的不同类型储能装置具有各自的特征和可应用范围。储能单元的重要特征包括：储能容量、存储时间长短、充放电时间范围和速度、做出应答所需时间长度和范围，充放电循环寿命和效率等。直接电磁能存储技术能满足极快速应答、短时释放相当数量能量和很长循环寿命的应用要求。本章介绍直接电磁能存储技术。

在电场（如电容器）和磁场（如通电流线圈）中是有电磁能形式能量存在的，即电场和磁场是能存储能量的。例如，把正负电荷（能量）分离累积在电容器的正负极中。电磁现象间的关系也允许我们把能量存储在磁场中。这类直接存储电磁能量的储能单元都能在极短时间（瞬态条件）内存储和释放能量。极短时间完成充放能过程意味着，储能释能速度是非常快的。这类装置的另一特点是可反复充放电，循环次数极大。所以，应用这类储能单元领域强调的是其动力学、高功率和高循环寿命而不是存储能量数量。在这类直接存储电磁能量的方法中，能存储能量的量要远小于机械能、化学能和热能存储方法。但现时和未来其应用需求适用范围却是非常宽的。除在大功率分布电网系统中降低短期瞬态变化外，其典型应用例子（非常重要）包括数字通信装置（脉冲需求要求具有秒数量级特征时间）和混合动力牵引机械（高功率需求要求从秒到分钟，以及即时吸收刹车产生的大电流能力）。满足这类应用要求的常用方法有两个：一是利用电装置和储能材料的特性，其构型有类电容器特征；二是把能量存储在电磁场中。

需要再次强调电磁能直接存储技术的基本特点，充放能时间极短、高功率密度、低能量密度、高效率和在重复充放电循环后很少或几乎没有降解。在这类储能装置中，最重要的有（静）电双层电容器（EDLC）和超导磁能储能（SMES）技术。它们的技术设计相对简单：EDLC把能量存储在两个荷电电极（被电绝缘材料分离）间的电场中；而SMES把能量存储在有电流流过的超导线产生的磁场中。

5.2　平行板电容器

能够可逆地把能量存储在电场及其表面附近的装置称为电容器。它们有若干种类型，最简单的是平行板电容器。不同类型电容器的主要实际技术参数值范围宽，存储能量数量和吸收释放速率值范围也很宽。

常规电容器由被电介质分离的两个导电电极构成。在典型平行板电容器（图 5-1）中，分离两个电极的电介质位于两平行金属板之间。当在两电极上施加电位差时，所形成的电场是要穿越中间电介质材料的，这导致电介质内部电荷移位，存储了能量。对于电极面积为 A 和板间距离为 d 的电容器，其存储能量 W_C 可表示为

$$W_{\mathrm{C}}=\frac{1}{2}\varepsilon A\frac{V^2}{d} \tag{5-1}$$

式中，ε 为板间材料介电常数；V 为施加电压。平行板电容器电容 C 可通过式(5-2)计算：

$$C=\varepsilon\frac{A}{d} \tag{5-2}$$

式中，介电常数 ε 常用相对介电常数 ε_r 表示：

$$\varepsilon=\varepsilon_r\varepsilon_0 \tag{5-3}$$

式中，ε_0 为真空中的介电常数，8.854×10^{-12}F/m。一些电介质材料在室温时的相对介电常数于表 5-1 中。

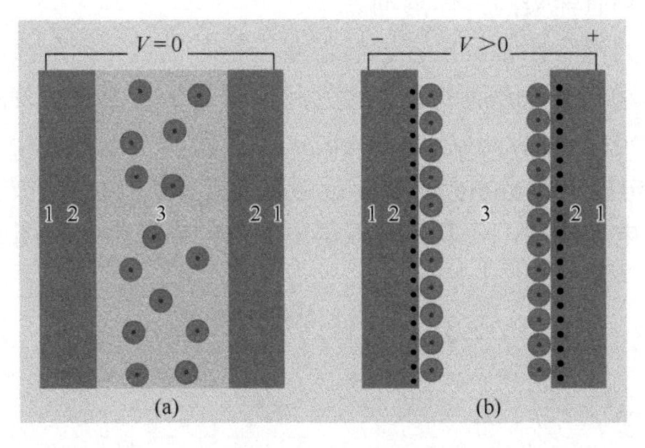

图 5-1　平行板电容器：（a）充电；（b）放电

1. 金属电极；2. 多孔碳层；3. 浸渍有电介质的聚合物分离器

表 5-1 某些材料在室温时的相对介电常数

材料	相对介电常数
尼龙	2.1
聚四氟乙烯	2.6
胶木	4.9
软玻璃	6～7
蒸馏水	80
高电容率氧化物	10000～150000

把式（5-2）和式（5-3）代入式（5-1）中，电容器存储的能量可写成：

$$W_{\mathrm{C}}=\frac{1}{2}CV^{2} \tag{5-4}$$

电容器中存储的电荷 Q 也可由其电容和施加电压表示：

$$Q=CV \tag{5-5}$$

于是电容器存储的能量也可表示为

$$W_{\mathrm{C}}=\frac{1}{2}QV \tag{5-6}$$

有意思的是，与直观感觉不一样，这类电容器中存储的能量竟与电容器板间电介质材料体积成反比。而通常会设想认为，如果是材料携带能量，则材料数量越多其所带能量应该越多。

常规电容器的能量密度是由电介质电容率及其击穿电场强度决定的。EDLC与常规电容器有所不同，其在电极间使用的电介质是固体材料，即 EDLC 是由被多孔分离器（通常是厚度约 100μm 的聚合物膜）分离的两个电极构成。分离器为两电极提供电绝缘，只允许传导离子但不允许（阻止）电子通过，它上面浸渍有电介质材料（溶解有盐类的液体溶剂）。

双层电容器的电容比常规电容器高得多，有时也被称为超级电容器或超大电容器。把电极和浸渍有电介质的分离器卷起来密封于容器中，就制成了完整的超级电容器。在两电极露出部分施加电压时，电极间产生电场，使电介质中离子向电极表面移动（电极表面是不会与离子反应的多孔碳），由在电极表面形成的离子层构成有效的荷电双电层，使其具有双层电容器的完整性质（图 5-1）。

5.3 电化学电容器

5.3.1 基本原理

电化学电容器（EC），有时称为超电容器（ultracapacitor）或优质电容器

(supercapacitor)，使用的不是常规固体电介质，而是利用（静）电双层电容和电化学准（假）电容存储电能。电化学电容器分类给于图5-2中。（静）电双层电容器使用碳或其衍生物作为电极，正负电荷在导电电极和电介质间界面上形成被分离的Helmholtz双层，分离间隙极小，在0.3～0.8nm量级，该值远小于常规电容器中的间隙。

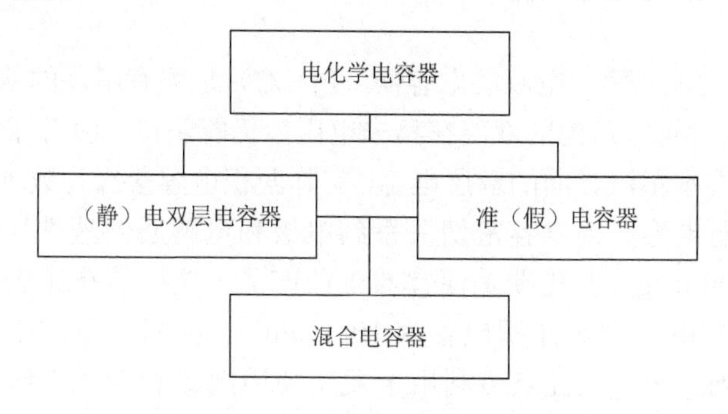

图5-2 电化学电容器分类

除了（静）电双层电容器外，电化学电容器中还有准（假）电容器，其电极一般是金属氧化物或导电性聚合物。准电容器通过氧化还原或插层反应或电吸着实现法拉第电子的传输。另一个重要的电化学电容器是混合电容器，也称为不对称电容器，如锂离子电容器，有类似于电池的法拉第电极，两个电极中的一个显示静电电容，另一个是碳电容。这类电容器的独特设计能对其操作电压和能量密度进行调整，利用的是法拉第电极上的电化学氧化还原过程。

电化学电容器中单位体积存储电荷的数量主要取决于电极大小。在（静）电双层中存储的静电能量随存储面积呈线性增加（对应于吸附离子的浓度）。常规电容器中的电荷也是由电子传输的。双层电容器电容关系到离子在电介质中的有限移动速度和多孔电极结构的电阻。因在电极和电介质中不发生化学变化而形成荷电放电电双层，原理上是不受限制的。真实电化学电容器寿命仅受限于液体电介质的蒸发。

在电化学电容器中，被离子渗透膜分离的两个电极通常浸渍有电介质，连接两个电极的是电介质离子。当在电极上施加电压产生极化时，会形成与电极极性相反的离子层，即正电极极化在电极电介质界面上形成的是负离子层，而负电极极化形成的是平衡正离子层。深入双层中的另外一些物种（特殊吸附离子）也能用于为电化学电容器总电容做出贡献，取决于电极材料和表面形状。

电化学电容器使用双层效应存储电能，但该双层没有常规固体电介质那样的分离电荷。因此，在电极双层中存在的两种存储原理都对电化学电容器总电容做出贡献：①双侧电容，电能的静电存储由Helmholtz双层中的分离电荷贡献；②准电容，电化学存储电能经由法拉第氧化还原反应为电荷传输做贡献。两种电容仅能在测量中分离。对于电化学电容器，其单位电压存储的电荷数量主要由电极大小决定，但每种存储机制给出的电容数量变化可能是很大的。

5.3.2 （静）电双层电容器

如图 5-3 所示，（静）电双层电容器（EDLC）装置有串联的双层，分别位于每个电极电解质界面。荷电的双层在移去电压后仍能坚持（利用存储的电能）。对于特定固体电极-水溶液界面的双层电容，实际面积电容量级为数十 μF/cm^2，已远高于常规电容器电容，该电容密切关系到电极和电解质溶液性质。非常高比表面积（可达 2000m^2/g）多孔碳是便宜的工业产品，这样的高比表面积多孔碳能使其电容高达 200F（假定面积电容为 10μF/cm^2），而对于常规电容器则需要很大尺寸才能达到。这一大优点可利用于发展使用纯碳和合适电解质的电化学电容器，其单位质量或体积电容将是非常高的。在实践中，用这些存储原理生产电容器的电容值在 1～100F 数量级范围。如表 5-1 可推出，电化学电容器的比功率远比电池优良，但其比能量是中等的，说明其有好的加速性能但放电时间范围很窄。

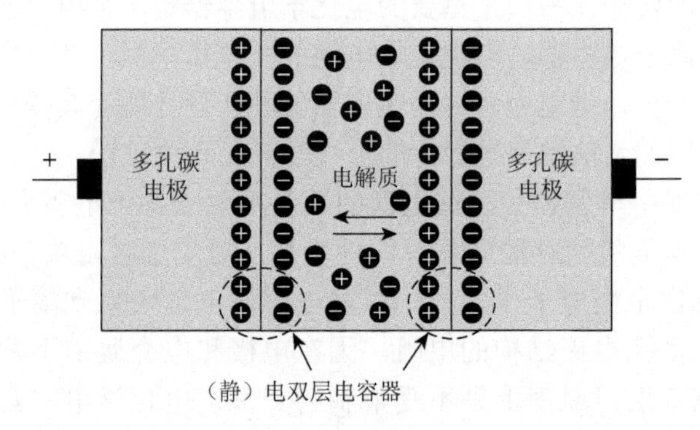

图 5-3 在两个电极-电介质界面上充电电化学电容器和（静）电双层电容器的示意表述

5.3.3 电化学准电容器

为了增加电化学电容器的电容，一些研究者提出使用复合材料（氧化还原活性物质与碳）作为电容器电极材料。对于使用复合材料电极的 EDLC，在电极-电介质界面存储能量不再是一个简单物理过程，也包含可逆氧化-还原反应产生的电容，电容器存储的能量数量要比纯碳电极电容器大 10～100 倍。在该类电化学电容器端点施加电压时，电介质离子朝相反电荷电极方向移动形成一电双层（夹在双层之间的是单层溶剂分子），产生所谓的“准电容”，形成准（假）电容器（pseudocapacitor）。它利用的是电化学电容器（具有电双层）电极表面的可逆法拉第氧化还原反应（存储电能）。传输的电子电荷（来自脱溶剂化和吸附的离子）发生于电介质和电极之间，每个电荷单元参与传输的仅有一个电子。这个法拉第电荷传输源是顺序可逆快速氧化还原、插层或电吸着过程的结果。吸附离子没有与电极中原子发生化学反应，发生的仅是电荷的传输。常把这类电容称为氧化还原准电容，也可使用词“超级电容器”来描述利用这类电荷存储能量的装置。不过它与固体溶液存储大量电荷的超电容器和以双层方式存储电荷的优质电容器是不同的，优质电容器电介质原子并不快速进入固体电极材料中。

5.4　电化学电容器中电荷存储机制

5.4.1　引言

如果两电极空间中所含物质不是气体而是液体或固体（电介质），那么形成的平行板电容器的行为是非常不同的。此类电容器中的电荷是存储在电极物质与离子材料的接触界面区域中，其正电荷和平衡负电荷间分开的距离非常小，虽然仍可把它设想成是一等当平行板电容器。由于其板间距离仅有原子距离量级，其单位面积能够存储能量数量的确是极其巨大的。具有这种类型局部结构的装置通常称为电化学电容器，其分类示于图 5-2 中。因其存储机制不同被分为超电容器（能量存储在电介质/电子材料界面及其附近）和优质电容器（能量存储在固体晶体电子导体电极中，由瞬时加入的可逆吸附原子物种提供）。其电容都远大于前面所述用电介质材料的平行板电容器。电容器存储电荷机制可分为双层电荷机制、界面表面吸附机制和本体吸附反应机制三种。下面简要介绍。

5.4.2　双层电荷机制-电介质/电极电双层界面区域的静电储能

化学惰性电子导体电极与电介质接触形成的界面（含有可移动离子电荷）具有简单电容器功能。两荷电（正的和负的）层间的距离非常小，能存储电荷数量一般在 15～40mF/cm^2 界面量级。为优化这类微结构界面区域做了很大努力，已研发出多种材料（如碳和某些化学惰性电子导体材料）的生产技术。它们都具有理想的分散形式，能形成大而完整的界面区域面积。多种这类材料已作为双侧电极材料被使用，制造出特殊类型电容器，其典型电容值给于表 5-2 中。

表 5-2 某些双侧电极材料的特性 （单位：F/g）

电极材料	比电容
石墨纸	0.13
碳布	35
气溶胶碳	30～40
纤维素发泡碳	70～180

电容器能耐受（不被击穿）的电压受限于电介质的分解电压。水性电介质的耐受电压为 1.23V，比能量一般在 1～1.5W/kg 之间；而有机溶剂电介质的耐受电压达 4～5V，比能量能达到 7～10W/kg。以双层存储机制为主电容装置的行为，类似于有串联内电阻的纯电容器，时间常数等于电容和串联电阻的乘积。为使这类电容器装置具有快应答，最重要的是要使其内电阻尽可能小。使用有机电介质的重要特征之一是其离子电导率通常是很小的，即便电阻较高，其时间常数也比水性电介质大，而且电容越大时间常数越大，应答越慢功率水平越低。

以双层存储机制操作的电容器装置的另一重要特点是，存储电荷数量与施加电压呈线性关系［式（5-5）］。也就是说，随提取电荷分数（放电程度）增加电压会呈线性下降，即该电压依赖特征使电容器装置的存储容量仅能被部分利用。对于该类装置，可接受的供应功率与即时电压的平方成比例，这对其使用构成一重要限制。现在，已研发出有大电容值的电双层电容器（EDLC）或超电容器，日本大量生产此类电容器已有相当长时间。现在该词（超电容器）的使用越来越普遍，主要用作半导体记忆型电容器和若干类型小执行制动器。

5.4.3 在材料电极界面和本体上的法拉第二维和三维吸附电容

鉴于电介质表面结构特征及相关热力学性质，当电位小于本体新相沉积电位时，常发生相当数量法拉第电沉积，占据了固体电极表面特定结晶学位置。该类沉积通常仅覆盖部分表面，其吸附产生的准电容数量在 200～400mF/cm^2 界面面积范围，该数值显著大于电化学双层装置的单位面积存储电荷值。但也必须指出，具有这类机制且能有效使用的材料是稀罕的，并不普遍。

已知有很多电介质原子能够迁移到固体电极材料表面（所谓的法拉第沉积）。此时电活性物种可扩散进出固体电极晶体结构，导致其电位发生变化。因存储能量数量与被电极吸附的电活性物种数量成比例，本体存储机制导致的单位电极结构体积中存储能量的数量可能远超任何表面存储过程。对于此类存储机制，用单位界面面积电容来表述其发生于本体的现象是没有意义的，这是因为体积存储机制取决于电介质原子渗入固体中的深度，其电容值常用每克多少法拉表示。以材料本体方式存储能量的超电容器机制已经在能量敏感脉冲装置中使用。该类装置的动态行为与电介质/电极面积有关，主要是因为它们具有非常精细的大表面积微结构。

在法拉第沉积过程中，传输的电子是进出氧化还原电极材料中的价电子。它们进入负极和流过外电路到正极，在那里与同等数目的阴离子形成第二双层。到达正极的电子并不传输给阴离子形成双层，替代的是它们在电极表面保持强的离子化和过渡金属离子状态。显示有氧化还原行为作为准电容器中电极材料使用的是过渡金属氧化物，如 RuO_2、IrO_2 和 MnO_2。使用的插入掺杂导电电极材料则是活性炭和导电聚合物（如聚胺或聚噻吩等）。法拉第电容器的存储容量受限于有限数量电极材料的可利用性。法拉第准电容总伴随有静电双层电容，其大小可超过同样表面积双层电容值的 100 倍，取决于电极性质和结构。因所有准电容反应仅发生于脱溶剂化离子，其数量远少于溶剂化壳中的溶剂化离子。电极通过氧化还原反应、插入或电吸着实现准电容的能力很强地取决于电极材料对吸附于电极表面离子的亲和力，也取决于电极孔道结构和尺寸。存储在准电容中的电荷数量与施加的电压呈线性关系。

作为例子，研究者已注意到 RuO_2 似乎具有电介质界面行为，其电容也不是一般的大。1975 年，加拿大学者使用 RuO_2 材料制备发展出商业电容器，而后很快实施有针对性的发展计划（先是在美国加利福尼亚州的实验室，后又在 Pinnacle 研究所），研发和制造这类初始产品。它们全部定向于军工市场，现在已开始转向民用市场。对发展该领域的原始思想是：该类材料发生的电荷存储是因电介质-RuO_2 间界面近邻区域发生了氧化还原反应。仔细测量已说明，电容值很大且与其表面积呈比例。但现在已认识到，其发生的电荷存储是经由氢嵌入 RuO_2 本体结构产生的，电容行为不仅发生于表面，而且也发生于本体结构中。由于氢短时间扩散能达到的深度相对有限，因此存储电荷数量无法达到其最终的饱和值。对电位随氢饱和量变化的测量结果证实，其电化学滴定曲线非常陡，说明氢渗入深度是很有限的，这对了解其表观电容行为是有帮助的。从试验测量结果经由计算得出，氢在 RuO_2 本体晶体中的扩散系数为 $5\times10^{-14}cm^2/s$，这是对许多高频率试验测量（在电容器试验中是常用的）的很好说明。氢进入氧化物本体的渗透深度是很浅的。后续研究指出，无定形 RuO_2 中氢表观溶解度要远高于晶体材料中。用水合 RuO_2 的试验测量说明，其存储电荷容量高于无水 RuO_2，且其存储电荷数量与比表面积无关，与总质量成比例（图 5-4）。能可逆地嵌入到每个 Ru 原子上的氢原子数可超过 1 个。试验测定的滴定曲线示于图 5-5 中。结晶 RuO_2 是非常好的电子导体，电阻率约 $10^{-5}\Omega\cdot cm$，是本体碳的 1/100。而二氧化钌水合物的电阻相当高，为降低电极电阻可在其微结构中加入碳。

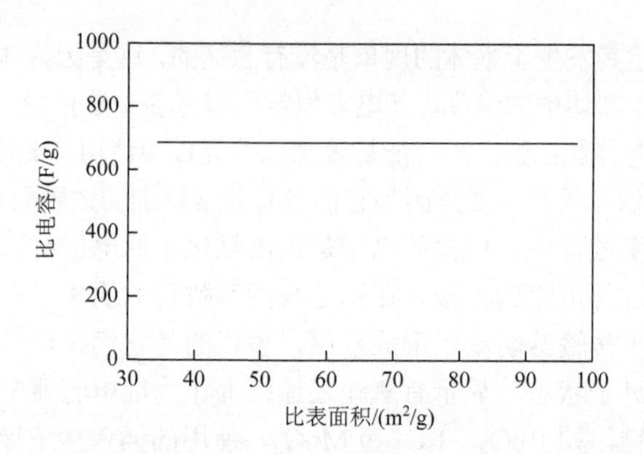

图 5-4　水合 RuO_2 表观电容（比电容）与比表面积的关系曲线

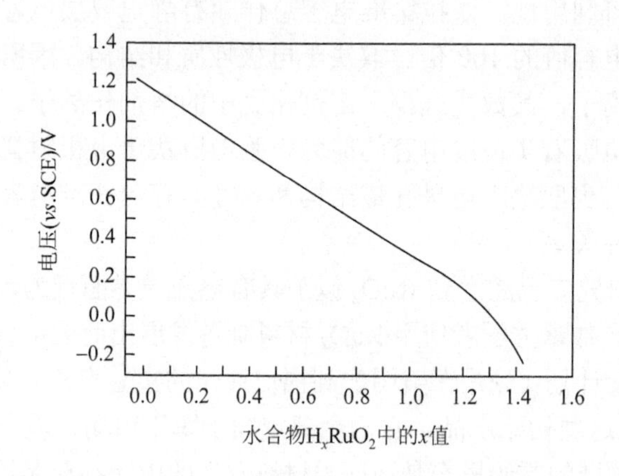

图 5-5　水合 RuO_2 的电压与嵌入氢数量的关系曲线

具有电致变色（即加入除去电荷时固体颜色会发生变化）特性的一些材料也具有类似的准电容行为，如 NiOOH 和 IrO_2。因此，它们也能作为超大电容器材料使用。这清楚地说明，已有其他物质嵌入到其本体晶体结构中。具有嵌入反应的多种电极材料的比电容给于表 5-3 中。

表 5-3　具有嵌入反应的某些电极材料的特征比电容　　（单位：F/g）

电极材料	比电容
聚合物（如聚胺）	400～500
RuO_2	380
水合 RuO_2	760

对于这类嵌入反应，当客体物种嵌入主体晶体结构中一般会有体积的变化，因此导致其形貌的改变和电容容量的降低。大体上来讲，体积变化比例于客体物种浓度，因此常发现容量改变（即降解）的大小取决于充放电循环的深度。

5.4.4　不同存储电荷机制电容器的电容容量大小比较

电容装置中能存储能量的最大值等于其最大电压与最大电荷的乘积，实际存储容量一般不可能超过该最大值。为此，对不同类型存储（储能）机制电容器电容最大值做一简单比较是有意义的。图 5-6 中分别给出了三类不同电荷存储机制电容器装置［即双层电容器、嵌入反应机制电容器和重构反应机制电容器（或电极）］的电位和电容容量曲线（仅作比较之用）。但图中没有给出遵循表面吸附机制（二维法拉第低电位沉积）电容器装置的曲线。

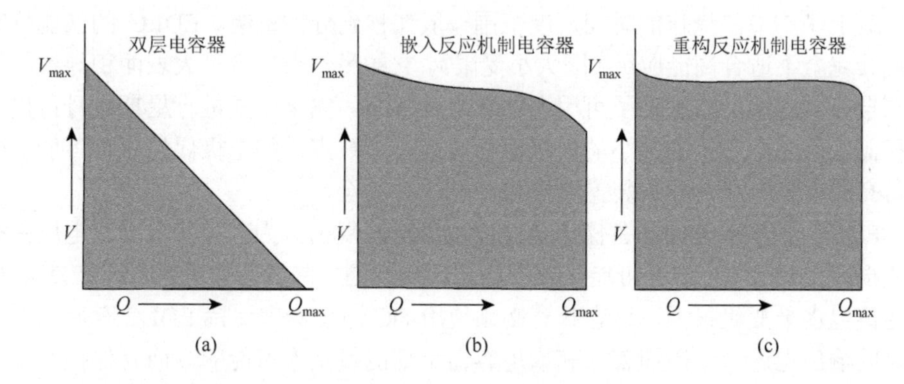

图 5-6　不同电荷存储机制的比较（电位 V-电量 Q 曲线以及 V-Q 曲线下的面积）

对于一个真实的电容器，其存储电荷数量与施加电压呈线性关系，如图 5-6（a）所示，电压随取出电荷数量呈线性下降。对于单一固体溶液嵌入反应型电极（电容），其电位-电荷特征关系示于图 5-6（b）。该形状的热力学基础是电位与组成［荷电数量（即电荷状态）］无关。重构反应机制电容器装置的特征行为示于图 5-6（c），从热力学观点看，该情形似乎是没有自由度的，意味着所有强度变量与总组成（存储电荷数量）是无关的，其放电曲线特征呈现的是一个电压平台。不管是哪种存储机制，其最大可利用电荷数量是 V-Q 曲线下的面积。很清楚，电容器装置（电极）能存储的最大电荷数量为 1/2（$V_{max}Q_{max}$），而实际可利用的数量总是低于该数值（存在不可避免的损失）。

5.4.5 （静）电双层电容器的特征

对于双层电容器，其电介质内是不发生化学反应的，因此在荷电/放电循环中基本没有降解，预期循环寿命超过 100 万次。这一特点使电双层电容器（EDLC）很适合于连续快速循环类型的应用。EDLC 的操作温度范围一般要比电池宽，大表面积使其内阻很小，即内发热和损失很小，循环效率高达 95%～99%（与循环图景有关）。高效率和低生热特征使其具有高的功率密度（10kW/kg），尽管其体积能量密度是中等的（约 5W·h/kg）。高功率密度和低能量密度使其操作的时间尺度（τ）很小：

$$\tau = \frac{W_{\max}}{P_{\max}} \tag{5-7}$$

其中，$W_{\max}$ 为最大储能容量；$P_{\max}$ 为最大功率输出。该方程对任何电存储装置都是适用的。

对于 EDLC，操作的时间尺度范围一般在秒到分钟量级。EDLC 的低能量密度使其完全不适合高能应用（因大小受限）。它的另一个缺点是大表面积导致的相对高自放电速率，这缩短了可用存储容量及时间，完全无法进行星期或月份尺度的存储。另外，它们非常小的内阻也可能是一个缺点，如电极偶然短路可能产生非常高的放电电流，导致装置毁坏和可能产生危险。

EDLC 存储单元的制备操作要比低电压电池复杂。为获得特定工作电压必须串联很多个 EDLC，这有可能导致不均匀荷电问题（降低有效电容量）。EDLC 电压随荷电水平变化很大，这意味着必须使用 DC 逆变器来保持 EDLC 存储系统有恒定的输出电压。一般而言，获取电容器全部能量是不可能的，而且保持其输出电压也是受限制的，这进一步降低了 EDLC 有效能量密度。

5.4.6 存储能量质量的重要性

燃料质量是工程热力学中普遍使用的概念。高温燃料一般比低温燃料更有用，也就是说高温燃料的质量较高。因此，在考虑实际热能体系时，必须同时考虑燃料数量和质量（其可用温度）。储能装置体系也存在类似的质量问题，除了存储总能量数量外，也必须同时考虑其可利用电压。这说明对存储能量质量进行评估是必要和有用的。在考虑质量因素时就能看到，对三种不同电荷存储机制可利用电极电容器间存在另一差别。表 5-4 中的数据给出了它们可用电荷数量，也给出了它们的质量。表中的“高质量能量”是指电压在 $V_{\max}/2$ 以上能量所占百分数。它是这类瞬时存储系统要确定的重要参数（表 5-5）之一。

表 5-4　可利用高质量能量的最大数量　（单位：%）

电容类型	高质量能量
双层电容器	37.5
嵌入反应机制电容器	约 80
重构反应机制电容器	约 90

表 5-5　最大电位和最大荷电（最大存储能量）的确定

电极电容器类型	确定 V_{max} 的参数	确定 Q_{max} 的参数
双层电容器	电解质稳定性窗口	电极微结构、电解质
嵌入反应机制电容器	客体-主体相的热力学	电极质量、热力学
重构反应机制电容器	多相反应热力学	电极质量、热力学

5.5　优质电容器

单一 EDLC 可应用最大电压仅为 1～3V，但其分离电荷双层间有效距离仅有纳米数量级，使两个表面电荷层间有很高的电场强度（$E\propto 10^9$V/m），即能量密度非常高。原理上，能量能以电荷形式存储在两个金属或导电板（被绝缘电介质层分开）之间（当在导电板上施加电压时）。存储电能数量主要取决于金属板大小、板间距离和所用电介质类型。在图 5-7 中给出了一有代表性优质电容器（SC）在充放电状态下电荷载体行为，它由中间电介质和夹着它们的两个碳电极构成。当充电时，负离子被收集在正电极附近释放其电子，正离子累积在负电极上吸收电子。当电容器不与电源连接时，板间电位差会产生电磁场。放电期间，离子返回到它们原来的位置。SC 的电容量计算公式与常规电容器相同。

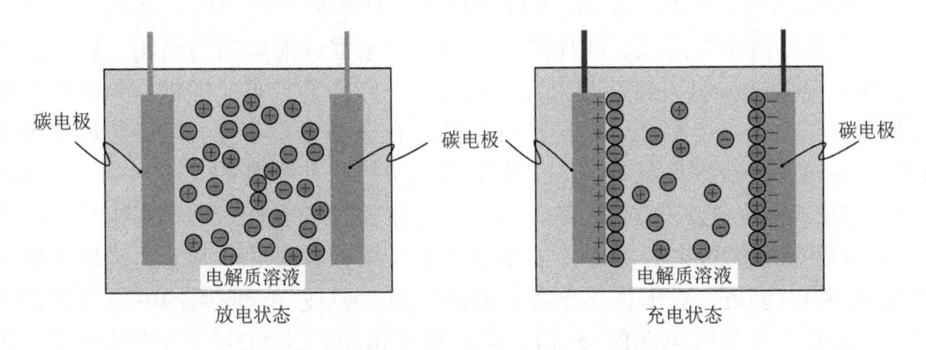

图 5-7　在充放电状态下电荷载体行为的说明

SC和EDLC都是电化学电容器，都有一对能存储能量的带电板（电极），中间是高绝缘电介质和聚合物膜。SC以电荷形式存储能量，储能密度很高，可能是所有存储装置中最高的。SC有能力在数十或数百毫秒内应答变化的功率需求，非常适合于短期储能应用。该技术相对较新，仅有很少成本数据可用。已经知道瞬时放电容量和长循环寿命是该类电容器的主要优点，非常适合于小规模功率控制应用。但它们的低能量密度使其大规模应用受限，因此不需要有昂贵大面积电介质。这类电容器存储体系的示意表述给于图5-8中。

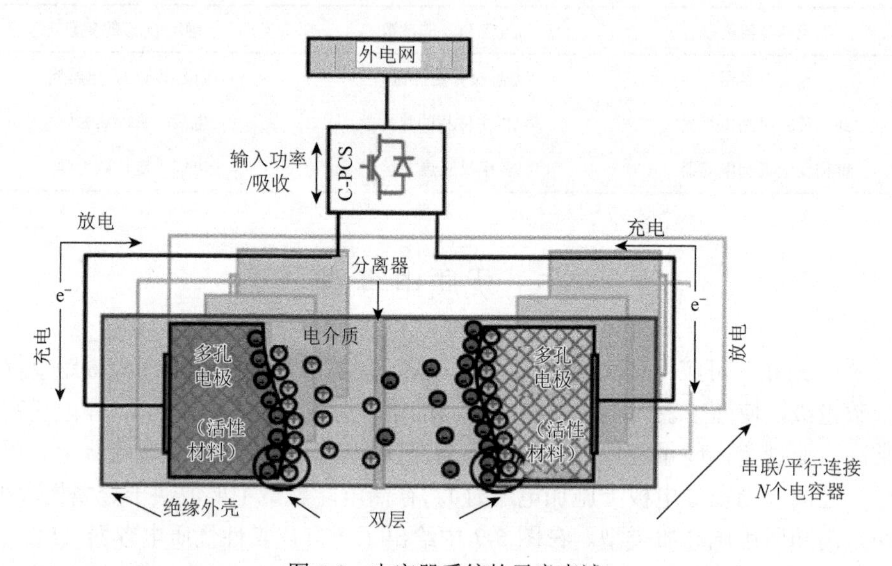

图5-8　电容器系统的示意表述

优质电容器的操作原理非常类似于平行板电容器，但绝缘介质是不同的（绝缘介质被电介质离子导体替代），可达到非常大的比表面积（有较高能量密度，因此被称为优质电容器）。电极的精确设计和电介质的优化选择能使电极表面产生非常高电荷密度。即便这样，对单个电容器能施加的电压也仅能达到约2.7V。单个优质电容器的视图给于图5-9中。因其低电压特性，为提高电压必须连接多个优质电容器。电容器组不仅可有高的电荷密度，其储能容量也从1kW·h增加成为较大储能单元。优质电容器可以有非常高的功率输出（放电功率可达50～100kW）。优质电容器的循环寿命超过500000次，预期寿命为12年。只要确保对优质电容器操作的合适控制，其功率输出可调节到极端高容量（串联连接）。但是，对于优质电容器储能系统，要被广泛应用的主要限制是它们的高成本（为铅酸电池的5倍）以及高自放电速率和非常低能量密度（约5W·h/kg）。

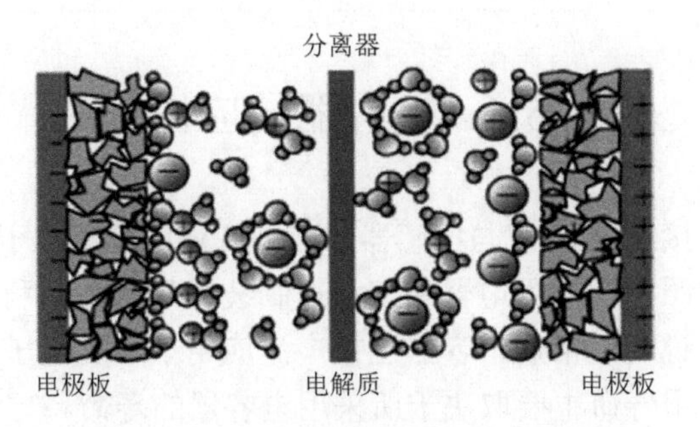

图 5-9　单个优质电容器视图的示意表述

SC 研究的新进展之一是提高了质量储能密度。研究重点：一是开发和应用新绝缘介质材料（如碳、石墨烯或纸张）和发展低成本多层 SC。例如，石墨 SC 是由石墨烯、乙炔炭黑（传导添加剂）和黏合剂的混合物做成，室温时的能量密度为 85.6W·h/kg，80℃时为 136W·h/kg（与 Ni-MH 电池能量密度相当）。二是应用混合构型和分子工程学方法改进碳活化工艺或使碳纳米管（CNT）定向。例如，用随机定向 CNT 制作的 SC，比电容为 102F/g，而用化学气相沉积（CVD）工艺制备的垂直排列 CNT 制作的 SC，比电容增加到 365F/g。而用化学活化碳制备的电极，比电容为 135F/g；而当碳用激光活化时，比电容达到 276F/g。如果主要目标定在增加电容，可考虑选用混合构型。例如，用 MnO_2 涂层碳纤维制作的电极，比电容为 467F/g，在 5000 次循环后电容保持率 99.7%，库仑效率保持在约 97%，能量密度 20W·h/kg。由于该混合构型电容器的成本低、能量密度高，可应用于新高容量便携式能量装置。

总而言之，比较先进的电容器现在都是为储能专门研发的。有多种类型的电容器适合于储能应用。这些电容器存储的能量正比于其电极面积和电压的平方，反比于电极分开距离。电化学电容器能够达到非常高电容量和能量密度（当表面积非常大和电荷分离距离非常小时）。虽然优质电容器荷电是瞬时的，但也能坚持较长时间。优质电容器系统的充放电循环能进行几十万到几百万次（手机中电池仅能充放电约 300 次）。不同类型优质电容器产品型号给于图 5-10 中。

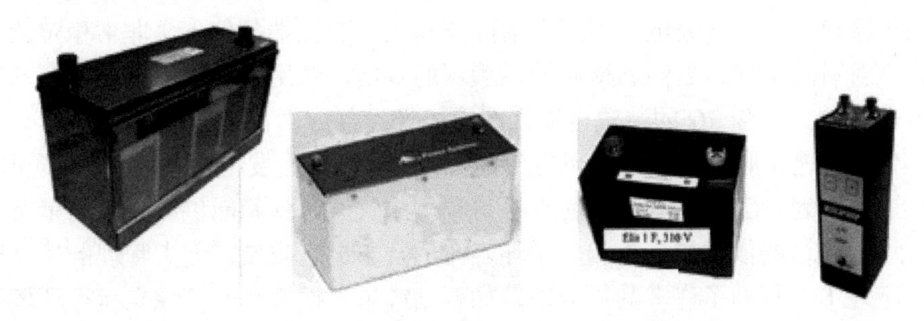

图 5-10　不同类型超级电容器的一些型号

5.6 电容器的应用

电容器可以直接连接和/或与电感器一起被广泛应用于电子线路中（图 5-11）。许多领域和部门如照明、家用电器和工业控制装置几乎都是利用安装有电容器的电子线路。这充分说明，常规电容器已被广泛应用于各类电子电器装置中。这些电子电器装置的使用寿命主要取决于所采用电容器的寿命。

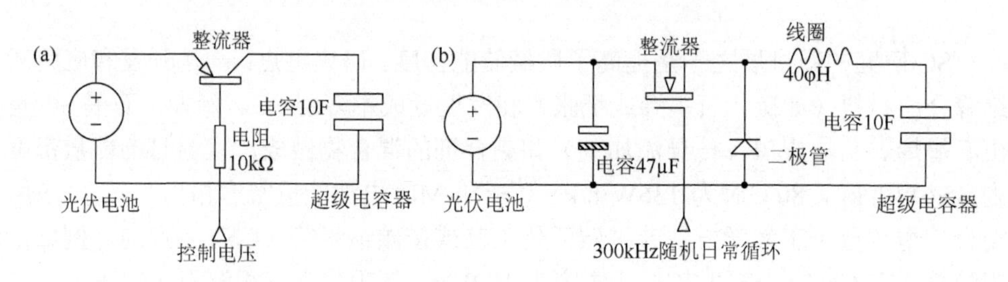

图 5-11 （a）电容器直接充电；（b）电容器通过电感充电

5.6.1 电化学电容器的应用

近一二十年来，在储能市场占主导地位的是可充式锂离子电池。然而人们已经认识到，对于许多应用如从便携式电子装置到混合动力车辆（HEV），电化学电容器（EC）能提供更高的储能性能，这是因为它们具有高功率密度、快速充放电能力和长循环寿命等突出优点。但仍需要进一步发展新的技术、优化性能和为应用降低 EC 生产成本。例如，针对无线用户提高 EC 产品的功率。

EC 的商业化产品为各种家庭工具、遥控器和便携式对讲器等提供电功率。对于工业领域应用，EC 由于具有瞬时放电能力，一般是作为备用电源使用。计算机组件、医院和工厂在碰到功率失败（电源中断）时，EC 能确保不间断电源（UPS）提供的功率供应，可防止灾难性失败直到电力恢复供应。EC 也能作为飞机上紧急备用电源使用。与一般电池不同，惰性碳基 EC 在极端条件下是非常稳定的。这个优点对石油钻探、石油和地质勘探领域的发展，使用由优质电容器供应功率是极为有利的。组合 EC 的装置也能为医疗成像设备提供备用电源。

处于快速膨胀时期的清洁可再生能源（RES）风力发电为 EC 提供了更多机遇，这是因为 EC 有能力瞬时应答不可预测的气候条件和能供应短时的爆发性功率。另外，EC 的低维护成本和长循环寿命适合于把它安装在无人管理的风力透平中。还为 EC 找到了许多其他应用，如航站缆车（摆渡车）和独立运行环境友好的 LED 街灯等领域。EC 也已经被应用于公交车中存储再生制动时产生的能量。

EDLC 和电池的组合可能要比单个电池更有用且便宜，还能坚持较长放电时间。EDLC 短时爆发性配送高功率的能力允许其使用较大电流。在充电期间，EDLC 能延长电池寿命（通过平衡潜在有危害的电流脉冲）。除了补偿电池外，EDLC 也能用于有高功率到高能量比要求的短存储时间尺度领域，包括需要频繁加速的运输车辆应用，如城市巴士、有轨电车和区间火车。EDLC 能够吸收和存储因再生制动产生的高电流，并再使用于提高加速过程。EDLC 也能为工业应用和科学试验装备提供短时间爆发性功率。在功率系统中 EDLC 的短操作时间尺度限制如下应用：提高功率质量和为大而突然负荷改变等瞬时现象提供相关电压支持。Maxwell Technologies 公司的 EDLC 产品已经在备用功率、爆发性功率和再生功率等市场中广泛应用。粗略估计 EDLC 的成本为 350 美元/(kW·h)，预期在未来十数年中仍然停留在这个水平上。

组合 SC 和 FES 可获得低频率混合构型［可引入比例计数（PI）控制器］，这类能量存储体系具有快应答和高能量效率的特点。例如，由于风力透平 + 燃料电池 + 光伏 + 柴油发电混合构型的频率稳定性很差，为克服其频率波动可使用 SC-FES 组合系统，使其频率变化的积分平方差从 0.2360 降低到 0.0194。在高压交流电链系统中引入 PI 控制器可使其应答时间大幅缩短。为抗击无功功率的形成和变化，确保电网稳定性，可利用双向 AC/DC 转换控制器。把 SC 组合连接到电网中，使其有能力为保持整个电网稳定性所要求的无功功率，也有能力满足对瞬时有功功率的需求。这些事实都说明，储能系统不仅是微电网结构中的一类实体，而且在能源（电网）管理中也能起至关重要的作用。

与常规电介质电容器比较，优质电容器（SC）（因有很大电极表面积）能提供数百倍高的储能密度。SC 比电池优越的特点之一是，可连续充电/放电且没有性能的降低。SC 高效和长寿命的特点使其能够普遍应用于启动引擎、制动器，以及为电/油混合电动车辆提供瞬时负荷功率，也能回收车辆制动时产生的能量。SC 的这些特点能大幅提高在城市行驶频繁停-开操作车辆的燃料效率。SC 的快速应答特点能让其广泛应用于功率调整或功率平衡装置。SC 是用于管理高功率速率（存储发电机产生电力）的仅有装置，能使系统达到高的令人印象深刻的总效率 55%。SC 储能系统也已用于回收存储铁路振动时产生的能量。SC 尽管具有长循环寿命（＞10 万次完全循环）和高效率（84%～97%）的突出优点，但是也有若干阻止其普遍应用的技术障碍：每天高达 40%的自放电速率和较高的成本。

5.6.2　未来展望

现在 EDLC 的能量密度约为典型锂离子电池的 1%。这个低能量密度是导致 EDLC 不能更广泛使用的主要障碍。继续研究的目的是要把电容器和电池的最好性能组合起来，发展出具有高能量容量、低循环降解和操作温度范围广的高功率存储装置。其中的EDLC使用了不同形式的纳米结构碳基电极，如碳纳米管或纳米粒子（结果说明是非常可行的）。另一个例子是石墨烯基锂电容器，它组合了优质电容器和锂离子电池的优点。对这类装置进行的初步试验结果表明，能量密度可达 160W·h/kg，离现在锂离子电池不远了。如果材料研究进展能导致能量密度有显著增加且能产生商业可用装置，EDLC 潜在应用将有惊人增长。高容量、长操作寿命和低价格将开启运输（电动车辆）和公用事业（电力系统）中的储能应用，其时间尺度可达小时级。

如前所述，SC 的发展离不开新材料的开发合成（SC 用材料分类给于图 5-12 中）。下面是使用新材料（电极材料、电介质材料和新合成方法应用）进展的一些例子。

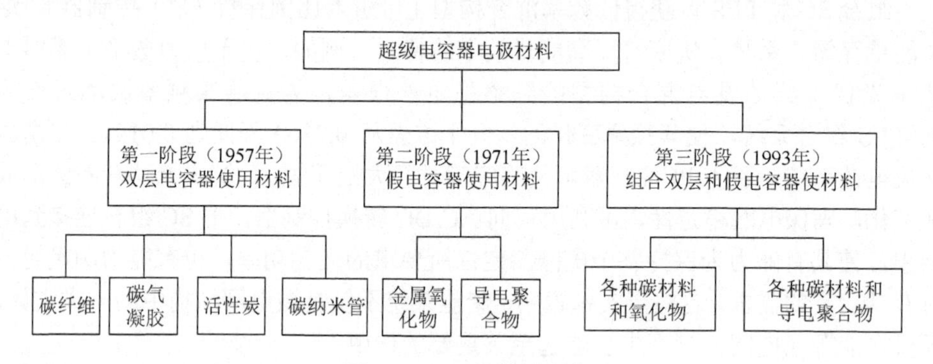

图 5-12　SC 材料的分类

使用碳纳米片作为 SC 电极材料，该碳纳米片由 7 层石墨烯构成，其占优势的定向是垂直于物质面。使用循环电压电流计在标准电化学三电极池中测量碳纳米片的电容。以铂对电极和标准汞/硫酸汞作为参考电池，电介质是 6mol/L 硫酸溶液。用建立的数学模型模拟了该虚拟优质电容器池（以碳纳米片作为电极材料），其可达到的总电容为 1.49×10^4F。

发现了用碳纳米管（CNT）/硫酸钴复合材料制作的有潜在高速率和高效率的沉积电容器。利用硝酸钴、硫代乙酰胺和 CNT 在聚乙烯吡咯烷酮存在下制备得到 CNT/硫酸钴复合材料，把 CNT/硫酸钴复合材料沉积在氟掺杂氧化锡玻璃基体上，然后在 300℃下简单老化 0.5h 制作 CNT/硫酸钴电极。发现 CNT/硫酸钴复合电极在扫描速率 100mV/s 时能够提供较高的比电容（与报道的其他结果比较）。CNT/硫酸钴复合电极在恒定放电电流密度 217.4A/g 时提供的功率密度为 62.4kW/kg。有这样的高速率容量和功率密度说明，以 CNT/硫酸钴复合材料电容器作为有效储能装置具有大的潜力。

以镍钴复合阴极材料作为可能电极材料被使用于 SC 中。该工作使用化学沉淀法合成复合材料 $Ni_{0.37}Co_{0.63}(OH)_2$，并发展作为 SC 的电极材料。获得的结果说明，这个材料因伴有两个 OH^-，可进行两电子氧化还原过程。用该材料记录的循环伏安曲线测量（不同扫描速率下）的比电容较高。

利用在水溶液和离子液体电介质中还原石墨烯氧化物（graphene oxide），制备发展出高性能 SC 并在离子液体电介质中研究电化学性质。获得的结果指出，电流密度可达 0.2A/g，在硫酸和 $BMIPF_6$ 中的最大电容值分别达到 348F/g 和 15F/g。以石墨烯氧化物/聚胺（例如 GO/PANI）片复合材料（在石墨烯氧化物片涂渍聚胺）作为新电极材料所做的 TGA（热重分析）和 CV（电流-电压）试验获得的结果说明，该复合材料的热稳定性和电活性显著高于 GO/PANI 复合材料。

把制备的蔗糖微孔碳作为 SC 电极材料所做的应用研究结果指出，该材料样品的孔大小和比表面积分别为 0.7～1.2nm 和 178～603m^2/g；发现用拉曼光谱分析获得的样品强度说明，800℃以上碳化样品的 G 带强度强于 D 带；800℃碳化的样品有最高的比表面积，其平均孔大小约 0.75nm。使用三电极和两电池方法进行的评价循环试验指出，所有样品都有好的循环性能。

把制备的聚对乙烯苯二酸酯（PET）碳作为 SC 电极材料时观察到，获得的活性炭具有高多孔性；在 2mol/L 硫酸水溶液电介质中和在低电流密度下显示的比电容高达 197F/g；而在氢离子 1mol/L$(C_2H_5)_4NBF_4$/乙腈介质中显示的比电容达到 98F/g。而在高电流密度下显示的性能也是高的。最后确认这类材料具有作为电能存储的潜力。对 RES 电力显示有高性能的碳 SC 进行了试验研究，使用的是间苯二酚呋喃甲醛和六甲基四胺（一种胺碱）制备的碳材料。

通过催化合成了用于 SC 的高纯碳。获得的试验结果说明，其电化学特征是增加了单位表面积比电容，比用生物质合成的商业碳高 18%，电容器寿命延长 2 倍（与自身试验结果比较），循环功率也有增加。还发现用合成碳制作的 SC 在某些应用中显示有电双层电容器特征。

采用杨树木碳化成功合成了高均一性和大孔隙率的多孔木材碳独居石（m-WCM）。使用傅里叶变换红外光谱仪、表面形貌分析和扫描电子显微镜（SEM）对其微结构进行了表征。2000 次恒电流（10mA/cm^2）长期循环试验结果显示，其电容值在初始降低 3%/月后显示出优良的稳定性。

为增强 SC 储能性质，把负载有金属氧化物碳纳米管制成纳米片，并以此复合材料为电极材料制作电化学双层电容器。在以 KOH 水溶液作为电介质进行的比较研究发现，该 SC 装置显示优良的循环寿命，在 600 次循环后保留的比电容是初始值的约 81%。因此认定，该混杂负载材料是一种可行的 SC 材料。

对应用于 SC 的碳纳米管和导电聚合物复合材料进行了评论。该评论文章给出了 SC 电极材料的分类（图 5-12），并发现：电化学共沉积复合材料是最均匀的材料；聚合物和碳纳米管间显示有不一般的相互作用，它对强化电子离域化和与聚合物链共轭起到提升作用。因此，这些材料具有优良的电化学存储性质和快速的充放电切换，是制备高功率沉积电容器可用电极材料。

5.7 电容器的瞬态行为

5.7.1 电容器的充放电

电容器除了储能数量参数外，也必须考虑其获得能量的速率问题。与电容器连接的总是一些电阻。对于简单平行板电容器和 SC 情形，其简单等当电路示于图 5-13 中。如果电容器中的一个或两个电极有嵌入反应发生（如 SC 情形），其动力学行为变得比较复杂，但可用 Laplace 变换技术进行处理。

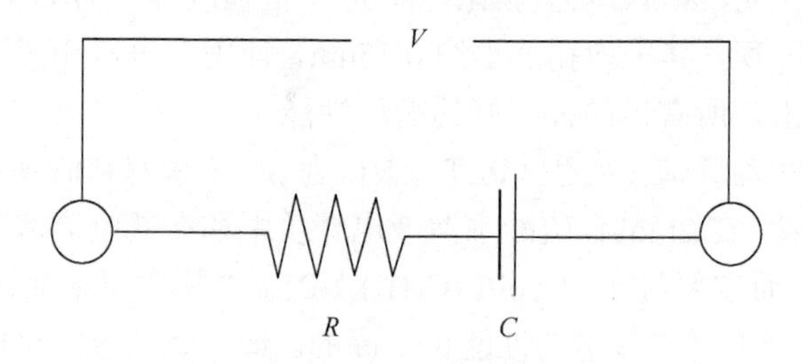

图 5-13 电容器与连接电阻的简单等当电路

在这类电容器充电储能期间，如外加电压 V 为零，加载在电容器上的电压为电阻电压 V_R 和使平衡电流通过需要的电压 V_C 之和，即

$$V = V_R + V_C \tag{5-8}$$

当电容器放电时，因有电阻电压和通过它的平衡电流，电压下降。通过电阻的瞬态电流 $i_{(t)}$ 随时间呈指数下降：

$$i_{(t)} = i_0 \exp\left(\frac{-t}{RC}\right) \tag{5-9}$$

其中，乘积 RC 是电阻和电容的乘积，t 称为时间常数。从该时间常数能够了解从电容器体系获取能量的速率。对式（5-9）两边取对数，可得

$$\ln\left(\frac{i}{i_0}\right) = -\frac{t}{RC} \tag{5-10}$$

从该式可获得时间常数 t 的值。指数 exp（−1）的值近似为 0.3679。在串联安排电阻为 R 和电感为 L 时，时间常数为

$$\left(\frac{i}{i_0}\right) = \exp(-1) \tag{5-11}$$

$$\tau = \frac{R}{L} \tag{5-12}$$

对于电容器系统，电阻 R 中电流随时间的变化示于图 5-14 中。获取的储能速率（或供应速率）是由时间常数 t 决定的，所以要求电阻尽可能小。但也有一些情形，如大电容，其时间常数是很大的。在操作期间，一些功率 P 被应用于加热电阻

$$P = i_{(t)}V_R = I_{(t)}^2 R \tag{5-13}$$

其最大功率是由 V^2/R 值确定的，短时间可能非常大，对某些设计能够获得的值高达 $10^9 W/m^3$。

$$P = I_0^2 R\left(\frac{V}{R}\right)^2 R = \frac{V^2}{R} \tag{5-14}$$

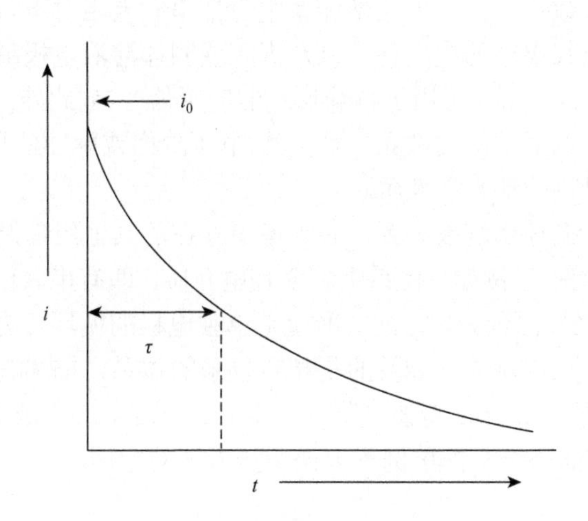

图 5-14　电容器体系中电流与时间的关系

5.7.2　瞬态行为的 Laplace 变换

1. 引言

对于一般含多个组件的电化学体系，除了电极阻抗外，几乎总会含有电阻和/或电容。对它们的定量了解需要有组件性质和体系行为间关系的知识，这是因为阻抗行为关系到内部发生的现象和某些外部因素。对此，等当电路是非常有用的，其电行为类似于物理体系的行为，可用于获得重要参数和它们之间的关系。因为可使用电机工程中已经发展的电路分析方法来评估相互依赖物理现象及其主要参

数。一个有用方法是基于装置或系统推动力和做出应答间关系的简单概念，该关系可写作

$$\text{推动力函数} = [\text{传输 (传递) 函数}] \times (\text{应答函数}) \tag{5-15}$$

就电容器电化学系统而言，式中的推动力函数描绘出因应用要求所加的电流和电压，而应答函数是系统应答这些需求的输出。该方法的关键因素是要确定装置或系统的时间相关传递函数，这是因为它确定了应用需求和系统输出之间的关系。

2. Laplace 变换技术

为电装置和电路分析发展的方法，都要使用 Laplace 变换。其若干基本步骤为：①确定各个等当电路组件的传递函数；②计算总系统的传递函数；③利用需求应用确定要引入的推动力；④计算系统的（能源）输出。

对简单电化学体系可使用类比方法：先取对数再进行计算，然后使用反对数把对数回复到正常数字。简单电化学体系中包括串联电阻对电累积速率的影响，是嵌入反应电极及其电容的电应答，以及嵌入或固体溶液电极瞬态电应答（含有边界条件）扩散方程的解（适用于特殊形式的应用信号）。此外，必须要有电活性移动物种浓度与它们活性间的关系。对电流/电压阶梯或脉冲信号，Laplace 方法可应用于确定各材料的动力学性质。

但对于真实的循环系统或装置，必须考虑存在的其他组件及其伴随现象（即要考虑其他电路元素）。例如，体系中总含有电介质，即有串联电阻存在，同时必须考虑电介质/电极界面行为。因此，即便是单独电极的循环行为，使用简单 Fick 扩散方程解是不令人满意的。涉及的是相对复杂的体系，描述它需用偏微分方程（组）。此时需要利用 Laplace 变换来降低变量数目。若干普通函数的 Laplace 变换给于表 5-6 中。下面举一个简单例子来说明该方法的应用。

表 5-6　若干函数的 Laplace 变换

函数	Laplace 变换
一般振幅函数	$Z(p) = E(p) / I(p)$
Fick 第二定律	$pC - c(t=0) = D\dfrac{d^2C}{dx^2}$
电流阶梯 $d(t)$	$I(p) = 1$
位能对时间	$E(p) = V(dE / dy)$
嵌入反应电力振幅	$Z(p) = Q / Da$

注：$Q = d\dfrac{V\left(\dfrac{dE}{dy}\right)}{nFs}, \alpha = \left(\dfrac{p}{D}\right)^{\frac{1}{2}}$，$\dfrac{dE}{dy}$ 表示库仑滴定曲线的斜率，y 表示组成参数，n 表示化学计量系数，F 表示法拉第常数，s 表示表面积，p 表示复数频率变量，x 表示位置坐标，V 表示摩尔体积。

把电位阶梯和电流阶梯输入带嵌入反应机制的电化学体系（包含的组件仅有简单串联电阻和扩散阻抗组件），分析该系统做出的应答。

（1）在电位 F_0 上施加一个阶梯电压，其电流 $i(t)$随时间的变化（应答）可用式（5-16）表示：

$$i(t)=\frac{F_0}{Q}\left(\frac{D}{pt}\right)^{\frac{1}{2}} \tag{5-16}$$

（2）累积（或产生）电荷随时间的变化 $q(t)$（应答）可表示为

$$q(t)=\frac{2F_0}{Q}\left(\frac{t}{p}\right)^{\frac{1}{2}} \tag{5-17}$$

（3）对电流 i_0 施加阶梯变化情形，电极电位随时间的变化 $F(t)$（应答）可表示为

$$F(t)=2Q\left(\frac{t}{pD}\right)^{\frac{1}{2}} \tag{5-18}$$

（4）对于串联电阻与嵌入反应机制电容的复杂情形，在电位 F_0 上施加阶梯变化后电流随时间的变化（应答）为

$$i(t)=\left(\frac{F_0}{R}\right)\exp\left[\left(\frac{Q}{R}\right)^2 t\right]\mathrm{erfc}\left[\frac{Qt^{\frac{1}{2}}}{R}\right] \tag{5-19}$$

（5）串联情形，累积（或产生）电荷随时间的变化（应答）为

$$q(t)=\frac{F_0R}{Q^{\frac{1}{2}}}\left\{\exp\left[\left(\frac{Q}{R}\right)^2 t\right]\mathrm{erfc}\left[\frac{Qt^{\frac{1}{2}}}{R}\right]-1\right\}+\frac{2F_0}{Q}\left(\frac{t}{p}\right)^{\frac{1}{2}} \tag{5-20}$$

串联电阻大小对应答的影响可从图 5-15 中看到。该图计算中使用的参数为：$1/Q = 6.33\Omega/\mathrm{s}^{1/2}$。它基于 $D = 10^{-8}\mathrm{cm}^2/\mathrm{s}$，$V_\mathrm{m} = 30\mathrm{cm}^3/\mathrm{mol}$，$\mathrm{d}E/\mathrm{d}y = -2\mathrm{V}$，$s = 1\mathrm{cm}^2$，$n = 1$。应用的电压阶梯为 0.5V。

对单一组分在前两套[即（4）和（5）]条件下，用这个方法获得的验证解说明，它们相当于扩散方程在等当试验条件下的分析解。这里用 Laplace 变换程序替代了比较传统的分析解方法。Laplace 变换的实数项给出比较复杂（复数）条件下的解。因为当操作组分多于一个时，使用常规程序求解变得非常麻烦了。

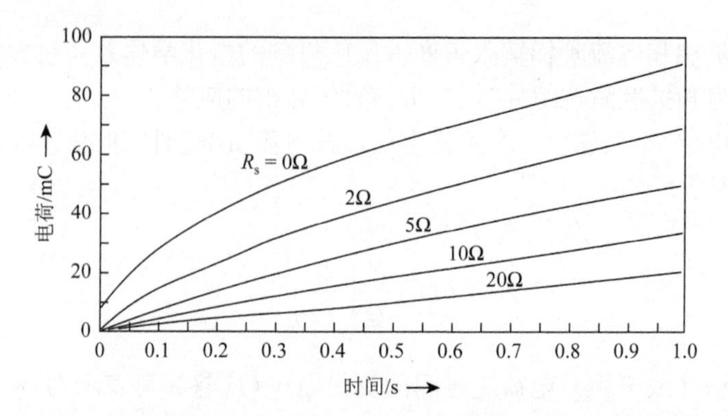

图 5-15　累积在嵌入反应电极中的电荷与串联电阻间的函数关系

5.8 磁能存储

导磁体储能容量可能远大于同等大小电容器的储能容量。研究人员特别感兴趣的是，在这类装置中利用超导合金来携带电流。在对它进行讨论前，必须先讨论在磁性体系中储能的概念。

在前面电容器章节中已说明，能量能够存储在距离为 d 和面积为 A 的平行板电容器中。同样，能量也能存储在磁性材料体系中，存储的能量与电容器存储的电荷有类似的关系：

$$W_M = \frac{1}{2}\mu H^2 \tag{5-21}$$

其中，H 为磁场强度；μ 为磁导率（取决于场内材料的一个常数，类似于介电常数）。磁场强度 H 有时称为磁化场或磁化力。其中的磁导率可表示为

$$\mu = \mu_r \mu_0 \tag{5-22}$$

其中，μ_r 为磁场中材料的相对磁导率；μ_0 为其真空中的磁导率，1.257×10^{-6}H/m。当把材料放进磁场中时，其内部会感应出内磁场，常取决于材料的磁导率。该内部感应磁场 B 有时称为磁感应或磁通量密度，它与外磁场的关系为

$$B = \mu H \tag{5-23}$$

式（5-21）中能用材料内部感应磁场替代外磁场，重写成

$$W_M = \frac{1}{2\mu}B^2 = \frac{1}{2}BH \tag{5-24}$$

式（5-23）的右边可用分离的外磁场和内部感应磁场表示：

$$B = \mu_0 H + \mu_0 M \tag{5-25}$$

其中，M 称为磁化。$\mu_0 M$ 是附加的感应磁场。鉴于固体的性质，磁化也能够表示为

$$M = \frac{(\mu - \mu_0)H}{\mu_0} = \frac{\mu H}{\mu_0} - 1 = \mu_r H - 1 \tag{5-26}$$

固体的磁性质也能用磁化率 X 表示：

$$X = \frac{M}{H} = \frac{\mu - \mu_0}{\mu_0} = \frac{\mu}{\mu_0 - 1} = \mu_r - 1 \tag{5-27}$$

和

$$B = \mu_0 (H + M) \tag{5-28}$$

产生磁场 H 的一个方法是让邻近的导体通电流。对于线绕螺旋管，其内部磁场 H 值为

$$H = 4\pi nl \tag{5-29}$$

其中，n 为螺旋管单位长度上的线圈数；I 为电流大小。该磁场方向平行于螺旋管长度方向，如图5-16所示。能够看到，有高磁导率材料存在时放大了外磁场。

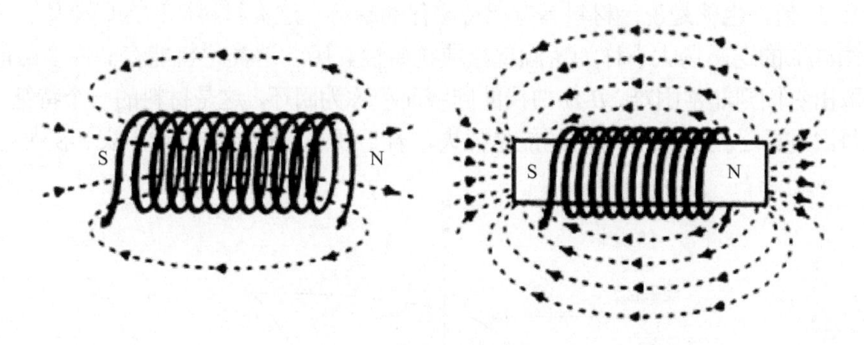

图5-16　在线形螺旋管附近磁场 H 的示意表述

在材料及其外部环境中磁场是连续的，而感应磁场 B 仅位于固体内部。由于磁性单位和它们的因次像静电单位一样对许多人来说并不熟悉，因此在表5-7中列举了一些。磁导率在SI制中的单位是亨利（H），1H的值是每安培1韦伯（Wb），等于在电流以1A/s改变时产生1V电感。式（5-24）说明，导磁体中能量比例于 B 和 H 的乘积。这些量彼此是相关的，通过磁化 M 或相对磁导率 μ_r。

表5-7　磁量、单位、符号和因次

磁量	单位	符号	因次
磁场	亨利	H	A/m
磁感应	特斯拉	B	$1W \cdot h/m^2 = 1V \cdot S/(A \cdot m^2)$
磁导率		μ	$V \cdot s/(A \cdot m)$
能量产品		BH	kJ/m^3

续表

磁量	单位	符号	因次
单位体积磁化		M_v	A/m
单位质量磁化		M_m	$A·m^2/kg$
磁通量	韦伯	Wb	V·s
电感	亨利	L	1Wb/A = 1V·s/A

磁性材料有两类，一类是软磁材料，另一类是硬磁材料，通常称其为永磁体。它们的特征是非常不同的，如图 5-17 中的示意表述。能够看到，它们之间的主要差别是：硬磁材料的磁回环有大的面积，即如果材料通过增加 H 进行磁化，则当 H 再降低到零时，其磁化 M 和磁化面积仍能保留高值。为降低 M 或使磁化为零，需要有大的负 H 值。也就是说，材料具有保持磁化的趋势，这类材料被称为硬磁体。为脱磁必须施加的逆磁场大小称为矫顽现象或抗磁性。因此这类材料能存储许多磁能，但要取出它们则非常困难。B-H 曲线的回绕面积称为回环，这是材料的一个特征，代表在每次进行磁化-脱磁循环时的能量损失，若干硬磁材料抗磁性给于表 5-8 中。

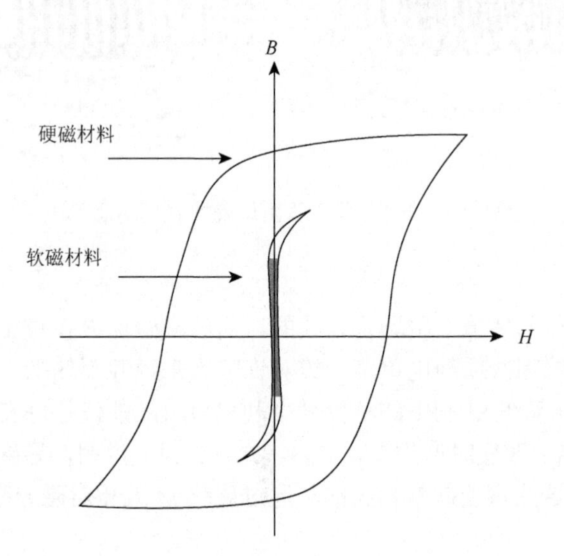

图 5-17 硬磁材料和软磁材料的 B-H 回环

表 5-8 若干硬磁材料的 B 与 H 的乘积 （单位：$Wb·A/m^3$）

材料	$(BH)_{max}$
铝镍钴合金	36000
铂-钴	70000
钐-钴	120000

从图 5-17 能够看到，软磁材料曲线面积远小于硬磁材料曲线面积。但软磁材料能使用导磁体体系在瞬态条件下可存储的可逆存储能量，对此应使磁性回环（*B*-*H* 曲线内的面积）能量损失尽可能小。若干软磁材料磁性质给于表 5-9 中。

表 5-9　软磁材料的一些数据

材料	组成/质量分数	相对磁导率	电阻率/(Ω·m)
商业铸铁	Fe 99.95	150	1×10^{-7}
定向硅铁合金	Fe 97，Si 3	1400	4.7×10^{-7}
镍铁导磁合金	Fe 55，Ni 45	2500	4.5×10^{-7}
超级合金	Ni 79，Fe 15，Mo 5	75000	6×10^{-7}
立方结构铁氧体 A	$MnFe_2O_4$ 48，$ZnFe_2O_4$ 52	1400	2000
立方结构铁氧体 B	$ZnFe_2O_4$ 64，$NiFe_2O_4$ 36	650	107

对于不同应用的优化软磁材料，已做了相当数量的研究工作，这是因为它对效率有很大影响。研究工作的一个重要进展是发展出铁-硅合金。虽然其电阻率相对较高，但降低了因感应涡电流的回环损失。让材料有理想晶体定向的加工技术也能显著增加其磁导率，在湿氢中退火能降低杂质碳的数量。这类合金现在被普遍使用作为变压器的绝缘层薄片，能使传输的电功率达到高数量（降低了损失）。另一类镍-铁透磁合金软磁材料有非常大的磁导率，适用于非常低功率的应用，这是由于产生大的磁化，它需要的外磁场相对较小。第三类软磁材料是过渡金属氧化物陶瓷，称为铁氧体。它们有非常高的电阻率，没有显著的涡电流损耗，很适合应用于非常高频率的电子设备中。

按照式（5-24），磁性材料中能存储的能量是 *B* 和 *H* 乘积的一半，即 *B*-*H* 曲线下面的面积。按照式（5-23），该曲线的斜率是材料的磁导率。在相同 *H* 磁场中有不同相对磁导率的两个软磁材料 *B*-*H* 曲线示于图 5-18 中。由于该个例中假设的

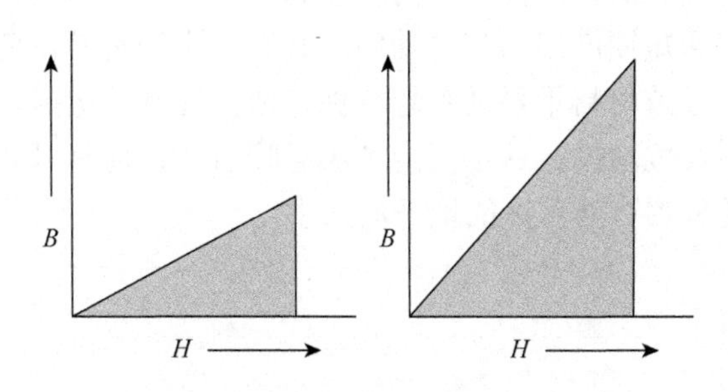

图 5-18　在相同 *H* 值条件下由不同相对磁导率材料给出储能数量的面积

回环是非常小的，因此增加磁场 H 下测量的数据基本是相同的，H 下降的测量也是一样的。这类似于机械体系中应力-应变曲线下的能量和在电化学体系中电极材料电压-组成曲线下存储的能量。

5.9 超导储能

5.9.1 引言

实现用磁场存储电能的概念可使用超导磁能储能（SMES）技术。对于这类储能体系，电能被存储在磁场中而无须转换到机械能或化学能形式。在外磁场下材料的磁性能量取决于磁场的强度。如果 H 磁场是利用电流通过线绕螺旋管产生的，其大小比例于电流［按照式（5-29)］。很显然想要存储大量能量则希望有大的电流。但是，按照式（5-30）电流通过金属导线是要产生焦耳热（Q）的：

$$Q = I^2R \tag{5-30}$$

因此，最希望的是使用超导材料，因为它对电流通过基本没有电阻。于是线圈一般被设计制成超导线圈（形状为环形），其中使用的是高磁导率软磁材料。利用供给的 DC 功率把要存储的能量加入到磁场中。一旦在超导体中建立起电流就可以切断功率供给，能量已被存储在有超导线圈内的磁性材料中。该能量能（按设想）保持很久而无须进一步的能量输入。能量与 DC 超导体电磁存储系统间的传输，需要有特别高功率的 AC/DC 转换整流器（逆变器）和控制系统。这个功率调节系统在每个方向产生的能量损失为 2%～3%。必须考虑的另一个特征是，因为有大磁场，作用在材料上有大的机械力。为缓解它，可能要在整个系统中添加相当的成本。超导体材料必须保持在所谓材料的特征临界温度（超导温度）以下，为此必须使用超冷冷冻系统。因为在该临界温度以上超导材料［环境磁场 H 值超过材料临界值（称为临界磁场）］就要失去其超导性质。由于磁场是由超导体中的电流产生的，因此也能够从临界电流（而不是临界磁场）来看待这个限制。这类系统适用于短期能量存储，如提高电力质量和稳定传输分布系统。该系统的一个明显特征是快应答和短期产出感应电功率。其有一个严重潜在危险，如果温度或磁场变得非常高，导致材料不再具有超导性，成为通常的电阻，产生非常大数量的焦耳热，这是极其危险的。这个安全考虑意味着，任何有可观大小存储能量的超导装置，一般是放置在非常深的地下洞穴中。

5.9.2 超导材料

在 1911 年科学家 Onnes 发现固体汞的电阻在温度低于 4K 时变为零，这被称为超导现象。经持续多年的研究发展，依次发现了具有较高临界超导温度的若干金属合金。其中含铌金属间化合物显示出最吸引人的性质。对不同合金材料的持续研发，使材料超导温度逐渐提高，如图 5-19 所示。20 世纪 70～80 年代对超导现象的试验和理论研究中获得如下结论：最高可能的超导温度是 24K。但是，在 1986 年 Bednorz 等发现，陶瓷氧化物材料镧钡钇材料保持其超导性的温度高达 35K。紧跟着许多实验室进行疯狂努力来证实这个惊人结果，并指出非金属材料甚至可能具有更高超导温度的可能性。一个重要且特别引人注目的里程碑事件是，发现钇钡铜氧化物相的超导温度可高达 93K，这在科学实践中是特别重要的，因为该温度是在便宜液氮沸点温度 77K 之上。对该材料的研究指出，其合成步骤对其超导性质影响很大，尤其是合成材料的氧含量。超导材料研究中的另一个非常重要的事件是，发现了非常不同的二硼化镁（MgB_2）材料。虽然其超导临界温度不是很低（为 39K），但该材料相对便宜且容易合成。一些重要超导材料的临界超导性质给于表 5-10 中。所有具有较高温度的超导体都是脆性的，因此难以制备成必需的长电磁线圈形。所以现在在导磁体中使用的导线仍然是金属线，尽管其超导临界温度较低。体心立方（BBC）晶体结构的 Nb-Ti 合金具有好的延展性，能够制成导线和电磁线圈，所以现在被普遍使用。为制造目的，该材料的纤维被嵌入到铝或铜基体中。缺点是该材料不能够耐受像昂贵 Nb_3Sn（其使用困难）那样的高磁场强度。Nb_3Sn 具有 A15 晶体结构，非常脆，不能被拉成导线形状。为解决问题，使用的是含柔软前体复合物微结构，即含 Nb、Cu 和 Sn 的另一类合金。将超导材料制成导线和成型成工作需要的最好形状后，再经热处理使 Sn 与 Nb 反应形成 Nb_3Sn 相。因为有高的临界磁场，该材料更适合应用于生产高功率磁体和电力机械。超导化合物 MgB_2 和 $YBa_2Cu_3O_7$ 也是脆性的，难以制成导线和其他形状。为避免此问题，通常经由其他材料（容易成型的）再原位形成它们，为此已做了相当大努力。

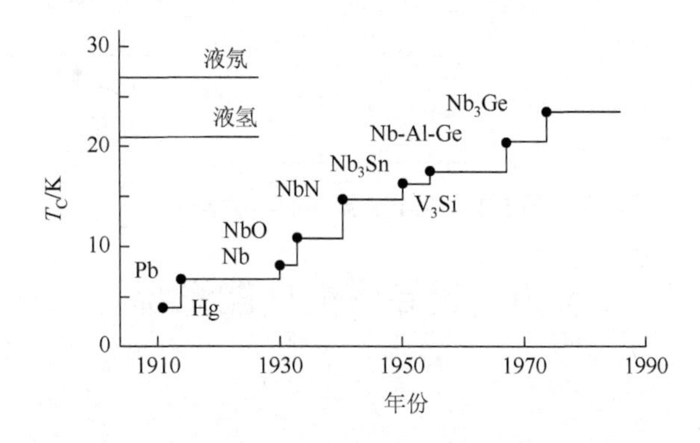

图 5-19　新材料研发导致超导过渡温度随时间的增加

表 5-10 超导材料的临界温度和临界磁场值

材料	临界温度/K	临界磁场/T
NbTi	10	15
Nb_3Al	18	?
Nb_2Ge	23.2	37
Nb_3Sn	18.3	30
MgB_2	39	74
$YBa_2Cu_3O_7$	92	—

5.9.3 超导磁能储能（电力）技术

将直流电（DC）引入超导线圈（对电流零电阻）是可能的。超导线圈通常是由铌钽细线制作的，需要非常低温度（–270℃）。超导磁能储能（SMES）系统的图示表述于图 5-20 中。虽然有冷冻和相关电阻损失（在系统运行时固态开关中）导致的较高能量损失，但在兆瓦级容量的商业应用中，其总包效率是非常高的。为波动发电源（如可再生能源电力）充放电切换以及作为独立能量源使用的 SMES 系统具有很优异的特征。商业可用 SMES 的含能可高达 1kW·h。鉴于释放能量速率和功率电子设备的切换操作速度，其应答时间极限仅需数微秒。SMES 系统有较长预期寿命，循环时间也是与其他储能系统可比较的。但是，组件中的机械应力有可能导致材料疲劳。由于含高成本因素，SMES 系统的发展对实用小规模或大规模功率/能量管理和负载平衡应用是有限的。

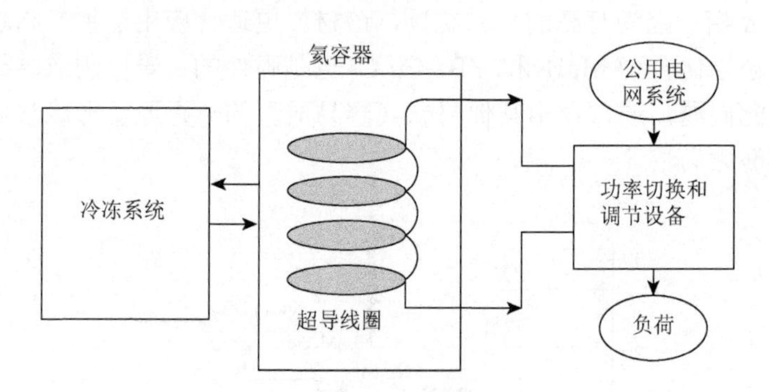

图 5-20 SMES 系统的图示表述

5.10 超导磁能储能系统

5.10.1 引言

超导磁能存储利用的是电流在超导导线中循环流动时产生的磁场能量。当充能时，来自 AC（交流电）或 DC（直流电）转换器线圈的能量被传递给磁场；当放电时，在磁场中 DC 或 AC 转换器线圈产生的电流被送入电网。为降低线圈的欧姆损失，导线应保持在超导温度以下。现在使用的超导线圈有：70K 高温超导线圈和约 7K 低温超导 SMES 线圈。

用 SMES 储能的思想产生于 20 世纪 70 年代的法国，目的是提高电网负荷。但由于技术不成熟和冷冻问题，工厂仅运行了一年。典型的 SMES 系统由三个主要部件构成：超导线圈/磁铁、功率控制系统和制冷系统。超导线圈是 SMES 系统中最重要的部件，可以是电磁线圈也可以是螺旋管线圈。电磁线圈最简单且比螺旋管线圈容易控制。尽管螺旋管线圈问题不少，但其磁场是低杂散的（这是 SMES 应用的一个重要需求）。对好的超导磁场有若干要求：高电流密度、低成本、机械不失形和尽可能高温度的操作。目前，仅有 NbTi 超导体能够满足除高操作温度外的上述所有要求。高温超导磁铁（HTS）有可能使 SMES 在较高温度下操作（可大幅降低冷冻操作成本）。近来出现的第二代 HTS 超导磁铁，称为“涂层导体” coated conductor，优点是成本较低和操作温度较高（50～60K，第一代是 20K）。

SMES 系统有若干突出优点，如高能量密度（达 4kW/L），非常高效率（95%～98%），快应答时间（毫秒级），非常长寿命（达 30 年），无衰减的完全放电和利用高分流器电流有可能以无害方式管控很高功率。这些性能指标都超过所有类型的电池。SMES 系统能够应用于解决需求中的突然变化（忽略冷却损失），因为其往返效率很高，一般在 95%。对于超导线圈本身效率更高，因为没有功率电子逆变器的数个百分点损失。在要进行很多个循环充放电应用时，使用 SMES 系统有大的好处。SMES 系统的简单示意表述给于图 5-21 中。SMES 系统的缺点是：成本太高，约 1 万美元/(kW·h)（因需冷却系统和线圈材料），高强度磁场会产生环境问题。由于超导线圈高成本和冷冻能量需求，大部分 SMES 被用于短期储能，如 UPS（不间断电源）、专用脉冲功率源和弹性 AC 转换。

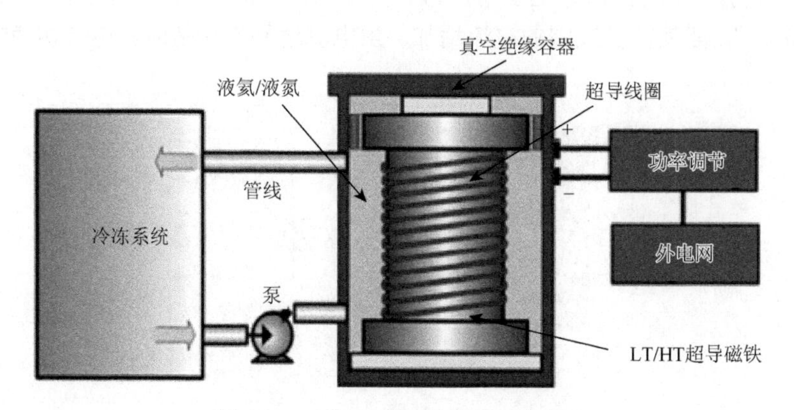

图 5-21　SMES 系统的简单示意表述

5.10.2　理论背景

存储在载流线圈中的能量 E 为

$$E = \frac{1}{2}LI^2 \tag{5-31}$$

其中，L 为线圈的电感；I 为电流。该式可应用于任何线圈，但实际上线圈由超导材料制作，能够使其中的电流保持足够高，因此能提供有用的储能容量。SMES 线圈必须进行冷却以使其温度低于超导材料（用于制作导线）的临界温度 T。超导临界温度取决于材料类型。低温超导体（LTSC）的临界温度为 20K（–253℃）或更低，可以是基础元素或合金。高温超导体（HTSC）是负载陶瓷，其临界温度高达 135K（–140℃）。电流 I 受超导材料的临界电流密度 I_C 限制：如果电流超过这个临界水平，材料将消失其超导状态，可以是突然地也可以是逐渐地，取决于材料的类型。对实际 SMES 装置必须维持足够高电流，现代的陶瓷超导体已被工程化（使材料具有均一性和能够按需生产几何形状的线圈），用以获得较高临界电流密度。

实际应用的有两种特殊的线圈几何形状：螺线形电导管和环形线圈。最简单的几何形状是螺线管，把导线绕成直管形线圈。环形线圈也是一种螺线管，绕成圆形形成环形圈状。小的 SMES 装置一般做成螺线形，因为容易缠绕，但它们可能产生相当多有害外磁场。大的 SMES 装置通常做成环形线圈，因为这种几何体把强磁场约束在环形圈内。SMES 装置能量密度受限的主要因素是作用在线圈导线上的磁力，因此线圈构型和超导材料的拉伸强度是重要的。超导磁体一般也含有强筋件，能使导体的应变限制在可耐受值以内。对于存储容量 100MW·h 的环形 SMES 装置，其直径至少在 100m。与电力系统连接的 SMES 装置包括一个超导线圈、电子功率转换器、电子切换器和冷却系统（图 5-22）。超导线圈应用 DC 电压“充电”，能使流过线圈的电流增加。当电流达到工作值时，电子切换器分离

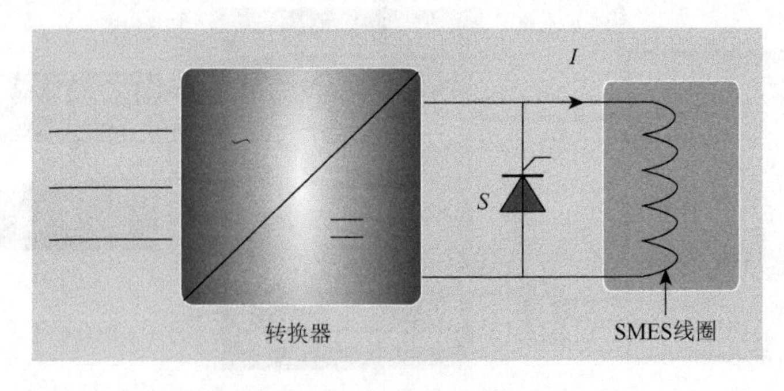

图 5-22　SMES 系统

DC 供应和短路线圈。因为线圈的电阻为零，电流继续循环而没有损失也不产生热量。为释放存储的能量，切换器开启，线圈通过逆变器放电，产生 AC 功率返回电网。

5.10.3　超导磁能储能的特征

冷却是 SMES 的主要事情。稳定态条件下超导线圈本身的损失是可以忽略的，但必需的冷冻制冷（用以使温度保持在超导体临界温度）是消耗能量的，效率计算应考虑这一点。制冷介质的选择取决于超导体类型：LTSC 线圈一般使用温度 4.2K 的液氦冷却，而 HTSC 线圈能够使用 77K 的液氮冷却。冷却系统的容量是由要移去的热量确定的，包括通过冷冻夹套壁的传导和热辐射，在超导体充放电期间少量电损失以及电流导线损失和热传导损失（与冷的 SMES 线圈和系统室温部分的连接）。传导和辐射损失可使用真空绝缘来降低，但通过电流导线的热流是显著的且不可避免。冷冻一般使效率降低数个百分点，温度要求越低，效率下降越多。到制冷夹套的热通量也随线圈温度的降低而增加，因此制冷要求对 LTSC 和 HTLS 都是很高的。制冷要求在很大程度上独立于流过 SMES 线圈的电流数量。当对低温和高温 SMES 系统进行比较时，要考虑的其他因素是机械应力、冷冻绝缘、可靠性和成本。大部分装备成本与超导体密切关联。这是需要仔细工程评价的，用以决定要使用哪种类型的超导体。

LTSC 材料比 HTSC 材料发展得更好，便宜很多和有很长的片型可用。由于 LTSC 是金属合金，它们的机械性质优于 HTSC 材料（复杂陶瓷），比 HTSC（因制造很复杂）便宜。但 HTSC 材料具有能在较高磁场中携带较高电流的能力，它们较高的操作温度降低了冷冻成本，高操作温度可用便宜的液氮冷却。降低操作温度到如 4.2K 会急剧增加电流容量，虽然这可能不足以补偿较高的冷冻损失。因没有移动部件 SMES 线圈在充电循环后没有实质性降解，尽管需要强的支持结构以控制因磁场产生的强大磁力。辅助装置（真空室和冷冻冷却器）是要随时间降解的，尽管其有很大的、独立的充电循环。

5.10.4　应用领域

SMES 系统的有效能量密度是低的。这是因为其给出的高功率密度导致非常短的操作时间尺度（τ），一般是 1s 或更短。到目前为止，SMES 的应用仅限于小规模应用，实际 SMES 系统相对较小，储能容量仅 100MJ（28kW·h）。无法实际实现大 SMES 单元的原因很可能是它们高的技术复杂性、制冷能量需求以及高成本和超导线制造的复杂性等多个因素。SMES 系统现在仅使用于存储时间非常短的应用领域，如改进功率质量和负荷瞬时电压支持。

有若干试验项目和小 SMES 单元已实现工业使用。SMES 成本尚未很好确定，因为仅有相对少数量为顾客制造的产品。德国 Bruker 公司能按顾客指标要求制造供应 SMES 单元（图 5-23）。世界上有几个功率在 1MW 范围的 SMES 单元，能量容量为 1～30MJ，用于改进电力质量（为确保有顶级电力质量供应高度敏感制造或科学测量设备）。

图 5-23 Bruker 的 2 MJ SMES 单元

由 SMES、超级电容器（SC）和电池组成的组合储能系统具备 SMES 和 SC 的高功率及电池高能量密度和可靠性等优点，可用于可再生能源（RES）电力（如风电和光伏发电）和匹配调节电力供需间的平衡，解决 RES 电力间断性和波动性问题。

5.10.5 展望

人们对 SMES 系统在储能中的应用长期以来一直持有好奇心，部分原因是 SMES 系统装置很小且响应时间非常短。当其他办法不能胜任应用需求而需要研究 SMES 系统应用时，将有助于其成本的降低。超导本身是一件关系到 SMES 的大事情。虽然材料发展已使临界磁场大有增加和 SMES 装置能支持电流密度的增加，但仍然不足以使 SMES 系统存储的有效能量密度达到其他储能技术的水平。因超导材料和满足冷冻要求的高成本，很难用现有材料使 SMES 设备达到商业经济可行的程度。一些研究项目的目的是提高高温超导体机械性质和降低导线制造成本，但要找到能连续生产足够长度超导线的技术仍然是非常困难的，所以对超导研究的重点转移到如何把陶瓷超导材料薄膜负载到稳定基体上。现在已有可能在功率系统方面使用小尺度 SMES，但使用已知材料和技术提供大存储容量（1MW 或更多）是不现实的，大的商业使用也是不可能的。商业应用的大 SMES 系统需要有一个或多个技术突破，如室温超导体或便宜灵活的超导体。超导材料最终发展仍是未知的，这是因为自 20 世纪 80 年代发现高温超导材料以来再也没有取得过重大进展。SMES 的最可能未来使用是小规模的，满足电力质量极端需求或特殊的科学应用，而不是公用事业规模的大量储能领域。

5.11　本 章 小 结

电力能够直接存储在（静）电双层电容器（EDLC）和超导磁能存储（SMES）体系中。这两种技术都避免了电力到其他形式能量的转化，因此是高效率和短应答时间的，但体积能量密度是低的。此外，在其他方面这两者几乎是完全不同的。

EDLC 技术原理上是简单和牢固的。在功率系统方面应用的主要限制因素是低能量密度。而高功率密度和没有循环降解的特点仍然使 EDLC 在电力质量应用中是非常有吸引力的。对 EDLC 的研究仍非常活跃，能量密度上的显著提高可以围绕多个方面进行。EDLC 对电力系统应用现在就是可行存储技术，因此，高度推荐对该技术进行可行性研究和样机试验。

SMES 在如下意义上是比较复杂的技术：它需配备先进辅助设施才能进行操作。其主要优点是非常短的应答时间，但该特征仅对高度敏感应用才是必需的。SMES 技术的进一步发展取决于超导材料研究的进展。若没有重大技术进展（如室温超导体），在电力系统中的商业化和广泛使用仍是不可能的。所以，目前 SMES 很少甚至没有相关电力系统储能应用的实例，只是一种有兴趣和有点奇异性的技术。因此对 SMES 整个技术应持开放思维，进行材料和个例可行性研究，或可发现和带来新的可能性。

第6章　化学能存储技术Ⅰ：电池Ⅰ

6.1　概　　述

6.1.1　引言

前面已多次指出，现在世界能源大部分是由化石燃料提供和满足的，因其可利用性和经济性高，且四个主要领域（工业、运输、房产和商业）已有相对完善的公用基础设施。但是化石能源同时具有稀缺性，使用时排放污染物和温室气体（GHG）等特征，必须快速用可再生能源（RES）替代以满足社会对能源的需求。RES特别是太阳能、风能，资源量极其丰富，也容易利用，但其具有随机波动间断性和分布区域性的本征特性。RES的可变性意味着对能源生产和保持负荷平衡提出巨大挑战，电网稳定性和可靠性是必须确保的。现有的基础负荷发电厂（化石燃料或核发电厂）仅能部分补偿RES电力的可变性。在集成RES发电厂增加其功率供应时需考虑的主要因素如下：①RES电力可变性和不可预测性；②未来涉及的区域性；③容量因子。比较RES资源和化石（或核）热发电厂特征及容量信用是重要的。大幅增加RES电力渗透时必须重视储能单元的增加。

再简要叙述一下有关储能技术的一些事情。能量存储技术能缓解和补偿RES电力随机波动间断性，存储的能量可满足波动的电力负荷需求。储能系统可为电网提供多种服务：①电网平衡服务，如频率调整和负荷跟踪；②冷启动服务；③应急储备服务；④负荷转移服务。储能是智慧能源网络或未来电网中的关键赋能器，能为集成大量RES电力、传输和分布提供支持。储能技术也具有转换运输系统功能，即把现有化学燃料功率链传输技术转换为电力功率或氢能功率链传输的能力。储能技术有能力弥合能源供需间的暂时和地理间隙（组合能源公用基础设施组件）。在更广阔意义上，储能技术是一类系统集成技术，能促进能源供应和改进提高能源管理。储能公用基础设施单元能提供多种有价值的能量和功率服务（如热量和电力）。储能技术已成为大多数能源系统中的有价值组件，是达到低碳未来的重要工具，能使能源供应和需求脱耦，为系统操作者提供关键性有价值资源。储能技术能够在不同规模能源系统分布和中心化模式中实施。储能装置的时间尺度也是可变的，从秒计到年计。电动车辆是储能技术支持可持续运输系统的最好例子。电子装置如智能手机和笔记本计算机也极大地依赖于储能技术。

对于储能技术，多以化学能、热能、电能和机械能形式的能量吸收和存储一段时间，然后需要时再释放供应或提供功率服务。能量可被转化成不同形式后存储：①重力位能（水库水）使用机械泵转化；②压缩空气储能使用压缩机转化；③飞轮中的动能可通过改变速度转化；④电池、化学电容器或液流电池中电化学能通过电化学反应转化；⑤电感器中磁能经感应电流转化；⑥氢、烃类或其他化学品中化学能经化学反应转化；⑦电容器电场中能量经放电转化；⑧物质显热或潜热热能经热机械转化。在图 6-1 中给出了以存储能量形式分类的储能技术：机械能、化学能、电能和热能存储系统。其中，化学能存储是比较通用的储能方法，覆盖电化学次级电池、液流电池、化学及电化学或热化学过程，以及各种燃料储能，如氢、合成天然气（SNG）、甲烷及其他烃类和其他化学产品。除了化学电池外，也包括电化学电容器。

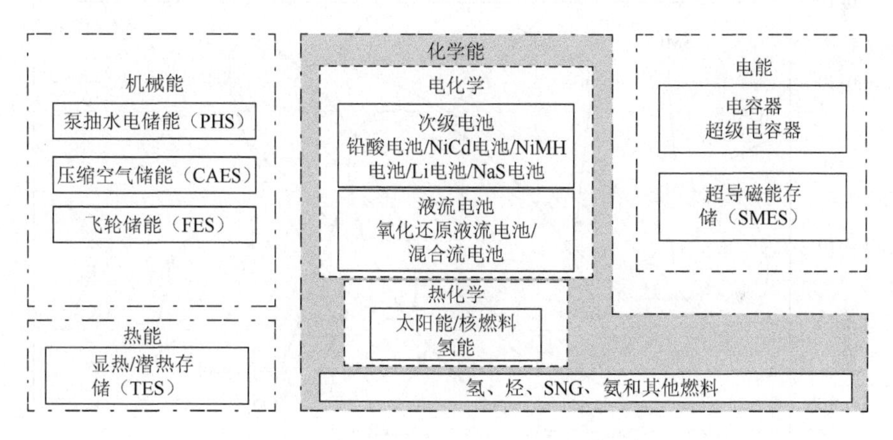

图 6-1　按存储能量形式分类的储能技术

在现有能源系统中，众所周知的存储技术是结合在热电联产（CHP）系统中的热存储和电力存储。CHP 工厂能同时满足热量和电力需求，其中的热量存储单元减少了系统功率变化操作的约束，能输送满足需要的电力。热存储容量帮助光滑化功率调节。利用水库的水电系统能在从秒到月甚至年的时间尺度提供储能服务。泵抽水电大规模储能用于满足高峰负荷需求，平衡变化负荷或稳定电厂输出（因降雨量随季节或年改变）。有些储能技术已成熟或接近成熟，多数仍然处于发展阶段，在它们的潜力得以完全实现前需要有特别的努力。

储能技术和系统是多种多样的，在图 6-2 中比较了各种储能技术额定功率和额定能量容量，以及它们的放电时间。这些存储方法能按额定功率和名义放电时间分类：①放电时间小于 1h 的储能技术有飞轮储能、超级电容器和 SMES 等；②放电时间在 10h 左右的储能技术有地面小规模压缩空气储能和各种电池，如铅酸电池、锂离子电池、镍镉电池、锌溴电池等；③放电时间大于 10h 的储能技术有泵抽水电储能、地下大规模压缩空气储能、液体空气储能、钒氧化还原液流电池、热能存储、燃料电池、氢能、SNG 和烃类燃料储能等。系统的能量存储容量范围从 kW·h 级到数亿 kW·h 级，额定功率可达 10 亿 W。化学能存储技术如氢、SNG 和其他烃类提供很大的储能容量。表 6-1 中给出了各种储能技术的关键特征。要过渡到高可再生能源资源（如太阳能和风能）比例的能源系统，存在大的技术和经济挑战。为满足消费和生产，使用现有储能技术的投资成本是相当高的，虽然未来有变化，如储能成本会降低和电网稳定重要性会增加。另外，储能也能为整个电力系统创生广泛的利益，潜在地为全球社会提供有效、经济和更洁净能源及相关服务。

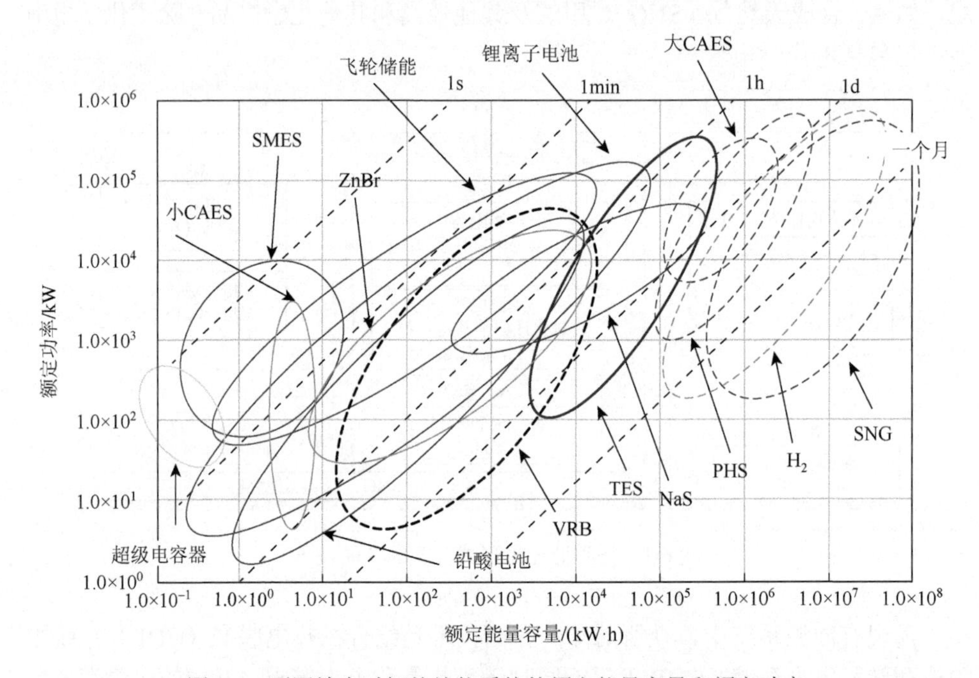

图 6-2　不同放电时间的储能系统的额定能量容量和额定功率

CAES：压缩空气储能；H_2：氢能；NaS：钠硫电池；PHS：泵抽水电储能；SMES：超导磁能存储；SNG：合成天然气；TES：热能存储；VRB：钒氧化还原液流电池，ZnBr：锌溴电池

表 6-1　不同电池的技术特征和应用地

电池类型	最大容量（商业单元）	应用地	评论
铅酸电池（泛洪）	10MW/40MW·h	加州-Chino，负荷调节	η = 72%～78%，成本[d]50～150，在 80%放电深度时寿命 200～300 次循环，操作温度−5～40℃[a]，25W·h/kg，自放电 2%～5%/月，为补充操作中损失的水需频繁维护

续表

电池类型	最大容量（商业单元）	应用地	评论
铅酸电池（阀调节）	300kW/580kW·h	Turn地区的关键系统[b]，负荷调节	η=72%～78%，成本[d]50～150，在70%放电深度时寿命1000～2000次循环，操作温度−5～40℃，30～50W·h/kg，自放电2%～5%/月，不太皮实，可忽略的维护，容易移动，与泛洪型比较较为安全
镍镉（NiCd）电池	27MW/6.75MW·h[c]	阿拉斯加州GVEA公司控制电力供应，无功伏安补偿	η=89%（325℃），成本[d]200～600，在100%放电深度时寿命3000次循环，操作温度−40～50℃，45～80W·h/kg，自放电2%～5%/月，不太皮实，可忽略的维护，高放电速率，有毒性，质量重
钠硫（NaS）电池	9.6MW/64MW·h	日本东京，负荷调节	η=72%～78%，在100%放电深度时寿命2500次循环，操作温度−5～40℃，30～50W·h/kg，自放电2%～5%/月，不太皮实，可忽略的维护
锂离子电池			η≈100%，成本[d]700～1000，在80%放电深度时寿命3000次循环，操作温度325℃，100W·h/kg，没有自放电，因高操作温度必须用额外设备加热，这降低了总效率，有30s超过6倍额定速率的脉冲功率容量
钒氧化还原液流电池（VRB）	1.5MW/1.5MW·h	日本，电压下降，削峰负荷	η=85%，成本[d]360～1000，在75%放电深度时寿命10000次循环，操作温度0～40℃，30～50W·h/kg，可忽略自放电
锌溴电池	1MW/4MW·h	EPC Kyushu	η=75%，成本[d]360～1000，操作温度0～40℃，70W·h/kg，可忽略自放电，低功率，笨重、含有害组分
金属空气电池			η=50%，成本[d]50～200，寿命数百次循环，操作温度−20～50℃，450～650W·h/kg，可忽略自放电，再充电非常困难，结构紧凑
再生燃料电池（PSB）	15MW/120MW·h（发展中）	UK Innoy小Barford站	η=75%，成本[d]360～1000，操作温度0～40℃，可忽略自放电

注：a. 高温操作会降低寿命，低温操作会降低效率；b. 在美国 MilWaukee，WI；c. 甚至在电池不放电时提供10^7V·A无功伏安；d. 投资成本以欧元/(kW·h)计。

6.1.2　化学能存储

如图6-1所示，化学储能技术主要有电池（次级电池和液流电池）和可再生化学品（氢、燃料电池、SNG和烃类）两大类。化学能存储中的电化学储能专指电池，它们能满足从小到大规模范围的应用，跨度从便携式电子产品如移动手机、游戏机和平板计算机，到移动领域应用如电动车辆、铲车、船艇和应急装置，再到发电厂大规模电网应用于稳定波动性和负荷平衡，以及解决可再生能源（RES）能量的随机波动性功率输出。电池技术还应用于航空、货物远距离运输和应急储能领域。

在各种类型电池中，锂离子电池能用于要求低和中等能量密度领域，如典型便携式应用。锂基电池在运输和移动领域有巨大潜在市场。为便携式装置使用提供功率的储能电池不断增加，在开拓新应用时不可避免地也会需要新型和特殊的电池。在未来可持续能源公用基础设施领域，对电能存储有最大期待，主要目的是处理小时及日间频率的波动和维持电压的稳定。在运输和固定应用领域电池具有大的竞争力，不仅是由于现有电池的性能不断改进提高，也是由于新高性能电池的出现和发展。

化学品的能量密度远高于现有电池，其存储时间不受限制且有长的放电时间。因此，化学品的应用是变化的和特定化的，可在大规模系统中使用且存储和使用时间可很长。它们是化学工业的原料和能源工业的燃料，能直接用于生产电力和在运输部门中使用。利用可再生能源生产的合成燃料在运输领域的应用应受到赞扬并用于补充电池。例如，太阳能产氢气、氮气和甲烷生成氨或二氧化碳电化学固定生产甲醇。所以可预计，未来可持续资源基能源部门对化学储能是有很大需求的。例如，电力部门的过量电力可用于电解水生产氢气，用以稳定电功率和应对需求的变化。氢气本身既是存储能量的理想载体，又能被加工成其他储能载体，如液体烃类。

生物质和含碳废料的气化产物也被认为是 RES 资源，用于发电并稳定输出电力（大容量）的波动性。气化是成熟技术，将含碳原料在高温下与蒸汽反应生成合成气（主要是 CO、CO_2 和 H_2），进而用合成烃类或合成天然气（SNG）来调节电力需求。电力需求可由 RES 如太阳能和风能提供，而需要的各种气体和液体燃料和化学品，如 SNG、甲醇及合成汽油和柴油，则可由合成气经催化过程生产。在需要更多电力时，SNG 能直接用于生产电力。

由于气化工艺生产合成气的氢含量低于 SNG，不足的氢含量可利用 RES 电力电解水产氢气补充（可持续的有利路径）。类似地，许多类型的生物质能量密度是低的，可用电解水产氢气来提级它们。这些都有赖于催化和电解技术，其在储能路线中起着关键性作用。气态氢和合成气能用于生产液体燃料，如二甲醚、甲醇和其他液体烃类，为航空和道路运输部门供应燃料。电解产氢与生物质生产液体烃类燃料的组合有利于降低对化石燃料的依赖和促进盈余电功率的利用。

6.1.3 电池储能导引

电能以化学能形式存储通常是指电化学存储（电池）。实质上电池由两个电化学池［分别作为正极（阳极）和负极（阴极）］构成，每个都被液体、糊状物或固体电解质充满。电池体系的放电循环是经由两个电极上发生电化学反应（通过外电路的电子流）实现的。当在两个电极上施加外电压时，电化学反应能反转（电池充电过程）。

电化学储能体系原则上可分为两种类型：集成内储能体系（常称为电池）和集成外储能体系［所谓的液流电池（flow battery)］。集成内外储能体系间的根本差别是，前者的电活性物质放置于“电池”内部，后者的电活性物质（燃料）存储于电池的外部，即它们之间的差别在于能量转化操作和存储能量活性材料是否被分离。集成外储能体系的例子有钒氧化还原液流电池、锌溴电池、锌空气电池和氢燃料电池等。外储能体系中的电活性物质是液体则称为液流电池，电活性物质是气液燃料时称为燃料电池。对于内储能体系，充放电电化学反应发生在电池体系内部，没有空间分离，储能容量就是其充放电的功率，容量指标一般是不可能改变的。而外储能电池即液流电池体系不是这样，在固定应用中能够实现大规模储能，能频繁用于经常性频率调节和管理服务。在外储能体系中，能量转换与存储的活性物质是分开的，因此可设计不同大小功率和存储容量。外储能电池的转换单元和电存储系统虽然是分离的，但在充放电过程中进行交换电化学反应期间是连在一起的。

最老的电化学储能体系是集成内储能体系，也即电池，其普遍特征是具有把存储化学能转换为电能的能力。电池的能量存储于电池材料中，分为两类：一级（初级）电池（原电池）、二级电池（可充式电池）。对于一级电池，其内部存储化学品一旦耗完后就被废弃，即不能再充电；而二次电池具有再充电能力。集成内储能体系的例子是铅酸电池、镍镉（NiCd）电池、镍-金属氢化物（NiMH）电池、锂离子电池、钠硫（NaS）电池和钠氯化镍（NaNiCl）/ZEBRA 电池等（全都是普通电池）。集成内储能体系都是由夹着电解质的两个电极（含电活性物质）构成，这些组件被一起包装在容器内，容器与外电路连接或通过正（阴极）和负（阳极）连接器连接。电极的作用是与电解质交换离子和为外电路提供电子。如图 6-3 所示，阳极是氧化极，在放电期间送出正离子给电解质，并同时为外电路（负荷）提供电子；阴极接受来自外电路的电子，把其送给电解质中的正离子。也就是说，为保持外电路的电流，电子是在阳极产生并在阴极消耗。

电池两电极上发生的电化学反应使其在两电极间产生电动势（电压或电位差），电化学反应把存储在电活性物质中的化学能转化为电能。一般而言，电池端电压等于跨越电池的电动势（EMF）减去由于内电阻消耗的电压降。电池的额定指标值一般是供应的电功率和能量。而效率、寿命与操作温度、放电深度（DOD）和能量密度等都是电池的典型特征参数。寿命是电池能够正常操作的时间长度（正常供应功率的时长），通常用循环次数表示。放电深度反映放电的水平，即电池允许其电压降到的那个水平。电池是最普遍使用的直流电源，在许多工业和家庭中的应用极为广泛。一些类型的电池已经作为能量存储系统成功地应用于电网或混合动力车辆领域，因此所谓电池储能系统基本上是一类电化学能源装置。在放电模式中把存储在电池中的化学能转化为电能，而在充电模式中把电能转化为化学

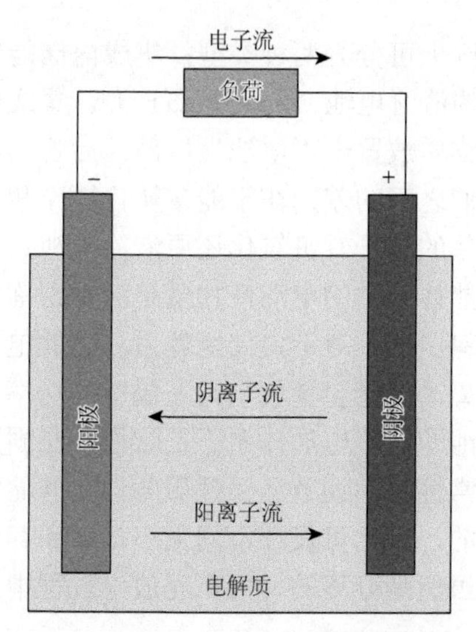

图 6-3　电池中电荷载体（离子）的流动

能存储于电池中。电池主要是作为功率系统使用，例如，为电动和混合电动车辆、船舶、便携式电子设备、无线网络和电网稳定性提供电功率。其基本组件包括电池、控制和功率调节系统以及电池保护系统。

6.1.4　电池种类

已开发出多种类型的电池，如图 6-4 所示。表征电池性能的主要指标有：储能比容量、功率密度、充放电持续时间、稳定性、材料和制造成本等。对于不同类型储能电池，其技术特征和应用领域也不尽相同。在表 6-1 中展示了二次电池的技术特征和简要评论。对于不同类型的电池，其能量密度随年份的增长示于图 6-5 中。二次电池主导着便携式储能设备市场，如电动汽车及其他电力和电子应用。通常，二次电池由两个电极（阳极和阴极）、电解质、隔膜和一个外壳构成。二次电池一般具有良好的特性，如高能量、高功率密度、平坦的放电曲线、低电阻、无记忆效应和宽范围的温度性能。但是，大多数电池所用材料中含有有毒物质，因此在电池处置过程中的生态影响必须考虑。二次电池是有合理成本的先进技术，广泛应用于运输领域（如电动车辆），这是因为它是能提供高能量密度、高功率密度的蓄电系统。应用于运输领域的主要电池类型包括铅酸（LA）电池、镍基（Ni-Fe，Ni-Zn，Ni-Cd，Ni-MH，$Ni-H_2$）电池、锌-卤素（$Zn-Cl_2$，$Zn-Br_2$）电池，金属空气（Fe-air，Al-air，Zn-air）电池、钠-β（Na-S，$Na-NiCl_2$）电池、高温锂（Li-Al-FeS，$Li-Al-FeS_2$）电池和锂离子电池。重要电池电化学反应和理想电压示于表 6-2 中。

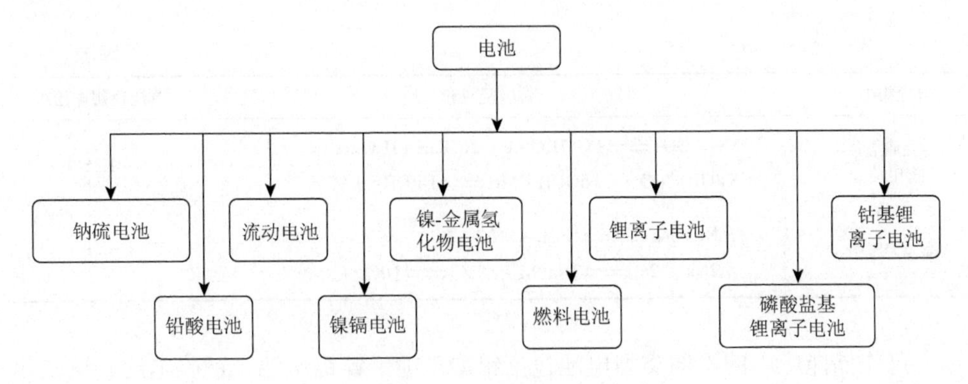

图 6-4　不同类型电池

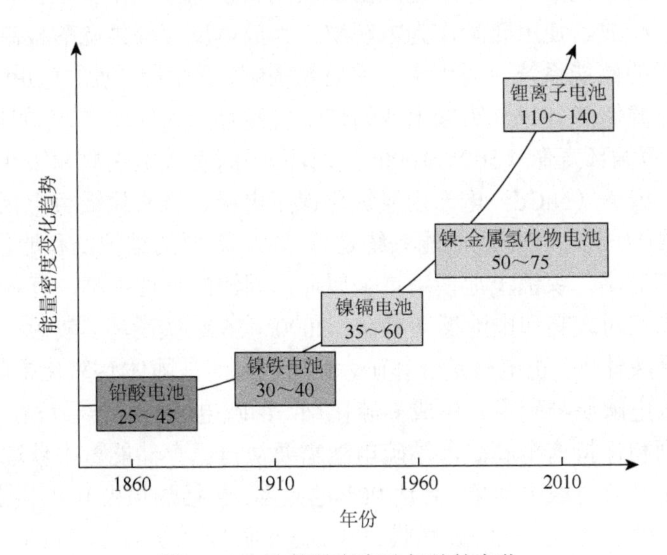

图 6-5　电池能量密度随年份的变化

表 6-2　重要电池中的化学反应和单池（也称“单元池”）放电时的理想电压

电池类型	阳极反应、阴极反应和总反应	单池理想电压/V
铅酸电池	$Pb+H_2SO_4 \rightleftharpoons PbSO_4+2H^++2e^-$；$PbO_2+2H^++H_2SO_4+2e^- \rightleftharpoons PbSO_4+2H_2O$；$Pb+PbO_2+2H_2SO_4 \rightleftharpoons 2PbSO_4+2H_2O$	2.0
锂离子电池	$LiC_6 \rightleftharpoons C_6+Li^++e^-$；$CoO_2+Li^++e^- \rightleftharpoons LiCoO_2$；$LiC_6+CoO_2 \rightleftharpoons C_6+LiCoO_2$	3.7
钠硫电池	$2Na \rightleftharpoons 2Na^++2e^-$；$S+2e^- \rightleftharpoons S^{2-}$；$2Na+xS \rightleftharpoons Na_2S_x(x=3\sim5)$	2.08
镍镉电池	$Cd+2OH^- \rightleftharpoons Cd(OH)_2+2e^-$；$NiOOH+H_2O+e^- \rightleftharpoons Ni(OH)_2+OH^-$；$Cd+2NiOOH+2H_2O \rightleftharpoons Cd(OH)_2+2Ni(OH)_2$	1.0～1.3

续表

电池类型	阳极反应、阴极反应和总反应	单池理想电压/V
镍-金属氢化物电池	$MH + OH^- \rightleftharpoons M + H_2O + e^-$；$NiOOH + H_2O + e^- \rightleftharpoons Ni(OH)_2 + OH^-$；$NiOOH + MH \rightleftharpoons Ni(OH)_2 + M$	1.35
钠氯化镍电池	$Ni + 2NaCl \rightleftharpoons NiCl_2 + 2Na^+ + 2e^-$；$2Na^+ + 2e^- \rightleftharpoons 2Na$; $Ni + 2NaCl \rightleftharpoons NiCl_2 + 2Na$	2.58

可作储能应用的不同类型电池包括铅酸电池、镍镉电池、钠硫电池、钒氧化还原电池、锂离子电池等。铅酸电池由二氧化铅正电极、铅负电极和分离器（分离两个电极）构成。使用硫酸作为电解质，为放电反应提供硫酸根离子。铅酸电池是普遍使用的储能系统，应用于功率质量控制、不间断电源（UPS）供应和间断性可再生能源储能。但是，铅酸电池的使用仍然有一些问题，如低能量密度（30～50W·h/kg）、短循环寿命（500～1000 次循环）、深度放电失败和铅（重金属有毒性）的加工。镍镉（NiCd）电池由氢氧化镍正电极、氢氧化镉负电极、碱电解质和分离器构成，作为车用电池储能系统是可靠的、需要的维护低和能量密度（50～75W·h/kg）相对高。镍镉电池使用重金属镉，因镉的毒性很高，存在环境问题，同时镍镉成本相对较高和电池循环寿命（2000～2500 次循环）较短。钠硫（NaS）电池负电极是液体钠，正电极是液体硫，分离它们的是固体 β-氧化铝陶瓷电解质。正钠离子进入电解质与硫组合生成多硫化钠。钠硫电池的操作温度在 300～350℃之间。为达到和保持这个高温，钠硫电池需要从自己存储能量中获取热能。钠硫电池存储系统没有自放电现象，高达 90%的效率（包括热损失），但投资成本也高。钒氧化还原电池由电极、电解质和膜组成。这个储能系统的正和负半池用膜分开，能量密度较低，约 25W·h/kg 电解质。其他类型液流电池包括：锌溴（ZnBr）电池和多硫化物溴电池。循环性、可靠性、放电深度是该类电池储能系统主要关注的指标。

6.1.5　电池储能系统

电池储能系统是一种储能装置，已被应用于多个不同领域，如表 6-3 所示。其基本组件是电池、控制和管理调节系统（C-PCS），而其余部分则是保护系统。根据功率容量，一些电池可用于高电压场合，而另一些应用于低电压场合。电池储能系统技术是功率系统应用的最普遍储能装置，目标应用领域包括纯电动和混合动力车辆（HEV）、海运运输、空间操作、便携式电子系统、无线网络系统和电网网络稳定系统。

表 6-3　电池储能系统在稳定电网和提高电网操作效率中的应用

应用领域	描述
电网相角稳定（GAS）	通过电池吸收和注入功率缓解功率摆动
电网电压稳定（GVS）	通过电池注入有功和无功功率补偿电压质量的下降
电网频率漂移扼制（GFS）	电池能够作为中心发电单元足以满足储备或负荷的要求，保持供需间的平衡
短期电力质量（SPQ）	铅酸电池有足够的容量以缓解电网因任何事件（如再合闸）引起的电压下降
长期电力质量（LPQ）	SPQ 需要的时间加上供给储备功率的若干小时

一次电池主要用于轻便简单的电子产品，如遥控器和儿童玩具等。可充式电池可应用于许多领域，如照明、应急电源、便携式小工具（如玩具、手电筒）和更多的电子装置（如摄像机、计算机和手机）等。

为支持电网和电动车辆操作运行，离不开大规模电力存储系统。在公用电力事业中，电池系统主要用于平衡负荷、调节频率和提供转移备用服务，这些都有利于系统的经济性。随着可再生能源（RES）电力（如光伏和风电）渗透不断增加，配备的储能单元也随之增加。对于储能实际应用，很有必要强调各类电池的储能特性。在对电池储能系统与小规模 RES 电力集成系统进行的评估中发现，使用 NiCd 电池和性能相当的 NiMH 电池的主要障碍是初始投资成本高。在 RES 中应用电池时，主要考虑标志电池性能的两个非常重要因素：廉价和可用性强。因此，目前铅酸电池占优势。电池储能系统现在已经作为电动车辆的主功率源。电动车辆中的纯电动车辆（BEV）、混合动力车辆（HEV）和插入式混合电动车辆（PHEV）对电池的比能量和比功率性能要求是不一样的。不同电池系统提供的比能量和比功率不一样，其选择匹配可参考图 6-6。

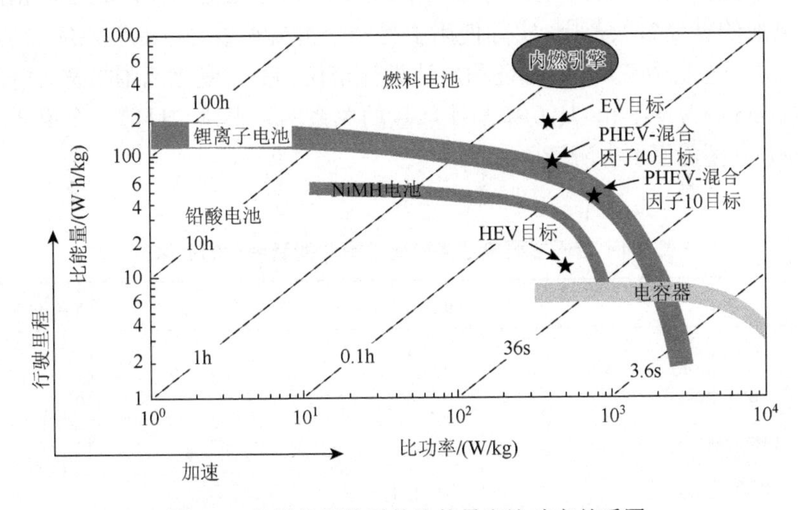

图 6-6　各类能源体系的比能量和比功率关系图

6.2　电池重要的实际参数和特性

6.2.1　电池的能量参数

电池有多重性质，应用领域广泛，不同应用对其特性要求是不同的。例如，①车辆推进应用中的重要参数是比能量和比功率（可用的质量比能量和比功率）；②作为功率源（便携式电子装置，如移动电话、便携式计算机和视频录像设备）应用的重要参数是能量密度［单位质量（体积）能量数量］；③对于诸如无线电动工具应用，特别重要的参数是功率密度（单位体积功率）；④对于另一些应用领域，循环寿命（能有效地发挥其性能前可再充电次数）、充电时间、容量及其降解过程是很严格的重要参数。对于所有应用，电池成本总是考虑的主要因素。有时成本可能压倒一切，甚至不惜降低性能。

对于实际应用，电池性能参数与最大理论值间总是有差别的。一个明显原因是，实际电池中有多个组件，它们并不包含在储能基本化学反应机制中，即不贡献电池性能，如电解质、分离器、电流收集器及容器等。另一原因是未优化反应利用电池活性物质，例如，电极反应材料可能成为电绝缘或电解质被保护而不再为电化学反应（电能化学能间转换）做贡献，但仍被计算其质量和体积。经验指出，对常规水性电解质电池系统，实际电池仅能产出最大理论比能量（MTSE）的 1/5～1/4，如进行多因素优化则能使产出大于该范围。若干普通可充式电池系统的实际能量密度和比能量列于表 6-4 中。应该指出，这些值不是最后确定值，取决于多个操作因素且随制造商设计不同而不同。但无论怎样，这些值指出了商业可用电池的重要参数范围。实际使用中另一个重要参数是电池能供应的功率（比功率，单位质量的功率），该特征和电池设计密切相关，变化范围很宽。电池特征常用 Rogone 图（图 6-6，比功率与比能量的关系图）表述。目前三个重要电池系统的 Rogone 图如图 6-7 所示。

表 6-4　若干重要电池实际比能量和能量密度的近似值

体系	比能量/(W·h/kg)	能量密度/(W·h/L)
铅酸电池	40	90
镍镉电池	60	130
镍氢化物电池	80	215
锂离子电池	135	320

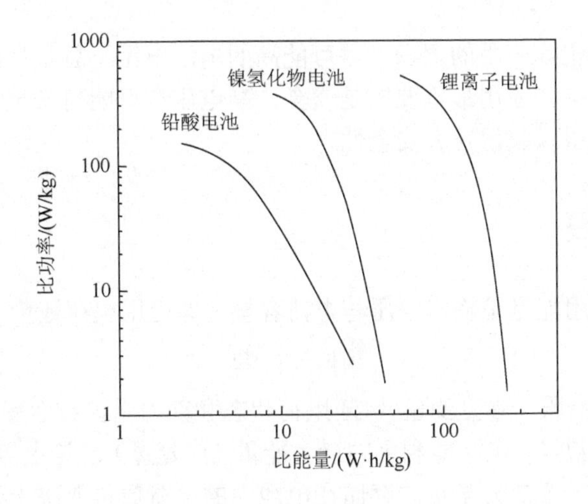

图 6-7　三个主要电池系统实际比功率与比能量的 Rogone 图

6.2.2　电池电压和能量质量

除了能量参数外，另一个极其重要的参数是电池电压。电池操作电压是指放电时所供应电能和功率的电压，充电时需要供应它电能和功率的电压。电池的开路电压或供电电压主要由电极组分间化学反应热力学决定，是进行电化学过程（供应离子通过电解质和电子通过外电路迁移）的推动力。当然在实际使用时，其开路电压与理论值是不同的，还取决于多个动力学因素。

电化学储能的另一个重要参数是供应电力的质量（匹配实际应用）。电能质量概念类似于工程热力学中热能质量概念，并且已经认识到对于许多实际应用高温热能比低温热能更有用（即热能质量有高低）。同样，电能有用性也密切关系到电能电压。高压电能（有较高质量）常比低压电能有用。例如，对于简单电阻应用，电功率与实际（不是理论）电压 E 和电阻 R 间的关系为

$$P=\frac{E^2}{R} \tag{6-1}$$

也就是说，在电化学电池的许多应用中对电压是敏感的（平方关系）。高电压存储能量的质量远高于低电压存储的能量。电池供应的电能质量可粗略地用它们的输出电压表示：高质量电能，3.0～3.5V；中等质量电能，1.5～3.0V；低质量电能，0～1.5V。

有多个应用需要高电压，如推进混动或纯电动车辆的电源系统。汽车制造商一般希望的操作电压高于 220V，因此期望电池能够提供尽可能高的电压，因单池电压高需要的电池少。又如，内燃引擎汽车启动器、照明和点火系统也倾向于使用较高电压系统（36～42V）。虽然可以不考虑能量质量，但重要的是电池储能系

统特征必须匹配实际应用的要求。尽可能高的电池电压不总是最好的，因有可能导致浪费。对于某些应用最重要的是安全，高电压有可能对安全造成威胁，因此可牺牲电池高电压以获得较大安全性。

6.2.3 充电容量

电池系统可用能量是输出电压与电荷容量（即可用电荷数量）乘积的积分：

$$\text{能量} = \int E\mathrm{d}q \tag{6-2}$$

其中，E 是输出电压（强度变量），随电荷状态和动力学参数而变；q 是电池能供应外电路的电荷数量。电池能利用的最大能量（广延量）理论上等于其存储能量，在理想条件下是一个热力学量。存储在电池中的电荷数量取决于存储物质数量。所以，容量由测量值表示，如每摩尔物质（每克电极质量或电极体积毫升数）所含的库仑数。实际能输出数量低于其最大容量。

6.2.4 最大理论比能量

最大理论比能量与发生的电化学反应类型有关。为获得计算该参数值的方法，以嵌入或生成反应为例：

$$x\mathrm{A} + \mathrm{R} = \mathrm{A}_x\mathrm{R} \tag{6-3}$$

其中，x 是每反应 1mol R 消耗 A 的摩尔数。它也是每摩尔 R 单元电荷数。如果 E 是这个反应的电动势，其所含理论能量可直接使用式（6-2）计算，即能量以 J（焦耳）为单位时该值为电压（V）和电荷（C）的乘积。如果 W_t 是参与反应分子分子量的总和，单位质量最大理论比能量（MTSE）为

$$\mathrm{MTSE} = \frac{xE}{W_\mathrm{t}}F \tag{6-4}$$

单位为 J/g 或 kJ/kg，x 单位是每摩尔等当值，E 是 V，W_t 是 g/mol，F 是法拉第常数，每当量 96500C/mol。由于 1W 是 1J/s，1W·h 是 3.6kJ，则 MTSE 可表示为 W·h/kg：

$$\mathrm{MTSE} = 26805\frac{xE}{W_\mathrm{t}} \tag{6-5}$$

6.2.5 电压随电池充放电程度而变

由电化学可知，大多数（但不是全部）电化学电池的电压是要随能量进出（充放电）改变的。而且电池系统电荷数量变化范围也是很宽的，它随电池状态特征变化而改变。因此，很有必要了解电池的充电和放电曲线（由电池电压对荷电状态作图）。

对于不同电池，它们的充放电曲线有很大不同，与加入和取出能量的速率密切相关。能够提供很多有关平衡或近平衡条件下电池电压和荷电状态间有用信息的一个试验技术是库仑滴定技术，能用于获得不同电池（在低电流或近平衡条件下）的电压与荷电状态间的关系曲线（放电曲线）。有些放电曲线基本上是平坦的，有些不止一个平坦区，还有一些显示一个斜滑拉长的 S 型，有时具有斜率，有时没有。而且不同电池系统的容量有很明显的不同。放电曲线可归纳成三种基本类型，如图 6-8 所示。

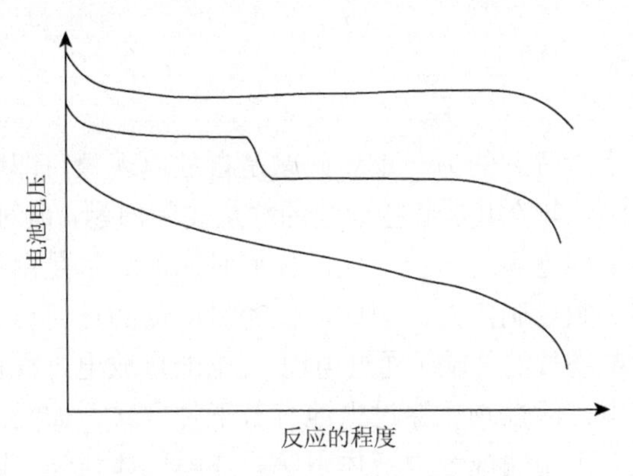

图 6-8　不同类型放电曲线示意图

6.2.6　循环行为

对于许多应用，总希望电池能在保持其主要性能指标条件下进行尽可能多的充放电循环。实际上这对电池技术是一个严重挑战，在发展和优化电池时必须予以更多关注。在图 6-9 中给出了在不同（三个）库仑效率条件下电池容量随循环

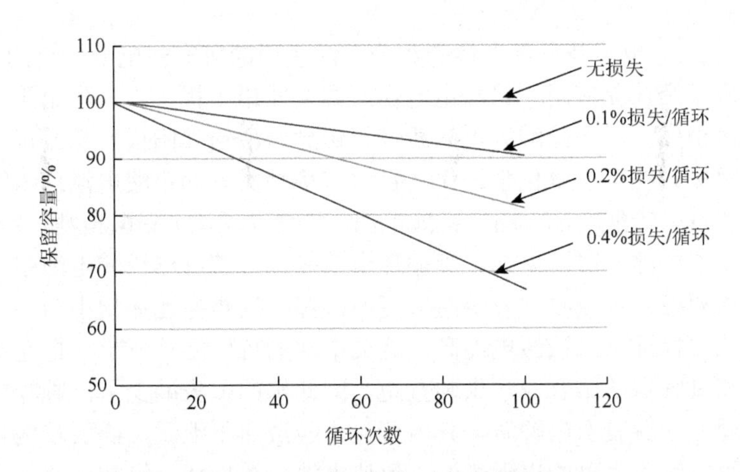

图 6-9　循环期间库仑效率对保留容量的影响

次数增加而下降的曲线。库仑效率值是指放电中可用保留电荷容量的分数，与多个因素有关，其中特别重要的是每次循环的电流密度和放电深度。能够看到，即便每次循环损失的电荷数量很小也会导致严重后果。例如，每次循环损失 0.1%，经 100 次循环后可用容量就降为原始值的 90%。如果库仑效率不高，情形更坏。对于需要多次充放电操作的电池，其设计和制造必须使每次循环的容量损失非常非常低。一般地，这意味着与其他性能要求必须要做权衡折中。

6.2.7 自放电

电池在实际使用中碰到的另一重要问题是自放电现象，即电池不使用时可用容量也会随时间下降。自放电是某些电池的严重实际问题，但对另一些则可忽略。应该指出，容量是电池电极的一个性能，任何时间的容量是由电极中保留的未进行化学反应活性物质数量确定的。因此，使容量降低的任何自放电必定是发生了活性物质损失或荷电物种的传输（通过电池）。电池自放电过程包括荷电物种传输时称为电化学自放电。活性物质穿过电池有若干种方式，如经由邻近蒸气相的传输、固体电解质裂缝中传输或经由液体电解质热解气体传输。即便没有荷电物种的传输也会产生化学自放电。当然，也有可能是杂质与电极或电解质组分发生了反应，导致可用容量随时间而下降。

6.3 铅 酸 电 池

6.3.1 引言

铅酸（LA）电池是世界上最老和最广泛使用的可充式电池，自约 1890 年来就已大规模商业化应用。铅酸电池由海绵金属铅阳极、二氧化铅阴极和硫酸溶液电解质构成。以浓硫酸为电解质进行铅到硫酸铅（阳极）和四价氧化铅到硫酸铅（阴极）的可逆电化学转化。目前有多种类型的铅酸电池：铅锡电池、启动照明和点火铅酸电池、阀控铅酸电池、淹没（泛洪）铅酸电池、铅钙电池、玻璃纤维铅酸电池、凝胶电池、深循环电池等。玻璃纤维铅酸电池中含有固态玻璃纤维电解液，可吸收并容纳酸液而不泄漏。这类电池体积小巧，占用空间少，抗震性比标准泛洪铅酸电池高。这类电池的特殊之处在于，把充电过程产生的氢气和氧气重新结合成水供装置用，因此水的损失减少了。凝胶电池中含不完全是固态的凝胶态电解质，其内可包含酸液而不泄漏，需要较慢且可控的充电。凝胶电解质有可能出现气泡，致使电池永久损坏。铅酸电池基本类型中实际上仅有泛洪铅酸电池和阀控铅酸电池（其商品分别示于图 6-10 和图 6-11）两种。操作原理上它们是类似的，但在成本、维护策略和物理大小上是不同的。阀控铅酸电池购买价格高，寿命较短、物理大小较小和维护成本比泛洪铅酸电池低。

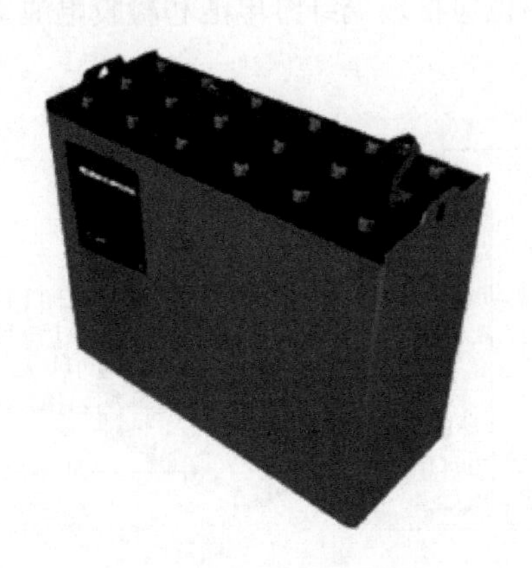
图 6-10　典型的泛洪铅酸电池

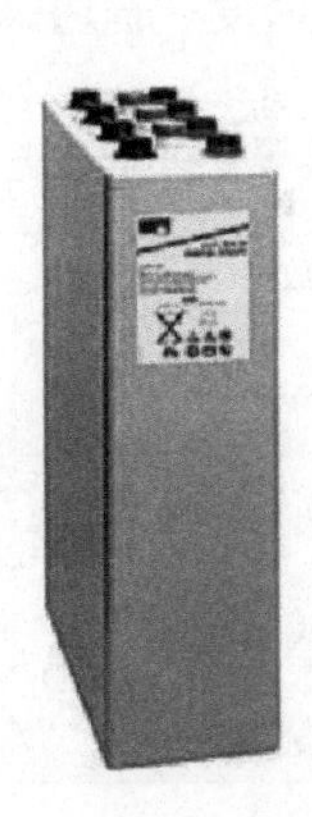
图 6-11　典型的阀控铅酸电池

6.3.2　铅酸电池电极反应

铅酸电池电极一般须经实际活化流程形成，在铅、合金或碳电流收集器（网状）上沉积厚的铅化合物和添加剂层。图 6-12 中给出单一铅酸电池（电极浸在硫酸水溶液电解质中）充放电两阶段和其化学特征。为使电极有大表面积，采用的是网状铅板。电池充电后作为原电池供应功率给外部负荷。在放电过程中，带负电荷铅阳极被氧化成硫酸铅（II）（不溶性白色固体），半池反应为

$$Pb(固) + H_2SO_4(溶液) \rightleftharpoons PbSO_4(固) + 2H^+(溶液) + 2e^- \qquad (6\text{-}6)$$

阴极是沉积在铅板上的二氧化铅（IV），在放电期间红棕色二氧化铅被还原成硫酸铅（II），半池反应：

$$PbO_2(固) + H_2SO_4(溶液) + 2H^+(溶液) + 2e^- \rightleftharpoons PbSO_4(固) + 2H_2O(液) \qquad (6\text{-}7)$$

阴极上消耗电子。铅酸电池的总放电反应为

$$Pb(固) + PbO_2(固) + 2H_2SO_4(溶液) \rightleftharpoons 2PbSO_4(固) + 2H_2O(液) \qquad (6\text{-}8)$$

铅酸电池的放电过程要消耗硫酸生成产物水，致使电解质硫酸浓度下降。这可方便地通过测量电解液密度来确定铅酸电池荷电状态。铅酸电池充电期间生成 $PbSO_4$ 和消耗水（被电解）。铅酸电池寿命 6～15 年，在 80%放电深度（DOD）条件

下最多可循环 2000 次，充放电效率 70%～90%。启动点火和 UPS 也是铅酸电池的常见应用，其额定电压较小，有 6V、8V 和 12V。近来成为铅酸电池主流最普遍使用的是阀控铅酸电池，其功率高、初始成本低、有快速充电能力和无须保养的优点。目前对阀控铅酸电池研究主要集中在研发先进电池材料、降低电池尺寸、减轻质量和保持高能量密度。普通阀控铅酸电池类别中也包括玻璃纤维电池和凝胶电池。

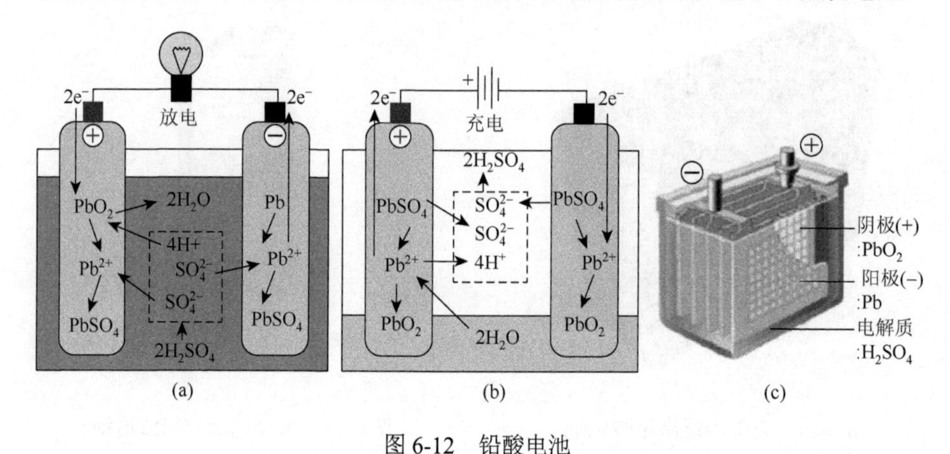

图 6-12　铅酸电池

（a）放电期间；（b）充电期间；（c）铅酸电池原型

6.3.3　理想电池电压计算

可从电化学反应自由能利用能斯特方程计算电池电压。电池反应的标准反应自由能变化计算公式：

$$\Delta G^{\ominus}=\sum\Delta G_i^{\ominus}(\text{产物})-\sum\Delta G_i^{\ominus}(\text{反应物}) \tag{6-9}$$

其中，$\Delta G_{\mathrm{f}}^{\ominus}$ 是每个物种的标准生成自由能。对于铅酸电池电极反应，从热力学数据计算的在 298.15K 时的 $\Delta G^{\ominus}=-371.1\text{kJ/mol}$。理想电池电压或电动势 $E_{池}^{\ominus}$ 与 $\Delta G^{\ominus}$ 的关系为

$$\Delta G^{\ominus}=-nFE_{池}^{\ominus} \tag{6-10}$$

代入 $n=2\text{mol}$ 和法拉第常数 $F=96485\text{C/mol}$，可得 $E_{池}^{\ominus}=1.92\text{V}$，实际电压要小于该理想电压值。计算 $E_{池}^{\ominus}$ 的另一方程是能斯特方程：

$$E_{池}=E_{池}^{\ominus}-\frac{RT}{nF}\ln Q \tag{6-11}$$

其中，反应系数 Q 包含了所有反应物种的活度（与硫酸浓度有关）。对于 0.1mol 电解质 H_2SO_4，$Q=1\times10^4$，可得 $E_{池}=1.80\text{V}$。重要电池电极反应和总反应，以及

单池理想电压列于表 6-2 中，实际可用电压一般低于理想单池电压，因为电解质浓度比较低。

第一代铅酸电池是移动样机型的，电解质通过蓄电池箱循环（含浸入电极）。在过度充电时产生的氢气和氧气必须放空到大气。这个过程会降低酸中的水含量，所以需要有常规蒸馏水补加（对于泛洪铅酸电池）。这类电池常因多个问题（如酸分层、正极板膨胀、电极腐蚀和部分或不完全充电）而失效。在 20 世纪末，铅酸电池引入了阀控设计而有显著改进。阀控铅酸电池不会溢出酸，提高了电池性能。另外，新设计电池不需要维护且有较小的遗留足迹。这类铅酸电池有中等比能量（35W·h/kg）和能量密度（70W·h/L），能量效率和管理效率分别为 75%和 90%。

电池出厂标有电池额定值［安时（A·h）]，指出了电池容量［放电电流（A）和时间（h）的乘积]。由于不同制造商采用的放电时段不同，对同一容量电池实际上却有不同 A·h 额定值。A·h 额定值的意义不大，仅作为选择目的评价电池容量的一个方法。试验指出，温度对铅酸电池正常容量有相当大的影响，温度越高，可用电池容量越多。

6.3.4　铅酸电池的特点

铅酸电池是最早一类可充电电池，虽然其使用多少受一些限制，但在移动和固定领域有广泛应用，如作为紧急功率供应系统（不间断电源）、独立电源和车辆启动动力电源，以及作为缓解风电输出随机波动性和功率质量管理的储能系统等，也广泛应用于家庭和重要工商业领域。因铅酸电池成本低，已作为汽车启动、照明和点火应用的标准配置。在内燃引擎车辆中应用的铅酸电池，操作从充电约 90%的状态开始，能为引擎曲轴提供高达 10kW 的功率，比功率达 600W/kg，持续时间通常小于 1s。在汽车应用中，铅酸电池提供的容量为额定容量（总吞吐容量）的 100 倍。铅酸电池到达生命终点是由于电池内铅网腐蚀或正极板活性材料流泄。4～6 年的使用寿命是可以接受的，因铅酸电池替换成本很低。

泛洪铅酸（FLA）电池的特点是无须密封维护，电解质有散/吸热功能，需要进行常规蒸馏水补充。市场上不断出现竞争的其他高效优良高能量密度电池，但铅酸电池在一些领域的应用现在仍占优势，特别是在质量因素并不那么重要的汽车系统和其他应用领域。最重要原因是低成本［300～600 美元/kW、高可靠性和高效率（70%～90%），以及强的技术互换性、使用寿命的增加（5 年或 250～1000 次充放电循环）和快速应答。铅酸电池的劣势是短循环寿命（500～1000 次循环）、低能量密度 30～50W·h/kg（因铅的高密度）、低温性能差（需配备热管理系统）。铅酸电池在能源管理中的应用非常有限，但仍然能够用于高达 40MW·h 的商业和较大规模的能源管理。另外也应该注意到铅酸电池的其他缺点，如使用有毒和对环境有害的重金属组分、不适合大规模使用、成本仍较高、有限使用期限和结构上存在实际问题（如质量大、体积大）等。

6.3.5 铅碳电池

尽管铅酸电池已经广泛使用，但是发展和扩展使用仍存在一些挑战。电池的电极表面随循环次数增加逐渐建立起的硫酸铅电阻层影响铅酸电池容量和循环寿命。铅酸电池的能量-质量比低于其他类型电池，再充电也比较慢。为提高铅酸电池性能，一般可在电极材料中使用添加物，如碳、钙、硒和锡等。对于均衡负荷水平和调峰（平衡功率消耗和生产）操作应用，铅酸液流电池是较好的选择。铅酸液流电池是相对新的储能装置，与光伏风电组合可缓解或解决可再生能源（RES）电力的随机不可预测性和波动性问题。它具有连续消除 RES 间歇性、平稳功率和改变能量输出的巨大潜力。

在先进铅酸电池设计中，铅已被碳部分或完全取代。负极用碳取代后的铅酸电池，性能更好且生命循环成本（与固定应用老式铅酸电池比较）也降低了。在铅酸电池负极中添加少量炭黑（0.15%～0.25%）可降低铅负极板上沉积硫酸铅的增厚。例如，炭黑量增加 3 倍和 10 倍（与基础量比较），每次循环硫酸铅累积量从 0.1%分别降低到 0.05%和 0.03%。当炭黑量从 0.2wt%增加到 2wt%时，铅酸电池循环寿命也提高了。对此的解释是：①硫酸铅单晶分离使充电反应结束时与电解质的接触增大了；②碳介质使铅沉淀层导电表面积增大。添加碳后发现的较大变化是形成（碳-碳超级电容）高面积碳负极，它完全替代了铅负极。该铅碳（混合）电池基本上是一个 PbC 不对称电容器，但仍然是含标准铅氧化物的混合电化学装置。在铅碳电池充放电期间，正极上进行的反应与常规铅酸电池的反应一样：PbO_2 与酸和硫酸根离子反应生成 $PbSO_4$ 和 H_2O。因高面积碳替代了铅，主要差别是负极上的反应。在碳负极不进行任何反应，其储能是通过双层（非法拉第）电容实现的，再加上可能的 H^+准电容（法拉第）存储，其反应式可表示为

$$C_6^{x-}(H^+)_x \longrightarrow (放电) C_6^{(x-2)-}(H^+)_{x-2} + 2H^+ + 2e^- \tag{6-12}$$

在放电期间，完全充电状态下存储在碳负极中的 H^+移向正极并被中和生成 H_2O，消除了负极上 $PbSO_4$ 的成核和生长，延长了电池循环寿命。电池是在（降）低酸浓度下从充电状态转变到放电状态，降低了对正极铅网的腐蚀，使用寿命增加。

总而言之，与同等碳-碳超级电容器相比，铅碳电池装置在电能输出上有了实质性提高；与传统铅酸电池比较，铅碳电池的不对称电容器功能使其在功率和循环寿命方面占据优势（完全没有硫酸盐生成），虽然以放电时间缩短为代价。

也就是说，对于充放电短期应用，铅碳电池是可行储能技术。添加碳或用碳电极完全替代的负极是可以进行分离设计的，一半负极是铅，另一半是碳（称为超电池）。该设计的正极是铅-二氧化铅板，负极有两个：海绵铅负极板（即铅酸阳极）和碳基负极板（即不对称电容器阳极）。两者平行连接作为混合电池的阳极。对于这类装置，组合负极的放电或传导电流由两部分组成：电容器电流和铅酸负极板电流。电容器电极可起缓冲器作用，分担部分铅酸负极板放电和充电电流，可防止其高速率放电和充电。铅负极在电位约–0.98V（放电期间）开始转化成硫酸铅，在电位小于–1.0V 时又转化回海绵铅。而电容器电极上电荷的中和发生于电位大于–0.5V（放电期间）时，随后在充电时电位小于–0.3V 时发生电荷的分离。因此，在放电早期阶段，电流主要来自铅酸负极板，仅有很小部分来自电容器电极（它有较高中和电位）；充电时，电流首先留在电容器电极，然后再到铅酸负极板。这有可能导致铅负极板上有显著量的氢释放，尤其是接近于充电快结束时。为解决此事情，可在碳电极中加入适量添加剂，让电极放电期间产氢量显著降低，几乎接近铅负极板的放氢程度。

在深入研究基础上已发展出新的混合和长寿命铅酸电池（超级电池），现已进入市场。该类超级电池可在部分充电状态下进行连续有效地操作，对频繁过度充电循环也无须保护。电容器和先进铅酸电池技术的组合操作使超级电池具有一些突出优点：被优化的稳定性、寿命延长和充电/放电快速、充电/放电范围宽等。超级电池的充电/放电功率要比常规铅酸电池高，寿命也长了 3 倍。新发展的铅碳电池的放电功率和充电功率分别提高了 50%和 60%，在宽深度放电窗口操作，能提供和接收与常规铅酸电池类似的功率。现时该超级电池被推荐在相对放电深度（DOD）30%～70%（常规铅酸电池 DOD＜30%）下操作，但每个星期仍有轻微自放电现象（2V 电池电压时的 1%）。这些电池已被集成进入 RES 储能系统中。其缓慢自放电速率可能影响对风能、太阳能的吸收量和电力网络稳定性。对于深循环，超级电池需要较厚电极板，只能递送较小峰电流且必须抗击频繁地放电。铅碳不对称电容器和超级电池只能用于无需长时间放电的应用。但长放电时间不仅能应用于功率管理，而且能作为电源应用。因此，对铅酸电池和铅碳电池需要有进一步的基础研究，以了解碳对电极反应的影响，特别是 H^+和高表面积碳间的相互作用和发生的界面现象。

6.4　钠 硫 电 池

6.4.1　引言

福特汽车公司在 20 世纪 60 年代首先对钠硫电池进行了系统研究，特别研究

了用 β-氧化铝作为固体电解质的可行性。随后该技术被日本公司 NGK 株式会社及其合作者东京电力株式会社购买。1983 年，日本推出的先进钠硫电池是发展得最好的高温电池。自 1990 年以来日本制造了很大数量的钠硫电池进行技术示范。该储能系统已成功应用于负载平衡和电动车辆中。例如安装了大于 270MW 储能容量和适合 6h 日间削峰的钠硫电池来稳定风电。最大钠硫电池是 34MW 和 245MW·h 单元（安装于日本北部）。

6.4.2 钠硫电池简介

钠（Na）是好的电池阳极材料，非常有吸引力，这是因为它资源丰富、成本低和氧化还原电位低。Na 被密封在电化学装置中用以避免与氧和水发生反，Na 阳极和阴极的分离通常采用能传导 Na^+的固体膜。固体 β-氧化铝膜对 Na^+具有很高的电导率［特别是在高温（300～350℃）下］，电阻很小且有令人满意的电化学活性。β-氧化铝作为电解质对电池应用显示有足够高的离子电导率（＞250℃时约 0.2S/cm）。钠/β-氧化铝的充放电能力来自 Na^+传输（穿过掺杂 Li^+或 Mg^{2+}的 β-氧化铝电解质）。操作期间，阳极是熔融状态的金属钠，阴极可能是 S/Na_2S_x。按使用阴极材料的不同，钠-β-氧化铝电池可分为钠硫电池和钠金属卤化物电池两种。钠硫电池由活性物质熔融液体钠（阳极）、熔融硫溶液（阴极）和固体材料 β-氧化铝陶瓷膜电解质构成。固体电解质起分离器作用，只允许 Na^+通过与硫发生化学反应生成多硫化钠（Na_2S_4）。电池室是高的圆柱形结构，内含在顶端的固定金属盖板（密封用）。钠硫电池的物理结构示于图 6-13 中。钠硫电池操作温度在 270～350℃之间，一般操作温度高于 300℃有利于充放电过程的进行，热量由反应本身供应，无须外部热源供热。在 350℃时的电压为 1.78～2.208V，取决于产物中的硫含量 x（$x=3$～5）。为保持电池进行充电和放电反应，适当的温度是必要的。在图 6-14 中示出了钠硫电池在充放电期间电子和离子的运动。钠从负电极扩散出来，通过 β-氧化铝柱体后，与溶液液体反应。钠硫电池的容量通常是由钠硫液体的组成范围确定。图 6-14 中也示出了钠硫电池系统的操作原理，进行的可逆电化学反应（向前充电，反向放电）如下：

$$2Na + xS \rightleftharpoons Na_2S_x \qquad (6\text{-}13)$$

其中，x 为 3～5。在放电阶段，钠金属电极的每个钠原子被剥离出一个电子，生成的钠离子通过电解质向正极室移动。脱离钠原子的电子通过负荷电路再返回到正极。返回的电子被熔融硫捕集转化成多硫化物。负电荷电子被迁移进入正极室平衡正电荷钠离子。在电池充电期间这个过程反转。图 6-14 中也显示了放电和充电过程中钠硫电池的化学性质。

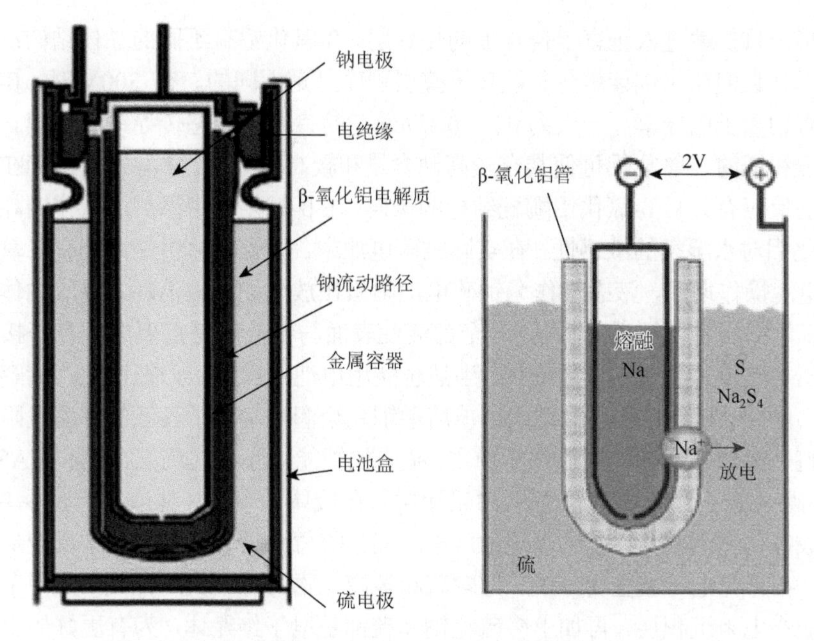

图 6-13 钠硫电池的物理结构

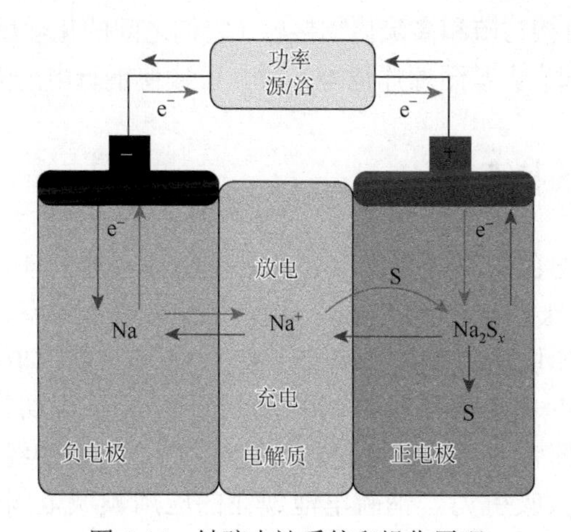

图 6-14 钠硫电池系统和操作原理

6.4.3 钠硫电池的结构特征

电解质 β-氧化铝的特征是交替排列的紧密堆砌板和松散堆砌层。松散堆砌层含可移动阳离子（通常是钠离子），称为传导板，阳离子在电场作用下可在其内自由移动。紧密堆砌板是由位于八面体的铝离子以及位于八面体和四面体间隙的氧离子层（尖晶石块）组成，两个邻近尖晶石块可相互替换（通过传导层或板）。可移动阳离子只扩散进入垂直于传导板的传导层。β-氧化铝有不同的晶体结构：六角形和菱形。它们在化学计量数和氧离子叠层顺序上是不同的。在 300℃时，β-氧化铝显示有钠离子电导率，一般为 0.2～0.4S/cm，是良好的固态传导钠离子膜。取代或掺杂锂和镁的β-氧化铝可使其有较高钠含量和较高电导率。水湿气渗透和在颗粒边界上的反应有分解β-氧化铝陶瓷结构的倾向。在β-氧化铝中添加二氧化锆能消除纯β-氧化铝对水湿气的敏感性，在实际钠硫电池中，陶瓷电解质是添加有二氧化锆的。在电池操作期间，液态钠作为钠硫电池阳极在放电期间被消耗，导致钠体积缩小。β-氧化铝固体电解质（BASE）全部活性表面与钠接触是重要的，良好接触由顶部存储容器重力和毛细作用提供，当然也能用电池的操作压力把钠从存储容器强制送出。此外，BASE 和熔融钠间因被熔融钠完全润湿确保了其低的界面电阻，且在电池整个操作生命期间内能保持稳定。杂质如钙能以膜形式沉积在钠和 BASE 界面上，妨碍钠离子的传输和钠溶解。薄铅涂层和在液体钠中添加钛或铝能减少 BASE 界面生成氧化钙的数量。在钠硫电池放电期间，硫与钠离子发生电化学反应形成多硫化钠，在再充电时被重新分解。熔融硫和多硫化物具有很大腐蚀性，致使杂质界面上形成高电阻沉积层，再加上多硫化钠和硫都是电子绝缘体，为有更好的电子传导（要求低的电阻），通常在熔融阴极中嵌入碳毡（电子导体）。当分离器 BASE 被损坏，以及液体钠直接与硫和多硫化物接触（它们之间的化学反应是放热且具有动态特征，有潜在引起火灾甚至爆炸危险）时，可致使钠硫电池失败。

6.4.4　钠硫电池的特点

钠硫电池具有出色的高能量密度（几乎是铅酸电池的 4 倍），能量密度和能量效率分别可达 151kW·h/m^3 和 85%，且有高充电/放电效率、低成本、零维护、高存储容量、材料模块化制作和长寿命［高达 15 年，高放电深度（DOD）寿命达 2005 次循环（99%的再循环能力）］、低自放电、充放电切换应答快速等特点。而且钠硫电池也是便宜的（其结构材料价格不高）、有高的经济性，因此对大规模储能应用具有很大吸引力。钠硫电池现在的应用领域范围已经很宽，如电压调整、调峰、电力质量控制、稳定风电电力输出、输电线路扩展及单元支持系统等。特别是对于风电农庄，该电池能缩减传输线路和电网支持系统的扩展。钠硫电池也能在电网系统失败时供应电力，例如，2010 年它为美国纽约大停电提供紧急供电。美国已经实施把钠硫电池集成进入风电农庄中。预计应用该类电池的重要领域会更多（如解决 RES 电力随机间断性波动性问题），且可能很快实现商业生产。钠硫电池优点以及对其评论见表 6-5。但是，钠硫电池仍有一些问题需要解决（虽然难度不是很大），如对环境的影响，可能发生瞬间爆炸、绝缘层腐蚀等。

表 6-5　钠硫电池的主要优缺点

特征	评论
优点：成本比其他先进电池低；高循环寿命；高能量密度；高功率密度；操作灵活；高能量效率；对环境条件不敏感；已确定荷电状态	便宜的原材料；被密封；无须维护；液体电极；低密度活性物质；高电池电压；宽条件范围内有优异的池功能（速率、放电深度、温度）；因 100 库仑效率＞80%；合理的电阻；被密封的高温系统；最高荷电时有高电阻；100% 库仑效率时可直接电流集成
缺点：需要热管理；安全性问题；密封和冻结解冻问题	为保持能量效率和合适的持续时间需要一定的密封；必须控制与熔融活性物质反应；在辐射环境中需要有气密性，因使用了断裂韧性有限的陶瓷电解质，可能经受高的热应力

6.4.5　钠硫电池的设计

钠硫电池高温操作所需热量是由电池自身充放电的反应热提供，因此出现了多种钠硫电池设计（图 6-15 和图 6-16）。为降低操作温度，NaS 套管是一种很好的热绝缘装配，具有封闭和保持系统高温的能力。最普通的钠硫电池设计是管式的（图 6-15），对于具有中心钠构型的管式钠硫电池，其结构组件包括：①圆柱形薄壁 β-氧化铝管，一端封闭，包裹液体钠；②致密 α-氧化铝陶瓷头，玻璃密封一直到 β-氧化铝管开口端，提供阳阴极隔间的电绝缘；③防腐蚀金属或合金烧制的管式阴极容器，一端密封用作硫电极的电流收集器。管式设计因使用毛细作用而简化了密封，是高钠利用和紧凑的电池设计。该类设计的最大挑战是，硫差的润湿性（因吸收电解质表面湿气与钠反应形成钠氧化物表面层，阻碍钠解离和钠离

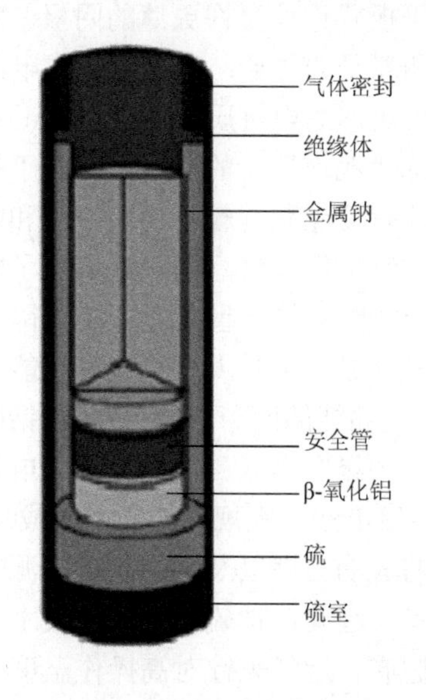

图 6-15　管式钠硫电池

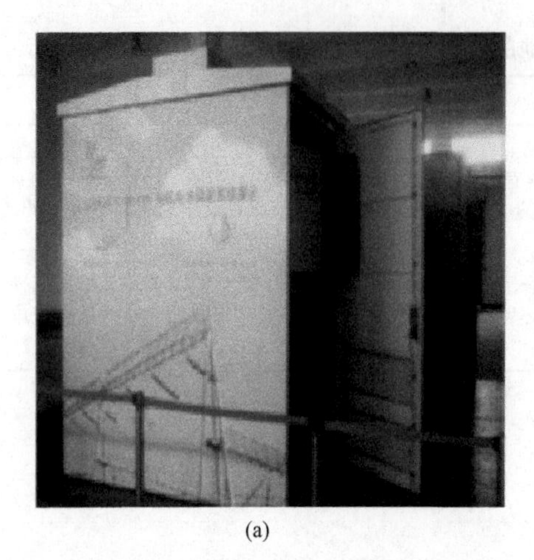

(a)

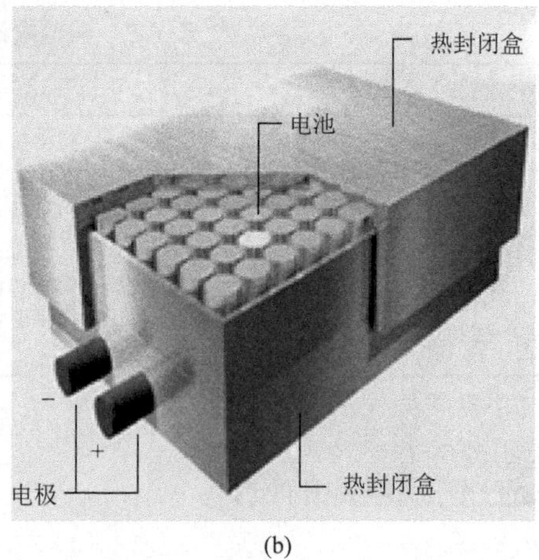

(b)

图 6-16　钠硫电池的盒式设计

（a）钠硫电池盒式设计；（b）中国第一个钠硫电池装置

子穿过钠阳极/电解质界面的传输）。电解质中的杂质如钙也可能在长期电池循环期间毁坏钠的润湿能力。钙离子会迁移到界面形成氧化钙薄膜，阻碍钠和电解质间的接触。高操作温度也显著增加电池的制造和维护成本且有安全危险。

除管式设计外，还发展出热绝缘盒式（平板式）设计［图 6-16（a）］，能提供能量保持操作所需温度。中国在 2010 年上海世界博览会上展示出安装的第一个工业钠硫电池站［图 6-16（b）］，容量 100kW·h/800kW·h。平板式设计具有管式电池不具备的一些优点：①平板式设计允许更薄的阴极，对于给定电池体积有更大活性表面积，有利于电子和离子的传输；②相对管式电池使用的 1～3mm 厚电解质而言，平板式设计可使用更薄的电解质（小于 1mm）；③平板式设计简化了用单体电池组装电池堆（也称“池堆”）的过程，有利于提高整个电池堆的效率。因此，平板式设计钠硫电池有可能获得较高功率密度和能量密度。例如，美国太平洋国家实验室对中温板式钠硫电池进行的研究取得了较好结果。然而平板式钠硫电池存在密封脆弱和安全性能差等严重隐患，还有待进一步研究解决。

管式设计的钠硫电池充分显示了其大容量和高比能量的特点，在多种场合获得了成功的应用。达到大规模储能的两个 500kW 容量钠硫电池体系已经被安装在设施中。但与锂离子电池、超级电容器、液流电池等电化学储能技术相比，它在功率特性上并不占优势。钠硫电池在大规模储能方面成功应用近 20 年，大容量钠硫电池在规模化储能方面的成功应用以及钠与硫在资源上的优势激发了人们更多热情来开发钠硫电池新技术。因此，钠硫电池储能技术的发展势头将在较长时间内继续保持并不断取得新进展。近年来针对高操作温度的安全隐患，正在探索常温钠硫电池的可能性。

6.5　钠-金属卤化物电池

6.5.1　引言

钠-β 氧化铝电池，由于其高往返效率、高理论能量密度和长循环寿命，在运输和固定应用中受到了很大的关注。更广阔市场的渗透要求电池继续改进提高，包括电池性能提高、新材料使用、经济地制作、单元池和组件设计及提高安全性。而最重要的是电池现时投资成本高，达到 500～600 美元/(kW·h)，需要有较大幅度降低。降低电池操作温度和提高材料耐用性能使电池堆和电池使用材料更经济和热管理较便宜。钠硫电池是钠-β 氧化铝电池的一种类型。在钠硫电池基础上已进一步发展出钠-金属卤化物电池。其中早期钠氯化镍电池（所谓零排放电池）发展的初始目标应用是电动车辆。电动车辆（EV）和混合动力车辆（HEV）发展中最关键的是要研发电池储能系统。对于钠氯化镍电池，更广泛熟知的名字是 ZEBRA 电池，衍生自 Zeolite Battery Research Africa Project（沸石电池研究非洲计划)，是南非科学和工业研究委员会的一个研究项目。它与钠硫电池的主要区别是附加使用盐酸铝钠（$NaAlCl_4$）作为第二电解质。在图 6-17 中给出了 ZEBRA 电池的原型设计视图。使用活性材料熔融钠（阳极）作为电池负电极，在放电条件下使用的正电极通常是镍，但在充电状态下是氯化镍，主电解质由固体 β-氧化铝陶瓷与辅助熔融电解质（也称第二电解质）$NaAlCl_4$ 构成，多孔金属氯化物作为阴极。辅

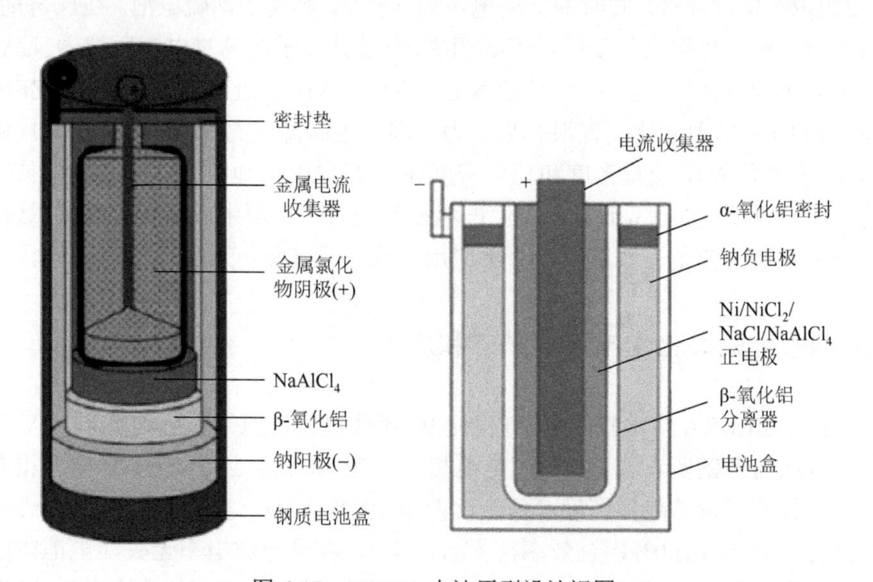

图 6-17　ZEBRA 电池原型设计视图

助熔融电解质位于阴极反应区域和 β-氧化铝固体电解质（BASE）之间（金属卤化物和 BASE 大多数是固相)]，不仅作为钠离子传输介质，也作为电流收集器（金属卤化物）。其腐蚀性比多硫化物低，是电池电极的理想材料。其中的金属氯化物可以是氯化镍（$NiCl_2$）、氯化亚铁（$FeCl_2$）或它们的组合氯化镍铁（Ni-$FeCl_2$）。尽管氯化镍比较好，用铁氯化物作阴极是因为在过度充电时还会形成它。钠-金属卤化物电池与钠硫电池相比的另一个优点是，在低电阻电池失败时体系是安全的。

6.5.2 电化学反应和性质

ZEBRA 电池在充电和放电过程中的电化学反应类似于钠硫电池反应过程。如方程（6-14）和方程（6-15）所示，在放电时，熔融的 Na 和 $NiCl_2$ 被转变成 Ni 和盐（NaCl)，而在充电时过程反转。如果电池过充电，主电解质有可能被分解，并且与第二电解质 $NaAlCl_4$ 和 Ni 结合，生成 $NiCl_2$、熔融 Na 和 $AlCl_3$[方程(6-17)]，而不是 $NaAlCl_4$ 分解成 Na、Cl_2 和 $AlCl_3$。类似于钠硫电池，ZEBRA 电池普通用管式 β-氧化铝作为电解质和分离膜。

阳极：
$$Na \rightleftharpoons Na^+ + e^- \tag{6-14}$$

阴极：
$$NiCl_2 + 2Na^+ + 2e^- \rightleftharpoons Ni + 2NaCl \tag{6-15}$$

总反应：
$$NiCl_2 + 2Na \rightleftharpoons Ni + 2NaCl \tag{6-16}$$

过充电：
$$Ni + 2NaAlCl_4 \rightleftharpoons NiCl_2 + 2Na + 2AlCl_3 \tag{6-17}$$

ZEBRA 电池在 300℃时的标准电压为 2.58V，稍高于钠硫电池。在放电期间，钠离子通过 β-氧化铝膜从阳极迁移到阴极，通过钠离子在第二电解质熔融 $NaAlCl_4$（NaCl 和 $AlCl_3$ 的共熔物）中迁移把 $NiCl_2$ 还原为 Ni。新近研究结果表明，ZEBRA 电池作为 RES 电力储能装置很有吸引力。因使用高温（约 300℃）熔融盐电解质(有高离子电导率)，能量密度和功率密度高。ZEBRA 电池特别适合于大型或中型电力存储及电动汽车。先进 ZEBRA 电池在其长时间使用中取得了显著技术进步，已在若干领域中使用，如潜艇、军事应用、通信设施和可再生电力电网等。

6.5.3 钠-金属卤化物电池优缺点和应用

零排放 ZEBRA 电池技术自 20 世纪 90 年代以来已应用于电动汽车（EV）上，其电池电压高于钠硫电池。与钠硫电池相比，ZEBRA 电池对作为 EV 电源很有吸引力，因其具有较高能量密度（理论比能量 790W·h/kg，实际已达 100W·h/kg）、高能量转换效率（100%库仑效率，无自放电）、容量与放电率无关（电池内阻基本上是欧姆内阻）、可快速充电（电池经 30min 充电可达 50%放电容量）、长循环寿命（储存寿命大于 5 年，充放电循环寿命高于 1000 次）、免维护（全密封结构，无外界环境温度影响）、较少腐蚀、高安全性、耐过度充放电（使用了半固态阴极）及更低电池成本。此外，ZEBRA 电池还有其独特之处：①电池制备过程无液态钠操作麻烦，比较简单、安全。制备过程常在放电状态下进行，以镍和氯化钠作为正极材料，经首次充电在负极产生钠金属。②电池连接方式任意，可串并联排列组合，即使在电池组内部发生少量电池损坏时（一般少于电池总数的 5%）仍无须更换，可继续工作。③电池能承受反复多次冷热循环，例如，经 100 次冷热循环后，未发现容量和寿命衰退迹象。这是因为其正极镍基混合物具有比 β-Al_2O_3 陶瓷管高的热膨胀系数，所以在冷却固化时会收缩脱离 β-Al_2O_3 管，无应力产生问题。④增强了电池的抗腐蚀能力。因为电池结构中将腐蚀性相对较强的正极活性物质置于 β-Al_2O_3 陶瓷管内，从而降低了对电池金属壳体材料的防腐苛求，扩大了选材范围，同时也降低了电池制作成本。⑤电池有相对宽广的工作温度范围。$NaAlCl_4$ 熔点是 157℃，固态 NaCl 和 $NiCl_2$ 低共熔点的温度是 570℃，因此其理论工作温度范围为 157～570℃。考虑到实际有效功率输出，其合适操作温度在 270～350℃之间。⑥电池本身具有过度充电保护机制，过充电时发生如反应（6-17），过放电时发生的是如下反应：

$$3Na + NaAlCl_4 \longrightarrow 4NaCl + Al \tag{6-18}$$

电池正极正常充电反应耗尽全部 NaCl 后，过充电反应发生于过剩 Ni 和 $NaAlCl_4$ 熔盐电解质之间；在放电时，当正极中所有 $NiCl_2$ 耗尽后，过放电反应发生于 Na 与 $NaAlCl_4$ 熔盐电解质之间。也就是说，$NaAlCl_4$ 熔盐电解质在电池过充电和过放电过程中起到了一个有效的缓冲保护作用。⑦使用的电池材料都有较高沸点和较低蒸气压，熔融 Na 与 $NaAlCl_4$ 熔盐电解质之间反应动力学缓慢。因此，即便电池发生损坏（如 β-Al_2O_3 管破裂）也无大安全风险。⑧ZEBRA 电池已通过（USABC 制定）极为严格安全考核试验：包括机械、热、电和振动滥用试验，16 个试验项目分别为冲击、摔落、贯穿、滚动、浸泡、辐射热、热稳定性、隔热损坏、过加热、热循环、短路、过充电、过放电、交流电、极端低温和振动滥用等。但 ZEBRA 电池也有劣势，相对低比功率，在 80% DOD 时仅 150W/kg，比较严重的自放电和需要热管理，电池冷热循环启动需要一定的时间（12～15h），电池在不工作时需要有 90W 热能维持热损耗。

6.6　镍 基 电 池

6.6.1　引言

可充式含镍电池有多种类型：镍镉（Ni-Cd）电池、钠氯化镍（Na-$NiCl_2$）电池、镍锌（Ni-Zn）电池和镍金属氢化物（NiMH）电池。其中 Ni-Cd 电池和 NiMH 电池是最成熟的，也在市场上有很广泛的应用，但它们的效率低，仅约 70%，而 Ni-Zn 电池和 $Na\text{-}NiCl_2$ 电池的效率分别是 80%和 90%。镍基电池利用氢氧化镍作为正极，负极材料有多种。按负极材料种类不同，镍基电池可以分为：镍铁电池、镍镉电池、镍锌电池、镍氢电池。电池以活性材料羟基氧化镍为正极，氢氧化钾为电解质，在镍基电池中发生的电化学反应可表述如下：

$$X + Ni(OH)_2 + H_2O \rightleftharpoons Ni(OH)_2 + X(OH)_2 \qquad X = Fe,Cd,Zn \tag{6-19}$$

$$M(H) + 2NiO(OH) \rightleftharpoons M + 2Ni(OH)_2 \tag{6-20}$$

$$H_2 + NiO(OH) \rightleftharpoons Ni(OH)_2 \tag{6-21}$$

镍基电池在放电和充电时，形成 $Ni(OH)_2$ 和 $Fe(OH)_2/Cd(OH)_2/Zn(OH)_2$。反应方程式中的 M 可以是不同金属。镍铁电池和镍锌电池（能量效率约 75%）之所以对电动汽车不太实用，是因为它们功率性能低、成本高、循环寿命短和维护需求高。镍镉电池和镍金属氢化物电池可作为电动汽车动力源使用，是因为它们具有很高循环寿命（＞3500 次，高于铅酸电池）和较高功率和能量密度（50～75W·h/kg）。尽管镍镉电池具有镍基电池的全部优点，但其劣势是高记忆效应且价格高（是 LA 电池 10 倍以上），还必须考虑回收和材料有毒问题。对于镍-金属氢化物电池，不仅记忆效应低和对环境影响小，而且有宽的工作温度范围。尽管运行过程要产生热量且需要复杂算法和昂贵充电器，但环境友好性和免维护性确保该类电池更适用于电动汽车。镍金属氢化物电池具有高容量、长循环寿命且耐受过度充放电而不受损害。但它价格昂贵、有自放电（与 H_2 压力成正比）、低体积能量密度，特别适用于太空探测。下面对镍镉电池和镍-金属氢化物电池做简要介绍。

6.6.2　镍镉电池

1899 年 Junger 发明了可充式镍镉电池，具有高能量密度、长循环寿命、持续高效率、好的低温性能和额定值大小范围宽等特点。镍镉电池能有效取代铅酸电池（因成熟程度处于同一级别）。镍镉电池主要组分是：在放电循环期间，正极的活性材料是 $Ni(OH)_2$，负极的活性材料是 $Cd(OH)_2$；在充电期间，正极活性材料是 $NiO(OH)$，负极活性材料是金属 Cd。到 20 世纪 90 年代，在可充式电池市场中它已占支配地位。镍镉电池具有的优点是便宜、充电快、循环寿命长、可深度放电、高放电速率（不危及或损失电池容量）、技术成熟。该电池使用了重金属镉和镍成本高，虽然镉可循环使用，但其高毒性会对环境造成危害。另外，镍镉电池有记忆效应（降低了使用寿命）。在应用上，镍镉电池普便有两种形式（两种设计）：

在便携式装备中的密封形式和一般工业应用中的通风形式。放电时镍镉电池的电极反应分别为

镉电极上的反应：

$$Cd + 2OH^- \longrightarrow Cd(OH)_2 + 2e^- \tag{6-22}$$

镍电极上的反应：

$$NiO(OH) + H_2O + e^- \longrightarrow Ni(OH)_2 + OH^- \tag{6-23}$$

放电总反应：

$$2NiO(OH) + 2H_2O + Cd \longrightarrow 2Ni(OH)_2 + Cd(OH)_2 \tag{6-24}$$

镍镉电池的化学复杂性来自阴极，充电反应的产物中有氧气，在充电约 80%后，氧通过如下反应生成：

$$2OH^- \longrightarrow H_2O + \frac{1}{2}O_2 + 2e^- \tag{6-25}$$

对于密封式镍镉电池，电解质量非常小（必需的最小量），生成的氧可扩散回到阳极，与氢进行反应生成水（防止氧压力的形成）。对于通风式镍镉电池（也称为口袋电池），使用过量电解质会发生泛洪现象，电池中设置有防止该现象发生的壁垒。电极使用了开放镍纤维或镍发泡体结构［浸渍有高密度 $Ni(OH)_2$］。电池基本组件正电极板和负电极板用分离器隔开，把隔开的电极卷在一起（螺旋形）嵌入金属容器中，充入电解质后密封。电极一般采用金属盒密封设计，顶部与盒是电绝缘的。盒作为电池的负极端，而顶部作为正电极端。于是电池设计可使用一绝缘塑料收紧盒来提供一般应用电池间的电绝缘。图 6-18 示出了密封式镍镉电池的结构。

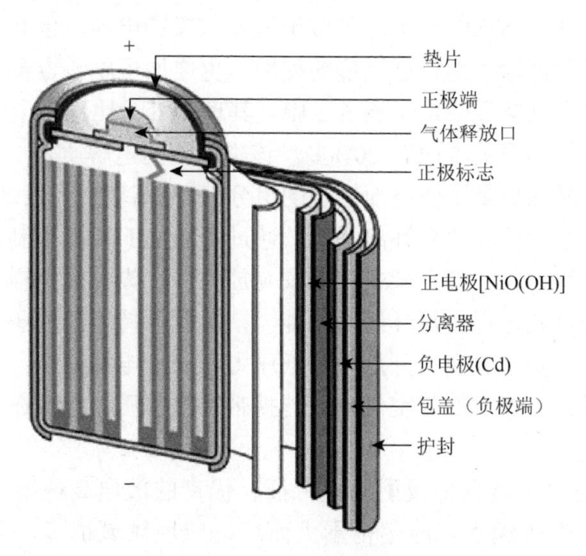

图 6-18　镍镉电池结构的密封螺旋设计示意图

对于通风式镍镉电池，需要有一定水平的过度充电和采用快速充电循环。放电循环也是非常快的（因内电阻很低）。这类镍镉电池能在 2h 内充电达到额定功率。对于频繁使用的大镍镉电池系统，其操作尺度类似于铅酸电池。镍镉电池是目前仅有的能在低温–40～–20℃范围运行的电池。由于它们的牢固性和低维护特征，已被广泛应用于电动工具、便携式装置、基础照明、UPS、电信、发动机启动系统等。镍镉电池也作为运输搬运（物流）和笔记本计算机的电源使用，但是现在已被锂-硅（Li-Si）电池部分取代（因质量轻和高储能容量）。

与其他可充式电池比较，镍镉电池具有如下显著优点：①＞3500 次循环寿命（长使用寿命）；②低维护成本；③非常牢固，耐受深度放电；④高放电电流。现在，它是电动工具和低端电子设备首选电池。它的特殊特征是优良的高速率和低温容量，以及对过度充放电的抗击力，因此也被广泛用于喷气式飞机启动和应急电力。虽然镍镉电池显示有好的技术特征，但在商业上仍然没有取得巨大成功，主要原因是其成本不低，1000 美元/kW（因结构中使用了昂贵的镉和镍材料），比铅酸电池高 10 倍多。其另一个缺点是镉和镍都是有毒性的重金属，对人类健康具有危险性，其使用受环境约束很大。它的又一个缺点是“记忆效应”和自放电现象，电池使用需要完全重复和完全放电。如果电池中等程度放电后就充电（另一次循环）的话，它将忘记新充电状态和记住先前充电条件的放电，导致电池有用寿命的降低。

6.6.3 镍-金属氢化物电池

镍-金属氢化物（NiMH）电池类似于密封式镍镉电池，但其负极用金属氢化物替代镉，这不仅消除了毒性金属镉的使用，也增加了电池容量。NiMH 电池在放电期间发生的电化学反应给于表 6-2 中。其理论容量比镍镉电池大约大 40%，因此能量密度比等当镍镉电池高 20%多。该类电池的电解质是 20%～40%碱性氢氧化物水溶液（添加少量增强电池性能的组分），分离基材一般是非纺织聚烯烃，在提供电极间电绝缘的同时允许离子扩散通过。NiMH 电池被制作成类似于圆柱形镍镉电池卷绕结构，在其顶部封口有安全放空口。设计是这样的：创造出使过度充电时生成的氧能进行再循环组合的能力，以此保持电池内压力平衡。当压力平衡无法保持时，安全放空口开启以降低压力和防止电池破裂；一旦压力释放，放空口即被封闭。经封口的放空气体可能携带有电解质，导致在电池盒外形成晶体或生锈。

NiMH 电池由于具有平板型放电特征、优良的放电高速率、长循环寿命和对过充电的耐受性等优点，应用范围大而广，应用领域很多，从便携式产品到电动车辆及工业备用电源[不间断电源(UPS)]。在许多应用中有逐渐替代 Ni-Cd

电池的趋势（特别是在可充式小电池领域）。NiMH 电池容量和功率比同等大小的 Ni-Cd 电池高 30%～40%，可满足混合动力车辆（HEV）高功率需求，成为 HEV 的第一选择，如 Toyota Prius。此外，NiMH 电池还具有如下特点：设计灵活，容量范围宽从 30mA·h 到 250A·h；对环境友好、低维护成本；高功率和高能量密度；在高电压下充放电安全。它在 HEV 中应用的一个壁垒是高自放电速率、完全充电后前 24h 可损失 5%～20%的容量。Ni-MH 电池成本与锂离子电池基本相同。

另一类钠氯化镍（$NaNiCl_2$）电池是在找寻钠硫电池安全替代时发现的。钠氯化镍电池最初发展是为了电动车辆使用。虽然随着近年来纯电动车辆（BEV）和混合动力车辆（HEV）的发展和使用大量增加，已经发展出更有效的锂离子电池和钠金属电池（其具有特征更能合适地支持 BEV 和 HEV 追求的目标），但由于钠氯化镍电池仍然很适合存储可再生能源（RES）电力，受到的关注仍很大。钠氯化镍电池在前面已经介绍过，这里不再重复。

6.7　液流或流动电池

6.7.1　引言

液流电池（FB）是一种电化学电池，其特点是离子溶液（电解质）存储在电池外部且可按计划要求送入电池电极中进行电化学反应生产电力。FB 是一种可充电燃料电池，可让含有一种或多种溶解有电活性物质的电解质流过电化学池，将化学能直接转化为电能。电活性物质是指溶液中可参与电极反应或吸附在电极上的燃料（元素）。电解液被储存在外部罐中，由一个或多个泵将其送入电化学反应器（也可依靠重力进料）。液流电池可快速更换电解质液体，回收未用完的材料（以备再充电时使用），能达到快速“充电”。多种液流电池的电极使用的是碳毡，因其成本低廉且有足够的导电性，但在许多氧化还原反应中的电化学活性较低，在一定程度上限制功率密度的提高。

FB 产生的总电量取决于外罐中存储的电解液体积。液流储能电池概念最早于 1974 年由 Thaller 首次提出，利用了 Cr^{3+}/Cr^{2+}电对中 Cr^{2+}的还原性和 Fe^{3+}/Fe^{2+}电对中 Fe^{3+}的氧化性，以质子交换膜（离子物种可穿越）分离酸性 Cr^{3+}和 Fe^{2+}电解液，让它们只在电极上进行电化学氧化还原反应。该 FB 以 Fe^{2+}/Fe^{3+}电对作为正极电化学反应电对，以 Cr^{3+}/Cr^{2+}电对作为负极电化学反应电对，在充放电过程中恒流泵推动电解液（在正负极半电池和与其对应电解液储罐间形成的闭合环路中）做循环流动。

FB 是一种电化学储能技术，是一种高性能蓄电池，也是一种新能源产品。简单来讲，FB 由电池堆、电解液、电解液存储供给单元和管理控制单元构成，特点是高容量、宽应用领域和长循环寿命等。

氧化还原液流电池（RFB）是一种正在积极研制开发的新型大容量电化学储能装置，不同于常规电池（以固体或气体材料为电极），活性物质是流动的电解质溶液，可规模化储蓄电能（最显著特点）。在广泛利用可再生能源（RES）呼声高涨形势下，已预见到 FB 将迎来一个快速发展期。FB 的两个主要缺点是：①能量密度低，需要大容量电解液来存储能量；②与其他工业电池相比，低充/放电率意味着需要很大的电极和膜分离器，成本增加。FB 有两个外电解质存储库和分离的电力转化单元，电解质到池（电在化学池中的电力转换过程）的传输需借助于泵的帮助。

FB 在电力系统（发电、传输和分布）中有重要应用。对于发电，电池可掌控如下功能：发电容量扩容延迟、负荷量、与 RES 电力集成、频率控制和电力派送；对于传输分布，电池可用于线路稳定、传输设施扩展延迟和大的调节。FB 电池有努力降低顾客峰负荷需求、可靠性跟踪、增强 RES 电力质量和连续供应的能力。FB 的发电能力不会对系统造成任何损害，在大规模电力中有应用潜力，能在按要求加护顺序下释放能量。不过因高的购买、操作和维护成本，其提供的机遇有限。

目前普遍应用 FB 的条件尚不具备，有许多问题需进行进一步深入研究，尤其是电极材料。例如，石墨毡电极的循环伏安测试表明它有良好导电性、机械均一性、电化学活性和耐酸耐强氧化性，是一种较好的电极材料。又如，石墨棒与各种粉体材料相比，似乎更适合 FB 的研究和应用，但不同表面和活化处理会显著影响其表面性质和电化学性能。

6.7.2　液流电池操作原理

FB 的正极和负极电解液分别装在两个储罐中，利用送液泵使电解液循环流过电池。在电池内部，正负极电解液被离子交换膜（或离子隔膜）分隔开，电池外接负载和电源。FB 技术作为一种新型大规模高效电化学储能（电）技术，是经由反应活性物质价态变化实现电能与化学能的相互转换与储能的。电化学反应场所（电极）与储能活性物质在空间上是分离的，不会发生自放电且降低了电极枝晶生长刺破隔膜的危险，电池功率与容量设计相对独立，很适合于大规模存储能量，易于模块组合和电池结构放置。这些正是 FB 与普通二次电池的不同之处。流动电解液能带走充电/放电过程产生的热量，避免了因电池发热导致的电池结构损害甚至燃烧。FB 的有效利用具有如下优点：①储能容量具有灵活性或可扩展性，这是由于分离储存电解质体积存储容量可变；②与较大系统组合安装成本低；③完全放电不会带来任何危险；④自放电容量很低；⑤有较长的使用寿命，长时间储能需要的维护成本很低。

FB 是利用已有的电化学工程设计原则建造的。按反应类型和区域结构可将 FB 分为：氧化还原型 FB（RFB）、混合型 FB（HFB）、无膜型 FB 和其他类型。如按组分分类，FB 主要有三类：钒氧化还原液流电池（VRB）、多硫化物-溴液流电池（PSB）和 ZnBr 液流电池。最近它们都已被商业化或进行了示范。它们的基本特性总结于表 6-6 中。

表 6-6　不同液流电池技术间的比较

液流电池技术	效率/%	充放电循环寿命/次	容量/MW	操作温度/℃	能量密度/(W·h/kg)	自放电
VRB	85	13000（＞12000）	0.5～100	0～40	10～30	小
PSB	75	—	1～15	50	—	小
ZnBr	75	2500（＞2000）	0.05～1（或 2）	50	20～50	小

6.7.3　氧化还原型液流电池（RFB）

氧化还原型液流电池（RFB）是可逆电池，也是可充电二次电池，其电化学活性物质溶解于电解质中。由于其采用异质电子转移而不是电子固态扩散或嵌入，更恰当地说应该称它为燃料电池。RFB 的两种活性物质存放在两个分离的储罐中。而混合型液流电池（HFB）仅有一个活性物质存储在分离储罐中，另一个是溶解于池内液体电解质中。因此，HFB 是二次电池和液流电池的组合，无分离隔膜，属于无膜型 FB。

RFB 储能罐大小给出电池存储总能量的多少，具有高稳定性、高转换效率、高灵活功率和容量等优点，在自主和独立电网系统中已得到成功应用。RFB 预期寿命 15～20 年，4～10h 放电范围和 60%～70%能量效率。第一个 RFB 是由美国国家航空航天局发展的铁-铬 RFB。此后，发展出多种使用不同活性物质的 RFB。例如，以阳极和阴极电解质化学名字命名，则有铁-铬液流电池（ICB）、多硫化物-溴液流电池（PSB）、全钒氧化还原液流电池（VRFB）、锌-溴液流电池（ZBB）、钒-铈液流电池和可溶性铅酸液流电池。ICB、PSB、VRFB 和 ZBB 都是成熟技术，其操作运行额定功率范围从数百千瓦到很多兆瓦。

RFB 设计是能被优化的，取决于需求速率。在替代或增加液体电解质数量上，它们具有很大灵活性。RFB 中发生的电化学反应是可逆的，在高放电速率下运行达 10h。在图 6-19 中给出了包括有外连接和控制系统的标准结构。

当 RFB 充电时，正极发生氧化反应使活性物质价态升高，负极发生还原反应使活性物质价态降低，放电过程与之相反。RFB 的基本操作参数类似于普通电池，包括能量（功率）密度、库仑效率、体积效率和能量效率、电池容量和寿命（以时间或循环表示）。RFB 与普通电池差别最大的参数是放电深度（DOD）和寿命。液体电解质 FB 的寿命不受放电深度影响，例如，全钒 FB 和锌-溴 FB 能在不损失寿命循环或效率条件下达到 100% DOD。操作温度和放电电流等参数也影响电池寿命和效率。理想 RFB 应该具有如下特性：高能量密度（高功率密度），小整池尺寸（和/或质量）、高燃料效率和高能量效率等。它们的输出电压和/或电流并不如此重要，因为高电流值或高电压输出值可通过电池的串联和并联来达到。串联较少使用，因为会加快电极衰减。能量密度取决于电池类型，全钒 RFB 的代表性值在 40～90W·h/L 量级。

RFB 和 HFB 具有以下优点：①活性物质存储和循环反应的分离使电池布局灵活且安全；②无固-固相变，循环寿命长；③快速响应时间；④无需“均衡”充电；⑤无有害污染物排放；⑥对于某些类型 RFB，充电状态的确定（电压与存量电荷有关）简单；⑦低维护成本；⑧对过充电/过放电不敏感；⑨因电解质不易燃，安全性较高。RFB 对大规模储能应用是理想的。RFB 具有与 FB 同样的两个主要缺点：①低能量密度，需要大容量电解液来存储有用能量；②与其他工业电池相比，低充电和放电率，这意味着需要的电极和膜分离器很大，增加了成本。为提高能

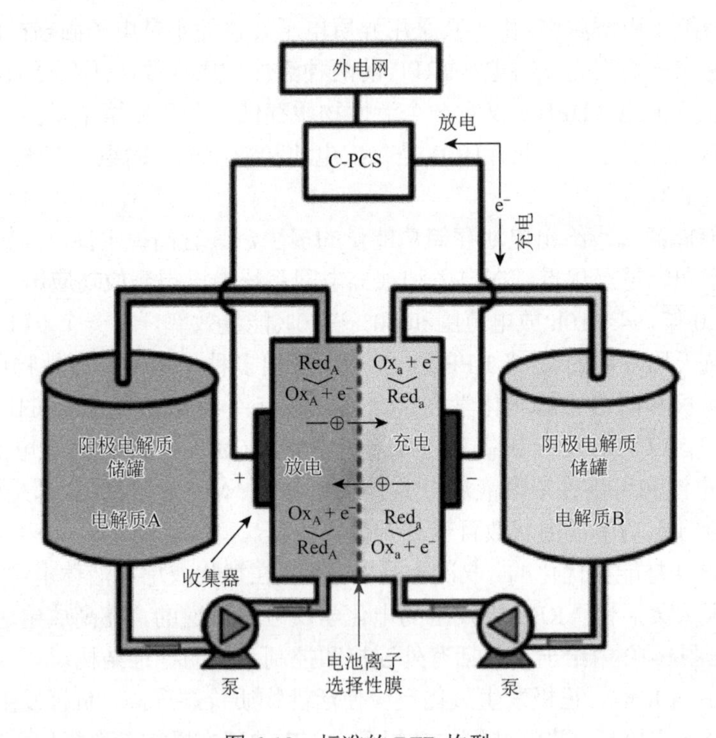

图 6-19　标准的 RFB 构型

量密度和总包效率，可采用的措施有：①利用新还原氧化物质，如锂、硫和醌；②应用分子工程创造特殊有机分子和配体，避免毒性或腐蚀问题，同时提高能量密度；③引入碳纳米管（CNT）来获得高效率和高容量。电极的材料、形状和涂层对电池性能有很大影响。例如，富氧环境（42%氧，58%氮）处理标准电极能增加其孔径，使活化过电位降低 140mV，能量效率从 63%上升到 76%，在 $200mA/cm^2$ 电流密度下其可用容量几乎翻番，成本降低约 20%（存储能量相同）。又如，以掺氮碳纳米管作电极，能量效率增加到约 76%，放电容量从 25AV/L 上升到 33AV/L（$40mA/cm^2$ 时）；大气压等离子喷射改性石墨毡电极能使能量效率提高 22%；应用穿孔碳纸电极能获得较高功率和电流密度，性能增加 31%且总包压力降低 4%～14%。使用新隔离膜也能提高电池性能。例如，①引入新低成本和嵌入短羧酸多壁碳纳米管的磺酸化聚醚醚酮膜（SPEEK）使电池总性能增加：与 Nafion 21 膜比较，库仑效率（CE）提高 7%，能量效率（EE）提高 6%，容量损失降低；②使用 Nafion 212 膜，CE 增加 5.4%，EE 增加 6.6%；③应用磺酸化聚亚胺和两性离子聚合物功能化的石墨烯氧化物混合膜（SPI/ZGO），在 30～$80mA/cm^2$ 时显示的电池性能较高：CE 92%～98%，EE 65%～79%；④使用商业 Nafion 117 膜，CE 89%～94%；EE 59%～70%；⑤使用聚亚苯基膜，EE 上升到 85%，CE 稍高于 95%。

尽管已经提出了许多 RFB 体系，但商业化却不常见。VFB 是目前市场上销售最多的 FB，尽管其能量和功率密度不高，但具有许多优于其他化学物质的优势。因在两个电极上使用的都是钒，不会出现交叉污染问题，且具有无与伦比的循环寿命（15000～20000 次）。这导致它们具有创纪录的平准化能源成本（LCOE，即系统成本除以可用能源、循环寿命和往返效率）约为几十美分/kW 或欧分/kW，远低于其他固态电池，距离美国和欧盟政府机构规定的 0.05 美元/kW 和 0.05 欧元/kW 的目标相差不远。已开发的一些 RFB 系统见表 6-7。

表 6-7 已开发不同类型的氧化还原液流电池

体系	负极反应物	正极反应物	名义电压/V
V/Br	钒	溴	1.00
Cr/Fe	铬	铁	1.03
V/V	钒	钒	1.30
硫化物/Br	多硫化物	溴	1.54
Zn/Br	锌	溴	1.75
Ce/Zn	锌	铈	＜2.00

6.7.4 RFB 的挑战和未来研发重点

尽管 RFB 高达 MW·h 水平储能系统已成功示范，但它们并不占有广阔市场。其原因是相对高投资和生命循环成本，主要是高材料组件成本和达到高性能参数（如可靠性、循环日历寿命、能量效率和系统能量容量等）的高成本。钒的成本高，其价格波动在 19～35 美元/kg（2017～2018 年的低价格和高价格）。另一个昂贵组件是 Nafion 膜，其选择性和活性稳定性需进一步提高。VRFB 操作成本约 500 美元/(kW·h)或更高，这样高的总成本显然是很难达到广泛市场渗透的。另外，强氧化剂 V^{5+}具有高反应性，这对其他材料选择是一大挑战（因需要有长期耐用性）。

对 RFB 技术最关键的是：改进提高单池、电池堆和系统的设计（除材料组件外的工程问题），提高电解质电化学性能和体系经济性。另外，尽可能降低寄生或分流电流导致的放电和能量损失。因所有电池的阳极或阴极边都是由泵平行供应电解质的，不同电池之间有可能产生电压差，导致分流电流的产生。为提高系统性能参数，需要最小化分流电流、降低系统生命循环总成本和对设计进行优化。也就是说，RFB 的性能、可靠性和寿命时间仍是有问题的。例如，困扰 ZBB 发展的是溴，它在溴化锌水溶液电解质中有高溶解度，产生的沉积导致电极锌枝晶的产生；锌枝晶长大导致电池中电流的不均匀分布；有害气体如溴的产生使 ZBB 有健康和环境问题。有时操作电压要受电流密度限制。

对许多 RFB 系统的化学和动力学进行基础研究是必需的。RFB 系统电极表面附近发生的电化学反应通常是复杂的，既有电荷转移机制和穿过离子交换膜，也有活性物质在流动电解质环境中的行为。操作参数如电解质浓度、添加剂、电流密度和温度，全都是影响 RFB 化学复杂性的因素。电化学反应器及其行为和单元过程的集成对 RFB 系统也是至关重要的。模型化和模拟对 RFB 技术发展的意义肯定是重大的，也应该了解整个系统和辅助设备变更产生的影响。另一个重要主题是要考察电化学循环机制及获取动力学和试验数据，避免在有害环境中工作（很多 RFB 系统利用毒性物质），提供长期可靠性和稳定性试验，降低研发成本。另外，环境兼容性和能量/RFB 技术材料的可持续性也必须解决。

6.8 全钒氧化还原液流电池

全钒氧化还原液流电池（VRFB，图 6-20）是最先进 FB 之一，首先是由澳大利亚新南威尔士大学的 Kazacos 提出，其阳极和阴极电解液、电解质氧化还原偶都是钒（V^{2+}/V^{3+}和 V^{4+}/V^{5+}）。在出现 VRFB 前，FB 主要缺点之一是电解质必须用薄膜隔开，操作一定时间后两种不同物质可能混合，导致电池不再有使用价值。VRFB 的主要优点是，利用的电解液都是钒离子，只是在不同氧化态下进行操作。

钒有四个氧化态，即 V^{2+}、V^{3+}、V^{4+}和 V^{5+}，可在不同电极上进行电化学反应：负电极上的反应是 $V^{2+} \longrightarrow V^{3+} + e^-$（放电反应），正电极上的反应是 $V^{5+} + e^- \longrightarrow V^{4+}$（充电反应）。这两个反应在碳电极上都是可逆的，只要为分离电解质放置一个离子选择性膜，让两室活性组分透过该膜进行正负离子交换。电解质能被无限使用，这是因为它们在每个循环结束时又回到了原始状态。负半池使用（V^{2+}、V^{3+}）氧化还原偶，而正半池使用（V^{5+}、V^{4+}）氧化还原偶。V^{2+}、V^{3+}和 V^{4+}在硫酸中有很大溶解性，但 V^{5+}的长期使用稳定性是有限的，可能产生不溶性 V_2O_5，高温时它会沉积出来。反应池和电极一起被理性地组建成组块，把组块串联组合成电池堆。电池堆结构由两块连接板与电池堆正负电极连接装配而成。在 VRFB 中，电池使用同一电解质，这个特点使 VRFB 不同于常规电池，整个电池操作会受串联池的影响。

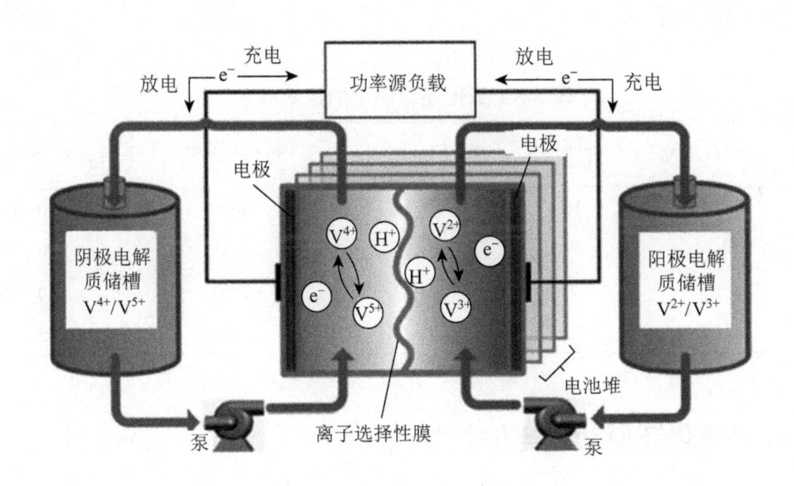

图 6-20　全钒氧化还原液流电池（带阴阳极电解质储槽）

6.8.1　全钒氧化还原液流电池的工作原理

在 VRFB 中，不同氧化态的钒物种能够以中等浓度存储在硫酸溶液（电解质）中。由于 $VOSO_4$ 的溶解度、起始电解质和钒物种的稳定性原因，要求总 SO_4^{2-} 和钒浓度控制在分别小于 5mol/L 和 2mol/L。V^{4+}溶液通过在硫酸溶液中热解制备起始电解质 $VOSO_4$。电池中仅有单一活性元素钒，基本消除了阳极和阴极电解液间的交叉污染。在充放电循环期间，H^+渗透穿过聚合物膜使它们在两个电解质储槽间交换。在充电操作期间，V^{3+}在负极转化为V^{2+}，同时在正极V^{4+}转化为V^{5+}并释放出电子：

阴极反应（放电）：

$$VO_2^+ + 2H^+ + e^- \longrightarrow VO^{2+} + H_2O \tag{6-26}$$

阳极反应（放电）：

$$V^{2+} - e^- \longrightarrow V^{3+} \tag{6-27}$$

总反应（放电）：

$$VO_2^+ + 2H^+ + V^{2+} \longrightarrow VO^{2+} + V^{3+} + H_2O \tag{6-28}$$

这些反应把电能转化为化学能。在放电阶段期间，反应反转，导致存储化学能的释放，转化为电能。对于单一 VRFB 电池，在 25℃时产生的标准电压为 1.26V。为有较高电压，单池使用一对双极板串联，形成电池堆（单元）。电极通常是直接与双极板结合成单一组件以降低接触电阻。在表 6-8 中比较了 VRFB、ICB、PSB 和 ZBB 的关键特征。

表 6-8　氧化还原液流的技术特点

RFB 类型	开路电压/V	比能量/(W·h/kg)	特征放电时间/h	循环寿命/次	往返 DC 能量效率/%
VRFB	1.4	15	4～12	5000	70～80
ICB	1.18	<10	4～12	2000	70～80
PSB	1.5	30	4～12	2000	60～70
ZBB	1.8	65	2～5	2000	65～75

6.8.2　全钒氧化还原液流电池的特点

VRFB 是一种优秀的储能系统，有如下优点：①额定功率和额定能量是独立的，功率大小取决于电池堆，能量大小取决于电解液数量，可随意增加电池容量。②在充放电期间，钒氧化还原蓄电池只有液相反应，不像普通电池那样有复杂的可引起电池电流中断或短路的固相变化。③电池保存期无限，储存寿命长。这是因为电解液是循环使用的，不存在变质问题，只是长期使用后电池隔膜电阻会增大。④能 100%放电而不损坏电池。⑤电池结构简单，材料价格便宜，更换和维修费用低。⑥通过更换电解液就可实现“瞬间再充电”。⑦VRFB 效率达 85%，其他优点包括：低维护成本、对过度充放电不敏感和深度放电不影响循环寿命。

与其他储能电池相比，VRFB 有以下特点：①输出功率和储能容量可控。电池输出功率取决于电池堆大小和数量，储能容量取决于电解液容量和浓度，因此其设计非常灵活，要增加输出功率，只需增加电池堆面积和数量，要增加储能容量，只需增加电解液的体积。②安全性高。已开发的电池系统以水溶液为电解质，没有爆炸或着火危险。③启动速度快，如果电池堆里充满电解液可在 2min 内启动，在运行过程中充放电状态切换只需要 0.02s。④电池倍率性能好。VRFB 活性物质为溶解于水溶液的不同价态钒离子，充放电过程中仅离子价态发生变化，不发生相变，充放电应答速度快。⑤电池寿命长。电解质金属离子只有钒离子一种，不会发生正负电解液活性物质相互交叉污染问题，电池使用寿命长，电解质溶液容易再生循环使用。⑥电池自放电可控。在系统处于关闭模式时，储罐中电解液不会产生自放电现象。⑦制造和安装方便。选址自由度大，系统可全自动封闭运行，无污染，维护简单，操作成本低。⑧电池材料回收和再利用容易。FB 部件多为廉价炭材料、工程塑料，材料来源丰富，且在回收过程中不会产生污染，环境友好且价格低廉。此外，电池系统荷电状态（SOC）实时监控比较容易，有利于电网进行管理、调度。

VRFB 标准池电位为 1.26V，但在实际操作条件下，当 SOC 为 50%时开路电压（OCV）高达 1.4V，而在 100% SOC 时 OCV 达 1.6V。试验结果指出，随着 SOC 增加，OCV 也增加。跨电解质 OCV 由其两边化学位之差决定。当电流流过电池时因质子传输改变了 pH，导致两个电极反应物流体的离子组成逐渐改变。因此，电池电位因 SOC 的改变而改变，电压随通过电荷数量改变，取决于储槽大小。但系统存储和管理容量是各自独立的。VRFB 结构使用的都是溶液，使其有宽范围电流、电压和容量，适合不同应用且容易放大。需要较大电力时仅需增加电解质储槽大小。虽然系统供应能量数量在理论上是无限的，但在实际上 V_2O_5 限制了 VRFB 能量密度，约 167W·h/kg。例如，600MW·h 的 VRFB 需要有 3000 万 L^3 电解质，如用储槽存储将占据整个足球场。很好结构的 VRFB 应满足如下要求：①对负极电解质室必须避免与氧接触甚至接近。②双极板必须以适当方法与电极连接。电流收集器的合适连接也必须考虑，因为活性层是与它们热连接的。③荷电值必须受限制，使电池电压低于最大值 1.7V，以防止对碳质电流收集器造成危害。④电解质必须具有高电导率和高润湿性。对各类 FB 特性进行比较后发现，VRFB 是比较有效的。

6.8.3　全钒氧化还原液流电池的应用领域

VRFB 是 FB 中商业化程度高和应用最广泛的。它是一种新型蓄电储能设备，应用领域是相对较大的固定应用，不仅可以用作光伏风电配套的储能装置，还可以用于电网负载平衡调峰，提高电网稳定性，保障电网安全，也可应用于不间断电源（UPS）、功率转换器（DC-DC、AC-DC、AC-AC、DC-AC）、充电器（快速充电）、独立电源、电动汽车等。目前，VRFB 在国外已应用于整个加勒比地区的太阳能微电网系统。鉴于其特点，VRFB 一般不适合于小规模应用。

6.9 其他液流电池

6.9.1 铁铬液流电池

美国航空航天局（NASA）在 20 世纪 70 年代发明铁铬液流电池（ICB），应用的氧化还原偶是 Fe^{3+}/Fe^{2+}和 Cr^{3+}/Cr^{2+}，阴极和阳极液是盐酸溶液。ICB 放电时的电极反应如下：

阴极反应：

$$Fe^{3+} + e^- \longrightarrow Fe^{2+} \tag{6-29}$$

阳极反应：

$$Cr^{2+} - e^- \longrightarrow Cr^{3+} \tag{6-30}$$

总反应：

$$Fe^{3+} + Cr^{2+} \longrightarrow Fe^{2+} + Cr^{3+} \tag{6-31}$$

放电循环期间，负半池中 Cr^{2+}被氧化成 Cr^{3+}并释放出一个电子在外电路通过 AC/DC 变换器负端到正端；正半池中 Fe^{3+}从外电路接受电子被还原为 Fe^{2+}。充电期间这两个反应反转，外电路电流通过 AC/DC 转换器供应电子。H^+在两个半池间交换以保持电中性，电子从池的一边离开和从另一边返回。H^+通过分离器（使两个半池达到电分离）扩散。电池反应给出的标准电压 1.18V。为进行操作，ICB 需用阳离子或阴离子交换膜分离器，以碳纤维、碳毡或石墨作为电极。Fe^{3+}/Fe^{2+}氧化还原偶在碳电极（碳或石墨）上有非常高可逆性和快速动力学，而 Cr^{3+}/Cr^{2+}氧化还原偶在电极材料上的动力学相对较慢。充电期间释放氢是一个与 Cr^{3+}/Cr^{2+}阳极反应的竞争反应。为此，Cr^{3+}/Cr^{2+}的氧化还原需要用催化剂来增强其动力学和缓解阴阳极边 Cr^{3+}/Cr^{2+}还原期间氢的释放。在阳极和阴极边使用混合电解质可降低铁和铬活性物质的交叉传输。混合电解质可使用成本合理的微孔分离器（降低电阻）。

6.9.2 多硫化物-溴液流电池

多硫化物-溴液流电池（PSB）虽然早在 1984 年就由美国乔治亚理工学院提出，但直到 20 世纪 90 年代初才开始重新研究开发出可实际应用的 PSB 产品。目前有三个不同 kW 级容量电池组（英国公司用 PSB 技术建造的 100kW 池堆，净效率 75%）在运行。PSB 体系由正负极电解液 NaBr 和 Na_2S_2，钠阳离子选择性分离膜如 Nafion 膜（防止硫阴离子与溴直接反应以及阻止 Na^+横穿膜达到电平衡）构成。电极材料一般是高表面积发泡碳石墨和硫化镍。PSB 的开路电压约 1.74V，能量密度为 20～30W·h/L。充电期间，正极电解液中 Br^-在电极表面发生氧化反应生成 Br_2 单质，负极活性物质多硫化物阴离子被还原成硫化物离子，正极电解液的 Na^+通过离子交换膜迁移至负极。放电过程中发生与充电过程互逆的电化学反应，还原和氧化试剂分别是硫化物离子和三溴化物离子，此时负极电解液中的 Na^+通过钠离子交换膜迁移向正极。PSB 电极反应如下：

阴极反应：

$$Br_3^- + 2e^- \longrightarrow 3Br^- \tag{6-32}$$

阳极反应：

$$2S_2^{2-} - 2e^- \longrightarrow S_4^{2-} \tag{6-33}$$

总反应：

$$2S_2^{2-} + Br_3^- \longrightarrow 3Br^- + S_4^{2-} \tag{6-34}$$

PSB 系统的重要优点是，两个电解质材料是丰富的、成本有效的和高度互溶的水溶性电解质，跨膜实际电压 1.5V 和有快的应答（20ms），因此有宽范围的潜在应用领域，特别是电力系统频率控制和电压控制。但 PSB 因产生溴和硫酸钠晶体，有可能存在环境问题。

6.9.3　锌溴液流电池

锌溴液流电池（ZBB）是混合液流电池（HFB）的一种，属于能量型储能，能大容量、长时间充放电，包括 $Zn\text{-}Cl_2$ 电池和 $Zn\text{-}Br_2$ 电池，对电动车辆（EV）储能应用是可行的。在 1970 年开发出用于 EV 和静态储能的 $Zn\text{-}Cl_2$ 电池，能量密度和功率密度分别达 90W·h/L 和 60W/kg，具有快速充电能力和低材料成本的特点。但这类电池比功率较低（90W/kg），于是想到用溴替代氯。但因溴的高反应性，以及电解液循环和温度控制系统尺寸较大，其在 EV 应用已很少。目前仍正在研发用于车辆推进的 ZBB，其总电化学反应如下：

$$ZnBr_2(\text{溶液}) \longrightarrow Zn^0 + Br_2(\text{溶液}) \tag{6-35}$$

该类电池利用锌溴电化学反应进行能量存储和释放。其电池系统由锌、溴、锌溴水溶液电解质，以及电解质存储装置和微孔塑料隔膜构成。用泵使锌溴电解质溶液在两个电极间进行循环。充电时，反应产物锌在负极上沉积，产物溴在正极上沉积；放电期间，在其各自电极上形成锌离子和溴离子，同时放出电子给外电路负载。ZBB 系统示于图 6-21 中，有两种不同电解质流过两电极室（被微孔性烯烃膜或离子膜分离）。电极一般是由高表面积碳材料制作。有添加剂的电解质锌-溴化物水溶液被泵出通过负电极和正电极表面。离子膜能让溴化物和锌离子选择性传输，而不让多溴化物离子、水性溴和复合物相穿过。在放电期间，Zn 和 Br 结合成溴化锌，每个池产生电压 1.8V，致使电解质储槽中 Zn^{2+}和 Br^-浓度增加；在充电期间，金属锌以薄膜形式沉积在碳塑复合材料电极板上，而溴以稀溶液形式存在于膜的另一边，与其他试剂（如有机胺）反应生成稠溴油使水溶液相中溴浓度大幅减小，沉降到电解质储槽的底部（放电期间）与其余电解质混合，大大降低了电解液中溴的挥发性，提高了系统安全性。在放电时，负极表面的锌溶解，同时络合溴被重新泵入循环回路中再转变成溴离子，电解液回到溴化锌状态，反应是完全可逆的。为使产生的溴最小化（对健康有严重伤害）常使用络合试剂。ZBB 电池充放电通过如下放电电极反应进行：

阴极反应：

$$Br_2(溶液) + 2e^- \longrightarrow 2Br^- \tag{6-36}$$

阳极反应：

$$Zn - 2e^- \longrightarrow Zn^{2+} \tag{6-37}$$

总反应：

$$Br_2(溶液) + Zn \longrightarrow 2Br^- + Zn^{2+} \tag{6-38}$$

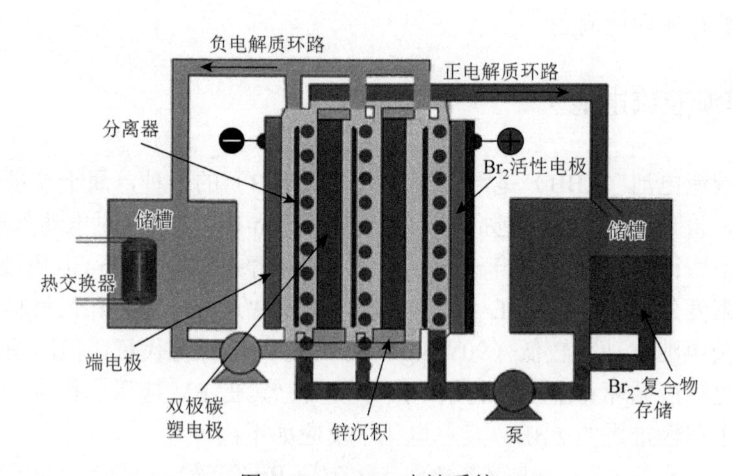

图 6-21 Zn-Br_2 电池系统

目前正在为 ZBB 混合液流电池的商业化而努力。美国一公司现销售锌溴系统，容量达 1～3MW·h，可供公用事业规模应用。社区储能应用的 5～20kW·h 系统也在发展中。我国已自主研制成功第一台 ZBB 储能系统，其中的关键材料如隔膜、极板、电解液等实现了自主生产。

6.9.4　锌铈液流电池

锌铈液流电池是在 2003 年提出来的，该储能系统容量可达 25 万 kW·h 以上，开路电压为 3.33V。该电池以 Ce^{3+}/Ce^{4+}为正极活性电对，ZnO/Zn^{2+}为负极活性电对。正负极电解液分别储存在两个不同的储液罐中，由输送泵送出让它们分别循环流过正负电极。充放电过程中发生的电极反应如下：

正极反应：

$$2Ce^{4+} + 2e^- \longrightarrow 2Ce^{3+} \quad E^0 = 1.28 \sim 1.72V(vs.NHE) \tag{6-39}$$

负极反应：

$$Zn \rightleftharpoons Zn^{2+} + 2e^- \quad E^0 = 0.762V(vs.NHE) \tag{6-40}$$

总电池反应：

$$2Ce^{4+} + Zn \rightleftharpoons Zn^{2+} + 2Ce^{3+} \tag{6-41}$$

6.9.5　锌镍液流电池

2007 年提出的锌镍液流单电池以高浓度锌酸盐溶液（溶解在浓碱中）作为支持电解液。充电时，锌酸盐中的锌被还原沉积在负极上，同时 $Ni(OH)_2$ 在正极上被氧化为 NiOOH；放电时，发生相反的反应。正负极上发生的电化学反应如下：

正极反应：

$$2Ni(OH)_2 + 2OH^- \longrightarrow 2NiOOH + 2H_2O + 2e^- \quad E^0 = 0.490V(vs.NHE) \tag{6-42}$$

负极反应：

$$Zn(OH)_4^{2-} + 2e^- \longrightarrow Zn + 4OH^- \quad E^0 = -1.215V(vs.NHE) \tag{6-43}$$

在锌镍液流单电池中，因电解液的流动减少了锌电极表面的浓差极化，改变了沉积锌的形貌，避免了充电时锌电极变形及产生锌枝晶问题，也避免了放电时产生氧化锌钝化膜问题。在 2007～2013 年期间，中国人民解放军总参防化研究院对锌镍液流单电池进行了较为详尽的研究。

6.9.6　铅液流电池

为避免双液流电池的诸多缺点，英国 Pletcher 教授团队在对传统铅酸电池进行深入研究基础上，于 2004 年提出了一种全沉积型液流单电池体系。该电池体系采用酸性甲基磺酸铅(Ⅰ)溶液作为电解液，正负极均采用惰性导电材料（碳材料）作为基材。充电时，电解液中 Pb^{2+}在负极发生还原反应生成金属 Pb 沉积，Pb^{2+}也在正极发生氧化反应生成 PbO_2 沉积。在一定温度范围内电沉积生成的活性物质 Pb 和 PbO_2 均不溶于甲基磺酸溶液，因此该液流电池体系不存在正负极活性物质相互接触问题，无需用离子交换膜，甚至连通透性隔膜也不需要，故不再需要两套电解液循环系统。这极大降低了液流电池成本，使该全铅液流电池在储能电池领域应用有着非常光明的前景。对于该类液流电池体系，充放电期间在正负极发生的电化学反应如下：

负极反应：

$$Pb^{2+} + 2e^- \xleftrightarrow{\text{充电/放电}} Pb \qquad (6\text{-}44)$$

正极反应：

$$Pb^{2+} + 2H_2O \xleftrightarrow{\text{充电/放电}} PbO_2 + 4H^+ + 2e^- \qquad (6\text{-}45)$$

总电池反应：

$$2Pb^{2+} + 2H_2O \xleftrightarrow{\text{充电/放电}} PbO_2 + 4H^+ + Pb \qquad (6\text{-}46)$$

该体系负极电对 Pb^{2+}/Pb 反应活性较高，可逆性较好。但是也存在正极 PbO_2 成核反应过电位较高问题，在 PbO_2 电沉积过程中易发生析氧副反应，产生的（少量）氧气泡对已沉积 PbO_2 有一定冲刷作用，导致该体系比面积容量（单位电极面积容量）增加到一定数值后（如 15～20mA·h/cm^2），电沉积 PbO_2 会出现脱落现象。这不仅损失充电能量，而且在充放电循环过程中容量和能量效率都降低。在电池放电结束后负极还存在铅剩余问题，多次循环不仅造成铅的累积，而且可能有发生电池短路的危险，这极大限制了全铅液流电池的储能能力。

6.9.7　混合液流电池

混合液流电池（HFB）类似于 RFB，容量是由电化学池尺寸决定的。与 RFB 不同，HFB 以一种或多种沉积固体为电活性成分，也就是电池电极中一个是电池电极，另一个是燃料电池电极；一个活性物质存储在电池内部，另一个溶解于液体电解质中存储在外部储槽中。这类 HFB 的能量受限于电极表面积。但 HFB 组合了常规二级电池和 RFB 的特点。HFB 容量取决于电池大小，其代表性例子是上述的锌溴液流电池、锌铈液流电池、铅酸液流电池和铁盐液流电池。最具代表性的是锌铈液流电池和锌溴（碘）液流电池（阳极电解液由含 Zn^{2+}酸溶液构成）：充电期间，Zn 沉积在电极上，而在放电期间 Zn^{2+}返回到溶液中。隔膜通常是微孔聚烯烃材料，多数电极是碳-塑复合材料。

多碘化锌 HFB 的能量密度为 167W·h/L，溴化锌电池 70W·h/L，磷酸铁锂电池 233W·h/L。多碘化锌 HFB 不含酸性电解质，不可燃，工作温度范围为–20～50℃，无须大量冷却（增加电池质量并占据空间），安全性比其他 FB 高。有一种 HFB 使用含有机聚合物和纤维素膜的盐水溶液，其原型经受住了 10000 次充放电循环，仍保持相当大容量，但能量密度低（10W·h/L），电流密度为 100mA/cm^2。该 HFB 的缺点是：锌在渗透膜和负极上积聚降低了效率，因形成锌枝晶，电池不能在高电流密度（>20mA/cm^2）下运行，功率密度有限。为进一步提高多碘化锌 HFB 的能量密度，以 Br^-作络合剂来稳定游离碘，其进一步的发展就是锌溴 HFB 了。对钒金属氢化物可充电 HFB 也有报道，试验 OCV 为 1.93V，工作电压为 1.70V，这对水性电解质 FB 而言已非常高了。这类 HFB 以 $VOSO_4$ 和 H_2SO_4 混合液作为工作电解质，由石墨毡正极和在 KOH 水溶液金属氢化物负极构成。两种不同 pH 电解质被双极膜隔开。该系统的库仑效率 95%、能量效率 84%和电压效率 88%，具有良好可逆性和高效率。再进一步改进后可提高其操作电流密度，电极表面积可增大到 100cm^2，也可串联 10 个大电池进行操作。最近还提出了一种高能量密度 Mn(Ⅵ)/Mn(Ⅶ)-Zn HFB。目前，RFB 和 HFB 都被用于社区能源和公用事业规模应用的电力存储，也用于提高电力质量、UPS、调峰、增加供电安全及与 RES 系统的集成。

6.9.8　无膜液流电池

隔膜通常是 FB 中最昂贵和最不可靠的组件，这是因为它们与反应物反复接触可能被腐蚀。例如，对利用液态溴溶液和氢气的 FB，它们会生成强腐蚀性的氢溴酸破坏膜（若 FB 中使用隔膜的话）。如果采用无膜 FB 它们就能操作。无膜 FB 的操作运行有赖于液体的层流流动，两种含活性物质的溶液被泵送送进通道中，在通道中两种溶液进行几乎不发生混合（自然地分离）的平行流动，这就消除了对膜的需要。无膜 FB 设计要求在两个电极间只使用一个小通道。例如，让液溴流过位于通道上方的石墨阴极，而氢溴酸流过位于通道下方的多孔阳极（氢气则流过阳极）。在电极上的电化学反应过程可逆转为电池充电。到 2013 年 8 月，无膜设计 FB 产品产生的功率密度已达 0.795mW/cm^2，而后又诞生了有其三倍功率密度的无膜 FB 体系。最近，在大规模无膜 RFB 上实现了用电解质液流多次循环再充电和再循环的试验验证，该无膜电池使用的是两种不混溶的有机阴极电解液和水性阳极电解液，在进行的循环过程中显示保持高容量和高库仑效率。

6.9.9　其他类型液流电池

质子液流电池（PFB）是金属氢化物电极与可逆质子交换膜燃料电池（PEMFC）

电极的集成。充电期间，PFB 分解水产生氢离子与燃料电池电极的电子在金属催化剂上结合。能量以固态金属氢化物形式被储存。放电期间，质子与空气中氧气结合生产电力并生成产物水，这样可使用比锂便宜的金属，提供的能量密度则要比用锂的电池大。

有机配体 FB 以有机配体作为氧化还原活性金属，有可能提供更有利的特性。使用的有机配体可以是螯合物如 EDTA，它可使电解质处于中性或碱性 pH 范围，还能防止金属水合络合物的沉淀。通过阻止水与金属配位，有机配体还抑制了金属催化分解水的反应，产生出有史以来有最高电压的水性电池系统。例如，与 1, 3-丙二胺四乙酸盐（PDTA）配位的铬使电池电位达 1.62V（与亚铁氰化物相比）和 2.13V（与溴相比）。金属有机 FB 有时也被称为配位化学 FB，是洛克希德・马丁公司 GridStar Flow 技术的代表性技术。

半固态 FB 的正极和负极是由悬浮在载液中的颗粒构成。阳性和阴性悬浮液分别储存于独立的罐中，用泵经由独立管道流入相邻一组反应室（被薄的多孔膜分离隔开）中，这样能够组合悬浮液体电解质电极材料与无碳悬浮液导电碳网络浆料的化学特性。无碳半固体 RFB 有时也称为分散固体 FB。材料溶解将显著改变其化学行为。悬浮固体材料保留其固体特性，是像糖蜜那样流动的黏性悬浮液。

6.9.10　液流电池与常规电池技术的比较

不同电池技术的比较给于表 6-9 中。

表 6-9　不同电池技术间的比较

电池类型	优点	缺点
铅酸电池	低成本；低自放电（2%～5%/月）	短循环寿命（1200～1800 次循环）；循环寿命受充电深度影响；能量密度低（40W·h/kg）
镍基电池	能满充电 3000 次循环；较高能量密度（50～60W·h/kg）	高成本（10 倍于铅酸电池）；高自放电（10%/月）
锂离子电池	高能量密度（80～190W·h/kg）；非常高效率（90%～100%）；低自放电 1%～3%/月	非常高成本[900～1300 美元/(kW·h)]；深度放电严重影响循环寿命；需要有特别的过充电保护电路
钠硫电池	高效率（85%～92%）；高能量密度（100W·h/kg）；深度放电不降解；无自放电	在 325℃待机模式下加热
液流电池	额定能量和额定功率各自独立；长服务寿命（10000 次循环）；深度放电不降解；可略去自放电	中等能量密度（40～70W·h/kg）

与常规电池比较，液流电池的主要优点有：①因充放电的能量是分离的，

可在最大能量密度条件下进行设计，使其具有最优电力接受性和功率配送性；②因操作期间电极不发生物理化学变化，电池稳定性和耐用性极好；③液流电池的能量密度易于管理且安全性好；④液流电池转换效率高且维护成本低；⑤能耐受过度充电，深度放电对循环寿命无影响。液流电池的缺点是：系统是复杂的，包括泵、传感器、流动、功率管理和次级污染物容器等，因此不适合小规模储能应用。

对于传统RFB，在逐步实现VRFB等成熟技术商业化的同时，开发具有溶解度大、化学性质稳定、电极反应可逆性高、无析氧/析氢副反应、电对平衡电位差大等特点的新电对以及非水体系，这些都是很有意义且充满前景的工作。与RFB相比，沉积型HFB具有结构简化、比能量高、成本低等特点，但是液流单电池容量受固体电极所限，寿命有待提高。沉积型金属电极均匀性和稳定性以及兼顾正负电极性能电解液等问题也有待进一步解决。新型FB技术，如钒/空气液流电池、（Fe^{3+}/Fe^{2+}）液流/甲醇燃料电池或半固体锂离子FB，现处于研究起步阶段，无论性能还是可靠性和循环寿命都不能满足实际应用需求，因此，这些新技术要成为成熟的商业化技术还有很长的路要走。大规模、高效率、低成本、长寿命是未来液流储能电池技术的发展方向和目标。需要加强液流储能电池关键材料（如电解液、离子交换膜、电极材料等）及电池结构的研究，提高电池可靠性和耐久性。同时，应进行关键材料的规模化生产技术开发、实现电池关键材料国产化以显著降低成本，并且积极开展应用示范，为液流储能电池产业化和大规模应用奠定基础。

6.10　燃料电池

6.10.1　引言

燃料电池（FC）也可归属于液流电池，但其使用的不是金属（金属盐溶液）而是气体燃料和氧化剂，尤其是氢气和氧气。FC是未来氢经济发展的关键推进技术，也能作为间接储能系统，因其结构特征非常类似于电池储能装置，虽然操作模式不同。FC消耗的燃料（主要是氢气，但合成气、甲醇、乙醇和其他轻烃类也可使用）由外部供应系统供给电池电极生产电力。只要氢能连续供应就能确保电力的连续供应。FC系统行为在现象上完全类似于电池系统的操作。

FC是一种清洁能源，利用流入反应物进行电化学反应生产电力和热量，生成产物仅有水，用于满足负荷需求。美国航空航天局（NASA）首先开展和证实了FC的商业发电应用（附带获得空间中极其宝贵的水），把燃料电池实际应用于航天飞船和其他空间事业中。后续又开发不同容量FC供美国商业组合发电目的使用。最近试图发展利用混合 FC/锂离子电池为航空器供电，并已在西班牙进行示范。

在最近数十年中已发展出不同类型 FC（表 6-10）。FC 可按不同标准分类，最常用的是按电解质分类。FC 电效率多在 40%～65%范围，但如能合理捕集和利用操作期间产生热量的话，能进一步增加其能量效率。在较宽应用和商业示范中发现 FC 的一个重要缺点是高成本，估计在 500～8000 欧元/kW 之间，未来成本可能会相应降低。

表 6-10　不同类型燃料电池的特征

FC 类型	操作温度/℃	电解质	荷电载体	阳极催化剂	所用燃料	电效率/%	功率范围/kW
AFC	70～100	KOH 水溶液	H^+	镍	氢气	60～70	10～100
PEMFC	50～100	Nafion 膜	H^+	铂	氢气	30～50	0.1～500
DMFC	90～120	Nafion 膜	H^+	铂	甲醇	20～30	10～100
DEFC	90～120	Nafion 膜	H^+	铂	乙醇	40～55	100～1000
PAFC	150～220	Nafion 膜	H^+	铂	氢气	50～60	5～10000
MCFC	650～700	碱式碳酸盐	CO_3^{2-}	镍	重整气（$CO-H_2$）	50～60	100～300
SOFC	800～1000	钇稳定氧化锆	O^{2-}	镍	重整气（$CO-H_2$）或 CH_4		0.5～100

现在除了大学和研究机构外，还有许多不同工业领域制造商参与 FC 的研究发展和商业化工作。FC 不仅能直接和广泛地应用于各种运输工具中，如汽车、飞机、船舶、火车、公交车、摩托车、卡车和牵引车等，而且也能用于固定应用，特别是同时需要电力和热能的领域，如为居民住宅、医院、公安局和银行提供电力和热能。此外，在便携式设备如手机、平板计算机、电子装置领域，FC 市场也在不断增长，甚至已应用于自动售货机、真空吸尘器和交通信号灯等，以及水处理工厂和废物垃圾场（利用现场所产甲烷气体做 FC 燃料发电）。虽然应用研究大门已打开，但现在的 FC 仍然相当昂贵。因此，全世界都极其希望能尽快增强 FC 性能、效率和降低成本。

从对 21 世纪 FC 文献调研看，低温 FC 的研发主要集中于 PEMFC（质子交换膜燃料电池）及衍生的 DMFC（直接甲醇燃料电池）和 DEFC（直接乙醇燃料电池）上，这些都是低温聚合物电解质 FC（PEFC）。高温燃料电池则主要集中于 SOFC（固体氧化物燃料电池）。在发展广阔领域应用中，PEFC 和 SOFC 最可行，而 MCFC（熔融碳酸盐燃料电池）和 PAFC（磷酸燃料电池）的应用主要局限于固定应用中，AFC（碱燃料电池）局限于航天应用中。PEFC 和 SOFC 不仅应用领域比较宽，而且成本降低的潜力也大，研发内容相对要多很多，使这些 FC 介绍显得尤其重要。

6.10.2　氢燃料电池

无可争辩地，氢是 FC 电力生产最广泛使用的燃料。在许多工业化国家，已经设想利用可再生能源（RES）电力增加氢气生产。氢是绿色能源和燃料，有一些很受欢迎的性质，已被作为一种能源资源，因此能被用于支持未来能源公用集成设施的发展。虽然从各种 RES 如太阳能产氢已被用于 FC 的消费，但目前 RES（生物质、风能或太阳能）产氢价格仍是天然气产氢价格的数倍。因此必须进一步研发以使其能与传统产氢技术竞争（有经济竞争力），向可再生氢经济过渡仍需要很长时间。

氢燃料电池车辆（HFCV）是近期出现的所谓“零排放”电动车辆（EV）。氢燃料电池（HFC）系统有三个基本工作部件：存储氢燃料的存储室、转化氢燃料为电能的单元和转化电能为氢的电解器。HFC 的工作原理是氢燃料在阳极被从阴极过来的氧化剂（氧）电化学氧化，产生的电子通过外电路产生电能。下面非常简要地介绍重要类型的燃料电池。

6.10.3　质子交换膜燃料电池

在 20 世纪 60 年代早期发现了聚合物膜技术，中期成功发展出小质子交换膜燃料电池（PEMFC），使用以水和氢氧化锂混合物所产氢为燃料（供应紧凑且易传输），因以铂作为催化剂导致有成本问题。该类 FC 的操作温度相对较低（60～80℃），其启动远快于高温 FC，有较高功率密度，能以较快速度改变操作跟踪配送变化的电功率。PEMFC 的应用包括汽车、建筑物或便携式应用及替代可充式电池。

目前 PEMFC 已相当完善，工作可靠、电性能较好和管理方便。在攻克了两个新领域（轻载电动车辆和便携式电子设备）应用后，预期将有更广泛的应用。为取得成功，必须解决多个重要和相对复杂的问题：①发电厂应用需长使用寿命，催化剂和膜要有好的稳定性；②低成本生产，需发展无铂催化剂和便宜的膜；③应提高 PEMFC 对氢中 CO 杂质的耐受性，或发展操作温度较高的 PEMFC；④发展用不同初始燃料产氢新过程。

PEMFC 是 21 世纪洁净和有效可行能源技术之一。其基本组件包括阳极收集板、阳极和阴极气体室、气体扩散器、催化剂层和电解质膜。PEMFC 在低温和低压条件下操作，用铂催化剂把氢分子分裂成质子（氢离子），它可穿过电解质膜。PEMFC 功率发送容量范围从 100W 到 100kW，操作效率 40%～50%。PEMFC 的优点有：简单性和牢固性、轻质量、高功率密度、使用空气以及非常低的排放。到目前为止，PEMFC 已经被使用于固定发电装置、不间断电源、手提计算机、轻质量电动车辆、电动自行车、混合动力公交车、物流车辆和航海游艇的动力源。但是就整体 HFC 而言，包括 PEMFC 在内也有相当多缺点，如高成本、对氢污染物敏感和低电功率效率。

6.10.4 熔融碳酸盐燃料电池

熔融碳酸盐燃料电池（MCFC）源自其他燃料电池如 SOFC 的发展。在 20 世纪 30 年代的高温固体氧化物电解质试验中发现了电导率太低和气体（包括 CO）要与电解质发生化学反应的问题，二十多年后指出了固体氧化物电解质的局限性，把工作重点移到熔融碳酸盐上。20 世纪 60 年代以浸渍在多孔镁氧化物盘上锂、钠和钾的碳酸盐混合物为电解质工作了 6 个月，但产生的能量数量与消耗燃料量之比小于预期[电极电解质连接区域（外侧）有损失]。60 年代中期美国海军团队试验了由 Texas 仪器公司制造的若干 MCFC，其输出功率在 100～1000kW 之间，要求其使用传统燃料以使场地配送不会发生困难。设计目标是应用于军事战斗车辆（由外重整器供应氢气）。

MCFC 以碳酸锂和碳酸钾混合物为电解质，使用非贵金属（镍）阳极，氧化物镍（NiO）适合于作阴极。其操作原理示于图 6-22 中，碳酸根离子（CO_3^{2-}）通过电解质从阴极到阳极进行循环（与大多数 FC 循环方向相反）。工作温度约 650℃，压力在 1～10bar（1bar = 10^5Pa）之间。MCFC 单电池产生电压 0.7～1V。高操作温度下混合盐类熔融在阴极产生 CO_3^{2-}，移动到阳极产生蒸汽、CO_2、热量和电子。电子流过外电路提供电力。目前实际应用的 MCFC 产生的功率为 10～2000kW。与其他类型 FC 不同，它可使用多种类型燃料包括混合燃料进行操作，如合成气、天然气和生物气体，即 MCFC 燃料弹性大，对航海、军事和牵引应用很有吸引力，使其研究兴趣较大。MCFC 电功率和操作性质很适合于相对大功率输出（经济合

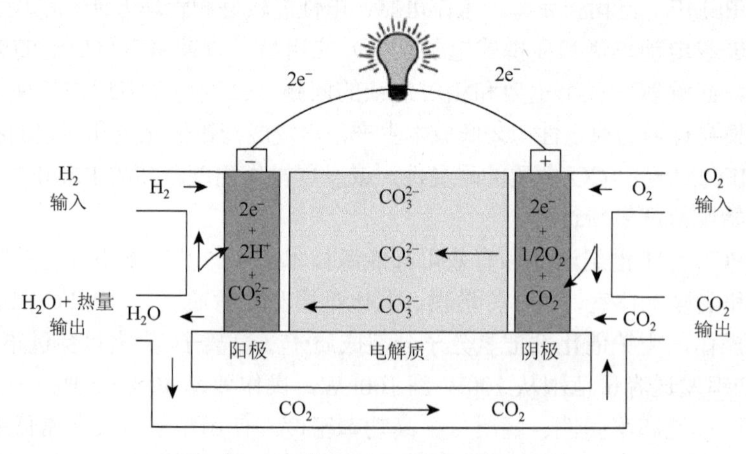

图 6-22 熔融碳酸盐燃料电池操作原理

理）的固定发电厂使用。现发展燃料电效率在 70%以上 MCFC 混合发电系统（如与透平混合，MCFC 产生 55%～90%电力，其余由透平贡献）。虽然 MCFC 仍面对一些挑战，如长期保持操作温度、抗硫性差和液体电解质管理相对困难，但现在需要解决的仅有问题是无故障操作时间不够长。对大（和费钱）固定发电装置，其最少操作时间应不低于 40000h（4.5～5 年）。在这个意义上，强化研究和工程化努力已经有可能建立工作数百小时和数千小时的 MCFC 单元。但要确保 5 年的操作时间仍要走很长的路。导致 MCFC 发电厂性能逐渐下降甚至永久性失败，与 MCFC 本身相关的三个最重要原因（不是外部原因如辅助设备或操作错误）是：氧电极镍氧化物逐渐溶解、阳极蠕变和金属部分腐蚀。

6.10.5　固体氧化物燃料电池

固体氧化物燃料电池（SOFC）利用能传导氧化物离子（O^{2-}，从阴极到阳极）的固体电解质。科学家热衷于研究固体氧化物电解质超过 30 年，如锆氧化物、镧氧化物或钇氧化物。SOFC 与其他 FC 不同，电解质是固体氧化物，通常是锆氧化物；电极一般使用金属，如镍或钴。SOFC 在非常高温度（700～1000℃）和 1atm 下工作，每个单电池产生电压约 0.8V 或 1V。SOFC 一般用作固定或辅助发电系统。

就我们所知，研制 FC 的初始目的实际上是要求精确地把天然燃料化学能转化为电能。在解决 FC 直接利用天然燃料问题上，科学家和工程师碰到了多个困难，对许多情形实际上几乎是不可能的。不仅是因为天然燃料电化学氧化速率很低，也是由于存在多种会完全阻止电化学反应进行的污染物。因此，现在 FC 利用天然燃料的方法主要是先把它们化学转化成氢并除去污染物（氢的电化学氧化活性较高）。SOFC 与中低温 FC 间的重要差别是能利用氢和 CO 作燃料（能从各种天然燃料或产品经简单加工直接获得）。因此，SOFC 对 FC 使用者似乎更有吸引力。SOFC 的优点包括中等成本、高效率、相对低排放、快化学反应速率和固定发电应用，电功率从数百瓦到约 2000kW。

现在又在研究发展 SOFC 的低温版本，重点是使用质子导电概念替代氧离子导电，也就是所谓的质子导电固体氧化物燃料电池（PC-SOFCs）。但从热电联产观点看，高温特征使 SOFC 系统更适合于组合热电（CHP）应用。高温操作确实能够避免昂贵贵金属催化剂的使用（降低成本）。到目前为止，SOFC 的主要缺点是抗硫污染和技术仍不够成熟。

6.10.6　直接甲醇燃料电池

直接甲醇燃料电池（DMFC）直接使用甲醇燃料来产生电力，与 PEMFC 属于同类。甲醇是可再生可持续的资源。1990 年美国 NASA 喷气推进实验室与南加利福尼亚大学合作开发出 DMFC，它能在一些应用中替代电池，获得一定的市场空间。DMFC 使用寿命比锂离子电池长，而且仅需简单替换燃料容器而无须长时间充电。DMFC 与 PEMFC 一样使用聚合物电解质膜，差别是 DMFC 阳极催化剂直接从甲醇中提取氢（无须进行重整）。DMFC 效率约 40%，工作温度约 130℃，适合中小型应用，为手机和平板计算机提供电力。

DMFC 操作的基本原理是甲醇而不是氢在阳极上直接电化学氧化，产生的氢离子穿过质子交换膜转移到阴极与氧结合生成水。DMFC 的半池反应和总反应如下：

阳极半反应：

$$CH_3OH + H_2O \longrightarrow 6H^+ + 6e^- + CO_2 \qquad (6\text{-}47)$$

阴极半反应：

$$3/2O_2 + 6H^+ + 6e^- \longrightarrow 3H_2O \qquad (6\text{-}48)$$

总反应：

$$CH_3OH + 3/2O_2 \longrightarrow 2H_2O + CO_2 \qquad (6\text{-}49)$$

DMFC 的电功率容量在一定程度上受电位限制，其操作是有效和容易的，这是因为甲醇的存储和传输方法要比氢简单容易。DMFC 现时正在日常电子产品（一些移动电系统如手机、数字摄像机和笔记本计算机）市场逐渐起着重要的作用。DMFC 的问题和缺点有：排放温室气体二氧化碳，甲醇氧化期间过电位较高，可能导致电池电压和电流密度大幅下降，降低燃料利用率和电池性能，氧化速率缓慢（须使用贵金属催化剂），其产生的热量可引起膜电极装配体和水管理问题，对成本、效率和总功率产生影响。

虽然对 DMFC 进行了大量的研究，但仍然不能够商业化生产或广泛地实际使用，其真实性能（使用于不同场合）是很难评估的（样品在不同条件下试验收集的试验数据难以归纳评估）。直到现在，其应用的潜在领域很独特，仅是为电子设备（笔记本计算机、照相机和摄像机、DVD 放映机和某些媒介设备）提供相对低电功率的电源。虽然很希望能把 DMFC 作为电动车辆电功率源使用，但实现仍是非常遥远的事。未来 DMFC 需要进行的工作如下：①解决 DMFC 短寿命（因钌离子横穿和甲醇吸附产物阻滞）问题；②提高效率，因低效率导致非生产性甲醇消耗。

6.10.7　碱燃料电池

现在的碱燃料电池（AFC）电解质［可移动（液体）或不可移动（固定）］是

熔融氢氧化钾（KOH）碱混合物或KOH水溶液，起传导（从阴极到阳极）作用的是羟基阴离子（OH^-）而不是质子H^+。液体电解质在电极间连续循环，固定电解质是黏附在多孔石棉母体上的。为增加电极电解质和燃料间反应面积使用了气体扩散电极，为使电极孔内水性电解质保持较高气体浓度已使用高压氢燃料，用碱（KOH）替代酸电解质建立AFC，并对其进行了试验研究。1960年美国NASA使用AFC为航天飞船提供电力，现在航天飞机项目使用AFC是由UTC Fuel Cells制造的。AFC在空间中应用很成功，但在陆地上应用（使用空气而不是纯氧作为氧化剂）会碰到一些困难，这是因为空气中所含的少量CO_2会与电解质KOH反应致使电池性能显著降低。如除去空气中CO_2会使AFC系统复杂性增加。AFC比较娇气，只能用纯电解氢作为燃料，不能使用便宜的烃类重整氢。而氢气的分离净化是复杂且费钱的。此外，陆地上用压缩容器储氢是要付出质量代价的。所有这些问题和不确定性导致对AFC发电应用意愿极大降低，相应地研发工作努力度也大为缩减。

6.10.8 磷酸燃料电池

磷酸燃料电池（PAFC）以磷酸为电解质（传导离子是H^+），因酸的低电导率其发展较晚，直到1961年才对磷酸电解质（负载35%磷酸在聚四氟乙烯和65%硅胶粉末混合物上）进行了试验研究，以空气为氧化剂和氢为燃料在含贵金属催化剂的电极上进行电化学反应。20世纪60年代中期美国海军对改用常规燃料（重整氢）可能性进行了研究。后来电解质改用附在碳化硅母体中的液体磷酸，使电极催化剂铂含量有相当的降低（负载铂）。PAFC电效率40%，热电联产的能量效率达85%。操作温度150～200℃，压力1atm。每个单元池产生1.1V电压，能够耐受1.5% CO。这些使PAFC取得相当大的成功，促成广泛的商业应用，在相对多的中等发电厂和若干兆瓦级发电厂的范围内被安装于多个国家的医院、酒店、办公楼、建筑物、学校和水处理工厂。但对PAFC的兴趣从20世纪末期以来逐渐减弱，主要是严苛的经济原因：PAFC工厂成本高，且鉴于磷酸电解质特性其成本降低可能低；加上难以克服的严重技术问题（长期操作可靠性不够）。因此，虽然技术比较成熟但难以获得更大发展。

除上述七类重要燃料电池外，提出和研发了一些新概念燃料电池。其中重要的有：一是用不同燃料替代氢燃料，如使用甲酸（盐）、乙醇（或乙二醇）、硼氢化钠、尿素、碳水化合物、碳等燃料，其名称通常是在前面直接加“燃料名称”，如甲酸（盐）燃料电池、直接乙醇（或乙二醇）燃料电池等。二是使用特殊电解质或电极催化剂或有特殊功能的材料，如微生物燃料电池、质子陶瓷燃料电池和可逆燃料电池等。它们各有特色，例如，直接甲酸（盐）燃料电池

（DFFC）与 DMFC 相比有两个重要优点：甲酸（盐）存储比氢简单和安全得多，也比甲醇简单；室温下它们是液体，不需要高压或低温；又如，直接乙醇燃料电池（DEFC）的特色是无毒性、能量密度高、容易大量获得，使用铁、镍或钴催化剂能达到的功率密度约 140mW/cm^2。对于这些本书不做深入介绍（可参阅燃料电池相关书籍）。

6.11 金属空气电池

金属空气电池中的总电化学反应可写成：

$$4Me + nO_2 + 2nH_2O \rightleftharpoons 4Me(OH)_n \tag{6-50}$$

其中，Me 是金属，如 Li、Ca、Mg、Fe、Al 和 Zn；n 相当于金属氧化价态变化值。金属空气电池是最紧凑的，不仅对环境友好，而且是可用电池中最便宜的，其仅有的缺点是再充电困难和具有缺陷。制造商提供的是不可再添加燃料的非可充式金属空气电池，虽然消耗的金属可用简单替代再进行分离加工。可发展的可充式金属空气电池循环寿命仅数百次循环，效率约 50%。该类电池的阳极是金属，具有高氧化性和释放电子功能，如锌或铝；阴极即空气电极，通常是多孔碳材料或覆盖合适催化剂的金属筛网；电解质是有高 OH^-离子电导率的碱（如 KOH），可以液体形式或用吸附有 KOH 的固体聚合物膜。虽然金属空气电池的高能量密度和低成本使其对许多一级电池应用是理想的，但在能够与其他可充式电池技术竞争以前必须提高其可充电能力。

金属空气电池的阳极可使用金属包括锂、钙、镁、铁、铝和锌等。其中锂空气电池因有非常高理论能量密度（11.14kW·h/kg），EV 应用最具前景。虽然锂空气电池的比能量比其他电池高 100 多倍，但缺点是安全性不好、起火风险很高，如湿空气就可能使其起火。钙空气电池具有高能量密度，但其容量衰减非常快且比较昂贵。镁空气电池具有高比能量（700W·h/kg），常用镁合金替代镁单质，可应用于海中车辆。可充电铁空气电池比能量较低（75W·h/kg），但其全寿命周期成本是金属空气电池中最低的，且其活性材料形状不会因长时间循环使用变形。铝空气电池具有高的比能量，高电压和高 A·h（安时）容量，但因放电期间这些值要下降，失去其优势。铝空气电池使用水性电解质，可进行充电，即便在没有条件充电环境时也可通过更换铝电极实现充电。用先进技术制造的铝合金电极能抗腐蚀，大电流密度下仍可获得大于 98%的库仑效率。铝空气电池常能为船舶或水下车辆提供动力。铝氧（Al-O_2）电池还可有其他应用，如辅助氢燃料电池获得双倍的比能量。锌空气电池是该类电池最常见和最常使用的，下面将做较详细介绍。总体而言，金属空气电池因为低材料成本和高性能，为可再充电的电能存储应用提供了另一种选择。

锌空气电池是可充式电池，其原电池商业化已很多年了，在技术上是成熟可行的，具有 FC 和常规电池的特性。该电池的反应速率随气体流量改变而变化（有相当宽范围）。先进可充电锌空气电池利用了双功能空气电极，有更长使用寿命。锌空气电池相对便宜，且没有大的环境问题。其可充式设计（可更换放电金属阳极）能避免形变。从高性能应用设计考虑，可把锌空气电池高比能量特性和铅酸（LA）电池高功率特性组合形成锌空气混合 LA 电池储能系统。

锌空气电池比能量非常大，约是典型 LA 电池最大理论比能量的 30 倍，因此研究人员极有兴趣研发可逆锌氧电池。图 6-23 中示出了锌空气电池充放电过程中的多种化学组分。放电时，锌电极通过释放电子而被氧化，空气电极则产生氢氧根离子；在充电时，锌电极上沉积锌，空气电极释放氧气。锌氧电池可作为助听器功率源，以金属锌为负电极和氧作为正电极。商业上卖出的锌氧电池产品使用可移去密封材料（用于防止电池结构与空气接触）以防止使用前的自放电。

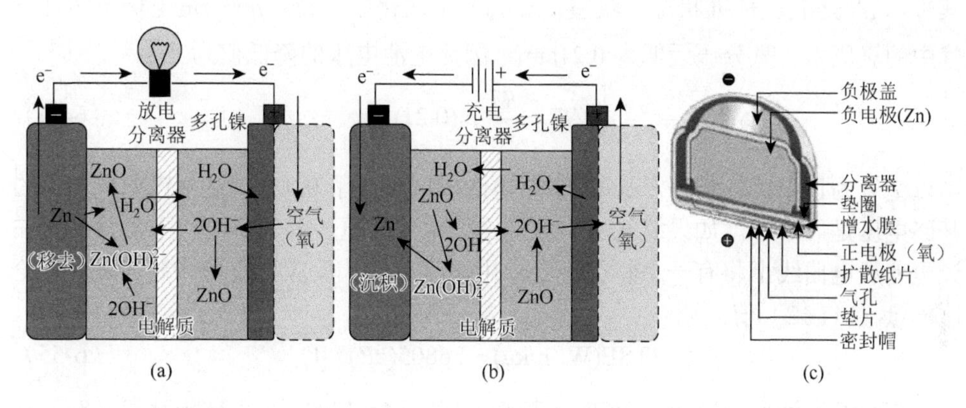

图 6-23　放电期间（a）和充电期间（b）锌空气电池化学成分；（c）锌空气电池原型

锌空气电池需要进一步解决如下三个问题：锌产物（氧化锌）的可充电能力（转化为金属锌），空气电极可逆性和能阻塞其他离子传输的电解质。虽然对此有多个实验室进行了巨大努力，但至今似乎仍未解决（没有大规模应用），特别是氧化锌到金属锌的化学再生（因成本和物流难度巨大）。

关于锌空气电池主要参数的计算简要介绍如下。

要使电子从两个电极进出流过外电路流动必须有一种机制，即由负极边提供与金属的接触，而在正极边有金属导体与氧反应物和碱电解质接触。尽管后者在总包电池反应中没有起作用，但三相接触确保了中性原子转化为离子和电子电化学反应的进行。放电反应机制是氧从正极横穿传输膜到锌电极表面把锌氧化生成 ZnO（图 6-23）。ZnO 是电子导体，也是从离子转换为电子时电荷传输的电化学界面，它确定了在负电极外部可测量的电位。确定电位的反应一般设想是生成 ZnO：

$$Zn + 1/2O_2 \longrightarrow ZnO \tag{6-51}$$

电池电压将由锌和氧生成 ZnO 的标准吉布斯自由能确定：

$$E = \frac{-\Delta G_f(ZnO)}{zF} \tag{6-52}$$

其中，$z = 2$；F 是法拉第常数，96.5kJ/V 当量；ΔG_f（ZnO）在 298K 时是–320.5kJ/mol。因此，在 298K 平衡条件下的电压 E 是 1.66V。但是，这个电池在空气中操作而不是在纯氧条件下操作（氧化电位降低），使正电极电位降低。正极氧的化学位可表示为

$$\mu(O_2) = \mu^{\ominus}(O_2) + TR\ln p(O_2) \tag{6-53}$$

其中，$\mu^{\ominus}$ 是氧在标准状态（温室，1atm）下的化学电位；$p(O_2)$是电极上实际空气中的氧压力。氧分压近似为 0.21atm，因此电池电压的降低值为

$$\Delta E = \frac{RT}{zF}\ln(0.21) \tag{6-54}$$

当以空气为正极反应物时，Zn/O_2 平衡电池电压降低了 0.02V。这样锌空气电池的开路电压是 1.64V。如果氧气压力保持在恒定值，电压降与荷电状态无关，则在该电池放电曲线上将有一个特征平台。用该信息能从反应物质量计算其最大理论比能量（MTSE）值：

$$MTSE(W \cdot h/kg) = 26805(zE) / W_t \tag{6-55}$$

锌空气电池反应物质量 W_t 的值是 1mol 锌（65.38g）加上 1/2mol 氧（8g）的质量，即每摩尔反应物总质量为 73.38g。z 为在真实电池反应中的元素电荷数目变化，等于 2。把这些值代入式（6-55），再利用锌空气（正极）电池电压为 1.64V，计算得到的 MTSE 值为 1198W·h/kg。如果正极使用纯氧，该值为 1213W·h/kg。但商业锌空气电池实际测得的开路电压约 1.5V 而不是 1.64V。对此的解释是，试验证明碱水性电解质电池正极上存在过氧化物离子，即在气相氧分子转化为电解质中 O^{2-}过程中存在生成氢过氧化物离子的中间步骤。为表述氢过氧化物离子的存在，对于水性电解质的锌空气电池体系，正电极中的反应应由两个串联步骤构成：

$$O_2 + H_2O + 2e^- = HO_2^- + OH^- \text{ 和 } HO_2^- + H_2O + 2e^- = 3OH^-$$

说明正电极电位是由中间产物氢过氧化物确定的，由氧与 KOH 电解质反应生成。对使用水性电解质的氢/氧燃料电池也属于这个情形，其开路电压是由氢过氧化物而不是氧化物离子确定的。

6.12　锌-二氧化锰原电池

锌-二氧化锰（Zn-MnO_2）“碱”电池是一种原电池（primary battery），在放电后再充电是不容易的。在普遍使用的重要电池中有不少这样的原电池。因一些原电池的比能量值高于现时的可充式电池，故一些科研团队继续保持兴趣来发展它们再充电的方法，而不是进一步完善它们和组件进行重新加工集成。这类电池中的杰出一员是使用非常普遍的 Zn-MnO_2“碱”电池，它非常适合应用于许多相对小的电子装置中。它们已按标准 AA 和 AAA 大小做成可利用商品。该类电池以元素锌作负电极反应物，电解质是 KOH 溶液。锌-二氧化锰电池初始开路电压是 1.5V，随放电过程（能量被抽取）余留能量减少，电压值下降。电池电压降低的原因是正电极电位发生变化（电解质质子插入），即组成 H_xMnO_2 中的 x 值从 0 变到 1（质子含量一直增加，直到 x 变为 2）。当电池电压降低到约 1V 时发生的是第二个质子的反应，其电压对实际使用是太低了。虽然 Zn-MnO_2 电池被认为是非可充式的，但对其研发已能使其可再充电多次，这小部分碱电池的市场已有这个定向需求。为此，需要对材料组成进行再设计和对其专有性质进行改性。可充式锌-二氧化锰电池的可充电能力取决于它们的放电深度，其可利用容量仍有下降趋势。

第 7 章 化学能存储技术Ⅱ：电池Ⅱ

7.1 锂金属电池

7.1.1 引言

锂电池包括锂金属电池和锂离子电池两大类。它们的电化学反应机制是不同的。

锂金属电池有多种分类方法，按可充性分类可分为不可充（一次）和可充式（二次）两类；按电解质分可分为液体电解质、固体电解质和熔融盐电解质三类。锂金属电池以锂金属或锂合金为正/负极，电解质是非水溶液。在表 7-1 中总结了按电解质分类的锂金属电池；表 7-2 中则给出了按正负极材料分类的主要锂金属电池。

虽然锂金属电池安全性要比锂离子电池差，但其发展较早，在 20 世纪初就已提出，60 年代美国、日本、欧盟和中国都进行了锂金属电池的研发和生产。1996 年出现第五代锂金属电池产品，安全性、比容量、自放电率和性价比均优于先前锂金属电池，但因其自身高技术要求限制，能生产这种先进电池的国家不多。我国在该领域已处于世界前列，$Li\text{-}I_2$ 电池、$Li\text{-}Ag_2CrO_4$ 电池、$Li\text{-}(FeC_x)_n$ 电池、$Li\text{-}MnO_2$ 电池、$Li\text{-}SiO_2$ 电池和 $Li\text{-}SOCl_2$ 电池等都已商品化生产，并在多个领域广泛应用。

随着科学技术的发展，锂离子电池现在成为绝对的主流。锂离子电池不含金属锂，属于可充电式电池。

本节后续所说的“锂电池”都是指锂金属电池，除非特别说明。

表 7-1 锂金属电池的分类和特点

电解质		实用电池举例			适宜放电率	应用形式（应用场合）
		电池类型	电压	电极反应物质		
液体电解质	有机溶液电解质（固体活性物质）	一次电池	1.5V 系列 3.0V 系列	$Li\text{-}CuO$；$Li\text{-}FeS_2$ $Li\text{-}MnO_2$；$Li(FC_x)_n$	中～超低率	1）硬币型、干电池型（数十毫安时～数安时）（手表、计算器、照相机等） 2）长方型（数安时～1000A·h）（一般场合、浮标和遥测等装置）
		二次电池	2.5V	$Li\text{-}TiS_2$	中～超低率 超高～低率	纽扣型（太阳能电子表）

续表

电解质		实用电池举例			适宜放电率	应用形式（应用场合）
		电池类型	电压	电极反应物质		
液体电解质	有机（无机）电解质（液体活性物质）	一次电池		$Li\text{-}SO_2$ $Li\text{-}SOCl_2$	低～超低率 高～中高率	主要为干电池型（无线电收发两用机等）[a]
	水溶液电解质	一次电池		$Li\text{-}H_2O$；Li-AgO	超高率	大型液体循环式（鱼雷、航行体等）
固体电解质（常温）		一次电池	2.5V	$Li\text{-}I_2$	超低率	小型（微瓦级）（心脏起搏器）
熔融盐电解质（高温）		二次电池	2.53V	Li-FeS	高～中率	大型（kW～MW）（电动汽车、负载调整器等）

注：a. 具体扩展为纽扣型、干电池型、超大型（数安时～1000A·h）（一般场合、浮标、遥测和存储器等）。

表 7-2　几种重要的锂金属电池

代号	化学成分分类	正极	电解液	负极	额定电压/V	备注
B	锂-氟化石墨电池	氟化石墨（氟化碳）	非水系有机电解液	锂	3.0	
C	锂-二氧化锰电池	热处理过二氧化锰	高氯酸锂非水系有机电解液	锂	3.0	最常见的一次性 3V 锂电池，常简称锂锰电池
E	锂-亚硫酰氯电池	亚硫酰氯	四氯铝酸锂非水系有机电解液	锂	3.6 或 3.5	
F	锂-硫化铁电池	硫化铁	非水系有机电解液	锂	1.5	可用来替代一般 1.5V 碱性电池，常简称锂铁电池
G	锂-硫化铁电池	硫化铁	无机熔盐电解液	锂合金	1.9	

7.1.2　锂电池优缺点

与其他类型电池比较，锂电池具有如下优点：①比能量高，是普通锌锰电池的 2～5 倍；②比功率大，能大电流放电；③电池电压高达 3.9V，锌锰电池为 1.5V，镍镉电池为 1.2V；④大多数锂电池放电电压平稳；⑤工作温度范围宽，低温性能好，能在−40～70℃范围内工作；⑥存储寿命长，可达 10 年，原因可能是在表面形成了纯化膜阻止了锂的腐蚀。锂电池的主要问题是具有爆炸性危险，安全性问题突出。主要原因如下：①金属锂电极因充电时锂沉积不均匀造成枝晶生长。枝晶脱落或断裂折断时不仅生成不可逆“死锂”降低材料利用率，而且可能穿破隔膜，发生自放电，产生大量热量，致使电池着火或发生爆炸。②高活性锂易与电解质反应形成高压造成爆炸危险。③电池操作温度过高或局部过热易引起爆炸。④液态锂的腐蚀性产生爆炸危险。⑤电解质（如高氯酸钾）和隔膜分解也是使电池发生爆炸的危险因素。为了降低和防止电池发生爆炸已采取如下一些措施：①锂电池内安装安全透气片，电池温度达到 180℃或压力超过一定值（3.5MPa）时透气片自动破裂，降低电池内压力，防止爆炸；②隔膜上涂石蜡膜，当温度超过一定值时石蜡熔化，阻塞隔膜微孔，终止电极反应，进而阻止爆炸；③单个电池内安装保险丝，超温时保险丝熔断使电池呈开路状态，终止放电，防止爆炸的发生。

7.1.3 锂金属电池的电极反应和组成

1. *电极反应*

锂金属电池的负极活性物质是锂金属或锂合金，放电反应为

$$Li \longrightarrow Li^+ + e^-, \; LiM \longrightarrow Li^+ + M + e^- \tag{7-1}$$

锂金属电池正极反应分两种情形：一是放电后活性物种被还原为低价金属离子或元素，产生新相。这类正极物质包括卤化物、氯化物、含氧酸盐和单质等。例如：对于氯化银正极，反应为

$$AgCl + e^- \longrightarrow Ag + Cl^- \tag{7-2}$$

对于硫化铜正极，反应为

$$2CuS + 2e^- \longrightarrow Cu_2S + S^{2-} \tag{7-3}$$

$$Cu_2S + 2e^- \longrightarrow 2Cu + S^{2-} \tag{7-4}$$

二是正极放电反应形成晶相物质。这类正极物质通常具有层状或隧道式晶体结构。在电子进入它们晶格时被金属离子捕获（晶体结构不发生变化），电池负电荷被进入晶格的电解质正电荷中和。这类正极物质包括二氧化锰和二硫化钛。其正极反应为

$$MnO_2 + Li^+ + e^- \longrightarrow LiMnO_2, \quad TiS_2 + Li^+ + e^- \longrightarrow LiTiS_2 \tag{7-5}$$

2. *组成*

锂电池负极材料为纯度大于 99.9%的锂金属，主要杂质为钠、钾、钙等的氧化物。因锂与水很容易发生反应，锂电池生产过程必须保持十分干燥。负极锂利用率达 100%。高温锂电池的负极为锂合金，如锂铝合金、锂硅合金和锂硼合金等。锂电池正极除基体锂外所含活性物质有很多种，其中常用材料包括$(FC_x)_n$、MnO_2、Bi_2O_3、$SOCl_2$、I_2、SO_2、V_2O_5、FeS、FeS_2、CuO 和 TiS_2 等。选择正极材料时应考虑如下几点：①与锂匹配性好；②与电解质相容性好，不溶或不与电解液反应；③有较正电极电位；④比能量高；⑤导电性好，如导电性差可添加导电剂石墨、乙炔、炭黑等。锂电池中电解质材料必须是非水溶液，这是因为金属锂与水会发生激烈反应。选用电解质材料时应注意如下几点：①不与正负极活性物质发生反应；②离子导电性好；③宽温度范围内呈液态。非水电解质溶液可以是有机溶液、

无机溶液和熔融盐。有机电解质溶液由有机溶剂（锂电池常用溶剂及其基本性质见表 7-3）和导电锂盐（如 LiCl、LiBr、$LiAlCl_4$、$LiClO_4$、$LiBF_4$、$LiAsF_6$ 等）组成。由碳酸丙烯酯-盐类组成的有机电解质溶液电导率给于表 7-4 中。对于无机电解质溶液，溶剂既是溶剂也是活性物质，如 $LiAlCl_4$-亚硫酰氯（$SOCl_2$）溶液、$LiAlCl_4$-硫酰氯（SO_2Cl_2）溶液。常用熔盐电解质有 LiCl-KCl、LiF-LiI-LiCl 等，其优点是高离子电导率和极小可能性的电极反应。

表 7-3　常用有机溶剂及其基本性质

溶剂	沸点/℃	凝固点/℃	密度/(g/cm^3)	摩尔质量/(g/mol)	介电常数(ε)	黏度(η)/cP[a]	ε/η
乙腈（AN）	81.7	–42	0.783	41	37.9	0.335	113.13
硝基甲苯（NM）	101	–17	1.144	61	36.3	0.62	58.5
二甲基甲酰胺（DMF）	15.3	–61	0.945	73	36.7	0.802	45.8
二甲亚砜（DMSO）	189	18.6	1.095	78	45	1.1	41
γ-丁内酯（BL）	204	–43.5	1.125	86	39.1	1.73	22.6
碳酸丙烯酯（PC）	241.7	–49.2	1.198	102	65.8	2.54	26
水	100	0	1.00	18	78	0.89	88

注：a. $1cP = 10^{-3}Pa\cdot s$。

表 7-4　碳酸丙烯酯-盐类溶液的电导率

电解质中盐	溶液浓度/(mol/L)	25℃时电导率/($\times 10^3\Omega^{-1}\cdot cm^{-1}$)
高铝酸锂	1	5.6
六氟砷酸锂	0.74（饱和）	5.83
溴化锂	2.4	0.5
四氟硼酸锂	0.42（饱和）	5.6
四氟铝酸锂	1	6.57
三氯化铝	1.00	7.0
高氯酸钠	1.22	6.75
硫氰酸钾	1.55	8.95

锂电池一般制作成片式、涂膏式或电镀式。片式锂负极是把两个锂片分别压制在银网或镍网两面而成。涂膏式锂负极由 20μm 锂粉、10μm 镍粉、羧甲基纤维素和 2%二甲亚砜溶液混合物的矿物油悬浮液涂渍在镍网上制成。电镀式锂负极是电镀 $LiAlCl_2$ 溶液，为增加电镀层的结合强度一般添加罗丹明等染料。

7.2 若干重要锂金属电池

7.2.1 锂-二氧化锰电池

应用有机电解质的锂金属电池主要有 Li-$(FC_x)_n$ 电池、Li-MnO_2 电池、Li-SO_2 电池等。Li-MnO_2 电池负极是金属锂，正极是经过专门热处理的 MnO_2，溶剂是碳酸丙烯酯与 DME(二甲醚)的 1∶1[①]混合物，导电盐是 $LiClO_4$，电解质浓度 1mol/L。放电期间，锂离子进入 MnO_2 晶格中。电池表达式为

$$(-)Li \mid LiClO_4，溶剂 \mid MnO_2(+)$$

负极反应：

$$Li \longrightarrow Li^+ + e^- \quad (7\text{-}6)$$

正极反应：

$$MnO_2 + Li^+ + e^- \longrightarrow LiMnO_2 \quad (7\text{-}7)$$

总电池反应：

$$MnO_2 + Li \longrightarrow LiMnO_2 \quad (7\text{-}8)$$

Li-MnO_2 电池比能量达 200W·h/kg 或 400W·h/L，电压为 3.0V，常制作成纽扣形或圆柱形，大容量时制作成矩形。Li-MnO_2 电池市场潜力是很大的。

MnO_2 晶型对放电性能影响很大（图 7-1），其中 γ 和 β 混合晶型的 MnO_2 放电性能最好。为获得该混合晶型，须把电解 MnO_2 晶体进行煅烧脱水处理。热处理温度对电池放电性能影响如图 7-2 所示，可以看到 350℃热处理可获得最好放电性能（需恒温数小时，然后自然冷却）。

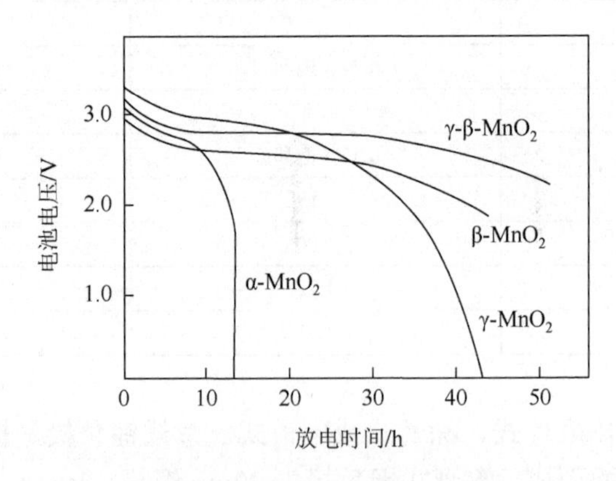

图 7-1 MnO_2 晶型对正极放电性能的影响

① 此处相关文献中未标明比例类型（体积比或质量比）。

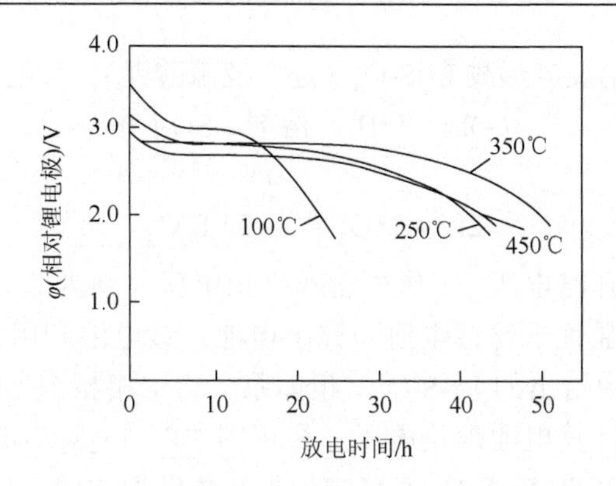

图7-2 热处理温度对MnO_2放电性能的影响

纽扣形Li-MnO_2电池的开路电压、工作电压和终止电压分别为3.5V、2.9V和2.0V，是锌锰电池的2倍以上；比能量250W·h/kg或500W·h/L，是铅酸电池的5～7倍；工作温度在−20～50℃之间；储能性能好。该电池典型的恒电流放电曲线如图7-3所示。可以看到，放电电流对放电性能有很大影响。当电流密度为0.6A/cm^2、1.0A/cm^2、3.0A/cm^2和5.0A/cm^2时，MnO_2利用率分别为65%、87%、60%和20%，因此以放电电流密度1.0A/cm^2为佳。中小Li-MnO_2电池应用于电子仪器，大容量电池应用于军事和航空领域。

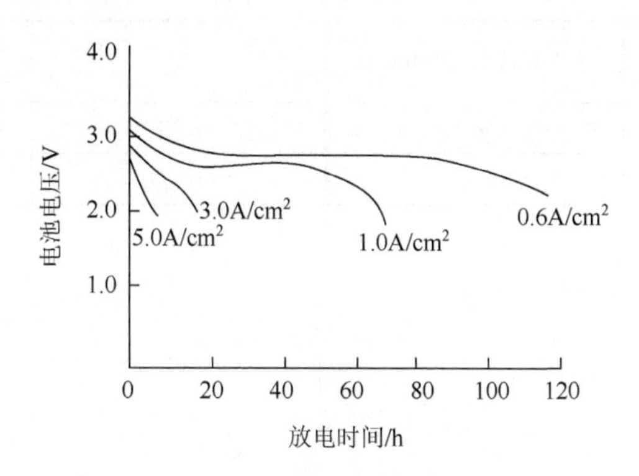

图7-3 Li-MnO_2电池的恒电流放电曲线

7.2.2 锂-二氧化硫电池

Li-SO_2电池都制作成圆筒卷式结构，负极是厚度为0.3mm的锂片，辊压在铜网上。正极是涂渍有聚四氟乙烯和乙炔炭黑混合物的导电铝网骨架，活性物质以液体形式加入到电解液中。溶剂是PC和AN混合物，电解质为溴化锂，浓度为1.8mol/L。隔膜是多孔聚丙烯。

$Li\text{-}SO_2$电池放电反应形成$Li_2S_2O_4$（连二亚硫酸锂）。其电池表达式为

$$(-)Li \mid LiBr，溶剂 \mid SO_2(+)$$

总电池反应为

$$2Li + 2SO_2 \longrightarrow Li_2S_2O_4 \tag{7-9}$$

$Li\text{-}SO_2$电池的开路电压、工作电压和终止电压分别为2.95V、2.7V和2.0V，放电电压平稳，明显优于锌锰电池和锌汞电池。该电池利用重组反应进行实验操作，利用表7-5中给出的Li-S-O三相体系（稳定相相图见图7-4）在25℃时的吉布斯自由能可计算电池理论电压。在相图中的$Li_2S_2O_4\text{-}SO_2\text{-}O$次三角对锂的电位为3.0V。因$SO_2\text{-}Li_2S_2O_4$连接线处于三角锂角边缘，Li与$SO_2$反应产生的是$Li_2S_2O_4$而不生成O。$Li\text{-}SO_2$电池比能量大（330W·h/kg或529W·h/L），是锌锰电池的2～4倍。反应产物连二亚硫酸锂具有保护膜功能，能降低电池自放电，但也带来大的滞后环（现象）。该电池的缺点是安全性较差，使用不当可发生爆炸或泄漏SO_2而污染环境。采用透气片和压力控制阀可有效防止爆炸。AN/PC或AN/乙酸酐体积比为9∶1的混合溶液的使用能很好防止爆炸危险。$Li\text{-}SO_2$电池因具有输出功率高（理论比能量高达4080kW·h/kg）和低温性能好的特点，特别适合于军事应用。

表7-5 Li-S-O三相体系在25℃时各相的吉布斯自由能

相	吉布斯自由能/(kJ/mol)	相	吉布斯自由能/(kJ/mol)
Li_2O	−562.1	Li_2S	−439.1
SO_2	−300.1	$Li_2S_2O_4$	−1179.2

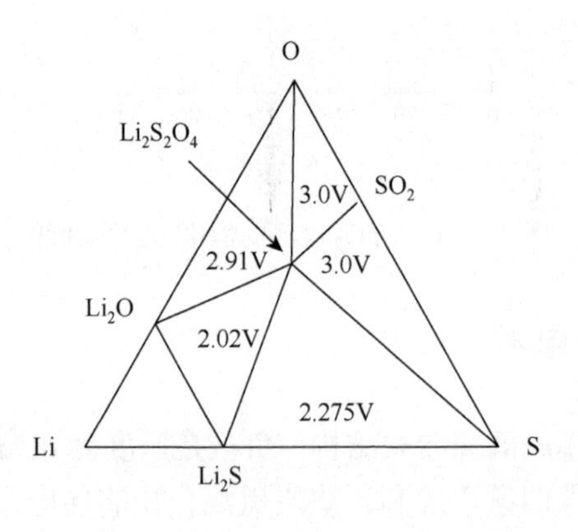

图7-4 Li-S-O三相体系在室温条件下的稳定相图

7.2.3　锂-聚氟化碳电池

锂-聚氟化碳[Li-$(FC_x)_n$]电池以 Li 为负极，固体$(FC_x)_n$（$0 \leqslant x \leqslant 1.5$）为正极。电池表达式为：

$$(-)Li \mid LiClO_4\text{-}PC \mid (FC_x)_n$$

当 $x = 1$ 时，正极反应：

$$(FC)_n + ne^- \longrightarrow nC + nF \tag{7-10}$$

负极反应：

$$Li - e^- \longrightarrow Li^+ \tag{7-11}$$

总电池反应：

$$nLi + (FC)_n \longrightarrow nLiF + nC \tag{7-12}$$

电池反应产物 LiF 在正极上沉积，C 起导电作用。Li-$(FC_x)_n$ 电池可制作成纽扣式、圆柱式和针杆式。电解液通常使用 $LiAsF_6$-DMSI（亚硫酸二甲酯）、$LiBF_4$-(γ-BL + THF)、$LiBF_4$-(PC + 1, 2-DME)和 $LiClO_4$-PC 等，隔膜为非编织聚丙烯膜。$(FC_x)_n$ 是灰色或白色固体，属插入式化合物，在 400℃空气和有机溶剂中是稳定的。Li-$(FC_x)_n$ 电池开路电压和工作电压分别为 2.8～3.5V 和 2.6V，放电曲线和内阻变化如图 7-5 所示，从图中可看到，放电电压平稳。Li-$(FC_x)_n$ 电池的比能量为 285W·h/kg 或 500W·h/L，是锌锰电池的 5～10 倍。该电池在存储过程中没有气体析出，自放电极小，安全性好。该电池最大理论比能量非常高，达到 1940W·h/kg。这对植入式（低或中等速率放电）医学应用是非常有吸引力的。但是，因电压保持恒定，就难以确定何时容量被耗完。对电池应用而言，功率源快达到它寿命终点的指示是特别重要的（受到相当关注）。

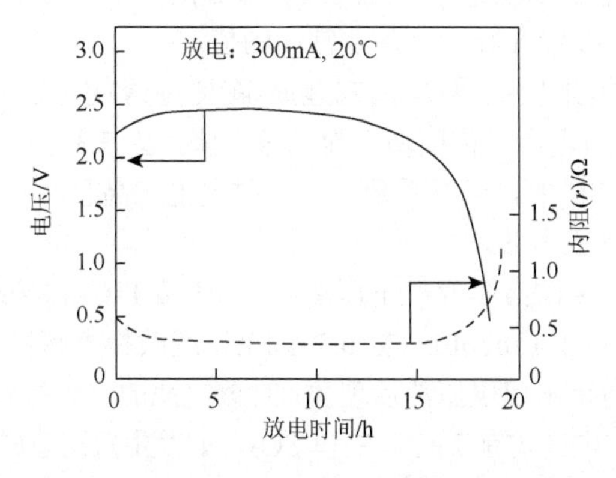

图 7-5　Li-$(FC_x)_n$ 电池的放电曲线和内阻变化

锂金属电池正电极反应物一般为固体或气体，但液体反应物也是可能的。例如，两类商业化多年的原电池即 Li-SO_2 电池和 Li-$SOCl_2$ 电池正极使用的反应物就是液体。它们使用有机或无机电解质，比能量都很高，但也都存在安全性问题，只在必需领域如军事和空间中应用。

7.2.4　锂-亚硫酰氯电池

锂-亚硫酰氯（Li-$SOCl_2$）电池使用无机电解质，其组成为无机非水溶剂［如亚硫酰氯（$SOCl_2$）、磷酰氯（$POCl_2$）、磷酰氯二氯（$POFCl_2$）］和无机盐类。1971 年研制成功无机非水电解质 Li-$SOCl_2$ 电池，性能接近于有机电解质。之后美国、法国和以色列推出商品化 Li-$SOCl_2$ 电池产品。这是因为无机电解质电池性能优于有机电解质。

Li-$SOCl_2$ 电池负极为压制于镍网上的锂箔。将正极活性物质 $SOCl_2$ 加入锂后在氩气保护下回流，再蒸馏提纯除去杂质和水分。把正极活性物质、乙炔炭黑或石墨粉和 PVC 乳液按比例混合成浆糊状辊压在镍网上。电解质是 $LiAlCl_4$-$SOCl_2$ 溶液。对于激活式 Li-$SOCl_2$ 电池常用无水三氯化铝作为电解质。隔膜为非编织玻璃纤维膜。

Li-$SOCl_2$ 电池的电极反应为

$$4Li + 2SOCl_2 \longrightarrow 4LiCl + S + SO_2 \tag{7-13}$$

也可能发生如下反应：

$$8Li + 4SOCl_2 \longrightarrow 6LiCl + S_2Cl_2 + Li_2S_2O_4 \tag{7-14}$$

或

$$8Li + 3SOCl_2 \longrightarrow 6LiCl + 2S + Li_2SO_3 \tag{7-15}$$

放电产物 SO_2 部分溶于 $SOCl_2$ 中，析出的大量 S 沉积于炭黑中，LiCl 是不溶物。其理论比能量达 7250kW·h/kg，这是非常高的值。

Li-$SOCl_2$ 电池常采用金属/玻璃或金属/陶瓷绝缘的全密封结构。开路电压 3.65V，工作电压随放电电流密度增大而显著下降，为 3.3～3.5V。在 25℃时的放电特性曲线给于图 7-6 中。可以看到，不仅放电电压高且非常稳定。Li-$SOCl_2$ 电池工作温度范围宽且成本低。

Li-$SOCl_2$ 电池主要缺点是存在电压滞后（因生成 LiCl 保护膜）和安全隐患大。把电解质浓度降低（如 1.0mol/L 或 0.5mol/L）或改换电解质（如 $Li_2B_{10}Cl_{10}$ 和 $Li_2B_{12}Cl_{12}$）能有效防止出现电压滞后现象。对该电池的爆炸机制仍不是非常清楚，可能原因如下：①放电产物有 LiCl、S 和 SO_2，如发生短路造成温度升高可引发反应 $2Li + S \longrightarrow Li_2S$（反应热高达 433.0kJ/mol），在 145℃时 Li_2S 还可与 $SOCl_2$ 发生

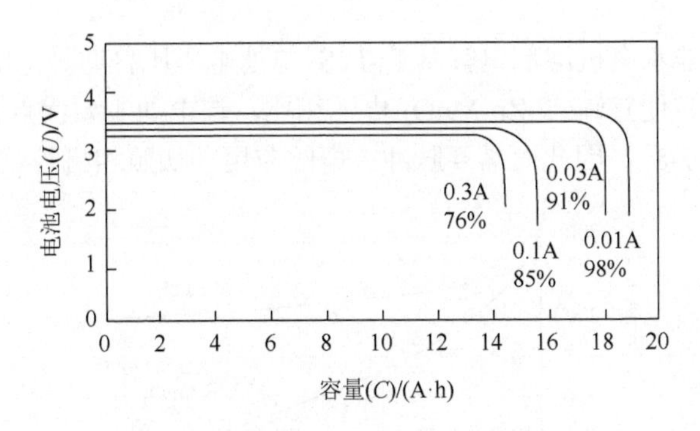

图 7-6 D 型 Li-$SOCl_2$ 电池的放电特性

剧烈反应。这两个反应放出大量热量可导致产生爆炸危险。②Li 发生低电压沉积形成的 LiC 嵌入物与 $SOCl_2$ 或 S 能发生剧烈反应放出大量热量导致热失控发生爆炸。③LiCl 膜的阻塞可能是因锂的析出，正极上沉积的 Li 容易产生枝晶造成短路。Li 和 S 发生反应产生爆炸性物质。④负极上发生生成产物 Cl_2O 的反应，这是一种十分不稳定的爆炸性物质：$SOCl_2 \longrightarrow SOCl^+ + 1/2Cl_2$、$SO_2 \longrightarrow SO^{2+} + O + e^-$ 或 $SO_2 + Cl_2 \longrightarrow SO^{2+} + O + 2Cl^-$。最后，$Cl_2 + O \longrightarrow Cl_2O$。

7.2.5 熔盐电解质 Li-FeS_2 电池

Li-FeS_2 电池既可用非水有机电解质也可用熔盐无机电解质。前者是溶解在有机溶剂中的锂盐。该类有机电解质电池已应用于多个领域，是大众化产品。其负极是金属锂（类似于可充式锂电池），电位是恒定的。但其正电极电位随荷电状态而变。在非常低电流损耗时锂显示有两个电压平台，分别在约 1.7V 和 1.5V（图 7-7），说明电化学反应有中间物相生成，进行的是两个顺序反应；在中等以上电流时，其平台结构输出电压随荷电状态稳定地从 1.6V 下降到 1.5V，即没有

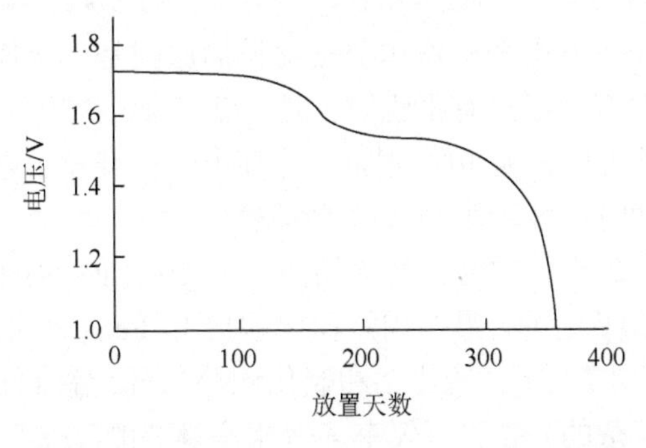

图 7-7 非水有机溶剂电解质 Li-FeS_2 电池电压随荷电（用放置天数表示）的变化

中间物相生成。非水有机溶剂电解质 Li-FeS_2 电池电压比普通碱电池高 0.1V，放电后衰减也较少。与便宜碱式 Zn-MnO_2 电池相比，该电池主要优点是具有掌控高电流能力（参考图 7-8），因此对需要脉冲放电的应用（如照相机等）是特别有用的。

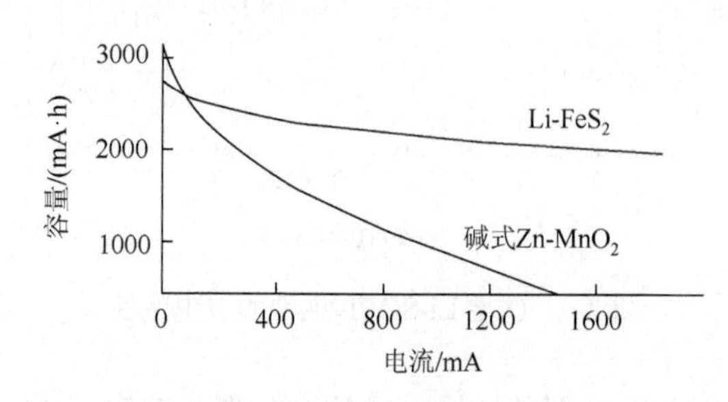

图 7-8　典型 Li-FeS_2 电池容量随放电电流的改变

使用熔盐电解质则是一类更重要的 Li-FeS_2 电池，称为熔盐锂（金属）电池。熔盐电解质的优点是操作温度高，电导率高，电极极化和活化电阻很小，电化学反应速率快，可大电流密度放电。但高温熔盐也带来严重问题：①高温时锂在熔盐中溶解度增大，可穿过隔膜进入正极造成电池短路，自放电增大；②液体锂对集流体和壳体材料腐蚀性颇大；③溶液中的氯化钾挥发性大。对发展该类高温电池仍很有吸引力，这是因为它不仅适合于作电动车辆功率源［因能在高功率（大电流密度）放电条件下操作］，也适合于军事应用。在出现性能更优越的高温锂离子电池后，对熔盐 Li-FeS_2 电池的研发工作在 20 世纪 90 年代晚期就停止了。但这类电池在环境温度下可作为储备电池使用，需要时启动加热电解质使其熔化就能够进行电池操作。这类储备电池称为热电池，在军事上已使用多时，因能长时间保存（这对军事应用是非常重要的）。

熔盐锂金属电池的大众化商品一般指熔盐电解质为 LiK 卤化物盐（共熔温度 320℃）的 Li-FeS_2 电池（以 FeS_2 为正电极反应物，以锂铝合金或锂硅合金而不是锂金属为负电极），操作温度超过 400℃，开路电压约 1.9V，电池容量多是在 1.7V 时获得的。该类电池不能用金属锂作负极材料的原因是：金属锂虽然有最负电极电位，但高温液体锂密度低且有很强腐蚀性，需要把液态锂吸附固定在多孔材料中或形成锂合金（降低其活度和腐蚀性），能高电流密度充放电让其易于处理且价格便宜，解决了启动时过度膨胀和放气的问题。

电池工作温度应高于低共晶化合物熔点，例如，LiCl-KCl 熔点为 352℃，操作温度应在 352～600℃之间。最常用熔盐电解质 Li-FeS_2 电池正极材料是硫化物，特别是硫化铁（也可用氯化镍、硫化钴和氯化铜等）。硫化铁正极中有 FeS 和 FeS_2。锂铝合金相组成是复杂的，高温下仅有某些相是稳定的。Fe-S-Li 体系在高温下也是非常复杂的。以 LiCl-KCl 为熔盐电解质的硫和铁硫化物电池性能给于表 7-6 中。

表 7-6　硫和铁硫化物电池的性能

电池体系	理论能量密度*/(W·h/kg)	理论电压/V
Li｜LiCl-KCl｜S	2600	2.2
Li｜LiCl-KCl｜FeS_2	1321	1.8
LiAl｜LiCl-KCl｜FeS	650	1.5
Li｜LiCl-KCl｜FeS	869	1.6
LiAl｜LiCl-KCl｜FeS_2	458	1.3
Li_4Si｜LiCl-KCl｜FeS_2	944	1.8～1.3

注：*不包括电解质质量。

锂金属电池熔盐电解质的导电性能各不相同。常用的是LiCl-KCl共晶混合物，其组成为(58.2±0.3)mol% LiCl-(41.8±0.3)mol% KCl（其中 mol%为摩尔分数），450℃时密度 1.65g/cm^3，电导率 1.574Ω^{-1}·cm^{-1}，分解电压 3.61V。黏度和蒸气压都很低，不会给电池带来任何麻烦。在电解质中，FeS 和 FeS_2 的溶解度分别为 2mg/kg 和 40mg/kg。鉴于锂合金对水和氧的极度敏感，熔盐电解质必须经过严格净化处理除去微量水、氧和重金属。对于锂硫高温电池，其电池表达式为

(−)Li｜LiCl-KCl｜S(+)

负极是吸收在海绵铁中的金属锂，正极是吸收在海绵碳或碳毡中的硫，隔膜是氧化镁，电解质固定于氧化镁隔膜中。

对于熔盐电解质 Li-FeS_2 电池，其电池表达式为

(−)LiAl｜LiCl-KCl｜FeS_2(+)

正极 FeS_2 的放电过程很复杂，一般经过如下步骤：$FeS_2 \longrightarrow Z(1.7V) \longrightarrow W + Fe_{1-x}S$（约 1.6V）$\longrightarrow$ X（1.60～1.34V）$\longrightarrow Li_2S + Fe(1.34V)$，常简化为如下两个步骤：$FeS_2 \longrightarrow FeS \longrightarrow Fe$。充电过程更为复杂，负极是夹层插入到 FeS_2 中的锂基 $LiFeS_x$（$0<x<1$）。

对于熔盐电解质 Li-FeS 电池，其电池表达式为

(−)LiAl｜LiCl-KCl｜FeS(+)

正极物质 FeS 的放电过程远比 FeS_2 正极简单，电极过程受 Fe^{2+}和 S^{2-}透 FeS 膜扩散的欧姆电阻控制。放电过程分两步：$FeS \longrightarrow Li_2FeS_2 \longrightarrow Li_2S$。其充放电过程出现的相给于表 7-7 中。

表 7-7　FeS 正极在充放电过程中出现的相

充放电状态	电极电位/V（*vs.* LiAl）	出现的相
放电	1.0	$Li_2S + Fe$
部分充电	1.35～1.50	Fe + X + J

续表

充放电状态	电极电位/V（*vs.* LiAl）	出现的相
额定充电	1.50～1.60	Fe + J
完全充电	1.63～1.70	FeS
过充电	＞1.9	$K_xFeCl_{2+x} + S + FeS_{2-x}$

LiAl｜LiCl-KCl｜FeS_x（$x = 1～2$）电池典型充放电曲线分别示于图 7-9 和图 7-10 中。美国阿贡国家实验室给出的 LiAl-FeS_x 高温电池（圆筒形）性能见表 7-8。美国发电站对储能熔盐锂电池的基本性能要求见表 7-9。

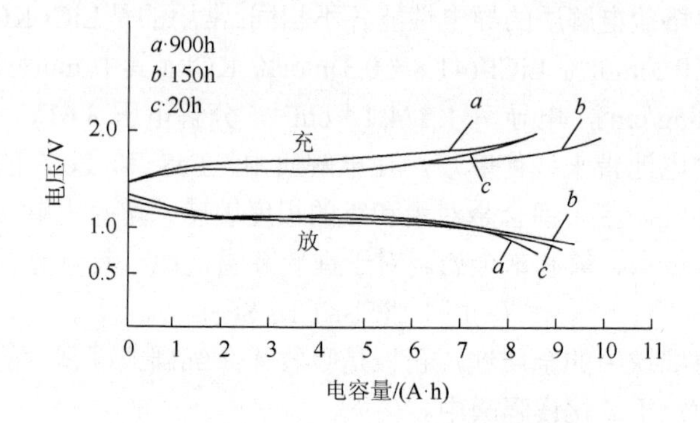

图 7-9　LiAl｜LiCl-KCl｜FeS 充放电曲线

电极面积 25cm^2，电流 1A，温度 450℃

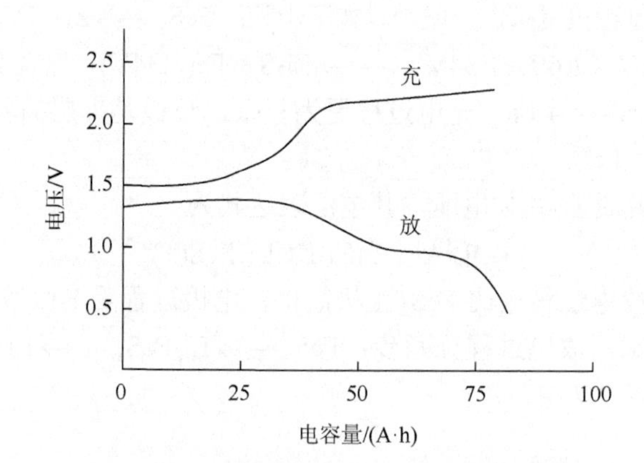

图 7-10　LiAl｜LiCl-KCl｜FeS_2 充放电曲线

正极 200cm^2，负极 150cm^2，电流 8A，温度 450℃

表 7-8 圆筒形 Li｜LiCl-KCl｜FeS_x 电池性能

电池序号	循环次数	时间/h	比能量/(W·h/kg)		能量效率/%
			最大值	典型值	
1	111	2137	155	110～135	81
2	240	3300	150	120～140	76

表 7-9 储能熔盐锂电池的基本性能要求

充电时间/h	放电时间/h	总效率/%	能量/占地比/(kW·h/m²)	最大高度/m	能量要求/(MW·h)	循环寿命/次	使用期限/年	成本/[美元/(kW·h)]
5～7	3～8	＞70	80	6.1	100～200	2000	10	20

还研究过锂硫化钛电池和锂硒化铌电池，理论能量密度都很高，如表 7-10 所示。除了正负极和电解质外，熔盐锂硫电池装置还需要一些辅助材料，如集流体材料（钼金属）、隔膜材料（主要是三氧化二钇毡、氧化镁粉末、氧化硼织物和氮化陶瓷）、壳体材料（低碳钢和不锈钢）。方形熔盐锂电池结构示于图 7-11 中。

表 7-10 钛硫化物电池和铌硫化物锂电池的理论能量密度

电池体系	理论能量密/(W·h/L)	电池体系	理论能量密度/(W·h/L)
Li/TiS_2	1100	$3Li/NbS_3$	1900
$3Li/TiS_3$	900	$3.5Li/NbS_{3.5}$	1600
$5Li/TiS_5$	1900	$4Li/NbS_4$	1400

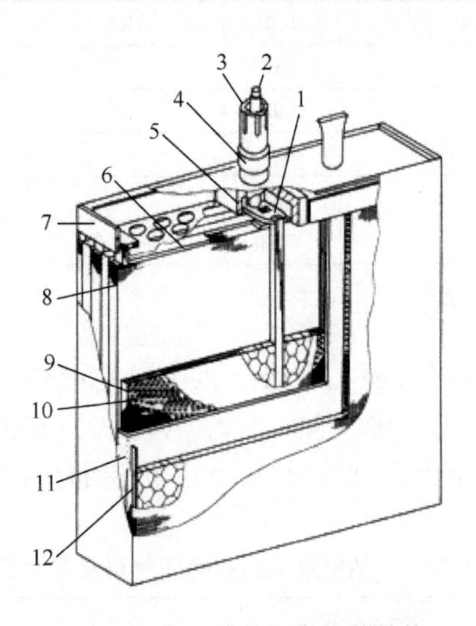

图 7-11 方形熔盐锂电池的结构

1. 正极引线；2. 正极端子；3. 进料口；4. 负极端子；5. 氮化硼绝缘块；6. 氮化硼绝缘带；7. 负极引线；8. 负极屏蔽网；9. 硫化亚铁电极；10. 氧化钇毡；11. 氮化硼隔膜；12. LiAl 电极

7.2.6 热电池

热电池是热激活电池的简称，属于激活电池。激活电池又称储备电池。电池在存储期，正负极活性物种与电解质不直接接触，使用启动时借助动力源作用于电解质激活电池。激活方式有热激活、气体激活和液体激活三种。热电池使用的电解质是熔盐物质，熔盐处于固体状态是不导电的，电池几乎没有自放电。在使用启动时，电引燃点火头或撞击机冲击火帽点燃每个池的热源，使电池快速升温，电解质熔化成为离子导体。热电池的特点包括：①存储时间长达 10～25 年；②激活时间短，0.2～1s；③输出电流密度大，＞$6A/cm^2$；④比能量高；⑤存储期无须维护。热电池主要应用作为炮弹引爆电源，以及作为导弹和核武器的电源，工作时间在数秒到 1h。

锂系热电池的负极材料主要由锂铝合金、锂硅合金、锂硅镁合金和锂掺杂金属粉末制成（如加 80%超细铁粉）。负极材料性能给于表 7-11 中。

表 7-11　锂及其合金负极的基本性能

性能指标	负极材料				
	Li	LAN（LiNi 合金）	LiAl**	LiSi	LiB
锂含量/质量分数	100	19	19.3	44	70
相对锂电动势/mV	0	0	3000	150，270*	100
理论活性锂含量/wt%	100	18.6	14.4	37.8	47.3
理论容量/(A·h/g)	3.86	0.72	0.56	1.46	1.84
理论容量/(A·h/mL)	2.08	1.65	0.75	1.36	1.97
活性物质利用率/%（$100mA/cm^2$）	100	95	85	86	90
活性物质利用率/%（$300mA/cm^2$）	100	82	45	52	67
最高工作温度/℃	＜180	＞1200	约 700	约 730	＞1200

注：*电压平台；**含 20%电解质。

锂系热电池正极材料有 FeS_2、V_2O_5、Fe_2O_3、$CaCrO_4$ 等，其中以 FeS_2 性能最好。因其分解温度为 550℃，热电池的干燥温度应低于 550℃，一般在 429～540℃之间。热电池电解质材料也是隔离层材料。常用电解质材料及其性能给于表 7-12 中。

表 7-12　热电池常用电解质材料及其性能

电解质（共晶盐）	氧化镁含量/wt%	熔点/℃	电导率/($\Omega^{-1}\cdot cm^{-1}$)
CsBr-LiBr-KBr	30	238	0.30
LiBr-KBr-LiF	25	313	2.25

续表

电解质（共晶盐）	氧化镁含量/wt%	熔点/℃	电导率/$(\Omega^{-1}\cdot cm^{-1})$
LiCl-LiBr-KBr	30	321	0.86
LiCl-KCl	35	352	1.00
LiCl-LiBr-LiF（低熔点）	35	436	1.89

锂铝合金负极与不同正极组成热电池的放电曲线示于图 7-12。图中数据指出，以 FeS_2 为正极活性物种的热电池放电性能最好。20 世纪 70 年代美国 Sandia 实验室首先研制成功切片型 LiAl/FeS_2 热电池。以不同锂合金与 FeS_2 组成的热电池性能给于表 7-13 中。

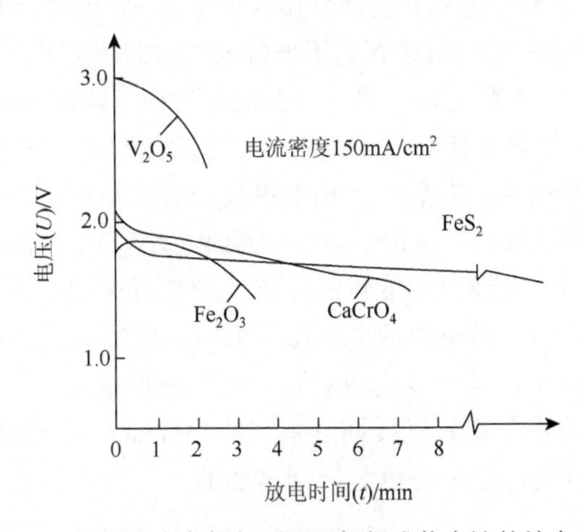

图 7-12　锂铝合金负极与不同正极组成热电池的放电曲线

表 7-13　不同锂合金与二硫化铁组成热电池的性能

锂合金类型	活性物种反应式	合金特性	熔点/℃	开路电压/V
LiAl	$Li_{0.9}Al \longrightarrow Li_{0.08}Al$	α 固溶体 + β 金属间化合物	720	1.77
LiSi	$Li_{3.25}Si \longrightarrow Li_{2.33}Si$ $Li_{2.33}Si \longrightarrow Li_{1.71}Si$	固溶体	720	1.92
LiSiMg	$Li_{3.25}SiMg_2 \longrightarrow SiMg_2$	固溶体		2.02
75% LiB	$Li_7B_6 + 21Li \longrightarrow Li_7B_6$	海绵状 Li_7B_6 中吸附游离锂	1000	2.08

7.2.7　心脏起搏器的 Li/I_2 电池和锂-银钒氧化物电池

非可充式 Li/I_2 电池通常用于为心脏起搏器提供功率。金属锂作为负极，碘作为正极，电化学反应产物 LiI 实际上是作为电解质使用的。另一类可植入原电池是除纤颤器用锂-银钒氧化物电池，现在为医学装置（除纤颤器）提供功率。1979 年人们首次认识到该电池具有很吸引人的特色，对其进行了商业发展，在 2009 年 10 月美国认定其是国家医学技术发明。锂-银钒氧化物电池负电极是金属锂，电解质是含锂盐 $LiBF_4$ 的有机溶剂（丙酯类），启动用正电极是 $AgV_2O_{5.5}$，导电氧化物是钒棕（vanadium bronzes）。锂与正电极材料间发生插入反应：

$$x\mathrm{Li} + \mathrm{AgV_2O_{5.5}} \longrightarrow \mathrm{Li}_x\mathrm{AgV_2O_{5.5}} \tag{7-16}$$

该类电池电压与反应程度有关，其电化学反应经由若干步骤完成（对应不同 x 值）。电荷平衡是由有效钒棕阳离子补偿来完成的，在电池中 $AgV_2O_{5.5}$ 所有有效的钒离子都是+5 价。加入锂离子使体系移入恒电位两相区域（同时存在 $AgV_2O_{5.5}$ 和 $LiAgV_2O_{5.5}$）。当该总包组成达到电压平台末端前的状态时，仅含有 $LiAgV_2O_{5.5}$ 相，其中一半钒离子的电荷是+5，另一半的电荷为+4。随后其组成进入可变区域。例如，加入额外两个锂离子使其组成移进另一个两相平台，其中 $LiAgV_2O_{5.5}$ 相与 $Li_3AgV_2O_{5.5}$ 相处于平衡中。在后一个相中钒离子有效电荷仍为+4，银离子正电荷已经变为零了。这意味着，在结构中除了相组成 $Li_3V_2O_{5.5}$ 外还必须存在一些元素银粒子。实验已证明，当锂反应度较低时该反应是可逆的，但持续有新相生成的沉淀反应则是不可逆的。当电池放电电压降低时，能容易地用电压测量确定其荷电状态（这对作为植入式医学装置功率源的电池是很重要的）。锂-银钒电池的自放电速率非常低，因此有长的保质期且单位体积存储有很大能量（930W·h/L）。对于这类特定应用电池，这个特色是特别重要的。

7.3 锂离子电池概述

7.3.1 引言

纵观当前电池工业发展史，可看到三大趋势：一是绿色环保电池迅猛发展；二是一次电池向蓄电池转化，以符合可持续发展战略；三是电池进一步向小、轻、薄方向发展。当前锂离子电池因非常符合上述三大趋势，发展迅猛，如日中天。

锂离子电池是指以锂离子嵌入化合物为正极材料电池的总称。锂离子电池的充放电过程就是锂离子的嵌入和脱嵌过程。在锂离子进行嵌入和脱嵌过程的同时，伴随有与锂离子同等数量电子的嵌入和脱嵌。习惯上称正极上进行的是嵌入和脱嵌过程，而负极上进行的类似过程称为插入和脱插过程。锂离子电池充放电过程实质上是锂离子在正负极之间往返进行嵌入-脱嵌和插入-脱插，因此锂离子电池被形象地称为“摇椅”电池（rocking chair batteries，RCB）。

锂离子电池于 1991 年由日本索尼公司开始生产，追溯其最早在 20 世纪 60 年代就由贝尔实验室提出来了。锂离子电池具有很受欢迎的多个优点，非常适合于在储能、电动车辆和便携式电气电子产品等领域中应用。当然，锂离子电池也有缺点。

7.3.2　锂离子电池的特点

锂离子电池具有如下优点：①体积比能量和质量比能量较高（如 US18650 的数值分别为 300～350W·h/L 和 125W·h/kg），高储能密度（已达 460～600W·h/kg，6～7 倍于铅酸电池，3～4 倍于 Ni-Cd 电池、2～3 倍于 Ni-MH 电池），接近其理论值的约 88%。②使用寿命长，完全充放电循环次数高于 3000，使用寿命 6 年以上，磷酸亚铁锂正极的电池 1C（100% DOD）充放电记录是完全充放电 10000 次。③平均输出电压高（单池工作电压为 3.7V 或 3.2V），约等于 3 个镍镉电池或镍氢电池串联电压。便于组成电池组，可借助新锂电池调压技术将电压调至 3.0V（适合小电器使用）。④可大电流放电，具备高功率承受能力。电动汽车用磷酸亚铁锂锂离子电池可达到 15～30C 充放电的能力，有利于高强度启动加速。⑤自放电率很低（突出特点之一）一般可做到 1%/月以下，仅有镍氢电池的 1/20。⑥质量轻，相同体积下质量为铅酸电池产品的 1/6～1/5。⑦高低温适应性强，可以在−20～−60℃环境下使用，经工艺处理可在−45℃下使用。⑧绿色环保，不论生产、使用和报废，都不含也不产生任何铅、汞、镉等有毒有害重金属元素和物质。⑨生产基本不消耗水，对缺水的我国来说十分有利。⑩充电效率高，接近 100%，可快速充电。⑪无记忆效应，残留容量测试方便。⑫快的充放电时间常数（达到电池额定功率 90%）约为 200ms。⑬相对高的往返效率（78%）。锂离子电池与其他电池性能比较（如与镍镉电池和镍氢电池）给于表 7-14 中。

锂离子电池也有一些缺点（虽然这些缺点似乎不应该成为问题，特别是作为高附加值和高科技产品应用时），例如，其安全问题需要复杂的管理系统（BMS）。BMS 是一个电子学平台，目的是防止电池失败、预测组件要取代的时间、跟踪和计算电池实时健康状态（SOH）、控制老化效应、校核性能和检测电池寿命结束的时间。BMS 也起保护电池避免过热、低温和过度充放电的作用，以及提供优化工作条件（高电流和高电压充电/放电）。很显然，使用 BMS 平台使电池成本有不小的增加。

表 7-14　锂离子电池与其他电池性能比较

电池类型	电压/V		比能量/(W·h/L)		比能量/(W·h/kg)		循环寿命/次	工作温度/℃	
	输出	使用范围	目前	将来	目前	将来		充电	放电
锂离子电池	3.6	4.2～2.5	300	400	120	150	500～1000	0～45	−20～60
镍镉电池	1.2	1.4～1.0	155	240	60	70	500	0～45	−20～65
镍氢电池	1.2	1.4～1.0	190	280	70	80	500	0～45	−20～65

7.3.3 锂离子电池的工作原理

如前所述，锂离子电池充放电过程是锂离子嵌入和脱嵌过程，同时伴随进行的是与锂离子等当数量电子的插入和脱插过程（工作原理见图 7-13）。其充放电循环如下：充电时，阴极（正极）中锂原子变成离子并通过电解质向着碳阳极（负极）迁移，在那里与外电子结合以锂原子形式嵌入石墨碳层间空隙中。嵌入的锂越多，充电容量越高。放电期间该过程逆转。

简言之，锂离子电池正极是锂嵌入化合物，负极是锂插入化合物。放电过程锂离子是从高浓度负极向低浓度正极迁移，即锂离子从负极脱插穿过电解质嵌入正极中。充电过程则反过来，锂离子从正极脱嵌，从高浓度正极向低浓度负极迁移穿过电解质插入负极中。从上述不难看出，锂离子电池实际上是一种锂离子的浓差电池。锂离子电池的整体电化学反应式可表示为

$$LiMeO_2 + C \rightleftharpoons Li_{1-x}MeO_2 + Li_xC \tag{7-17}$$

为进一步说明锂离子电池工作原理（图 7-13），以石墨为负极和 $LiCoO_2$ 为正极的锂离子电池为例。充电时发生的电极反应：

正极反应：

$$LiCoO_2 \longrightarrow Li_{1-x}CoO_2 + xLi^+ + xe^- \tag{7-18}$$

负极反应：

$$6C + xLi^+ + xe^- \longrightarrow Li_xC_6 \tag{7-19}$$

总电池反应：

$$6C + LiCoO_2 \longrightarrow Li_{1-x}CoO_2 + Li_xC_6 \tag{7-20}$$

放电时发生的电极反应：

正极反应：

$$Li_{1-x}CoO_2 + xLi^+ + xe^- \longrightarrow LiCoO_2 \tag{7-21}$$

负极反应：

$$Li_xC_6 \longrightarrow 6C + xLi^+ + xe^- \tag{7-22}$$

总电极反应：

$$Li_{1-x}CoO_2 + Li_xC_6 \longrightarrow 6C + LiCoO_2 \tag{7-23}$$

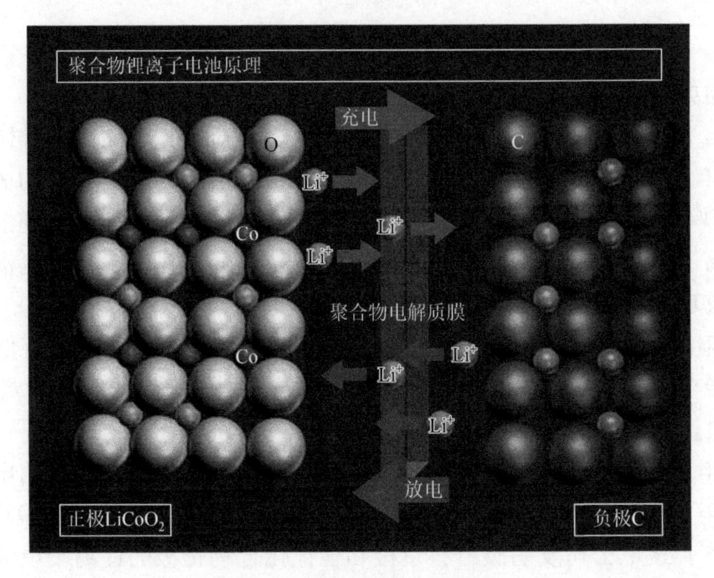

图 7-13　锂离子电池原理图

锂离子电池中的主要传输过程包括电子传导、Li^+在电解液内扩散、Li^+在电极/电解液界面处的电荷交换和固相扩散等。这些过程常会混杂在一起，难以进行区分。交流阻抗测量为区分这些过程提供了很好手段。交流阻抗测量基本原理是，对电池施加从高频至低频变化的正弦波电压（或电流）信号，根据输出的电流或电压信号对电池的阻抗信息进行分析。在所有阻抗类型中欧姆阻抗响应速度最快，电荷交换阻抗响应速度较慢，而最慢的为固相扩散。因此，电池在不同频率下的阻抗是由不同类型的阻抗叠加而成，借助等效电路拟合等方法能对电池内阻阻抗特征进行分析。由于存在正负极界面膜，其阻抗谱中通常出现两个半圆，其中位于高频区域的半圆代表的是Li^+在膜内的扩散阻抗；而中频区域半圆则代表了电荷交换阻抗，有两个部分，其中第一部分代表扩散过程，第二部分则反映了 Li 在正负极活性物质中的积累。以正极为钴酸锂（LCO），电解液为 $Li_{10}GeP_2S_{12}$ 的锂离子电池为例，电极的交流阻抗谱显示有三个半圆，经 100 次循环后，这三个半圆直径都有一定程度增加。其高频区域阻抗代表正极与固态电解质间的界面膜阻抗，中频区域代表电荷交换阻抗，低频区域半圆是负极界面阻抗。电解液添加剂是稳定电极界面的有效方法。例如，在电解液中添加少量 4-丙基硫酸乙烯酯（PDTD）可有效降低电池在循环过程中界面阻抗的增加。

7.3.4　锂离子电池发展简史

锂离子电池是从锂金属电池发展而来的，由贝尔实验室在 20 世纪 60 年代首次提出，第一个商业锂离子电池是由索尼（SONY）公司在 1991 年生产的。其发展历史简述如下；

1980 年，J. Goodenough 发现钴酸锂可以作为锂离子电池的正极材料。

1982 年，伊利诺伊理工大学（Illinois Institute of Technology）的 Agarwal 和 Selman 发现锂离子具有嵌入石墨的特性，而且嵌入过程是快速和可逆的。人们尝试利用锂离子嵌入石墨的特性制作充电电池。首个可用锂离子石墨电极由贝尔实验室试制成功。

1983 年，M. Thackeray 等发现锰尖晶石是优良的正极材料，具有低价、稳定和优良的导电、导锂性能。其分解温度高，且氧化性远低于钴酸锂，即使出现短路、过充电，也能够避免燃烧、爆炸的危险。

1989 年，A. Manthiram 等发现采用聚合阴离子正极能产生更高的电压。

1991 年，索尼公司推出首个商用锂离子电池，消费电子产品面貌得以革新。

1992 年，索尼公司发明碳材料负极和含锂化合物正极的锂离子电池。充放电过程只有锂离子（名副其实的锂离子电池）。以钴酸锂作为正极材料的锂离子电池是便携电子器件的主要电源（见图 7-14）。

图 7-14　方形、圆柱形和长方形锂离子电池

1996 年，Padhi 等发现具有橄榄石结构的磷酸盐，如磷酸铁锂（$LiFePO_4$），比传统正极材料更具安全性，更耐高温，其耐过充电性能远超过传统锂离子电池材料。商品化可充式电池在电信和信息市场大繁荣下大展宏图，特别是手机、计算机、笔记本电脑（计算机）的大量使用为锂离子电池提供了巨大市场机遇。

1998 年，我国天津电源研究所开始商业化生产锂离子电池。

2000 年前后，锂离子电池在便携式和移动应用（笔记本计算机、手机、电动自行车和电动轿车）中成为最重要的储能技术。

2015 年 3 月，日本夏普公司与京都大学的田中功教授联手成功研发出了使用寿命可达 70 年之久的锂离子电池。此次试制出的长寿命锂离子电池体积为 $8cm^3$，充放电次数可达 2.5 万次。而且夏普公司表示，此长寿命锂离子电池实际充放电 1 万次之后，其性能依旧稳定。

2018 年 7 月 15 日，从美国科达煤炭化学研究院发展出使用特种碳负极材料的高容量高密度锂离子电池，可实现汽车续航里程超过 600km。

2018 年 10 月，南开大学与江苏师范大学合作成功制备出多级结构银纳米线-石墨烯三维多孔载体负载金属锂的复合负极材料，可抑制锂枝晶产生和实现电池超高速充电，有望大幅延长锂离子电池“寿命”。

2019 年，瑞典皇家科学院宣布，将 2019 年诺贝尔化学奖授予约翰·古迪纳夫、斯坦利·威廷汉和吉野彰，以表彰他们在锂离子电池研发领域做出的贡献。

2020 年后，中国进入电动车辆快速发展时期，促进了锂离子电池性能进一步提高并进入高速增长时期。

7.3.5　锂离子电池的制作

锂离子电池制作简述如下：使用的正极材料可以是钴酸锂（$LiCoO_2$）、三元材料 Ni + Mn + Co、锰酸锂（$LiMn_2O_4$）加导电剂和黏合剂，涂在铝箔上形成正极；使用的负极是涂在铜箔带上的层状石墨加导电剂及黏合剂，较先进负极层状石墨颗粒是纳米碳。具体步骤：①制浆：用专门溶剂和黏合剂分别与粉末状正负极活性物质混合，经搅拌均匀后，制成浆状的正负极物质；②涂膜：通过自动涂布机将正负极浆料分别均匀地涂覆在金属箔表面，经自动烘干后再自动剪切成正负极极片；③装配：按正极片—隔膜—负极片—隔膜自上而下的顺序经卷绕注入电解液、封口、正负极耳焊接等制作工艺过程，完成电池装配过程获得成品电池；④化成：将成品电池放置在测试柜中进行充放电测试，筛选出合格成品电池出厂。

我国目前是世界上最大的锂离子电池生产制造基地、第一大生产国和出口国，已占全球 40%的市场份额。2011 年，我国锂离子电池产量达到 29.66 亿只。随着我国手机、笔记本计算机、数码相机、电动车、电动工具、新能源汽车等行业的快速发展，其需求将不断增长。2021 年 8 月，我国锂离子电池产量为 179515.5 万只。2023 年 1～8 月，我国锂离子电池产量为 1510885.9 万只。

锂离子电池可以做成不同形状，如圆柱形、长方形和方形（图 7-14），圆柱形视图示于图 7-15 中。对于圆柱形锂离子电池，其型号一般为 5 位数字，如表 7-15 所示。前两位数字为电池直径，中间两位数字为电池高度，单位都为毫米。例如，对于 18650 锂离子电池，它的直径为 18mm，高度为 65mm。圆柱形锂离子动力电池型号给于表 7-16 中，圆柱形磷酸铁锂锂离子电池型号给于表 7-17 中。方形锂离子电池的型号有 6 位数字，前两位数字为电池厚度，带一位小数；中间两位数字为电池宽度；最后两位数字为电池长度，单位都为毫米。例如，对于606168锂离子电池，它的厚度为6.0mm，宽度为61mm，长度为68mm。（注意：由于各电池厂商采用的封装方法不同，同型号的方形锂离子电池的容量存在不超过300mA·h的差别）。

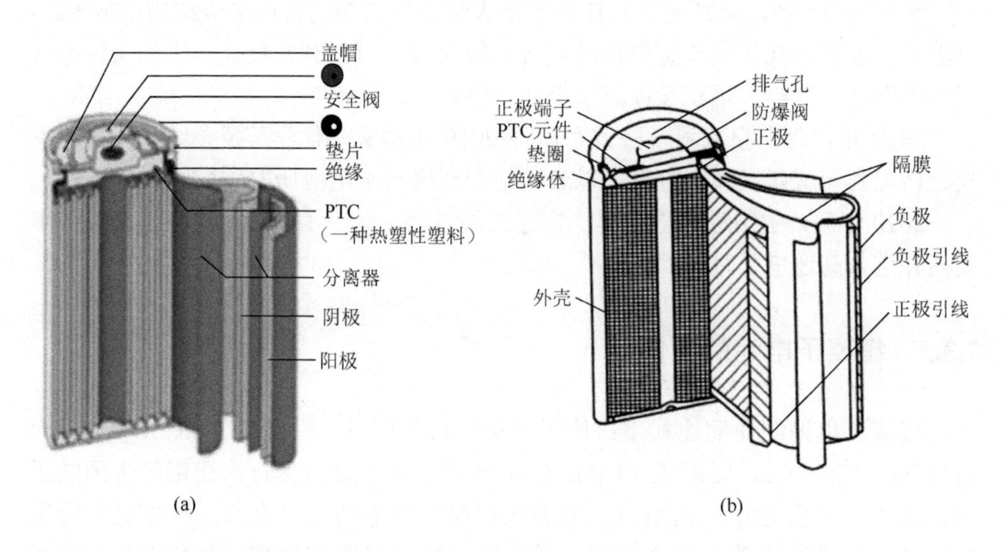

图 7-15 （a）圆柱形锂离子电池视图；（b）锂离子电池的构造图

表 7-15 常规圆柱形锂离子电池型号表

型号	额定容量/(mA·h)	标称电压/V	放电终止电压/V	额定充电电压/V	内阻/mΩ	直径/mm	高度/mm	参考质量/g
ICR18650	1800～2600	3.6～3.7	3.0	4.2	≤70	18	65	45
ICR18490	1400	3.6～3.7	3.0	4.2	≤70	18	49	34
ICR14650	1100	3.6～3.7	3.0	4.2	≤80	14	65	27
ICR14500	800	3.6～3.7	3.0	4.2	≤80	14	50	21
ICR14430	700	3.6～3.7	3.0	4.2	≤80	14	43	18
js14500	700	3.0V（配合锂离子电池调压器使用）	3.0	4.2	≤80	14	50	21

表 7-16 圆柱形锂离子动力电池型号表

型号	额定容量/(mA·h)	标称电压/V	放电终止电压/V	额定充电电压/V	内阻/mΩ	直径/mm	高度/mm	参考质量/g
INR18650	1200～1500	3.6	3.0	4.2	≤60	18	65	45
INR18490	1100	3.6	3.0	4.2	≤60	18	49	34

表 7-17　圆柱形磷酸铁锂锂离子电池型号表

型号	额定容量/(mA·h)	标称电压/V	放电终止电压/V	额定充电电压/V	内阻/mΩ	直径/mm	高度/mm	参考质量/g
IFR26650	3000	3.2	2.0	3.6	≤80*	26	65	94
IFR22650	1800	3.2	2.0	3.6	≤80	22	65	67
IFR18650	1100～1400	3.2	2.0	3.6	≤80	18	65	45
IFR18490	1000	3.2	2.0	3.6	≤80	18	49	34

注：*“内阻小于等于多少毫欧姆”意思为“在充满电的情况下，以最大放电电流进行恒流放电，当内阻达到多少毫欧姆时，电池接近报废”。

方形锂离子电池的标称电压一般为 3.6～3.7V，充电终止电压一般为 4.2V。方形锂离子电池（图 7-14）是生活中最常见的锂离子电池，型号很多，在 MP3、MP4、手机、航模等产品上广泛使用。不同形状锂离子电池内部特别采用螺旋绕制结构，用一种非常精细而渗透性很强的聚乙烯薄膜隔离材料制成正、负极间的隔膜。正极包括由钴酸锂（或镍钴锰酸锂、锰酸锂、磷酸铁锂等）及铝箔组成的电流收集极。负极包含由石墨化碳材料和铜箔组成的电流收集器。电池内充有有机电解质溶液。另外，还装有安全阀和 PTC 元件（部分圆柱式使用），以便电池在不正常状态及输出短路时保护电池不受损坏。

单节锂离子电池的电压为 3.7V（磷酸亚铁锂正极的为 3.2V），电池容量不可能无限大，因此，常常将单节锂离子电池进行串并联处理，以满足不同的应用要求。

7.3.6　锂离子电池的应用

锂离子电池于 1991 年首次商业化到现在，研发出钴酸锂电池、锰酸锂电池、磷酸铁锂电池、三元锂电池等多种类型，是目前综合性能最好的电池产品，也是适用范围最广的电池产品。它们在各自应用领域占据着主导地位。锂离子电池在新工艺和技术上的持续进展能进一步满足未来需求，其应用范围不断拓展。民用领域已从信息产业（3C 电子类产品）扩展到能源交通领域（电动汽车，电网调峰，太阳能、风能电站蓄电等），表现出优异的应用前景。

锂离子电池属于可充式二次电池，广泛应用于需要功率源的许多方面，如照明、装置启动、引擎电火花的引发、汽车应用、工业卡车中移动彩铃的掌控的基础，以及作为备用和应急电源、便携式小工具（如玩具、手电筒）和很多电子装置如摄像机、计算机和手机的电源。锂离子电池分享小便携式装置市场的份额远超 50%，它也已大量应用于混合动力车辆（HEV）和大规模公用储能系统中。锂离子电池的快速充放电能力使其有一长串真实世界应用名单，从救命医疗装备到豪华游艇，以其安全可靠运行保持生活基本需求和舒适。作为应急备用电源或 UPS，锂离子电池提供恒定功率给关键装备以动力。它的轻质量和超过 10 年的长寿命能高效率为休闲车辆、长途旅行车辆和电动车辆提供电力，使用中损失的功率极小。在公用事业应用中，锂离子电池（作为储能单元）可用于平衡负荷、调节频率和提供运转备用（提高系统的经济性）。在消费电池应用领域，5G 或 6G 技术的成熟及大规模商业化应用将催生智能移动设备的更新换代。此外，随着穿戴设备、无人机、无线蓝牙音箱等新兴电子产品的兴起也将为消费电池带来新的市场。

对于固定应用，质量和体积不一定有严格要求，相反低投资成本和长电池寿命是重要的。明智的是要发展长周期、长循环寿命和成本有效（成本有效的电解质和电极）的锂离子电池技术，以寻找出能满足运输和固定应用要求的理想锂离子电池。对于固定应用是可以牺牲一点能量密度和比能量的。

可充式锂离子电池的很重要应用领域是储能市场。随着可再生能源（RES）电力快速增长，对储能技术需求也随之快速增长。锂离子电池被认为是最好的先进储能技术，其快速充放电能力与太阳能光伏板是最匹配的（能最大化存储利用每天的太阳能潜在功率），而且对遥控跟踪系统也是理想的（因长寿命、小尺寸和自放电功率损失低）。可把多个电池包串并联组合以满足对不同功率水平范围的要求，从千万到兆瓦，非常适合于固定储能的广泛应用，也适合于住宅和社区应用及车辆应用。随着锂离子电池制造成本的降低，正在获得世界巨大的能源市场。例如，美国 AES 储能（AES Energy Storage）已经把锂离子电池储能系统成功应用于 RES 发电系统，包括光伏风电厂的频率调整，让 RES 集成进入电网需要配置锂离子电池系统。美国能源部已资助设计和建造两个 100kW/(L·min)锂离子电池储能系统，用于为电网透平发电机提供高质量电力。由于存储容量显著提高，锂离子电池成为纯电动车辆制造商的首选。锂离子电池也已成功应用于石油钻井平台，使柴油发电机燃料消耗得以下降达到节能目的。在储能电池应用领域，电网储能、基站备用电源、家庭光储系统、电动汽车光储式充电站等都有着较大的成长空间。在中国锂离子电池的储能应用快速增长。

运输应用电池的设计在体积和质量方面有约束（高的要求），其储能最好是高比能量和高能量密度的。为移动（车辆）应用发展的锂离子电池，在单位能量（kW·h）成本（主要是材料的高成本）上要比固有应用高 2～5 倍。电动自行车和低速电动车辆将越来越多地使用锂离子电池替代传统铅酸电池。在动力电池应用领域，全球汽车电动化趋势愈发明朗，新能源汽车行业发展迅速，渗透率不断提升，带动动力电池装机量迅速提升。锂离子电池之所以能霸占目前全球动力电池和消费电池领域，能作为目前消费电子、新能源汽车、储能等各个领域的主流电池，根本原因在于其综合性能最为符合需求。

7.3.7　锂离子电池的挑战

锂离子电池虽然竞争力很强，已经普遍使用，但无论是固定应用还是运输应用，仍存在一些挑战，特别是可靠性和安全性方面。面对的挑战如下：①最主要的是成本高［900～1300 美元/(kW·h)］，这是因为必须有特殊的包装，内部配有防止过度充电保护电路，以及为达到短充电时间（备用应用）需配备特殊单元。不过近些年成本已有大幅下降：从 2009 年 900～1300 美元/(kW·h)降低到 2012 年的 600 美元/(kW·h)和 2016 年的 225～800 美元/(kW·h)，现在更低。②安全性一直是锂离子电池的严重问题。金属氧化物电极多数是热不稳定的，高温时分解释放氧，进一步导致飞温。为降低这个危险，电池匹配有跟踪单元以避免过度充放电。也常安装有电压平衡电路以跟踪各个别池的电压水平，防止其有电压偏差。③自放电现象可能导致（因过放电）电池内结构的破坏，降低使用寿命。④对充电要求高（充电终止电压精度在±1%之内），配备有充电保护电路，以确保安全可靠快速充电。⑤锂资源有限。⑥存在衰退老化现象。与其他二次电池不同，锂离子电池容量会缓慢衰退［与循环使用次数和温度有关（表 7-18）］，导致可用容量减小（即内阻升高）。对于工作电流高的电子产品，控制温度很重要。用钛酸锂取代石墨似乎可延长寿命。

表 7-18　锂离子电池容量与循环使用次数和温度间的关系

充电电量/%	容量衰减			
	储存温度 0℃	储存温度 25℃	储存温度 40℃	储存温度 60℃
40～60	2%/a	4%/a	15%/a	25%/a
100	6%/a	20%/a	35%/a	80%/6 月

应该指出，上述的成本下降趋势是由于电池设计制造的最新发展，包括所需热管理，采用纳米尺度材料增加功率容量，发展出能增加比能量的电极和电解质新材料等。例如，磷酸锂盐（$LiFePO_4$）材料的应用；用筛网纳米硅线替代常规碳阳极（使电池存储电力增加 10 倍）。近期又出现了新的锂硫电池，它具有更高比能量、低成本、原材料丰富、安全和低环境影响等特点。元素周期表中硒和硫是同族，又推出了新掺杂 SeS_x 碳基材料 SeS_x/NCPAN，替代传统阴极后使电池容量和寿命进一步增加。以石榴石型金属硼氢化物作为固体电解质也已在新一代锂离子电池中应用，微晶几何学原因使离子交换提高了七个数量级。

最后应该提及的是，锂离子电池技术的成熟程度与能源管理政策对其成功应用有重要关联。其中关注点之一是在电池包和功率逆变器之间放置一组平行连接电容器（DC-连接）来掌控电池的有功和无功功率。例如，应用比例荷电状态能量控制器控制发电机/电池的开停能节约柴油燃料达 17.69m^3，但为此的付出是投资增加 17.5 万欧元和每年维护费增加 1.14 万欧元。计算指出，使用该系统的投资回报期为 1～2 年（设定电池寿命为 10 年），使 CO_2 排放每年降低 5000t。

7.3.8 锂离子电池使用注意事项

正确地使用锂离子电池对延长电池寿命是十分重要的。首先应注意了解所用锂离子电池产品，如形状、电压、放电终止电压、充电电流和终止电压、放电电流、使用温度范围和保存环境等。锂离子电池组由多个单电池串并联组成，有扁平长方形、圆柱形、长方形及纽扣式等体系。单电池额定电压 3.7～4.2V，放电终止电压 2.75～3.0V，低于 2.0～2.5V（磷酸铁锂电池 2.0V）称为过放电压，对电池会有损害。钴酸锂正极电池不宜大电流放电（减少放电时间和发生危险）。磷酸铁锂正极电池（用于电动车辆）可大电流充放电［大于 20C（电池容量），如 C = 800mA·h，1C 充电时充电电流为 800mA］。

对于安全问题，锂离子电池内设有三重保护机构：一是采用开关元件（电池内温度上升时电阻值随之上升，当温度过高时，会自动停止供电）；二是选择使用合适隔板材料（温度上升到一定数值时，隔板上微米级微孔会自动消融阻止锂离子透过，使电化学反应停止）；三是设置安全阀（顶部放气孔），电池内部压力上升到一定数值时，安全阀自动打开，保证电池安全使用，但因某些原因会造成控制失灵。虽然如此，为确保安全使用仍须做到：①放电电流小于额定的最大值；②限流下充电（0.25～1C）；③在允许充放电及保存温度范围内使用；④电池保存在 4～35℃的干燥环境中或者防潮包装内；⑤远离热源，不置于阳光直射地方。

1. 锂离子电池充放电操作

锂离子电池对充电的要求是很高的，配有精密充电电路以保证充电的安全性。终止充电电压精度允差为额定值的±1%。过压充电会造成电池永久性损坏。充电分两个阶段：先恒流充电，到接近终止电压时改为恒压充电。充电电流一般设定在 0.2～1.0C 间，电流越大，充电越快，发热也越大。大电流充电不能达到满容量。

电池放置一段时间后会进入休眠状态，容量低于正常值，使用时间也随之缩短。但很容易激活，只需经 3～5 次正常充放电循环就能恢复至正常容量。因无记忆效应，新电池激活无需特别方法和设备。电池不用时，应将其充电到 20%电容量，在防潮条件下包装保存，3～6 个月检测电压 1 次并进行充电以保证电池电压在安全值（3V 以上）范围内。电池充电应使用专用充电器，否则易造成过充。充电温度一般在 0～45℃之间，应远离高温（高于 60℃）和低温（–20℃）环境。第一次充放电耗时较长（3～4h 足够），要强制放电到规定电压或直至自动关机（激活过程）。像首次充放电那样的操作每隔 3～4 个月只需做 1～2 次即可。电池充电速度过快和终止电压控制点不当会使电池容量不足（电极活性物质未充分利用）且会随循环次数增加而加剧。

正常情况下再充电的原则似乎应该是把剩余电量用完后再充，但为使整个白天有电可用就应该及时充电。但要特别提醒的是，不能走向“尽量把电池电量用完”再充电的另一极端（该做法只适用于镍电池，为的是避免其记忆效应）。锂离子电池额定电压一般为 3.6V，放电终止电压一般为 2.5～2.75V（电池产品标有工作电压范围或终止放电电压）。低于终止放电电压继续放电会缩短电池寿命，严重时导致电池失效。使用时不能超过电池产品标注的最大放电电流。电池放电电流越大，放电容量越小，电压下降越快。不同温度下的放电曲线（电压-时间曲线）是不同的。应在温度–20℃到 + 60℃范围内工作。不要经常深放电、深充电。但每经历约 30 个充电周期后，电量检测芯片会自动执行一次深放电、深充电，以准确评估电池状态。避免高温使用，轻则缩短寿命，严重者可引发爆炸。

正常使用（放电）要注意以下几点：①放电电流不能过大，使电池内部发热，这有可能造成永久性损害。②不能过放电，这会导致电池内发生不可逆化学变化。锂离子电池最怕的是过放电，一旦电压低于 2.7V 有可能使电池报废。③避免在严酷条件（如高温、高湿度、夏日阳光下长时间暴晒等）下使用。④拆卸电池时，应确保用电器具处于电源关闭状态。避免长时间“存放”在不使用电器具中。

对于手机中使用的锂离子电池，不要充得太满也不要用到没电。电量没用完就充电并不会对电池造成伤害，充电以 2～3h 以内为宜，不一定非要充满。但应每隔 3～4 个月对锂离子电池进行 1～2 次完全充放电。充电时不得高于最大充电电压，放电时不得低于最小工作电压。长期不用时应存放在阴凉干燥的地方，以半荷电状态（满电电量的 70%～80%）最好，满电存放有危险且可能损害电池。每隔 3～6 个月检查一次是否要补充电。无论任何时间锂离子电池都必须保持在最小工作电压以上，低电压过放或自放电会导致锂离子活性物质分解破坏。

2. 锂离子电池的危险（爆炸）现象及其防护

锂离子电池发生爆炸的可能原因有多个：①内部极化较大；②极片吸水，与电解液发生反应产生气鼓；③电解液本身质量性能问题；④注液量达不到工艺要求；⑤装配制程中激光焊接密封性能差，有漏气；⑥粉尘和极片粉尘导致微短路；⑦正负极片偏厚，入壳难；⑧钢珠密封性能不好导致气鼓；⑨壳壁偏厚或变形影响厚度；⑩环境温度过高。

上述电芯发生爆炸的原因可归纳为三种类型：外部短路、内部短路和过充。

①外部短路：一般由电池组内部绝缘设计不良等原因引起。例如，电子组件回路未被切断芯内部就可能产生高热，使部分电解液汽化撑大电池外壳。在温度达到135℃时，隔膜因质量有问题并没有完全关闭孔道或甚至不关闭，温度将继续升高，直至撑破电池外壳甚至点燃材料发生爆炸。②内部短路：可能因材料（如铜箔、铝箔）毛刺（生产过程造成）或锂枝晶穿破隔膜造成微短路（可观察到电池漏电快）。若毛刺被熔断，则电池可恢复正常，说明毛刺微短路引发爆炸的概率不高。③因过充引起的内部短路。但要注意到，过充电引发内部短路造成的爆炸不一定发生在充电当时，这类微短路产生的热量开始时只是使电池温度缓慢提高，经过一段时间温度升到一定程度后才发生爆炸。对此现象，消费者的共同描述是充完电后拿起的手机很烫，扔掉后就发生爆炸。

综上所述，防爆重点应在防止过充电、外部短路和提升电芯安全性三个方面。前两者属于电子防护，与电池系统设计及组装关系较大。提升电芯安全性措施主要是化学与机械防护，与生产厂商关系较大。另一方面，手机的错误使用不仅降低锂离子电池寿命，也可能导致爆炸。因此，电池设计必须采取多重保护措施：①设置保护电路，防止过充、过放、过载、过热。②安装排气孔（防爆孔或防爆线），预防爆炸。其制作十分简单，在壳体表面划出一条比壳体表面厚度稍微薄一点的线或孔。当电芯短路时，电池内短时间内产生大量气体致使压力迅速增大，当压力超过一定值时壳体上防爆孔被冲破泄出气体，从而避免了电芯整体爆炸的危险。③使用隔膜（分离电芯正负极片）防止电池内正负极片的直接接触（造成短路）。隔膜常用聚丙烯（PP）或聚乙烯（PE）及其复合物做成，具有网状结构。隔膜按厚度或宽度分类，铝壳锂离子电池使用的隔膜厚度通常是 16μm、18μm、20μm，而动力电池隔膜的厚度一般大于 30μm。使用的隔膜通常是卷状或条状，前者的优点是通用性强但需人力进行裁剪（客户可自行裁剪），后者优点是无须人力裁剪，但通用性不强（由供应商按客户提供参数统一裁剪）。电池内温度过高时隔膜被熔化防止了爆炸的发生。当池温高于 130℃（国标 GB/T 18287—2013）时，隔膜的网状孔闭合，内阻升高（至 2kΩ），锂离子无法通过，电化学反应被停止，池温不再继续升高，保护电芯不发生爆炸。排气孔和隔膜一旦激活，电池将永久失效。④电极材料本身：锂离子电池使用电极材料（如石墨、钴酸锂等）的分子结构有能力让很小锂原子存储在其纳米量级的格子中。因此即便电池外壳破裂，壳内的氧气分子仍无法与在细小储存格内的锂接触，避免了可能发生的爆炸。

应该指出，对于手机用锂离子电池，因全球手机数量十分巨大，要达到安全使用，其安全防护失败概率必须低于亿分之一。手机用电路板故障率通常远高于亿分之一，为此必须为手机用电池系统设计两道以上的安全防线。不能把防护过充电重任完全交由电池组保护板［尽管保护板故障率不高（低至百万分之一），就概率而言全球还是会天天发生爆炸事故］。当为过充放电池系统提供两道安全防护时，只要每道防护失败率为万分之一就能使手机失败概率降到亿分之一。因此，为使锂离子电池安全性能足够好(有效防止爆炸)，在整套电池保护设计中必须有：第一级保护 IC（防止电池过充、过放、短路)、第二级保护 IC（防止二次过压)、保险丝、LED 指示、温度调节等部件。

总之，随着材料技术的进步和人们对锂离子电池设计、制造、检测和使用诸方面要求的认识不断加深，未来的锂离子电池会变得更安全。

7.4　锂离子电池的负极材料

锂离子电池系统需要有四大类主要材料：正极材料、负极材料、隔膜和电解液。每种材料都是一大产业链，包括材料、工艺、设备、制造等产业；材料对电池倍率性能、循环容量、温度特性、安全特性、压实特性、容量比特性等有着巨大影响。现已经发展出多种可用正极、负极、电解质、隔膜和其他必需的材料。用不同结构材料组合而成的电池性能有相当差别，电池容量也是不同的（参阅图 7-16)，使用领域也不尽相同。

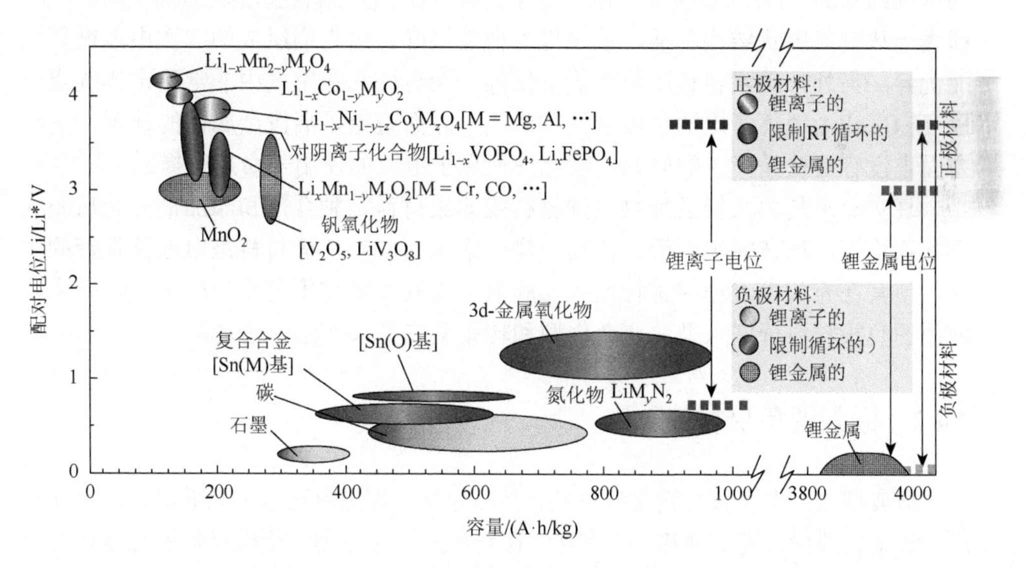

图 7-16　锂离子电池材料搭配与容量间的关系

7.4.1　引言

电池负极材料属锂离子插入化合物，为发挥其比能量高和比功率高的特点，负极要满足如下要求：①锂离子插入和脱插量大；②具有良好充放电循环（插入和脱插）特性；③放电电压平稳；④可逆性好；⑤在电解质溶液中稳定。鉴于此，对负极材料的基本要求包括：①嵌入电位低，与锂的氧化还原反应电位尽可能接近；②单位质量储能密度高；③嵌入和脱嵌有良好速度、较小扩散阻力；④较高电子导电性；⑤与箔材有较好黏结性能，烘烤过程不易脱落；⑥亲水性强，浆料稳定性高；⑦具有较低制备成本。

随着技术的进步，目前负极材料已从单一人造石墨发展到天然石墨、中间相碳微球（MCMB）、人造石墨为主（天然石墨和人造石墨占据着90%以上的份额；中间相碳微球、无定形碳、硅或锡类仅占据小部分市场份额），软碳/硬碳、无定形碳、石墨烯、焦炭、钛酸锂、硅碳合金等多种负极材料共存的局面。虽然负极材料有很多种，包括碳、锡基合金、硅基合金、锗基合金、铝基合金、锑基合金、镁基合金和其他合金、锡氧化物和锡复合氧化物、锂过渡金属氮化物、纳米负极，但现在实际应用的负极基本都是碳素材料，其他尚未有商业化产品。

锂离子电池负极材料关乎安全性风险。现在特别重要的负极材料是锂-碳层间化合物，如 Li_xC_6、TiS_2、WO_3、NbS_2、V_2O_5 等，其中 Li_xC_6 应用最广。它们都是具有石墨结构的碳素材料。石墨化碳素材料与纯金属锂形成的插层化合物 Li_xC_6 的电位约 0.5V，与纯金属锂相似。充电时锂离子插入到石墨层状结构中，放电时锂离子从石墨层状结构脱插，该过程可逆性很好。由它们组成的二次电池循环性能优异。另外，碳素材料还具有价格低廉、无毒性和在空气中非常稳定等优点。以 Li_xC_6 作为锂离子电池负极活性物质，一方面避免了活泼金属锂的使用，另一方面也没有锂枝晶产生的问题，因此使锂离子电池的使用寿命显著提高。

真实负极是由负极活性物质碳材料或非碳材料、黏合剂和添加剂混合后制成糊状物均匀涂抹在铜箔两侧，再经干燥、滚压而成。负极材料是电池储存锂的主体，使其在充放电过程中进行嵌入与脱嵌。因其主要作用是作为电子跃迁受体，使用的负极材料分嵌入型、合金化型和转化型三类。下面分述之。

7.4.2 嵌入型负极材料

最典型嵌入型负极材料是碳材料。按石墨化程度差别可区分为软碳、硬碳和石墨。常见软碳材料有石油焦、针状焦、碳纤维及碳微球等；硬碳材料的硬度和孔隙率较高、放电容量也较高，即便在2000℃以上也难以被石墨化；石墨具有层状结构，同一层碳原子呈正六边形排列，层与层之间靠范德瓦耳斯力结合（图 7-17）。石墨层间可嵌入锂离子形成锂石墨层间化合物（Li-C）。石墨类材料导电性好，结晶度高，有稳定的充放电平台，是目前商业化程度最高的电池负极材料。使用的主要是人造石墨，比容量为 372mA·h/g。在传统石墨负极能量密度潜力已被充分挖掘的情况下，硅基负极材料已成为增加锂离子电池能量密度的有效手段之一，其理论比容量可达 4200mA·h/g（约是石墨的 10 倍），它同样具备碳的高导电性，搭配用于提高高镍三元锂离子电池能量密度。

1. 嵌入型碳材料的结构

碳素材料主要以 sp^2 和 sp^3 杂化形式存在。碳-碳双键构成六边形平面（石墨片面），叠积形成石墨晶体，其主要参数示于图 7-17 中。石墨片间的结合力主要是范德瓦耳斯力。不同碳素材料的晶体参数是不同的，它们之间的关系示于图 7-18 中。碳素材料常按堆积方式分类，如石墨、玻璃碳、碳纤维和炭黑等。碳材料从无定形到晶体的转化过程称为石墨化。石墨化过程可以气相、液相和固相方式进行。随着石墨化程度的提高，碳材料密度先增加，约 800℃时达到最大，后减小，孔隙中闭孔数量减小而开孔数量提高。按大小可把孔分为：大孔（＞50nm）、介孔（2～50nm）和微孔（＜2nm）。

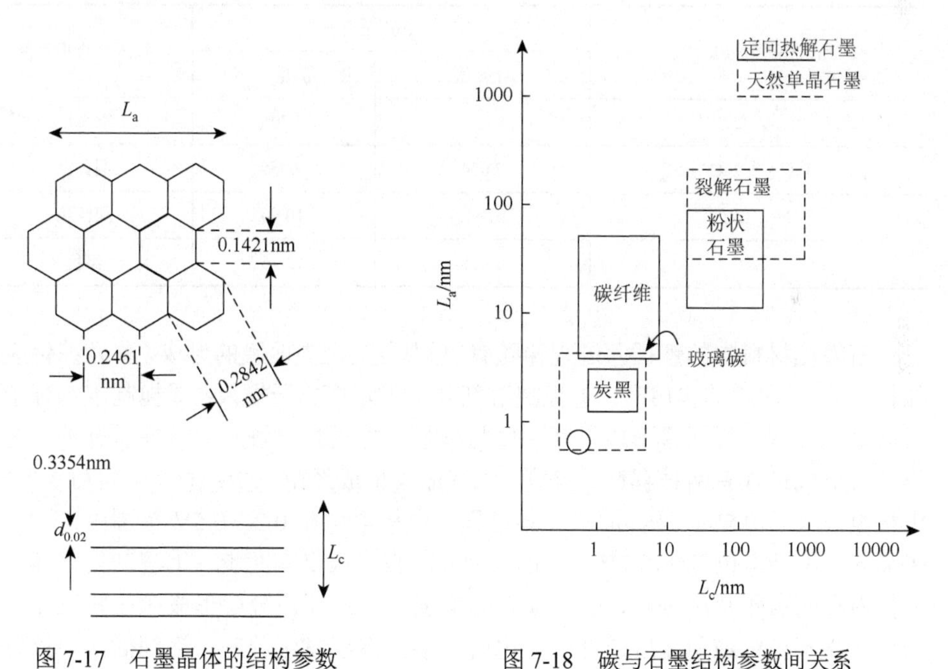

图 7-17　石墨晶体的结构参数　　图 7-18　碳与石墨结构参数间关系

2. 石墨化碳材料的特点

虽然不同原料制备的石墨碳性质是不同的（因此品种繁多），但具有共同特点：①层状结构，锂离子能插入其层间形成插入化合物，组成可用 Li_xC_6 表示（$0<x<1$），其中 x 值与碳材料种类和结构，以及电解质溶液组成、电极结构的锂离子插入速度（充电速度）等因素有关。②锂离子插入电位低［0～0.25V（*vs*. Li^+/Li）］

且平稳，能为电池提供高而稳定的工作电压。③随着锂离子的插入形成不同阶混合物。四阶、三阶和二阶混合物分别表示四层、三层和二层石墨片的一层中插入有锂，而一阶表示每层石墨片都插入有锂。一阶混合物的层间距为 0.37nm，锂原子间距离为 0.25nm 和 0.42nm 两种。④石墨碳最大可逆容量（理论容量）为 372mA·h/g（对应于一阶混合物 LiC_6），电极电位为 0.1V（*vs.* Li^+/Li）。⑤与有机溶剂的相容性差，容易发生溶剂插入，降低插锂性能。

应该注意到，即便是同一阶混合物，其结构也不可能完全相同，特别是在锂插入量达到 LiC_6 水平时。成阶是一个热力学过程，也就是锂离子以范德瓦耳斯力打开石墨片所需能量而不是锂原子之间相互排斥作用。不同阶混合物在 *c* 轴方向的重复周期与颜色示于表 7-19 中。

表 7-19 各阶混合物在 *c* 轴方向的重复周期和颜色

插入化合物及组成	$L/10^{-10}$m		插入化合物颜色
	计算值	测量值	
一阶，LiC_6	—	7.706	铜黄色
二阶，LiC_{12} 或 LiC_{12}-LiC_{18}	7.054	7.065	铜黄色
三阶，LiC_{18}	10.402	10.40	深蓝色
四阶	13.75	13.76	黑色

石墨化材料中的锂插入过程伴随有电解质-电极界面膜的形成（称为纯化膜或保护膜）。界面膜的作用有：①扼制溶剂分子跟随锂离子插入；②扼制溶剂分子在表面直接分解。界面膜形成及其性质与碳材料种类和电解质溶液性质有关。对于界面膜形成过程有两种解释。一是认为界面膜形成经由三步：①界面膜初步形成，电极电位大于 0.5V，②界面膜完善过程，电极电位在 0.2～0.5V 范围内，③锂离子插入，电极电位低于 0.2V；二是认为界面膜形成仅有两步：①溶剂化锂离子插入接着在两石墨片间分解，②溶质在石墨表面直接还原分解形成颗粒状沉淀物。当界面膜不稳定或覆盖度较低时，电解质溶液继续发生分解，溶剂插入导致石墨结构破坏，电极性能降低。

3. 碳素材料的改性

天然和人造石墨材料理论容量为 372mA·h/g，一次循环后仍能保持在 90%以上。第一次插入的锂，在放电过程中不能完全脱插（因碳负极界面膜保护作用和部分插入锂与碳缺陷结构形成紧密结合）转化为不可逆锂，随后循环中插入的锂和脱插的锂数量基本相同。

因碳素材料易处理，仍为锂离子电池主要负极材料，今后要努力提高容量、改善高温和低温性能。天然石墨中锂容易插入，缺点是石墨片容易发生剥离，循环性能不够理想。对于天然石墨需要进行改性处理。沥青碳纤维负极性能与前处理有关，石墨化程度高，放电容量大，具有快速充放电性能，可逆容量 315mA·h/g，首次充放电效率 97%。用焦炭制备的石墨碳虽然石墨化程度低，但快速充放电性能更好。为提高碳素材料的电化学性能，常对其进行改性。改性的主要方法有掺杂非金属和金属、表面改性及其他方法。①掺杂非金属元素。在碳素材料中掺杂的非金属元素及其作用见表 7-20。②掺杂金属元素，主要是主族元素钾、镁、铝和镓等，过渡金属元素钒、镍、钴、铜和铁等。其掺杂形式和作用见表 7-21。③表面改性。材料表面不规则结构属于高反应性不稳定结构，不仅容易与锂发生反应形成不可逆容量并遏制部分锂的插入，对负极电循环性能产生显著影响。表面改性能改善碳材料表面结构，提高其电化学性能。改性方法主要有气相氟化和氧化、液相氧化、等离子处理、形成表面氧化膜等。氧化处理不仅可提高可逆容量，而且能改善循环性能。在氧化处理过程中加入钴、镍、铁等催化剂能增加纳米微孔或通道数目，并与锂形成合金进一步提高碳材料电化学性能，增加可逆容量。该处理的作用有：①减少或除去碳材料表面不规则结构，降低不可逆容量；②形成额外纳米微孔或通道，提高锂离子插入速度；③增加储锂位置，提高可逆容量；④在石墨晶体表面形成紧密结合的碳-氧层（纯化膜），减少伴随锂插入过程的溶剂分子共插入，遏制电解质溶液分解；⑤表面氧能提高锂在粒子中的扩散，加速锂离子的吸附，有利于锂的插入和脱插。例如，天然石墨经氧化处理前后的可逆容量分别为 250mA·h/g 和 320mA·h/g，第一次充放电效率分别为 60%和 80%。在 500℃、550℃和 600℃下进行氧化处理，其放电电压分别提高 0.5V、1.0V 和 1.5V。

表 7-20　碳素材料中掺杂的非金属元素及其作用

掺杂非金属元素	掺杂形式	作用
硼	①原子形式，如硼化合物热解沉积在碳素材料上；②化合物形式，直接把硼氧化物或硼酸加入碳素材料前驱体中再继续进行热处理	有利于石墨化过程，提高可逆容量，改善充电性质
氮	以化学氮和晶格氮形式沉积，N/C 比大于 0.85	提高可逆容量，使其超过理论容量
硅	以沉积或热解硅聚合物方式把硅和碳以纳米粒子形式加入，含量为 0～6%	提高可逆容量，每加入 1%硅，容量提高 30mA·h/g 左右
硅碳	复合物	提高可逆容量
磷	磷原子在碳素材料端面结合增大其层间距，磷的引入影响碳素前驱体材料结构，有利于石墨化	改善表面结构，有利于锂离子的插入与脱插，提高可逆容量
硫	碳-硫、硫-硫和硫酸酯	提高充电容量

表 7-21 碳素材料中掺杂的金属元素及其作用

掺杂的金属元素	掺杂形式	作用
钾	形成插入化合物 KC_8，钾脱插后被插入锂替代，钾脱插后碳材料的层间距（0.341nm）大于纯石墨（0.3354nm）	有利于锂的插入与脱插，提高可逆容量（达 372mA·h/g），正极材料面广，可用于多种不含锂材料
镁	尚不明确	提高可逆容量，达到 670mA·h/g
铝、镓	铝、镓与碳形成固溶体，形成平面结构	提高可逆容量
钒、钴、镍	以氧化物形式加入后再进行热处理，然后与石墨片形成配合分子	提高可逆容量，改善循环性能，促进石墨结构形成，增大层间距
铜、铁	铁氧化物和铜氧化物先与石墨反应形成插入化合物，然后用 $LiAlH_4$ 还原。掺杂化合物的结构为 C_xFe 和 C_xCu，$24<x<36$	提高可逆容量，增大层间距，改善石墨端面位置，提高电化学性能

为解决天然石墨容易剥离和低快速放电能力问题，表面包覆其他碳材料能提高其电化学性能。包覆碳材料种类、数量、比例对其电化学性能改善程度和影响也是不同的。例如，包覆石油焦经 700℃处理 1h，最佳比例为 1∶1，包覆焦炭时的最佳比例为 4∶1；包覆 BC_x 和 C_xN、气相沉积碳，以及电沉积银、锡和锌等金属都提高了天然石墨容量，循环性能也得以改善。

7.4.3 合金化型负极材料

合金化储锂材料是指能和锂发生合金化反应的金属及其合金。常温下锂能与许多金属（如 Sn、Al、Ge、Mg、Ca、Ag、Au、Hg 等）反应，充放电的化学本质实为合金化及逆合金化反应。合金化型负极材料的理论比容量及电荷密度高于嵌入型负极材料，嵌锂电位也较高，即便是大电流充放电也很难发生锂沉积和产生锂枝晶（导致电池短路），这些对高功率器件是很重要的。但是，电池长久使用后会产生不可逆物理老化现象，在实际使用过程中电池有受挤压的风险。合金化型负极材料目前未大规模量产使用。

7.4.4 转化型负极材料

对于转化型负极材料，其空间结构中没有供锂离子嵌入和脱嵌的位置，不符合传统锂离子嵌脱机制，且在室温下与锂反应曾被认为是不可逆的。直至发现有几种过渡金属氧化物具有很高可逆放电容量，此类转化型材料才逐渐引起研究者们的关注。目前仍处于实验室研究、进行测试对比与分析论证阶段。

为进一步说明合金化型负极材料和转化型负极材料，下面以金属锡和锡化合物为例讨论。

1. 锡氧化物

锡氧化物有氧化锡、氧化亚锡及其混合物，其储锂机制可以是合金型或离子型。对于前者，锡氧化物首先被锂还原为金属锡，而锂被氧化形成氧化锂，锡与锂能形成插入化合物 Li_xSn（$x \leqslant 4.4$）。对于后者，锂以 Li_xSnO_2 形式存在，不形成无机氧化锂相，其首次放电效率较高。例如，对于氧化锡负极，因氧化锂或氧化锡相使电解质聚合或分解导致不可逆锂增加。将氧化锡和氧化锂进行共研磨获得的氧化锂锡混合物（锡粒度小且分布均匀）能显著减小不可逆容量。超微氧化锡不仅能提高可逆容量，而且容量衰减速度很低。

2. 复合氧化物

在氧化锡中引入硼、铝、磷、硅、钛、铁和锌等的氧化物，再进行热处理或机械研磨得到的无定形复合氧化物结构，在充放电过程中变化很小，而且能提高锂的扩散系数，有利于锂的脱插。复合氧化物负极的体积容量（$2200mA·h/cm^3$）高于无定形碳和石墨（$1200～1500mA·h/cm^3$）。复合氧化物的储锂机制也可以是合金型和离子型的。

3. 锡盐

能作为负极材料使用的锡盐有 $SnSO_4$ 和 Sn_2PO_4Cl 等。$SnSO_4$ 与石墨相比具有可大电流放电和制备容易等优点。锂在插入过程中首先与 $SnSO_4$ 发生氧化还原反应，锡与锂形成的无定形 Li_4Sn 合金结构在充放电过程中是稳定的，可逆容量达 600mA·h/g。Sn_2PO_4Cl 经过 40 次循环后容量可稳定在 300mA·h/g 以上。

4. 锡合金

锡合金主要是由锡与锂形成的 $Li_{22}Sn_4$ 合金。但锂与单一金属形成的合金 Li_xM 具有体积膨胀大和脆性大的特性，循环性能不理想。例如，采用以锡为主体组合其他非活性金属（铜、钼、镍、铁和镉等）形成的合金替代锡合金（加 2%钼），其体积膨胀和脆性要小很多，韧性得以提高，性能也很好。研究比较了由多个铜锡合金［Cu_6Sn_{5+y}（$y=0,+1,-1$）］构成的负极［组成为 $Li_xCu_6Sn_{5\pm1}$（$0<x<13$）］，铜在 0～0.2V 范围与锂形不成合金，但作为惰性材料起到提高导电性和提供稳定骨架的作用。铜锡合金和石墨的初始容量分别为 200mA·h/g 和 372mA·h/g，体积容量分别为 $1656mA·h/cm^3$ 和 $850mA·h/cm^3$。Ni_3Sn_2 和 Co_3Sn_2 的结构类似于 Cu_6Sn_5，可逆容量达 327mA·h/g。超微 $SnSb_x$ 合金循环性能很好，理论容量达 550mA·h/g。

7.5 锂离子嵌入正极材料性质

7.5.1 引言

锂离子电池由正极、负极、电解质、电解质盐、胶黏剂、隔膜、正极引线、负极引线、中心端子、绝缘材料、安全阀、正温度系数端子（PTC）、负极集流体、正极集流体、导电剂、电池壳等部件组成。本节介绍正极材料。

正极材料在锂离子电池中占有核心地位，其性能在很大程度上确定了电池性能。在充放电过程中正极的重要作用是脱出和嵌入锂离子，因此使用的是嵌入化合物，一般是过渡金属氧化物。嵌锂化合物正极材料是锂离子电池的重要组成部分，在锂离子电池中占有较大比例［正负极材料质量比为（3～4）：1］，占电池总成本的 40%以上。正极材料（嵌入化合物 $Li_xM_yX_z$）需要满足如下要求：①金属锂离子在嵌入化合物中应有较高氧化还原电位，且 x 值变化的影响尽可能小（输出电压高且稳定）；②$Li_xM_yX_z$ 应有足够多位置接纳锂离子（足够高容量）；③$Li_xM_yX_z$ 中应有离子通道，允许足够多锂离子可逆地嵌入和脱嵌（保证电极过程可逆性），层状结构是最理想的；④材料结构受锂离子电子嵌入和脱嵌过程的影响尽可能小，最好是不受影响（确保电池性能稳定）；⑤$Li_xM_yX_z$ 有较高电子和离子电导率，低的极化和高的充放电电流；⑥化学稳定性较高，不会与电解质发生反应。理想正极材料应具备的若干特点：①锂离子脱出、嵌入过程有较高可逆性且体积变化小；②可自由脱出、嵌入的锂离子较多；③锂离子扩散速率快和电子电导率高；④充放电过程有较为平稳的电压平台；⑤资源丰富，价格低廉，对环境友好；⑥合成工艺简单、批次重复性好。作为实际可量产，正极材料还必须具有如下基本性能特征：①较高放电电压；②能可逆插入大量锂离子（容量大）；③快的锂离子、电子扩散迁移速率；④高的化学稳定性，能用相对简单（要求不高）的方法制备，如可采用常规搅拌、涂布、烧结、固化等工艺；⑤生产成本低廉和对环境不产生二次污染。

电池使用的正极材料都是锂嵌入化合物，主要类型有：①层状或尖晶石型金属和多金属氧化物。层状结构金属氧化物主要包括复合金属（M = Co、Ni、Fe、W、Mn），如钴酸锂（$LiCoO_2$）、镍酸锂（$LiNiO_2$）、镍钴锰三元材料（$LiNi_xCo_yMn_{1-x-y}O_2$）、镍钴铝酸锂（$LiNi_{0.8}Co_{0.15}Al_{0.05}O_2$）、富锂锰基材料[$xLi_2MnO_{3(1-x)}$]等；尖晶石型金属氧化物主要是锰酸锂（$LiMn_2O_4$）、镍锰酸锂（$LiNi_{0.5}Mn_{1.5}O_4$）、四氧化三铁（$Fe_3O_4$）、钒酸锂（$Li_xV_2O_4$）等。②聚阴离子盐，主要有磷酸铁锂（$LiFePO_4$）、磷酸锰锂（$LiMnPO_4$）、磷酸锰铁锂（$LiMn_xFe_{1-x}PO_4$）、磷酸钒锂[$Li_3V_2(PO_4)_3$]、

磷酸氧钒锂（$LiVOPO_4$）、磷酸钴锂（$LiCoPO_4$）、磷酸镍锂（$LiNiPO_4$）、硅酸铁锂（Li_2FeSiO_4）、氟硫酸铁锂（$LiFeSO_4F$）、硼酸铁锂（$LiFeBO_3$）、钛酸铁锂（Li_2FeTiO_4）等。③氟化合物和硫化合物，如三氟化铁（FeF_3）、三氟化钴（CoF_3）、三氟化镍（NiF_3）、二硫化钛（TiS_2）、二硫化铁（FeS_2）、二硫化钼（MoS_2）等。现在选用的正极材料主要是锰酸锂（$LiMn_2O_4$）、磷酸铁锂（$LiFePO_4$）、镍钴锰三元材料（$LiNi_xCo_yMn_{1-x-y}O_2$）、镍钴铝酸锂（$LiNi_{0.8}Co_{0.15}Al_{0.05}O_2$）和钛酸锂（$Li_4Ti_5O_{12}$）。其中 $LiCoO_2$ 电池是最早开发也是最成功的Ⅰ型锂离子电池，但钴金属较贵，不具有成本优势。$LiFePO_4$ 电池功率密度高且成本最低，化学和热稳定性好，已被广泛应用于电动汽车。$Li_4Ti_5O_{12}$ 电池具有充电快的优点，也能在电动汽车中应用。这些都已实现商业化生产和应用。但镍钴多元氧化物（所谓三元材料）适合现有各类锂离子电池产品，有望取代现有正极材料。鉴于磷酸铁锂正极诸多优点，目前它与三元材料一起成为锂离子电池使用的两大竞争正极材料。锂离子电池选用的主要正极材料见表 7-22。

表 7-22　可选用的主要正极材料

正极材料	化学成分	标称电压/V	结构	能量密度	循环寿命	成本	安全性
钴酸锂（LCO）	$LiCoO_2$	3.7	层状	中	低	高	低
锰酸锂（LMO）	$LiMn_2O_4$	3.6	尖晶石	低	中	低	中
镍酸锂（LNO）	$LiNiO_2$	3.6	层状	高	低	高	低
磷酸铁锂（LFP）	$LiFePO_4$	3.2	橄榄石	中	高	低	高
镍钴铝三元材料（NCA）	$LiNi_xCo_yAl_{1-x-y}O_2$	3.6	层状	高	中	中	低
镍钴锰三元材料（NCM）	$LiNi_xCo_yMn_{1-x-y}O_2$	3.6	层状	高	高	中	低

7.5.2　锂离子嵌入化合物的一般性质

作为锂离子电池正极的几种过渡金属氧化物物理特性给于表 7-23 中。可以看到，它们有高的电导率，如 $LiCoO_2$ 和 $LiNiO_2$；电导率最低的如 $LiMn_2O_4$，这是由于过渡金属一般有多种价态（混合价态），易进行氧化还原反应，不容易发生歧化反应，有较理想的电子导电性。在给定负极时，电池开路电压较高（与硫化物正极比较）。例如，TiS_2 和 $LiCoO_2$ 都是层状化合物，但电极电位相差很大，分别为 2.7V 和 4.0V。几种典型锂离子嵌入化合物为正极材料的电池、电极组成和主要性能示于表 7-24 中。作为锂离子电池正极材料的过渡金属氧化物都具有层状和隧道结构特征，都能满足锂离子和电子嵌入和脱嵌的要求。应该指出，锂离子嵌入化合物具有非化学计量性，不同过渡金属氧化物能嵌入锂离子数量也是不同的（决定正极容量）。例如，以石墨化碳为负极，金属锂正极的理论容量达 3860mA·h/g。

表 7-23　过渡金属化合物的物理特性

结构	化学式	D 电子数	颜色	电导率/(S/cm)	晶格常数/10^{-10}cm			原子体积/$10^{-30}m^3$
					a	*b*	*c*	
层状结构	$LiCoO_2$	6（低自旋）	黑	0.01	2.805		14.06	31.9
	$LiNiO_2$	7（高自旋）	黑	0.01	2.885		14.20	34.1
	$LiVO_2$	2	黑	0.01	2.841		14.75	34.4
	$LiCrO_2$	3	绿	10^{-4}	2.896		14.34	34.7
准层状结构	$Li_2Mn_2O_4$	3、4（高自旋）	黑	10^{-6}	8.239			35.0
	$LiVO_2$	1、2	黑	10^{-3}	8.240			35.0
尖晶石	$LiMn_2O_4$	4（高自旋）	黑	10^{-6}	2.799	5.730	4.568	36.6

表 7-24　几种锂离子电池电极组成和主要性能

项目		电池体系		
		石墨/$LiCoO_2$	石墨/$LiNiO_2$	石墨/$LiMn_2O_4$
正极	放电状态	$LiCoO_2$	$LiNiO_2$	$LiMn_2O_4$
	充电状态	$Li_{1-x}CoO_2$（$x = 0.5$）	$Li_{1-x}NiO_2$（$x = 0.7$）	γ-MnO_2
	电极放电反应	$Li_{1-x}CoO_2 + xLi^+ + xe^- \longrightarrow LiCoO_2$	$Li_{1-x}NiO_2 + xLi^+ + xe^- \longrightarrow LiNiO_2$	$2MnO_2 + Li^+ + e^- \longrightarrow LiMn_2O_4$
	理论容量/(mA·h/g)	137（274）①	194（274）	148
	实际容量/(mA·h/g)	100～120	130～150	90～100
负极	充电状态	LiC_6		
	放电状态	C_6		
	电极反应	$LiC_6 + e^- \longrightarrow C_6 + Li$		
电池	放电反应	$Li_{1-x}CoO_2 + xLiC_6 + xC_6 \longrightarrow LiCoO_2$	$Li_{1-x}NiO_2 + xLiC_6 \longrightarrow LiCoO_2 + xC_6$	$2MnO_2 + LiC_6 \longrightarrow LiMn_2O_4 + C_6$
电池性能	输出电压/V	3.6	3.5	3.8
	比能量/(W·h/kg)	360	444	403
	优点	开路电压高和比能量高、循环寿命长、可快速充放电	容量比 $LiCoO_2$ 电池高、性能相近	价格低、制造比 $LiCoO_2$ 电池容易
	缺点	价格高	制备困难	容量低、循环过程结构不稳定

注：①括号内数值表示由不同晶形计算出的理论值。

7.5.3　锂离子嵌入正极的电压特性

想要获得电压大于 3.0V 的锂离子电池，必须使用相对于 Li^+/Li 电位大于 4.0V 的正极材料。以尖晶石型 $LiMn_2O_4$ 为例来说明嵌入化合物结构对电池电压的影响。过渡金属氧化物结构形态随锂离子、电子的嵌入和脱嵌而变化，其电位遵从常规能斯特方程，即电池电压随活性物质消耗而下降，显示“L”形曲线（图 7-19）。图中的化学计量型曲线（Ⅰ）显示有高电压（约 4.15V）和低电压（约 4.057V）两个区域。高电压区段峰值伴随的是锂离子嵌入 γ-MnO_2（Li_xMnO_2，$x=0$）四配位位置的电压，低电压区段峰值（$x=0.5$～1.0）伴随的是锂-锂离子间的排斥电位。前一区域平台呈“L”形，在充放电过程中该高压容量减小，100 次循环后不再减小，趋于一稳定值。后一区域低电压呈“S”形，在充放电过程中容量不发生变化。这指出，具有化学计量的尖晶石结构 $LiMn_2O_4$ 在充放电循环一定次数后，放电容量趋于稳定（约 120mA·h/g）。对此现象的解释是：高电压区段的尖晶石晶体共存有晶格常数不同的两种立方晶体，低电压区段仅有一种立方晶体。因锂离子嵌入和脱嵌，晶格发生膨胀和收缩，不均一两相区域的电池容量是不稳定的，因此高电压区段电压容量曲线呈“L”形而低电压区段呈“S”形（因电池电压随锂离子、电子的嵌入而减小）。人工合成非化学计量尖晶石 $Li_{(1-x)}Mn_2O_4$，不管经历多少次充放电循环电极容量都不会减少。

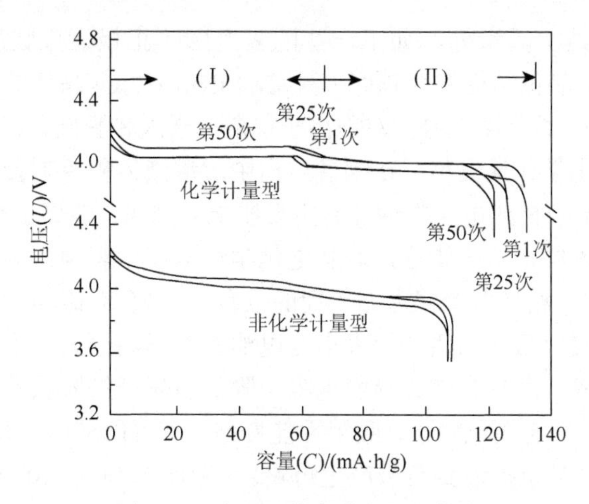

图 7-19　尖晶石的充放电周期曲线

对于层状 $LiMO_2$ 正极材料，锂离子的嵌入和脱嵌并不改变其晶体结构，发生的是均一的固相反应。随着锂离子的嵌入，电池电压减小，容量-电压曲线呈“S”

形，如图 7-19 中曲线（Ⅱ）所示。使用该类正极材料的电池可逆性很好，原因可能是过渡金属氧化物中低自旋配合物多，晶格体积小，晶体结构稳定，当锂离子、电子嵌入和脱嵌时，晶格膨胀和收缩很小，循环特性很好，即当锂离子电池正负极材料都采用均一固相反应化合物时，其循环性能肯定是良好的。

7.5.4 嵌入正极材料的粉体特性

在正极材料氧层结构中，有让锂扩散的二维层是非常有益的，这使锂在盐层状结构中的扩散系数大于尖晶石结构。锂离子在盐类晶体中的（表观）扩散系数是很小的，约 $5\times10^{-9}cm^2/s$，因此只能通过降低正极材料厚度和截面积来提高其扩散性能。为此一般把正极活性材料涂渍在铝集流体两面，涂渍层厚度 60～80μm（石墨或碳负极也是分散在铜箔集流体两面，厚度也是 60～80μm）。实践已证明，正极活性物质粒径和表面积对电池性能影响很大。放电时锂离子需要进入正极活性物质微孔中，为实现大电流放电其微孔孔径要大，长度要短，这样锂离子才能快速扩散和电池能够持续放电。经验指出，活性物质粉体粒径 3～10μm 就可保证锂离子有好的扩散性能。为提高电子电导率，正极材料中还须填加石墨、乙炔炭黑等导电材料。

7.5.5 影响嵌入正极活性物质电化学性能的因素

除材料物质结构因素外，如下一些因素也影响正极活性物质电化学性能：①化合物结晶度。晶体结构发育越好（例如，$LiNi_xCo_{1-x}O_2$ 晶体的结晶度取决于层状结构发育程度），结晶度越高，对锂离子扩散（嵌入和脱嵌）越有利，电池电化学性能越好。②化学计量偏移。在制备过程中对溶液体积控制会出现化学计量偏移，这对获得的正极材料电化学性能有重要影响。例如，锂离子在 $Li_{1-x}NiO_2$ 中的快速扩散可能导致层状结构错位，对其电化学性能产生影响；又如，镍过量时会出现 $Li_{1-x-y}Ni_{1+y}O_2$ 相（多余镍占据了锂的位置），这会对比容量产生影响。③物质颗粒大小及分布。活性物质颗粒大小对电池性能影响很大，不仅影响均匀连续多层膜结构的形成，而且会增大界面电阻，降低锂离子扩散系数和电池充放电容量。若颗粒过大，外表面积较小，吸附性能变差，有可能使活性物质颗粒易脱落，游离到电解质中，甚至扩散到负极产生短路。若颗粒过细（如纳米级），外表面积虽大但易发生团聚，在溶剂中分散困难，使涂覆电极操作很难达到活性物种均匀分布，对电池电化学性能产生大的影响。另外，颗粒过细也易引起表面缺陷，增加电极极化。活性物质的理想颗粒度最好控制在纳米至微米级，粒径分布越窄（均一）越好。接下来将讨论若干重要的正极材料。

7.6　重要正极材料

锂离子电池正极材料嵌入化合物按结构可分为三类：①层状结构物质 $LiMO_2$（M = Ni、Co、Mn 等）及其衍生二元、三元材料；②尖晶石结构 $LiMn_2O_4$ 材料；③橄榄石结构 $LiMPO_4$（M = Fe、Mn 等）材料。

7.6.1　层状钴酸锂

钴酸锂（$LiCoO_2$）的发现几乎与提出“摇椅式电池概念”同步，是商业化最早、应用最广泛的正极材料。$LiCoO_2$ 有三种物相：α-$NaFeO_2$ 型层状结构、尖晶石结构和岩盐相结构。$LiCoO_2$ 层状结构（图 7-20）中的氧原子以畸变立方密堆积序列分布，钴和锂分别占据立方密堆积中的八面体（3*a*）和（3*b*）位置。尖晶石结构的 $LiCoO_2$ 中氧原子为理想立方密堆积排列，锂层中含 25%钴原子，钴层中含 25%锂原子。岩盐相晶格结构中的 Li^+和 Co^{3+}随机排列，无法清晰地分辨出锂层和钴层。目前在锂离子电池中应用较多的是层状结构的 $LiCoO_2$，为六方晶系，属 $R3m$ 空间群，氧原子为立方密堆积排列，Li^+和 Co^{3+}交替占据八面体位置。它具有工作电压高、充放电电压平稳、适合大电流充放电，比能量高、循环性能好等优点。锂离子在键合强的 CoO_2 层间进行二维运动，电导率高，扩散系数 10^{-9}～$10^{-7}cm^2/s$，理论容量 274mA·h/g，实际比容量为 140mA·h/g 左右。层状 $LiCoO_2$ 能用多种方法制备，如固相反应法、溶胶-凝胶法、喷雾分解法、沉降法、冷冻干燥法、旋转蒸发法、超临界干燥法和喷雾干燥法等。不同制备方法各有其优缺点。

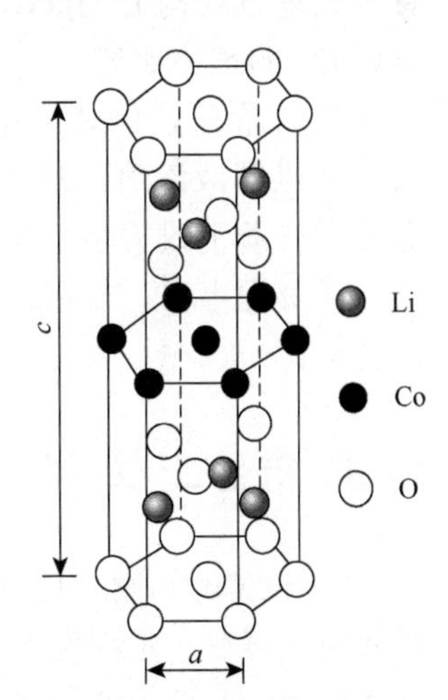

图 7-20　钴酸锂的层状结构

$LiCoO_2$ 具有生产工艺简单和电化学性能稳定等优势。虽是最先实现商品化的正极材料，但其存在的问题有：①在充电过程中随锂离子脱出会发生一系列相变，实际容量下降至仅约理论容量的一半；②$LiCoO_2$ 耐过充电性能差、热稳定差，钴资源相对匮乏，价格贵，成本高。目前，以 $LiCoO_2$ 为正极的锂离子电池主要应用于消费类电子产品中。$LiCoO_2$ 的未来发展是高电压下具有良好热安全和循环稳定性能。可用改进技术包括：①掺杂。把掺杂元素均匀分布在 $LiCoO_2$ 结构层获得更好更理想的层状结构，达到结构稳定，提高循环稳定性。②对 $LiCoO_2$ 材料进行均质表面包覆形成金属氧化物膜。这可阻隔电解液与 $LiCoO_2$ 的直接接触，防止高价钴氧化电解液，以及使材料表面免受电解液腐蚀并降低界面阻抗，从而获得 $LiCoO_2$ 在高电压体系下的循环稳定性。

7.6.2 层状 $LiNiO_2$

理想 $LiNiO_2$ 晶体具有与 $LiCoO_2$ 类似的 α-$NaFeO_2$ 层状结构。与 $LiCoO_2$ 相比，其优势是资源丰富、价格低、容量高（理论比容量 275mA·h/g，实际已达 190～210mA·h/g）和对环境危害较小。两者的脱嵌电位（对金属锂）相近，均在 3.8V 左右。$LiNiO_2$ 的缺点是批量生产层状结构困难（难氧化到 +4 价），计量比 $LiNiO_2$ 化合物合成条件较为苛刻，因 Ni^{2+} 和 Li^+ 混排效应及结构大量脱锂后坍塌使其循环性能差，且过充电时存在安全性问题，易生成缺锂 $LiNiO_2$。纯 $LiNiO_2$ 材料尚未实现商业化应用。针对 $LiNiO_2$ 的进一步研究（如掺杂合适元素）应改善结构、提高比容量、改善循环性能和稳定性。

7.6.3 层状 $LiMnO_2$

Li-Mn-O 体系有两种类型：尖晶石型 $LiMn_2O_4$ 和层状 $LiMnO_2$。层状结构又有三种结构：正交、斜方和菱方。因 Mn^{3+} 的 Jahn-Teller 效应，实践上并没有合成菱方结构 $LiMnO_2$，也很难直接合成具有 α-$NaFeO_2$ 型层状结构 $LiMnO_2$。$LiMnO_2$ 的理论比容量为 285mA·h/g，循环性能较差，脱锂后结构不稳定，有向稳定尖晶石型 $LiMn_2O_4$ 结构转变趋势。此外，锰离子易与电解液发生反应，从而被电解液溶解。掺杂 Al、Co、Ni、Cr、V、Ti、Mo、Nb、Mg、Zn、Pd 等元素有助于改善层状 $LiMnO_2$ 结构稳定性，但仍无法满足产业化应用要求。鉴于锰资源丰富、价格低廉、无毒无污染，被视为有发展潜力的锂离子电池正极材料。

7.6.4 衍生二元材料

$LiNi_{1-x}Co_xO_2$ 材料仍具有 α-$NaFeO_2$ 层状结构。Co 的加入有效降低了阳离子混排效应，可在一定程度上提高材料电化学性能和热稳定性。研究发现，少量 Co（$LiNi_{1-x}Co_xO_2$，$x = 0.2$～0.25）可提高材料容量，随着 Co 含量增加，循环容量损失降低。尽管 Ni^{2+} 会与 Li^+ 发生混排和影响 Li 的脱嵌，但添加 Ni 确实可提高在脱锂过程中材料的稳定性（提高了循环性能）。

7.6.5　衍生三元材料

$LiNi_xCo_yMn_{1-x-y}O_2$ 三元材料具有与 $LiCoO_2$ 类似的层状结构。由于 Ni、Co、Mn 三种元素共同占据晶格中的 3*b* 位置，故称为镍钴锰三元材料。其能量密度高，成本比 $LiCoO_2$ 低，安全性能较 $LiCoO_2$ 好。Ni 是主要的电化学活性元素，提高 Ni 含量可以提高材料容量，而增加 Co 含量可以提高材料导电性、改善倍率性能与循环性能，增加 Mn 含量能改善材料结构稳定性与热稳定性，同时降低了原料成本。这说明 Ni、Co 和 Mn 三种过渡金属元素能有效克服 $LiNiO_2$、$LiCoO_2$ 和 $LiMnO_2$ 材料各自的缺点，并且在电池电化学性能和热稳定性中显示出各自特点，具有很高发展潜力。

三元层状材料 $LiNi_{1-x-y}Co_xMn_yO_2$ 按 Ni、Co、Mn 三种元素比例不同可分为两类：一类是 Ni 和 Mn 等比例型，如 111 型（Ni∶Co∶Mn 比例为 1∶1∶1）、424 型（Ni∶Co∶Mn 比例为 4∶2∶4），这类材料中 Ni 为 +2 价，Co 为 +3 价，Mn 为 +4 价；另一类是高镍材料，如 523 型（Ni∶Co∶Mn 比例为 5∶2∶3）、622 型（Ni∶Co∶Mn 比例为 6∶2∶2）、811 型（Ni∶Co∶Mn 比例为 8∶1∶1），这类材料中 Ni 为 +2 或 +3 价，Co 为 +3 价，Mn 为 +4 价。比例不同，理论比容量也不同，在 280mA·h/g 左右。随着 Ni 含量增加，实际比容量相应增加。该类三元正极材料经历了两个发展阶段：第一阶段为常规三元材料，比容量提高主要通过 Ni 含量的增加，完成了从 333 到 532 再到 622 的转化，比容量由 150mA·h/g 提升到了 178mA·h/g；第二阶段为高电压三元材料，充电终止电压由 4.2V 提升至 4.5V，比容量达到了 200mA·h/g 以上。以其为正极材料的锂离子电池能量密度有望达到 300W·h/kg。但在高电压下常规三元材料的安全稳定性和循环性能急剧下降，尚不能满足使用要求。

对于另一类三元层状材料 $LiNi_xCo_yAl_{1-x-y}O_2$，高 Ni 含量被认为是最具潜力的正极材料，具有高比容量（>200mA·h/g）。例如，$LiNi_{0.8}Co_{0.15}Al_{0.05}O_2$ 显示有良好电化学性能和热稳定性能，其中的 Co 和 Al 都能增加材料的稳定性；又如，共沉淀方法合成的 $LiNi_{0.70}Co_{0.15}Al_{0.15}O_2$，在 3～4.15V 电压区间的放电比容量达 150mA·h/g 且循环性能良好。

$LiNiO_2$、$LiCoO_2$ 和 $LiAlO_2$ 三者固溶体材料 $LiNi_{0.8}Co_{0.15}Al_{0.05}O_2$ 具有层状结构及其特性。因 $LiAlO_2$ 热稳定好和质量轻，具有比普通三元材料更好的安全性能与更高能量密度，目前这类三元正极材料的锂离子电池主要应用领域是在消费类电子、电动工具和电动汽车产品。

7.6.6　尖晶石结构正极材料

尖晶石结构重钴酸锂（$Li_2Co_2O_4$）结构不稳定，电化学性能也不理想。但当部分钴被镍取代后形成的$LiCo_{1-x}Ni_xO_2$（0＜x≤0.2），容量和稳定性都有显著改善。甲酸处理该盐类，性能也有显著改善。

图 7-21 中所示四方对称尖晶石$LiMn_2O_4$（属 *d*3*m* 空间群）在锂离子脱嵌（电位约 4.0V）和嵌入时结构基本保持不变。锂离子传输过程是三维的，电位高，电子电导率与扩散速率高，热稳定性好，且原材料来源丰富、价格低廉、实验室极易合成，这使$LiMn_2O_4$成为动力型锂离子电池正极最理想的材料之一。虽然其理论容量仅 148mA·h/g，但可逆容量却可达 140mA·h/g。

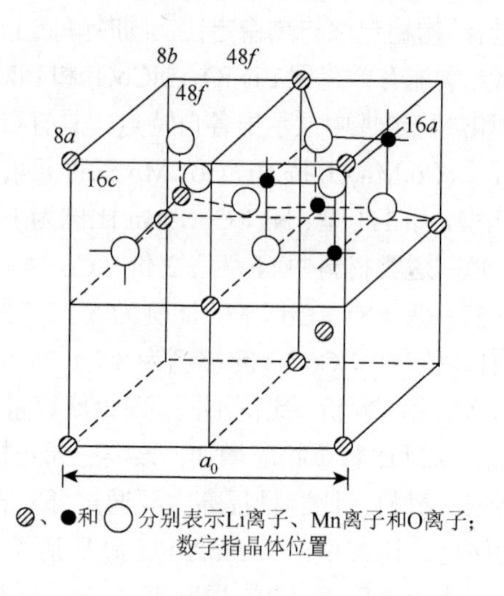

图 7-21 尖晶石$LiMn_2O_4$的结构

不过当放电电压降至 3.0V 以下时，Li^+会嵌入尖晶石空隙生成$Li_2Mn_2O_4$，因Mn^{3+}的 John-Teller 效应发生歧化生成Mn^{2+}而可被电解液溶解，尖晶石结构遭破坏，高温循环与储存性能快速降低，特别是在较高温度时容量衰减更加突出。为提高$LiMn_2O_4$的电化学容量和高温循环性能，可采用掺杂阳离子（Ti、Ce、Sm、Cr、La、Zn、Co、Al、Cr-V、Cr-Co、Cr-Al 等）或阴离子（F^-、Br^-、PO_4^{3-}等）或/和表面改性（采用诸如溶胶-凝胶法、共沉淀法、脉冲激光沉积法和化学气相沉积法涂覆Al_2O_3、TiO_2、Cr_2O_3、SiO_2、NiO、CeO_2、ZrO_2、AlF_3等化合物）。

7.6.7 橄榄石结构正极材料

橄榄石结构的磷酸金属锂$LiMPO_4$（M＝Fe、Mn 等）属正交晶系，*pmnb* 空间群，由LiO_6八面体、MO_6八面体和PO_4四面体组成。它在实际应用中显示很好的热稳定性和强的耐过充电能力（因 P—O 键的强作用力）。但该材料倍率性能差，容量比理论值低。$LiMPO_4$ 中 M 为 Fe 时得到新正极材料磷酸铁锂（$LiFePO_4$），其特点是能量密度高、价格低廉、环境友好、安全性优异和循环性能稳定，循环次数超过 2000，理论使用寿命 7～8 年，发展前景非常好，特别适合作为动力电池，因此成为各国竞相研究的热点，实现了商业化应用。这是锂离子电池材料的一个重大突破。

磷酸锂铁化学分子式 $LiFePO_4$，其中锂为 +1 价，中心金属铁为 +2 价，磷酸根为–3 价。其具有橄榄石型结构，这决定了锂离子在其晶体内部只能沿着一维通道运动，离子扩散系数极低；晶体结构缺乏让原子与空穴移动的自由间隙受限，因此 $LiFePO_4$ 材料的电子电导率极低。这些天然缺陷极大影响动力学特征，造成其在低工作电压和低能量密度条件下低的电化学性能。为提高锂离子扩散能力与电子电导率，即为达到改善其电化学性能的目的，必须对其进行修饰改性。使用的主要手段有：①材料纳米化；②必要的表面包覆（使用的主要材料有金属、金属氧化物、导电聚合物和碳材料）；③体相掺杂，包括锂位掺杂、铁位掺杂和氧位掺杂；④制备成高电压固溶体材料，如 $LiMn_xFe_{1-x}PO_4$、$LiCo_xFe_{1-x}PO_4$、$LiNi_xFe_{1-x}PO_4$ 等。研发结果表明，使用 $LiFePO_4$ 聚阴离子型正极材料的锂离子电池，显示出高容量、低价格、原料来源丰富、环境友好及优异热稳定性、好循环充放电性能等优势，成为大容量动力电池的首选材料之一。

目前，$LiFePO_4$ 应用领域包括：储能设备、电动工具类、轻型电动车辆、大型电动车辆、小型设备和移动电源。特别是使用该电池的公共交通工具数量和占比都很大，$LiFePO_4$ 在新能源电动车中占比超过 35%，随着软包技术无模组技术的发展，其市场占有率将进一步提升。

五种正极材料相应锂离子电池电化学性能比较见表 7-25。其中前四种使用广泛。

表 7-25　锂离子电池主要正极材料的电化学性能的比较

指标	磷酸铁锂	锰酸锂	钴酸锂	镍钴锰三元材料	镍钴铝酸锂
材料化学式	$LiFePO_4$	$LiMn_2O_4$	$LiCoO_2$	$LiNi_xCo_yMn_{1-x-y}O_2$	$LiNi_{0.8}Co_{0.15}Al_{0.05}O_2$
理论容量/(mA·h/g)	170	148	274	274～278	279
实际容量/(mA·h/g)	140～150	100～120	170～180	160～200	190～210
中值电压/V	–3.4	–3.9	–3.7～–3.8	–3.7	–3.7
循环次数/次	4000	1000	600	2000	2500

续表

指标	磷酸铁锂	锰酸锂	钴酸锂	镍钴锰三元材料	镍钴铝酸锂
原料资源	非常丰富	丰富	贫乏	较贫乏	较贫乏
环保性	无毒	无毒	有毒	有毒	有毒
安全性能	优秀	良好	差	尚好	尚好
成本	低	低	高	较高	较高
热稳定性	好	好	差	好	好
主要用途	主要用于各种类型锂离子电池	主要用于大中型号电池	主要用于中小型号电池	主要用于三元锂离子电池	可用于各种型号电池

7.6.8 导电高聚物正极材料

除前述各类正极材料外，导电高聚物也是一类锂离子电池正极材料，主要是聚乙炔、聚苯、聚吡咯、聚噻吩等。电池电化学过程是经由阴离子掺杂和脱掺杂来实现的。导电高聚物材料的主要缺点是体积容量密度低、反应体系中需大体积电解液和难以获得高能量密度。

7.7 正极材料的合成

7.7.1 引言

目前广泛使用的正极材料有钴镍锂三元材料和磷酸铁锂材料两类，其中 $LiFePO_4$ 有望朝磷酸锰铁锂发展，既能增加 20%能量密度，又可保持其优秀安全性能。三元材料中低钴乃至无钴逐渐成为主流，不管是超高镍系还是四元系都在降低成本的同时要求提高能量密度。这些材料的制备对其电化学性能有巨大影响。一般先制备粉体，其通用方法有：固相反应法、常规沉淀法和溶胶-凝胶法。而传统高温固相法、共沉淀法及简易络合溶胶-凝胶法是制备三元材料和 $LiFePO_4$ 材料的主要工业生产方法。它们的缺点是获得固体产品晶体尺寸较大，粒径不易控制、分布不均匀，形貌也不规则，产品倍率性能差。较新材料制备技术（如溶胶-凝胶法、氧化-还原法、乳化干燥法、喷雾干燥法、微波烧结法等）现在仍只用于实验室研究。下面简要介绍使用最广泛的镍钴锰三元材料和磷酸铁锂材料的制备。

7.7.2　磷酸铁锂材料的直接制备

$LiFePO_4$ 是自然界天然存在的一种矿物，具有有序的橄榄石结构。天然矿物一般含多种杂质且储量少，难以满足作为电池正极材料使用要求，因此必须进行人工合成。工业规模制备 $LiFePO_4$ 常用方法为高温固相反应法、热碳还原法和水热合成法。其中，高温固相反应法是目前发展最成熟，也是制备 $LiFePO_4$ 使用最广泛的方法。把铁源、锂源、磷源按化学计量比均匀混合干燥后，先在惰性气氛较低温度下初步分解原材料，再在高温下烧结得到橄榄石型 $LiFePO_4$。热碳还原法是在原材料混合时加入碳源（淀粉、蔗糖等）作还原剂，常与高温固相反应法一起使用，碳在高温下可将 Fe^{3+}还原为 Fe^{2+}，但反应时间较长，条件控制也更为严苛，优点是定向制备且有高的效率。水热合成法属于液相合成法，以水为溶剂在密封压力容器中使混合盐类离子在高温高水压条件下进行化学反应产生沉淀，再经过滤、洗涤、烘干后得纳米级前驱体，最后经高温煅烧得到需要的 $LiFePO_4$。水热合成法制备易于控制晶型和粒径、物相均一、粉体粒径小、过程简单，但需要高温高压设备，成本高，工艺相对复杂。

7.7.3　钴酸锂和镍钴锰三元正极材料的制备

对于 $LiCoO_2$ 和三元镍钴锰材料，它们的制备是类似的，常用的有固相反应法和溶胶-凝胶法。固相反应法制备 $LiCoO_2$ 步骤如下：把氧化钴、碳酸锂和黏合剂聚乙烯醇混合研磨制得颗粒状混合物，在空气和 CO_2 混合气氛中煅烧获得所需 $LiCoO_2$ 产品。三元正极材料中含镍、钴、锰、锂四种元素，固相反应法制备时需用多种不同化合物。其步骤如下：选用合适化合物再加必要添加剂和黏合剂，按比例混合研磨，再在合适气氛下反应煅烧，最后经后续处理获得产品。三元材料制备过程不是单一化学反应过程，因控制条件不同伴随有各种副反应，这使获得材料有不同组织结构和物理化学性能，尽管化学组成相同但材料性能却差异巨大。

溶胶-凝胶法制备 $LiCoO_2$ 材料步骤如下：用纯水溶解钴盐，用氢氧化锂和氨水调节溶液 pH，为控制凝胶粒子大小和结构加入有机酸络合剂（如草酸、酒石酸、丙烯酸、柠檬酸和腐殖酸等）先形成溶胶再转化为凝胶（控制不当产生的是沉淀物），凝胶粒子大小范围一般在纳米至微米量级，达到了原子水平的均匀混合。该方法无须长时间的热处理，获得产品的电池容量（150mA·h/g）和电化学性能常比固相反应法好。

四元镍钴锰锂正极材料也可用类似的溶胶-凝胶法制备。因镍占重要地位，高镍含量能有效提高材料能量密度。因此该类正极材料的发展由最早 111 系列到 523 系列再到 622 系列直至今天的 811 系列，其镍含量是逐步提升的。但应该指出，镍含量过高会增加过程控制难度（如搅拌和烧结温度、湿度、时间等）。

7.8 锂离子电池的电解质和其他材料

电解质是电池重要组成部分，不仅连接正负极和传导电流，而且在很大程度上决定了电池工作机制，影响电池比能量、安全性能、倍率充放电性能、循环寿命和生产成本等。电解质是电池获得高电压、高比能量等优点的保证。锂离子电池所用电解质有三类：①有机电解质，由有机溶剂和锂盐组成，最常用溶剂是碳酸丙烯酯；②无机电解质，如 $LiPF_6$、$LiBF_4$、$LiAsF_6$ 等，其中最常用的是 $LiPF_6$；③固体聚合物电解质，如凝胶聚合物和全固态聚合物等。

7.8.1 有机电解质

有机电解质溶液由有机溶剂和锂盐组成，满足如下条件：①高锂离子电导率，达 20mS/cm；②高热稳定性，宽温度范围内不发生分解；③高电化学稳定性，宽电压范围（约 5V）内不发生分解；④高化学惰性，不与电极、隔膜、集流体等材料发生化学反应；⑤高安全性，无或低毒性；⑥能促进可逆电极反应；⑦价格低廉，容易制备。

1. 有机溶剂

有机溶剂是电解质主体部分，电解质性能与溶剂性质密切相关。锂离子电池常用溶剂为烷基碳酸酯（环酯和直链酯）。环酯，如碳酸乙烯酯（EC）和碳酸丙烯酯（PC），极性大、介电常数大、黏度高；直链酯，如碳酸二乙酯（DEC）和碳酸二甲酯（DMC），极性小、黏度低、介电常数小。腈类溶剂介电常数大、黏度低，但化学稳定性低，易与金属锂发生反应。有机溶剂应满足如下条件：①熔点低、沸点高、蒸气压低、工作温度范围宽；②介电常数大和黏度低；③高离子电导率；④非质子溶剂，不与金属锂发生反应；⑤极性大和锂盐溶解度大。碳酸甲乙酯（EMC）和乙二醇二甲醚（DME）等主要作为锂一次电池溶剂使用。

有机溶剂沸点越高，黏度一般也越大。就锂离子电池应用而言，单一溶剂一般难以同时满足沸点高和黏度低使用要求，常使用混合溶剂，如酯类溶剂与醚类溶剂（如二甲氧基乙醚）和四氢呋喃混合使用，这可在一定程度上取长补短。单一溶剂 PC 与石墨负极相容性很差，在充放电过程中会在石墨负极表面发生分解，导致石墨层剥落，电池循环性能下降。混合使用 EC 或 EC + DMC 等溶剂的复合电解质，能建立起稳定的 SEI 膜。混合 EC 与链状碳酸酯溶剂被认为是锂离子电池的优良溶剂，如 EC + DMC、EC + DEC 等。对于相同锂盐电解质如 $LiPF_6$ 或者 $LiClO_4$，混合溶剂 PC + DME 对碳中间相微球阴极显示差的充放电性能（与 EC + DEC、EC + DMC 混合溶剂比较）。但在 PC 中加入合适添加剂有利于提高锂离子电池低温性能。常用有机溶剂及其主要性质示于表 7-26 中。

表 7-26　主要有机溶剂的物理性质

溶剂种类	介电常数	黏度/(mPa·s)	熔点/℃	沸点/℃	电位/V（相对于饱和甘汞电极）	
					还原电位	氧化电位
碳酸乙烯酯（EC）	90	1.9*	37	238	–3.0	+ 3.2
碳酸丙烯酯（PC）	65	2.5	–49	242	–3.0	+ 3.6
碳酸丁烯酯（BC）	53	3.2	–53	240	–3.0	+ 4.2
γ-丁内酯（GBL）	42	17	–44	204	–3.0	+ 5.2
1, 2-二甲氧基乙烷	7.2	0.64	–58	84	–3.0	+ 2.1
四氢呋喃（THF）	7.4	0.46	–109	66		+ 2.2
二甲基四氢呋喃（2MTHF）	6.2	0.47	–137	80		
1, 3-二氧戊环（DOL）	7.1	0.59	–95	78	–3.0	+ 2.2
4-甲基-1, 3-二氧戊环（4MDOL）	6.8	0.60	–125	85		
甲酸甲酯（MF）	8.5	0.33	–99	32		
乙酸甲酯（MA）	6.7	0.37	–98	58	–2.9	+ 3.4
丙酸甲酯（MP）	6.2	0.43	–88	79		
碳酸二甲酯（DMC）	3.1	0.59	3	90		
碳酸甲乙酯（EMC）	2.9	0.65	–55	108	–3.0	+ 3.7
碳酸二乙酯（DEC）	2.8	0.75	–43	127		

注：*温度 40℃，其余为 25℃。

使用前必须严格控制有机溶剂质量（纯度＞99.9%和水分含量 ppm 级）。溶剂纯度与稳定电压间有密切关联，纯度达标，其氧化电位在 5V 左右。有机溶剂氧化电位对防止电池过充电和安全性有很大意义。严格控制有机溶剂水分对配制合格电解质有决定性影响。水分含量必须低至 ppm 级，否则会导致 $LiPF_6$

和 SEI 膜分解和发生气涨。可用分子筛吸附、常减压精馏和惰性气体来降低水分含量。

2. 电解质锂盐

电解质锂盐必须满足的基本要求如下：①溶液有高电导率；②高化学安定性，不与电极和溶剂材料发生化学反应；③高热稳定性；④高电化学稳定性，宽电位范围内不发生电化学反应；⑤锂有高的嵌入和脱嵌速率，可逆性好。目前为满足不同使用要求，各种锂离子电池使用的电解质是不同的。对于不同溶剂体系，因离子半径不同，溶剂离子电导率也不同（表 7-27）。常用电解质锂盐是单价阴离子锂盐，如 $LiClO_4$、$LiBF_4$、$LiPF_6$、$LiAsF_6$，它们的电离程度高、离子迁移性大。例如，$LiAsF_6$ 的纯度高，不易分解，但砷有高毒性使应用受限制；$LiClO_4$ 是很强的氧化剂，有安全隐患。综合考虑后认为，$LiPF_6$ 是较理想的。最常用电解质锂盐 $LiPF_6$ 似乎是未来发展方向，因其高温性能和安全性远优于 $LiClO_4$、$LiAsF_6$，并且具有对负极稳定、放电容量大、电导率高、内阻小、充放电速度快等优点。但它对水分和 HF 极其敏感（易发生反应），必须在干燥气氛中操作，且不耐高温，在 80～100℃发生分解生成 PF_5 和 LiF，提纯困难。在配制电解液时要控制其溶解热（可导致自身和溶剂的分解）。$LiPF_6$ 可用传统化学反应法、络合法和溶液法制备，纯化处理相对容易。$LiCF_3SO_3$ 用溶液法制备的产品纯度低，必须进一步纯化。因此，可替代用大阴离子锂盐［如 $LiCF_3SO_3$、$Li(CF_3SO_2)_2N$］和全氟烷基磺酰甲基盐［如 $LiC(CF_3SO_2)_3$］。

表 7-27　不同大小离子在不同溶剂体系中的离子电导率

离子	离子半径/nm	离子电导率/(S·cm²/mol)			
		PC	GBL	PC-DME	PC-EMC
Li^+	0.076	8.73	13.99	27.96	18.71
BF_4^-	0.229	20.43	30.77	38.15	28.49
ClO_4^-	0.237	18.93	28.45	37.06	27.26
PF_6^-	0.254	17.86	26.70	36.77	26.92
AsF_6^-	0.260	17.58	25.92		
$CF_3SO_3^-$	0.270	16.89	24.93	35.61	26.68
$(CF_3SO_2)_2N^-$	0.325	14.40	20.55	32.58	23.07
$C_4F_9SO_3^-$	0.339	13.03	18.66		

锂盐电解质的优缺点如下：①$LiPF_6$的优点：非水溶剂中有合适溶解度和较高离子电导率，能在铝箔集流体表面形成稳定钝化膜，能协同碳酸酯溶剂在石墨电极表面生成一层稳定 SEI 膜，高离子电导率，高溶解度。缺点：热稳定性较差，对水高度敏感，遇水产生的 HF 和 POF_3会破坏电极表面 SEI 膜，正极活性组分被溶解导致循环过程容量严重衰减。②双氟磺酰亚胺锂（LiFSI）的优点：对铝箔腐蚀电位高（4.2V），能有效提高低温放电性能，抑制软包电池胀气，能提高电池常温和高温循环性能和充放电性能，有优良热稳定性，高离子电导率，高溶解度，低水敏感性。缺点：LiFSI 制备难度大，成本高。③二氟磷酸锂（$LiPO_2F_2$）的优点：在正负极形成的界面膜能有效抑制电解液氧化分解使电极结构保持完整性，显著提高电池倍率性能，常低温循环性能好，热稳定性良好，高离子电导率，低水敏感性。缺点：在碳酸酯电解液中溶解度很低，离子电导率随浓度增加而降低，说明碳酸酯电解液只能作添加剂使用。④四氟硼酸锂（$LiBF_4$）的优点：能增强电解液在电极成膜能力，抑制铝箔腐蚀，良好热稳定性，高溶解度。缺点：离子电导率低，单独使用有很大局限性，常与电导率较高锂盐配合使用，较高水敏感性。⑤双乙二酸硼酸锂（LiBOB）的优点：直接参与 SEI 膜的形成，可阻止石墨剥离，具有较好循环稳定性；对正极铝箔集流体有钝化保护作用，热稳定性良好，高离子电导率，低水敏感性。缺点：溶解度低，在低介电常数溶剂中几乎不溶解。⑥二氟草酸硼酸锂（LiODFB）的优点：高温下能钝化铝箔且能抑制电解液氧化分解，能提高锂离子电池安全性能和抗过充电能力，热稳定性良好，高离子电导率，低水敏感性。缺点：目前合成成本较高，在碳酸酯溶液中溶解度一般。

7.8.2　聚合物电解质

聚合物电解质是指能像液体一样导电的聚合物材料。与有机电解质相比，它无泄漏现象、难以形成锂枝晶、不与锂负极发生反应。聚合物电解质按形态可分为凝胶聚合物和全固态聚合物两大类（表 7-28），它们都是离子导体和电子绝缘体，其性质如下：①有良好物理力学性质；②室温或低温下有较高锂离子电导率；③热稳定性好，高温稳定性好且不易燃烧；④化学安定性好，不与电极材料发生反应；⑤电化学稳定性高；⑥机械强度高和弯曲性能好；⑦价格低廉。由于宽温度范围内具有高离子电导率的聚合物不多，目前主要使用凝胶聚合物电解质。它是热塑性聚合物，价格不高、性能好且离子电导率较高，能连续生产，安全性高，既可作隔膜用也能取代液体电解质，应用范围广。

表 7-28　不同的聚合物电解质及其特性

聚合物电解质	结构特点	电解质体系	性能特点
凝胶聚合物	交联型	①聚合物：聚醚类（PEO）、聚丙烯腈（PAN）、聚甲基丙烯酸甲酯（PMMA）、聚偏氟乙烯（PVDF）；②液体增塑剂（低分子量聚乙二醇）	化学交联：性能稳定，不受温度和时间的影响；物理交联：稳定性提高，长时间放置发生溶胀、有增塑剂析出现象
	非交联型	①聚合物：聚醚类、聚丙烯腈、聚甲基丙烯酸酯、聚偏氟乙烯；②液体增塑剂（低分子量聚乙二醇）	
全固态聚合物	交联型	①聚合物：聚醚类、聚丙烯腈、聚甲基丙烯酸酯、聚偏氟乙烯；②填料：有机低分子量化合物、无机物、有机-无机混合物	
	非交联型	①聚合物：聚醚类、聚丙烯腈、聚甲基丙烯酸酯、聚偏氟乙烯；②填料：有机低分子量化合物、无机物、有机-无机混合物	

7.8.3　无机电解质

锂离子无机电解质源于晶体材料，如氮化锂及其衍生物、卤化物、含氧盐类和硫化物等。它们的电导率一般要比有机电解质溶液低 1～2 个数量级，只能用于低电流放电的电池体系。

氮化锂晶体是层状结构：六方形 Li_3N 平面结构和连接两层 Li_3N 的锂离子（图 7-22），锂离子层空间很大，离子迁移容易，因此离子可达到高电导率。其缺点是分解电压低（仅 0.45V），且烧结困难和总电导率不高。为提高其电导率需进行结构改变和改性，例如，加入盐类形成三元化合物如 Li_3N-LiI-LiOH（晶体类似于 Li_3NI_2），其分解电压提高到 1.6V，电导率达 95mS/cm，满足低电压电池体系应用要求。对其他无机电解质（如氧化物玻璃态电解质和硫化物玻璃态电解质）的关注度较低。

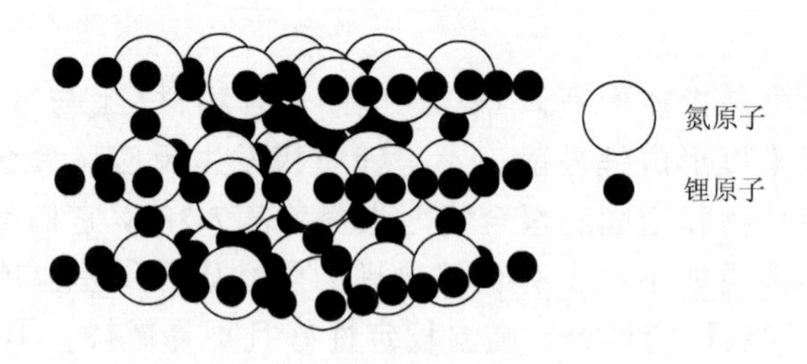

图 7-22　Li_3N 结构的示意表述

7.8.4　添加剂

锂离子电池中还使用了添加剂、隔膜、导电涂层、集流体、接线端子等。下面分述之。

添加剂种类繁多。因电池用途、性能要求不一，选用的添加剂也有差异，无法一概而论。添加剂主要有三方面的用途：①改善电池循环性能和减少电池不可逆容量损失。在电解质中加入添加剂苯甲醚或卤代衍生物能改善SEI膜性能。研究发现，苯甲醚与溶剂反应生成的还原产物LiOCH，有利于电极表面形成高效稳定SEI膜，从而改善电池循环性能和增加放电平台在3.6V以上释放能量（一定程度上反映出电池大电流放电特性）。在实际操作中发现，电解液中添加苯甲醚能延伸电池放电平台，提高放电容量。②因锂离子电池对电解质中的水和酸要求非常严格，加入添加剂可除去电解质中部分微量水和HF。例如，碳酸二亚胺类化合物能阻止$LiPF_6$水解成酸，某些金属氧化物和盐类如Al_2O_3、MgO、BaO、Li_2CO_3、$CaCO_3$等可用于清除HF（虽然因速度过慢难于除净）。③现在希望通过加入添加剂如咪唑类、联苯类、咔唑类等化合物来防止过充放电和增加耐过充放性能，对此目前仍处于研究试验阶段。

7.8.5 隔膜

隔膜的性能决定着电池界面结构和内阻，直接影响电池容量、循环和安全性能。性能优异的隔膜在提高电池综合性能中起重要作用，其主要作用是隔开电池正负极，防止它们接触而短路。隔膜只允许电解质离子通过，而电子是无法通过的。隔膜材料的物理化学性质对电池性能有很大影响。不同种类电池采用不同的隔膜。

对于锂离子电池系列，电解液含有机溶剂，需要用能耐有机溶剂的隔膜，常用高强度聚烯烃多孔薄膜。隔膜可以是织造膜、非织造膜（无纺布）、微孔膜、复合膜、隔膜纸、碾压膜。聚烯烃材料具有优异力学性能、化学安定性和廉价等特性，锂离子电池开发初期多以聚烯烃（聚乙烯、聚丙烯等）微孔膜作隔膜。在这类隔膜中具有大量曲折贯通微孔，能保证电解质离子自由通过。在电池过度充电或温度升高时，隔膜微孔能被熔融闭合，阻隔电流传导和防止短路，即有效防止电池过热和发生爆炸的危险。对于锂离子电池用隔膜，有如下要求：①电子绝缘性，保证正负极的机械隔离；②合适孔径和孔隙率；③低电阻和高离子电导率（离子透过性很好）；④有足够化学和电化学安定性，耐电解液腐蚀；⑤与电解液有好的浸润性，有足够吸液保湿能力；⑥厚度尽可能小且有足够力学性能，如穿刺强度、拉伸强度和受热变形等；⑦空间稳定性和平整性好；⑧热稳定性和自动关断保护性能好。动力电池对隔膜要求更高，常采用复合膜。

7.8.6 导电涂层

导电涂层也称为预涂层，通常是指涂覆于正极集流体铝箔表面的导电层。

涂覆有导电层的铝箔称为预涂层铝箔或涂层铝箔。导电涂层的使用最早可追溯到20世纪70年代，随着电池技术（特别是磷酸铁锂电池）的发展，导电涂层成为业内炙手可热新技术或新材料。

导电涂层是指在金属箔（铝片、铜片、不锈钢、铝和钛双极板）表面涂覆的导电石墨纳米粒子层，它具有极佳的静态导电性能和遮盖防护性能。涂层可分为亲水型和憎水型两种。后者的例子是涂碳铝（铜）箔，即在表面上均匀细腻地涂覆一层导电碳复合浆料的高纯铝（铜）箔，属功能性涂层。涂碳铝（铜）箔的应用具有如下优点：①抑制电池极化，降低热效应和提高倍率性能；②提供极佳的静态导电性能，收集活性物质的微电流，降低电池内阻和显著降低循环过程动态内阻增幅；③增加电池循环寿命；④增强活性物质与集流体间的黏附，降低极片制造成本；⑤保护集流体不被电解液腐蚀，延长电池使用寿命；⑥改善磷酸铁锂、钛酸锂材料的加工性能。

7.8.7 集流体

锂离子电池中使用的集流体需满足如下三个条件：①具有一定机械强度，质量轻且薄；②具有高化学和电化学稳定性；③与活性物种、导电材料等电极材料的黏结性能良好。负极集流体可以是铜箔、铜网、不锈钢网和其他合金网等。对于EC/DEC-$LiPF_6$电解质体系，最理想的是使用厚度为20μm的高纯度铝箔。

7.8.8 正温度系数端子

在次级电池中用正温度系数端子（PTC）是为了防止过大电流流过。电流大产生的热量多，内部温度高，容易损坏电池。正常温度下PTC电阻很小，当温度升高到一定值时电阻会突然增大，使电流快速减小避免温度继续升高，温度下降，电阻变小恢复正常运行。PTC通常是负荷材料，由导电填料和聚合物组成。在温度升高时，该材料中的聚合物膨胀，导电材料间距增大，电阻显著增大，导致熔断现象的发生。也就是说，锂离子电池使用PTC是为了安全，使温度稳定在120℃左右（对于常用的聚乙烯树脂来说）。

7.8.9 锂离子电池的组装

圆柱形锂离子电池的组装工艺包括：正极制造、负极制造、卷成电芯和组装封口四个工序。典型负极结构示于图7-23，正极结构类似于负极结构。小型电池组装是在正负极间插入隔膜，再卷绕卷成电芯。将卷好的电芯焊接好引线装入镍制电池壳内，减压条件下注入定量电解质，封口后即为锂离子电池产品。

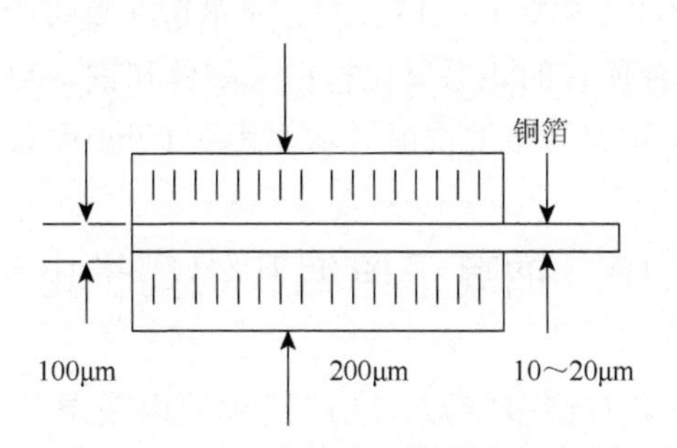

图 7-23　典型负极结构

密度 1.0～1.5g/cm^3，比表面积 200～250m^2/g

7.9　锂离子液流电池

与一般液流电池类似，锂离子液流电池组件主要也是电池反应器、正极悬浮液存储罐、负极悬浮液存储罐、液泵及密封管道等。其中，正极悬浮液存储罐盛放含正极活性材料颗粒、导电剂和电解液的混合物，负极悬浮液存储罐盛放含负极活性材料颗粒、导电剂和电解液的混合物。电池反应器是锂离子液流电池的核心，其结构主要包括：正极集流体、正极反应腔、多孔隔膜、负极反应腔、负极集流体和外壳。锂离子液流电池工作时用液泵使悬浮液进行循环。充电时，悬浮液在液泵或其他动力推动下通过密封管道在悬浮液存储罐和电池反应器之间连续循环流动或间歇流动。正极悬浮液由正极液进口进入电池反应器的正极反应腔，完成反应后由正极液出口通过密封管道返回正极悬浮液存储罐。同时，负极悬浮液由负极液进口进入电池反应器的负极反应腔，完成反应后由负极液出口通过密封管道返回负极悬浮液存储罐。放电时，负极活性材料颗粒内锂离子脱嵌进入电解液，通过多孔隔膜到达正极反应腔嵌入到正极活性材料颗粒内。与此同时，负极活性材料颗粒内电子流入负极集流体，通过负极极耳流过电池外部回路，流速可根据悬浮液浓度和环境温度进行调节。正极与负极反应腔之间置有电子无法透过的多孔隔膜，使正极活性材料颗粒和负极活性材料颗粒相互隔开，避免它们直接接触而导致电池内短路。腔内正极悬浮液和腔内负极悬浮液可通过多孔隔膜中电解液进行锂离子传输交换。

对锂-硫液流电池而言，在混合电解质溶液无泵试验中达到的能量密度（ED）约为 400W·h/kg，而无膜锂-二茂铁液流电池的能量密度仅约 30W·h/L。锂是增强氧化还原液流电池能量密度的基本选择，但它作为阳极伴有降解现象。已发展出太阳能驱动可充式锂-硫液流电池，使用 Pt 改性 CdS 光催化剂。硫在水溶液中被氧化成多硫化物，同时产生电化学能量和氢气。该电池能配送容量达 792mA·h/g，光充电 2h，放电电位约 2.53V（*vs.* Li^+/Li）。充电可在直接太阳光照射下进行。为降低成本，可通过组合便宜的还原氧化材料（如锌和铁）制造 RFB，以期达到成本目标 100 美元/(KW·h)和高电池性能（功率密度 676mW/cm^2）。

7.10 钠离子电池和铝离子电池

由于锂离子电池具有诸多特点，在广泛领域内获得了大规模应用，生产量持续扩大，特别是在我国，电动汽车年产销已接近一千万辆。由于这个原因，锂离子电池的主要活性物质锂元素需求快速上涨，导致锂价格快速上涨（地球上锂资源有限）。鉴于对锂资源紧缺的担心，需要发展有可能替代锂离子电池的钠离子电池和铝离子电池，现逐渐成为动力电池的研发热点。下面对其进行简要介绍。

7.10.1 钠离子电池

钠离子电池的工作原理与锂离子电池极为相似，差别是往返于正负极间的锂离子被钠离子替代。当然，随着迁移离子的变化，电池的其他部分也需有相应的改变。目前，钠离子电池的发展还处于初期阶段。例如，中国宁德时代于 2021 年展示了代表目前全球最高水平 160W·h/kg 能量密度的第一代钠离子电池，创造性地将钠离子电池和锂离子电池混搭使用，宣称钠离子电池最快将在 2023 年商业化。与目前主流磷酸铁锂电池比较：第一代钠离子电池已具有如下性能水平：①电芯单体能量密度已达到 160W·h/kg，还有突破空间，下一代钠离子电池能量密度预计将高于 200W·h/kg；②常温下 15min 充电就可达到容量的 80%，具备了快充能力；③在–20℃低温环境下仍保持有 90%以上的放电，而磷酸铁锂电池的衰减达到 30%；④其系统集成能够提供的电力是充电电力的 80%以上；⑤热稳定性优异，已超过国家动力电池强标准安全要求。但是，钠离子电池也有缺点：能量密度和循环寿命都低于锂离子电池，其出现并不是替代锂离子电池，目前主要用于对能量密度要求不高的领域，如二轮车、储能、数据中心等。我国对钠离子电池以全面支持，最近我国国家能源局和国家发展和改革委员会提出的新型储能指导意见中首次包括钠离子电池，为储能电池提供一新的技术选项，全力支持优势互补的钠离子电池与锂离子电池集成混合共用。

7.10.2　铝离子电池

2021年亚洲电池研发公司Saturnose宣布将公开发布其增强型铝离子电池，并计划在2022年实现铝离子电池商业化，希望能逐渐取代锂离子电池。从其发布的电池数据来看，与目前锂离子电池相比有不小的优势：①能量密度高出2～3倍：铝离子电池体积能量密度为1500W·h/L，质量能量密度600W·h/kg（磷酸铁锂电池150W·h/kg左右，高镍三元电池250W·h/kg左右）；②循环寿命高出7倍：铝离子电池充放电循环超20000次（最长磷酸铁锂电池也仅有3000次）；③成本低50%：这款铝离子电池使用的原材料不涉及昂贵的镍、钴、锂，仅仅使用铝和铌，所以比锂离子电池便宜；④高安全性能：这款铝离子电池阴极采用高能无序岩盐结构，活性物质是稳定元素，因此难以出现热失控等问题。但是，目前这款铝离子电池仅看到试验数据，从试验走到真正量产，还需要经历样品检验、小试、中试、评估、验证等环节，每个环节都需要以年为单位的时间，不可能一蹴而就。实际上并不存在完美无缺的电池，目前尚未看到该电池的缺陷和难点问题，需要继续跟踪。

第8章　化学能存储技术Ⅲ：燃料

8.1　概　　述

8.1.1　引言

地球上的能源资源有两大类：一是消耗性不可再生能源资源，如煤炭、石油、天然气等化石燃料；二是持续可再生能源资源，如太阳能、风能和生物质等。大量消耗化石能源（也称含碳能源）问题严重：一是不可持续性（总会被消耗完的）；二是大量消耗带来严重环境问题，特别是气候变化（变暖）。为此国际能源组织和世界各国政府都在积极倡导进行能源改革和采用可持续能源技术，用可持续可再生能源（RES）逐步替代化石能源。

现在运行的能源网络和未来的智慧能源网络系统都是由电力、燃料和热能三大能量网络系统构成的，最重要且最广泛使用的是电网系统，其次是燃料网络系统，热能网络系统因传输损耗大多数是局部或区域性的。能源网络系统中传输和分布使用的电力、燃料和热能都是二次能源（能量载体），它们都是从初级能源利用不同转化技术生产的。今天这些二次能源主要来自不可持续化石能源，因都含碳，所以被称为碳基能源网络系统。而未来智慧能源网络系统的二次能源基本都来自可持续再生的能源，称为非碳或氢基能源网络系统。现在我们正处于从碳基逐渐向氢基能源网络系统过渡的时期中。该转型替代过程是逐步渐进式的，其完成需要相当长时间，数十年甚至数百年或更长。

绝大部分 RES 电力的特征是随机波动间歇性（化石能源电力相对平稳和可支配调节）。为克服该随机波动间歇性及调节平衡供需间的不平衡，配置储能单元和装置是必不可少的。机械能、电能、化学能和热能等都是可存储的，它们之间是可以相互转换的。电力存储体系有两类：一是直接存储电力；另一类是间接存储电力，即存储的是机械能、化学能和热能，它们可容易地转化为电能。电能可容易地转换为其他形式进行存储。例如，电能转换为机械能、化学能和热能进行存储，需要时再转化为电能送回电网。化学能包含在燃料之中，存储燃料也就是存储化学能。因此，常规气体燃料、液体燃料和固体燃料也是像电力那样，都是非常重要的能源和能量载体，它们的存储相对简单容易，虽然气体燃料如氢的存储和携带要困难一些。本章介绍燃料储能技术，重点是氢燃料的存储。

8.1.2　燃料的含义

含化学能的天然和加工可燃物都被称为燃料。燃料通常是指可燃烧（氧化）产生能量（热能，可再转化为其他形式能量）的物质。燃料是极重要的能源和能量载体，是构成现在和未来能源网络系统的重要部分（与电网、热网相互连接且可相互转换）。燃料可区分为两大基本类型：一是地球上大量存在的天然燃料资源（如煤炭、石油、天然气）；二是从它们和可再生能源（RES）资源衍生的产品次级能源（燃料或能量载体），如常规汽油、柴油和煤油及氢燃料。燃料也可按其存在形态区分为固体燃料、液体燃料和气体燃料。固体燃料的存储是容易的，只要有空间就可以堆放，如煤场、仓库、储槽（如老蒸汽机中使用的）；液体燃料通常存储在管网和封闭容器中（因有蒸气压易挥发），对于移动应用需携带的液体燃料常存储在所携带的储罐或槽容器（油箱）中；气体燃料的携带存储相对麻烦一点，需要经压缩和液化操作（都是高耗能的）变成高压气体或液体再存储在储槽中携带运输，如压缩天然气和液化石油气进行的大规模海上运输。这些与前面介绍的电能存储技术比较仍然是容易的，电能不可能像燃料那样随存随取。

燃料和热能存储需要的技术虽然说简单，但与电能存储技术有所不同，其要求的储存和分布系统也是不同的。燃料利用方法主要是以不同方式燃烧产生热量，供直接使用或转化为其他形式的能量再使用，为机械设备和运输工具提供动力，也常转化为电能供不同领域应用。

地球上能获得并可作为燃料使用的若干天然物质主要是木材和化石燃料。在能源供应中，化石燃料（它们也是长期地质年代中存储和累积的能量）的重要性肯定会逐渐缓慢下降（因为是消耗性的）。有些被称为生物质的有机燃料（如植物油、谷物、糖类和淀粉）具有可再生循环的特性。它们也是燃料和能量载体（存储能量介质），其能量是在它们生长时期累积存储的。作为燃料的生物质包括活生物质和动物。动物是消耗植物燃料生长的，多以食物形式贡献能量或直接被使用提供机械能。

8.1.3　燃料存储的化学能

燃料的化学能存储在其分子化学键中。当燃料被氧化或燃烧（被转化为不同物质）时断裂化学键释放出存储的能量。现代发电和运输工具中大量使用燃料，如汽油、柴油、天然气、液化石油气（LPG）、丙烷、丁烷、乙醇、生物柴油和氢，所含化学能先被转化为热能，再转化为机械能和电能。燃料化学能释放的另一方法是利用燃料电池直接转化为电能。燃料储能的突出优点是，不仅存储化学能的量可非常大，而且存储时间可任意长，非常适合于大量和长时间能量的存储和运输分布。不同燃料的比能量是不同的，图 8-1 中给出了各种燃料包括氢燃料的低热值（LHV）体积密度对质量密度的作图，表 8-1 中给出不同燃料的比能量。必须注意到，使用大规模储能系统主要目的之一是要利用过剩电力和热能，特别是利用随机波动性 RES 电力生产燃料（3.6MJ/kg 比能量等于 1kW·h/kg），如纯氢和合成天然气（SNG），因它们是可大量和长时间储能的仅有技术［高达 TW·h（太瓦时）数量级和任意长时间的存储］。这些通用燃料能使用于不同领域，如运输、大型机车作业、供热和化学工业。

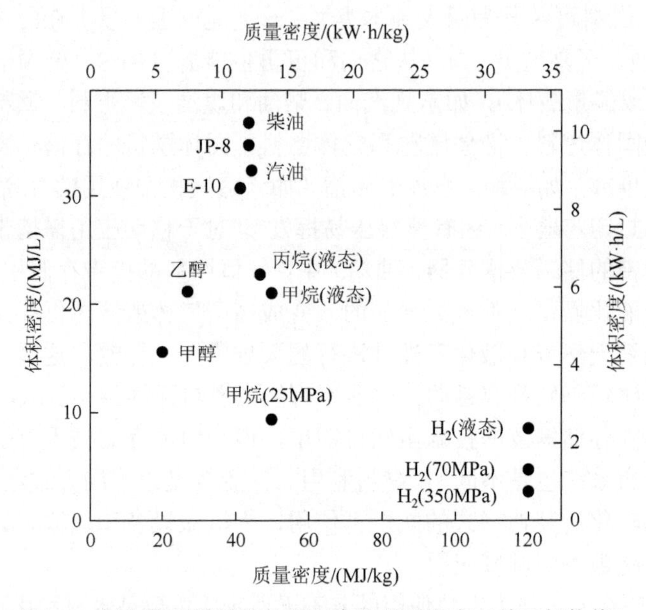

图 8-1　氢和若干燃料的体积密度和质量密度（基于低热值）

表 8-1　不同燃料的比能量

燃料	比能量/(MJ/kg)	燃料	比能量/(MJ/kg)	燃料	比能量/(MJ/kg)	燃料	比能量/(MJ/kg)
原油	42	乙醇	28	氢气	120	柴油	43
煤炭	32	丙烷	47	甲醇	31		
干木头	15	丁烷	46	汽油	44		

8.2　生 物 储 能

8.2.1　植物储能

活性植物和动物的储能密度估算值在 10～30MJ/kg（干重）之间。问题是如何收集、捕集和利用这些能量。干木头和秸秆所含能量可经燃烧转换为热量。大多数有机物质都含有大量水分，干燥它是要消耗大量能量的，其耗能很可能超过燃烧它们获得的能量。不过还是有收回生物质及其能量方法的，如以生物质为食的活性微生物。地球上活性生物质存储的总能量大约有 1.5×10^{22}J，平均停留时间约 3.5 年。海洋和陆地生物质是不同的。海洋生物多以浮游植物形式存在，生长一般较快，但寿命非常短，数个星期。在开放海洋中水生植物的光合作用主要由浮游生物承担，决定其产率的限制因素是可利用的营养物质，特别是氮和磷酸盐。只要有可用营养素（如农业排水），附近水生植物的生长是非凡的。但这并不总是人们希望的，例如，流入农业肥料数量很多的美国加利福尼亚州 Clear 湖，看到的却是这样：湖中生长了如此丰富的绿藻，致使湖水变得基本上不透明了，好似厚的干豆汤（现在该湖的这个问题已有一些减轻）。与水生植物多少有些不同的陆地生物生长比较慢，平均寿命时间较长。像木材和其他硬生物质，吸收利用太阳能生长，至少要到一定水平（即存储一定数量能量）后才可利用（如氧化燃烧，为烹饪、取暖和其他目的提供热量）。生物质利用对许多相对不发达国家的人们是重要的。在利用过程中实际上有很多热量都浪费了，被利用燃烧产生热能（如烹饪）仅约 10%。研究指出，能利用的热能应可达到 50%，这要求锅炉、窑炉和炉灶有很好的设计和操作（如欧洲使用的某些浇铸铁炉），以使它们在转换和存储燃烧热上能做得很优秀。

作为例子，北大西洋海洋生产的能量密度约 $0.05\mathrm{W/m^2}$，海岸地区生产率上升到约 $0.5\mathrm{W/m^2}$。对有珊瑚礁和有富营养水流入的地区（如暴露海岸），水生生物转化效率可达到辐射可利用太阳能的 2%～3%，理想条件下（主动供应营养素）的能量转换效率可达 4%。尽管这些数据是吸引人的，但海洋生物年收获量仅有约 100 万 t，大部分被日本和韩国等作为食品消费了。大多数藻类富含蛋白质，在食品工业中应用应是有意义的。遗憾的是，许多海洋区域的污染是个大问题。

生物质是一类 RES 储能资源，希望其生长速率必须快于（至少一样快）收获利用能量的速率。生物质生长速率受诸多因素影响，如肥料、人工灌溉和光照等。生物质生长是利用太阳能和消耗 CO_2（正面因素）的结果。实践指出，空气中 CO_2 浓度增加有利于提高植物生长速率（文献报道可达 2 倍），如较高浓度 CO_2 的商业温室已实际使用。病害虫防治对生物质生长也是重要的。植物生长的快速是令人印象深刻的。太阳辐射中的部分能量被植物用于自身生长和存储。若干高产量植物能量（平均）生产效率［定义为植物能量含量除以累积入射的太阳能（在给定土地表面积条件下）］列于表 8-2 中，实际效率可因合适施肥和灌溉等因素显著增加。灌溉涉及的问题现在是世界范围内的严重问题，这是因为需求和人口大量增加超过了可用资源发展的速度。

表 8-2 若干高产量植物能量（平均）生产效率

植物	短期效率分数	年平均效率分数	年产率/[kg/(m^2·a)]
甘蔗		0.028	11.2
纳皮尔草	0.024		
高粱	0.032	0.009	3.6
玉米	0.032		
紫苜蓿	0.014	0.007	2.9
甜菜	0.019	0.008	3.3
小球藻	0.017		
桉树		0.013	5.4

8.2.2 动物储能

驯养动物消耗大量植物食料。植物是接受太阳能生长的，动物储存的能量来自被消耗的植物。能量以食品形式传递，被人类食用或进一步传递给其他动物。粗略计算指出，植物收获能量总量的三分之一被动物食用了，但其产生能量仅占食用总能量的 14%。33%输入和 14%产出间的差值说明，植物食品到动物食品的能量转换过程实际上不是非常有效的。这样的低效是有原因的，如人类对食谱的要求（有合理分布的肉类、蔬菜和奶制食品），以及植物到动物能量转换效率并不一定总是支配因素。动物也有一些重要应用，如提供机械能，牛、马、骡子或狗被用于运输作业和辅助农业耕作，但多数现在已被机械替代了，只在休闲娱乐应用中仍被保留。还有利用动物存储能量的其他方法，如德国黑森林地区农民的老式建筑物总是把动物安置在生活区最底层，以利用动物散发的热量（影响上层生活区的动态温度）。

科学家 Jensen 提供了有关饲养动物能源消耗、储存和输出等方面的一些有趣数据。他的测算指出，世界上有约 1.5×10^9 饲养大型动物，包括牛、马、牦牛、水牛、毛驴、骆驼等。其中有 4 亿只贡献了机械功，每只动物一天 6h 贡献的功率有 375W。如果每只动物为食品提供能量，平均为 600W，食品能量转化为机械能的效率为 16%。但是对于许多应用，实际上仅有部分动物机械功率用于有用目的。虽然能量被消耗了，但没有获得有用的能量输出，如牛和马在周围散步。

8.3 有机含碳燃料

8.3.1 引言

地球上天然存在的含碳燃料有很多，主要是化石燃料煤炭、石油和天然气。

这些是在地球经历的历史长河中累积和存储的太阳能，经地质转化而成的天然碳氢燃料。人类很早以前就知道，黑石头（煤块）是可以燃烧取暖的，亚洲和欧洲数百年前就知道石油能燃烧照明，可作为机械润滑剂，也能用于烹饪。近代发现天然石油经改质可作为汽油、柴油燃料使用。虽然它们现在在能源供应中占重要地位，但因其是消耗性的且产生污染物，贡献肯定会逐渐减小。而同样是含碳化合物的有机物质，如植物油、谷物、含高糖和淀粉类食品等，它们存储了在生长期累积的太阳能能量，供未来利用。这些有机物质是可再生的，具有燃料、能量载体和能量存储介质的基本特性，还具有可作为营养素或工业原料使用的一些其他特征。鉴于利用化石能源带来的问题，现在人们对利用可再生生物质生产液体燃料给予了很大注意。生物质同样也是含碳氢的物质（包括活的植物和动物），可归属于有机燃料一类。动物是要消耗植物生物质才能生长的，而动物也以食物形式贡献能量或贡献机械能。

当来自化石矿物如石油的化学燃料价格高涨时，使用谷物生产替代燃料就变得具有竞争力和很有吸引力。但大量谷物消耗可能导致食品价格上升，变成政治问题。与利用植物生产燃料一样，也可利用动物油脂生产燃料，但同样需要在经济上有吸引力。实际上用鲸鱼油脂生产白油（可作煤油燃料和烛蜡使用）是首个有利可图的动物油脂，其所用酯交换催化反应已在多种类型动物废料转化生产液体燃料中应用。该过程最有吸引力的特征是处理无用动物废物（来自肉类加工厂和巨大肉类餐厅）生产燃料，变废为宝，环境友好性非常强。

另一方面，在可再生能源（RES）电力高渗透时稳定电力电网系统，缓解和解决电力供需间的波动不平衡，转移 RES 高输出时段电力到低输出时段（电力存储）使用燃料是必需的。现在直接存储大规模风电、太阳能电力是一个非常严重的挑战，比较可行的储能方法似乎应以燃料形式为主来存储能量。如图 8-2 中指出的，有机燃料的能量密度远高于现时电池能量密度。用随机波动 RES 电力生产有机燃料应该是一个不错的选择，不仅可用于再生产电力，还可直接作为运输部门燃料和化学原材料使用（取代燃料油）。

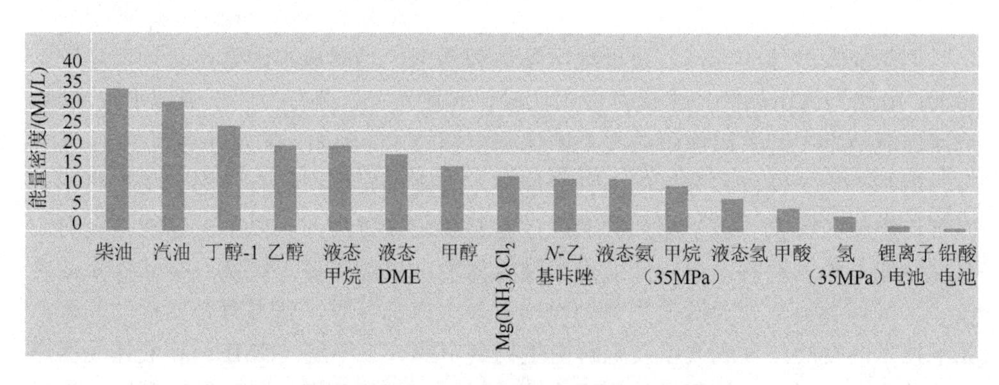

图 8-2 储能有机燃料、电池的能量密度（基于低热值）

8.3.2　生物质生产燃料化学品

鉴于未来能源部门将很大依赖于 RES 电力，很有可能采用以有机燃料形式存储大量能量的储能方法。为此，需要发展电力生产燃料和合成化学品的技术。在图 8-3 中给出了 RES 电力水电解和生物质气化工艺组合生产合成燃料化学品过程，以及所需公用基础设施的概念图。它清楚说明，为何必须要用燃料化学品来存储能量，这是因为在未来能源公用基础设施可容易地容纳这类可再生随机波动的能量载体。

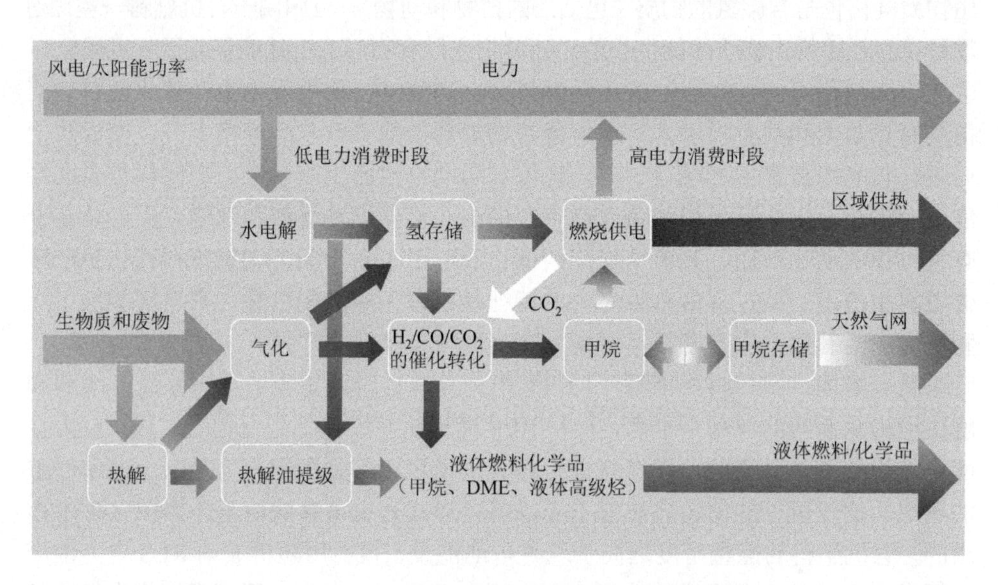

图 8-3　可再生能源能量存储（经水电解和生物质气化过程合成燃料化学品）过程及公用基础设施概念

理想能量载体的选择取决于地区条件和要求，当然成本因素是必须考虑的。目前，虽然为选用储能技术提供成本比较仍是困难的，但有一件事情似乎很清楚：选用储能技术中起关键作用的将是催化和电解技术。例如，在为丹麦到 2050 年能源公用基础设施探讨和分析的多种储能技术方案中发现，所有考虑方案都离不开以气体燃料（氢或甲烷）形式的储能，它甚至是关键性的。以甲烷储能与现有燃料存储体系最为兼容，而以低能量密度氢储能，可能需要扩展现有存储体系的容量。当气体燃料成为能源公用基础设施重要组成部分时，就很有必要推动和刺激如下技术的发展：合成气以及电解衍生物到甲醇、二甲醚（DME）和液体烃类燃料的转化。这样一来就可继续为现有液体燃料部门供应燃料。对航空和道路运输车辆而言，预期仍需要用液体烃类燃料，直至未来。如前述，液体燃料也可由生物质来提供。有很多生物质材料，例如，农业燃料就有两类：一是植物种子，如油菜籽、大豆、棕榈籽及其他一些种子和坚果，它们都含有很高数量植物油（例如，麻风树含油量达 40%）；二是可直接使用的植物，如高糖植物（如甘蔗、甜菜、甜高粱）及高淀粉植物（如谷物、柳枝桉），经酵母发酵过程可生产出乙醇（也是液体燃料）。这类生物燃料现在为巴西提供了 45%的液体燃料，所有汽车都用含乙醇的燃料。

但是，必须指出，生物质的数量是有限的，并且其利用仍有问题。例如，丹麦能源署的估算指出，可用于生产能源（包括燃料）的生物质数量在 2006 年约有 165PJ（仅有一半被利用）。该数量与丹麦 2011 年总耗能 210.7PJ 和现时电力消耗数量 113PJ 是可比较的。全球范围生物质资源和能源需求间的比例应该与丹麦的这个比例是类似的。全球生物质燃料资源估算约为 100EJ/a，为现时全球能源总消耗量的约 20%。

转化生物质的各种技术不可避免是有能量损失的。为最大化能量效率（即最少 CO_2 排放）和满足电力需求，在风电、太阳能电力生产不足时段可利用燃烧生物质来提供电力，即用透平机直接生产电力的生物质工厂可对稳定 RES 电力随机波动性做出贡献。与直接燃烧生物质生产电力比较，更具优势的是把生物质先气化经合成气（主要是 CO、CO_2 和 H_2）转化为燃料化学品（如甲烷、甲醇及合成汽油和柴油等）的技术。为提升合成气中的能量含量，可加入电解水（利用太阳能和风电盈余时段电力）生产氢气。富氢合成气可经催化转化成可存储燃料，如甲烷（相对高能量密度）。用气体燃料（合成气、甲烷、氢气）生产电力对平衡快速波动 RES 电力和供需电力间的平衡应是比较容易做到的（气体透平启动相对快速），肯定比用固体燃料（如生物质或煤炭）更合适。但必须考虑的另一因素是，石油价格波动正进入其生产跟不上需求的增长时期，因此从供应安全性前景角度考虑，运输燃料必须有替代物。而该替代物很可能是燃料化学品：生物质气化生产合成气和 RES 盈余电力电解水生产氢气的混合物经催化转化生产，这可能是减轻交通运输部门对石油依赖和解决过量电功率的一条出路。生物质资源的利用是要考虑所有这些选项并进行平衡折中的。水电解和生物质气化间的这一协同是因气化生产合成气中氢含量的不足（用合成气催化生产燃料和化学品时）。用电解氢提高合成气中氢含量对后续合成过程是非常有益的（图 8-3）。

因生物质能量密度低，把其运到转化中心的成本是一大挑战，为此提出了生物质利用的另一途径：生物质在产地进行热解生产出能量密度是原始生物质 7～8 倍的生物油，然后再把生物油运输到转化设施中心进行气化或提级（upgrade）生产燃料和化学品，该途径也示于图 8-3 中。采用的提级过程一般是加氢（来自水电解）。对于大多数储能燃料和化学品，催化是关键技术之一，因此必须研究和改进合成燃料化学品使用的催化技术。

下面对除氢燃料外的若干重要燃料化学品做简要介绍。

8.3.3 储能燃料甲烷

甲烷是地球上存在的可利用的三大化石燃料之一，天然储量（包括甲烷气井、页岩气、煤层气及甲烷冰等矿物）是丰富的。甲烷是好的储能物质，相同压力下气态甲烷体积能量密度是氢的 3 倍。就天然气的运输分布和使用管理而言，全球范围内已建设有广泛的公用基础设施。除作为烹饪家用燃料外，为车用天然气燃料灌气的充气站也已在世界各地出现。

深埋于海洋中的甲烷水合物（甲烷冰）可用潜力巨大，储量非常丰富。其结构是捕集了甲烷分子的水结晶固体，直到 20 世纪 60～70 年代才第一次认识到这类物质的存在，它是浅海生岩石层（＜2000m）中的普通组分，也是深海积淀沉积物和海洋地板露出在海底的岩层。甲烷冰通常在深度超过 300m 海洋中发现，水温约 2℃。沿大陆架中的分布也是广泛的，也可存在于深的湖泊（如俄罗斯西伯利亚贝加尔湖）中。也发现甲烷冰可被捕集在深度小于 800m 的大陆性砂岩和寒冷地区（如美国阿拉斯加州、俄罗斯西伯利亚地区和加拿大北部）粉砂岩中。它们是在低氧水环境中经由细菌降解有机物产生的。大体积甲烷也可以气泡形式存在（约 0℃时是稳定的）于包合物区域下面。温度超过 0℃时它们分解形成液体水和气态甲烷。在高压力下可稳定到较高温度。甲烷冰的典型组成是 1mol 甲烷和 5.75mol 水，也即 1 升固体甲烷冰熔化产生的气体甲烷为 168 升（1atm 下）。对地球上甲烷冰数量的估算值差别很大（随时间有所下降），最近估计值在（1～5）$\times 10^{15}m^3$ 之间，等当于（500～2500）$\times 10^9t$ 碳，该数值小于所有其他化石燃料储量（5000×10^9t 碳），但显著大于现时的天然气（甲烷占大部分）估算储量值。虽然甲烷冰是非常重要的潜在能源资源，但到现在为止被确认已用其进行商业开发的仅有一家：俄罗斯的 Norilsk 公司。现在日本和中国也在研究和发展利用甲烷冰，为回收捕集甲烷冰中的燃料而发展经济实用方法给予了巨大激励。从这些包合物中提取甲烷一般可应用两个方法：加热和降低压力，后一方法所需能量要少很多。

8.3.4 合成天然气

天然气是最大众的气体燃料，是页岩气、煤层气、甲烷冰、生物气体、填埋区沼气、合成天然气（SNG）和生物 SNG 燃料的总称。SNG 是从固体原料如煤炭或木头转化而来，经由气化、气体调整、合成和气体提级等过程。SNG 可存储在加压的地下储罐中或直接送入气体管网中。有 CO_2 和过量电力可用地区，生产 SNG 应该是一个好的选择，也是电力化学能存储的可行选择。煤炭（或生物质）可采用多种气化工艺，再合成转化为 SNG。其中加氢甲烷化和催化气化技术要比传统甲烷化过程更为能量有效。SNG 可由 CO 和/或 CO_2 加氢合成，它们可来自含碳物质的气化、化石燃料发电站、工业生产设备和生物气体工厂及水电解。为最小化能量损失，应该避免原料气体氢和碳氧化物的远距离传输。生产 SNG 的甲烷化工艺是成熟和广泛使用的技术。SNG 有高能量密度，管线输送所需能量较低，其主要缺点是相对低的效率（因电解、甲烷化、存储、运输和随后发电过程都有能量损失），从 AC（交流电）电力到 AC 电力效率低于 35%，甚至比氢存储效率还低。

甲烷化反应使用很长时间了，通常利用高镍催化剂。计算指出，生物质经气化到甲烷转化的能量效率在 60%～65%之间。德国提出了“电力到气体”概念并已建立示范工厂。该概念可表述为，利用盈余可再生能源（RES）电力和生物质气化生产的合成气经甲烷化生产甲烷气体，甲烷可再燃烧生产电力满足需求。对该过程计算的能量效率在 75%～80%之间。生产的甲烷可存储在天然气网和盐洞穴中。该概念的弱点是必须存储显著数量氢，或许还需要有甲烷的存储。甲烷的温室效应潜力是 CO_2 的 25 倍（mol/mol），因此必须避免大规模甲烷公用基础设施的泄漏。

甲烷转化为电力可用气体透平、蒸汽透平或燃料电池的方式。主要优点是已存在大规模公用基础设施中（甲烷燃料可容易地进入天然气管网系统中或存储在地下盐洞穴中）。虽然甲烷存储的体积密度是氢的 3 倍，但甲烷化的额外损失达 25%。从能量学角度分析，转化氢到电力（替代化石燃料生产电力）要比化石燃料燃烧再捕集 CO_2 加氢和再燃烧甲烷更为有效。如利用的是 RES 资源生物质，其甲烷化仍是可行的有利选择，因气化-甲烷化方案的总效率类似于厌氧发酵效率。因此从能量效率观点看，这些技术都是可比较的。气化-甲烷化方案的缺点是需要有规模化经济才有可行性。尽管生物气体工厂相对较小，但气化-甲烷化工厂小规模是不经济的，生物质长运输距离会降低该方案的效率。

8.3.5　液体燃料甲醇

许多合成燃料可利用天然物质生产，如甲醇、乙醇、甲烷、氨和甲基环己烷等。甲醇是有潜力的储能分子，其优点是在正常压力和温度下是液体。甲醇通常是由合成气在合适催化剂（一般是 $Cu/ZnO/Al_2O_3$）作用下于约 300℃和 7MPa 在高压反应器中合成的。甲醇合成工艺已很成熟，现在全世界甲醇的年产量非常大，光在中国每年就有 5000 万～6000 万 t。甲醇不仅是燃料，也是极重要大宗化学品，中国现时也用它生产低级烯烃（年产量超过 1200 万 t）。

甲醇液体燃料对汽油车辆是高度有效的。长期看来，甲醇可为车辆提供动力和作为燃料电池的燃料或生产化学品的原料，虽然仍需要进一步研究降低燃料电池中使用催化剂的成本。甲醇容易运输，是小规模生产氢气（经水蒸气重整）的理想原料。甲醇还可转化为二甲醚（DME，柴油添加剂）燃料（经生物质气化合成 DME 的能量效率约 58%）。甲醇转化为合成汽油也已有成熟工艺，能量效率约 90%（较大规模工厂）。对于甲醇和二甲醚，小工厂效率一般要比大工厂低 6%～8%。甲醇也用于生产化学原料乙酸、甲醛和烯烃（化学工业重要平台分子）。甲醇燃料也仍有挑战：如液体甲醇体积能量密度虽高于氢和气态甲醇，但仍低于高碳醇和液体烃类（图 8-2）；甲醇汽油的问题是，水存在时甲醇与汽油是不互溶的，这是甲醇燃料使用的一个障碍。

生物质（经气化）转化为甲醇过程的能量效率在 57%～59%之间，但可通过在合成工厂中组合汽化器和高温电解单元进一步提高。

8.3.6 液体烃类燃料

液体烃类燃料（现时主要利用原油生产）是现时能源公用基础设施的骨架和主要组成部分。利用非化石能源、核能和 RES 资源生产液体烃类，其优点是可利用现有能源公用基础设施（完全兼容），节省新建设施的大量投资。合成烃类燃料（汽油、柴油、煤油）能量密度显著高于甲醇、乙醇、甲烷和氢燃料，是满足未来航空部门使用要求的燃料（预测指出，航空运输部门将依赖于液体烃类燃料直至未来）。

液体烃类能够从合成气利用所谓 F-T（Fischer-Tropsch）合成技术生产，使用催化剂有铁和钴两类。汽油范围烃类也能够从甲醇和/或 DME 生产，一般使用沸石催化剂。中国已建成世界上最大的煤制合成油 F-T 合成工厂（年产油品超过 400 万 t）。虽然南非用 F-T 合成生产液体燃料商业化较早，但似没有中国工厂先进。生产液体烃类的合成气可来自所有含碳物质，如三大化石燃料和生物质，其严重挑战主要来自合成气的净化。利用 RES 资源生产烃类的总效率虽然是中等的（与生产燃料的其他路线比较），但在未来该类过程将起重要作用，成为交通运输部门基本燃料和重载卡车燃料的来源（烃类具有最高质量和体积能量密度）。从合成气生产液体烃类的一个缺点是，过程热效率低于甲醇、DME 和甲烷的合成过程（存储在合成烃类燃料中的能量仅是原料能量的一小部分）。例如，对于生物质，经气化从合成气用 F-T 技术合成柴油的能量效率约为 40%。这类过程通常需要再加入氢气（水电解获得）。

8.3.7　乙醇和高碳醇燃料

与甲醇一样，乙醇也是化学工业重要的平台化学品。与其他化学储能分子比较，虽然没有直接合成乙醇的单一路线，但最近中国在高选择性获得乙醇的催化过程中取得了实质性进展，虽然仍要进一步研究和发展。生物质发酵生产乙醇则是相对成熟的工艺，在厌氧条件下可获得的乙醇浓度稍高于 20%。发酵过程使用原料一般为（未经加工的）谷物、（经加工的）粮食和饲料，如甘蔗、甜菜或其他谷类，因此油品烃类生产是不可持续的。如以木质纤维素替代糖类或淀粉类植物作为生产乙醇起始原料，发酵工艺生产乙醇可能变得更有吸引力。为进一步提高生物质利用的能量效率，可采取发酵乙醇与电力协同生产。乙醇和高碳醇（丙醇、丁醇）混合物可从合成气直接催化合成（混合醇合成过程能量效率低于甲醇）。混合醇燃料的优点是，即便有水存在也能与现时汽油、柴油燃料兼容，且可利用现有公用基础设施。在过渡时期以混合醇作为重要能量载体对能源公用基础设施是有好处的。

8.3.8　氨储能化合物

另一个储能化合物是氨。全世界生产的化学品中，氨是规模第二大的（2014 年 1.76 亿 t），大规模氨合成工厂每天生产 1000～1500t 氨。使用哈伯过程的氨合成工厂创建于 100 多年前。现在氨合成工厂所用原料氢气主要是利用甲烷蒸汽重整（SMR）过程（中国以煤气化过程为主）生产的，它与大气中氮在催化剂作用下进行高压（20MPa）、高温（450℃）反应生产干液氨，使用的是铁催化剂。

随着全球能源向 RES 资源过渡，能源长期存储和长距离运输变得重要了，对此氨生产规模与 RES 资源是匹配的。以天然气为原料的氨合成能量效率达 70%，对于氨运输分布已经建有有效的公用基础设施。氨的存储通常是室温下液体存储，需要的最小压力取决于室温（一般是 1MPa）。为确保密封，应用双层容器，使用循环系统捕集回收沸腾逸出的氨再送回容器中。氨能以相对高密度的金属胺化物［如 $Mg(NH_3)_6Cl_2$］形式存储能量，缺点是使氨从该金属胺化物释放过程耗能较大，因把释放的氨分解生成氮气和氢气，即便在理想条件下，也需要消耗大约存储氢能量的约 31%。氨合成的逆反应是氨的分解（生产氢气），在 1atm 条件下氨的分解温度为 460K（187℃），需要发展便宜的氨分解催化剂。

8.4 氢　　能

8.4.1 引言

氢既是化学品也是燃料（能源），又是能量载体。目前多达数以千万吨的氢被作为重要化学品和合成燃料化学品使用，如氨、甲醇、烃类燃料、二甲醚及许多精细化学品等。氢是未来的重要燃料，是唯一能够替代碳基燃料的无碳燃料，虽然现在运输应用所占比例非常低，但未来可能成为智慧能源网络系统燃料网中的主角。氢与电力一样是能源网络系统中重要的次级能源和能量载体。氢燃料燃烧产物只产生水（最大优点），不产生任何污染物，对环境极其友好。RES 电力电解水产氢作为燃料电池燃料又能高效生产出电力，这一转化循环极有利于 RES 电力在电网系统中渗透率的提高。

氢能量载体也是极好的储能介质。可持续能源战略要求 RES 成为最主要初级能源。为有效提高 RES 的能量利用效率，氢能源将在解决其固有波动间断性弱点中起关键性作用，虽然该作用不是独一无二和排他性的。氢能源将是解决能源挑战的可行办法，非常符合可持续能源战略。氢能源与电力一样都是次级能源，都可以在广泛应用领域（固定、便携式和运输领域应用）中起重要的关键作用。例如，在运输部门中的公路、铁路、内河和海洋航运可用氢燃料提供的功率来驱动车辆（短距离运输使用插入式电动车辆）和船舶；在航空运输中也将使用液氢燃料提供动力。

在增强 RES 替代化石能源趋势和配备必备储能系统中可进一步看到，氢能和电力这两个最主要次级能源和能量载体间具有强的互补性。未来能源网络系统依赖 RES 电力和 RES 资源的高效利用都需要有长期季节性（氢）储能系统来克服供应功率的随机波动间断性，即 RES 电力可持续大量供应绝对离不开大规模储能装置（氢储能）。从能源资源到终端使用者的氢能路径示于图 8-4 中。大幅提高 RES 利用是解决化石燃料带来问题的最好办法。这是因为 RES 利用为人类社会发展提供巨大可持续能源且不会对环境产生有害影响，为消费者提供的是低（无）碳、清洁、安全、可靠和高效能源。为充分利用 RES 电力和解决波动不稳定性问题，氢能应该是最好的化石燃料替代品之一。也就是说，氢能源极有利于缓解和克服使用化石能源产生有害环境影响等关键挑战。一方面，氢能源和燃料电池发电技术是降低 GHG 排放和遏制全球气候变暖的最有效方法之一；另一方面，氢是非碳环境友好的能源，具有替代化石燃料的巨大潜力。

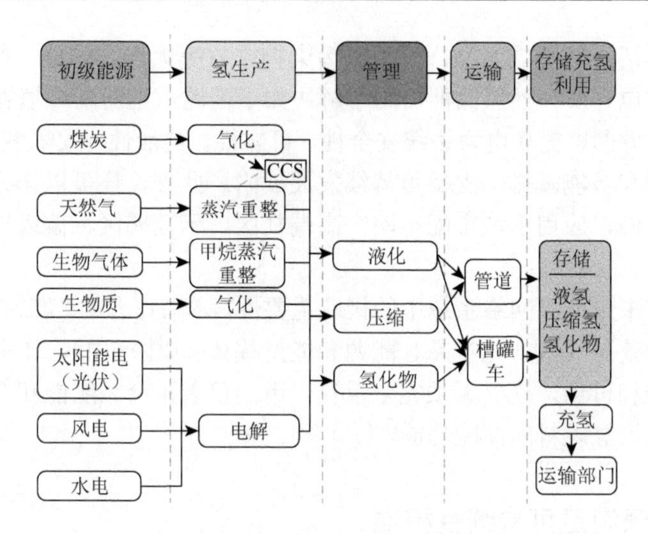

图 8-4　从能源资源到终端使用者的氢能路径

虽然电力存储（储能）和氢能存储（储氢）都是能量存储技术，但是它们之间是有差别的。储能一般是指电能的储存，储氢属于化学能存储。氢气是气体燃料，其存储属于燃料存储范畴。前面已指出，燃料存储是长期和大数量能量存储的唯一可行技术。为研究储氢在能源网络系统中的作用，从技术/社会/经济角度对其长期储能行为进行分析后获得的主要结论是：使用储氢体系，在技术上，能增强电网系统电力质量和电网稳定性，能在工业需求不平衡关键时期稳定电网操作；在经济上，20 年寿命储氢单元全部费用是完全负担得起的（因存储氢气可用于发电，为电网供应电功率）。所以，为确保电网系统能量效率、可靠性和安全性并降低碳排放，在能源网络系统中引入成本有效且能长期存储能量（电力）的储氢单元是一个很好的解决方案。另外，氢能可改变能源系统可持续方式，无须担心供应安全性（与电力互补），氢能源和能量载体既可作燃料使用也是未来理想燃料，适合于在移动装置如车辆中使用。

从历史发展角度观察，随着社会文明的发展，人们直接使用天然能源资源情形日益减少，更多的是使用次级能源。氢是次级能源（可利用洁净和绿色能源资源生产），也是未来的清洁燃料和优良能源载体。现在对氢能的兴趣持续增加，不仅因为氢能与电力一样是能源，而且也是很好的能量载体，氢能的使用是清洁无污染且没有 GHG 排放。在未来能源网络中，氢能的作用与电力具有互补性。因氢转化为热量和电力等通用能量形式是容易的，既可在透平机中直接燃烧，也可在燃料电池中经电化学反应产生电力和热能（转化产物是完全无害的水）。氢的存储、运输和使用也是相对容易的。氢本身就是很好的可再生、可持续能源，满足可持续标准，支持和满足对能源的长期需求。氢能具备能量来源简单、丰富，存储时间长而灵活，转化效率高，几乎无污染物排放等优点。氢是一种应用前景广泛的储能及发电介质。储氢储能可用于解决如下问题：电网削峰填谷、稳定 RES 电力和促进其并网，提高电力系统安全性、可靠性、灵活性，大幅度降低碳排放，推进智能电网和节能减排，支持可持续发展战略。此外，还可以作为分布式电站的应急备用电源，应用于城市配电网、高端社区、示范园区、偏远地区、主要活动场所等场合。

鉴于氢在未来能源网络系统中的极端重要性，本书作者的“燃料电池三部曲”系列最后一曲就是《氢：化学品、能源和能量载体》（生产中），该书对氢做了颇为详细的介绍和讨论，这里无须完全重复。下面仅着重介绍氢能和在氢经济观念基础上重点讨论氢燃料的储能功能。

8.4.2　氢能源满足可持续性标准

对任何一个新型能源体系的可持续性，可采用一套标准对其进行评估和评价。对于氢能系统，评估其可持续性的标准见图 8-5。可持续性评估标准包括技术、性能、环境、市场和社会及政策等方面的多个指标。其中，性能指标又由多个次级

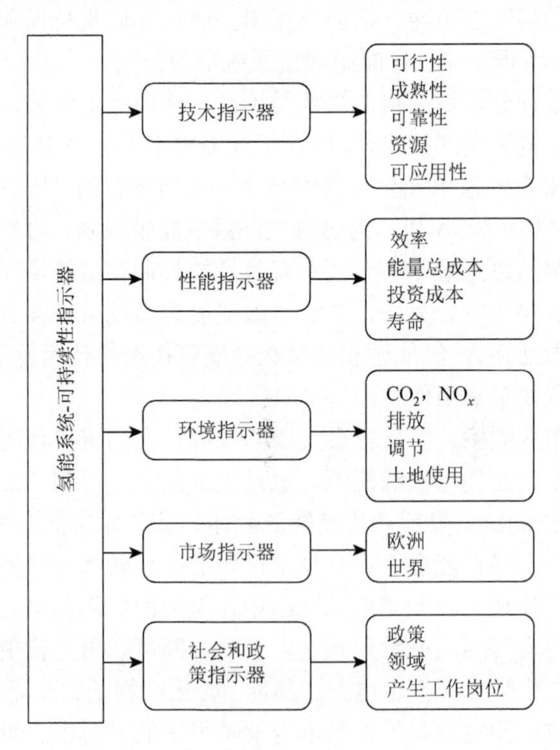

图 8-5　氢能系统可持续性标准图

指标（效率、能量总成本、投资成本和寿命）组成。在一套标准的氢能系统设计中应包括：战略、优化、脱物质化、寿命和生命循环设计等多方面的内容。氢能作为道路运输车辆中的替代燃料也必须满足一些基本标准，如可利用性、容易使用、安全存储和运输。从低端初级能源到终端使用者的基本传输路径（氢的生产、管理、运输、存储、配送、分布和应用）见图 8-4。氢能的该传输路径与管线网络和容量建设、安全分类编码和表征等一起组成一个联合完整的氢能系统。

氢能源像电力一样使用范围极其广泛。氢能生产、存储和配送运输与顾客消费使用地区间的空间分布一般应有层次结构特征，也就是说，氢能对地区性能源资源利用是特别有利的，可避免昂贵的长距离输送分布系统的建设。氢具有完成大规模战略性储能的巨大潜力，其所含化学能具有能长期存储的特点。在大规模能量储存库中存储的氢可确保国际和全球能源安全并能稳定连续地供应。

8.4.3　氢能支持可持续发展战略

氢是人类所企求的最理想可持续清洁能源，因此对其开发利用寄予了极大热忱和希望。在可持续能源战略中的氢能，特指利用可再生能源（RES）生产并被消费的氢（绿氢）。它不仅仅是应对化石能源储量耗尽的策略，而且包含范围广泛的诸多内容：零 GHG 排放（碳中和目标的重要内容）；RES 的脱中心化利用（分布式产氢，避免长距离氢输送）；氢电力互补和氢电池储能互补，尽管在运输、工业、商业和民用（住宅）领域氢不是唯一和排他性储能载体；对仅有 RES 电力输入的电网，氢作为长期储能介质（大量储存的氢是战略能量储库中主要部分）能确保世界各国和全球能源的安全性（增加和依靠 RES 资源利用）；在唯一使用 RES（不接受核电）时必须强调对能量效率和管理的需求。

为大规模使用氢燃料，必须研发经济有效的产氢和储氢技术，特别是燃料电池（FC）技术。FC 具有如下优点：用氢生产电力和热能是最有利的灵活方式之一；装置可放置于消费者附近，实现分布式能量转换，节省大量运输费用和避免配送分布的能量损失；高效率能量转化（＞90%氢能量转化为有用的电力和热量）且几乎不排放污染物（包括 GHG）。氢转化的副产物只有水，它在 RES 电力作用下在电解器中重新分解生成氢（和氧），而所产氢和氧又能在氢引擎或燃料电池中转化，生产出电力和热量，这一循环在未来智慧能源网络系统中运行非常符合世界各国政府首脑倡议和贯彻的可持续发展战略。

从氢能生命周期全循环中可看出，氢能具有如下特点：①来源广，不受地域限制；②可储存，适合于中大规模长期储能应用；③利用 RES 的桥梁，把随机波动的 RES 变成稳定可消费能源；④零污染、零碳，是控制地球温升的主要能源；

⑤氢是全能能源，可发电、可发热，也可用作运输燃料，是运输部门进行能量转化最有效燃料之一；⑥氢能是达成碳中和目标的关键措施之一。

8.4.4 氢燃料网络和储能作用

在未来智慧能源网络系统中必须配置完整的次级氢能源子系统循环网络，包括氢生产、存储、输送和分布以及广泛应用领域。氢能可完全利用 RES 生产，现在绝大多数 RES（如太阳能、风能、潮汐波浪能、地热能等）首先都被转化为电力，电力可用于水电解产氢。氢是大和好的储能介质，能大量长期存储能量，不仅具有缓解 RES 电力随机波动性，而且有控制调节并提高系统效率的巨大潜力。以氢作为存储电能介质的一般程序是：让电解器（逆燃料电池）利用 RES 盈余电力电解水产氢气和氧气，并把它们分别存储于各自的容器中；在电力需求高峰时期，让存储的氢气和氧气强制通过燃料电池生产电力，回送给电网补充供电的不足。虽然氢电力转换效率没有电池高且操作相对复杂，但更安全可靠且可无损耗长期储能。

设计可持续氢能源的最重要准则是，在未来能源网络系统总体框架内使国家（甚至州/省）范围内所需氢燃料分布网络为最小。毫无疑问，建立全新氢存储和分布网络需要有巨大资金投入。为使氢燃料管道网络最小化，氢能中心设计必须能创生按地理分布的氢能中心框架结构，使输出氢只在该地区内使用（含车辆用燃料）。因此，其放置位置应尽可能与未来能源网络系统中电网和热网系统储能位置保持同步。理论分析和实践经验已证实，过度中心化能源生产不仅投资很大，对安全稳定运行也是不利的。而分布式发电装置（脱中心化）能缓解和克服过度中心化带来的挑战和问题。氢燃料系统建设（分布式氢生产）很有利于分布式电力生产布局思路的推行（住宅或商业建筑物附近建立脱中心化产氢中心），在供应燃料电池生产电力和热量的同时为运输车辆提供氢燃料。

8.4.5 氢储能

氢是未来智慧能源网络中不可或缺的燃料，其所占份额将会越来越大。氢是最大众化的化学能量存储物质之一，也是极为重要的能源和能量载体。氢能存储在与 RES 或低碳技术组合时具有使燃料和电力零排放的潜力。氢储能系统是通过将 RES（太阳能、风能、潮汐能等）的多余电力用于电解水制氢，将氢气储存在需要时通过透平或燃料电池发电满足峰电需求。比较研究发现，氢储能技术在成本得到控制后具有非常明显的优势。氢所含化学能是可被长期无损失大量存储的，氢的运输配送要比热量或冷量运输容易，即氢是很好的储能介质。氢能很容易与其他能源集成。为获得高能源利用效率，提出和实施了含氢的多联产概念。实践证明，联产系统总效率有相当提高（回收利用了所谓的“废能量”）。

目前已有许多国家把储氢技术作为解决RES高渗透和高效利用的有效手段之一。氢能存储系统主要由燃料电池/电解池、存储燃料的容器、电力逆变器、连接管道系统和控制系统等组成。其中燃料电池/电解池是核心单元。有多种类型的燃料电池/电解器，一般按照使用电解质和燃料进行分类。氢在燃料电池阳极的反应活性高，氧化剂一般来自空气。最普通的燃料电池/电解池类型包括质子交换膜燃料电池/电解池（PEMFC/PEMEC）、碱燃料电池/电解池（AFC/AEC）、磷酸燃料电池/电解池（PAFC/PAEC）、熔融碳酸盐燃料电池/电解池（MCFC/MCEC）、固体氧化物燃料电池/电解池（SOFC/SOEC）。燃料电池与电解器在结构组件和操作上非常相似，实际上已有燃料电池完成了反向的电解器操作（消耗电力产氢）。

1. 储氢储能技术发展状态

在储氢技术领域，欧洲的发展相对成熟，有完整的技术储备和设备制造能力，有专用的储氢储能系统，包括制氢、储氢和燃料电池，有多个配合新能源接入使用储氢储能的示范项目在实施。例如，2011 年德国推进的 P-G（电力-气体，Power to Gas）项目，提升了 RES 消纳能力。2013 年，法国在科西嘉岛实施的 MYRTE 项目建成了 200kW、3.5MW·h 的氢储能系统，提高了光伏电力利用率，满足了电网高峰时的用电需求，达到了通过调峰和平稳光伏电厂负载来稳定电网的目的。意大利的 INGRID 项目（欧盟资助）配备 1MW 电解槽和储氢容量 39MW·h 的氢储能系统。其他发达国家如加拿大、美国、英国、西班牙、挪威等都有氢储能技术的示范项目。相继建立了配备氢储能单元的（质子交换膜、磷酸和熔融碳酸盐）燃料电池工厂，配置在公共电力部门中作为分布式发电装置使用，并对效率、可运行性和寿命进行评估。我国也在 RES 利用中实施氢储能示范项目。例如，2010 年年底在江苏沿海建成了首个非并网风电制氢示范工程，利用 1 台 30kW 的风电直接为新型电解水制氢装置供电，日产氢气 120m^3（标准状态）；2013 年 11 月河北建设投资集团与德国迈克菲能源公司和欧洲安能公司签署了关于共同投建河北省首个风电制氢示范项目的合作意向书，其中包括建设 100MW 风电场、10MW 电解槽和氢能综合利用装置。引进的德国迈克菲能源公司固态储氢及风电制氢技术，可有效解决河北省现有运营风场的低峰弃电等问题。

总之，储氢储能技术的巧妙运用能解决 RES 电力波动间断性问题，还能促使氢能技术的协同发展。与当前人们追求高效利用可再生清洁能源资源的大趋势是一致的。但是，氢储能技术当前的主要挑战在于：高投资成本和关键装置燃料电池、氢气储运设备间的配置与优化等。随着各环节技术的进一步发展和制氢成本最终被控制，储氢储能技术的巨大潜力将得以发挥，逐渐成为普遍采用的既经济又环保的储能技术。也可将制得的氢气直接送入现有天然气管网进行输运分布，这能大幅降低氢燃料输运和存储成本。例如，德国利用电力-气体技术把 RES 盈余电力经电解水转化为氢，所产氢直接输入已有天然气供应基础设施管道系统中存储和利用。氢能量载体作为储能介质不仅能推动扩大 RES 大规模高效利用，也极有利于推动氢能大规模使用和氢经济的快速发展。

2. 储氢-燃料电池组合提高能源利用效率

氢燃料电池发电技术（氢燃料电池）已进入初始商业化阶段，其应用领域范围非常广泛，包括分布式电源、热电联产（CHP）、车辆动力源和便携式电源应用。对于便携式、固定和运输电源的应用，用氢燃料电池提高燃料能量利用效率的一个非常有效策略是，在能源网络系统中大力建设和部署热电联产或冷热电三联产（CCHP）单元，因它们能利用多种形式的能量：冷量、电力、燃料和热量。其中的关键问题是要掌控它们间的相互作用以尽可能多地利用在电力生产（主要装置是气体透平、内燃引擎、蒸汽透平、太阳能热发电和燃料电池等）中产生的废热。对这类系统，用同一初级能源生产的电力流和热量流是高度偶合的，总能量效率很强地取决于热能-电能负荷比和热量的回收效率（导致灵活性受限）。为增加这类联产系统的灵活性，最好的办法是把电力和热量生产分开，以更有效地利用和集成 RES 产生的能量。氢和燃料电池能在这类联产系统起至关重要的作用。尽管不同类型燃料电池具有不同特性，其效率也可能随系统大小、燃料类型和操作条件（如温度和压力）等因素而变，但其电效率一般都能达到 40%～60%（高于内燃引擎效率）。纯氢燃料运转的燃料电池效率是最高的，适合应用于商业建筑物作为分布式发电（DG）装置，如医院、酒店和学校等。废热的利用大幅增加燃料电池能量效率，如 PAFC-CHP 系统能量效率高达 85%。高温 MCFC 和 SOFC 更适合作为固定发电装置，虽然启动时间较长，但电效率高（如 MCFC-透平组合系统电效率达 65%，MCFC-CHP 系统能量效率高于 80%）；SOFC 能达到的电效率是最高的（可达 70%），SOFC-CHP 系统的能量效率超过 85%。

3. 替代碳基燃料

人们非常关心能源供应的长期持续性和安全性。长期使用碳基能源肯定是不行的，不仅大量消耗其储量（有枯竭的一天），更严重的是它们的使用会大量排放污染物和 GHG，导致严重环境问题。人们早已认识到碳基能源系统必须改变，现在确实正在发生向未来智慧能源网络系统（氢基能源）的过渡。向清洁低无碳能源网络系统的过渡正在加速，因为这是可持续发展战略中重要而必不可少的组成部分。未来智慧能源网络系统的最重要特征不仅能容纳广泛部署且相互连接的巨大数量的清洁无碳 RES 能源，而且采用广泛的智能管理技术（因此是很聪明的能源网络系统）进行管理。在该过渡时期中，氢燃料电池/电解池技术是低无碳能源系统中最关键的部件，将发挥越来越关键的作用。但氢燃料电池技术大规模商业化应用仍存在成本、市场和运输等方面的巨大挑战，世界各国对此采用和实施了不同的策略和政策。

4. 氢能与电力间的互补作用

提出使用氢能和发展氢经济的早期设想是基于对有限化石能源资源耗尽的担忧。但随着社会经济发展和扩大以及氢能技术的进展，氢能（发展氢经济）使用就不再仅仅是对化石储量耗尽所做的应答。氢是化学品，长期以来一直被大量广泛使用；氢是可燃气体燃料，具有能源和能量载体的特征，在未来能源网络系统中将起主要的作用，可以与电力互补促进 RES 电力的渗透使用和缓解克服电力的不足。氢能可用于能源网络系统大量长期存储能量，缓解利用 RES 电力随机波动间歇性和瞬时性冲击。氢在功能上与电力有互补性，在储能上与电池有互补性。氢能可应用于广泛领域，如运输、工业、商业和住宅建筑物等经济部门，也是未来能源网络系统必备的储能单元。氢除了能作为清洁无污染的可持续能源使用外，氢储能系统是向利用 RES 过渡的关键技术。氢储能既可在 RES 电力中心电网中使用，也可使用作为战略能量储库，在提高能源网络资源利用率（能量效率）和运行效率（重点是解决 RES 电力负载波动间断性问题）以及确保全球清洁能源连续、稳定、安全供应中也能做出大的贡献。从氢能源新研究成果和上述事情中能获得如下看法：虽然不能把氢看作是未来唯一运输燃料，但已被确认它在总可持续能源战略中的每个重要部门都能够起重要的特殊作用；它与电力和电池技术虽有竞争，但它们间的互补性似乎更是主流；氢能源在未来能源网络系统中是能够起显著和至关重要作用的；在协同安排中氢能源是不可或缺的有效大容量储能工具，与电池技术不仅是竞争对手也是互补性很强的密切合作伙伴。

8.4.6　与氢能竞争的技术

人类面对的三大威胁是不可逆气候改变、石油供应需求间缺口和总污染程度不断上升。缓解和解决它们的最好办法是在能源网络系统中大幅增加 RES 使用比例。维系其运转必须配备用以解决 RES 固有随机波动间断性问题的是有极大储能容量和长储能周期的单元装置。应该说，在应用范围上氢可能不及电力，但在储能性能上氢远胜于电力，也就是说必须利用它们间大的互补性。既然是互补就避免不了竞争。氢能除了电力竞争外，在运输部门应用中，与氢能储能竞争的技术还有电池（储能）和生物燃料（运输燃料）。

新近电池特别是锂离子电池技术发展迅猛，大大促进了电池电动车辆大规模商业化进程。但电池电动车辆达到真正零排放必须要使用 RES 电力、核电或有碳捕集封存的化石燃料电力。对氢燃料也只有绿氢才是真正零排放的。它们有各自的优势和弱点以及不同的可应用领域。对纯电池电动车辆（BEV）和燃料电池电动车辆（FCEV）的优势和弱点在前文和本书作者将出版的《氢：化学品、能源和能量载体》书中做了深入讨论和比较，这里不再重复。

另一种低碳运输燃料是生物燃料（如生物乙醇、生物油料和生物柴油）。只要生产和分布这些生物燃料的能量是从 RES 获得的，它们即是碳中性的，净 GHG 排放为零。现有引擎和分布燃料公用基础设施中使用生物燃料需要的改动相对较小。氢燃料虽有优势，但可能需要建设新分布存储和分散的公用基础设施，对现有车辆设计和动力功率链系统也需有实质性改变。

8.5 氢　源

8.5.1 引言

氢是重要化学品、能源和能量载体，是未来智慧能源网络系统中燃料网的主体组分。氢能系统内容很广，包括生产、存储、运输和利用（表 8-3）。本节介绍现在和未来氢的来源。

表 8-3　氢能生产、存储、运输和利用

氢的生产	氢的存储	氢的运输	氢的利用
工业副产氢气 化石燃料产氢 水化学热分解产氢 水电解制氢 光电解水制氢 生物质制氢	高压气态储氢 低温液态储氢 固体材料储氢 有机液体储氢	车船（储槽）运输 管道运输 海上大型液氢运输	运输车辆燃料 化工原料 工业能源 大规模储能 能量载体应用

氢既可利用化石能源生产，也可利用可再生能源（RES）生产。来自化石燃料（天然气、石油或煤炭）的氢被称为“灰氢”，这使氢燃料电池是否能够成为真正环境友好技术是有疑问的。来自 RES 清洁能源（如太阳能、风能和核能电力）的氢被称为“绿氢”，利用绿氢的氢燃料电池不仅是环境友好而且是真正无碳的（零排放）技术。如前所述，氢燃料电池/电解器技术被认为是解决 RES 电力随机间断波动性问题的最好选项之一。现在世界上有越来越多的国家在发展使用 RES 来满足本国能源需求，这极有利于降低 GHG 排放目标的完成。例如，欧盟成员国中的瑞典，其 RES 占总能源消费份额是最高的，2010 年就已达 47.9%；德国 RES

发电量占比已从 1990 年的 3.1%增加到 2012 年 22.9%。德国联邦经济能源部最新数据披露，2020 年德国新能源发电占比已达 46%，到 2030 年计划占比提高到 65%。中国 RES 发展很快，2018 年清洁能源消费占总消费的 22%，2020 年该比例提升到 27%；2022 年中国 RES 电力新增装机 1.52 亿 kW（占新增发电装机 76.2%），RES 发电量 2.7 万亿 kW·h，占全国总发电量的 31.3%。

8.5.2　工业副产氢气

在化工和钢铁等行业中，有副产大量氢气的工厂，如盐水电解（生产烧碱）、焦炭生产、炼铁炼钢工业等。它们副产的含氢气体可经净化提纯后作为氢化学品使用。这样既能提高资源利用效率和经济效益，又可降低大气污染和改善环境。以中国 2020 年为例，烧碱工业年副产氢气 75 万～87.5 万 t；年产焦炭 4.71 亿 t，每产 1t 焦炭副产焦炉气 350～450m^3（含氢 54%～59%）；甲醇生产弛放气中含氢数十亿立方米；从合成氨工业弛放气中可回收氢约 100 万 t/a；丙烷脱氢工业副产氢气 37 万 t/a 以上；还有甲烷无氧直接芳构化（DMA）所产氢气。它们除了用于燃烧供热、城市煤气和发电外，仍有一大部分可经变压吸附（PSA）回收提纯生产高纯氢气，作为能源和化学品使用。中国工业副产提纯氢气成本，目前在 0.3～0.6 元/kg 之间，再加上副产气体本身的成本，氢气最终成本在 10～16 元/kg。

8.5.3　生产氢

因氢的化学活性很高，在地球上没有天然元素存在，只有含氢的化合物，如水、烃类和各类有机材料等，含氢资源非常丰饶。原理上，只要以热（气化、热解）、电（电解）和光（光解）方式输入能量都能利用含氢原料生产氢气。例如，1kg 水电解产氢 0.1119kg（含能 13.428MJ），1kg 汽油能量等于电解 3.2394kg 水生产氢的能量。

理论上虽然所有含氢物质都可作为制氢原料，但就目前成熟工业应用制氢技术而言，使用原料仍以烃类为主，因其成本低廉。从 20 世纪 80 年代至今，天然气是世界制氢主要原料，占总氢产量约 50%（表 8-4）且该比例仍在增加。但从环境影响角度考虑，最有吸引力的制氢技术应是水电解。不过现在水电解制氢占比很小（约 4%），原因很简单，是成本较高。电解水制氢的经济性极大地取决于电力价格，这使该技术具有极强的地区性特征，局限于有便宜水电资源可用特定地区。鉴于世界各国区域性资源分布情况极不均匀，产氢所用不同原料间的比例是不同的。例如，对于北欧国家，电解制氢占比较高。在我国，因煤炭资源特别丰富，煤气化制氢的比例相对较高。对现今世界产氢而言，约 95%来自不可再生化石能源。最主要产氢技术是天然气蒸汽重整，该工艺是在催化剂作用下于高温

（800～1000℃）进行吸热重整反应，天然气既作为产氢原料也作为燃料（占 10%～20%，燃烧提供热量）。按此比例计算，每产 1t 氢气排放 2.5t CO_2。煤气化制氢对环境影响要比天然气严重得多，每产 1t 氢气释放 CO_2 达 5t。为降低煤气化产氢总成本，与电力联产是一好的选择。用烃类原料制氢的另一技术是烃类部分脱氢，其所产氢纯度很高，达 99%。烃类脱氢须在贵金属催化剂如铂上进行，反应温度 400℃，压力 0.1MPa。催化剂常因结焦而失活，需要频繁再生。对使用氢量不大的工厂企业，为求方便，常以化学品如甲醇和氨为原料来制取氢（甲醇重整和氨重整）。甲醇水蒸气重整制氢是成熟技术，被小规模精细化学品工厂广泛采用。

表 8-4 利用不同资源产氢比例

资源	产氢量占比/%	资源	产氢量占比/%
天然气	48	煤炭	18
石油	30	水（电解）	4

为降低产氢过程对环境的影响，正在研发一些新的制氢技术。例如，烃类热解、等离子重整和水相重整等。例如，利用生物质原料产氢，采用的技术一般是先气化生产合成气，再经水汽变换把其中的 CO 也转化为氢气。生物质气化制氢过程与煤气化制氢过程极为相似。以生物质为原料产氢也可利用生物化学过程（正在研发的技术）。以水为原料的产氢技术，除水电解外，正在研发的技术有热化学裂解、光解或光电解等制氢技术。现在使用和发展中的制氢技术，包括所用原料、制氢过程效率和技术成熟程度等，简要总结于表 8-5 和图 8-6 中。

表 8-5 制氢技术总结

技术	原料	效率/%	技术成熟程度
蒸汽重整	烃类，含氧燃料	70～85[a]	商业化
部分氧化	烃类，含氧燃料	60～75[a]	商业化
自热重整	烃类，含氧燃料	60～75[a]	近期
等离子重整	烃类，含氧燃料	9～85[b]	远期
水相重整	碳水化合物	35～55[a]	中期
氨重整	氨	NA	近期
煤、生物质气化	煤、生物质	35～75[a]	商业化
光解	太阳光＋水	0.5[c]	远期
避光发酵	生物质	60～80[d]	远期
光发酵	生物质＋太阳光	0.1[e]	远期

续表

技术	原料	效率/%	技术成熟程度
微生物电解池	生物质＋电力	78[f]	远期
碱电解器	水＋电力	50～60[g]	商业化
PEM 电解器	水＋电力	55～70[g]	近期
固体氧化物电解池	水＋电力＋热	40～60[h]	中期
热化学水分裂	水＋热	NA	远期
光化学水分裂	水＋太阳光	12.4[i]	远期

注：NA 表示没有可利用数据；a. 热效率，基于 HHV；b. 不包括氢的纯化消耗；c. 太阳能经水裂到氢，不包括氢纯化；d. 理论值是每摩尔葡萄糖 4mol 醛，给出的是其百分数；e. 太阳能通过有机材料到氢，不包括氢的纯化；f. 包括电能和基质能量的总能量效率，但不包括其纯化；g. 生产氢的 LHV 除以输入电解池的电能；h. 高温电解效率取决于操作温度和热源的效率，例如，使用核反应器的温度操作，效率可达到 60%，不考虑输入热量效率可达 90%；i. 太阳能经水到氢，不包括氢纯化。

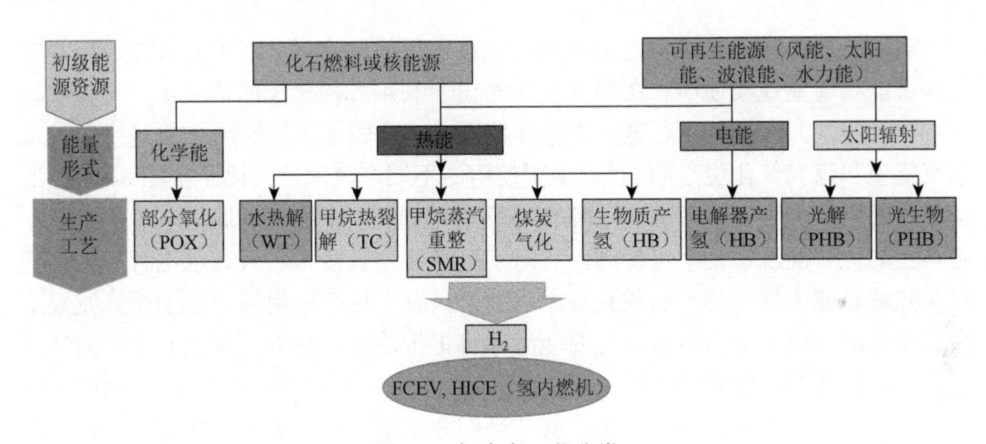

图 8-6　氢生产工艺分类

对使用不同能源（RES 和非 RES）和原料（水和烃类）的产氢技术进行的完整生命循环评估（LCA）获得主要结果如下：①RES 电力产氢（可再生氢或绿氢）成本高于烃类（天然气）重整，主要原因是安装新装置的高成本和转换过程的能量损失；②氢燃料电池电动车辆效率是内燃引擎车辆的 2 倍，用风电氢（GHG 零排放）替代烃类（汽油）重整产氢是经济的。为证实 LCA 评估所获结论，美国国家可再生能源实验室资助并进行了中试规模（100kW）风电产氢试验［采用聚合物电解质膜（PEM）和碱液电解质电解器，日产氢 20kg］。当时汽油重整产氢成本约 5.50 美元/kg，而改用先进风力透平电力产氢成本可降低至 2 美元/kg（美国 DOE2017 年的目标值）。试验结果完全证实了 LCA 评估所获结论的正确性。但必须注意到，只有在产氢系统电力成本下降到 0.015 美元/(kW·h)时，产氢成本才能与汽油重整产氢系统竞争。不同制氢技术的 GHG 排放示于图 8-7 中。

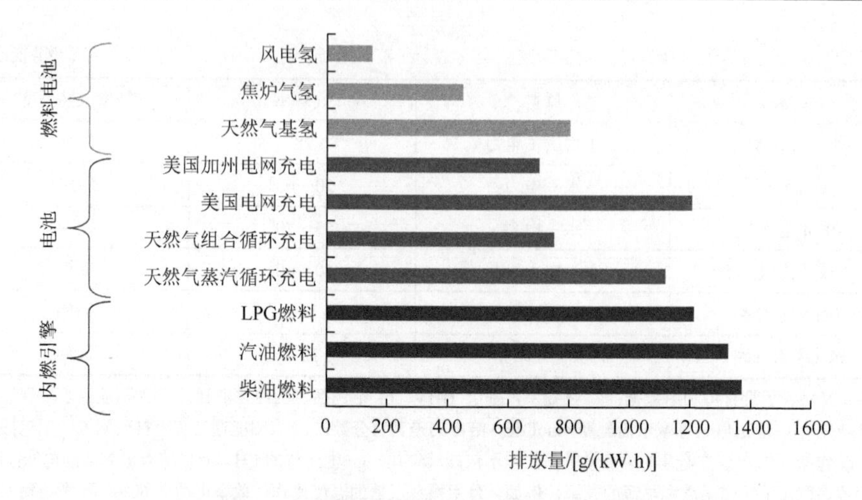

图 8-7 不同动力源燃料循环温室气体排放

表 8-5 中给出了范围广泛的多种产氢技术，但仅有部分能工业规模应用，有一些仅能实验室规模使用。在图 8-8 中给出了利用各种含氢原料（水、天然气、生物质和煤炭）产氢的工艺链。在世界范围内，合成用氢气的约 95%是由甲烷水蒸气重整和煤炭气化生产的。目前中国使用的不同产氢原料占比示于图 8-9 中（醇类原料是指来自煤炭和甲烷的甲醇）。该图明确指出，中国产氢原料基本也都是不可再生的化石能源，是不可持续的。对于可持续产氢技术，只有水电解和生物质气化热解是能大规模生产的成熟技术，其余只有小规模应用或仍处于研究发展阶段。水电解使用的电力可来自化石能源和可再生能源，前者（灰氢）虽是清洁的但是不可持续的，后者（绿氢）不仅绿色清洁且是可持续的。图 8-10 中总结了氢的生产、储存、运输和利用路径，其右半部分主要是目前占优势的化石燃料产氢技术（特别是天然气水蒸气重整和煤炭的气化）；其左半部分是利用低和无碳能源

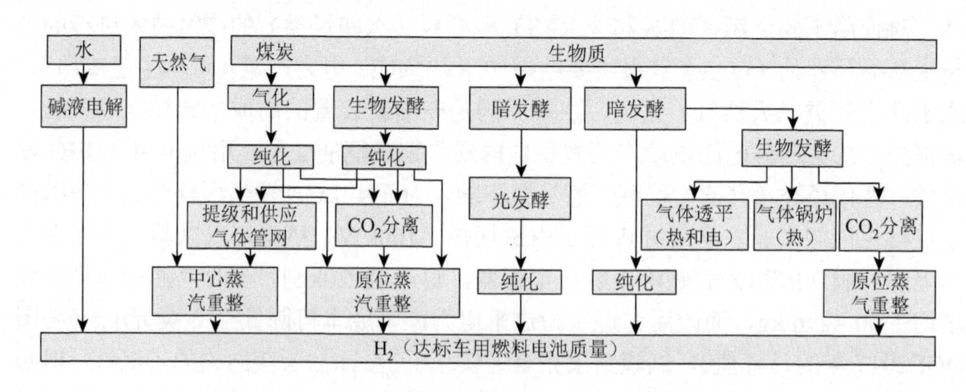

图 8-8 水、天然气、生物质和煤炭生产氢气的工艺链

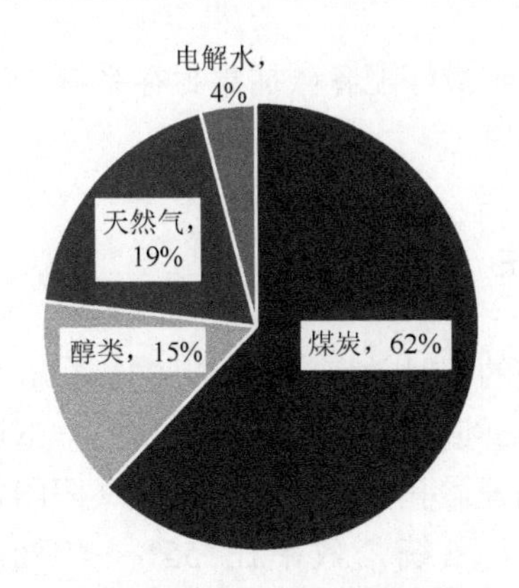

图 8-9　目前中国产氢使用原料的比例

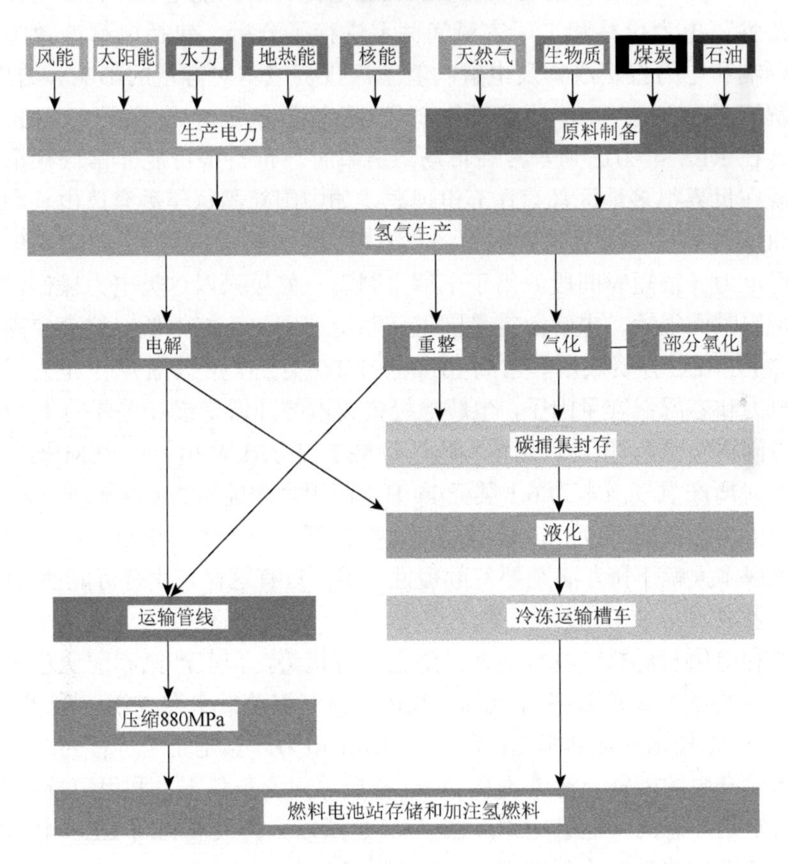

图 8-10　氢的生产、存储、运输和利用路径

资源的产氢技术（RES、核能电力电解水），尽管目前其占比不大，但却是长远产氢理想技术。在由传统能源网络向未来智慧能源网络的过渡时期中，为降低碳排

放，在利用化石燃料产氢时最好配备碳捕集封存系统（CCS），当然这会使成本大幅度增加。

8.5.4 产氢技术经济性

低温商业水电解系统的现时效率为56%～73%［70.1～53.4kW·h/kg H_2（25℃和 1atm）］。电解水生产高纯氢可在高压（＞7MPa）下进行，这可节省昂贵的氢气压缩费用。对于使用陶瓷微孔分离器和镍电极（阴阳极表面有铂和锰涂层）的碱电解质水电解（AES）系统，效率在 55%～75%之间，生产纯氢耗电为 4.49kW·h/m^3。以 SMR 制氢成本线以及工业电价和太阳能电价作为参考，对水电解氢经济性、电力价格和工厂容量间关系进行了分析，包括电解池效率对氢经济性的影响和电力投资成本及电解制氢工厂投资成本对容量的影响。结果指出，要使电解氢成本能与 SMR 技术竞争，电力价格要低于 2～3 美分/(kW·h)。应该注意到，在 RES 电力达到非常高市场渗透率时，价格很可能非常低甚至可能免费（如现在世界很多地区都存在弃电现象，如中国新疆每年丢弃风电、太阳能电高达 1000 亿 kW·h），这为电解水经济产氢提供巨大机遇：能否把一天中低成本或免费可用电力（很短时间段）用于电解水制氢？如果只以这类电力操作，由于该类电力可用时间很短，电解池容量因子（利用因子）可能很低，这会使商业水电解系统如 PEMEC 投资成本非常高（1000～1500 美元/kW 范围）。于是为了利用这类便宜电力和容忍低容量因子，电解池投资成本的降低是极其重要的（技术-经济分析获得同样结论）。例如，用电网电［价格 7 美分/(kW·h)］的 PEMEC，容量因子为 97%时所产氢气成本为 6.1 美元/kg H_2，而用太阳能电力（容量因子为 20.4%）产氢气的成本为 12.1 美元/kg（计算值）。要强调的一个关键信息是：为使电解器系统投资成本大幅下降，必须要有颠覆性思维。只有这样，才有可能使 RES 电力电解水产氢成本与 SMR 技术竞争。

虽然利用化石燃料产氢目前在经济上具有优势，但其产氢和配送总效率也仅有 50%。生物质产氢总效率为 40%，气体燃料产氢总效率为 53%。利用 CLA 对利用 RES 产氢技术的评估指出：①利用 RES 电力产氢是完全可行的；②在考虑长距离运输产生的能耗、污染物和 GHG 排放等问题条件下，利用可持续 RES 电力产氢肯定是理想的（能量成本降低了）。之所以大力发展利用 RES 电力制氢，一是可降低碳排放甚至达到零排放，二是制氢成本能随 RES 电力成本持续下降而下降。在中国，如用目前的弃电产氢，氢产量可达 263 万 t/a 且经济性较高。国家也支持高效利用廉价［最高电价低于 0.3 元/(kW·h)］且丰富的 RES 电力制氢。但应该指出，水电解产氢需耗用大量脱盐水和电力。例如，当日产氢 50000kg、效率为 80%时，所需电功率和脱盐水分别为 105MW 和 28m^3/h，再加上氢液化的耗能为 25555kW。如果瑞典航空完全使用氢燃料，到 2050 年其所需氢量是巨大的（水电解和氢液化需耗用电力 20TW·h，约为 2000 年瑞典总电力供应的 12%）。这说明航空工业增长可促进 RES 发电事业发展，利用低谷电力产氢还能带来巨大的环境利益。

8.5.5　可再生能源电力产氢示例

用风能生产电力，对环境的负面影响最小。中国、德国、西班牙和印度占世界年度风电总量的 73%以上。2019 年，中国风电装机 2.1005 亿 kW，发电量 0.3577 万亿 kW·h。2021 年一季度，风电产量 1400.6 亿 kW·h，占总发电量 7.35%。利用风电电解水制氢不仅是解决风电随机波动性问题的好策略、好办法，而且能把其盈余电力以氢燃料形式存储起来。风电工厂和氢能协同是缓解风电波动间断性的一种有效机制，而且容量巨大的风电产氢系统所产氢气完全能够满足车辆对清洁氢燃料需求，缓解 GHG 排放压力。图 8-11 是组合风电产氢集成系统及其应用。

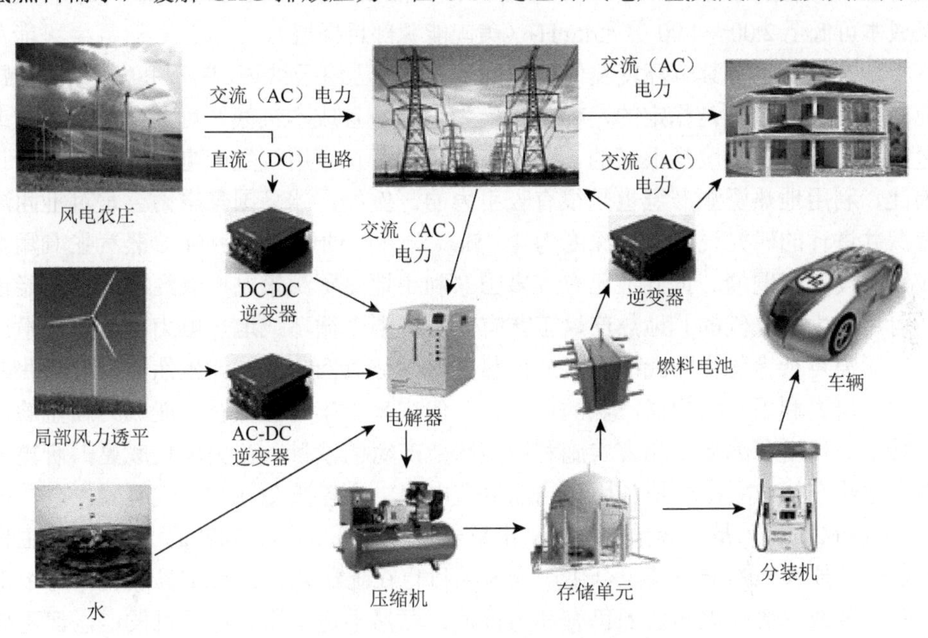

图 8-11　风电产氢应用集成系统及其应用图

太阳能毫无疑义是清洁的 RES，地球表面年均接受太阳辐射能量在 120000TW 左右。50 年前就已出现太阳能发电，先是光伏（PV）发电装置而后是太阳能热发电技术。虽然太阳能是地球上最大能源资源且太阳能发电发展速度极快，最近几年猛长，但其实际供应电力在全球总电力需求中所占份额仍然是不大的。例如，2020 年中国风电装机容量 2.8 亿 kW，太阳能电力装机容量 2.5 亿 kW，分别占世界的34%和33%。太阳能电力产量387.7亿kW·h，占总发电量2%。为较好利用太阳能电力，已发展出利用其电力产氢的系统（SHS）：白天PV发电装置生产的盈余电力以氢燃料（经电解器电解水）形式存储，晚上利用存储的氢气和氧气在燃料电池中生产电力。第一个SHS（日产氢50～70m^3）公用基础设施于1995年在美国加州EI Segundo建成。此后为验证太阳能电力产氢技术的可行性又建设多个SHS，目标是找出经济可行的SHS技术。运行结果证实该技术是经济可行的。又如，中国宁夏宝丰能源集团在宁夏宁东能源化工基地建设20万kW光伏发电和2万m^3/h电解水产氢装置，配置全球最大的1000m^3/h电解槽，现时SHS效率在8%～14%之间。商业利用太阳能电力产氢的最主要障碍是SHS系统低效率和PV电池高成本。随着电解池（效率能逐年提高到25%～30%甚至更高）和PV电池技术进展（如太阳光定向捕集技术可使PV电池效率超过40%），再加上废热利用提高，电解器效率都能使SHS能量转化总效率显著提高。太阳能热电技术效率高于PV系统，如组合超高温太阳能浓缩器和热化学水分裂循环，可使SHS效率提高到60%～70%，其产氢成本可低至2.00～4.00美元/kg H_2（美国能源部目标值）。

地热能源也是具有环境友好特征的能源，已应用于供热、制冷和发电等领域。地热能释放的热量是稳定的，容易转换为电力，且成本较低、可利用性高。火山区域的地热资源温度是很高的，所产高温蒸汽可直接用于生产电力或推动热泵。因此，利用地热资源产氢也是很有吸引力的。例如，冰岛国家电力公司对不同深度深井进行的研究说明，从深度为4～5km深井中抽取500～600℃蒸汽生产氢气应该是没有问题的。世界上已有许多国家利用地热资源来发展氢经济，因热能也是可用于生产氢气的。地热产氢工艺有两类：混合循环或地热电力电解水技术。有时无需复杂净化步骤就能直接从地热蒸汽中分离回收氢气。虽然现时打深井的目的是研究利用其大规模产氢的可能性，但未来十年中它很有可能成为产氢的可行技术。日本和冰岛已经有实施利用地热能产氢的项目。在美国夏威夷，研究了两套地热产氢方案：一是利用地热能生产电力，为容量2600kW电解器供电，可日产氢462kg；二是为容量1900kW电解器供电，可日产氢347kg。RES中的生物质能、风能和地热能及其组合生产绿氢项目也在葡萄牙Terceira岛实施。对于低中等温度或已废弃地热资源仍有利用价值，虽然不适合用于透平机发电，但可被热电联产装置利用，用于产氢也是可行的。

8.5.6 研发中的可再生能源产氢技术

1. 太阳能光电解

太阳能光电解产氢需要光（电）催化剂（半导体）的帮助。两类催化材料分别是掺杂 n 型和 p 型半导体，它们接触形成的 p-n 结能产生永久电场。当有能量大于半导体材料带隙的光子照射到 p-n 节上并被其吸收时，释放出的电子和形成的空穴因电场作用被强制沿相反方向移动，连接的外电路中会有光生电流流动，它是具有电解水能力的。若把光阴极（有过量空穴的 p 型材料）或光阳极（有过量电子的 n 型材料）浸泡在电解质溶液中，就会有水被电解产生氢气和氧气气泡。光电解产氢过程步骤如下：①让能量大于材料带隙的光子碰撞阳极表面创生出电子-空穴对；②空穴在阳极前缘把水分解形成氢离子和气态氧，电子在阳极背缘流出到达有电连接的阴极；③氢离子通过电解质到达阴极并与电子反应生成氢气。已研究过的半导体光阳极材料（薄膜）有 WO_3、Fe_2O_3、TiO_2、n-GaAs、n-GaN、CdS 和 ZnS 等；光阴极材料有 ClGS/Pt，p-InP/Pt 和 p-SiC/Pt 等。其中非常有效的半导体光（电）催化剂材料是 TiO_2，其最小带隙 1.23V（pH = 0）。半导体光催化剂中添加铂能使产氢速率显著增加。这些半导体材料的产氢效率受限于其晶体结构中的非理想性、光电极本体和表面性质、材料抗（电解质溶液）腐蚀能力及其对分解水反应的活性等。为使光电解过程效率达到最大，光电极上的电化学反应能量必须与太阳光辐射光谱相匹配，只有在光波长与材料能量很好匹配时，才可能产生光生空穴和光生电流。已开发出的光电极在水溶液中是稳定的，但光子产氢效率是低的。现在获得的最高效率仅为 12.3%（试验单元生产非常少量氢气时的结果），其目标值＞16%。为达到有效光转化，必须发展出有合适带隙和带缘位置且成本有效和耐久性好的光电催化剂。对光（电）解水产氢反应，除了用半导体催化剂外，也可用悬浮的金属配合物光化学催化剂。增加产氢速率最可行的两种染料光敏剂是 N3 染料和黑染料。光电解产氢现在是一个非常活跃的研究领域。该技术离成熟尚远，没有提供商业产氢成本数据。

2. 高温电解

与低温水电解相对应的，高温条件下也能电解水蒸气和 CO_2 气体。已发展的固体氧化物电解池（SOEC）是高温电解器，发生的过程基本上是 SOFC 的逆过程。SOEC 操作温度一般在 500～850℃之间，可常压或加压操作。高温操作不仅能降低电极过电位，而且有可能用热能替代部分电解电能。理论上 SOEC 电效率是所用电解器中最高的，可以超过 100%。例如，当操作温度从 375K 增加到 1050K 时，热量替代的电力占总需求电能约 35%。热能肯定比电力便宜，从经济角度看，用 SOEC 产氢比传统低温电解更合算，它非常适合于放置在有热源（如浓缩太阳能热、地热和核能等）可用的位置。如把热源也计算在效率中，则效率值显著下降。电解水理论输入电压在标准条件下的阈值为 1.48V（等当于 $1Nm^3H_2$ 需 3.54kW·h 电力），但对高温操作的 SOEC 电解器，水在 900℃电解时需要的电池电压仅为 1.1V，相应输入比功率仅为 $2.63kW·h/Nm^3\ H_2$，比标准理论输入电能 3.54kW·h 少了不少（用热能补偿了）。因此，当效率以消耗电能定义时，低温电解效率最多能达到85%，高温SOEC则可高达135%。例如，德国HOT ELLY项目的SOEC高温电解实践达到的电效率为 92%。因电解产氢成本的 80%来自电力成本，因此SOEC 高电效率是非常突出的优点。除高电效率外，SOEC 还具有两大优点：固体电解质无腐蚀性和无液体及其流动分布的管理问题。但也有缺点：需要高温热源、高成本材料和制作方法及高温密封问题。

SOEC 技术尚未完全商业化，但已在实验室规模上进行了单池和池堆示范。例如，美国爱达荷国家实验室进行了 15kW 实验室集成装置的示范，产氢速率 $0.9Nm^3/h$；在2008年实验室又制作和安装了另一套由三个SOEC模束［每个模束由4个池堆（60个10cm×10cm单池）构成］组成的15kW SOEC实验室装备，并连续试验了1080h，平均产氢速率 $1.2Nm^3/h$，峰值＞$5.7Nm^3/h$（等当于18kW电解电功率）。中国科学院宁波材料技术和工程研究所（NIMTE，CAS）进行了30个单池（有效表面积 $70cm^2$）板式 SOEC 池堆的示范，产氢速率 $0.993Nm^3/h$。这些示范装置的结果有力地说明了，SOEC 是高效的和有合理产氢速率的可行技术，放大进行大规模产氢的潜力很大。SOEC的另一个特点是它可用于电解水蒸气-CO_2 混合物，产品为合成气，合成气可进一步合成烃类燃料。目前国内尚处于实验室研发阶段。

整体式可逆燃料电池（URFC）具有质量轻和体积小的特点，对运输车辆和航天应用非常有利。URFC技术仍处于发展初期，美国NASA给PEM基URFC以资金资助，安装于HELIOS系统的URFC额定功率18.5kW，在2003年的试验飞行期间进行车载试验。最近的许多研究都是希望能够发展出与 RES 电力组合的 URFC系统，提出了以SOEC和SOFC的组合系统联产氢和电力。该组合系统使用同一池堆和同一燃料天然气，SOFC和SOEC发挥了各自的功能：SOEC生产氢气，SOFC生产电力。在小池堆进行的概念证明显示，效率可达69%，但燃料利用率比较低，仅40%。URFC系统除了SOEC面对的挑战外，结焦也是一个严重问题。

3. 热化学水分解

水中氢氧原子是以共价键键合的，键合能很高，因此需在2500℃的高温才能够把水分解为氢气和氧气。只利用热能来分解水分子的产氢过程称为热化学水分解，该制氢过程的总效率可达50%。要在这样高温度下进行热化学反应，必须使用稳定性足够的材料且能够做到热量持续供应，这不是一件容易的事情。为降低热分裂水的温度，提出了添加额外化学试剂的热分解水方法。该类研究直至最近才又被重新提起。热化学分解水产氢过程中操作温度是最关键的。为获得高的能量转换效率，最根本的是要优化热量的流动。选择的热分解水产氢循环过程应满足如下条件：①在考虑温度范围内一个最重要条件是各反应的 ΔG 必须近似为零；

②反应步骤尽可能少；③各步骤反应速率必须很快且彼此比较接近；④反应产物中不含其他化学副产物，降低产物分离成本和能量消耗到最小；⑤中间产物必须是易于管理的。

已提出添加额外试剂热分解水的循环超过 300 个，它们的操作温度都远低于 2500℃，但常需要高压，其中进行过可行性研究且得到证明的循环仅有 25 个，最可行的是 Br-Ca-Fe 和 S-I 高温循环，一个好的低温循环是 Cu-Cl。

4. 生物光解产氢（光助微生物分解水）技术

某些微生物（细菌、绿藻或蓝藻）能把过量太阳能用于直接水光解过程产氢。研发者试图工程化这些藻类和细菌，让它们利用太阳能生产氢气的同时也能生产足够的碳水化合物（维持地球上所有动物生命）。利用微生物使水转化产氢的过程称为生物产氢工艺，有生物直接光解水、生物间接光解水和光发酵产氢等类别。光生物直接产氢过程在一定程度上与光合成过程类似，利用的是流动的细菌、微生物、海藻或蓝藻。微生物光合成系统也属于直接分解水产氢的生物学工艺，把太阳光能量直接转化成氢形式化学能。在光合成过程中，藻类如叶绿素利用太阳能把 CO_2 和水转化为碳水化合物和氧气。对于生物光解产氢，微藻和蓝藻光合成系统利用太阳能分裂水生产氢气，即生物直接光解水过程。其理论产氢效率虽可达到 25%，但实际上现在能达到的效率是非常低的，且生产的是氢和氧混合气体，必须进行分离。水直接光解产氢需经过多个步骤完成，发生于有两个光系统的类囊体膜中，利用绿藻光合成能力生产氧离子和氢离子。生物间接光解产氢也需要多个转化步骤：①光合成产生生物质；②生物质浓缩；③厌氧暗发酵生成葡萄糖（产生 4mol 氢/mol 藻类）同时产生 2mol 乙酸；④2mol 乙酸再转化为氢气。该产氢工艺中同时还生成了对氧非常敏感的铁氧化还原蛋白和氢酶或氮酶。生物间接产氢工艺可以两类完全不同机制进行：一个与光密切相关，另一个与光无关。光发酵是指有机物质在多种光合成细菌作用下的发酵转化过程，利用太阳光能量把有机物转化成氢气和 CO_2。暗发酵是生物酶使生物质在避光条件下发酵分解生产降解产物，包括气体（含氢）、液体（醇类，如乙醇）产物，例子是酿酒工业。

8.5.7　生物质产氢

除以水作为氢源外，也能够以生物质为氢源。生物质产氢分为热化学和生物化学两大类。前一类是成熟技术（如气化和热解），与化石燃料产氢技术很类似。生物化学产氢（生物氢）技术的优势是工艺条件温和及可利用废物资源（如农业残留物、食品废物、废水等）作为原料，处理掉废物的同时生产出次级能源氢是一举两得的事情（现在对“零废物”概念极为重视）。因此，对生物化学产氢方法不仅已做出了巨大努力，而且对其热情不减。主要生物化学产氢技术有以水为氢源的［绿藻和蓝藻直接和间接（催化）分解水产氢］和以生物质为氢源的［主要有光发酵、厌氧细菌发酵及其组合（再加水汽变换）工艺］。生物质的生物化学转化是正在发展中的技术，虽然就现时市场而言是可行的，但其产氢速率仍然太低。

8.5.8 产氢技术小结和比较

氢只能利用初级能源资源和含氢化学品生产。产氢原料有二类：可再生和不可再生的；产氢可利用能量有四类：化学能、热能、电能和太阳能（来自 RES、非 RES 和核能）。它们的组合可形成多种产氢工艺（图 8-6）。其中主要的可持续产氢路径包括：①RES 电力电解水路线，如光伏电、风电和水电电解；②水光电解、热分解或热解，光化学、光电化学和光生物分裂水产氢；③生物质热化学和生物产氢路线：前者是热解和气化再经变压吸附或膜分离，后者主要有光发酵、厌氧细菌发酵工艺及其组合；④以生物质为原料生物产氢和若干集成组合过程。

从成本和经济利益角度考虑，目前产氢的主要技术仍然是甲烷蒸汽重整（约 95%），近期几乎难以改变。从健康和环境角度看，电解水是不二选择。化石燃料产氢在向未来能源网络过渡时期中仍然发挥重要作用。未来氢燃料都将来自清洁 RES。除利用低碳零碳电力电解水外，还有多个产氢方法处于发展中，如热化学产氢工艺。“可再生氢”概念是指可持续能源战略中利用 RES 所生产的氢，其过程是清洁可持续的。对未来氢供应链可能变得重要的产氢方法应有：①高温水电解，需要更有效利用核反应热或浓缩太阳热和电力；②光催化（太阳能）水分裂；③使用核或太阳能极端高温水热解产氢；④生物质直接发酵产氢。

在表 8-5 中给出了用水和生物质产氢的电解、热解和光解等多种工艺所使用原料、过程效率和技术成熟程度。表 8-6 中对以水和生物质为原料的光解和发酵工艺的强项和弱项做了比较。而表 8-7 给出了水电解、光还原和热解产氢工艺的优缺点。表 8-8 中汇总了不同产氢方法的技术经济信息。其中 1～5 项产氢技术的原料都是含碳资源，有 GHG 排放：煤气化工艺排放最高，SMR 最低，每产 1kg H_2 排放 CO_2 最低为 1.1kg、最高为 7.05kg；甲烷部分氧化技术的 CO_2 排放，如不考虑使用能源产生的排放，每 1kg H_2 少于 3kg。以生物质为原料时，每产 1kg H_2 排放 5.43kg CO_2；但从碳全循环角度看，其排放的 CO_2 被植物吸收又长出生物质，因此生物质产氢过程是碳中性的。甲烷热裂解工艺本身并不排放 GHG，如果全部利用清洁能源，它是零排放的。但与 SMR 相比，单位质量甲烷生产的氢气数量较少。产氢工艺第 6 项和第 7 项以水为原料，过程对环境影响仅取决于所用能量资源，利用可再生能源时不产生 GHG 排放。产氢技术第 8 项和第 9 项也是不排放 GHG 的，但这些工艺仍处于研发阶段。

表 8-6　以水和生物质为原料的生物产氢工艺比较

技术	输入	强项	弱项
直接生物光解	水＋绿藻或蓝藻＋太阳光	高理论效率；无须添加营养物质；水是原料，太阳能是能量源；没必要生产 ATP；即便在低光强度下绿藻在厌氧条件下，在固定 CO_2 过程中使用氢作为电子受体仍能转化几乎 22%的光能	固氢酶对氧气敏感；需要光照；受 O_2 阻滞；光转化效率低
间接生物光解	水＋绿藻或蓝藻＋太阳光	机理简单和不匪浅（低成本）；微生物在含简单矿物质环境中生长；以水为原料；有固定氮的能力	高能量成本；需要光照；需要 ATP；产生气体中含 CO_2
光发酵	水＋光合成细菌＋有机物质＋太阳光	对 O_2 演化无活性；使用的光谱范围宽；能利用来自废物的有机物质；能使用不同废物和流出物中的物质；能使用长波光谱；有机酸废物完全转化为 H_2 和 CO_2	低太阳能转化效率；需要用大的暴露于太阳光的厌氧光反应器；生产气体中含 CO_2；高能量成本；固氮酶有高能量需求；需要昂贵的不透氢光生物反应器
暗发酵	有机物＋厌氧微生物	不需要光照射；厌氧过程与 O_2 无关；生产有商业价值的副产物有机酸；可用基质范围宽；生产有价值代谢物；厌氧过程不受 O_2 阻滞；比其他生物方法产氢量高；能利用低价值废物做原料；反应器技术简单	生产的生物气体含 H_2、CO_2、CH_4、H_2S 和 CO；为防止污染环境需要处理发酵残留物；低 H_2 产率；产生大量副产物

表 8-7　以水为原料的电化学产氢技术优缺点

技术	输入	强项	弱项
电解	水	过程已非常清楚	高耗电；与烃类重整比较，相对低效率和相对高生产成本
光还原	水	是转化太阳能或太阳光到清洁可再生氢燃料的有效方法；产氢选用的最可行和可再生方法	在光砷电极中产物有毒性；利用太阳能活性和温度的催化剂发展是面对的巨大挑战；在 TiO_2 表面 H_2 演化的大过电位；为产氢 TiO_2 变成非活性的了
水热解	水	水单一步骤热分解；选用温度非常高	氢和氧的再组合；能量学上是不利的

表 8-8　不同产氢方法的技术经济信息

序号	技术	原料	原料产氢率/%	消耗的主要能源	温度/℃	氢纯度/%	CO_2 排放/kg H_2[a]	能量效率/%[b]	生产成本/(美元/kg)[c]
1	甲烷蒸汽重整	CH_4＋蒸汽	25	天然气（热）	700～100	70～75	1.1～7.05	60～85	2.3～5.8
2	甲烷热裂解	CH_4	25	热	1600	纯氢	与热源有关[d]	45（对于太阳能为 16）	3.1～4.1
3	生物质转化（热化学或生物化学）	生物质	6～6.5、4%（热解）	热	600	—	5.43[e]	＞30，41～59，45～50	2.3～3.3[f]

续表

序号	技术	原料	原料产氢率/%	消耗的主要能源	温度/℃	氢纯度/%	CO_2 排放/kg H_2[a]	能量效率/%[b]	生产成本/(美元/kg)[c]
4	甲烷部分氧化	烃类（CH_4）	25	化学能（燃烧）	1200～1500	—	≤3[e]	71～88.5	—
5	煤气化	煤＋蒸汽	13	热	900	90	11[e]	60，67	1.8～2.9
6	电网电水电解	水	11.2	电力	80～150	98～99.9, 99	与电网 GH 强度有关	25～38	3.6～5.1[g]
	风电水电解	水	11.2	电力	80～150	98～99.999	0	13～20[h]	6～7.4
	PV 电水电解	水	11.2	太阳辐射	80～150	—	0	10，16[j]，20	6.3～25.4[i]
7	热解	水	R&D	热	1927～2500，＜1000	＞99	与热源有关[e]	约 50	R&D
8	光解（PHE）	水	R&D 早期，短寿命	太阳辐射	低温	＞99	0	7.8～12.3	R&D
9	光生物	水	D&R 早期	太阳辐射	低温		0	约 10，＜1	R&D[k]

注：a. 排除结构设备的排放；b. 能量效率定义为［氢含能（HHV）/（原材料含能＋过程输入能量）］×100%；c. 按 2014 年美元计价；d. GHG 影响与热源有关，使用太阳热 GHG 为 0；e. 基于反应方程的理论化学计量；f. 每天 500t 干生物质；g. 基于电力成本 0.039～0.057 美元/(kW·h)；h. 对于电网电估算效率为 45%，对于风电估算效率为 24%；i. 与 PV 系统成本有关；j. 光电解理论效率可达 35%；k. 仅包括 90%的产氢成本。

表 8-9 给出了主要产氢技术使用原料、能量效率和技术成熟程度。对于所用过程产氢效率而言，流化床膜反应器效率最高，可达 90%；SMR 反应器和等离子燃烧器效率也很高，达 85%；而甲烷热裂解过程效率仅 45%，因高温操作催化剂发展仍处于瓶颈阶段。生物质气化产氢效率在 35%～50%之间（可与多种技术竞争）；光解现在达到的最大效率为 12.3%，而对于大多数实际试验体系仍低于 8%；对于光生物产氢工艺，宣称的效率已达 10%；而微生物电解池（电力＋生物质）技术的效率可达 78%；使用浓缩太阳热或核热能的水热解产氢工艺，效率可达 60%。应该注意到，多种技术仍处于研发阶段，尚无商业生产应用，包括甲烷热裂解。

表 8-9　产氢技术能量效率和技术状态

产氢方法	原料	能量效率/%	技术状态
流化床膜反应器	各种烃类	75～90	商业化早期
甲烷蒸汽重整	甲烷	70～85	完全成熟

续表

产氢方法	原料	能量效率/%	技术状态
石油裂解	石油，重烃类	60～75	完全成熟
煤气化	煤炭	60～75	完全成熟
生物质气化	生物质	35～50	完全成熟
电解	水	30～60	完全成熟
光化学水分裂	水	5～12	商业化早期
热化学水分裂	水	1～5	发展早期
生物海藻	水	0.1～1	发展早期

在表 8-10 中给出了不同工艺产 1kg H_2 的成本（以 2014 年美元计）；而表 8-11 给出了中国不同产氢工艺的近期成本。制氢成本取决于多个因素，包括输入原材料数量和性质、运输成本、加工耗能、能量效率、工厂规模（容量）、年利用率及地理位置等。给出的成本值仅有指示性意义。以天然气和蒸汽为原料的 SMR，给出的产氢成本在 1.03～5.75 美元/kg H_2 之间，其中天然气价格最为关键，现在天然气价格降低是好事。甲烷热裂解产氢成本为 3.1～4.1 美元/kg H_2。从长期观点看，SMR 和甲烷部分氧化都不是真正可持续的产氢技术，因为它们使用的是甲烷不是零排放的。在中国，煤炭气化技术产氢成本在 1.8～2.9 美元/kg H_2 之间，完全能与 SMR 竞争，但排放 CO_2 是最高的。如配备碳捕集封存单元，则煤炭气化产氢技术也是零排放的，虽然成本大幅提高了，但仍能与 SMR 竞争。以生物质为原料的产氢成本(有热化学和生物化学两类工艺)，不同表格给出的氢成本是接近的，在 2.3～4.63 美元/kg H_2 之间，稍高于 SMR 和甲烷热裂解。如无天然气管网基础设施，生物质产氢成本是很有竞争性的，但大规模使用生物质产氢是不实际的，因原料收集和运输是很大限制因素。水电解是最普遍使用的产氢工艺，在美国和欧洲已经建立原位电解制氢的氢气站。目前该技术的耗能和成本都是高的（耗电占总成本的 75%～80%）。消耗电力来自可持续的 RES 时是最清洁产氢工艺，无 GHG 排放且有很大灵活性。例如，美国电网电产氢成本在 3.6～5.19 美元/kg H_2 之间；用风电成本为 6～7.4 美元/kg H_2，光伏电成本为 6.3～25.4 美元/kg H_2，甚至更低。其他工艺，如热解、光解和光生物尚无法计算其工业产氢成本。对于中国，情形有所不同，官方给出的不同产氢技术在目前的经济性比较的表 8-11 中，煤炭气化产氢成本最低，当有可再生能源废弃电力可用时，水电解产氢成本是非常有竞争力的。

表 8-10 不同产氢工艺的氢成本

工艺	氢成本/(美元/kg H_2)	工艺	氢成本/(美元/kg H_2)
天然气重整	1.03	生物质气化	4.63
天然气重整 + CO_2 捕集	1.22	生物质热解	3.8
煤气化	0.96	核热水分裂	1.63
煤气化 + CO_2 捕集	1.03	汽油重整（参考用）	0.93
风电水电解	6.64		

表 8-11 中国产氢技术的比较

资源利用类型	制氢转化途径	成熟度/稳定性	环保性	能源价格	氢成本/(万元/t H_2)	产氢方式	运输成本
清洁煤	煤气化	成熟/稳定	耗水，不环保	550 元/t	0.83～1.25	集中式	高
天然气	蒸汽重整	成熟/稳定	较环保	3 元/m^3	1.04～1.81	集中或分散	高或低
甲醇	蒸汽重整	成熟/稳定	较环保	2750 元/t	2.50～3.00	集中或分散	高或低
石脑油	催化重整	成熟/稳定	耗能不环保	6000 元/t	1.00～1.80	集中	高
副产氢	副产分离	成熟/稳定	较环保	—	0.80～1.40	集中式	高
电解水	低谷电	成熟/稳定	环保	0.3 元/(kW·h)	2.00	分布式	低
	大工业用电			0.6 元/(kW·h)	3.80	分布式	低
	RES 弃电	较成熟/不稳定	环保	0.1 元/(kW·h)	1.00	分布式	低
	风能	较成熟/不稳定	环保	—	2.23	分布式	低
	太阳能	较成熟/不稳定	环保	—	3.66	分布式	低
核能	S-I 热化学循环	不成熟/稳定	环保	—	3.66	分布式	高
	Cu-Cl 热化学循环	不成熟/稳定	环保	—	1.28	集中式	高
生物质	气化	成熟/不稳定	环保	—	2.33	分布式	低

8.6 氢存储技术

8.6.1 引言

在未来智慧能源网络系统中的氢能源子系统主要是作为优良储能介质和清洁能源（燃料）使用的。要充分利用可再生能源（RES）发展经济，氢的存储是极其重要和非常关键的。储氢系统可以在恒定和改变功率（效率更高）模式下操作，前一模式成本低但效率也低，后一模式成本高（有时高得不可接受）同时效率也较高。因此，恰当选择实际操作模式是必需的。

就氢气生产、加氢站和动力配置而言，储氢能力和条件是必需的强制性要求。生产氢需要有缓冲的储备条件，在运输和配送氢时离不开储氢容器，氢的广泛应用更离不开氢的存储（对于移动运输领域应用特别重要）。成本和能量有效的原位储氢对于便携式和移动应用以及整个氢运输网络也是极为重要的。鉴于储能和储氢的巨大重要性，现在被极度关注而且已逐渐成为最有竞争力的选项。对于新储氢技术，除其本身组件和技术标准外，仍需要有政策和公众支持，这是因为氢能系统包括储氢技术的发展仍存在需要克服的一些技术（科学或经济或社会方面的）瓶颈。现在已一致认识到储氢的极端重要性：技术上，它能在工业需求不平衡关键时期（时刻）稳定整个电网操作，全面提高电网电力质量和稳定性；经济上，在其寿命 20 年条件下是完全可行的。在全面考虑其性能、市场、使用环境和社会影响，以及服务、竞争力和多方面社会因素的基础上，进一步论证储氢储能技术能带来的好处和利益是很有益的。在电网系统中引入储氢单元是必需的，用以确保能量效率、可靠性和安全性，达到降低碳排放的目的。

实践已经证明，可用的储氢方法分为三类：气态（压缩氢）存储、液态（液氢）存储和固态（金属氢化物和化学氢化物）存储（表 8-12）。它们分属于物理过程（前两类）和化学过程（后一类）（图 8-12）。储氢系统设计最主要目标是高存储容量和充放过程的高效率，它们由输入输出转换和存储期间的能量损失决定。输入输出和转换器效率确定了总转换效率，存储效率取决于存储过程中的能量损失（自放氢、储库氢气蒸发泄漏、摩擦损失等）。总目标要求是要使转换存储的能量损失最小且存储方便和使用容易。

表 8-12　氢能存储类型

分类	类型
气态存储	压缩氢
液态存储	液氢
固态存储	氢化镁（MgH_2）、氢化钙（CaH_2）、氢化钠（NaH）、PCN-6、PCN、多孔配位网络

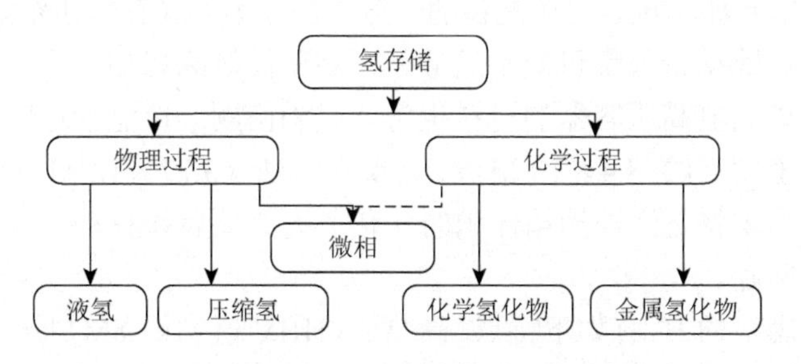

图 8-12　氢能存储方法

储氢装置应用分固定场（位置固定不变）和移动场（随移动体如交通工具移动）两类。

8.6.2 固定应用氢存储

鉴于氢有巨大作用和广泛的应用潜力，已研发出多种储氢技术。在已发展的多种类型储能技术中，短期（从秒到数星期）储能技术有电池、超级电容器和热存储技术。储氢属于长期储能技术，其特点有：①极有利于提高可再生能源（RES）电力利用效率，是很有利的选项；②配置储氢系统可大幅减少所需安装 RES 电力容量，达到节约目的；③储氢的经济可行性一般（虽然不总是），随地区纬度增加而增加。RES 电力储氢系统在绝大部分地区都是经济可行的。

氢气是广泛应用的化学品。化学品氢气的生产和使用位置都是固定的。化学品氢气可利用区域性原料（如天然气）在原位建生产装置进行生产或通过管道连续供应。化学品氢气的临时存储通常由大气柜来完成。虽然生产氢气可用广泛范围的原料，但化学品氢气考虑的主要因素是经济利益，一般很少考虑生产装置质量、体积和占用空间大小。因此，多以化石燃料（如天然气、甲醇）为原料，或直接利用工业部门副产氢气。

8.6.3 运输应用氢存储

随着经济和社会文明的发展，运送货物和人员的流动快速增加，消耗能源占比不断提高。因此，在移动装置使用储能单元的重要性也不断增加。移动装置特别是车辆使用的氢存储（车载储氢）是很具有挑战性的任务。对于氢能源和能量载体，移动装置如车辆上应用不仅需要从环境和可持续性角度考虑选用哪种产氢技术，而且对储氢和连续供应问题也需要予以特别的重视，这是因为它们可能成为氢经济成功实现的关键。为在移动单元中安全广泛地使用氢能源，除了有完善的氢配送公用设施和加氢站外，所用储氢单元装置也必须具有足够的容量和安全性。对于移动单元如车辆，现在配备的一般是高压容器（存储压缩氢）。高压储氢带来的问题是：除携带数量可能不足够外，高压储氢罐犹如一个定时炸弹存在安全危险性，另外储氢高压容器的材料也可能成为问题。以氢为运输燃料时发现，液氢体积能量密度（约 $8.4\times10^{3}MJ/m^{3}$）仅有汽油（$3.27\times10^{4}MJ/m^{3}$）的约 1/4，因此液氢储罐体积将是汽油油箱体积的 4 倍。有必要解决移动装置使用氢燃料的特殊（存储）问题。

作为引擎燃料的 H_2 有如下特点：高热值（HHV 值）141.8MJ/kg（是甲烷的 2 倍多），可在很宽化学计量比下特别是极度贫燃条件下燃烧（空气-氢燃料比可达

34.33∶1)，可燃范围非常宽，因此是很有吸引力的“添加剂”。例如，在柴油或天然气燃料中添加氢不仅能增加引擎性能，而且能大幅降低污染气体包括烟雾的排放，它对柴油或天然气引擎满足最新排放标准具有根本性意义。但氢燃料也有缺点：体积密度非常低（0.054kg/STP m^3），这意味着用传统方法存储是困难的。低密度问题的一般解决方法是压缩或液化，但更理想的似乎是使用固体介质储氢。“理想”的气固储氢单元应满足如下要求：①存储数量足够多，且在释放时无须再额外补充能量；②充氢和放氢过程可逆，消费者自行操作所费时间应是可接受的；③充氢和放氢压力和温度（接近室温）合适；④体积能量密度高，储氢容器体积尽可能小；⑤高压容器或冷冻储槽必须是安全的；⑥所用材料与氢兼容；⑦不发生泄漏（没有能量损失）；⑧有可用便宜材料，制造成本低廉。鉴于这些要求，美国能源部（DOE）确定了 2005 年、2010 年和到 2015 年移动装置用储氢单元研究发展工作目标，如表 8-13 所示。2017 年和最终达到的目标给于表 8-14 中。对于实际运输应用，美国能源部发布的储能技术目标是：质量能量密度和体积能量密度在 2010 年和 2015 年分别为 0.89kW·h/kg（对应于 4.5wt%）和 1.09kW·h/kg（5.5wt%），以及 0.55kW·h/L（对应于 28g H_2/L）和 0.79kW·h/L（对应于 40g H_2/L）。

表 8-13　到 2015 年美国能源部给出的车载氢存储系统目标

存储参数	2005 年	2010 年	2015 年
H_2 的可用比能量/(kg H_2/kg)	0.045	0.06	0.09
H_2 的可用能量密度/(kg H_2/L)	0.036	0.045	0.081
存储系统成本/(美元/kg H_2)	200	133	67
燃料成本/(美元/等当汽油)	3	1.5	1.5
容器中氢的最低和最高配送温度/℃	−20/100	−30/100	−40/100
充氢速率/(kg H_2/min)	0.5	1.5	2
可用氢损失/[g/(h·kg H_2 存储)]	1	0.1	0.05

表 8-14　车载氢存储系统的 2010 年、2017 年和最终目标

存储参数	单位	2010 年	2017 年	最终目标
系统质量能量密度	kW·h/kg	1.5	1.8	2.5
	g H_2/kg 系统	45	55	75
系统体积能量密度	kW·h/L	0.9	1.3	2.3
	g H_2/L 系统	28	40	70
燃料成本	美元/加仑汽油当量	3～7	2～4	2～4
车载效率	%	90	90	90

续表

存储参数	单位	2010 年	2017 年	最终目标
油井-发电厂效率	%	60	60	60
充氢时间	min	4.2	3.3	2.5
	kg H_2/min	1.2	1.5	2.5
可用氢损失	g/(h·kg H_2 存储)	0.1	0.05	0.05

就压缩储氢而言，压力很高时氢储罐能量密度很接近于车辆应用的 DOE 目标，但遇到的挑战是需要建设昂贵的充氢燃料站、安全性问题和压缩带来的能量损失（压缩到 70MPa 时能量损失达储能的 15%）。对于液氢储能技术，现时达到的比能量密度为 1.0～1.3kW·h/kg、体积能量密度为 0.64～0.69kW·h/L。前者满足 2015 年 DOE 质量能量密度目标值 1.09kW·h/kg，后者超过 DOE2010 年体积能量密度目标值 0.55kW·h/L，但稍低于 2015 年的体积能量密度目标值 0.79kW·h/L。对于冷冻压缩液氢储能技术，试验已经证明，其质量和体积能量密度值都超过了 DOE 目标值 1.46kW·h/kg 和 0.89kW·h/L。但是，为把氢气液化，需要把其冷冻到 22K 的低温，冷冻压缩消耗的能量占到存储氢能量的 30%～40%，而且存储冷冻液氢的储槽也是非常昂贵的。冷冻液氢可能是未来航空飞机和飞行器最实际的替代燃料。但它太过昂贵，对一般汽车和其他运输应用是不实际的。

对于固体介质储氢技术，主要优点是安全性很高，所需压力远低于压缩氢气。对于金属氢化物，已达到的质量能量密度值为 0.30～0.47kW·h/kg（1.5wt%～2.4wt%）、体积能量密度值为 0.35～0.47kW·h/L，仅有 DOE 2010 年质量能量密度目标值的 35%～54%和体积能量密度目标值的 65%～87%。但也已发现一些化学氢化物（固体或液体形态）具有较高质量能量密度（0.55～0.65kW·h/kg）和体积能量密度（0.45～0.61kW·h/L），分别达到 DOE 2010 年目标值的 63%～74%和 83%～94%。这也就是说，现时金属氢化物和化学氢化物的质量能量密度值和体积能量密度值虽已超过 35MPa，但没有达到 70MPa 压力压缩氢钢瓶达到的值。不管怎样，固体介质储氢无需用很高压力充氢，而且有理由相信，在超 DOE 2010 年目标值基础上再经努力，完全有可能达到 70MPa 储氢的质量能量密度值并超过其对应的体积能量密度值。

应该注意到，2015 年储氢技术的质量能量密度目标是插入式混合电动车辆电池质量能量密度目标值的 3.5 倍，体积能量密度值是其 1.8 倍。因此，现时车辆中使用储氢技术（和未来可能延伸），在质量能量密度和体积能量密度方面比电池具有显著的优势（在行驶里程类似于汽油和柴油车辆条件下），其行驶里程比电池电动车远 2～3 倍。就满足可持续能源战略运输应用必要条件而言，储氢储能比电池储能具有的优势是非常明显的（较高的质量能量密度值和体积能量密度值）。但储能子系统的优化仍是非常必要的。从实用角度考虑，组合储氢和电池储能形成的混合储能系统可能是非常有利的：储氢系统提供大容量能量储存，电池作为补充。这样燃料电池能自如地应对和缓和负荷变化，延长储能系统使用寿命。

8.6.4　压缩气态储氢

储氢技术的研发在世界范围大规模地进行，目标是要发现和发展安全、可靠、紧凑和成本有效的方法，并且方便于应用。现时和未来使用储氢方法的质量密度和体积密度如图 8-13 所示。高压气态储氢已经得到广泛应用，低温液态储氢很适合于海运和航天等领域应用，也已实际应用。有机液态储氢尚处于示范阶段。金属氢化物固态储氢技术也在快速发展中。

但是，不管怎样，氢能系统的储氢单元是非常重要的组成部分。应该说，氢能源大规模使用的一个巨大挑战是氢的储存。虽然按质量计氢具有高能量密度，但按体积计其能量密度很低，远低于一般烃类燃料。为使任何一类车辆一次添加燃料能够行驶 500km 以上，必须发展经济可行的储氢储能系统。对实际可行储氢单元的要求包括：高质量和体积存储容量、质量轻、成本低、循环可利用性能好（对储氢材料性质的要求）。为此，美国能源部提出，在 2015 年车辆储氢单元的目标是：容量 5.5wt%和 40g H_2/L，寿命 1500 次循环。

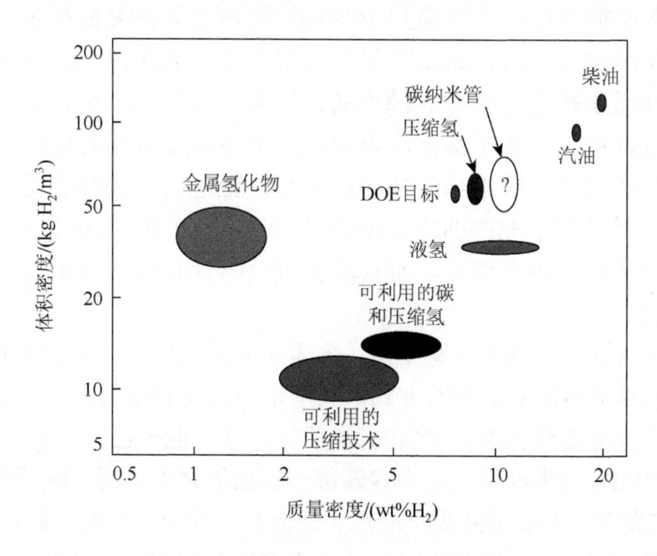

图 8-13　现时和未来存储氢能方法

存储气体燃料的传统方法，常用的是压缩存储和液化存储。压缩储氢是对氢气进行物理压缩后存储在高压储罐中的一种方法。氢作为燃料使用时，存储在较小空间中的氢仍保持其能源特性。储氢的体积能量密度随压缩压力增加而提高。对于车辆携带的氢燃料，使用高压氢瓶或容器（如 30～70MPa）是有利且是最简单的。高压容器一般是由金属或强化复合材料（如玻璃纤维、碳纤维和 Kevlar 材料）做成的（图 8-14），类似于存储压缩天然气或液化石油气（LPG）的储气罐车。

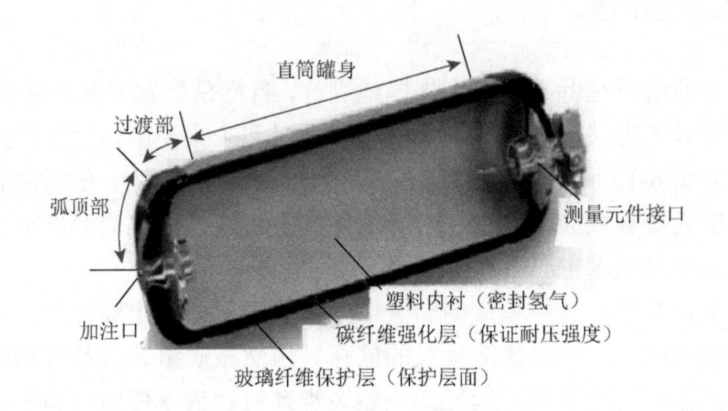

图 8-14 高压储氢钢瓶结构示意

为获得足够的行驶距离，车辆用高压储氢容器目前采用的压力分为 35MPa 和 70MPa 两种。尽管 35MPa 压力已经很高了，但其单位质量含能（密度）仍然偏低，有必要把存储压力提高到 70MPa。虽然储氢密度提高了，但压缩成本和耗能也显著增加了，而且高压容器还会带来某些副作用。压缩氢在实验室和工业部门的使用是规范的和令人满意的，但它不很适合于车辆应用。主要原因是体积大、质量重、有潜在安全危险和总成本高，压缩时的高能耗也使其经济性不高。对气态储氢和液态储氢的比较发现：液态存储的体积能量密度更高，但需要配备为保持氢在液态的冷冻系统（保持在 20.4K 的低温）。很明显，这样的低温不仅热损失不可避免，而且液化氢冷冻保存成本也很高，即液氢存储的效率是不高的。

高压气态储氢具有充放氢速度快、容器（高压气瓶和高压容器）结构简单等优点，是现阶段使用的主要储氢方式。其中钢质氢瓶和钢质压力容器是最成熟最常用和成本很低的储氢容器。20MPa 钢质氢瓶在工业中已广泛应用，而 45MPa 钢质氢瓶、98MPa 钢带缠绕式压力容器都已在加氢站中使用。碳纤维缠绕高压氢瓶的开发，使高压气态储氢从固定应用扩展到移动应用（车载储氢），其中 70MPa 碳纤维缠绕Ⅳ型瓶已成为国外燃料电池乘用车车载储氢的主流技术（图 8-14）。

35MPa 碳纤维缠绕III型瓶目前仍是我国燃料电池商用车载储氢主要方式，但已有少量Ⅳ型瓶在乘用车中使用。按使用材质和压力分类的不同类别高压储氢容器给于表 8-15 中。

表 8-15　压缩气态储氢容器分类

类型	Ⅰ型瓶	Ⅱ型瓶	Ⅲ型瓶	Ⅳ型瓶
使用材质	铬钼钢	纤维环缠绕钢质内胆	碳纤维全缠绕铝内胆	碳纤维缠绕塑料内胆
工作压力/MPa	17.5～20	26.3～30	30～70	30～70
应用场合	固定应用储氢，如充氢站等		车载储氢	车载储氢

与储氢 100kW 的大容器（价格在 1000～1500 欧元/kW）比较，50kW 的小压缩储氢容器成本更高（5000 欧元/kW）。压缩储氢对运输领域的商业化应用不是非常理想，安装成本高，在材料选择、充电和劳动力等方面也需付出维护成本。压缩储氢成本随存储压力增高而增加。例如，当存储压力从 14MPa 增加到 54MPa 时，储氢容器操作成本也从 400 美元/kg 增加到 2100 美元/kg。对于应用于大巴的压缩储氢（40kg），成本接近 100 美元/kg H_2；轻载车辆压缩储氢成本也是高的。试验结果指出，尽管复合材料压力容器制造成本很高，但仍比常规储氢钢瓶便宜很多。存储容量为 1000t 的氢储槽，投资成本为 204～1080 美元/kg。为使压缩储氢技术能大规模商业使用，在存储效率、储槽设计和容器成本方面仍有提高改进的余地。为了达到 DOE 目标，也可在抗高压大容器中安装玻璃毛细阵列，以有利于氢安全灌装、存储和控制释放。该类毛细阵列方法与冷冻压缩方法的灵活组合有助于达到 DOE 储氢目标，关键是要防止玻璃结构中出现缺陷，如气泡、裂缝或凹槽。

8.6.5　液态储氢

1. 低温液氢存储

低温液态储氢需把氢气冷却到–253℃，液氢需存储在绝缘低温液氢罐中，密度可达 70.6kg/m^3。液氢更利于存储、运输和配送，且装载液氢的容器能利用卡车和铁路进行运输。但氢液化需消耗大量能量，约占液化氢能量的 30%。除液化耗能外，存储液氢的容器也必须使用非常优秀的绝缘材料，制造成本是很高的。为了发展可再生氢经济，必须提高氢液化工厂和液氢存储容器的效率和安全性。尽管液氢能量密度有相当提高，但为保存液氢也必须提高存储容器的热绝缘性能。

当温度降低到−259℃以下时可获得所谓块状氢（氢的固液掺和物）。虽然块状氢应用极受限制，但在空间技术中的应用前景是相当可观的。液氢在国内外航天工程中已经成功使用。

为液化氢气，装置的一次性投资大，过程能耗高，存储过程中有蒸发损失。蒸发速率与储氢罐容积有关，大储罐蒸发速率低于小储罐。在氢液化工厂的大量投资中，设备约占60%，建设占30%，操作仅占10%。投资成本主要取决于日产容量和工厂位置。现时液氢生产耗电在0.89～1.06kW·h/L之间。冷冻储氢投资成本在20～400美元/kg之间，比压缩氢容器（高于200美元/t H_2）成本便宜很多。如需要长期储氢，一般会选择冷冻存储；而对于短期储氢，压缩储氢更为有利。在20K时的液态氢（也称为泥浆氢）是无色的，没有腐蚀性，液氢密度通常小于冷冻储存氢密度（浓缩氢存储）。每升储罐能存储0.07kg液氢，而每升压缩氢储罐仅存储0.030kg氢。现时研究的重点是要发展质量轻和强度高的复合材料储罐。液氢存储和冷冻存储液氢有高的体积能量密度和质量能量密度，似乎是非常可行的，但尚需进一步解决沸腾逸出、传热、长期储氢和降低成本等问题。在表8-16中比较了压缩氢和液氢的某些特性。

表8-16 压缩氢和液氢性质比较

性质	操作压力	沸腾逸出	冷冻容器	体积	储罐成本	绝缘	氢渗透	液化过程	体积容量/(kg/L)
压缩氢	高	中等	小	中等	中等	中等	高	不需要	0.030
液氢	低	高	高	高	高	高	中等	需要	0.070

存储液氢容器通常设计成双层和有超级绝缘性，以使传热速率和沸腾逸出损失量降至最小。存储液氢既可以液氢也可以气氢形式取出，然后再配送给用氢装置如引擎。同样，为了最小化沸腾逸出，输送液氢的管道也需配备真空夹套，使其有尽可能高的绝缘性能。但即便这样，热量输入是不可避免的（导致液氢蒸发）。蒸发量增加，容器压力也增加，为避免压力增加，液氢存储系统需要有排气装置（产生氢消耗性损失）。虽然已为车辆应用开发出存储液氢的储罐（Dewar，VLHD）及其充氢系统，但仍需进一步试验其安全性。为避免运输液氢时的燃料损失和分布液氢时的蒸发损失，可在加氢站选择建设小规模液氢生产装置（其经济性仍需深入研究）。大规模生产和分布可降低液化成本。在图8-15中示出了氢液化器的固定和操作维护（O&M）成本与生产速率间的关系，从图中可清楚看到，氢液化成本在生产速率低于6000kg/h时随速率增加快速下降。

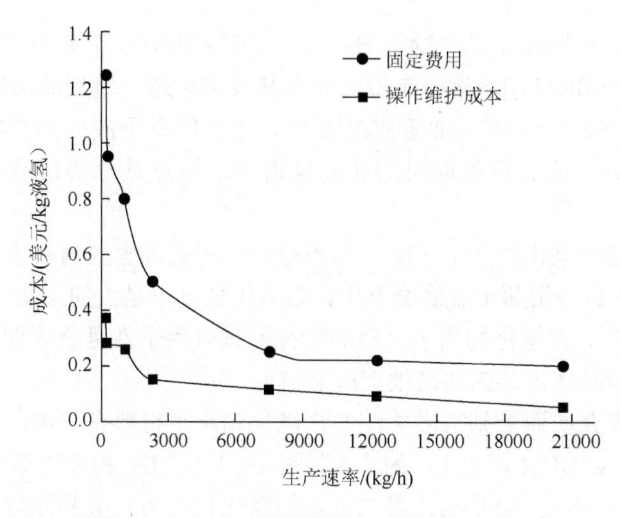

图 8-15　氢液化器固定费用和操作维护成本

2. 液体储氢

在液态氢存储类别中除低温液氢存储外，有机液体和离子液体储氢也被认为是液态氢存储方式。一些富氢低分子量有机液体能作为储氢材料使用。有机液体储氢一般是指液体化合物化学储氢。例如，不饱和有机物（烯烃、炔烃或芳烃）与氢气间可进行可逆加氢脱氢反应，能实现储氢放氢循环。化合物储氢方法的一个特点是，加氢后有机液体氢化物非常稳定且安全性很高。其问题在于加氢脱氢反应一般需要在高温且有催化剂的帮助才能进行，体积效率较低且催化剂易中毒。我国对有机液体车载储氢已在客车上进行了示范运营。

离子液体的定义是“熔点低于 100℃的液态盐类（通常解离成阳离子和阴离子）”。它的低熔点是由于大离子对和阳离子的低对称性（降低了晶格能量）。离子液体具有可忽略蒸气压、非可燃、高密度、高热稳定性等特点。在早期它被认为是绝好的绿色溶剂，因其实际应用很方便，对其研究兴趣也很大，近二十年才把其应用作为脱氢促进剂和热解产氢载体。离子液体的独特物理化学性质（溶解性质和对脱氢反应的支持效应）对储氢应用（储氢材料或储氢体系添加剂）是很有吸引力的。由于它具有能形成相对稳定的极化过渡态再快速分解的特性，对化学氢化物释氢速率提高是很有利的。当然最重要的是要发现简单低分子量又富含氢的离子液体储氢材料，同时考虑氢释放速率、操作温度和释放氢纯度等重要因素。对离子液体储氢性能的强化研究发现：甲基胍硼氢化物$[N_3H_8C]C^+ BH_4]$在热和催化条件下可释放 9.0wt% H_2；胍阳离子和八氢三硼酸阴离子组合胍八氢三硼酸的储氢容量达 13.8wt%；咪唑鎓盐离子液体在 0.1MPa 压力下的体积储氢容量达 30g/L，是 35MPa 压缩储氢的 2 倍；胺功能化咪唑鎓盐（离子）液体不仅能提高甲酸分解速率，而且提高了产物含 H_2 比例；应用固载化多核 Au-Pd 纳米粒子离子液体[C_2OHmim][NTf_2]溶剂，能相当提高其反应性能。遇到的问题是，Pd/C 催化下脱氢温度 503～573K，加氢需时很长。储氢用离子液体和其集成体系的优点是无须压缩或冷冻、短反应时间和高氢得率，缺点是分解反应的高成本和低质量容量。

氢也可存储于氢化物离子（H^-）而不是质子形式的含氢材料中。鉴于质子是非常小的，能容易地溶解于金属合金中，而氢化物离子是大的（离子半径 146pm，接近于 O^{2-}大小）。含氢化物离子材料的特征是具有离子性且金属性很强。因氢化物离子大，在其晶体内部的移动性一般非常低。

可作为储氢介质而受到很多关注的含氢化物离子材料有三类：第一类是硼氢化物（分子式是 M^+BH_4，M^+是 Li^+、Na^+、K^+或 NH_4^+），Li^+BH_4 的理论储氢为 13.9wt%，Na^+BH_4 的理论储氢为 7.9wt%；第二类是铝氢化物；第三类是硼烷［一般分子式是 NH_nBH_n（$n = 1$～4）］。其中，硼氢化胺 NH_4BH_4 含氢质量分数达 24%（受到关注），加热时该材料以多个步骤分解，每步释放约 6%的质量。虽然它们含氢容量很高，但利用这类材料的严重实际问题是它们放氢是不可逆的（不能以简单方式回到其原始状态），总希望能发现解决该严重问题的方法。若必须进行化学重构，就需要把它们搬离车辆，用新化学材料替代。这类含氢化物离子材料的化学再生过程在大中心化学工厂中进行是最有效和最好的。

3. *液体化合物化学储氢*

依靠压力和温度的差异能在很多材料中以吸附或反应方式进行氢的存储和释放。该技术可用材料很多，其中容易实际利用的化合物有氨、金属氢化物、甲酸、碳水化合物、合成烃类和液体有机氢载体（LOHC）等。为满足车辆一次充氢行驶 300～350 英里（1 英里≈1.6 千米）的要求，车辆应储氢 5～6kg。这对这类储氢化合物是容易达到的。它们在前面已讨论过，不再重复。

8.6.6 固态介质储氢

除上述储氢方式外，也已发现了多种能储氢的固体介质。有许多固体材料具有储氢能力，如金属、合金、碳材料、多孔材料（如多孔金属氧化物）等，但其储氢量一般仅占总质量的约 2%，某些金属氢化物的氢吸收容量可达 5wt%～7wt%。这些储氢固体介质材料的特性决定了储氢容器的成本、安全、有效和可靠性。

固体介质材料捕集氢常伴有如下过程：分子吸附、扩散、化学键合及范德瓦耳斯吸引和解离吸附；而释放氢过程含有的步骤则是脱附、扩散、脱键合和解吸等。可利用压力、温度和电化学位来控制氢在材料表面的吸附和键合强度。对于这类材料的气固储氢过程，需要满足的基本条件包括：合适热力学、快速动力学（快存储和释放）、高氢质量密度和体积密度及安全问题能正常掌控管理。

对于金属储氢介质，镁是最可行的储氢材料，因其具有高容量、低成本和轻质量等特点。例如，20nm 厚镁膜显示有超级氢吸收性能，饱和氢含量达 5.5wt%（298K 和 728kPa H_2）。但是镁基储氢材料的弱点是缓慢的释氢动力学（最主要原因是氢黏滞系数小，且在钝化层中扩散速率很慢），这限制了其在车辆中的实际应用。一些合金氢化物储氢介质材料对氢显示有化学吸附能力，且其储氢是很安全的，如铈、镧和镍合金（Ce-La-Ni），硼氢化镁[$Mg(BH_4)_2$]、镁-氧化锆氢化物等。氢能够在金属氢化物中存储，是由于气态氢和固体材料间发生了热化学反应形成了氢化物，在氢化物氢吸附（脱附）期间发生了金属晶格结构的改变。因此，其存储性能（氢吸附潜力）取决于合金组成和电子结构构型，如铑-银合金（Ag_xRh_{1-x}，$0 \leqslant x \leqslant 1$）储氢材料。一般，吸氢过程是放热的，而脱氢过程是吸热的，吸脱氢过程速率取决于过程活化能、热导率、压力和温度等因素，因此金属氢化物储氢单元需配备有热控制系统。在与传统储氢方法比较时，金属（合金）储氢技术较安全、服务成本低、装置较紧凑、较高效率、吸放氢动力学相对快速、对变化的应答快。但是，金属（合金）氢化物储氢也有缺点：必须进行热管理、成本较高、单位质量储氢量不高等。金属（合金）氢化物与储热材料［相变材料（phase change material，PCM）］的组合可形成以潜热替代外部热源的储氢组合材料。在实际应用方面，戴姆勒-奔驰公司已把对金属（合金）氢化物储氢材料的研究成果进行转化，付之于实际应用，推出了世界上第一辆应用组合氢化物储氢的电动车辆。该公司还进一步发展和发现了金属氢化物的多种可能应用。

在固体储氢材料中，除金属（合金）氢化物外，还有一大类多孔性材料也具有储氢性能，如天然黏土、包合水化物、碳材料、玻璃微球等。天然黏土是一类多孔纳米材料，其特点是便宜、生物可降解、非常耐用和高储氢容量。例如，用六角形氮化硼（h-BN）纳米粒子掺杂且经酸处理的多水高岭土纳米管（A-HNT），储氢容量从原始的 0.22wt%增加到 2.88wt%（掺杂 5%纳米粒子）。包合水化物是一类固体混合物，其晶体结构是由水分子形成的。特殊的晶体结构形成了可被特殊气体（分子量低于甲烷和二氧化碳分子）充满的结构笼。固体状态的包合物在室温下可耐受高压力，其储氢容量与结构笼大小有关。各种碳纳米材料都具有好的储氢容量，如碳纳米管、碳纳米花、碳纳米纤维、石墨烯等，这是由于碳微管道结构能促进在其微孔中存储氢分子。例如，碳纳米管在适当条件下能吸附存储相当数量的氢；当玻璃微球（毫米到微米大小）床层具有合适的孔直径时也能够存储氢。

根据储氢固体材料方法和现时状态，关注如下几个关键点或许很有必要。①对具有较高表面积和较大自由体积的多孔新材料的发展做了很多努力，但在环境温度下它们的吸附储氢容量小于 1wt%；在 77K 和环境压力下，当比表面积＞2000m^2/g 后其储氢容量随比表面积增加很小。希望通过离子化、极化和辐射照射及诱导 H_2 溢流等方法提高多孔材料储氢性能，但近些年似没有实质性进展。②金属/化学氢化物储氢的关键是要增强氢释放和吸附的热力学和动力学，为此可采取的手段有：氢化物材料的纳米化（降低材料粒子大小）和裁剪充放氢动力学；选用稳定性较低的氢化物和离子液体储氢材料，以及利用化学氢化物体系具有的协同效应。③为促进实验室材料到实际应用的发展过渡，必须集成固态材料及其加工技术（如成型和电纺）。④利用仲氢低能量状态在环境条件下长期储氢，已对仲氢转化进行了概念证明和示范。

有关固态储氢材料及其储氢性能等问题，在即将出版的《氢：化学品，能源和能量载体》一书将做详细的介绍和讨论，这里不再重复。

总之，储氢技术的进展在不断继续，希望仍然以敏锐眼光观察新概念的出现或新储氢方法的发展。

8.6.7 气体管网储氢（电力-氢气工厂）

世界上主要国家几乎都建立了配送天然气的管道网络，这是一个能存储巨大数量氢的储氢库。已多次叙述过，为缓解和解决可再生能源（RES）电力供应波动性和间断性问题，其盈余电力（或电网供电峰谷期的多余电力）可供电解器生产氢气，例如，生产氢气数量巨大，可把其输送和存储于有巨大存储容量的天然气管网中。所谓的“电力-氢气工厂”就是利用多余电力在电解器中电解水生产氢气（和氧气）的工厂，所产氢气可直接送入现有天然气管网作为气体燃料，也可在电力短缺时让氢气在氢内燃引擎中燃烧或在燃料电池中进行电化学反应生产电力（以补不足）和热量。在世界范围内，这类电力-氢气试验工厂数目在不断增加，主要原因是它们能够利用波动不稳定 RES 电力生产氢气存储能量，为整个电网可靠稳定运行做出贡献。对以电力-气体工厂作为重要策略进行研究获得的结果说明：该工厂所产氢既可用于发电，也可直接进入配送燃气的管道系统存储和使用。欧洲的一些国家现在已经使用这个技术以氢气形式来存储电力。对于大多数电力-氢气工厂而言，利用的 RES 电力是风电和太阳能电力。一方面由于 RES 高效利用对储能单元的需求非常大，另一方面电力-氢气工厂又能以多种组合模式进行操作（既可与公用电网连接，也可与燃气配送管网系统连接），因此发展前景极好。对于不同应用，电力-氢气工厂可用不同组合来应对，即可按不同要求进行设计和分类。总而言之，电力-气体工厂在现时和未来的能源网络系统中都可能是重要的组成单元，有其特定的位置和作用。电力-气体工厂能扩展延伸应用于不同的领域，可再生能源电力和氢储能系统（RHHES）可作为偏远或孤立地区（农村、孤立区域和岛屿等）的独立能源系统使用。对有巨大 RES 电力潜力的国家和地区有很大 RHHES 发展空间。太阳能、风能资源丰富的国家和地区有中国、美国和欧盟地区；水电潜力巨大的国家有挪威、巴西、加拿大、委内瑞拉、中国、美国等。研究结果显示，利用储氢储能比电池更为经济和安全。要替代现有储能技术，储氢技术需要发展高效安全的氢生产、存储和使用的综合技术。

最后要指出，氢能技术的发展在很大程度上取决于氢燃料电池技术的进展，它是能使能源移向更清洁和更高转化效率的关键技术，不仅可导致能源体系的基本变革，而且极有利于脱碳化（碳中和）以有效降低能源使用对环境和气候的影响。燃料电池比燃烧热引擎显示有若干独特优点：①氢燃料电池不仅有效且非常清洁安全和可持续；②燃料电池与 RES 和氢能量载体间的兼容性非常好，必将成为未来能源转换的重要装置；③燃料电池技术本身还具有安静操作、固态模块化制造、结构简单和应用领域广泛的优点。

8.6.8　储氢技术比较和小结

储氢技术是储能技术的一类，是为有效利用 RES 替代化石能源快速出现的。储氢在公用基础设施和应用方法上仍需要进一步提高改进。储氢技术应用与能量密度、存储容量、有效储氢、安全性要求和低投资成本等因素密切相关。为实现可持续清洁可再生能源经济的目标，需要考虑的因素虽然很多，但氢能源技术对实现这个目标是非常关键的。

前面介绍的多种储氢技术各有各的优缺点，来自不同文献的比较给于表 8-17 和表 8-18 中。高压气态储氢技术主要优点是技术成熟、成本低、充放氢速度快、耗能相对较低；缺点是体积储氢密度低和安全性相对较低。低温液态储氢技术主要优点是体积储氢密度较高和放出氢纯度高；缺点是液化过程耗能高、挥发损耗大和成本高。固体材料储氢技术主要优点是体积储氢密度较高、无需高压容器、安全性好、释放氢纯度高等；缺点是质量储氢密度低，成本高，需要有热管理措施。有机液体储氢技术优点是储氢密度高，存储、运输、维护保养方便，可循环使用；缺点是成本较高，操作条件较苛刻，放出氢纯度易受副产物影响。虽然最近对固体储氢材料和概念的研究已经取得显著进展，可至今仍没有找到能完全满足美国 DOE 提出的 2020 年所有目标的储氢体系。需要进一步发展耐用、低成本的储氢材料体系，不仅有高可用储氢容量，而且有合适的动力学和热力学特征。

表 8-17 各种储氢技术间的比较

参数	压缩存储	液氢存储	化学存储	多孔材料物理吸附
质量容量/wt%	13	可变	<18	20
体积容量/(kg/m^3)	<40	7.08	150	20
温度/K	273	21.5	373～573	可变
压力/MPa	80	0.1	0.1	10
系统成本/[美元/(kW·h)]	12～16	6	8～16	100/60
代表性公司	Quantum 公司和 Lincion 公司	Linde Group 公司	Ovenies/ECD 公司、LLN/Sand 公司、Millenium Cell 公司、Hydrogenics 公司	Hydrogen Research Institute（空军）
方法的优点	质量轻、有利于容量增加、占用空间小、能量效率高	体积容量和质量容量高、长期储氢	高存储目标、低反应性、短存储时间	过程完全可逆、杂质不累积、短循环寿命和充氢时间
方法的缺点	需要高压容器、体积容量和质量容量低	需要压缩容器，因液化和沸腾逸出能量损失大，容器成本高	与湿气发生反应、掌控麻烦、吸收杂质、可逆性差、需高温脱附、慢脱氢动力学	簇化问题、需要低温或超高压力、与氢的弱相互作用

氢燃料和能量载体能广泛应用于各种固定、移动和便携式领域和场合，它们都需要依靠储氢技术，特别是运输领域。于是摆在研究者面前的巨大挑战是，研究发现和发展理想的高储氢容量及在温和条件下的快速吸放氢的储氢材料。

表 8-18 主要储氢技术的比较

储氢方式	高压气态储氢	低温液态储氢	固体材料储氢	有机液体储氢
质量储氢密度/%	1.0～5.7	5.7	1.0～4.5	5.0～7.2
优点	技术成熟、充放氢速度快、成本低、能耗低	体积储氢密度高、放出氢纯度高	体积储氢密度高、放出氢纯度高、安全、无需高压容器	除前面的高存储外，存储、运输、维护保养方便，多次循环使用
缺点	体积储氢密度低，安全性较差	液化耗能大、易挥发、成本高	质量密度低、成本高、放氢需高温	成本高、操作条件苛刻、可能发生副反应
备注	目前是车用储氢主要方法	主要用于航空航天领域，民用少	未来主要发展方向	可利用现有基础设施

第9章 热能存储

9.1 前　　言

电网、燃料网和热网构成了完整能源系统网络，其正常平稳运行离不开储能单元。热能与电能燃料一样，也是需要和能够存储的。热能是使用广泛的三大能量形式之一。热能的应用和需求主要来自建筑物和工业领域，因人民生活和工作需要有相对温暖的环境。设备装置和机械的工作对环境温度也是有要求的。从能源远景看，要仔细处理的突出挑战包括：①化石能源资源的快速消耗；②开采利用化石能源高成本和复杂性；③燃料价格大幅上涨；④气候变化和 GHG 排放；⑤要供应满足实际能源需求和能源分散性分布。面对上述能源挑战，必须发展新技术和改进提高现有技术，其中热能存储技术非常重要。

9.1.1 热能存储

热能存储（thermal energy storage，TES）是指以热量或冷量形式把能量存储在介质中一段时间，在需要时再供应使用。TES 是一类服务于末端能源需求和对可用能量进行有效再分布的技术，密切关系到热能存储介质和能源中不同能量的相互转换。集成TES及其通用操作简单示意表述于图9-1中，对冷量存储系统表述于图9-2中[使用了若干基本概念：热能（thermal）指热量（heat）或冷量（cold）]。为尽可能用尽能源资源所含全部可用能量（包括因热或机械运行损失的能量），对正常操作热负荷（制冷/供热）需求由热源直接供应满足。与直接供应满足不同，储热单元可作为中间体协调热源和末端负荷需求，能有效减少热损失和降低温室气体（GHG）排放。

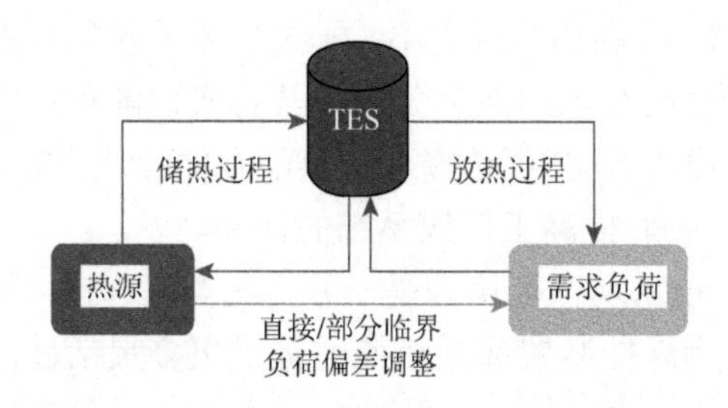

图9-1　热能存储集成和操作的简单示意表述

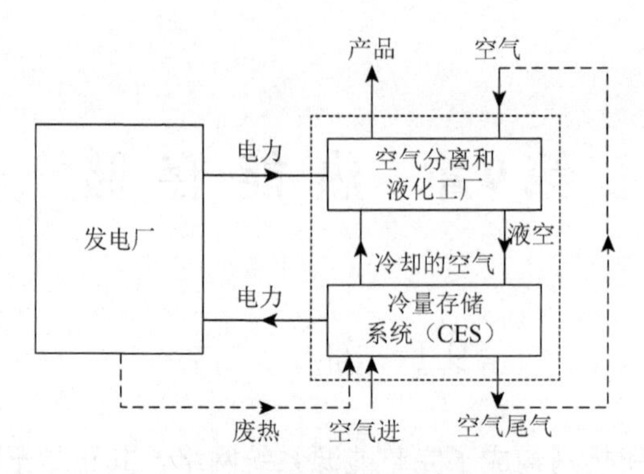

图 9-2　冷量存储系统的表述

在储热过程期间（常常是部分负荷条件），TES 存储热能以满足高峰负荷需求所需热能，在释热过程时段，TES 为末端使用单位供应热能（用于希望目的）。为有效完成该类操作需要有 TES 与常规热系统间的集成，以使制冷/供热工厂或公用设施能在基本容量或正常容量下操作，这能提高热能体系能量效率和操作性能。

释放存储热能的数量取决于存储介质特性（特别是存储材料）和存储介质与能量源间的温差。TES 最重要的特征是单位体积存储热能数量（体积能量密度）和存储时间长短。一般而言，存储体系体积越小和存储时间越长，其存储性能越好。

9.1.2　热能存储需求

储热概念早就存在，近来因科技成就致使对 TES 技术注意度增加，出现了增长势头。其原因如下：①能量供需间的不匹配；②随机间断性能源资源（如风能、太阳能）利用的持续迅猛增长；③热负荷短时波动；④系统循环热负荷被广泛采用；⑤临界和部分负荷需求能源供应的限制；⑥在高峰和峰谷时段制冷/供热系统利用的高成本；⑦有经济效益和补贴。利用热能相互作用（既有热量也有冷量）体系采用有特色 TES 技术的兴趣源于：①可提高现有制冷/供热系统能量效率；②能利用负荷负载平衡或需求限制操作来降低现有制冷/供热系统容量；③能提高体积能量容量，降低现有制冷/供热系统大小；④工厂或系统操作的灵活性能通过增加存储时间来增加；⑤提高有效的能量分布使其有备份能量；⑥降低总成本（包括操作成本和初始投资成本）；⑦可选择合适热能存储介质［如显热、潜热、热化学能量存储（TCES）介质］提高工厂或系统的性能。

应用中采用 TES 技术现在被认为是一种“光亮”选择，不仅能提供更好的能量再分布容量，而且为耗能装置或系统操作提供更多灵活性。对于实现能量再分布，TES 是成熟技术，应用方便，引入 TES 体系后，系统制冷或供热能量要求能得以完全满足，把能量从高峰负荷转移到峰谷负荷。利用 TES 技术，能在日间从太阳辐射获得热能经存储再分布用于夜间（或任何时段）的供热。也就是说，TES技术的真实利益是能够通过能量再分布过程实现的。例如，一幢建筑物的操作运行必须要有制冷/供热，其高峰负荷（日间）时段的制冷/供热需求（能量）能由TES实施有效的能量再分布［转移到部分负荷（夜间）时段］实现，其所需（满足日间制冷/供热需求）的能量能先被存储在TES介质中，然后再供应给建筑物使用，满足其制冷/供热能量需求。

可持续太阳能系统供应的高等级热能是间断性的，使用TES技术进行合适存储后就能以多种方式满足末端使用者需求。例如，热电联产（CHP）和冷热电联产（CCHP）系统能在电力和热量生产不相互匹配条件下进行比较有效的操作（似乎不再需要把热能存储起来），但使用TES系统（如利用地热泵把地面作为热能存储容器）能进一步提高联产系统的能量效率和降低建筑物的能耗。

9.1.3 热能存储类型

热能存储（TES）必须使用储热介质。理论上讲，几乎所有物质都可作为储热介质，因为物质都具有热容量，且能进行相转变和化学反应。介质的内能变化被用于以热或冷能量形式的热能存储。热能存储有多种类型，按存储介质状态变化分类时，可分为显热存储、潜热存储和热化学反应存储三类。它们可以单一种或组合方式实施操作。按存储时间长短，则有长期和短期热能存储之分。按储热温度分类，则有高温、中温和低温热能存储三类。各种热能存储技术都已有很多成功实践，实现了不同温度下的短期或长期能量再分布。

按定义，显热是指物质不同温度下所含的热能差；潜热是指物质在相同温度下因发生相变（如气-液、液-固、气-固和固-固）引起的热能变化；化学反应热是指物质发生化学反应前后的热能变化。很明显这些变化的热能都能够被存储。利用物质（介质）温度差存储热能是显热热能存储，存储热量时介质温度升高，释放热量时介质温度降低。利用介质相变存储热能是潜热热能存储，存储热量时介质发生相变，如由液变气、由固变液（气）等，释放热量时介质相变则由气变液（固）、由液变固等。化学反应存储热能因涉及多种物质，相对复杂一些。

短期与长期热能存储差别不是非常大，短期热能存储有显热和潜热累积型两类。对于潜热存储热量，储热材料是相变材料（PCM），相变储热是理想的等温过程，存储热能数量比例于已转化物质的潜热。累积型材料相变可以是固-固转化（晶体结构突变），也可以是固-液和液-气转化。潜热最大的是液-气相变，因此储热使用液-气相变材料是比较理想的。由于相变有可能发生大的体积变化，实际使用时要严格制约体积变化，防止可能出现的问题。

长期热能存储一般是指存储时间达到月或季节长度，通常是潜热存储，分为吸着型或化学型。前者是指吸附和吸收储热，吸附是指固体吸附剂表面利用物理或化学相互作用（热效应）捕集蒸汽或气体（吸附质）的过程，而吸收是指吸着剂与溶质间的相互作用不仅发生于介质的表面也发生于体相中（一般是两相系统）。物理相互作用如范德瓦耳斯力一般是弱的，化学相互作用是强的，因形成化学键产生新化学物种。化学型潜热存储系统只利用完全可逆的化学反应，新物质生成和相互作用物种的解离都伴随有大量热量的吸收和释放。短期热能存储通常使用的是物质的显热，简单而方便，因仅有温度的变化。

对于低温储热，通常选用储热释热容易的储热介质（材料），应使其操作温度对应于制冷/供热应用所需温度。例如，用冷冻水、相变材料或冰热存储方法削峰，把高峰时段制冷需求负荷转移到峰谷时段。冷量储能（CES，如图 9-2 所示）中的冷冻能量（如液空或液氮）能利用盈余可再生能源（RES）电力生产，高峰时段电力需求由冷冻液利用环境热量加热后通过冷冻热引擎生产电力弥补。应注意到，CES 的能量密度相对比较高，100～200W·h/kg（单位能量低投资成本）。满足较长存储时间和环境友好的优点使 CES 商业化成为可能，但其能量效率相对较低，为40%～50%。中等温度储热材料的操作温度一般高于人类舒服温度范围，但对建筑物供热应用是可以接受的，可组合进入建筑物结构材料中。对用太阳能加热（水或空气）应用，储热材料必须具有高温储热能力。高温显热存储非常适合于发电应用，满足驱动透平或引擎所需高温蒸汽的高温热能输入要求。其热源基本上是 RES 与显热存储材料的组合，这能增强高温显热存储系统总包热效率。满足操作温度范围在 100℃以上要求可选用的储热材料有液体、油类或熔盐等。熔盐可在高操作温度（＞300℃）下存储和释放热能，已被成功应用于浓缩太阳能发电站中。如操作温度要求非常高（600℃以上），储热材料可选用固体，包括混凝土或陶瓷。对高温显热存储系统的技术研究，仍需深入了解成功运行所含的复杂性。对于操作温度在 500～750℃范围的显热存储材料，每千克存储显热数量的技术指标总结于表 9-1 中。

表 9-1　温度范围 500～750℃显热存储材料的综合技术指标

材料	ΔT＝250K 时存储热能/(kJ/kg)	ΔT＝250K 时存储热功率/(kW·h/kg)	要求存储 1000kW·h 时的质量/kg	要求存储 1000kW·h 时的体积/m^3
铝	200	0.056	18000	4.5
铸铁	135	0.038	26700	3.4
高铝混凝土	245	0.066	14700	6.1
重聚合物	298	0.083	12100	5.1
石墨	178	0.049	20300	9.1
氧化镁（HP）[a]	235	0.065	15300	4.3
碳化硅（HP，CP）[b]	260	0.072	13800	4.3

注：a. HP 表示高纯；b. CP 表示化学纯。

9.1.4 热能存储技术比较

显热和潜热存储是直接储热技术，而化学反应热能存储技术是间接储热技术。对这三类储热技术的比较总结于表 9-2 中。热量和冷量存储间的基本差别是，对前者热源是能量源，对后者能量源起的是散热器作用。三类储热模式在需求边能量管理中具有巨大潜力，能让供需间能量建立起平衡。成功应用 TES 技术非常依赖于如下因素：需求负荷图景、要被再分布的临界负荷、储热材料性质及其储热机制/类型、短期或是长期存储、环境条件、成本激励措施和经济远景。对末端能源使用和需求边设施的管理，TES 技术能提供广泛范围的利益和机遇（如降低成本和节约能量）。

表 9-2 三类热能存储技术（显热、潜热和化学反应热）的比较

比较内容	显热存储	潜热存储	化学反应热存储
存储介质	水、沙砾、卵石、沙土等	有机物、无机物	金属氯化物、金属氢化物、金属、氧化物等
形式	水系统（水容器、蓄水层），岩石或地面基系统	主动存储、被动存储	热吸着（吸附、吸收），活性反应（一般是高温存储）
优点	环境友好，材料便宜，系统相对简单、容易控制、可靠	能量密度高于显热存储，在恒定温度下提供热能	几乎无热损失
缺点	能量密度低、区域供热需要巨大体积、自放热和热能损失问题、建造的地理位置成本高、地质要求高	缺乏热稳定性、结晶、腐蚀、存储材料高成本	高密度条件下差的传热和传质、循环能力有不确定性、存储材料高成本
现时状态	大规模示范工厂	材料表征、试验规模样机	材料表征、试验规模样机
未来工作	优化控制策略以提高太阳能份额、降低功率消耗、优化存储温度以降低热损失、考虑影响因素（如地下水流）模拟地面/沙土基系统	筛选有高熔融热更适用相变材料，优化研究存储过程和概念，进一步研究热力学和动力学及新体系	优化颗粒大小和反应床层结构以获得很多的热能输出，优化储放热过程温度水平，筛选更合适和经济的材料，进一步研究热力学和动力学及新体系

在解决气候变化和实现可持续经济发展方面，TES 有能力提供多重贡献和连串利益：①化石燃料使用和消耗最小化；②节约能源，降低 GHG 排放；③降低电力工厂设备操作总成本；④使燃料价格和成本波动风险最小化；⑤提供转移部分高峰负荷到峰谷负荷的调节服务、扩展制冷/供热系统容量服务和公共服务；⑥降低制冷/供热设备的大小（因大部分操作是为满足正常负荷而不是临界负荷）；⑦通过负荷负载平衡和限制需求提高制冷系统能量效率，扩大能量节约潜力；⑧可调节发电和能量再分布，能集成可再生能源（如太阳能、风能、地热能）和潜在地下热能；⑨降低耗能的峰发电厂使用；⑩满足备用制冷容量，省去多余的电力/机械

设备和降低安装成本；⑪热能存储操作不向环境排放污染物；⑫发展脱盐系统，增加廉价淡水生产能力。所以，鉴于材料特征和能量守恒，预期热能存储技术是可持续发展的可行措施。

9.2 显热储热

9.2.1 引言

显热存储技术主要用于解决需求边能量管理和节约初级能源消耗相关事情，过去就被广泛使用，现在更获重新激励和促进。世界上的一些考古学奇观（已存在很多年）可作为显热存储早期应用的例子，有其科学背景和历史意义。这些古迹主要是由普通石头或岩石构建的巨大固体结构，其主要作用之一是使室内空间保持在较低温度（感觉到比室外凉快）。其结构的科学性可用普通石头或岩石存储释放显热来证明，也就是说我们先祖早已有利用显热存储能量的思想。现代发展的显热存储热能技术是对我们祖先的模仿，当然现在应用的材料科学技术使显热存储能长期有效和可持续。

9.2.2 显热存储原理

显热存储热能技术利用的是材料温度差，因存储了能量材料自身温度上升。在显热储热体系中，存储热能的数量与存储材料质量（m）、比热容（c_p）和温差（ΔT）密切相关，其物理关系可用式（9-1）表示：

$$Q = mc_p\Delta T \quad 或 \quad Q = mc_p(T_h - T_i) \tag{9-1}$$

其中，T_i 和 T_h 分别为储热前后材料的温度；$\Delta T = (T_h - T_i)$ 为温度差。应该注意到，在显热存储释热期间，其相对低热容常可用存储过程温度差来平衡，这是高温应用（能量再分布期间需要大的温度差）优先选用显热存储技术的原因之一。

可使用的显热储热材料主要有两类：①固体材料，包括岩石、石头、砖、混凝土、干和湿的泥土、铁、木头、石膏板、软木板等；②液体材料，包括水、油、纯醇类及其衍生物等。

9.2.3 固体储热材料

显热存储热能技术的核心事情是选择能有效地实现储热释热的合适材料。显热存储热能材料是指那些能满足存储或释放热能要求（长期或短期存储）的材料。

热能存储过程一开始，材料温度就开始逐渐上升，存储的热能越多，温度上升越高。材料温度是其内能变化的反映，反过来内能变化（温度升高）说明供应的热量已以显热形式被存储在材料中。对于存储显热的热能材料，存储或释放的热能数量可容易地用方程（9-1）计算。

利用太阳能高温作供热热源为建筑物空间取暖（制冷）的应用是离不开热量存储的。为此要做的第一件事是选用合适的固体储热材料。作为固体显热存储材料的岩石床层和混凝土，操作温度为40～70℃，金属储热材料的可操作温度高于150℃。仍需要进一步研究发展固体储热材料，包括降低储热材料高温泄漏危险和研究可在很高温度下使用的热能存储材料可行性。固体储热材料的使用受如下一些因素影响：①相对低比热容量，平均约为 1200kJ/(m·K)；②存储能量密度没有液体储热材料高；③长期存储时有自放热危险（热能损失增加）；④固体储热材料的低传输特性；⑤固体储热单元的分层；⑥储热单元有操作和维护成本。

9.2.4 液体储热材料

顾名思义，液体储热材料是指那些能满足存储或释放热能要求（长期或短期存储）的液体物质。对于低到中等温度范围的热能存储应用，优先选择液体储热介质来存储和传输热量，它们已在实践中广泛使用。水是最便宜和最普遍使用的液体储热材料，其比热容高、成本低和有广泛可利用性，能量存储密度接近290MJ/m^3，可承受温差达70℃。例如，广泛使用的太阳能热水器几乎都采用液体水作为热能存储介质。有合适热性质的各类重要固体和液体显热存储材料可参阅相关参考文献。

9.2.5 短期和长期显热存储

显热存储的时间长度在数小时范围内，属短期（或白天）存储。其热量可来自可再生能源（RES）或非 RES 热能，多在白天时段取出使用。短期显热存储技术多用于满足供热（取暖）需求，可依据需求负荷波动和设计要求以及所在位置和成本等因素来选择存储热能的固体或液体材料。对于大多数短期热能存储系统，为满足负荷需求通常是把太阳热存储在固体（岩石床层）或液体（通常是水）材料中。

显热长期存储的时间长度在数小时以上甚至一个季节。长期显热存储系统储热时间多在一个季度以上后再使用。例如，在夏季捕集和存储太阳热能供冬季使用，以满足供热负荷需求。多数长期显热热能存储系统利用 RES 热能，如太阳热、地热和空气热能等。

9.2.6 显热存储材料和方法的选择

把显热热能存储技术（STES）应用于真实世界的基础是选择储热材料及其使用方法。由于有很多可用储热材料且新材料仍在不断增加，再加上有关材料科学和工程知识的不断更新，成功发展显热热能存储技术最关键的事情是选择有希望和具有合适热能存储特征的材料及其使用方法。它们应具备如下基本性质：①紧密性，单位材料体积和质量热能存储容量大；②操作温度范围内有高的热导率；③有优良大容量充放热能力且无需大的温差；④高填充因子（密度）；⑤长期运行的热可靠性和稳定性高，可操作循环超过数千次；⑥热效率和能量效率高；⑦强化储热时，其自散热非常小；⑧化学稳定性好；⑨与使用的结构材料兼容，机械稳定性好；⑩断裂韧性和抗压强度高；⑪成本低廉有效；⑫低碳排放和低环境影响。

高性能显热存储材料选择步骤如下：①必须把热能存储选择的设计基础转化为相应的技术指标；②去除不满足要求的材料；③对满足显热存储要求材料按热物理性质进行等级划分，获取质量最好的材料；④收集尽可能多该高质量材料实际使用详细信息。使用高性能材料的方法步骤如下：①了解该选用高性能材料在显热存储系统中的固有特点；②了解关系到需求边能量管理和初级能源消耗面对的挑战；③发展尽可能地优化函数网格，以成本最小、最大热能存储性能为目标函数来获得优化解；④为适合于显热存储系统的有效运行进行规则设计，改变参数并进行模拟。

为便于高性能材料的选择，在很多文献数据库中都是把材料的热物理性质数据及其关联性以图示或卡片框架形式给出（可安排在不同组别和卡片中），图示和卡片也为选择组合材料和方法提供了可能，设计工程师能以很强的技巧来把握和了解高性能材料的行为，优先用于显热热能存储系统中。

9.3 显热热能存储技术

从世界范围的能源需求远景和能源安全性角度看，应用显热热能存储（STES）技术能在社会发展每一步实现能量再分布和提高能量效率。下面介绍讨论满足供热制冷负荷要求的各类 STES 技术的操作策略。

9.3.1 水储热容器

液体水是很好的储热和热能传输介质（高比热、对流传热特性好）。以液体水为储热介质的显热存储系统能很有效地满足储热释热要求（需求边）。其可操作温度范围（20～80℃）足以满足大多数供热和能量再分布要求，尤其是对住宅建筑物应用。储水容器通常是用钢、铝、强化混凝土、玻璃钢等材料做成的。为了有效储水，容器必须用矿物棉、玻璃棉或聚脲烷发泡体等绝缘（隔热）材料进行绝缘，这能极大降低容器的自散热损失。水进出容器安静且方便，储热释热也很容易。

储水容器有多种构型，如图 9-3 所示。对于蛇管浸入型热交换器构型，蛇管通常置于存储容器底部以达到最大可能传热（温差大）。应注意到，该类构型使用了特定热交换器（蛇管），可把容器上下温差影响降至最小。但选用特定设计热交换器可能是费钱的，因此其在生活用水加热存储中的实际应用是有限的。近年来，对外热交换器构型（壳管型）关注度在增加，其设计和建造比前述内加热存储构型更为简单。对该类构型的操作，来自太阳能收集器热量是间接传输给存储容器的，使用防冻水和加热水的循环网络。防冻水把从太阳能收集器获得热量经由（外）壳管热交换器传输给水，水被加热后再由泵送入存储容器供进一步使用，即便在夜间也有热水可用于满足空间取暖需求。该类构型热能存储容器的安排设计能使使用能量更有效且能长期安全可靠运行。除上述存储容器构型安排外还有其他构型安排，如覆盖（夹层）热交换器构型：来自太阳能收集器热流体把热量传输给水，水加热后存储在有覆盖层（或双壁）的容器中。因传热表面积增加，该类构型安排的热交换效率和储热性能显著增强。但因夹层热交换器需特定设计和受制造约束，一般比较昂贵。

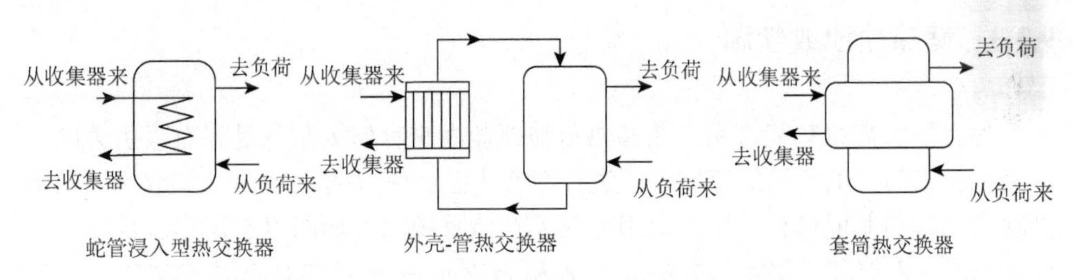

图 9-3 以水为储热介质的储水容器的不同构型

9.3.2 存储热能的岩石床层

如以太阳热作为热能供应源，岩石储热材料非常有利于住宅应用。应用岩石材料储热时它们被填埋成形似床层且配有进出口管或管道的结构（图 9-4）。为使流经太阳热收集器传输介质能进出床层并进行传热，进出口和管道的配备是必需的。在典型储热释热循环中，携带太阳能收集器热量的传热介质（多为空气）进入岩石床层的上空气通道，把热量传输给岩石并存储后流回到收集器（因岩石存储床层中有密度梯度），为下一次循环做准备。在夜间释热期间，来自负荷空间的冷空气流从岩石存储床层底部流入获取热量。因温差和对流效应，冷空气被加热到足以满足空间加热需求的温度。岩石床层存储热量被移去后，再在日间光照时段进行储热循环操作。空气传热介质与液体水储热系统比较，岩石床层储能系统的热性能是低的，这是因为空气和岩石的比热容都很低。另外，需要大的体积，对同样数量热能需求，岩石储热系统占据空间可能是液体储热系统的 3 倍以上，尤其是对大规模季节性热能存储。但岩石床层储热系统的优点是：结构和操作成本低且可在高温度差下使用（水储热系统可用温差非常有限）。由于岩石床层储热系统中传热介质并不贡献于存储过程，因此属于被动存储一类。

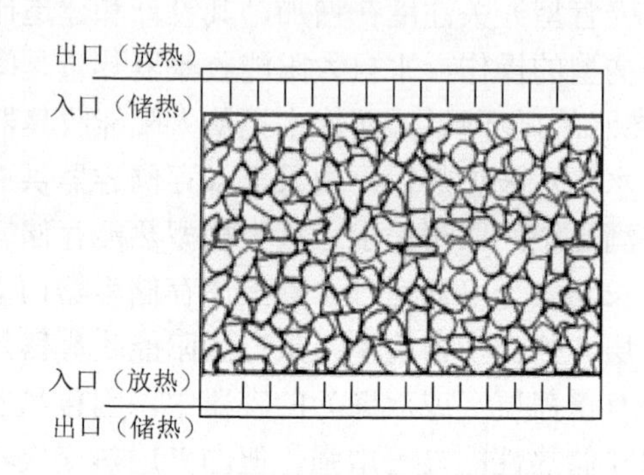

图 9-4 岩石床层 TES 示意表述

9.3.3 储热盐池或盐湖

为有很大数量热能可用，用储热盐池或盐湖来存储太阳热是很有吸引力的，也是很有效的。虽然热能存储过程进行缓慢［因池/湖中盐度梯度（获取太阳热的推动力）影响］但可行。这类太阳池热能存储系统示意如图 9-5 所示。盐池水可分为三层：上层和下层是对流层（UCZ 和 LCZ）、中层是非对流层（NCZ），在储热释热过程中它们都起重要作用。因 UCZ 不含或很少含盐，NCZ 含盐，因此在 UCZ（低盐水）和 NCZ（中盐水）间有盐浓度梯度，而 LCZ 和 NCZ 间的盐梯度是非常高的，因 LCZ 有比 NCZ 更高的盐浓度。进入池的太阳辐射一般能穿过该三层，其大部分热能被捕集和存储在底部的 LCZ 层中，UCZ 起绝缘层作用。存储热能经由热交换设施从 LCZ 层回收。可设想太阳池/湖储热过程运行的推动力是盐浓度梯度。利用盐水抽取存储热能需要考虑的最基本因素是：①盐在水中的溶解度必须足够高（盐水有高盐浓度）；②盐类物质溶解度必须足够恒定，随温度变化改变不大；③盐溶液必须是清洁透明，太阳辐射能容易地透过把热能传输给 LCZ 层；④所用盐类物质必须是环境友好和安全可掌控的；⑤选用盐类必须是容易获得且价格实惠的。能在太阳池/湖储热系统中普遍应用的优选材料应具有好的热化学性质，它们主要是：①硫化钠；②钠、钾、镁、氯等的天然卤水；③碳酸钠；④硝酸钾；⑤氯化镁；⑥硝酸铝；⑦尿素，以及它们的组合。氯化钠盐溶液可产生的平均温度为55℃，且有较好储热性能。研究结果指出，太阳池储热系统能量效率可从20%增加到50%，应采用措施包括选用热交换器模束和在LCZ和NCZ层间设置盐浓度梯度等。对于分层显热存储，热层到冷层的热能传输在整个储热单元中应该是连续的。这意味着，即便储热单元已完全释热，其相对暖层中仍有适当数量可利用热能。确保储热储槽内有合适分层就有可能使传热介质以较低温度进入收集器，从而增强太阳能收集器的热性能。近来对储热单元中温度分层研究结果揭示，与完全混合型储槽比较，储热储槽内有适当分层可使太阳热利用（有用储热）从平均20%提高到平均60%。分层示意表述给于图9-5中。

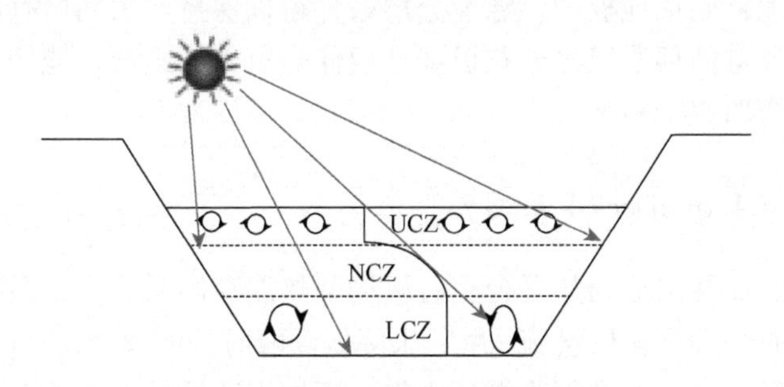

图9-5 太阳池热能存储示意表述

9.3.4 建筑物结构储热

建筑物常用的结构材料有混凝土、钢筋、砖块、石膏板及其组合，它们都是有效的热能存储材料，可用于实现所希望的储热释热且无须牺牲室内环境对舒适制冷/加热的要求。也就是说，被集成于建筑物中的建材（结构墙、地板、隔离部分、屋顶和天花板等）能有效存储和释放冷量或热量（关系到建筑物热感区的加热/制冷负荷波动）。建筑物构造中的热能存储可分为被动式和主动式两类（与其功能有关）。利用室内环境和织物材料间（空气介质）密度梯度（或自然对流）效应的热能存储，被视为是被动热能存储；当热能存储是由机械组件（风扇、吹风机或泵）辅助完成时，则被视为是主动热能存储。影响建筑物建材存储热能和热量传递的主要因素包括：①建材质量；②建材和传热介质比热；③建材与传热介质（主动）或环境（被动）间的温度差；④传热流体体积流速（主动情形）；⑤建材和传热介质热导率；⑥建筑物建材结构渗漏和其他热损失程度等。

用天花板、地板和地板下厚板组件储热是很有吸引力的，仅需常规自然通风和机械通风就能激活它们。该类系统的工作原理相对简单：夜间（峰谷）时段让建筑物室内冷空气流过天花板组件，其冷量被传输和存储在天花板结构里；日间（高峰）时段室内的暖空气在天花板间进行循环冷热能交换，以满足室内环境制冷负荷需求。短期供热存储情形也是类似的，冬季日间时段室内空间空气的热能被存储在天花板中，用于弥补夜间需要的供热需求。在实践中，房间空气和天花板组件间的实际温差通常在 2～4℃之间。当配备有机械辅助风扇或吹风机装备（提供强制对流效应和使室内空气和天花板组件间有更好传热）时，能够有效提高该类建筑物结构组件的储热性能。地板组件对实现自然对流或强制对流传热是有利的。例如，对于地板中存储热能情形，来自地板下空气扩散进入室内空间，返回的空气被收集在屋顶/天花板层。因空气由地板扩散到室内空间是垂直运动，这样热能能被有效地存储在地板中，温度分层条件得以保持，房间内有舒适条件。自由散热或节能装置循环通风与天花板或地板储热组件的组合，能使建筑物储热性能和能量效率增加 5%～10%。

1. 热平台（TermoDeck）系统

近年来，已发展出称为热平台空心板构型热能存储系统，该系统基本组件是具有储热功能的空心天花板设施，用它来降低高峰时段制冷/供热负荷需求和提高建筑物能量效率。对于典型制冷循环操作，流过天花板组件空隙的室内（通风）空气能量被捕集和存储在该组件中。天花板组件的实际空隙是基于室内热负荷进行精确设计的（确保最大可能热量传输）。在夜间时段，存储能量通过天花板上的环路释放暖空气给建筑物空间。该系统的主要优点有：①降低高峰时段功率需求可达 50%；中午 4～5h 时段的降低值甚至达到 70%～90%；②初级能源消耗降低达 50%；③在热平台系统中淘汰了使用的机械辅助组件，如风扇、冷却器、通风管道、水散热器和悬浮天花板等；④每个地板可节约的上层空间超过 25%（因无须悬挂天花板）；⑤能有效满足居住者希望的好舒适条件且不牺牲能量效率；⑥低能耗，降低了碳排放，是环境可持续的。

2. 嵌入式盘绕单元

在建设阶段把建材组件以盘管衬填形式嵌入结构中，形成的是嵌入式盘绕储热单元。流体（热或冷状态）流过盘管时的对流效应可把显热传输给建筑物建材组件存储能量，然后让室内空气在建材组件上流动带走能量并释放给室内空间。热交换以自然对流方式进行，或因室内空气和住屋组件间的密度梯度差推动热交换。为确保增强系统的热性能，在设计嵌入式盘绕单元时要考虑的基本参数有：质量流速、比热容、温差、黏度和流动摩擦压力降等。

3. 上釉建材组件

也能用上釉组件存储显热。上釉的表面能有效捕集入射的太阳辐射，并有助于保持室内环境暖和。用上釉组件能获得如下双重利益：①使建筑物式样更高雅美观；②能提供所需要的热能存储。向南以 30°角安排的上釉表面对日间太阳能热量的利用最有效，这样可使更多热量被用于建筑物空间。上釉结构可防止入射太阳辐射以红外反射到大气环境中，因此是为居住空间保持热能的最好方法。上釉表面对地板面积的设计比一般在 7%～10%之间，这样就能使建筑物实现最好的年度储热，不会对居住空间产生过热。总而言之，这些被动显热存储系统是增加建筑物能量效率（达 30%～35%）的经济和可持续的方法。

9.3.5 显热存储热源

1. 电加热系统

显热存储系统热源可直接来自电加热单元。例如，把含磁铁矿或菱镁矿的空心砖块合适地密封在金属容器中用电阻加热，使适量热量存储在该类砖块中（利用热传导原理）。让室内空气流过砖块带走存储的热量送到需要的区域。该储热系统的价值在于电加热（利用峰谷或低电费时段的电力）可使砖块温度高达 760℃，而砖块加热器外表面的温度仍可保持在低于 80～85℃。砖组件热容量可在 9～216MJ 之间改变，存储时间达 6～7h，释热时间长度正常值范围为 4～5h。该系统能满足任何中间温度需求（虽然因室外环境条件变化而使室内空间有热损失，但不对室内居住者舒适水平产生影响）。对从小规模住宅到大规模工业储能公司应用，其热能存储容量可改变范围分别为 31～864MJ 和 31～3460MJ；电耗改变范围分别为 14～46kW 和 53～160kW。

2. 被动太阳热系统

被动太阳热系统的功能非常类似于上面讨论的系统，但其热源是可再生太阳辐射（直接入射）。在概念上它是由热虹吸机制驱动的，即由流过太阳热收集器传热介质密度梯度推动的（把热能传输给存储容器）。虹吸（被动）太阳热系统的示意如图 9-6（a）所示，由太阳热收集器、储热容器、信息交换单元和空间负荷需求等基本组件构成。其操作原理是：太阳照耀时间，冷水进入收集器采集太阳辐射能量升温，热水因密度减小向上流动进入储水容器。借助于热分层效应容器中水存储了热能（被加热温度升高）。然后，为负荷供热后暖水因重力循环流动回到收集器，重复进行循环。根据供热需求，也可采用次级传热流体（水或盐水）推动存储容器中液体流动并释放存储热能满足供热需求。

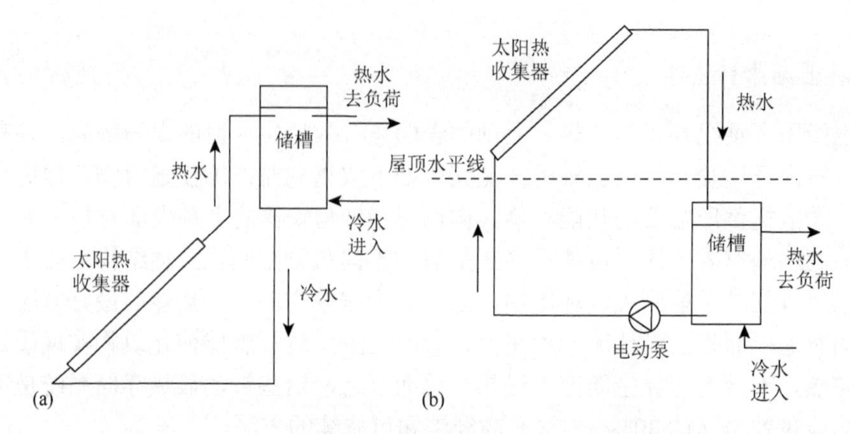

图 9-6 （a）虹吸（被动）太阳热系统；（b）主动太阳热系统

3. 主动太阳热系统

主动太阳热系统是由机械辅助组件来推动热传输和储热，如图 9-6（b）所示。太阳热能先由吸收板或真空管型太阳能收集器捕集，由收集器中流动的传热介质（通常是水）把热能带到储热容器后再循环回到太阳能收集器，储热容器的热量经由第二传热流体来满足空间取暖负荷需求。配置的电动泵推动传热流体循环输送和存储热能，这对能高速传热和储热的浓缩太阳能收集器（抛物线型或圆锥型）是较理想的。同心抛物线型收集器能使入射太阳辐射都聚焦到接收管上，致使传热介质温度可升高到＞135℃。即便在太阳光照弱和多云时段入射太阳辐射发生间断或波动时，在日间时段也能储热。该类收集器也按朝南 30°方向进行排列（类似于上釉板情形，对应于建筑物所在纬度）以获得最大太阳热能存储。就全年操作有效性而言，该收集器（热效率约 60%）远高于平板或真空管收集器（40%～50%热效率）。后者可能产生热应力、对流和辐射损失，且因耐受温度为 85～90℃，在照耀好时段的太阳热不能完全被捕集利用，捕集存储的太阳热能可能不足以满足建筑物供暖需求。

显热分层的 TES，在字面上意味着在完整的充释热存储单元中从热层到冷层热能的传输可能是连续的。换句话说，在完全释热热存储单元较暖层中仍有一定数量热量是可用的。通过存储单元确保合适的分层，允许传热介质以较低温度进入收集器来增强太阳能收集器的热性能。近来对热存储单元温度分层进行了很多研究。平均而言，热存储单元内的适当分层能使太阳能利用或有用热能存储从 20%增强到 60%（与完全混合型容器比较）。不同分层水平的示意表述给于图 9-7 中。

只要存储容器有合适的绝缘，就能够显著降低其自散热。存储容器的自释能（放能）来自容器的热损失（散失到环境中），这是因为储槽不仅有大的体积（相对大外表面），而且与环境间的温度差颇大且较稳定。

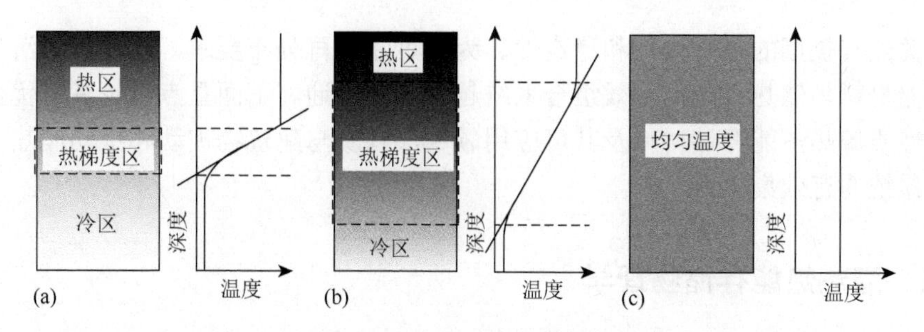

图 9-7　有等当热能存储储槽中的不同分层水平

（a）高的分层；（b）中等分层；（c）完全均匀（不分层）

9.3.6　小结

显热（使用固体和水）存储系统的使用能降低初级能源消耗和碳排放，因此是有吸引力的。显热存储系统通常利用岩石或水进行热能存储和释放，操作既可以是被动式的也可以是主动式的。对于显热低温存储，选用水作为储热材料是理想的，因其有高比热容、高密度、高可利用性、低成本和对环境安全。对于中等温度显热存储，可优先选用岩石或石头作为储热介质，因为它们具有高操作温度范围和紧凑性。显热储热技术在住宅建筑物中的应用潜力是特别巨大的。被动和主动式储热的实施可使能量效率和热效率分别提高 30%～50%和 40%～60%。另外，好的分层储槽设计可使热能利用率从 20%提高到 60%。

9.4　潜热储热材料

9.4.1　引言

近年来，全世界对建筑物的极大需求已发展出很多精致漂亮的巨大建筑物的落成。有数据指出，建筑物消费的能源占全球总能源生产的 25%～33%。巨大建筑物除消耗大量电力外还必须配备能有效供热、通风和空间温度调节（HVAC）的组合系统。虽然能采取若干措施来降低建筑物总能耗，但仍需要配备能把高峰热负荷需求转移到峰谷时段且不降低能量效率的有效储能系统。从转移热负荷角度看，潜热热能存储（LTES）系统对短期或每日或季节性储热释热应用是非常理想的，能提高 HVAC 系统性能。建筑物能量效率很强地依赖于能量再分布和高性能节约材料的使用，因为它们是解决巨大建筑物能源挑战和安全的有效办法。满足能量再分布需求的有效方法是使用集成LTES与建筑物HVAC的有效组合系统。对于建筑物制冷实际应用，关键是要了解和评估储热材料所显示的能耗降低，特别要关注其长期的热有效性和稳定性。为满足能量再分布要求，发展集成潜热热能存储材料与储热系统的有效组合系统越来越受欢迎。下面重点讨论具有优良热物理性质潜热热能存储材料及其可应用领域，以及与建筑物被动和主动储热（制冷）系统的有效集成。

9.4.2 潜热热能存储物理学

LTES 材料是利用相变过程完成储热释热。相变有多种类型，如固-液、固-固、液-气等，相变过程通常是在等温或近等温条件下进行的。相变热可借助于传热介质经热交换把其存储在相变材料中。例如，对于固-液相转变，吸收热量温度上升到固体材料熔点后就开始熔化，熔化过程在恒定温度下进行，吸收大量热量，直至固体完全熔化为液体。熔化的液体以潜热形式存储了大量热能。与熔化储热过程相反的是液体相变为固体（凝固）的释热过程（释放存储热量，也就是存储了冷量）。这类材料在物理化学和材料学上称为相变材料（PCM）。与显热存储材料一样，PCM 的储热容量 Q 等于材料质量 m 与相变温度下材料潜热焓和显热存储（温差存储）之和的乘积，用公式可表示为

$$Q = m\left[(c_p\Delta T)_{\text{显热}} + H + (c_p\Delta T)_{\text{潜热}}\right] \tag{9-2}$$

下面对储热释热过程的讨论只针对存储材料，不考虑环境介质条件（热或冷）。例如，凝固（熔化）过程是指把冷（热）量存储在材料中，熔化（凝固）过程是指存储在材料中冷（热）量的释放。

近来 LTES 技术的吸引力在增加，原因可能是储热过程可结合使用 PCM。对部分负荷条件下进行热量有效再分布和在高峰需求时段再使用，PCM 的热物理性质起着决定性的关键作用。因 PCM 储热体积容量大，对减小制冷/供热设备和降低工厂负荷临界线是非常有利的，常被放在非常优先位置。利用 PCM 的 LTES 系统有非常广泛和潜在应用领域，如工业、住宅、运输、可再生能源集成等。能否用于建筑物的决定性因素是储热相变材料的特性。潜热存储材料的操作性能取决于等温条件下它们进行相变的能力。温度冷却到低于其熔点就开始凝固（或冻结、结晶），而相反的情形是温度上升到熔点材料开始融化（熔化），这指出 PCM 材料承受的温度高于它们熔点温度。材料相变过程（凝固和熔化）的温度变化给于图 9-8 中。该图清楚地显示，不管是凝固还是熔化，相变过程都经历了三个阶段。对于凝固过程［图 9-8（a）］，第一阶段是温度下降直至材料凝点温度（过程 1-2），表示的是（液态）材料冷却释放显热，所放热量传递给环境；第二阶段材料在凝点温度下进行液固相转变（过程 2-3）直至液体完全凝固，释放的热能也传输给环境，也就是环境中冷能量以潜热形式有效地传输给相变储热材料；第三阶

段 PCM 温度进一步下降（过程 3-4），继续从环境吸收冷量（显热传输），材料温度将进一步下降直至与环境温度建立起热平衡，系统温度不再改变。对于熔化过程［图 9-8（b］，第一阶段是温度上升，直至 PCM 熔点温度（过程 4-5），表示固体材料存储来自环境的显热；第二阶段发生在恒定熔点温度下进行固液相转变（过程 5-6）直到固体完全熔化为液体，此过程是把 PCM 的冷能量（潜热）传输给环境；第三阶段是液态 PCM 继续从环境介质中吸收热量温度上升（过程 6-7），以显热形式存储从环境吸收的热量，最终材料与环境达到热平衡。可以清楚看到，在相转变过程（2-3、5-6）期间有显著数量热能被 PCM 存储和释放（说明 PCM 热性能是很有效的）。PCM 是很容易集成结合进入建筑物结构中，也容易与建筑物制冷系统做分离安排。下面讨论潜热热能存储（LTES）、PCM 及其应用。

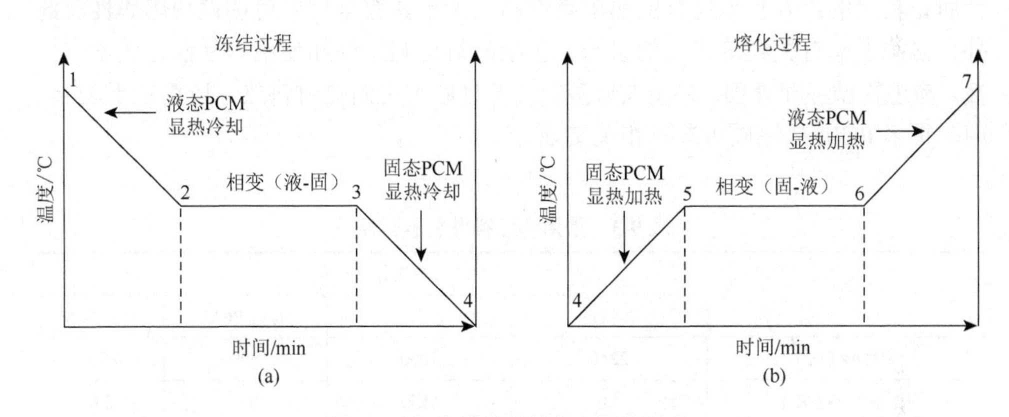

图 9-8 相变材料的储热和释热过程

9.4.3 潜热热能存储技术分类

能与建筑物制冷系统集成的 LTES 有两大类：冰冷存储热（ITES）和相变材料（PCM）热能存储（PCM-TES）。ITES 特指使用晶体或浆液形态冰（固体水）作为储热材料的 TES，而 PCM-TES 中使用的储热材料则是不同种类能进行相变的化学物质，包括无机物、有机物和低共熔物。应该注意到，对实际建筑物制冷应用首选的是 PCM 基 LTES 系统（替代 ITES 系统），因为 PCM 具有较好的热物理性质，其相变特性在重复储热释热循环中有很好的稳定性。虽然 PCM-TES 系统储能容量低于 ITES 系统（冰融化热为 333kJ/kg），但前者体积储能密度高，并且有机 PCM 具有优良的热物理性质，如合适凝点和熔点温度、好的热稳定性、非腐蚀性、长期的热可靠性，操作和维护容易成本低。各种 LTES 方法组合集成可使建筑物有高的能量效率和节约能量，通常被优先选用。

9.4.4 相变材料性质

对广泛应用于商业建筑物的 LTES 材料，特别是 PCM 的性质是最重要的。其重要性质包括物理性质、动力学性质和化学性质三个方面。物理性质包括：①熔化温度在操作温度范围内；②单位体积熔化热高；③高的比热，可以显热补充储热；④固液相热导率高，以利于传热；⑤整个操作寿命内凝固和熔化循环重现性好；⑥操作温度范围内尽可能低的材料体积和蒸气压变化。动力学性质包括：①凝固和熔融期间的成核、生长和解离在恒定温度下能稳定进行；②形成超冷的程度相对低；③等温条件下储能热释热的传热非常有效。化学性质包括：①很少或没有污染物产生，所用封装材料是非腐蚀性的；②高温下的热化学和热性质是稳定的；③长期运行的热可靠性高；④不具有毒性、可燃性和爆炸性。此外，必须考虑有关经济方面的事情，包括材料可利用性和使用容易性、成本有效性、易进行循环和处理、环境友好等。若干普通常用储热材料热性质摘录于表 9-3 中。更多 PCM 热性质可参看相关文献。

表 9-3 常用热能存储材料性质

性质	热能存储材料			
	岩石	水	有机 PCM	无机 PCM
密度/(kg/m^3)	2240	1000	800	1600
比热/[kJ/(kg·K)]	1.0	4.2	2.0	2.0
潜热/(kJ/kg)	—	—	190	230
潜热/(kJ/m^3)	—	—	152	368
存储 10^{9}kJ 的平均质量/kg	67000（$\Delta T = 15$K）	16000（$\Delta T = 15$K）	5300	4350
存储 10^{9}kJ 的平均体积/m^3	30（$\Delta T = 15$K）	16（$\Delta T = 15$K）	6.6	2.7
相对存储质量	15（$\Delta T = 15$K）	4（$\Delta T = 15$K）	1.25	1.0
相对存储体积	11（$\Delta T = 15$K）	6（$\Delta T = 15$K）	2.5	1.0

9.4.5 潜热热能存储中相变材料的制作封装技术

PCM 的制作封装能为实现最大常规储热释热容量铺平道路。对在 LTES 中使用的 PCM，理想封装技术包括直接浸渍法、微胶囊法和 PCM 稳定成型法，它们有各自的优缺点。

1. 直接浸渍法

封装PCM的最简单方法是把它们直接浸渍在建筑物建材中。能直接浸渍PCM的建材包括石膏、混凝土、灰泥、蛭石、木材、水泥复合材料和多孔材料等。浸渍沉积的 PCM 通常位于这些建材的孔隙中，有助于它们储热释热过程的热量传递。但如果浸渍沉积的 PCM 过多，有可能从建材中漏出，从而影响其长期运行操作性能。对于某些情形，浸渍沉积的 PCM 可能会与建材发生相互作用（形成污染物），致使其性能可能随时间而退化。

2. 微胶囊法

把 PCM 封装嵌入建材中，微胶囊法是较理想且有效的方法，有助于提高储热系统性能。该方法的操作程序如下：先制备微米大小球形或棒形 PCM 粒子，再把它们封闭在聚合物胶囊中，然后直接组合集成进入建筑基体材料中，形成含潜热储热材料 PCM 的建筑物材料。德国 BASF 公司的 PCM 微胶囊化工艺示于图 9-9 中。要成功实施该技术必须确保的关键因素包括：首先是 PCM-聚合物胶囊必须有足够稳定性以确保在经受许多次热循环后 PCM 仍在胶囊内；其次是要求胶囊与基体材料不会发生化学相互作用。对于 PCM 密封胶囊，填充质量与粉体 PCM 总质量之比（加工前）是决定微胶囊化过程有效性（质量）的主要因素。支配微胶囊过程质量的主要参数有：PCM 粒子平均直径、胶囊壳厚度、PCM 质量分数、加工持续时间，以及制作 PCM 微胶囊时加入的网状试剂类型等。

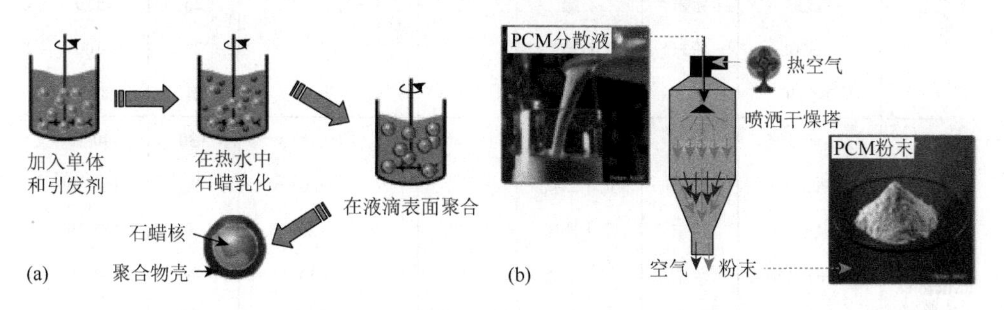

图 9-9 （a）BASF 的微胶囊化工艺；（b）BASF 公司的干燥工艺

被封装在壳内的微胶囊化 PCM 应该在重复制冷加热循环中显示好的相变特性。胶囊化涂层内微米级 PCM 粒子进行的是受约束的凝固和熔化，这很可能增加建材的集中储热释热能力。但因进行的相变过程是连续的，微胶囊化 PCM 的凝固和熔化过程可能会出现回环和超冷现象，导致其不均一凝固熔化（延迟固化熔化）。这些现象会直接影响微胶囊化 PCM 的相变特性和建材所希望的储热性能。

微胶囊化 PCM 和微胶囊化过程的扫描电镜（SEM）图给于图 9-10 中。若干商业可用的 PCM 微胶囊及其影响参数和产生影响分别列举于表 9-4 和表 9-5 中。

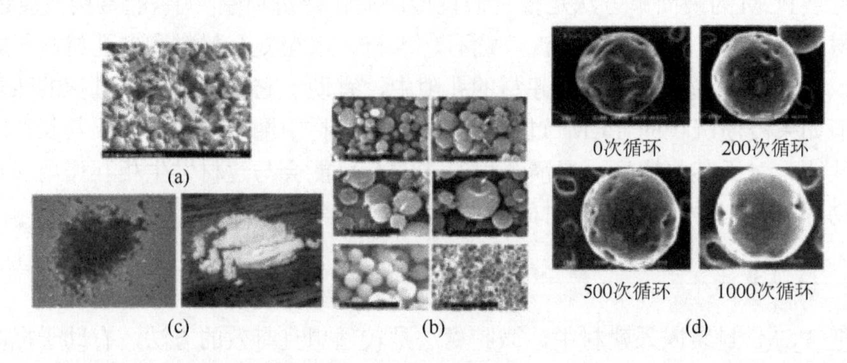

图 9-10 （a）含 PCM 微胶囊混凝土墙的 SEM 图；（b）SEM 给出的微胶囊形貌；（c）微胶囊化 PCM，实验室共聚法制备（左），BASF 的商业化产品（右）；（d）SEM 给出的不同热循环下微胶囊化石蜡的演化

表 9-4 若干商业可用 PCM 微胶囊

制造商	产品	产品类型	PCM	浓度/%	颗粒/液滴大小/μm	熔点/℃	潜热/(kJ/kg)
BASF	DS5000	浆液	石蜡	42		26	45
	Ds5007	浆液	石蜡	42		23	41
	Ds5030	浆液	石蜡	42		21	37
	DS5001	粉末	石蜡			26	110
	Ds5008	粉末	石蜡			23	100
	Ds5030	粉末	石蜡			21	90
Microtek 实验室	Mpcm-30d	粉末	正癸烷		17～20	–30	140-150
	MPcm-10	粉末	正十二烷		17～20	–9.5	150-160
	Mpcm-6d	粉末	正十四烷		17～20	6	157-167
	MPcm-18d	粉末	正十六烷		17～20	18	163-173
	MPcm-28d	粉末	正十八烷		17～20	28	180-195
	Mpcm-37d	粉末	正二十烷		17～20	37	190-200
	Mpcm-43d	粉末	石蜡混合物		17～20	43	100-110
	Mpcm-52d	粉末	石蜡混合物		17～20	52	120-130
Capzo	热溶胶 hd35so	粉末	盐水合物			30-40	200
	热溶胶 hd60so	粉末	盐水合物			50-60	160

表 9-5 选用 PCM 乳液或浆液作为传热流体或热能存储材料时的影响参数和目标影响项

影响因素或参数	目标影响项	参数增加时的影响	
		正面影响	负面影响
颗粒大小	微胶囊破裂过冷，表观回环，热传递	成核试剂较大成核概率，过冷更低，提高对流系数	微胶囊破裂压力增加，更高胶囊破裂；PCM 和水温间可能不平衡，有回环可能性
PCM 浓度	乳液稳定性、传热容量、压力降、热传输	增加传热容量，增加传输的热量，降低 Stefen 数以提高对流系数	乳化速度增加，黏度增加，压力损失和泵功增加，直到 PCM 浓度增加 15%～20%稍优于水 增加黏度，降低湍流或对流程度，所以更坏
操作温度范围	热传输	操作温度范围必须适合相变温度范围和范围尽可能最狭	热导率降低，偶尔热传输变差

3. PCM 形状稳定过程

PCM 形状稳定（shape stabilization）过程是指储热液体材料混合物与支撑（包裹）基体稳定结合的过程。如该混合物冷却到低于支撑材料玻璃化转变温度将导致其固化。支撑材料及其所含 PCM 质量占比对材料性质有至关重要的影响。对选用合适支撑材料成型且形状稳定，其 PCM 占比可大致到 80%。使用的最普通支撑（包裹）材料是高密度聚乙烯（HDPE）和苯乙烯-丁二烯-苯乙烯共聚物（SBS）。

使用 HDPE 和 SBS 成型的 PCM，其稳定性很高，没有发现这些支撑材料会泄漏 PCM。有意思的是，SBS-PCM 混合物稳定性要好于 HDPE-PCM 混合物，但后者的刚性要好于前者。总之，把成型稳定 PCM 作为 LTES 系统的储热材料在建筑物应用中是理想的。对于建筑物制冷应用，限制它们在建筑物中广泛应用的因素主要是有效热导率不够大（相对低了些），导致储热释热循环容量的降低。为解决该挑战，近年来做了很多研究工作来提高它们的热导率，如在制备超细稳定 PCM 时加入高热导率物质。试验证明，添加热导率增强材料石墨可使成型稳定 PCM 的热导率提高 53%。

9.4.6 潜热热能存储材料优缺点

1. 优点

有机 LTES 材料（如石蜡）的优点有：①操作温度范围宽；②潜热焓值高（脂肪酸熔化热远高于石蜡）；③超冷凝固程度低或无过冷现象发生；④相变过程恒定不变；⑤有自成核和自生长速率性质；⑥很少发生偏析现象（热可靠性）；⑦有可循环性、成本有效性和高可用性。无机 LTES 材料的优点有：①无机水合盐类有高热稳定性；②高体积潜热存储容量；③熔化状态下的低蒸气压；④非腐蚀和非反应性；⑤不可燃和非危险性（脂肪酸可能有腐蚀性）；⑥有可循环性、成本有效性和高可用性；⑦高潜热焓和尖锐相变温度；⑧相变过程体积变化小；⑨掌控和分散对环境安全性比石蜡烃共熔物好；⑩体积储热密度较高；⑪高热导率和相变一致性。

2. 缺点

有机 LTES 材料（如石蜡）的缺点有：①低密度、低热导率和低熔化热；②可燃，且与塑料容器兼容性不好；③价格不便宜；④储热释热期间体积变化较大；⑤相对高超冷性质；⑥共熔物有轻微毒性；⑦没有足够可利用热物理性质数据；⑧脂肪酸共熔物散发刺激性气味，室内环境使用受限。无机 LTES 材料的缺点有：①自成核程度低（需要添加成核剂和增浓组分）；②不一致相变和凝固熔化期间的脱水；③与相分离相关的分解；④使用受限于与某些建材的兼容性；⑤多数金属有腐蚀性。

9.4.7 潜热热能存储系统的优缺点

1. 优点

外熔化-ITES 系统：①水-冰和传热介质（HTM）暖水间有相当良好的传热机制，因介质释热过程具有唯一性；②通过计算建筑物空间必须保持的负荷需求及其波动，生成冰块的释热速率在范围或时间上是可调节的；③能合理最小化主冷却器能耗，提高总制冷系统效率。内熔化-ITES 系统：①密闭环构型帮助有效控制传热介质（HTM）和内部冰释热与储热温度的分离；②该系统性能系数好于外熔化系统；③能很有效匹配建筑物中能量从高峰到部分负荷的再分布，因储热释热操作是时间依赖的；④存储箱中水仅进行相变过程，降低了泵功率消耗。冷冻水-PCM 系统：①能将建筑物空间的冷负荷需求有效地调配给制冷-空调设施和储热系统；②在大部分操作期间内，冷冻设备工厂能以设计制冷日循环的正常容量操作；③PCM 储热过程能用于削减高峰负荷并调配到部分负荷；④利用高峰负荷条件期间 PCM 释热循环能提高冷却器能量效率和达到能量节约。

2. 缺点

LTES 系统：①低储热温度，以及释热期间热损失影响制冷系统热性能；②凝固熔化循环期间，传热介质与水-冰间的传热有效性受压力降和摩擦损失的限制；③对这类储热系统的经济（固有操作和维护）成本，只有建筑物制冷容量达数百吨时才能负担得起。

成功实现能量再分布（调配）、能源节约高潜力和能量管理很强地取决于建筑物总能供需间的匹配性。要达到增值（重点），建筑物围护设计和发展中的每一步都是重要的。从这个角度看，存在多种形式能量的供需间隙为应用热能存储（TES）系统提供了宽范围的机遇。TES 与 HVAC 的集成系统有能力对建筑物制冷-供热负荷需求进行有效转移、平衡和限制。具有可接受储热释热特性的 PCM 成为满足建筑物制冷-供热要求 TES 系统的极好候选者。

总而言之，LTES 技术能用于增强现有新建筑物围护的能量性能而不会牺牲能量效率和环境可持续性。能否在建筑物中成功操作 LTES 系统，如下因素具有决定性意义：①建筑物空间中持续的热负荷需求；②储热技术（被动或主动）；③PCM 性质特别是凝固熔化特性（储热释热特性）；④HVAC 系统的空间要求；⑤总能源成本和节约潜力。

9.5 被动潜热热能存储系统

9.5.1 引言

要实现建筑物所要求的能源效率和能量再分布（分配），涉及的最主要事情是 LTES 系统的合适选择、体验式设计和性能评价。在 LTES 系统设计阶段，需要考虑其操作模式和采用的控制策略，目标是在长期运行中获得所要求的能源效率和能量再分配。LTES 系统大小极大地取决于建筑物空间热负荷需求图景，在它被确定后要对系统性能进行评价来确定所要求的负荷共享容量。例如，对于建筑物空间和地板下，其制冷和供热负荷需求分别为 40W/m^2 和 100W/m^2；基于热负荷通量选择和集成合适 LTES 系统有助于在建筑物允许占有空间限制条件下确定负荷共享容量和实现能量再分配。与此类似，有相同 LTES 与建筑物空间建材组分集成情形，其净热负荷共享容量仅取决于暴露的接触表面积（或者是室内空气 LTES 模式中的前峰面积）。例如，对集成在建材壁/板中浸渍有 PCM 的模束（被动体系）情形，墙板 PCM 与室内空气间热能交换（以表面对流模式传热）具有好的储热释热特性，其前锋面积也很可能参与了传热过程，确保室内环境温度的调节能达到预设的舒适水平。

使用主动式 LTES 系统可进一步增加建筑物制冷/供热负荷共享容量。主动和被动 LTES 系统的主要差别体现在：前者利用了机械辅助装备/系统（最小需求）。机械系统（风扇或泵）与 LTES 模束的混合使用能增强 PCM 与传热介质（HTM）间的传热，有效提高了显热和潜热储热释热性能。被动和主动 LTES 系统的应用可以构造多种类型，其成功应用受多个因素影响。总体而言，主动 LTES 系统与建筑物制冷系统的集成能有效配送每天总制冷负荷的 40%～50%。重要的是，要在从建造建筑物计划的启动到完成设计过程中的每一步都对 LTES 系统性能进行仔细评价。

在被动 LTES 系统中，调节室内空间温度的有效传热模式是自然对流。浸渍有 PCM 的基体结构材料是暴露在建筑物房屋或区域热源中的，说明 TES 系统参与了冷量或热量的交换（与季节变化有关）。被动 LTES 系统 PCM 是可以不同方式配置于建筑物组件或结构中的：PCM 作为组分与建材集成或集成于釉层或装饰玻璃中。

9.5.2　浸渍有相变材料的建筑组件结构

墙板结构浸渍 PCM 概念的吸引力在不断增加，其实质是以某种方法把 PCM（水合盐类、无机型、有机型）预先浸渍嵌入墙板结构中，再把浸渍有 PCM 墙板结构组合进入建筑物组件中（如墙壁、天花板和屋顶等）。采用哪种组件与区域热负荷波动有关。浸渍 PCM 墙板结构的成本和有效性使它们被轻（质量）建筑物优先选用。

以墙板结构效率表示的总包性能，主要取决于如下因素：①浸渍 PCM 的方法；②墙组件定向定位；③建筑物能获得的太阳热和内能热；④环境空气温度变化；⑤换气次数和渗透效应；⑥PCM 热物理性质，如相变（熔化-凝固）温度范围、单位墙壁组件面积潜热容量。

建筑物中使用含 PCM 的墙板结构能有效降低室内空气温度和可能的过热效应，既满足了室内环境舒适条件，又无须（达到同样条件）额外补充能量。厚度 5mm 的 PCM 墙板有能力以较高速率（2 倍）存储可利用热能。有意思的是，8cm 混凝土层也能达到同样目的，因此有必要探索 PCM 墙板在轻质量建筑物建造中潜在的可能应用。

由微胶囊化 PCM（MPCM）构成的墙板结构示于图 9-11 中，该 MPCM 墙板质量轻，是专为增强内部隔墙热行为设计的（基于 24h 内外空气温度的变化）。MPCM 可用厚度 1cm，相变温度 22℃，能使建筑物组件热惯性增加 2 倍。

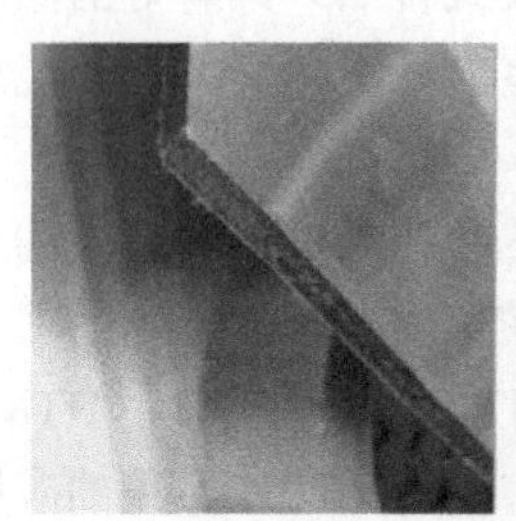

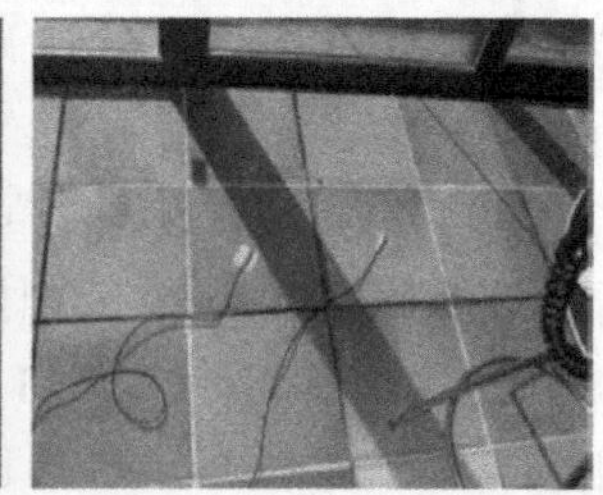

图 9-11　杜邦公司著名的 PCM 复合物墙板

组成中含 60%微胶囊石蜡

使用数值分析和试验方法对 PCM 墙板在建筑物中应用研究获得的结论是：能把 PCM 应用于储热；相变温度应在 20～25℃范围内；PCM 只能经由特定自然对流模式与室内空气进行热交换；能把室内温度调节至 23～26℃舒适范围。为使冬季的室内空气稳定在舒适温度范围内，可采用的一个措施是把 PCM 浸渍在建筑物瓷片结构中。PCM 瓷片工作原理是简单的：日间，它们从进入的太阳辐射获取热量并存储；夜间，它们释放存储的热量调节居住空间空气温度和满足餐饮加热需求。另外，改变 PCM 熔化温度可使 PCM 瓷片能在夏季有太阳热日子供应洗澡的热水。把浸渍有 PCM 建材集成进入建筑物组件可形成不同类型结构（参阅图 9-12）：地板镶板、结构绝缘板和真空绝缘板。它们都是能增强储热的轻质量建筑物结构材料。浸渍有 PCM 的结构板有能力降低峰热负荷和室内空气温度波动，在热的夏季可分别降低 10%～40%和 4～5℃的波动。在普通墙板中应用，优先选择的 PCM 是石蜡、癸酸月桂酸共熔混合物、聚乙二醇（PEG600）等。

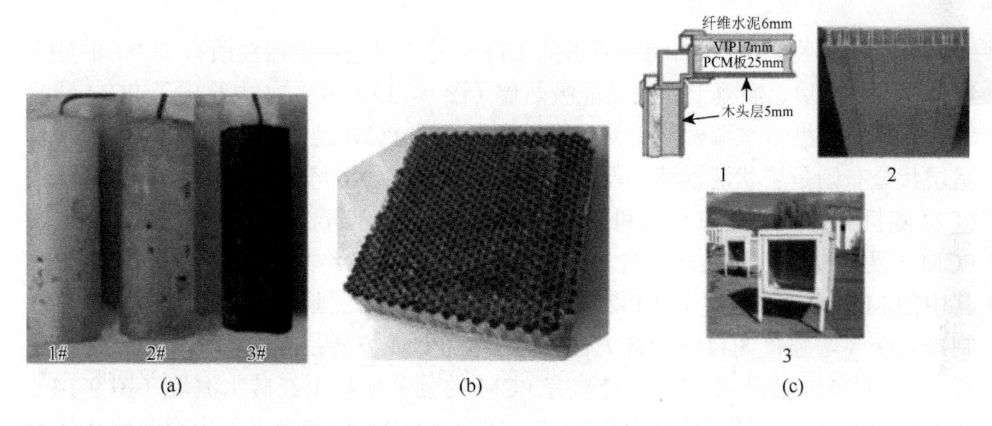

图 9-12 被动应用：PCM 集成于建筑和绝缘材料中，如（a）1#石膏，2#水泥，3#新 PCM；（b）充填石蜡 PCM 的蜂窝板照片；（c）1. 含 PCM 试验块框架，2. PVC 板照片，3. 试验块外视图

双层 PCM 安排是增强（经受季节变化）建筑物全年热性能稳定的新方法。双向 LTES 系统由配置在屋顶层和混凝土板间的 PCM 镶板构成。由于选用的 PCM 的熔化温度高于环境空气温度 4～5℃，因此能有效捕集早晨冷时段环境空气中热能获取增益、降低室内空气温度波动和保持室内环境舒适条件。例如，有合适 LTES 材料充填的圆锥形柱孔（图 9-13）能相当降低因环境空气渗入室内的热量。但是，无论 PCM 使用的目的如何，其室内空气温度已有显著下降，确保了室内空间的热舒适。对这类 LTES 系统，常优先选用 PCM 有 P116、正二十烷和正十八烷，其熔化温度分别为 47℃、37℃和 27℃，潜热容分别为 225kJ/kg、241kJ/kg 和 225kJ/kg。圆锥形柱孔能促进室外空气、PCM 和室内空气间的对流传热，有助于降低相关高热增益影响。

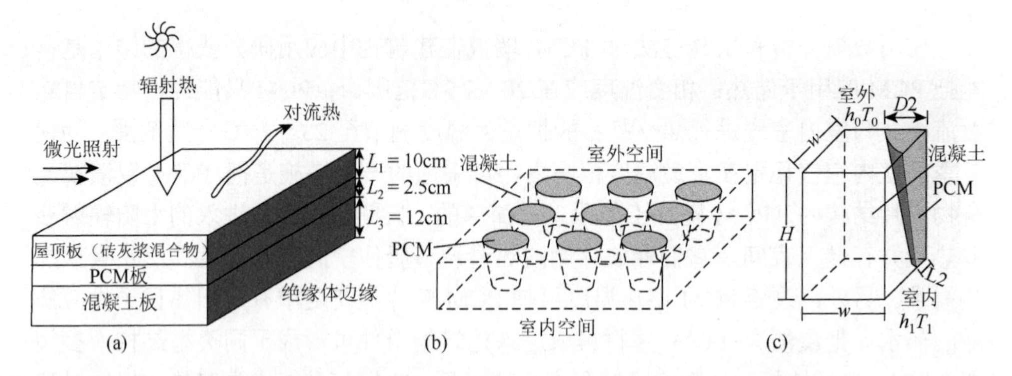

图 9-13　（a）集成有 PCM 板的屋顶的框架；（b）在屋顶结构上充满 PCM 的圆锥形柱孔示意表述；（c）计算域、基本集合参数和边界条件

9.5.3　浸渍有相变材料的建材

满足建筑物制冷/供热应用要求的 LTES 材料也包括直接浸渍有 PCM 的建筑物建材，如砖块、混凝土和太阳能吸热墙（图 9-13）。图 9-14 中给出了 PCM 清水墙（干墙）。随机清水墙意味着浸渍在石膏板中的 PCM 是随机分布的，例如，PCM 呈层状分布则是层状清水墙。层状 PCM 分布石膏板相变效率和潜热存储容量比 PCM 随机分布分别高约 55%和 27%。应该注意到，建筑物结构材料热性能因嵌入 PCM（复合材料）而提高。含 PCM 的常规和肺泡砖结构照片给于图 9-15 中，其中的 MPCM 是 Rt-27 和 SP-25 A8。对此类方砖的试验结果表明，配有热泵的制冷系统（增强夜间自然冷却）性能好于无 PCM 方砖；冷却模式热泵能耗要比浸渍有 PCM 方砖降低 15%。浸渍有 PCM 的葡萄牙黏土红砖水泥墙（图 9-14）能使室内空气温度波动比室外降低 5～10℃。PCM 也能嵌入到中空热绝缘砖块构造中，该类 PCM 砖块对日间太阳光直射显示更好热绝缘效应，其阴影下温度能达到 31.7℃，极有益于更好调节建筑物热量和进行能量再分布。另外，进入混凝土墙壁构造中的 PCM 能增强其热惰性和降低内部温度（与常规混凝土比较）。同时，含 PCM 的混凝土厚墙也能增强储热容量和满足建筑物室内热舒适要求。

虽然 Trombe 墙（太阳能吸热墙）是建造简单建筑物的古老方法，渗入 PCM 后肯定能发展出便携式、可移动、轻质量和旋转墙 LTES 系统，能有效降低构建巨大水泥砖石材料需求且能达到建材的最小浪费。也已发展出 Trombe 墙的改进设计，其（围绕垂直轴中心）旋转墙片可作为冬季日间吸收器和夜间辐射器使用。这类设计更适合于寒冷气候条件，因建筑物利用了被动 Trombe 墙 LTES 系统相变（能进行储热和能量再分布），能量利用更有效。

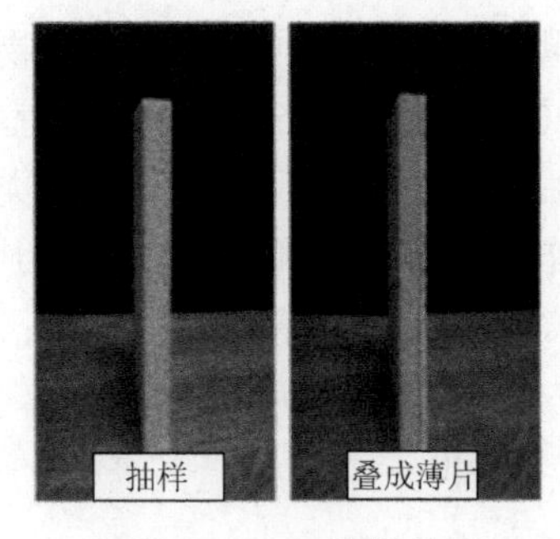

图 9-14 干墙样品

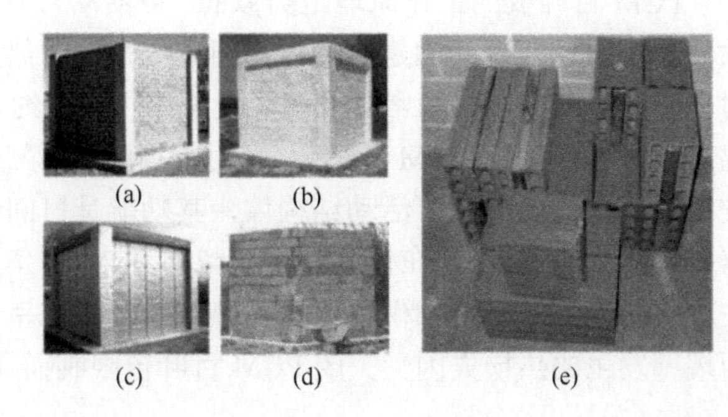

图 9-15 （a）方砖；（b）聚脲烷方砖；（c）RT-27 和聚脲烷立方砖；（d）发泡方砖；（e）含 PCM 胶囊的黏土红砖

9.5.4 相变材料-建筑物釉面结构体（装饰玻璃）

对建筑物结构制冷/供热总热负荷需求的评估发现，釉面结构内热增益对确定热负荷容量是关键性的。釉面结构体的固有本性是，能把透入太阳光红外辐射捕集在居住空间中。因此，在设计建筑物制冷/供热体系时必须考虑釉面结构体能从太阳光中获取的增益。对于将 PCM 集成进入釉面结构体，近来获得很多激励和推动。这类釉面-潜热储热模式在建筑物被动制冷/供热系统应用的典型例子示于图 9-16 中。有 16 个分割嵌有 PCM 玻璃砖墙壁结构体，用于同时满足供日间选用和太阳屋供热需求。

图 9-16 16 块填充 PCM 玻璃墙，有 PCM 太阳防护系统的办公室上使隐蔽 PCM 暴露，正面左上不透明部分由为夜间额外的空气流动而配备的通风板构成

PCM-釉面结构体操作原理是相对简单且容易实施：在日间，可见光辐射透过透明的 PCM-釉面结构单元进入房区，在满足建筑物对日光需求的同时，PCM-釉面结构体捕集红外辐射并把获取热能存储起来；在夜间，PCM 发生相变释放存储热量，满足室内供热需求，这样不仅消除了建筑物对额外供热负荷需求，而且降低了成本（热损失减小）。

PCM 百叶板的工作原理是类似的，可活动百叶板中 PCM 在日间吸收（存储）太阳热增益，在夜间向建筑物内房间释放存储的热量。该系统能同时满足建筑物对日光和热能需求。与常规系统（夏季累积温升约 40℃）比较，该系统可使居室温度很好地保持在 PCM 相变温度范围（接近 28℃）。PCM 百叶板（窗）是一类安装在建筑物外面的可活动结构体，其功能是日间作为热能载体和夜间作为辐射器使用。PCM-百叶窗在日间开启能帮助 PCM 捕集太阳热吸收热量并加以存储；在夜间 PCM 百叶窗关闭，PCM 释热能传输进入室内区域满足建筑物供热需求。而墙壁发生的热损失因受关闭 PCM 百叶窗限制而显著降低。

9.5.5 相变材料彩色涂层

现在对把 PCM 彩色涂层集成进入建筑外墙表面有特别的关注。其目的是希望室内环境达到热舒适和有温度调节。将 17～20μm 微胶囊 PCM（MPCM）与（计算量）颜色涂料混合形成 PCM 彩色涂层材料。被动制冷应用中的 PCM（MPCM）基本都为潜热焓值在 170～180kJ/kg 范围的石蜡。很有意思的是，与常规颜色涂层比较，彩色 MPCM 能使建筑物外墙表面温度降低 7～8℃，为 10%～12%，最终帮助达到所需的热舒适和使温度波动有相当降低。建筑物被动制冷系统专用 MPCM 和常规彩色涂层的最高表面温度和最大温差总结于表 9-6 中。集成有建筑物组件和建造单元的被动 LTES 系统，能对实现热舒适和更好温度调节做出贡献，节能提高 10%～15%。

表 9-6 色彩涂层样品的最大表面温度和最大温差

	空白	蓝色	绿色	灰色	棕色	金棕色
T_{max}/℃						
常规	67.9	63.1	64.7	65.2	62.6	58.1
制冷	62.2	58.6	61.5	62.3	60.1	56.1
PCM	60.5	57.0	59.8	60.0	58.5	55.0
常规-PCM ΔT/℃						
常规	—	—	—	—	—	—
制冷	5.7	4.4	3.2	2.9	2.5	2.0
PCM	7.4	6.1	4.6	4.3	4.1	3.1
制冷-PCM ΔT/℃						
常规	—	—	—	—	—	—
制冷	—	—	—	—	—	—
PCM	1.8	1.7	1.6	1.4	1.6	1.1

9.6 主动潜热热能存储系统

与潜热热能存储（LTES）组合的主动系统能有效服务于高峰负荷到部分负荷时段的转移，也能提高制冷系统效率，为建筑物提供空间温度调节需求。主动 LTES 系统配备的机械辅助风扇/吹风机和泵成为实现目标设计的组成部件。传热介质（HTM）与 PCM 模束间的强制对流能显著增强 PCM 的热传输特性。主动 LTES 系统的操作模式总结于表 9-7 中。主动系统总传热效率和能效高于被动系统，因其具有好的应对热负荷需求变化的动态性能。主动 LTES 系统有四种主要类型：①伴有 PCM-TES 的自然冷却；②伴有 PCM-TES 的舒适冷却；③冰冷储热；④冰冻水 PCM 冷储热。

表 9-7 主动潜热热能存储（LTES）系统的操作模式

操作模式	制冷循环	加热循环	是否存在传热流体（HTF）	存储类型
储能过程	用分离制冷单元移去存储热能使存储系统冷却	使用分离供热单元给存储系统供热	是	全存储
储能过程和热负荷平衡	用分离制冷单元回收存储热能和直接抵消建筑物制冷负荷使存储系统冷却	使用分离供热单元和直接为建筑物供应热负荷为存储提供必需的热能	是	部分存储（负荷水平或需要有限操作）
释能过程	仅使用存储的冷能量满足负荷的全部需求	仅由操作存储系统完全弥补供热	是	全负荷
瞬时释能和热负荷平衡	制冷负荷需求由回收存储系统存储的冷能量和平行循环中制冷单元操作分享	由主动存储和组合供热单元弥补热负荷需求	是	部分存储（负荷水平或需要有限操作）

9.6.1 用相变材料-热能存储自然冷却

用 PCM 储热自然冷却的概念，是寒冷地区建筑物理想的能量有效技术，因其能够平衡环境条件，满足室内舒适准则。世界范围内，对集成有 PCM 自然冷却技术建筑物的研究活动主要在欧洲进行，约占 73%（参阅图 9-17）。原因可能是由于该地区的气候条件，以及对气候变化和发展能量有效和可持续制冷系统研究有高的兴趣。

用 PCM 自然冷却储热系统的操作原理简述如下：在夜间，低温环境空气强制流过 PCM，其冷量被有效吸收并存储。由于应用自然冷却方式，选用的 PCM 熔点应高于环境空气温度，以使有冷空气流过时被凝固；在日间，让温度高于 PCM 熔点的室内暖空气流经固体 PCM 回收利用其存储的冷量（使 PCM 熔化）后再返

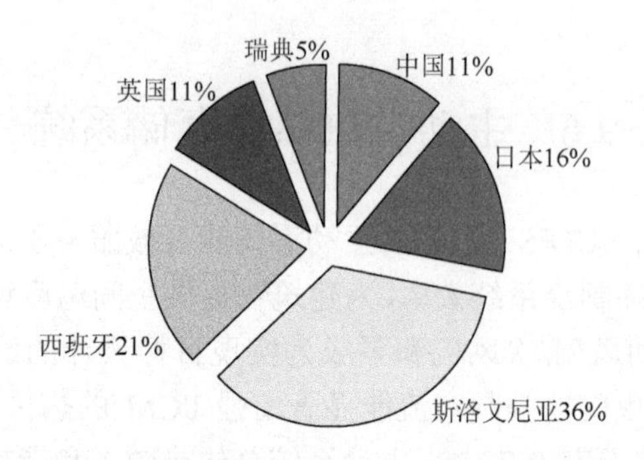

图 9-17　世界各国在 PCM 基自然冷却体系研究中的份额

回室内，如此循环可满足空间制冷负荷需求。即通过有效切换伴有 PCM 自然冷却系统能把日间高峰负荷转移到部分负荷条件（夜间）。该系统的操作策略示意表述于图 9-18 中（PCM 组件放置在屋顶天花板中）。应注意到，以储能释能速率表示的 PCM 热性能仅与系统的热性质（热导率、相变温度、熔化潜热、超冷程度/环境空气温度和空气流速）有关。这类被动制冷系统非常适用于夜间（冬季）环境温度在 20～23℃范围和日间温度（夏季）也不超过 30℃地区的建筑物。

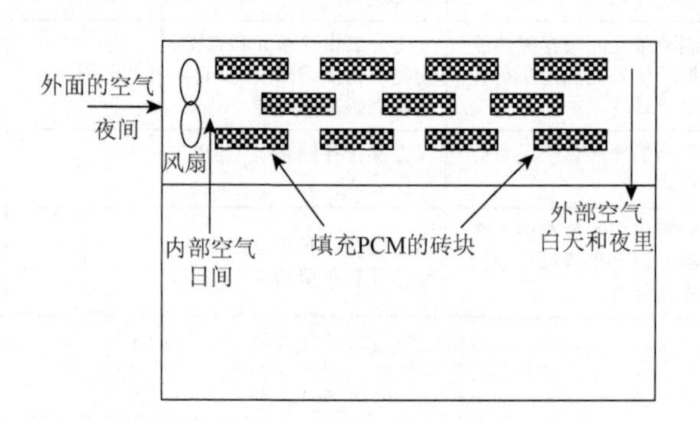

图 9-18　填充床 PCM 存储系统的夜间通风

在自然冷却过程期间，为强化环境和室内空气间的有效热交换，可采用交错排列导槽型 PCM，配置中使用被 1cm 真空板隔开尺寸为 25cm×35cm×11m 的四个聚碳酸酯导槽，在导槽中的 PCM 是相变温度为 26℃的水合盐类。在夏季夜间制冷循环中，系统内环境空气强制流过 PCM 通道壁实现有效冷量传输，尾气以可变速率放空（风扇驱动）进入大气。在高峰时段，交错排列 PCM 模束上的室内空气被泵出，利用存储冷量满足居住空间制冷负荷需求。对于冬季供热循环，室内空气中热量可作为 PCM 储热热源使用（熔化固体 PCM）：室内暖空气经由（用通风设备）强制对流方式流过置于建筑物空间天花板上 PCM 储槽壁把热能传输给 PCM，使其熔化为液体（相变）。已被冷却的空气返回进入室内空间，获取可用冷量后进入下一个循环为 PCM 储热。在夜间，较低温度的室内空气流过 PCM 储槽壁，使 PCM 凝固成固相的同时释放热量把空气加热，然后再进入空调区域满足所需要的供热需求。对于冬季夜间操作，通风调节器实际上处于关闭状态以防止室外较冷空气渗入带来的热损失。

如以水作为热交换介质，已为居住区制冷供热发展出 PCM 辐射天花板概念。该类型结构用泵强制让冷水储槽中冷水和热水储槽中热水流过辐射天花板面板（辐射型蛇管），为室内空间制冷/供热负荷需求提供服务。把 PCM 集成在辐射制冷/供热蛇管单元中的目的是，要确保在建筑物空间中从高峰到部分负荷条件的能量再分布。

在制冷模式中，16℃冷水从储槽泵出送入置于 PCM 辐射型天花板中的蛇管，在室内空气和 PCM 辐射制冷蛇管间以组合辐射和对流方式进行主动传热，用以满足居住区制冷负荷需求。在夜间，暖水被泵出送到建筑物屋顶的太阳能板，部分暖水被蒸发其余（因蒸发已被冷却）流回冷水储槽。对于供热模式，储槽中热水（来自太阳能收集器）被泵出流过 PCM 辐射天花板蛇管，用于满足居住空间供热负荷需求，使室内环境保持在热舒适条件。

有意思的是，组合辐射天花板-PCM 的储/释热方式能被用于现代建筑物的制冷/供热需求，这是因为它具有显著再分布效率和节能潜力。PCM 辐射天花板储热系统有两个隔热的用于存储冷量和热量的存储箱，可用于满足空间制冷供热容量需求和保持室内居住者有舒适环境。储热系统的基本操作模式是：日间的冷舒适由冷水提供，因辐射天花面板中可用冷水温度为 16℃。屋内过量热量是由可变速水（循环加热）系统传输给 PCM 系统（熔化 PCM）的；在夜间，泵强制送 15.6℃环境空气进入 PCM 冷却箱，使 PCM 凝固（成固体）存储冷量。这意味着，借助于可变速度排风设备能使室外空气与 PCM 间建立起热交换机制（传热），使 PCM 发生液固相变（传输潜热）。在这类应用中使用的 PCM 是共熔型的，它被充填在高密度聚乙烯（HDPE）吹模容器内。以类似的供热循环把太阳能收集器生产的热水按要求温度存储在已排空热水储槽中，用泵使热水通过同样的循环加热路线进入辐射天花面板以利用它完成所需的空间供热，满足建筑物区域希望的热舒适。对无阳光照耀时段或部分云天环境条件情形，储槽中热水用过量热能供应给 PCM 供热箱，促进 PCM 利用存储热能满足室内空间期望的要求。用这类 PCM 辐射天花板主动储热系统，能在整个年份内同时提供制冷和供热操作服务，有效满足建筑物所有能量要求。

为有效利用自然制冷热能存储的优点，还可以有其他操作路径（方式）。例如，把 PCM 模束组件放置于建筑物地面下。把用 PCM 混合物（48%硬脂酸丁酯、50%棕榈酸丙酯和 2%脂肪酸）浸泡过的常规砖块置于地板下 7cm 的洞穴中，为使日间和夜间时段都能获得更好 TES 性能，它们都需经修整。为空间供热的热空气是由太阳能 PV/热面板生产的。对被动空调系统不足以满足同样制冷要求和室内热舒适要求情形，可配置热泵系统来满足空间制冷需求。地板下 PCM 储热系统设计是为了夏日操作能满足居住空间制冷舒适条件。屋内暖空气经由地板下组件（集成有 PCM 模束）进行循环，PCM 经由强制空气热交换机制存储热能（储热过程）。在夜间时段，环境冷空气在 PCM 容器壁上循环使其释放热能（释热过程），并推动促进储热系统另一个日间循环的有效操作。建筑物中用这类地板下 TES 策略能使储能容量增加 2～3 倍和提高总包热交换效率。使用卷帘门和气流调节器开闭策略及热能在室内空间流动路径，能让我们更好地了解该类主动储热概念及其在建筑物中的应用。

9.6.2　用相变材料-热能存储舒适制冷

主动 LTES 系统提供的制冷能使建筑物空间获得舒适条件，导致对应用微胶囊化 PCM（MPCM）浆液（辐射制冷）储热材料的兴趣不断增加。为此提出了 MPCM 浆液与冷天花板混合的系统，其中使用的 MPCM 是十六烷，其相变温度为 18℃，熔化潜热为 224kJ/kg。制冷机为制冷蛇管浆液生产温度为 14～16℃的冷冻水。该系统的操作性能取决于流过辐射天花面板 MPCM 浆液与（供应空调空间）脱湿空气间的冷却负荷再分布。对于典型操作，日间时段用泵把 MPCM 浆液（有所需的温度）送入辐射天花面板（安装于空调空间天花板组件上），MPCM 相变热最终以辐射传热方式满足居住空间显热负荷。留在区域空间潜热负荷由脱湿冷空气满足，该冷干空气在空气控制单元（由通风空气预制冷量回收单元构成）中加工并供应空调空间。如对这类主动 LTES 与空调系统进行集成，预期可使日间电力需求量降低约 33%（与常规以水为传热介质的冷冻天花板系统比较）。此外，在建筑物制冷中应用这类集成系统也能降低全年的能量消耗。PCM 辐射天花板与空调的集成系统（MPCM，熔点为 25℃，天花面板替代了常规岩石纤维天花板）也能为办公楼高峰负荷转移做出贡献，其制冷负荷可满足 16m^2 办公室空间需求。该系统的操作原理如下：来自空气控制单元冷空气作为夜间操作制冷系统 MPCM（冻结）的热源，流过 MPCM 模束的室内空气可使 MPCM（熔化）释放存储冷量。在有效满足办公室空间制冷要求的同时实现了室内舒适条件。替代常规岩石纤维板的 MPCM 天花面板提供了总制冷负荷需求的约 85%。此外，MPCM 制冷系统还具有削高峰负荷能力 25.1%。因此系统操作成本有效性达到 91.6%，而常规岩石纤维板制冷系统是达不到这样高水平的。已发展出有辅助空气控制单元的主动 MPCM 系统，能够做到立时获益。

把微胶囊化有机 PCM 刚性构型铝板（质量约 135kg）置于与储热单元冷空气流动的平行方向的系统，其操作原理与主动 PCM 储热系统类似。但应注意，通过改变相变操作温度和微胶囊化有机 PCM 熔化潜热值，可使其存储热释热性能增加 10%～11%，这是因为它影响了制冷日常操作循环中 PCM 储热系统与室内空气间的传热。

9.6.3 冰冷储热

冰冷储热（ice-cool thermal energy storage，ITES）系统已发展和使用多年，能有效满足建筑物制冷负荷需求和能量再分布的要求，但其热性能密切关系到操作模式（全部或部分负荷）、存储介质类型和储热释热特性等因素。在ITES中包含的主制冷工厂利用熔化潜热把冷液体水冷冻为固体冰（储能，存储了相变期间的冷能量）。反过来当固体冰转化为液体水时释放冷能量（释能），冰和冷水都储存于储槽中。储能释能过程操作是由置于储槽内冷却盘管经由传热介质（溴水、水或制冷剂）循环激活的。存储在储槽中的水与嵌入蛇管接触，从循环传热介质中吸收冷能量实现储能。同样，在释能过程中，从固体冰捕获冷能量，与传热介质反复循环满足建筑物制冷负荷需求。为此目的，已发展出多种 ITES 系统，其中有一些可为建筑物提供制冷和能量存储服务。

1. 外融冰热能存储系统

外融冰热能存储系统（external melt-ice-thermal storage，EMITS）常指从生产冰获取冷能量的系统，即从主冷却盘管外表面循环获取热量熔化固体冰的相变系统。应该注意到，作为 PCM 的水是通过间接传热过程进行相转变的，在释热过程中，冰（PCM）与传热介质（HTM）间发生直接热交换（传输）。在储热时期（多在建筑物部分负荷条件下），HTM（卤水或制冷剂）流过热交换器盘管与储槽中水进行直接热交换（传热），使液体水转变成固体冰。生成冰的厚度实际上只取决于 HTM 温度，对典型应用产生的冰厚度范围为40～60mm。如希望生成薄冰层，HTM 储能温度应保持在–7～–3℃之间，如要生成厚冰层则应保持在–12～–9℃之间。为熔化冰获取冷能量，应让暖水在建筑物储槽内进行循环。由于是直接接触传热，冰与暖水间的能量交换可用于满足建筑物高峰时段冷却热负荷的需求。储槽设计在决定水（作为PCM）完全凝固和融化过程中起着关键性作用。使水完全凝固成固体冰建立起的水冰比一般可保持在 70%～30%。保持在这个比例能进一步促进建筑物暖水从冰层获取冷能量的储能过程。若干不同构型 ITES 热交换器商品示于图 9-19 中。

2. 内融冰热能存储

与 EMITS 一样，内融冰热能存储（internal melt-ice-thermal storage，IMITS）也是满足建筑物冷能量（负荷）存储和释放利用的有效方法。内外融冰系统的基本划分是：通过嵌入冷却盘管热交换器的 HTM（卤水、乙二醇或制冷剂）流被用于实现水的储能释能过程和储槽内的制冰。对于典型冷能量释能过程（部分负荷时段），

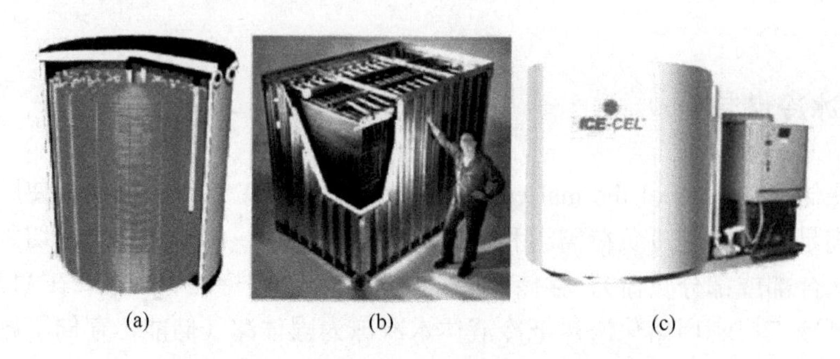

(a)　(b)　(c)

图 9-19　ITES 系统使用的不同热交换器构型

（a）Calmac 公司产品；（b）Falco 株式会社产品；（c）Dunham-Bush 公司产品

温度为–6℃或–3℃（取决于制冷负荷需求）HTM（常用乙二醇）被泵出流过浸没在储槽水中的热交换器盘管，因 HTM 和水间的热交换发生水冻结成冰的相变过程（冷能量存储），固体冰存储在储槽中。当要释放冷能量时，从建筑物边返回的暖水（乙二醇溶液）流过浸没在储槽中的盘管，经热交换 HTM 捕获冷能量使固体冰融化，这样一直进行到使 HTM 温度降低到可满足建筑物内舒适冷却所希望的温度。

3. 采收方法储冰

采收方法储冰（ice storage using harvesting method）是一个概念，指用片状冰和冷冻水的生产组合满足建筑物空间波动的冷能量负荷需求。该系统示意表述于图 9-20 中，其工作原理非常类似于 IMITS 和 EMITS 系统，但储能期间使用的 HTM（乙二醇）是制冰工厂生产的片状冰。组合的冷冻（制冰）工厂安装在有垂直板面

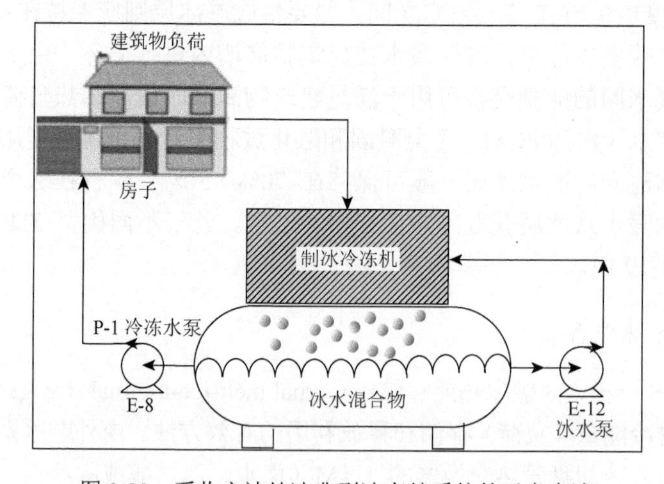

图 9-20　采收方法储冰典型冰存储系统的示意表述

的储槽，主要用于生产片状冰。流过垂直板面（制冰器）的冷冻水与板式热交换器的热交换在表面即时发生相转变形成薄冰层，厚度在8～10mm之间（最终厚度取决于该概念过程循环时间）。用热气流移去垂直板面上的片状冰一般需25～30min。片状冰冷能量和冷冻水显热能被有效用于满足日间制冷负荷需求，主要是调节建筑物内空间空气温度。这类特殊冷能量系统的实际使用是有限的，原因是实践确认其实施执行过于复杂。

4. 冰浆液存储系统

冰浆液存储系统（ice slurry storage system，ISSS）利用了储槽中HTM和水的显热和潜热特性。其基础单元是主冷却单元（专用于生产冰晶体）、次级热交换器和建筑物空气控制单元，图9-21中给出其操作原理。ISSS的储能过程是HTM冷却降温过程。通过低温HTM与储槽水的热交换，因主动成核在储槽内水表面形成很细的类冰结构，形成冰浆液，用泵把该冰浆液送出流经次级热交换器（建筑物空间空气调节系统组成单元）实现所希望的冷却和能量再分布。制冷负荷的主要调节参数是从建筑物边返回的暖水质量流速和释能温度。值得注意的是，该存储系统的冰浆液温度几乎是恒定不变的。此外，传热流体与储槽水体积容量比决定了进一步利用的冰浆液有效性。

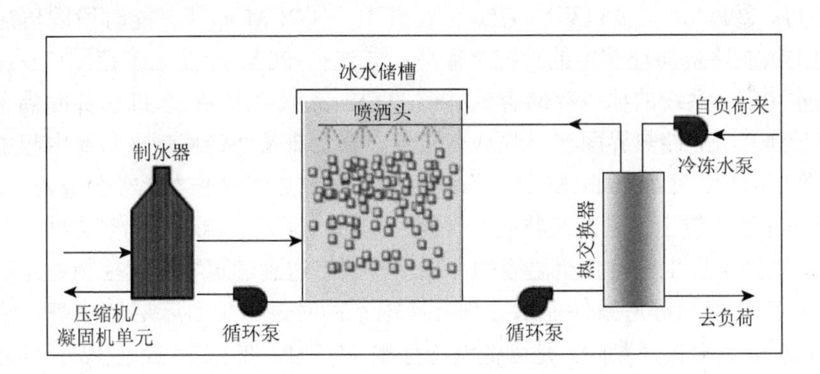

图9-21 冰浆液存储系统示意图

5. 胶囊冰存储

胶囊冰存储（encapsulated ice storage，EIS）是一种存储和释放冷能量的技术，以高密度聚乙烯（HDPE）或细小钢容器胶囊化水作为PCM。其典型储能释能过程如图9-22所示。对于储能过程，球形胶囊内水与循环的低温（–6℃和–3℃）乙二醇溶液（HTM）接触，液体水相转变成固体冰。同样，对于释能循环，用建筑物边返回暖水融化胶囊内冰获取冷能量，再送出满足建筑物空间制冷负荷需求。

EIS 系统总包传热有效性取决于 HTM 温度、流速和热性质，水的热物理性质，胶囊材料性质，存储体积和空调空间制冷负荷需求等。

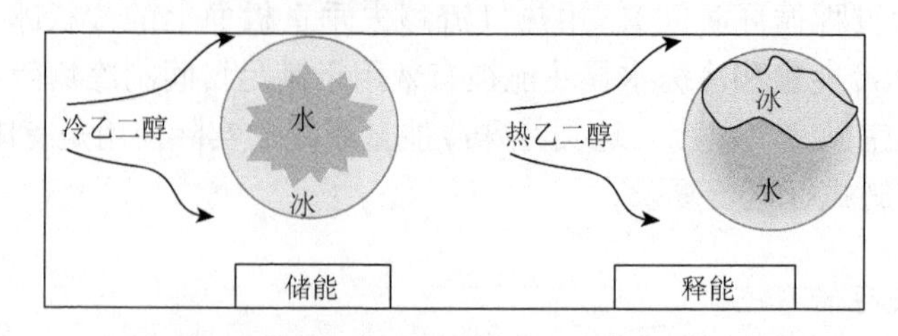

图 9-22 胶囊冰存储系统的储能和释能过程

9.6.4 冷冻水-相变材料冷量存储

对于建筑物制冷应用，要求发展能量有效冷量存储系统，即要求实施如下概念：PCM 冷量被冷冻水捕集分布和抽取。该系统在建筑物制冷应用中获得了激励和推动。发展该类冷热存储是在获取发挥 PCM 潜热有效性优点的同时，以显热传输（给和来自冷冻水）成本存储和释放热能。该系统储能释能的操作策略是要有效解决建筑物中能量再分布和高峰负荷削减问题。它与 ITES 系统的差别在于：①冷冻水（HTM）储能温度保持在 4～5℃之间；②暖冷冻水释能温度保持在 12～13℃之间；③PCM 常被包裹在 HDPE 胶囊中；④PCM 储能释能时段的传热过程仅利用次级制冷剂循环圈中的冷冻水循环；⑤选择 PCM 相变温度范围 7～10℃；⑥冷冻水-PCM 系统的体积存储容量小于 ITES。制冷工厂通过 TES 界面耦合建筑物空气控制单元，储热界面在增强从高峰到部分负荷条件转移制冷负荷中起主要作用。在释能时段，冷冻水-PCM 储热系统中的循环加热回路基本上被分成两个部分：①部分冷冻水被排出送到建筑物制冷环路；②另一部分被转送到储热界面。储能释能期间，制冷工厂生产有希望温度的冷冻水被泵出送到建筑物空气控制单元满足居住空间制冷负荷和舒适条件需求。部分冷冻水同时进入填料床层储热塔（装填有 PCM 胶囊），其储能（凝固）是因低温冷冻水（HTM）在 PCM 胶囊上的循环流动。在次级环路中，收集的暖水与建筑物返回暖水混合后被送回制冷工厂主环路（加工边）进入下一个制冷过程循环。对于释能过程，来自建筑物空气控制单元（制冷单元）部分暖水被泵送入储槽，把存储在 PCM 中的冷量传输给水，获得所需温度后用于满足建筑物空间制冷需求。储槽流出的冷冻水与制冷工厂第二回路冷冻水的混合（生产边）水流在建筑物边使过程再次重复进行。

应用于商业建筑物制冷空调需求的先进冷冻水-PCM-TES 系统，是能以部分存储策略进行操作的冷 TES 系统。组合有变风量（VAV）系统和节能通风技术时，可节约能量 28%～47%。为增强专用于建筑物制冷应用的 LTES 系统储热性能，可供选择的有多种技术。增强 PCM 传热机制的方法通常是，在 PCM 中直接加导热材料或嵌入能增大传热表面积的材料。冷 TES 系统的主要基本类型总结于表 9-8 中。

表 9-8　主要冷量存储系统的基本参数

参数	冷冻水存储	冰存储	低共熔盐存储	PCM 存储
比热/[kJ/(kg·K)]	4.19	2.04	—	2～4.2
熔化潜热/(kJ/kg)	—	333	80～250	130～380
供热容量	低	高	中等	中等
制冷剂类型	标准水	低温次级冷却剂	标准水	标准水
储槽体积/[m^3/(kW·h)]	0.089～0.169	0.019～0.023	0.048	—
储能温度/℃	4～6	−6～−3	4～6	−10～6
释热温度/℃（高于储能温度）	1～4	1～3	9～10	5～8
冷却容量比	20～30	高于 50	15～40	20～50
制冷剂性能系数	5.9～5	4.1～2.9	5.9～5	5.9～5
释放存储流体	标准水	低温次级冷却剂	标准水	标准水
容器界面	开放体系	封闭体系	开放体系	封闭体系
空间要求	多	少	少	少
灵活性	使用制冷剂，有火产生	模块容器适合于小/大装置	使用制冷剂	使用制冷剂
维护	高	中等	中等	中等

9.7　化学反应热能（热化学）储能

9.7.1　引言

可逆化学反应热能可用于进行储热释热操作。当把热能供应给化学物质对时，其化学键发生断裂，形成存储有热能的反应性组分；而当这些分离组分再结合时释放其存储的热能（反应热），可有效回收用于满足制冷/供热需求。发展这类热化学储能系统多是为建筑物空间提供供暖而不是制冷服务。

太阳能是取之不尽的可再生能源，而热能存储（TES）能扩展太阳收集热量的进一步利用。热化学储能系统与长期季节性 TES 系统组合是降低温室气体（GHG）排放和保持环境可持续性的有利且有效的方法。下面讨论热化学储能系统概念及其操作特性。

9.7.2 热化学储能

热化学包括吸着（吸附和吸收）和化学反应两类，吸着存储和化学反应存储是两个不同概念，它们有各自的广阔应用领域。吸着（包括吸附和吸收）过程利用的是物理力或/和化学力。吸附是表面现象而吸收是本体现象，物理吸着存储可分为物理吸附存储和物理吸收存储。同样，化学吸着存储也有化学吸附存储和化学吸收存储之分。此外，还有电化学存储和电磁（光化学或光合成）存储。

将吸着剂（固体或液体）捕集吸附质（气体或蒸汽）的过程称为吸着现象。若该过程只发生于物质表面则被称为吸附，若发生于物质本体中则称为吸收，两者兼而有之则是吸着。在储能领域，吸收是指液体（吸收剂）捕集气体或蒸汽的过程；吸附是指固体或多孔介质表面捕集气体或蒸汽的过程。如果仅由范德瓦耳斯力驱动称为物理吸附；如果受表面价键（化学）力支配称为化学吸附。化学吸附热总是大于物理吸附热。可逆化学反应热（可存储热能）远大于吸着过程热效应。热化学储能具有如下特征：高储能容量、高储能温度和没有自释能现象（没有热能损失），很适合在建筑物中使用。对热化学热能存储已研究了数十年，试验过和使用的反应性组分和化学反应物有很多。为满足年度热能存储需求，在建筑物中应用的是被动储能系统，其需要的体积差别很大，如图 9-23 所示。

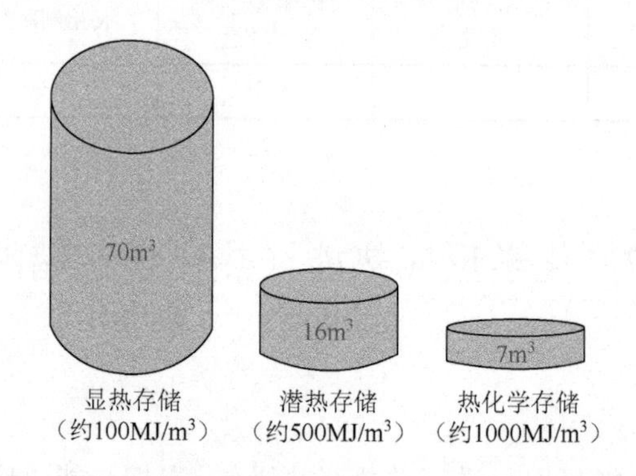

图 9-23 能量有效被动储能系统房子所需热能存储体积比较

9.7.3 热化学储能原理和材料

热化学储能的原理相对简单。在典型储热阶段，供应的热能断裂工作流体和吸着材料间可逆价键，释放的物质进入环境（开放系统）或被凝聚（密闭系统），即经由热化学原理能量和熵通量被分离了。分离的反应性组分/工作流体的再组合过程是熵释能过程。吸附/吸收过程的能量变化可用下面关系表示：

$$\Delta H_a = \Delta H_v + \Delta H_b \tag{9-3}$$

由工作流体-吸附剂键合能（吸附热，ΔH_b）和工作流体蒸发热（能量，ΔH_v）两部分构成。用于热化学储能的材料主要有四种类型：①吸附材料；②吸收材料；③纯热化学材料；④复合热化学材料。它们的热物理性质和吸附吸着特征不尽相同，选择时必须考虑如下关键参数：①吸附剂对吸附质的高亲和力（影响反应动力学即反应速率）；②吸着物质在吸收期间的挥发性高于吸着剂；③传热介质有足够高热导率和传热速率；④脱吸温度尽可能低；⑤生态友好、低毒性、低环境效应（碳足迹、全球变暖和毁坏臭氧）；⑥不腐蚀存储容器或热交换器材料；⑦操作温度和压力下有好的热和分子稳定性；⑧能避免高压高真空条件。

热化学储能系统可分为两种类型：开放系统和封闭系统。开放系统中的气态工作流体直接释放进入环境（或空间）（熵的释放）。封闭系统中的工作流体不直接释放，熵是通过热交换器界面释放进入环境的。

吸着系统的热储能功能只取决于高可逆化学反应的速率。化学和热化学储能系统的分类示于图 9-24 中，使用的主要材料热性质总结于表 9-9 中。

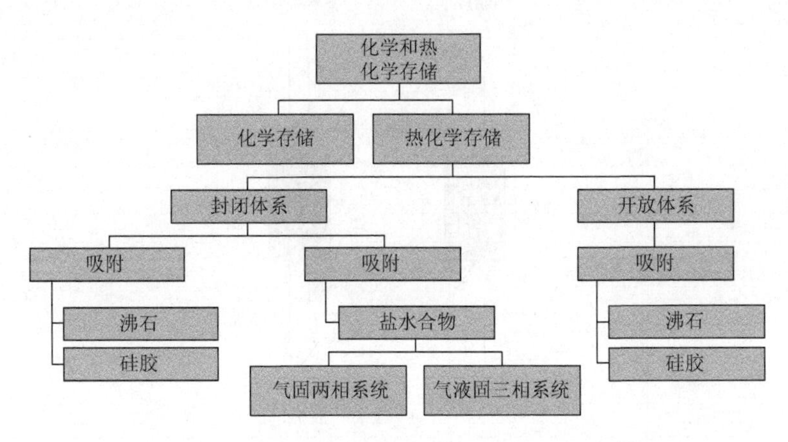

图 9-24　用于热能存储的化学和热化学过程分类

表 9-9　由 IEA SHC 任务 32 认证过的化学反应存储潜在材料

材料	分解（解离）反应 AB⇌B + A			AB 存储能量密度/(GJ/m^3)	转换温度/℃	实现潜力/%
	AB	B	A			
硫酸镁	$MgSO_4 \cdot 7H_2O$	$MgSO_4$	H_2O	2.8	122	9.5
二氧化硅	SiO_2	Si	O_2	37.9	4065 + HF：150	9.0
碳酸铁	$FeCO_3$	FeO	CO_2	2.6	180	6.3
氢氧化铁	$Fe(OH)_2$	FeO	H_2O	2.2	150	4.8
硫酸钙	$CaSO_4 \cdot 2H_2O$	$CaSO_4$	H_2O	1.4	89	4.3

9.7.4 开放吸附储能系统

开放吸附储能系统是具有吸引力的，因其很容易与建筑物中储热系统组合，满足峰负荷和能量再分布要求。脱吸的主要驱动力是巨大可再生太阳热。德国研究开发出的一款开放吸附储能系统的操作原理示于图 9-25 中。可满足建筑物供热需求的一个开放吸附热化学储能系统示于图 9-26（专用于满足社区内建筑物的供热需求）中，能够缓解减轻供应波动产生的影响，而不是为供热应用提供长期吸着存储。当把该系统应用于学校建筑物时，在 14h 操作期间可存储能量达 1300kW·h，最大功率消耗 130kW。该系统能把取用社区供热网络低峰谷负荷时段的热量作为脱附反应的热源。该系统以沸石 13X 作为储热材料，操作原理完全等同于冰水储热系统。应该注意到，该系统储能密度高达 $124kW·h/m^3$，在供热制冷应用时也达 $100kW·h/m^3$，计算的性能系数（COP）为 0.9（供热）和 0.8（制冷）。

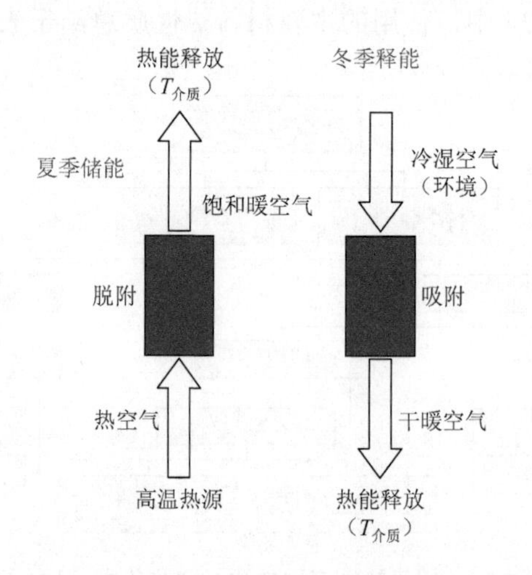

图 9-25 开放吸附储能系统的操作原理

典型开放吸附储能系统的操作步骤如下：在再生循环期间，来自太阳能收集器的热空气（180～190℃）流过储能单元进行脱附反应，在使用 4A 沸石吸附水脱附的同时也把热空气的热量传输给沸石（热能被存储在沸石中）。从储热单元流出的暖空气可为建筑物供热。在释热循环期间，冷空气流过 4A 沸石，其湿气（水蒸气）被沸石吸附产生的吸附热（吸附过程是放热的）被流动空气带走，热的空气可用于满足热负荷需求。储热系统的蜂窝型结构设计可增加储热释热的数量(因降低了储能压力降增强了吸附和反应动力学)。以太阳能作为直接热源的主要约束是脱附温度受限制，但它可随高等级太阳热利用得以缓解。

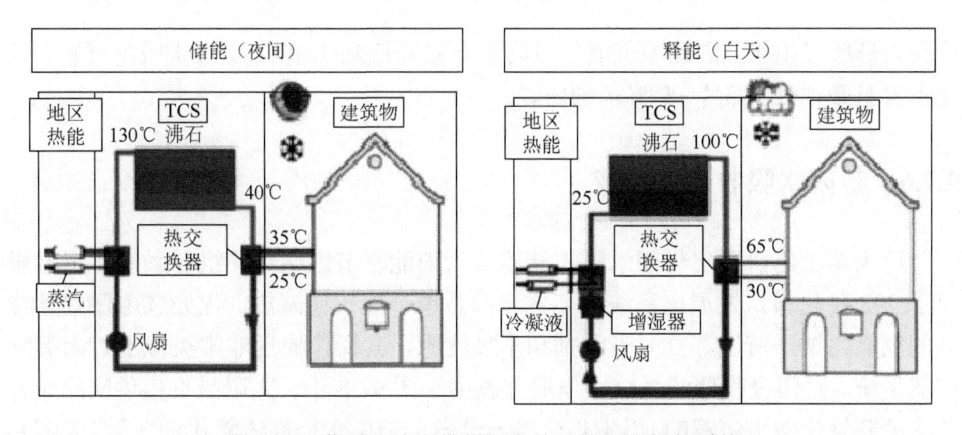

图 9-26 慕尼黑地区供热网中的开放吸附储能系统

9.7.5 封闭吸附储能系统

封闭吸附储能系统也是以太阳能作为主要热源来实现解离反应的，能以最高可能储热为建筑物提供供热服务。该类系统可以高能量密度储热模式进行操作，其样机最早由奥地利提供。以硅胶（吸附剂）-水（吸附质）为工作介质，组合了面积为 20.4m^2 的太阳热收集器。该系统可用于满足空间取暖和民用热水需求。其操作循环示于图 9-27 中。储能循环期间，来自太阳能收集器的热空气（90℃）流入配备有专用热交换器的硅胶床层，发生脱附反应，把吸附在硅胶上的水分以水蒸气形式脱出并在冷凝器冷凝。在释能循环期间，干燥硅胶和水蒸气分离存储能量。根据热能需求，低温热源蒸发收集的冷凝水产生水蒸气，让其流过吸附单元硅胶床层，水蒸气被吸附并释放出吸附热满足热负荷需求。计算指出，该封闭系统储能密度仅有 50kW·h/m^3，效率也比水储能系统低 30%。其原因可能是：温度提升不足以完全脱附硅胶中 13%的水；而是使用平板型太阳能收集器能达到的温

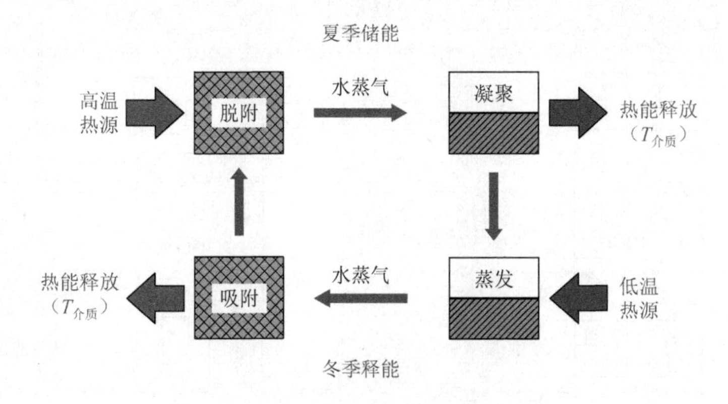

图 9-27 封闭吸附储能系统的操作原理

度脱附硅胶吸附水，因此不可能使吸附水含量降低到3%以下。对于吸附材料，优化水含量必须处于3%～13%范围内。

9.7.6 封闭水吸收储能系统

近来瑞士已研发出封闭水吸收储能与太阳能季节性储热的组合系统，试验研究了793种材料。发展该系统的基本目的是季节性长期储热，优先选用便宜且普通的氢氧化钠（苛性苏打）吸收剂和水吸收质，其操作原理非常类似于封闭吸附储能系统。封闭吸收储能系统操作原理表述于图9-28中。太阳热直接供应给（含低浓度氢氧化钠水溶液的）再生热交换器蒸发溶液中水提高氢氧化钠含量（提浓），有效完成脱吸过程。脱吸过程产生的水蒸气冷却冷凝后被存储在储槽中，分离存储获得的高浓度苛性苏打（不含水）以备进一步使用。过量的太阳热返回，被地面热交换器存储起来供应冬季利用。在释能循环中，地面热交换器的低温热能用于蒸发吸收储槽中的水，获得蒸汽被送去吸收塔让浓苛性苏打吸收，生成碱液的同时释放大量溶解热满足热能需求。例如，对于单一家庭，房屋（空房标准面积120m^2）供热要求15kW·h/m^2（35℃）、生产民用60℃热水50L/d（近似）、蒸发器温度5℃，它们集成产生的总存储体积7m^3（包括储槽和热交换器）。通过最大化吸收器和最低冷凝器温度（分别为95℃和13℃）及62wt%碱液浓度，可比预期值还要提高7%。

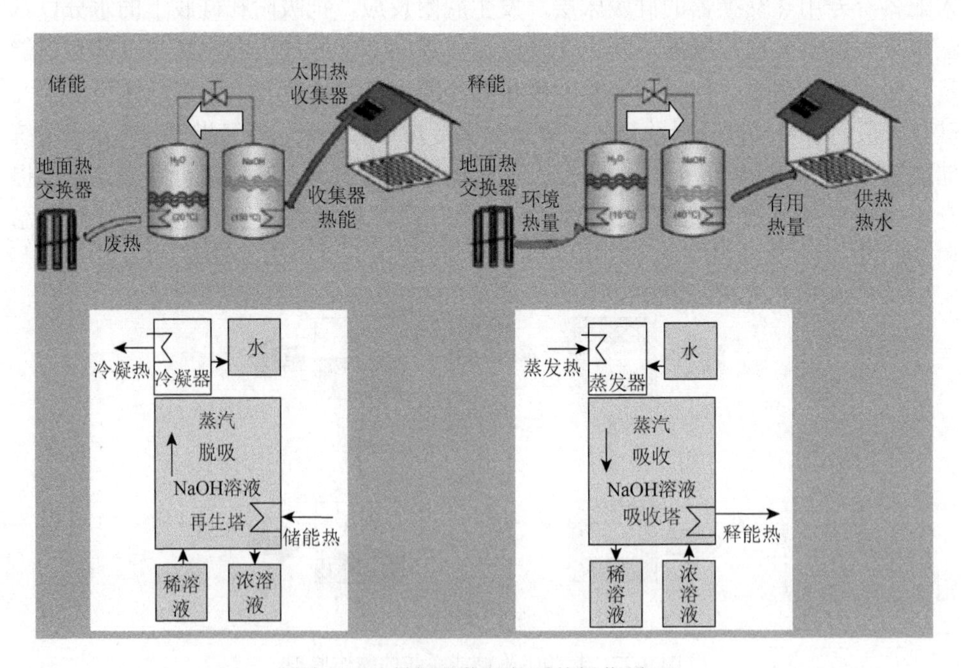

图9-28 封闭吸收储能系统操作原理

9.7.7 固/气热化学储能系统

固/气热化学储能系统可用于短期也可用于长期存储，专用于建筑物空气调节，只能以高等级太阳热为热源才能有效发挥其功能。日间循环时期，反应器加热所需热量由太阳热收集器提供，帮助热脱吸反应器中的氨（反应性气体）使其进入冷凝器单元冷却、冷凝和存储在冷凝剂储槽中（氨气能在冷凝器冷凝是因为昼夜间的温度差）。氨气能保持的冷凝温度决定了该系统的最大操作温度（压力）。在夜间，处于冷状态的反应器开始吸收冷凝单元的氨（因集成的反应器和蒸发器，建立起的压力梯度使液氨沸腾和在蒸发器中蒸发）。蒸发氨产生的冷却效应（冷量）能移去并存储在分离的设施中（也集成于系统中）。蒸发出的氨气随后进入反应器被吸收产生有夜间环境温度的吸收热。

9.7.8 热化学蓄能器储能系统

在储热技术发展中，近来新出现有吸引力并流行起来的概念是热化学储能（TCES）。该概念利用物质的化学位（势），它是无损失储热释热的基础。TCES技术的最关键要素是，它们（反应性组分或化学物质）之间的化学反应应是完全可逆的。吸热反应需要有热能供应才发生，这样使储热释热过程的进行成为可能。作为 TCES 的例子，两个化学反应物可按如下（吸热）反应式进行热能的存储和释放：

$$C_1C_2 + \text{热量输入} \rightleftharpoons C_1 + C_2 \tag{9-4}$$

化学反应物因加入热能被解离成两个产物（C_1和 C_2），而当分离 C_1和 C_2进行再组合时产生同等数量热量（释热），这些热能是可供再利用的，其热损失几乎是可忽略的。IEA 在其计划任务中提出的样机系统，就是基于 TCES 原理工作的，以盐水合物（水合硫酸镁）作为储热释热工作组分，发生的化学反应如下：

$$MgSO_4 \cdot 7H_2O(s) + \text{热量输入} \rightleftharpoons MgSO_4(s) + 7H_2O(g) \tag{9-5}$$

该水合物脱吸-吸着（水）反应热（可存储）值为 2.8GJ/m^3。TCES 过程与体系密切关系到其热物理和热化学性质和条件（吸附吸收概念）。

瑞典科技工作者已证明，重要的吸收储热与多种太阳热技术的组合系统可应用目标是建筑物制冷，也可延伸应用于满足建筑物供热和制冷再分布需求。该类系统有类似于吸收器和脱附反应器那样的组合，把蒸发器、冷凝器和热交换器组合在热化学蓄能器（thermochemical accumulator，TCA）储能系统中。其操作过程如下：在储热阶段，用泵输送低浓度稀溶液进入热交换器进行蒸发直至达到饱和，脱吸过程产生的蒸汽被送到冷凝器/蒸发器单元，蒸发产生的固体结晶（因释放冷凝热和键合能而存储了冷能量）因重力下落到容器底部。释放的热能可用于室内供热或送给地面热交换器供后期使用。在释热期间，把建筑物空间或地面热交换器的低温热源供给冷凝器（起蒸发器作用）/蒸发器单元生产水蒸气，产生的水蒸气被传输返回到反应器热交换器，启动下一个操作循环。该系统使用 LiCl 时，其储热密度计算值为 253kW·h/m^3。TCA 系统性能指数如表 9-10 所示。但该系统长期储热应用市场的发展受限于其经济性。

表 9-10 TCA ClimateWell 10 型给出的性能

模式	存储容量[a]/(kW·h)	最大输出容量[b]/ kW	电 COP[c]	热效率/%
制冷	60	10/20	77	68
供热	76	25	96	160

注：a. 总存储容量（两室）；b. 每室最大制冷容量 10kW，两室平行使用最大制冷输出 20kW，供热 25kW；c. 性能系数等于制冷或供热输出除以输入电力。

9.7.9 建筑物热化学储能供热系统

建筑物热化学储能（thermochemical energy storage，TCES）是一种能为建筑物地板供热的技术，已发展出利用沸石盐类组合与太阳热集成的储能释能系统。集成有集热器环热交换器与 TCES-太阳热组合系统示意表述于图 9-29 中，这被认为是增强总热效率和性能的极重要措施。在 TCES 中的反应器和储能材料是操作该类系统的两个有效主要供给源。储能释能期间，反应器中要进行必需的传热和传质过程，对此必须仔细设计以防止再生期间可能产生的高温。储能材料只需在材料储槽和反应器间进行传输（通过真空输送机），这不仅降低了能耗而且提高了过程效率。对于典型供热循环，所需数量的储能材料依靠重力进入错流反应器的顶部。环境（室外）空气从侧向进入把热能和湿气（传质）传输给反应器。在反应器中产生的吸附热传输给空气-水热交换器中的水环路。吸附剂的再生只是储热材料（沸石和盐组合）被流动热空气（由太阳集热器-热交换器供应）的升温过程。为有效操作反应器中储热材料的再生，设计阶段需要考虑如下关键因素：①为保持低压力降/损失和降低风扇功率消耗，空气流动横截面积（或材料宽度）必须要大（和/或小）；②必须对反应性材料的传输进行可靠的经济优化，确保传输期间材料的低应力；③热源和储热材料间距离必须尽可能小，以获得好的储热和很低的热损失。

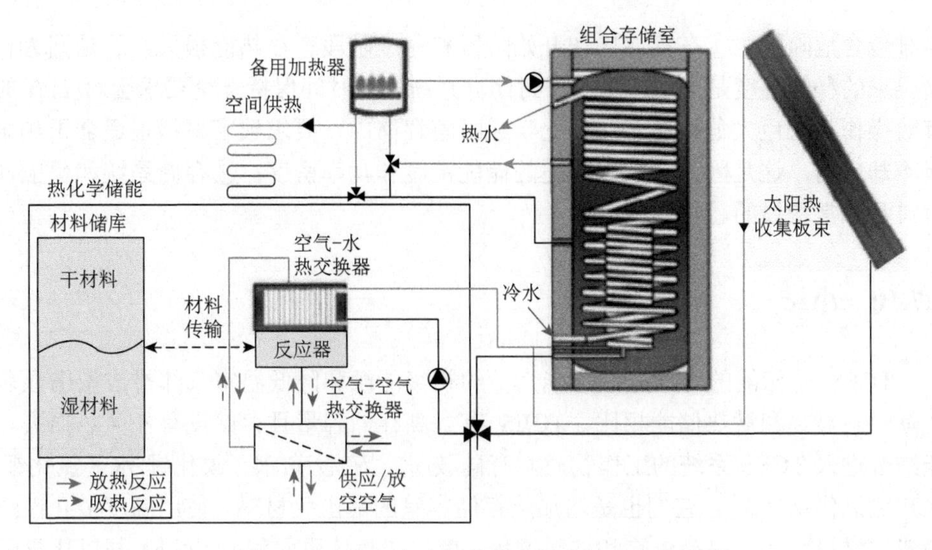

图 9-29 TCES 与太阳热集成概念的示意表述

TCES 和季节性 TES 的组合总是很有吸引力的，因驱动储能需要的热能来自可再生可持续源。该系统在为建筑物提供储能释能服务（基于负荷需求）时利用了显热和热化学反应储能的优势。对于储能过程，太阳能集热器把捕集的热能传输给热化学反应器，进行反应性盐溶液的脱吸反应，释放水蒸气和存储热能。水蒸气被冷凝成水流过地板供热环路获取热化学存储热能，满足建筑物空间供热需求。然后水被蒸发后再进入浓盐溶液使其变得不饱和（稀盐溶液）并释放热能（实线）。在该组合储能系统中发生如下的可逆化学反应：

储能过程：

$$SrBr_2 \cdot 6H_2O + 热量 \rightleftharpoons SrBr_2 \cdot H_2O + 5H_2O \tag{9-6}$$

释能过程：

$$SrBr_2 \cdot H_2O + 5H_2O \rightleftharpoons SrBr_2 \cdot 6H_2O + 热量 \tag{9-7}$$

从化学方程式可看到，储能释能期间，反应性组分 H_2O 保持蒸气相而水合盐 $SrBr_2 \cdot 6H_2O$ 和 $SrBr_2 \cdot H_2O$ 则是固相。对于建筑物供热需求不能完全由 TCES 满足情形，蓄水储热（TES）系统能提供需要的热能缺口，即热阱中水经由热泵蒸发器传输给冷阱。操作热泵所需热能是从传热介质与流过地板供热环路冷水间的热交换获取的，这有效补充了建筑物的供热需求。吸着和 TCES 技术有很成功的实践，但也有其固有的限制：①选用 TES 受限于低温热源的可利用性，因为要使传热介质 HTM 蒸发（耗能）的热源温度必须在 5～10℃之间；②对存储反应器床层需要进行特殊设计（尤其是使用固体吸着剂时），这是因为需要有合适速率生产可用的输出功率；③含水工作流体对固化/冰冻物料（作为吸附质）流过循环管道网络时包含危险性；④在存储操作开始阶段和完成阶段存在热能损失，这是因为存储要求的释能温度是高的；⑤对于封闭环系统，长时间保持真空要求会对 TES 的有效操作带来巨大危险；⑥在热化学或吸着存储中，要求致密材料很适合于热泵或冷却应用，这是因为它们有合适的储能密度和功率密度；⑦存储系统和反应性材料是非常费钱的。

9.7.10　小结

TCES 是储能的有效方法，能为节约初级能源和降低温室气体排放做出显著贡献。与显热和潜热储能相比，TCES 有最高存储容量且存储没有任何热损失。能结合进入 TCES 系统的工作物质对有硅胶/水、硫酸镁/水、溴化锂/水、氯化锂/水和氢氧化钠/水等，它们也是增加热存储容量的最出色材料。使用高度多孔性结构载体材料可有效提高传热和传质过程（增加传热传质面积）。此外，与以化学吸着过程原理工作的热泵集成能使储热能容量显著增强（即便在非常高的温度条件下），因为此时使用常规热泵并不适合。而且 TCES 只要与长期季节性 TES 组合就能增强存储系统性能而无须牺牲能量效率和环境可持续性。

9.8　可持续热能存储

9.8.1　引言

与其他能量形式不同，热能是密切关系到温度和环境的一种能量形式。一般认为，高于环境温度的热能是热量，而低于环境温度的热能是冷量。只要温度不同，热量和冷量都有自发扩散（消散）的趋势。在自然界存在热能，如太阳辐射和地热。热能也能从其他能量形式转化而来，由于所有不同能量形式的转化过程都伴随有热能的产生，因此有“废热”一说。鉴于热能的这些特性，热能存储也有其特殊之处。由于热能与环境和温度密切相关，储热的主要目标是在提高资源利用效率的同时保持人类生存环境（人类及设备装置的工作环境）在舒适状态。目前，储热的主要应用是在建筑物空间的舒适条件（温度和湿度调节）下，发挥其功能的同时应该提高能量效率和避免浪费。

9.8.2　能源和环境设计可持续性

世界范围建筑物设计中，“可持续性”是建筑师、工程师和业主最感兴趣和常常挂在口头上的词。弥合能源供需缺口是成功达到可持续发展的优先（第一）因素。实现能源可持续发展的最主要因素给于表 9-11 中。

表 9-11 可持续能源性能指标（指示器）

指标编号	准则（指标）	说明
C1	可再生能源	为降低使用化石燃料能源带来的环境和经济影响，促进和辨认原位可再生能源自给水平的增加
C2	最小能量性能	为建筑物和系统提出最小能量效率标准
C3	建筑物能量系统的基础运行	按照顾主计划要求、设计基础和建设文件确认建筑物已安装、校验和测试运行相关能量的系统
C4	增强运行	在设计过程期间开始早期运行和在系统性能验证完成后实行额外活动
C5	测量和验证鉴定	提供建筑物整个生命期间能耗的储热衡算
C6	优化能量性能	为降低因过量使用能量造成的环境和经济影响，要达成使能量性能增加到预要求标准基线之上

众所周知，建筑领域是高能耗领域之一，占全球市场总能源的四分之一到三分之一，因此与可持续发展战略及降低环境和气候变化持续挑战密切相关。其中最关键的是，要使设计过程每一步都有高能源效率，为高性能可持续建筑物或绿色建筑物发展做出贡献。绿色建筑物和可持续建筑物之间的基本差别是在保持生态平衡中达到令人满意性能的程度上。集成可再生能源（RES）可增加建筑物能源效率和环境可持续性。建筑部门使用 RES 的功能类型、优点和挑战分别给于表 9-12、表 9-13 和表 9-14 中。

表 9-12 可再生能源的功能类型

可再生能源功能类型	描述和优缺点
主动太阳能	太阳能可转化为多用途的另一形式能量；通常转化为热能或电能；在建筑物内被用于供热、制冷或弥补其他能量使用或成本；基本利益是提供控制最大化有效性；光伏太阳能板属于该组
被动太阳能	在被动太阳能建筑物设计中，冬天时窗户、墙壁和地板被做出以容纳多形式收集、存储和分布太阳能，夏天时发射太阳热；设计被动太阳能建筑物是要获取地区气候的最大利益；要考虑的因素包括窗户位置和所装玻璃类型、热绝缘、燃料传递和避光
风能	风功率是指把风能转换成有用形式的能量，如使用风力透平发电，风轮产生机械功，风力泵抽水或排水
地热能	地热能是产生和存储地球内的热能
燃料电池	燃料电池是指通过氧或气体氧化剂和燃料的反应转换燃料化学能成电能的装置，氢是最普遍使用的燃料

表 9-13　不同类型可再生能源的优点

可再生能源功能类型	等级		适合在市区和建筑物中使用	可降低化石燃料消耗	初始建设成本增加	降低维护和操作成本
	AS	N				
主动太阳能	4.57	1.00		√		√
被动太阳能	2.36	0.95	√		√	
风能	2.31	0.43		√		
地热能	1.70	0.11			√	
燃料电池	1.43	0.00	√		√	

表 9-14　使用可再生能源面对的挑战

可再生能源功能类型	等级		高初始成本	缺乏政府支持	缺乏公众醒悟意识	缺乏技术支持	缺乏合适需要的装备	差的计划处理
	AS（超级等级）	N（正常等级）						
主动太阳能	2.38	1.00	4	2	3	3	5	1
被动太阳能	2.36	0.97	1	5	6	3	2	4
风能	2.31	0.89	1	4	3	6	5	2
地热能	1.75	0.15	1	5	2	4	3	6
燃料电池	1.64	0.00	1	4	5	3	2	4

房屋建筑学由复杂设计构成，掺入能量有效材料和能源的组合系统能使其长期运行能量效率得以提高。对材料的综合研究可把可持续能源性能按其能量有效和材料有效两个判据进行计算，发展出一套新的等级系统，如图 9-30 所示。为发展高性能可持续建筑物，需要考虑相互关联的多种因素，包括能耗、耐用性和低嵌入能参数以及避免使用环境毒性材料等，可循环材料的使用是具有相对高重要性的指数。只要对这些参数予以足够考虑，就能够使建筑物在建筑和环境可持续发展两个方面取得成功。

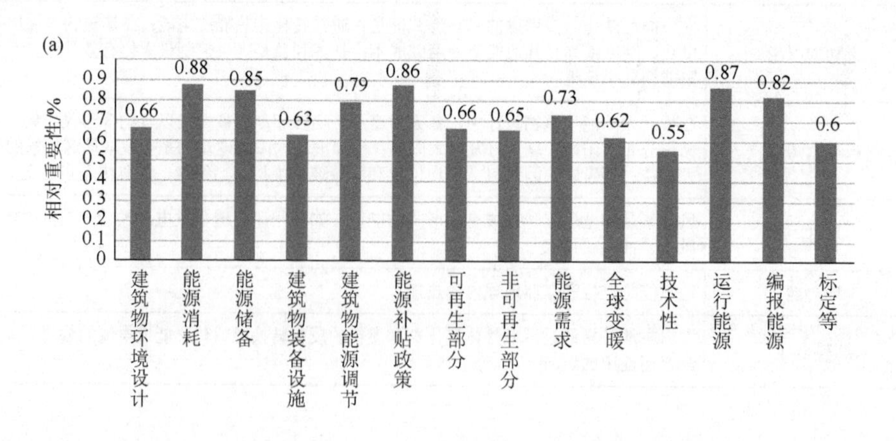

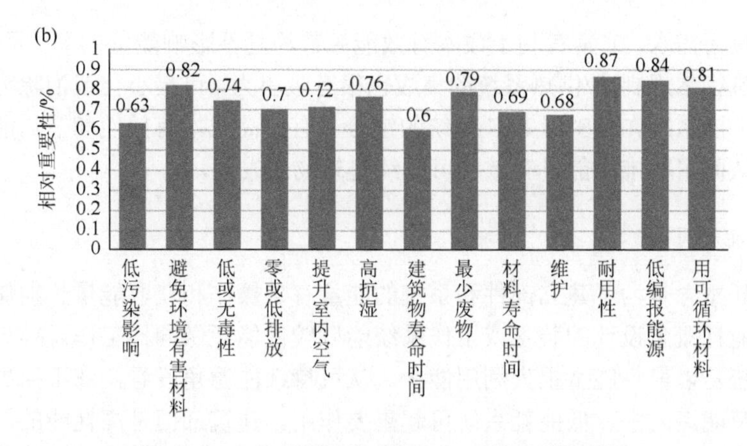

图9-30 (a)能量效率判据;(b)材料效率判据

从这个视角看,热能存储(TES)系统具有在无须牺牲建筑物能量效率条件下降低温室气体排放和低操作成本的巨大潜力。建筑物中配置TES系统能发挥多种功能:不仅能把高峰负荷转移和进行能量再分布,而且还可获得低成本可用功率(夜间储能)。特别是在大规模公用基础设施计划与常规制冷单元中集成的TES,可最小化或消除(基于设计安全性因素)扩充制冷设备工厂,减少了多于20%实际制冷负荷条件的制冷设备容量。反过来讲,也就是提高了制冷工厂的实际能量效率,实现可持续建筑物的愿望。TES 系统与建筑物供热系统的集成也能达到成本有效、节约能源和降低供热系统功率消耗等效果。对于建筑物的供热和热水需求,TES 系统能有效满足其供热能量再分布要求。鉴于此,在过去一些年中,中国(特别是在北京市)专为建筑物安装运行了很多 TES 系统(主要是供热应用)。

为增强TES系统操作性能和节约能源降低成本,更重要的是要研究新型先进储热材料。生态友好储热材料与TES的集成系统能使建筑物制冷/供热应用获得更多绿色和可持续性。与建筑物制冷/供热系统集成的TES系统,其固有操作特性可基于标准化设计方法学、热性能分析和试验程序进行评价。

9.8.3 可持续热能存储系统

人们已充分认识到,应以最小能量损失生产能源满足耗能部门和末端使用者的需求。20 世纪 70 年代发生的能源危机让人们认识到,能源资源过度消费导致的污染物 GHG 排放和气候变化挑战在不断增长。只有弥合能源供需间缺口才能获得良好的经济和社会前景,对此集成TES系统是一个很好的选项,似乎能为建立能源供需平衡做出大的贡献。TES系统有能力把峰谷时段存储的能量用于弥补高峰时段负荷需求，非常有利于成本有效能源节约且不影响能量效率。同样，TES系统与建筑物常规制冷/供热系统的集成也很有吸引力，可最小化或消除为安全因素条件下扩展系统。RES与TES系统的组合具有提高成本有效性和节约能源的巨大潜力，从而帮助推动能量有效和可持续建筑物的发展。

1. 低能耗TES

低能耗概念是为了建立部件和系统的能量有效操作和获取能量长期储备的能力。以低能耗概念设计的装备或工作系统能以较低能耗做同样工作。换句话说，低能耗系统是以最小能量损失利用能源。从可持续能源角度看，在不损失能量效率下发挥节能潜力中，低能耗系统可起重要作用。建筑部门是高耗能的，常规与低能耗建筑物对能源需求是有区别的，如图9-31所示。为降低建筑物能源需求有若干节能方法可供选择使用，低能耗系统的发展取决于使用方式和初级能源资源。低能耗TES是降低能耗（特别对建筑物）的一个集成概念，连接着能源供应和需求。建筑物应用TES单元可降低能量消耗，为可持续未来提供节能正能量。该概念发展已有多年，因技术进展和先进材料研发，TES系统容量和能量再分布能力已有很大提高。低能耗TES的最普通优先型包括自然制冷和建筑物构造存储，这些已在前面讨论过此处不再重复。

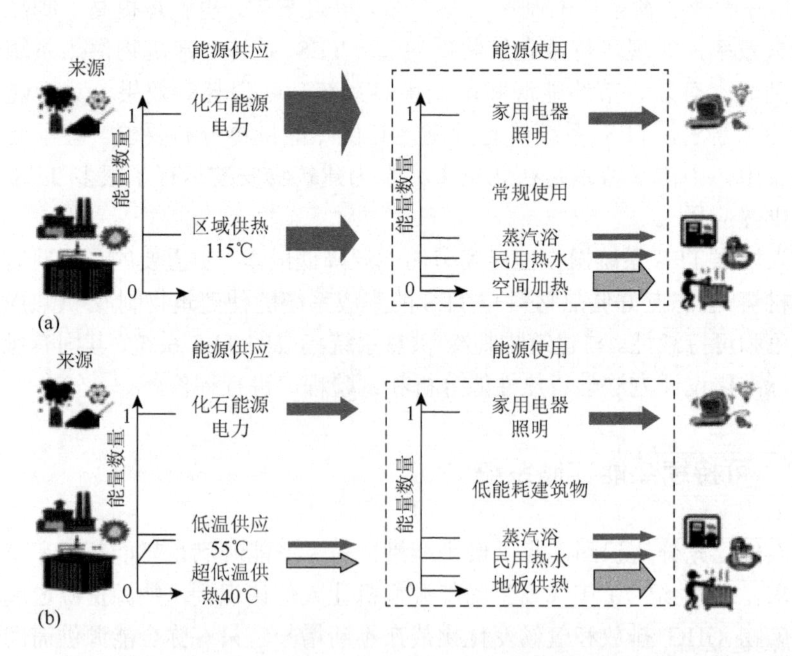

图9-31 （a）常规建筑物中的化石能源供应和使用；（b）低能耗建筑物中的化石能源供应和使用

2. 低碳热存储

现在能源部门熟知和广泛使用的“低碳”一词，通常是指向环境排放微量或少量 GHG。该词的意义是很宽阔的，取决于使用领域，在现时讨论的能源方案和可持续未来发展中起着核心作用。按其字面含义，低碳技术（与常规化石能源技术比较）是指向环境排放相对低浓度或相对少数量 GHG 的技术。而低碳 TES 技术表述的是同样含义，即集成有 TES 的建筑物制冷/供热系统只向环境排放少量 GHG。从可持续性观点看，集成 TES 能促进高峰到峰谷的能量再分布和实现初级能源资源消耗量的降低（相当于减少了 GHG 排放）。潜在低碳技术总结于表 9-15 中。低碳技术降低 CO_2 排放潜力、地区/位置和成本总结于表 9-16 中。

表 9-15 潜在低碳技术总结

低碳技术	降低 CO_2 排放	地区/位置因素	成本考虑
太阳热系统			
太阳光伏			
风电系统			
地面（源）耦合热泵			
生物质锅炉			
地下水制冷	基于建筑物/公用集成设施类型	基于建筑物/公用集成设施类型	
地区制冷和供热设施			
生物质组合热电			
气体基组合热电			

注：高： 高到中： 中： 中到低： 低：。

表 9-16 低碳技术潜力和影响因素总结

低碳技术	降低 CO_2 排放潜力	地区和位置因素	成本考虑
太阳热基系统	中到低	低	中到低
太阳能光伏	中	高	高到中
风电系统	高到中	—	—
地热耦合热泵	低	—	—
生物质锅炉	—	—	—
地下水制冷	基于建筑物类型/公用设施	基于建筑物类型/公用设施	—

续表

低碳技术	降低 CO_2 排放潜力	地区和位置因素	成本考虑
区域制冷和供热设施	中到低	低	高到中
生物质基组合热电	低	—	
气体源组合热电	低	中到低	中到低

9.8.4　太阳能风电能源热源存储系统

表 9-15 中总结了主要的低碳技术，下面简要介绍太阳热系统、风能-TES、地面（源）耦合热泵（GSHP）和组合热电（CHP）系统。对于太阳光伏和生物质基系统，不做介绍（因不涉及 TES）。这些低碳技术已被证明确实有利于降低向环境中排放 GHG。

太阳热主动和被动 TES 系统具有节约能源和降低 GHG 排放潜力。太阳能是 RES，但其具有间断性的供应特征，为缓解可采用含 TES 的集成系统。在其供应高峰时段存储能量用以满足负荷高峰时段的需求，为转移能量和负荷做出贡献。TES 系统最基本的是使用具有吸收和释放热能功能的储热材料并把其用于满足建筑物的能量需求。太阳热收集器和储热材料的组合使用能有效捕获和存储太阳辐射热能，在需要时再释放存储能量满足负荷需求。例如，使用能够捕集和存储太阳辐射的显热或潜热材料来满足建筑物空间供暖负荷需求，储热材料能把其存储的热能供给置于室内空间的供热单元。TES 系统储热材料容量、储热释热速率及其稳定性密切关系到如下一些因素：材料热物理性质、构型类型和堆砌密度等。能有效实现使热能进出储热材料的常用传热介质是水或空气。

对于高温太阳热应用的聚焦式太阳能发电厂（CSP），TES 系统是特别有吸引力的。现代材料科学技术成就已为 TES 与 CSP 工厂系统的集成铺平了道路。该类集成系统具有生产高质量能量的能力且可利用常规发电厂系统来输送电力，不仅提高了发电厂能量效率，而且很有益于环境可持续性的保持。TES 高温储热能用于驱动热引擎满足不断上升的负荷需求。对于浓缩太阳能发电厂发展，配备 TES 系统的关键要求和应用集成 TES 和 CSP 工厂的基本要求如下：①储热材料储能密度高（容量）；②为储热材料和传热流体间传热设计的热交换器是高度有效的；③释能模式对负荷变化有快的应答；④存储材料和传热流体与建材间的化学反应性没有或很低；⑤发电厂整个生命周期内（有很大数目储能释能循环），储热材料和传热流体有很高的化学稳定性和温度可逆性；⑥热效率高，无须吸收额外电功率；⑦使用对环境影响很小的化学品；⑧储能材料价格低；⑨操作容易，操作维护成本低；⑩TES 设计放大是可行的，至少可用于 50MW 发电容量（或更大）大规模太阳能发电厂。

为发挥TES和CSP工厂集成系统的有效功能，需考虑的重要准则可分为三个层次：组件、工厂和系统。工厂层次的判据内容为CSP工厂，TES-CSP集成系统设计和总操作策略，以及与发电厂公用基础设施的兼容能力。对于组件层次策略，选择TES系统设计的开始阶段要考虑对储热材料性能进行评估：包括对储热材料参数进行分析，如储热容量、传热流体与储热材料间传热速率及其强化等。系统层次设计阶段要考虑基本组件热交换和储槽的融合，调节储能释能过程模式（模块）和传热流体循环泵。该基本判据指出了工厂效率的提高、系统能力（因工艺条件）损失程度的降低及系统本身所需的成本。CSP工厂层次考虑的主要是三个单元：太阳能场、TES和发电厂区。集成TES-CSP工厂系统的基本组件给于图9-32中。CSP工厂操作性能取决于多个因素，其关键因素是太阳能场热能收集效率和功率循环效率。总之，尽管太阳能电力风电低碳技术本质上是间断和可变的，但这类发电厂与TES系统的组合能使工厂总效率有相当提高。对于组合TES系统的CSP工厂设计，除了常规设计方法外确实必须彻底地评估在前面给出的十个参数。

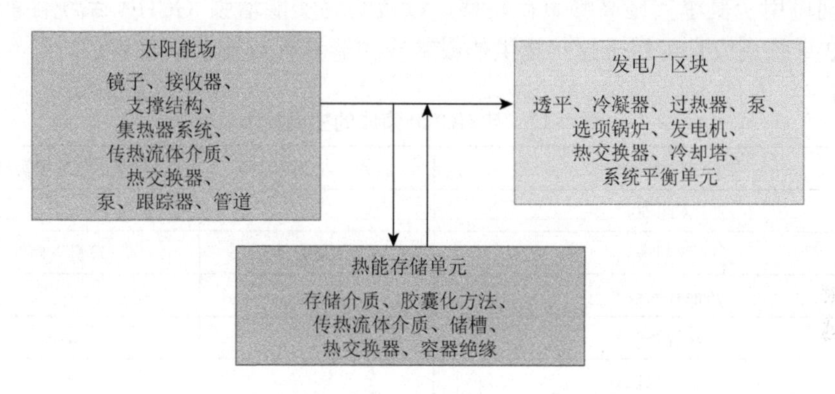

图9-32　浓缩太阳能发电厂和组件中的主要部件

9.8.5　地热能存储

词“地热”通常是指埋藏于地球深处的可利用高温能源。地球深处热能能以可控方式用于发电或直接作为热能使用。可抽取利用的［地球深处和地面下（低于地面）］地热能常按热能等级分为高等级和低等级两类。高等级地热能可在地下压力下把水转化为蒸汽，抽取蒸汽驱动透平生产电力；低等级地热能的抽取可直接用于满足和补充（居民区）供热负荷需求。对低等级地热能的利用技术或系统的表述虽有多个，但其实质意义是相同的，如：①地源热泵（GSHP）系统；②地面耦合热泵（GCHP）；③地下耦合热泵（ECHP）；④地下热交换（EHEX）系统；⑤地面热交换（GHEX）系统；⑥耦合地下水源热泵（ECWSHP）系统。也就是说，对于低等级地热能驱动技术，其基本功能实际是相同的：夏季捕集地壳内冷能量，把其传输给建筑物补充空间制冷负荷需求；冬季捕集地下热能，把其传输给建筑物满足空间供暖负荷需求。该类低等级地热能技术利用了地下温度相对恒定的优点：冬季作为热源，夏季作为散热器。它们包含的三个基本组件或子系统是：①地下地面间的连接；②地热热泵；③地热热分布。

为在实时应用中获得最大地热能利益，地区或位置的选择是极为重要的。要获得高能源效率和降低CO_2排放且没有牺牲可持续性，在策划选择和设计地热能源利用技术时，必须考虑所在位置、地层岩石结构及其传热特征。就集成 TES 系统看，地热能和太阳辐射热能是一样的，都能被捕集和存储起来，然后再使用。近年来已提出把冰储能-地面耦合热泵集成系统应用于建筑物制冷。例如，对地板面积约 184000m^2 建筑物的热泵系统可以三种不同模式进行操作：①供热模式；②冰储能模式；③制冷模式。该系统与常规供热和空调（制冷）系统比较，夏季和冬季操作成本（计算值）分别能降低 42.7%～71.4%和 50%。TES-GCHP 两系统的协同可用于夏季实施高峰负荷转移，该策略确实能增强 GCHP 系统性能。与 GCHP 系统集成且可用于建筑物供热或制冷的能量有效技术见表 9-17。

表 9-17 与 GCHP 集成的主要技术

与 GCHP 集成技术	供热，为主建筑物	冷却，为主建筑物
太阳能	√	√
冷却塔	√（热量存储）	√（冷量存储）
热能存储技术	√	√
脱湿系统		√
热量回收技术		√

再以实际温室为例，为评估温室的供热应用，建立了一个评估 GSHP 与 LHS 组合系统性能的试验系统（位于土耳其 East Anatolia 地区），由五个基本组件构成：①GSHP 和地面热交换器，②潜热储能系统，③内储热材料，④试验温室，⑤必需的数据采集-传输单元。其关键组件和特性给于表 9-18 中。地面热交换器和温室系统的布局照片如图 9-33 中所示。

表 9-18 被研究 GSHP 系统的主要组件指标和特性

主要环路	部件	技术指标
地面连接单元	地面水平热交换器、抗冻水溶液循环泵、膨胀室	水平热交换器：长 246m，管间距 0.3m，管直径 0.016m，管深度 2m，材料聚乙烯，PX-b 交叉连接 循环泵：制造商 DAB A50/180x3 速，速度挡 2710r/min、2540r/min 和 1715r/min；功率 160W、148W 和 140W，流速 1～12m^3/h，压头 8m

续表

主要环路	部件	技术指标
冷冻剂环路	压缩机、热交换器、加热冷凝器、干燥器、视镜玻璃	压缩机：型号 Model TFH5532F，密封循环，制造商 Tecumsch，体积流速 m^3/h，速度 2900r/min；驱动电动机额定功率 1.86kW；制冷剂 R-22；容量 5.484kW（冷冻/冷凝温度 0℃/46℃） 热交换器：制造商 Altintas，型号 ID 23-01，装置额定功率 10kW，热量传输表面积 $0.85m^2$ 加热冷凝器：制造商 Azak Sogutma，型号 AS169 25model，容量 11.63kW，表面积 $25m^2$，风扇之间 45cm 干燥器：制造商 DE-NA/233-083，型号 DRY-101，连接 3/8in 视镜玻璃：制造商 Honeywell S21，连接 3/8in（1in = 2.54cm）
风扇环路	气冷冷凝器风扇、PCM 释能风扇	气冷冷凝器风扇：制造商 Aldag，型号 SAS228，直径 380mm，空气体积流速 $600m^3/h$，功率 180W PCM 释能风扇：制造商 Bahcivan，电动机 BDRKF180，直径 200mm，空气体积流速 $860m^3/h$，功率 85W，速度 2350d/d

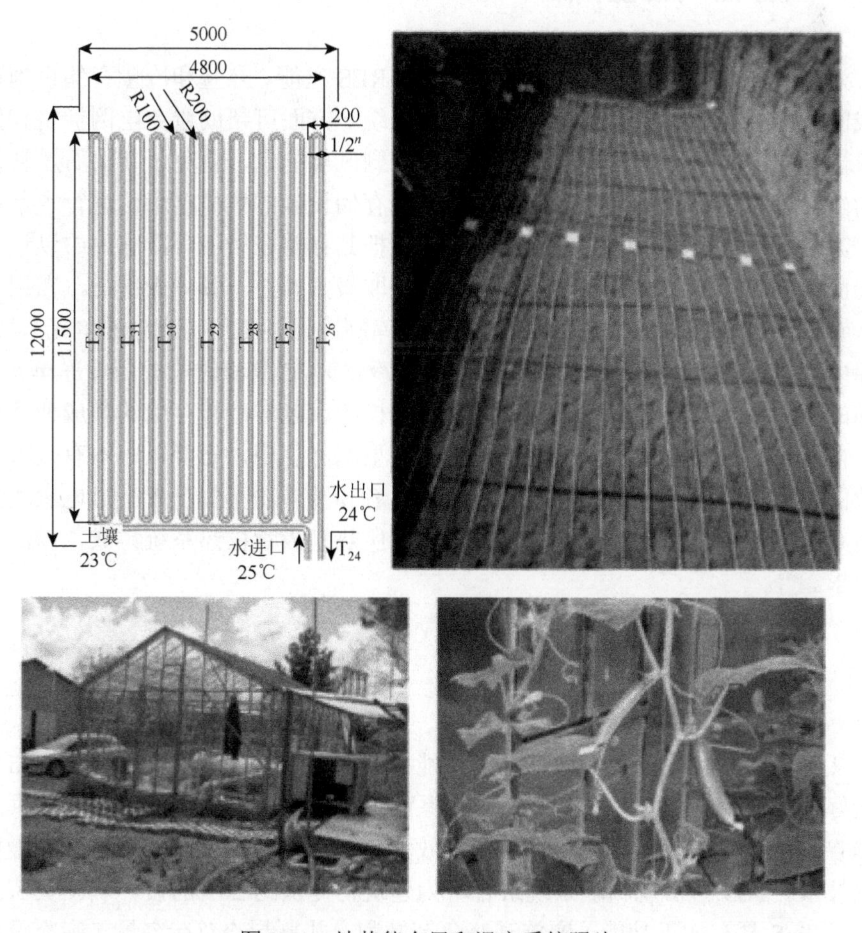

图 9-33 地热能布局和温室系统照片

研究利用从该系统的关键组件特性和 GSHP 系统性能系数（COP，指日间波动和总功率消耗），数据获得的主要结果有：①冬季和冷季节，GSHP 的 COP 高于空气源热泵。②子系统 COP 传热速率随卤水质量流速增加而增加。③结合化学储热材料的储能释能特性（用稳定性好的储热材料）对观察到的储热系统温室热性能进行了分析。④当地下水温度高于环境温度时，压缩机使用率相当低，即降低了外源能耗。⑤根据温室环境需保持温度的要求，热泵能稳定制冷 5～10℃，化学储热材料能使温度平均增加 1～3℃。预测的 GSHP 和总系统的最大 COP 发生于 3 月，分别可达 4.3 和 3.8。⑥对于低环境温度情形，使用单一中心供热系统无法补偿温室的固有热损失。因此，为使系统有更好的操作性能，如果高峰供热负荷不容易控制，应该使用另一个二元供热操作系统。

9.8.6 风能-热-冷能量存储

为获取利用可再生风能的过量能量，把 RES 风能、热量和冷量存储设施进行集成的概念近年来发展势头强劲。该集成系统一方面可帮助避免电网拥挤和停风电事情，另一方面能以多种方式有效存储过剩风电能量，避免了新化石燃料发电厂的建设。对 RES 特别是风能与热-冷能量存储设施的集成概念已进行了示范验证。其中之一是利用风电农庄过剩电力，先把其存储在居住区冷冻库中以达到多赢局面：电网、公用设施和冷储库主都能获取最大利益。具体操作是，在用电峰谷（或低收费）时段，把过剩电力供应冷储库制冷设备工厂（或冷冻单元），将冷储库中产品进一步冷却到非常低温度（存储冷量）。在高峰时段关闭冷冻单元，用存储的冷量保持产品在其初始存储温度。这样的风能与冷量存储的集成使冷量实现了再分布。对此，用一个简单线性程序模型就能证明，它能以成本有效方式把节约的能量进行再分布，供应区域末端使用者和独立功率生产者。风电农庄生产的盈余电力也能以类似方式与空间供暖和寓所热虹吸管供热系统集成，以满足应用要求。

9.8.7 小结

从可持续发展观点看，TES 技术是能有效满足现代建筑物中能量再分布要求的最好选项之一。它与建筑物制冷/供热系统的集成能以相对低能源成本提供高峰到峰谷负荷转移和储热服务，也是能有效为建筑物中能量供需创生平衡的最可行储热技术。TES 与常规制冷系统组合可为建筑物提供约 20%的设计制冷负荷。这是由于 TES 具有如下功能：实施高峰负荷减削、共享制冷负荷容量（制冷设备工厂与 TES 系统间）和进行有效冷量再分布。它与 RES 如太阳能、风能、地热能、低质能和 CHP 技术的集成能有效增强系统总操作性能和降低成本。总之，集成了 TES 的能源系统不仅能提高能源效率和降低成本，而且具有有效节约能源的潜力，这些都能降低 GHG 排放和为可持续发展做出重要贡献。

9.9 季节性热能存储

利用地下热能作为源的热能存储系统，可称为地下储热（UTES）。使用 UTES 从地下/地表抽取热能并存储，受如下因素的影响极大：区域地理环境、使用储能技术类型（如开放或密闭）、制冷/供热应用和操作温度范围。但这类系统可作为季节性热能存储（SeTES）应用。SeTES 技术的热量和冷量都可作能源使用，这与常规 TES 方法有根本的不同。但从能源方面角度看，SeTES 与其他 TES 技术产生的利益是等同的，都能为节能做贡献。现在可用的 SeTES 技术有多种，如蓄水储热、钻孔储热（BTES）、洞穴热存储、地-空热存储、土桩热存储、海水 TES、岩石热存储和屋顶池能量存储。下面分别简单论述。

9.9.1 蓄水储热

蓄水储热（aquifer thermal storage，ATES）属于 UTES 的开放型范畴，一般使用地下水，由蓄水井、热交换器、抽取泵和空间制冷/供热系统等基本部件构成，如图 9-34 所示。ATES 的典型操作：夏季，从抽取井中泵出 5～10℃冷地下水，通过热交换器把冷量传输给来自建筑物（流过热交换器）的暖水（或卤水），冷却后用于满足建筑物制冷负荷需求；温度上升的地下水被泵注入井中进入地下蓄水层。冬季的操作类似于夏季：用泵把从井抽取的暖和地下水送到热交换器（提供热量后）再回注进入地表下，获取的热量用于满足空间供热负荷需求。应该注意到，抽取地下水的温度取决于抽取和注入井的深度，其变化范围为 5～30℃。决定 ATES 系统有效操作的主要因素有：①最优先的是位置或区域的选择，应该检查地层中地下水的流动条件；②ATES 系统应安装于地表不透水层；③应优先考虑对社区 ATES 制冷/供热应用极有利的高导水率的砂石、石灰岩、碎石层或透水沙层；④蓄水层空隙中的多孔颗粒大小分布；⑤井的几何形状和结构必须考虑地层的水力学边界；⑥用水力学储能容量表示储能系数；⑦因垂直水力学效应引起的泄漏；⑧地层硬度或固结程度；⑨抽取和注入井深度及其温差；⑩检查地下水流动方向、化学杂质浓度和静压头。

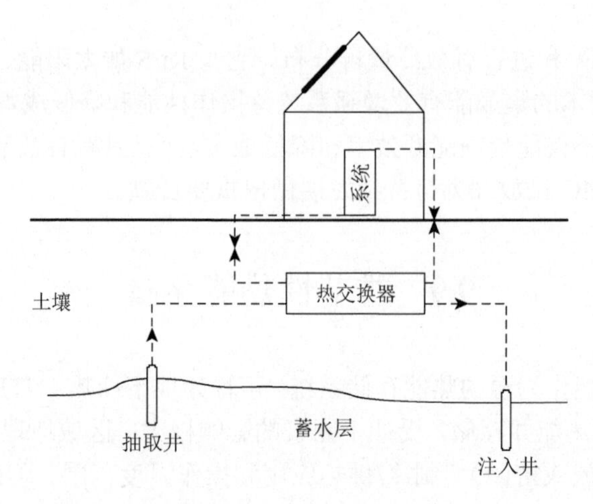

图 9-34　蓄水储热系统

ATES 系统有三种主要类型：单源、双源和循环，与建筑物固定负荷需求应用密切相关。在 ATES 系统中安装大规模 TES 是可行的，其容量可高达 $15kW·h/m^3$，例如，德国已建有能供应 $7000m^2$ 供热面积 108 套公寓供热负荷需求的 ATES 系统（德国第一个大规模 SeTES 项目）。屋顶 $1000m^2$ 太阳能收集器与 ATES 的集成系统主要用于满足公寓建筑物民用热水和空间供热需求。

浅层 ATES 系统井深约 30m，操作温度范围 10～50℃。对于 ATES 系统，设计高返回温度是不明智的，此时应配备电网与辐射器供热的组合系统，使其回温不超过 45℃。该系统的有效匹配可成为夏季存储太阳热能供冬季供热需求的长期储热系统，不仅满足建筑物能量需求，而且由 RES 太阳热能提供的最大分数可达 62%。

有意思的是，与常规制冷设备工厂组合的 ATES 系统，当操作（供应返回）温差在 6～7℃之间时，可达到的性能系数（COP）高达 4.0。对于可激活 ATES 的自然冷却模式，COP 值在 1.5～3.5 之间。集成有 ATES 的热泵，COP 值一般在 4.5～6.5 之间（在供热期间）。ATES 的最大优点之一是能以低操作维护成本实现储能系统的长期有效运行，预期寿命在 20～25 年。它能使初级能源（天然气）消耗降低 50%到 60%（与常规系统比较）。但是，ATES 系统也有缺点和限制因素：①地下水质不稳定；②热交换组件表面会有藻类、寄生物、真菌和细菌等生长；③抽取和注入井会产生深度效应；④必须为泵出容量和泵出功率付出代价，热泵或热交换器有摩擦压力损失；⑤水位可能产生的波动/扰动。

9.9.2　钻孔储热

钻孔储热（borehole thermal storage，BTES）或导管储能属于密闭型 UTES，

操作策略非常类似于 ATES（设计构想和安装程序除外）。BTES 系统主要使用高密度聚乙烯管结构，把其嵌入地表下预先钻好的孔洞中。此外，该系统还有热交换器（热泵）、传热流体（卤水溶液）和其他辅助件。在典型操作中，传热流体或抗冻液（乙二醇或抗冻卤水溶液）流经嵌在地下的管道抽取热能。夏季，暖卤水溶液把捕集的建筑物热能让传热流体带到地下的同时从地下抽取冷量传输给建筑物制冷单元，重复制冷循环。因为是密闭环构型，钻孔结构越多 BTES 性能越高，传热输出更多更好（与常规系统比较）。用该构型可提高总包热性能和有效性（效率）。因使用卤水溶液，能以最小的流动和热损失实现数百到数千次再循环。密闭环 BTES 系统可分为水平、垂直和紧凑环三类，它们有各自的 TES 特征，但都具有 ATES 系统在设计和全年有效操作方面的优点。例如，在夏季，密闭紧凑环 BTES 可用于把太阳收集器的高等级热能存储在地下，然后在需要时经闭环盐水网络再回收供应给建筑物满足其空间取暖负荷需求。类似于 ATES 系统，它们的中大规模应用也有一些限制或缺点：①钻深井（经硬地面）投资巨大（为总系统成本的 20%～25%）；②地下蓄热体质量不稳定；③地下水力地理结构的热波动和扰动等。

9.9.3 洞穴热存储

在满足民居生活季节性制冷/供暖需求中，洞穴热存储（cavern thermal storage，CTS）应用发展很快。CTS 也属于地下热能存储（underground thermal energy storag，UGTES）系统，能存储热量或冷量和再分布给末端使用者满足负荷需求（经由地面可用蓄水池）。商业上已知有“类洞穴 TES”系统——热水存储和碎石/水存储。热水 CTS 系统的示意表述给于图 9-35 中。热水 CTS 系统是由在地下巨大内置腔或陷阱状结构（储槽）构成（设计容量被供水充满）。季节性储槽与建筑物制冷/供暖设备的集成系统能利用地下的热量或冷量（关系到季节性条件）。夏季，通过地下储槽与建筑物冷却热交换器间的供热网络，把地下冷量传输进入储槽由水捕集以显热形式存储。水的冷能量被传输给建筑物制冷设备，有效满足空间制冷要求；冬季，存储在地表下热能被水传输给居住区满足空间供暖负荷需求。例如，德国有存储体积为 $12000m^3$ 的水 CTS 系统（图 9-35），其不锈钢内衬是为防止操作期间的热损失。该系统与 $3515m^2$ 太阳能屋顶收集器（提供热能）集成，与社区供暖设施连接，于 1996 年建成并全负荷运行。该季节性储能系统降低了太阳能指数（20%～30%）和有较高热损失（约 40%）。TES 净输出受高返回温度影响（建议把返回流和供应流混合以使热损失降至最小）。另一方面，示于图 9-36 中的碎石/水 CTS 系统则具有存储和回收热量（和冷量）的巨大潜力。也是在德国建成了容量为 1500m^3 的碎石/水 CTS 系统（由密封和先进双聚丙烯内衬构成），它与再循环颗粒床层有很好的隔热。该系统操作温度能扩展到 90℃，在设计条件下操作能让太阳能满足全年供暖需求的 34%。在住宅希望获得的制冷/供暖储热特征中，碎石、岩石或鹅卵石间毛细管和热导率起着重要的作用。从经济观点看，碎石/水 CTS 系统要比 SeTES 系统昂贵很多，这可能与系统结构特色、选择的操作策略、位置地区和要长期运行等因素有关。

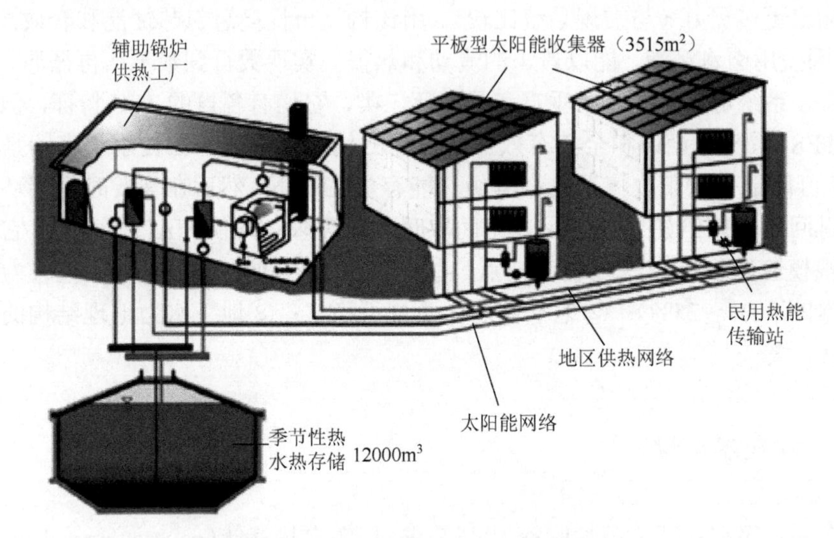

图 9-35　热水 CTS 系统示意布局（德国）

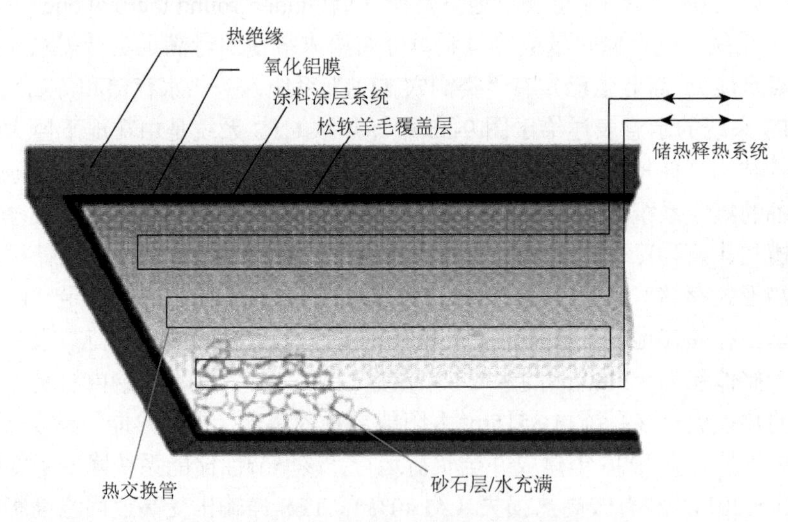

图 9-36　碎石水/CTS 系统示意表述

热能存储在地下（UGTES）是利用地下存储热能，以区别于地热作为热源的 UTES（地下储热）。要成功安装 UGTES 系统，需要克服如下问题：①地基或地表土挖掘需较高投资成本；②沙土压力效应比较大，UGTES 系统静态维护比较复杂；③对于潮湿土条件，建设储槽或深坑结构用隔热材料需有高的抗变湿能力；④很难避免有热损失，为此其内置结构表面体积比必须尽可能小；⑤与坑道结构比较，实际可选用储槽的建材是混凝土或预制件材料；⑥坑道结构很可能要受几何约束，因地表/沙土是有坑道斜角的，导致其深度受限。应使用热绝缘，这是因为它在增加 TES 输出中起关键作用。例如，为增加绝缘、控制温度和湿气含量，多利用多孔材料（反过来这要影响其热导率）。UGTES 的试验研究可使用多种类型热绝缘材料，如各类树脂、矿物（矿物棉）、发泡玻璃、多孔玻璃颗粒和发泡玻璃石等。即便是衬里或涂层材料，也必须达到一定质量以获得高储热容量（表 9-19）。UGTES 系统可用的若干覆盖材料是不锈钢、聚烯烃（聚丙烯、高密度聚乙烯、低密度聚乙烯）、弹性体、沥青混合料、沥青、黏土、树脂和高性能混凝土等。它们都具有的最重要的特征是耐温度和渗透性（水蒸气或湿气）的变化、不被穿透、耐用性和长期可靠性。UGTES 系统高热损失的最普遍原因（与设计值可能不可比较）有：①高平均储热温度下建筑物热负荷需求波动频繁；②循环供热网络高返回温度导致高的热损失（散失在地表/地下中），特别是在储槽底部大片区域（通常没有隔热防护）；③设计建设期间对覆盖绝缘材料热导率的低估有可能导致奇怪的热损失；④储热设施或网络建设采用的是差的工艺。

表 9-19　衬里涂层材料的基本要求和质量

本性	要点	质量	备注
防水	—	防水蒸气	（95℃时）＜$0.001g/m^2$
抗温	直到 95℃	防紫外	在建设阶段
防水解	接触到热水	牢固性	抗拉强度、寿命限制、抗裂、抗磨损
长期使用耐用性	最少 20～30 年	经济性	安装和泄漏检测
可利用性	相对小量	可加工性	任何环境条件下的灵活性
可焊接性	热空气或高压和挤压	服务/维护	即便很多年后仍可焊接

对热水存储、砂石-水存储、BTES 和导管热存储 ATES 概念总结于表 9-20 中。

表 9-20　存储概念的比较

存储概念	存储介质	热容量/($kW·h/m^3$)	存储体积/m^3 ($1m^3$ 水当量)	要求
热水存储	水	60～80	1	稳定的地层条件，最好无地下水，5～15m 深

续表

存储概念	存储介质	热容量/(kW·h/m³)	存储体积/m³ (1m³ 水当量)	要求
砂石-水存储	砂石-水	39～50	1.3～2	稳定的地层条件，最好无地下水，5～15m 深
BTES	地面材料（沙土/岩石）	15～39	3～5	可钻井地层，地下水有利，高热容量，低水力学传导（k_f＜10^{-10}m/s），天然地下水流＜1m/a，30～100m 深
导管热存储 ATES	地下材料（石头/水-砂石）	39～40	2～3	低水力学传导（k_f＜10^{-10}m/s）的天然蓄水层，顶部和底部有限制层，没有或低地下水流，高温下有合适水化学，蓄水层厚度 20～50m

9.9.4　地表到空气的储热

地表到空气的储热（earth-to-air thermal storage）技术应用于小住宅和小商业建筑物，其特殊要求在于地表到地下特定深度的温度是稳定的。该类储热单元由排列塑料管或单一长度管、室内空气控制单元和含必要配件热交换器等部件组成。用埋在地面下 3～4m 深管子进行地表沙土储热操作。在夏季早晨或夜间当感到日间户外空气温度高于房间温度时，把凉空气送入房间冷却室内空气，室内空气经管道结构（嵌在地面下）送出。空气在管道中循环流动捕集地下冷量，能有效满足制冷负荷需求。室外空气温度随季节变化的影响经由地下管道来调节室内空气变化解决。

9.9.5　能量堆储热

对于这类季节性储热系统，用嵌在建筑物堆结构中的盘管或管道来捕集地下热量或冷量。在住宅建设阶段，一个主要工程是建造基础性的堆结构，在其中嵌入和并合有必需的导热盘管或管道单元。能量堆（energy piles）储热系统的工作原理与其他 UGTES 系统非常类似。夏天，建筑物堆结构中盘管/管道单元捕集地下冷量并存储，以显热形式传输给配置在建筑物边的热泵（热交换器），用以满足住宅的制冷要求；冬天，用类似方法捕集和存储地下热量，把其传输给建筑物满足空间取暖需求。能量堆储热系统属于密闭环系统，与 BTES 系统非常类似：有效使用卤水溶液或传热流体进行热能（热量或冷量）的传输。该储能系统可在地下水缺乏地区使用，这是因为其使用的是传热流体或卤水溶液以及能量有效的热泵（帮助抽取地下水中更多热能）。

9.9.6　海水储热

抽取显热的其他可能方法中有海水储热（sea water thermal storage，SWTS）。SWTS 能弥补建筑物冷量需求的缺口。逻辑上几米深海水的温度要低于实测地面温度。热泵系统与 SWTS 的组合能利用该温差从深海水抽取和存储需要的热能供进一步使用。在 SWTS 系统的正常操作中，泵把深海的低温海水输送给区域制冷设施热泵（或制冷设备工厂），冷却温度约为 25℃的传热介质（HTM）冷却（海水）到需要的低温（5～6℃），再供应给空气控制单元满足建筑物制冷负荷需求。从空气控制单元流出的海水（12～15℃）被泵出返回到制冷设备工厂以进行下一个制冷过程循环。用控制供应海水的量（多余的被送回到海床中）来保持释能海水的数量或流速。使用 SWTS 系统，区域制冷设施制冷容量可在 30～50MW 间进行调节。然而与其他 SeTES 系统一样，要成功实施 SWTS 系统也有其限制：①管道网络和存储设施（包括热泵和制冷设备）的腐蚀；②传送海水带来的盐和水垢在供热循环回路上的沉积；③因水生沉积物和其他生态因素，过滤器单元可能被阻塞；④因水垢摩擦压力降和泵功率消耗增加；⑤实施该系统包含的总成本、修补和维护成本等经济因素。

9.9.7　岩石热存储

岩石热存储（rock thermal storage，RTS）系统能实现大规模显热存储，即热能（冷量或热量）能被岩石结构有效存储或释放（借助于 HTM 帮助）。岩石存储的热能通常是由太阳能收集器供应的，让 HTM（水或矿物或卤水）流过嵌在岩石结构中的管道，热能以显热形式传输给岩石结构。同样，为在高峰季节时期（夏季或冬季）抽取热能（冷量或热量），同一 HTM 被泵送通过岩石储层，希望的热能被用于弥补住宅中不足的制冷/供热需求（经由室内热交换器或热泵系统操作）。因温度波动、热容量和岩石质量，能让 RTS 高速储热释热的基本要求有：岩石必须是不可渗透的、无裂缝和无连接的、牢固的和长期耐用的。中国秦皇岛一个为二层建筑物空间取暖和供应热水的太阳能空气供热系统示意布局如图 9-37 所示，该 RTS 设施是太阳能空气供热整体系统中的一部分，该项目已在 2010 年 12 月实现满负荷操作。供热空间由两个不同区域构成：宿舍需供热面积 717m^2 和自主餐厅需供热面积 2602m^2。它们在不同供热季节的供热需求是不同的，前者需 24h 供热，后者每天仅供 5h。为满足这两个区域的供热负荷需求，把 473.2m^2 太阳能收集器与 TES 设施进行了集成。其中 TES 设施是 300m^2 的鹅卵石储能构型，有能力存储在日间收集存储的热能再供夜间使用（释热）。为传输能量使用的 HTM 是空气，它从储热岩石获取热量再释放给室内空间。实际测量证实，达到的太阳平均分值约 19.1%，2010 年下半年达到最大值，为 33%。对该系统进行了模拟优化，显示的平均太阳年分值 53.03%。同样，RTS 系统的成功实现存在有明显的限制(缺点)，特别是成本和储热存储：低能量密度。在容量要求相同时，RTS 系统一般需要的存储体积较大（与水热存储系统比较）。

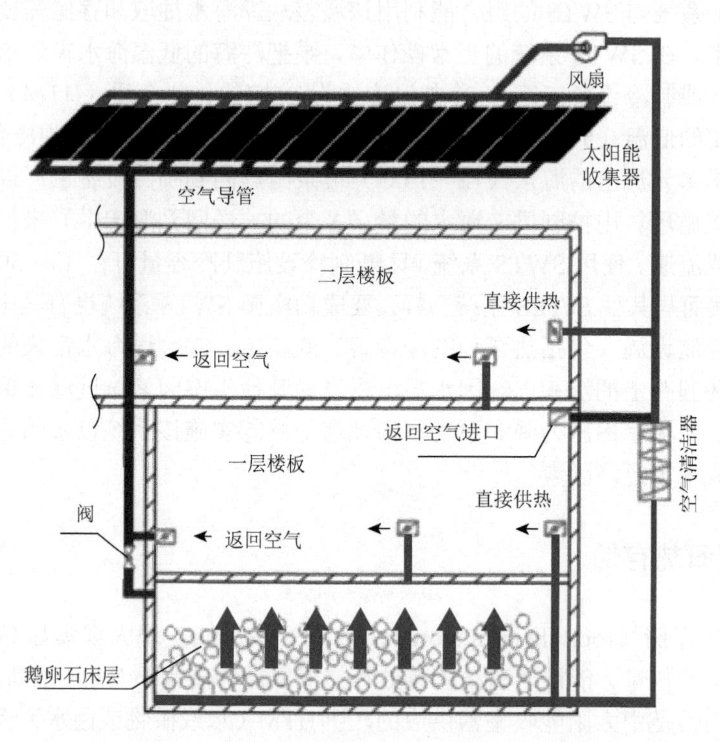

图 9-37　秦皇岛太阳能空气供热系统示意布局

9.9.8　屋顶储热

屋顶储热（roof pond thermal storage，RPTS）利用的是水分子自然蒸发为住宅空间创生冷却效应。让住宅屋顶结构中充满水，水蒸发需要热量的主要部分来自屋顶下面室内空间，因此室内空间被有效冷却。屋顶水蒸发速率能利用如下手段得以增强：采用强制对流原理或在水池中充填岩石（或鹅卵石）结构。因水能经鹅卵石间毛细管上升到水池平面上，使蒸发更有效。预期 RPTS 潜力能达到 $1kW/m^2$ 池面积，制冷温度范围为 12～15℃。对于 RPTS 系统，能预计到的事情有水渗透（漏）、泄漏和微生物真菌细菌的生长等。只要能进行合适维护，RPTS 系统（制冷）的长期运行是非常可行的。

9.9.9 小结

从能源前沿观点看，季节性TES或源TES技术是一种能节约初级能源和降低GHG排放的技术，有很广泛的应用领域。这是鉴于如下事实：SeTES技术的支柱基本上是天然资源（主要是地上和地下水能量），它们能进行长时间操作且无须牺牲能量效率。SeTES同样能弥补末端使用能量需求（经由大规模抽取热量或冷量）。在一系列可供选用的SeTES系统中，通常优先选用的主要应用类型是储释热能，如热水槽洞穴储热、碎石/水储热、ATES、BTES或导管热存储等。虽然这些天然结构特征因地理位置和设计而异，储热释热基本概念在这些储能技术中几乎是等同的。基于储能概念和大规模实施进行的比较发现，SeTES技术也有一些限制，但仍能为可持续能源未来发展做出贡献，它们是有潜力的候选者。

第10章　混合能源（储能）系统

10.1　前　　言

本书前三章着重讨论了人类社会发展离不开的能源，包括能源资源（初级能源、次级能源、可再生和不可再生能源）以及能源系统演化和发展；也指出能源网络系统改变的必然趋势、能源改革和可持续能源技术发展等的重要性和紧迫性。能源资源现在的使用模式是不可持续的：一是化石能源资源是有限的；二是大量化石能源消耗对人类生存环境带来严重影响。使用的能源资源从不可再生化石能源向可再生能源（RES）资源过渡，也就是现有能源网络向未来能源网络系统过渡是不可避免的，这是人类可持续发展战略的需要。现在社会使用最普遍和最重要的三个二次能源是：电力、燃料和热能。它们的生产和分布网络组成了完整的能源网络系统。为了贯彻可持续发展战略和保持人类有舒适的生活环境，关键是要提高能源使用效率和不断增大可再生能源资源的渗透。要做好这两件事情是离不开储能技术的。在接着的六章中分别介绍讨论了机械能存储技术（泵抽水电、压缩空气和飞轮储能等）、电磁能存储技术（电容器、超级电容器、超导磁储能等）、化学能存储技术（电池和燃料储能）和热能存储技术（显热、潜热和化学反应储能等）。实际上储能主要是电力、燃料和热能的存储。

储能技术的发展是由应用需求推动的，基本上可分为三类：①电力系统需求的储能。一是平衡电力供需间的不平衡，即巨大电网管理，如削峰补谷和确保供电质量和能量再分布等。二是因可持续发展战略要求把生产电力的自然资源从化石燃料（不可再生）转变到可再生能源资源，如太阳能、风能、地热能、生物质和海洋潮汐等。因可再生能源资源生产电力的固有特征是其供电的随机波动间断性，为提高能源资源利用效率也必须配备相应储能设施。电力系统需求的储能装置通常是固定的，规模很大，与常规发电厂有一些类似。由于电能存储特别是大容量（大规模）存储是困难的，为此先把电能转化成能存储的其他形式能量，如机械能和化学能（它们与电能间的转化是相对容易的）再存储。②移动运输装备特别是车辆需求的储能。由于装置是移动的，需要在移动条件下携带能源，也就是说必须为交通领域发展专用的储能装置。这类储能利用的通常是化学能存储原理，已发展出的储能装置是燃料（如汽油、柴油、煤油及氢气）容器和电化学单元（主要是不同类型电池）。③建筑领域。人类生活需要有合适的环境，特别是对温度和湿度的要求，因此建筑物对电力和供热基本需求是必不可少的。为了提高能源效率也是为了更好地利用 RES 资源（如太阳辐射热和地热），热能也需要有存储系统，即需要发展热能存储单元和系统（其应用对象主要是在建筑物和工业领域）。这说明不同领域应用推动着各类储能技术和系统的发展。

储能单元和装置本质上是另一形式的能源。如这样，应用储能的能源系统实际上是多能源系统。应用多能源系统的好处是可以发挥不同类能源各自的优势并避免各自的弱点。再者，人类社会利用的能源种类也是多种多样的。因此，多能源系统，无论是生产边还是应用边，似乎是发展的必然趋势。事情总是复杂的，为坚持实现可持续发展战略，加快从化石碳基能源向可再生低碳和零碳能源过渡以及更加高效利用能源资源，不同种类能源包括储能能源的组合（混合）越来越重要。例如，为提高能源效率，除有电力和电化学储能单元外，通常都会配置热能存储单元形成热电联产（CHP）和冷热电三联产（CCHP）系统；又如，在移动装置如车辆领域，混合动力车（HEV）已成为发展趋势。多能源系统在其他许多应用领域也在快速发展。

10.1.1　多能源系统

如前所述，由于能源类型多种多样，可组合出很多不同种能源系统，包括纯能源系统的组合、纯储能技术的组合和两者混合的多能源系统。其中，纯能源组合多能源系统，如太阳能-风能、太阳能-生物质、太阳能-柴油、风能-生物质、风能-柴油等；纯储能技术组合多能源系统，如飞轮-电池、飞轮-CAES、CAES-热储能、电池-氢储能等；混合多能源系统，如 CHP 和 CCHP、储氢电池组合、CAES-TES（热能存储）、CAES-氢储能、混合动力车（HEV），还包括电池-电池、电池和超级电容器（UC）、燃料电池（FC）和电池、电池和超导储能（SMES）、电池和飞轮，FC 和 SC，FC 和超高速飞轮，CAES 和 SC、化石燃料-泵抽水电、化石燃料-压缩空气储能、太阳能-电池、太阳能-飞轮、风能或太阳能-储能。使用多能源系统虽然会增加投资成本，但可降低能量损失（低至<1%）和系统总成本，如太阳能-风能-PHS 组合系统可降低电力平准化成本 32.8%（与太阳能-PHS 系统比较）和 45%（与风能-PHES 系统比较）。多能源系统非常适合单独应用于遥远地区和孤立地区。现世界各国实施的政策是：强制要求增加 RES 电力的渗透率，预计混合储能（多能源系统）会越来越受到重视。

多能源系统结合了两个或更多能源的互补特征。对于储能技术的组合，可以是高功率密度和高能量密度、快响应和慢响应、高成本和低成本储能技术的组合。例如，电池组合：锌空气电池和钒液流电池（VRLA），锌空气电池和镍金属氢化物（NiMH）电池，锌空气电池和锂离子电池，FC 和 VRLA，FC 和 NiMH 电池及 FC 和锂离子电池等。它们都是由功率电子系统调配功率输出，可为负载提供最适当的功率。

10.1.2 混合电力储能系统的结构

将混合电力储能系统（ESS）用于 EV 是由功率电子控制单元控制的，其应用程序接口结构如图 10-1 所示。图 10-1（a）给出两种被动结构储能单元（有相同的端电压），如电池和超级电容器（UC），该结构的特点是简单高效。图 10-1（b1）、（b2）、（c1）和（c2）所示组合中，（b）中两个 ESS 间有双向 DC-DC（或表示为 DC/DC）转换器，（c1）中两个 ESS 后有两个双向转换器，（c2）中三个 ESS 后有三个双向转换器。对于固定 DC-DC 连路结构体中的逆变器，图 10-1（b2）比图 10-1（b1）连路效率高得多，因图 10-1（b1）中需要由逆变器维持 UC 的端电压；图 10-1（c1）的两个 ESS 有近似的端电压，含两个 DC-DC，其中一个 DC-DC 转换器控制电池输出电流，另一个调节来自 UC 负载所需功率。图 10-1（c2）类似于图 10-1（c1），但其中一个 ESS 更多考虑的是用于稳定能量储存和供应。图 10-1（d）示出了两个并联输入去耦结构的双向 DC-DC 转换器，该系统的灵活性和稳定性更高且效率高，用紧凑混合储能系统提供的服务来解决电源故障问题，但该结构降低了电池寿命（因大输出电流给电源带来的巨大压力）。图 10-1（e）所示是新近开发的分离多输入双向 DC-DC 转换器结构，优点是可共享源间的最佳功率且具有高功率效率、高可靠性和高耐用性，缺点是结构很庞大且复杂。

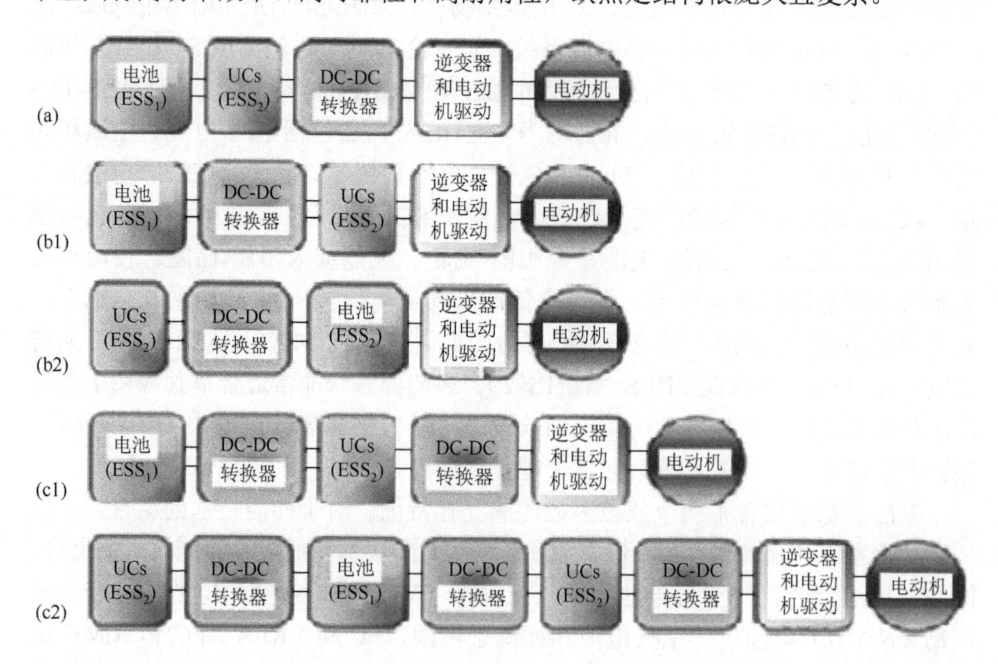

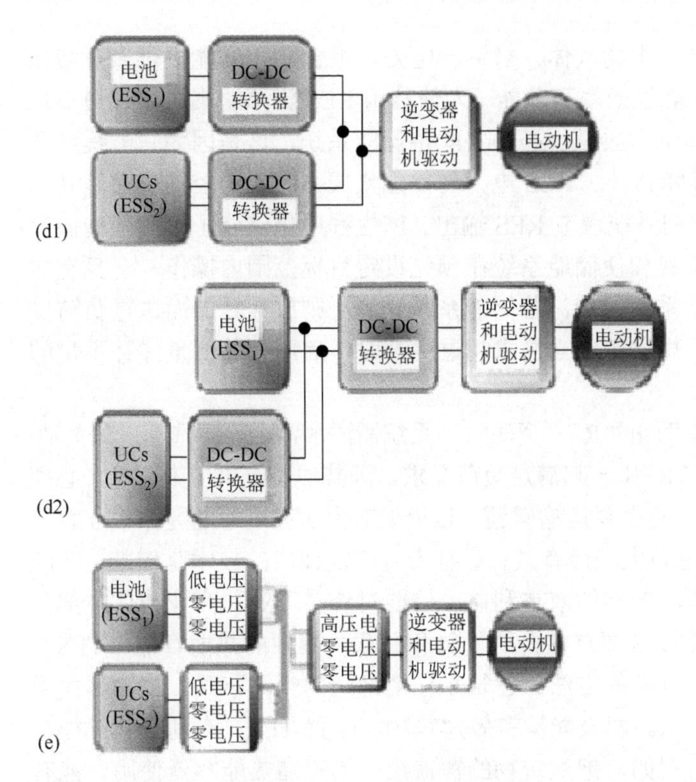

图 10-1　混合电储能系统结构：（a）两个并联的 ESS（无源）；（b）一个串联的双向 DC-DC 转换器；（c）两个串联的双向 DC-DC 转换器；（d）两个并联的双向 DC-DC 转换器；（e）多输入双向 DC-DC 转换器

10.1.3　可再生能源电力-储能组合

全世界的目标是要实现与经济增长一致的可持续发展和为未来几代人建立有安全保障的能源和生态系统。为此，现在正在进行脱碳化、能源供应系统再构型和用 RES 资源替代化石能源的努力。其中 RES 资源利用是关键，因其能提供多重利益：温室气体（GHG）排放的降低、能源供应多样化、降低对化石燃料市场依赖、创生新“绿色技术”和工作机会（推动就业）。而智能电网思想能提供可持续的、经济的和安全的电力供应。分布电源、可再生和不可再生能源集成需要有两种先进控制策略：①供应边管理，为协调需求和供应把生产管理延伸到对生产装置的智慧调节；②需求边管理，为消费装置提供最好的智能驱动管理。

为缓解和解决单一技术系统的高成本和低可靠性问题，已出现了可单独应用的 RES 集成电力系统（IRES）概念。它能利用本地（遥远地区）有潜力的 RES 资源并用于（单独）满足本地区能源需求。该技术利用 RES 资源（如太阳能、风能和微水电系统、生物质、生物气体）来生产电力。组合 IRES 能提供多重潜在利益，其中最主要是提高能量效率和节能。为使利用 RES 资源的集成系统最小化并增加功率供应可靠性和电力质量，必须要配备储能系统，这是因为它能缓解和解决 RES 电力的随机波动间断性。RES 电力与储能集成系统中的控制单元是其心脏。其主要作用包括：控制系统调节 RES 输出、产生程序化储能子系统和转储负载信号、保护储能系统过载和使储能系统在预先设定目标范围内操作。一旦有盈余能量可利用，先送储能系统存储，若储能系统已满，则放弃转储而进行负荷操作，用于烹饪、加热水、烘焙等。当需求超过生产时，启用存储能量弥补不足的负荷需求。

当遥远地区没有足够可用的 RES 资源时，系统需添加常规能源选项，如柴油/汽油/煤油发电机，它们与 RES 一起满足负荷需求。因柴油发电机污染环境，必须分析 GHG 排放水平。由于有燃料运输问题，该处理对山区和遥远地区并不合适。

解决高度可变 RES 电力生产最有效、最有力且广泛使用的技术是储能，它能保证获得能源节约和低环境影响的双重利益。储能对许多工业、商业和住宅部门应用极其重要。各种储能技术都有各自的优势和弱项，其中的热能存储（TES）是解决能源供需平衡非常有效的方法。建筑物住宅部门的空间取暖、制冷、民用热水生产等都消耗大量能源。建设能量有效建筑物（配置 TES）有利于降低能耗和成本以及提高安全性。例如，把建筑物的覆盖层作为存储热能容器使用，能有效削弱夏季热天热浪，特别是在热带气候地区。不透明与透明覆盖层的作用是不一样的，后者是建筑物最薄弱和透明的部分，允许阳光透过，可用来平衡热量和确保室内较舒适环境温度。另外，不透明覆盖层可提高发电厂、热能和电力供应组件的效率，使使用智慧能源系统（仅使用 RES）的公用基础设施有效工作成为可能。在以智能方法生产电力、供热、制冷和除湿的所有能源系统中，通常配备热能和机械能储能系统。这些都指出，使用组合储能系统已成为必然趋势。

虽然在前面已经简单讨论过组合能源系统，但鉴于其重要性有必要在本章做进一步的介绍和讨论。本章的结构安排如下：除前言部分外，分别介绍三类重要的组合能源系统：组合热电和组合冷热电；混合电动车辆、可再生能源电力和氢储能组合系统及若干个例研究。

10.2 组合热电和组合冷热电

10.2.1 引言

组合热电（CHP）不是一个新概念，产生于 19 世纪 80 年代。在那时蒸汽作为工业主要动力源，电刚刚作为功率和照明产品使用。在 20 世纪早期，由于多数发电厂是燃煤发电厂，有大量蒸气尾气可用于供热，因此美国在这个时期超过58%发电总量已是CHP系统。由于用热机械生产电力系统的热效率受热力学第二定律约束，即只把高温能量转换为电能，低温能量随尾气排出损失了。很显然，热机械效率越低热损失越大，而CHP（CCHP）技术把部分低温废热利用起来，显著降低其热损失，从而极大提高能源利用效率，也就是降低了初级能源（化石燃料）消耗，GHG排放也降低了。

现在CHP和CCHP系统已经成为提高能源效率和降低GHG排放的关键或核心技术之一，广泛应用于大规模中心发电厂、分布式电源和工业中。为安全、有效、连续运行这些系统，储能单元包括电能和热能的存储是必须配备的。CHP和CCHP系统能够有效解决常规分离生产体系（日常电力和热量需求是由分离生产单元解决的）低能量效率问题，用同一生产单元满足电力和热量的需求，过量需求部分可从区域电网和辅助锅炉获得。在CHP中引进冷量热激活技术（如吸收和吸附制冷器），CHP就发展成了CCHP；冬天无冷量需求，也可把CHP看成是CCHP一个特殊情形。同等容量大小系统，CCHP效率一般比CHP高。CHP（CCHP）通常只用单一能源资源生产电能和热能（热量和冷量），其配置多是分布式的，即CHP［联产（cogeneration）］和CCHP［三联产（trigeneration）］技术多用于区域性热电（冷）生产系统中，也已广泛地使用于民用建筑物（住宅）、工业部门和商业部门，包括工厂、医院、办公楼、饭店、公园、超市等，它们属于可持续能源技术范畴。表10-1中给出了世界多个国家或地区在2012年的CHP安装容量，其发电量占世界总发电量的9%，有多个国家所占比例在30%～50%之间。

表10-1　2012年多个国家或地区已经安装的CHP容量（MW）

国家或地区	CHP容量	国家或地区	CHP容量	国家或地区	CHP容量	国家或地区	CHP容量
澳大利亚	1864	芬兰	5830	韩国	4522	新加坡	1602
奥地利	3250	法国	6600	拉脱维亚	590	西班牙	6045
比利时	1890	德国	20840	立陶宛	1040	瑞典	3490
巴西	1316	希腊	240	墨西哥	2838	土耳其	790
保加利亚	1190	匈牙利	2050	荷兰	7160	斯洛文尼亚	5410
加拿大	6765	印度	10012	波兰	8310	英国	5440
中国	35523	印度尼西亚	1203	葡萄牙	1080		
捷克	5200	爱尔兰	110	美国	84707		
丹麦	5690	意大利	5890	罗马尼亚	5250		
爱沙尼亚	11600	日本	8723	俄罗斯	65100		

注：中国的CHP容量中，中国台湾地区为7370MW。

在 CHP 和 CCHP 技术发展早期几乎都是用化石燃料生产电力。随着 RES 利用技术的快速发展和逐渐替代不可再生化石能源，使用 RES 生产热电的 CHP 和 CCHP 系统快速发展和部署。特别是对于小规模应用，它们不仅操作灵活性高，而且建筑物和辅助装置产生的热能（废热）能被完全利用。很明显，小规模 RES 工厂与机械热能储能组合形成的联产和三联产系统，代表的是一种重要发展趋势。

10.2.2　组合热电系统的组件、分类和优势

代表性 CHP 和 CCHP 系统布局分别给于图 10-2 和图 10-3 中。典型的 CHP 和 CCHP 系统由主动力单元（PGU）、热量回收系统、热激活制冷器和供热单元构成。PGU 通常是主发动机和发电机的组合。主发动机用于驱动发电机生产电力和热量。对主发动机有多种选择，如蒸汽透平、斯特林引擎、往复内燃引擎、燃烧透平、微透平和燃料电池等（其使用比例给于图 10-4 中）。主发动机的选择取决于应用区域的资源、系统大小、预算、GHG 排放政策。热量回收存储系统在收集主发动机副产热量中起着重要作用，其循环系统中的最重要部件是热量存储单元。PGU 主要提供电力，热能是其副产品，被回收于热量存储单元用于满足冷量和热量需求，热量回收存储和利用单元的选择取决于加热、通风和空调组件的设计。如果 PGU 提供电力或热量不足，则必须外购电力燃料和配置辅助锅炉补偿电力热能缺口。

CCHP 和 CHP 系统可按发电容量分类：微规模，低于 20kW；小规模，20～1000kW；中规模，1000～10000kW；大规模，大于 10000kW。也可按主发动机类别分类：往复内燃引擎、燃烧透平、蒸汽透平、斯特林引擎、燃料电池 CHP 和 CCHP 系统，其容量、优缺点、排放物和优先应用简要比较于表 10-2 中。

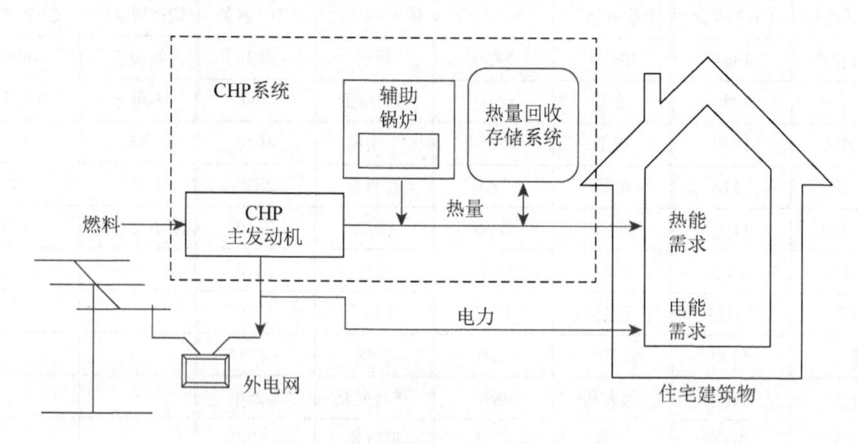

图 10-2　典型的 CHP 系统布局

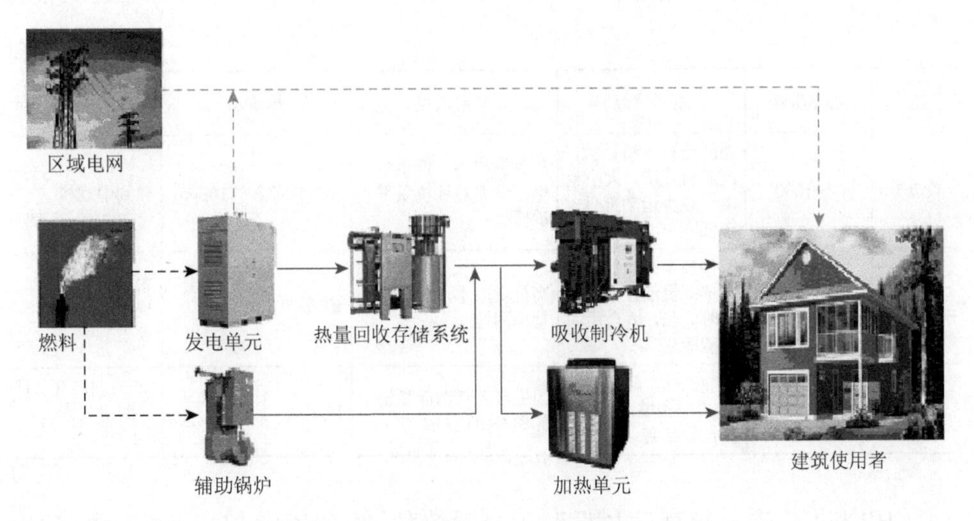

图 10-3　典型的 CCHP 系统示意表述

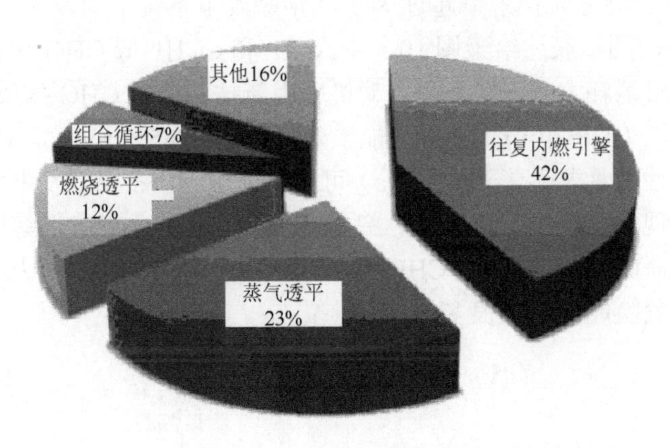

图 10-4　CHP 和 CCHP 系统中使用不同主发动机比例

表 10-2　CCHP 主发动机的比较

主发动机	容量/kW	主要优点	主要缺点	排放物	优先选择和应用
IC 引擎	10～5000	低投资成本，快速启动，好的负荷跟踪，部分负荷高效率，高可靠性，高质量尾气和有多种可用废热	需要定期维护	使用柴油时高 NO_x 排放，用天然气较好	以吸收/电制冷器工作
燃烧透平	500～250000	适合大规模 CHP（CCHP）工厂使用，高质量废热	不可接受的部分负荷效率，不适合小规模工厂使用	25ppm NO_x，10～50ppm CO	有大量热量需求应用，大规模
蒸汽透平	50～500000	燃料选择灵活性大	低电效率，不适合小规模工厂使用	取决于燃料	电力副产，热需求优先

续表

主发动机	容量/kW	主要优点	主要缺点	排放物	优先选择和应用
微透平	1～1000	燃料选择灵活性大，高旋转速度，大小紧凑，较少运动部件，较低噪声	高投资成本，低电效率，效率对环境条件敏感	NO_x 排放量＜10ppm	微到中规模
斯特林引擎	1～100	部件安全和安静，燃料选择灵活性大，服务时间长，适合用太阳能驱动	高投资成本，调节输出功率困难	排放少于 IC 引擎	太阳能驱动，小规模（20kW 以下）
燃料电池	0.5～1200	安静操作，可靠性比 IC 引擎和燃烧引擎高，效率高	因生产氢气的能量消耗和 GHG 排放	极端低	微到中规模

CHP 和 CCHP 系统有三大优势：高能量效率、低 GHG 排放和高可靠性。CHP 和 CCHP 系统总能量转换效率超过 80%（常规发电系统平均效率 30%～45%）。CHP 系统效率的图示表述给于图 10-5 中。CHP 和 CCHP 低 GHG 排放的原因很明显，即化石燃料消耗大幅下降。主发动机采用新技术也对 GHG 排放降低有贡献，例如，燃料电池 CHP 和 CCHP 系统能量效率可高达 85%～90%。CHP 和 CCHP 系统的高可靠性（要求远高于 4500h/a）可从比较中看出：中心发电厂应对自然灾害和不可预料现象是脆弱的，气候、突击需求和波动的电力市场等因素都对中心发电厂造成致命的威胁；分布式 CHP 和 CCHP 系统由于独立于电力分布网不会断电，抗击外部危险能力要强很多。

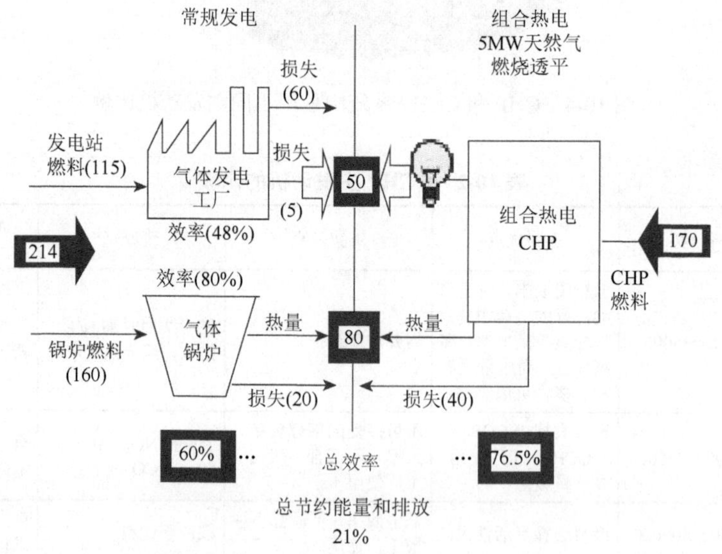

图 10-5　CHP 系统获得的效率（除百分数外其他数字仅表示相对程度的大小）

10.2.3　组合热电和冷热电三联产系统中热能存储

CHP 和 CCHP 通常是使用同一初级能源生产需要的电力和热量。这样就产生了该类系统的主要约束：CHP 系统产生电能和提供热能数量与需求的电能和热能数量间的不匹配。该间隙可利用在 CHP 系统中集成热能存储（TES）系统得以有效解决。合适的 TES 系统能提供高峰负荷转移策略，使 CHP 系统进行长期能量有效的操作（最小能量损失）。建筑物应用的 CCHP 系统组合 TES 同样有效。TES（有合适大小）与 CCHP 系统的集成实际上是要获得热力学和经济上的利益。应该注意到，CCHP 系统操作性能与热能贡献显示出强的依赖性，这是因为能源产需场景间有相互作用。要获取热力学利益，TES 系统要有一个优化大小，超过该大小对热能进一步利用并不产生任何显著效益。同样，储热系统的优化条件能使集成系统经济利益最大化。一般，CHP（CCHP）系统集成 TES 系统能降低系统总操作成本、提高热力学效率和在经济方面获得利益。集成的 TES 系统不可能完全替代锅炉或其他供热组件，这是因为操作成本的降低有一定限制。

10.2.4　组合热电（冷热电三联产）系统的应用

CHP（和 CCHP）系统的应用范围非常广泛，从小规模住宅建筑物到大规模公用发电系统。从它们获利的是那些能够用 CHP 生产电力和热能的单位。建筑物应用的系统必须同时满足对电力和热能的需求，或满足热量和部分电力的需求，或满足电力和部分热量需求（需要有热能和电力存储单元）。可成功应用的建筑物如医院、旅馆、机构自用办公大楼、政府办公楼及单一和多家庭住宅楼等。对于单一家庭应用，系统设计面对明显的技术挑战（因热量和电力负荷很不匹配），必须配备电能/热能储存单元或与电网连接。不管是否匹配，CHP（CCHP）系统操作策略必须能满足部分负荷运行条件，借助于热能和电力存储单元的帮助能把剩余电力或热量存储和卖出，而不足部分能够由其他来源如电网或锅炉工厂购买或提供。例如，生产的多余热量能被存储在储热装置（如水槽）或相转变材料中，而多余电力能够被存储在电力储存装置如电池或电容器中。此外，联产系统的操作也与电力价格变化波动有关，高电价时共发电系统是很有吸引力的。

下面分别简述 CHP 在不同领域中的应用。重要民用 CHP 技术如表 10-3 所示。

表 10-3　民用 CHP 技术

指标	内燃引擎（ICE）	斯特林引擎（SE）	燃料电池（FC）
容量(电力)/kW	1～5	1～5	0.7～5
电效率/%	20～30	约 20	PEMFC 为 30～40；SOFC 为 40～60
总效率/%	达到 90	达到 95	达到 85
热电比	3	约 8	PEMFC 约为 2；SOFC 为 0.5～1
能否改变输出	不能	不能	PEMFC 能；SOFC 不能
使用的燃料	（化石能源）气体、生物气体、液体燃料	（化石能源）气体、生物气体、丁烷	烃类、氢
噪声	大	一般	安静
技术成熟度	高	一般	低
公司举例	Vaillant ecoPower	EHE Wispergen	Baxi、CFCL

1. *居民住宅建筑物部门*

居民住宅的能量消耗占电能消费的 27%和热能消费的 38%。供热和工业消费能量占全球总能量消费的 39%。燃料化学能转换为热能用于空间取暖、水加热和制冷。只要可能，热量总是应该与电力一起生产的，这样最可能应用 CHP（小规模和微规模 CHP）的是住宅建筑物部门。近几十年住宅区使用的小联产热电系统一直在不断增加，它用单一能源同时产生热能和电能。例如，日本自 2009 以来，住宅微规模 CHP 快速发展。2012 年的住宅用燃料电池 CHP（FC-CHP）系统（图 10-6）销售首次超过引擎基微 CHP 系统。近来，日本制造商与德国取暖公司联手把其扩展到欧洲，安装 FC-CHP 达数十万台，它最适合于较大房子（有足够物理空间安装和较大热量需求）。气体锅炉（小壁挂单元，配送 15～40kW 热量）是其主要竞争对手。住宅用 FC-CHP 已经打包作为完整的取暖系统，供应 0.75～2kW 电力和 1～2kW 热量的 PEMFC 或 SOFC 池堆与锅炉和热水容器集成（与多个带锅炉房子兼容）。FC-CHP 体积大于气体锅炉，一般是落地式单元（有大冷藏冰箱大小），安装于室外或地下室中[图 10-6(b)]，质量 150～250kg，占地 $2m^2$，包括热水容器和辅助锅炉，较小壁挂型号也在发展中。现在住宅使用的太阳能（光伏板提供电力）CHP 也在快速发展中，例如，德国家庭安装屋顶太阳能发电装置超过百万台。住宅部门应用 CHP 系统不仅提高了能源使用效率，而且能有效降低 GHG 排放。以斯特林引擎和燃料电池技术为主发动机的 CHP 系统更适合于小规模住宅楼应用，这是因为它们具有高效率和低排放优势。

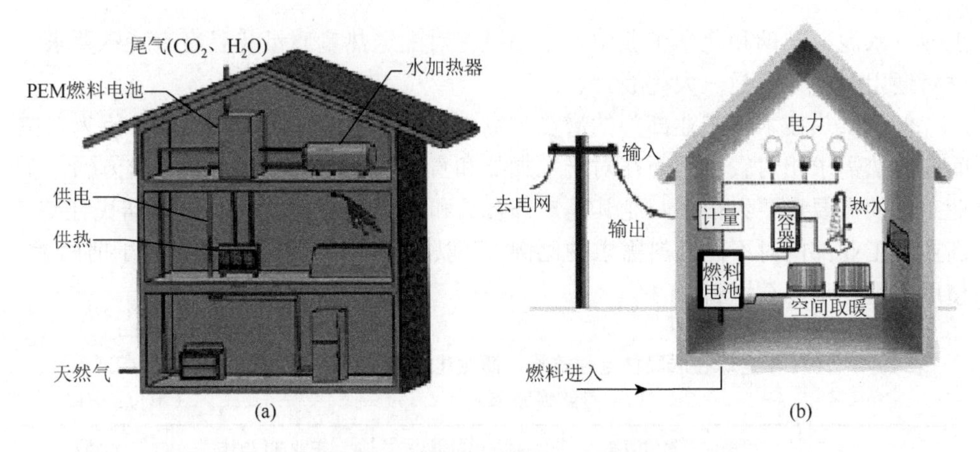

图 10-6　家庭民用燃料电池微 CHP

对于相对落后地区（如非洲），一般都有丰富的 RES（如太阳能和风能），极有利于太阳能或风能 CHP 系统的发展，满足建筑物电力和热能需求。发展以太阳能或风能驱动热电联产系统不仅效率高，而且对环境影响很小。

2. 商业部门

商店、办公室、医院和其他第三产业的建筑物是 CHP 和 CCHP 的重要市场，消耗总能源需求的约 20%。为适合于这类建筑物小规模商业应用，有多种新体系正在发展中，其目标是满足建筑物空间电力和热能（热量和冷量）需求。因建筑物的多样性，它们的大小、形状和热能（热量和冷量）需求水平比居民住宅部门要大得多。因此，首先要考虑其前期成本、实用性和物理大小。多样性与低燃料消耗的耦合意味着商业部门对脱碳化要比住宅部门重视得多。

在商业建筑物中，一般都使用电力驱动取暖、通风和空气调节（HVAC）系统，因此能很好地使用 FC-CHP 系统以热电联产形式运行，FC 提供电力和热负荷[也能作为不间断电源（UPS）和/或替代柴油发电机的备用电源]。但是，氢燃料电池供热系统的高成本是一大障碍，技术也需进一步成熟。对于平行安装的大商业锅炉（50～300kW_{th}），使用气体燃料满足峰负荷需求。商业燃料电池功率范围 100～400kW 电力，与现有取暖系统平行操作。它们比常规锅炉大：400kW 系统占地 22～36m^2，质量 30～35t。

3. 工业部门

约三分之一热量需求来自工业（集中于大制造装置中）。使用固体燃料、天然气和电力的能源体系，使工业部门的需求强度比其他部门高约三分之一。其突出特点是，超过一半的能量需求是要求高质量热量（温度超过 500℃），主要在钢铁工业、水泥、玻璃和化学工业中。个别设施对配送热量质量和温度有特殊要求，这对通用解决方案是一大挑战。

低碳供热技术在工业部门的潜在市场与商业和铸造部门是不同的，因为对空间取暖热需求相对较小，而在对于水加热和直接供应不同温度热量需求方面，工业工厂的需要量要大很多，尤其是户外食品和饮料部门。表 10-4 给出居民住宅、商业和工业部门对不同燃料需求的比例。可以看到，工业领域明显不同于前两者，使用的主要是化石燃料。

表 10-4 2011 年全球在居民住宅建筑物、商业建筑物（包括公共部门）和工业工厂的最终能源消耗 （单位：EJ）

	居民住宅部门消耗	商业部门消耗	工业部门消耗	总消耗
石油产品	9	4	14	26
煤炭	3	1	31	35
天然气	17	7	21	46
生物燃料和废物	35	1	8	44
电力	18	15	28	61
热量	5	1	5	11
其他	0	0	0	1
合计	87	30	107	224

注：总消耗量和合计量与各自单项加和量稍有出入，是单项数据四舍五入的原因。尊重资料原文。

工业部门是 CHP 的主要市场之一，许多工业 IT 使用大量燃料原位产生热量和电力(降低生产成本)。燃料电池 CHP 也是工业部门使用的重要 CHP 技术之一。大燃料电池可用单一区块（源）在宽热量内网供应工业部门所需热量，比住宅建筑物和商业系统成本更有效。这是因为每千瓦投资成本随容量增大而下降，末端使用者需求比较平稳，利用率较高。工业低级低温热量是非常大的未开发源，使用燃料电池可以提供高至 120℃（PAFC）和 200℃（MCFC）甚至更高温度的热量，例如，SOFC 提供接近 1000℃的热量。因此，它可以作为更广泛工业设施的脱碳技术（其成本应能与其他 CHP 技术竞争）。

10.2.5 组合热电（冷热电三联产）的选用和设计考虑

设计一个经济有效和低排放 CCHP 和 CHP 系统，应该完整考虑特定应用领域的能量需求、主发动机和其他类型设施容量、功率流、操作策略、GHG 排放水平等。设备类型的选择属于系统构型设计，其重点是从现在可用技术中选择主发动机并确定系统大小规模。不同地区、不同气候条件对能量需求是不同的。例如，对于寒冷地区，多使用蒸汽透平 CHP 系统，以热量生产为主，电力作为副产品；对于温暖地区，夏天空调电力需求量很大，普遍使用的是透平 CHP 系统。商业上有多种类型（按主发动机分类）CHP 系统可供选择，包括往复内燃引擎、小气体透平系统、燃料电池系统和斯特林引擎系统。它们都可替代常规锅炉，提供电力和热能以及吸收冷却。可能有过量电力输送地区电网和过量热量存储于储备装置中。

对于已选定 CHP 或 CCHP 系统构型，达到最有效操作的关键是操作策略的选用。选好构型和确定合适操作策略后，要选择合适大小的系统和使其以优化模式操作。例如，中国上海浦东国际机场的 CCHP 项目，要在机场终端高峰需求时段能同时提供制冷、供热和电功率的能力。该项目以东海近海天然气为燃料，配备 4000kW 天然气透平，11t/h 废热锅炉，York OM 14067kW 制冷单元，四个 5275kW LiBr/水制冷器（蒸汽型），三个 30t/h 燃气锅炉和一个 20t/h 备用供热。

对于住宅和商业用 CHP 和 CCHP 联产系统，除能量性能外，其他因素如经济成本（燃料和维护成本）、环境效益和电网结构等也对系统技术-经济可行性产生大的影响。大规模 CHP 系统可获得规模经济，单位功率输出安装成本较低，小规模 CHP 系统一般投资成本较高，其实现仍有经济壁垒。到目前为止，小规模 CHP 系统硬件设施的低可靠性和短寿命，以及与 HVAC 技术不兼容性和与电网连接缺乏灵活性等，都是制约其住宅应用的主要因素。

CHP 系统是否适合于特定应用的判据来自对其可行性和经济的分析。首先必须经济可行以便组织投资。如要安装 CHP 系统，必须认真掌握分析其可靠的成本信息，包括投资成本（如基础和安装成本）、操作成本（如燃料、运行和维护成本）等。基础成本取决于构成系统组件及其指标要求。系统组件包括：主发动机和发电装置、热回收（储能）和排放系统，尾气系统和烟囱、燃料供应、控制系统、管道、放空和燃烧空气系统、运输费用和税收。安装成本包括安装许可、土地要求和准备、建筑物修建和设备安装。有些成本并不适用于住宅和小工业联产系统。运行成本包括燃料、人工（如适用的话）、维护和保险成本。因 CHP 系统燃料利用效率远高于常规系统，其排放水平（单位有用能量排放物数量）肯定低于常规系统。

10.3　混合电动车辆

使用电动机作为推进功率源的车辆可称为电动车辆。它们都离不开储能单元的使用。

10.3.1　运输部门的储能装置

交通运输部门的耗能占总耗能的 20%～30%（主要是各类车辆的耗能）。为达到高效洁净安全的运输，交通工具通常配备多种能量存储装置（ESD）。例如，对于普通汽车，除启动所需电力 ESD（电池）外，回收制动能量也需要有多种 ESD 储能装置。

不同 ESD，如燃料电池、电池、电容器、飞轮、压缩空气、泵抽水力、超级磁铁，存储不同形式能量（如电化学能、动力学能、压力、位能、电磁能、化学能和热能）。在运输工具（特殊移动应用）中使用的 ESD，有若干基本要求：①足够高能量密度（W·h/kg 或 W·h/L）；②足够大电功率（W/kg 或 W/L）；③合适的体积和质量；④高可靠性；⑤高耐用性；⑥安全性好；⑦成本较低；⑧有可循环能力；⑨环境影响小。除有独特重要高功率释能能力外，选用 ESD 时应考虑如下特性：比功率、储能容量、比能量、应答时间、效率、自放电速率/充电循环、对热的敏感性、充放电速率寿命、环境效应、投资/操作和维护成本等。对于纯电池电动车辆（BEV）用电池，小轿车储能容量 5～30kW·h，公交车储能容量 100kW·h；混合动力车辆（HEV）储能容量 1～5kW·h。表 10-5 给出了电池和燃料电池 ESD 的重要特征。表 10-6 中则是若干电池的主要特征。

表 10-5　电化学 ESD 的重要特征

ESD	储释能时间	操作温度/℃	操作池电压 ΔV/V	电容/F	寿命	质量/kg	功率密度/(kW/kg)	能量密度/(W·h/kg)
超级电容器	毫秒～秒	−40～+85	2.3～2.75	0.1～2	＞30000h	0.001～2	10～100	1～5
电池	1～12h	−20～+65	1.25～4.2	—	150～1500 次循环	0.001～10	0.005～0.4	5～600
燃料电池	1～400h	+25～+1000	0.6～1.0	—	1500～10000h	0.02～10	0.001～0.1	300～3000

表 10-6　不同类型电池的主要特征

电池类型	一级（P）或二级（S）	池电压 ΔV/V	理论（实际）比能量/(W·h/kg)	有用能量密度/(W·h/L)
锌锰电池	P	1.5	358（145）	400
锂碘电池	P	2.8	560（245）	900
镍镉电池	S	1.3	244（35）	100
镍金属氢化物电池	S	1.3	240（75）	240
铅酸电池	S	2.1	252（35）	70

续表

电池类型	一级（P）或二级（S）	池电压 ΔV/V	理论（实际）比能量 /(W·h/kg)	有用能量密度 /(W·h/L)
钠硫电池	S	2.1	702（170）	345
钠氯化镍电池	S	2.6	787（115）	100
锂离子电池	S	4.1	410（180）	400

10.3.2　电动车辆中的能量存储系统

世界上许多大汽车制造商，如日本 Honda，Toyota，Nissan，德国奔驰、宝马，韩国 Hyundai，中国比亚迪和美国特斯拉等，现在都大力生产不同种类电动车辆。使用的 ESD 要求能在数秒内完成充放电时，功率密度达到约 5W·h/kg（高功率密度释能时储能达到 10kW/kg）。与电池和燃料电池不同，电能存储系统（ESS）的寿命几乎是“无限”的，其能量效率很少下降到低于 90%（设计期限内），可满足车辆使用的基本要求：①负荷水平的能量需求；②快速注入和吸收功率以稳定电系统的电压波动；③提供脉冲功率应超过 1000W/kg；④循环生命周期不低于 500000 次。能同时提供高功率密度和高能量密度的只能是组合有 ESS 的储能系统，这是因为 ESS 中几乎所有可利用的能量都是“准可逆的”。

在电动车辆中使用的储能技术，除了燃料存储和水存储外，主要是电化学电池、电容器及飞轮等。在这些储能技术中，超级电容器储能单元显示的比功率很大但比能量很低。电动车辆使用的储能电池，其类型特征给于表 10-6 中。目前最普遍使用的是锂离子电池，因其具有的高性能满足了车辆基本使用要求。对电动车辆中使用的电化学电容器和飞轮储能已在前面相关章节中单独介绍，此处不再重复。飞轮储能单元（必备储能单元）特别适合于回收车辆制动能量，有效提高能量效率。

10.3.3　混合电动车辆

从宽范围讲，混合动力车辆动力链可由任意两种动力源组合而成。可能的组合包括但不限于汽（柴）油 ICE 和电池、电容器或飞轮，或燃料电池与电池或电容器。储能单元一般由存储和转化两个部件构成。对于混合动力车辆（HEV），更确切说是一种把内燃引擎 ICE 和电动机都作为功率源驱动行驶的车辆，有三类：内燃烧引擎电动车辆（ICEV）、混合动力车辆（HEV）和全电动车辆（AEV）。ICEV 有一个燃烧室把燃料化学能转化为热能和动能以驱动车辆。ICEV 有两种车辆类型：常规 ICEV 和微混合动力车辆（微-HEV），前者没有辅助电动机（EM），它们的燃料经济性最低。微-HEV 有低操作电压 14V（12V）和功率不大于 5kW 的电动机，仅使用于没有燃烧功率驱动（即关闭状态）时的 ICE 再启动。在滑行、制动或停驶期间，ICE 停止转动可使燃料效率提高 5%～15%（在城市/郊区行驶环境）。现时在欧洲销售的 Citroen C3 属于微-HEV。

HEV 有六种类型驱动链结构，对 HEV 驱动链构架有四种普通设计选择：串联、平行、串联-平行和复杂混合。HEV 驱动链有两种能量流：机械能和电能。可把这两种动力加在一起，也可把其中一种分裂成两种动力，但合并点的动力只是单一动力形式（电的或机械的）。

1. 串联混合构型

串联混合构型是 HEV 中最简单类型。ICE 带动发电机把机械能转化为电功率用于为电池包充电和可直接用于驱动电动机。理论上 ICE 起充电器作用，连续地为电池包补充电功率，可在峰负荷电功率时连续操作，提高了引擎热效率（即便车辆停驶时）。串联混合构型的一个例子是 Chevrolet Volt。

2. 平行混合构型

与串联混合构型不同，平行混合构型 HEV 中引擎和电动机可平行发送动力驱动车轮。引擎和电动机分离，用两个离合器连接车轮驱动轴，驱动功率可由引擎或电动机单独提供，也可由两者同时供应，即电辅助 ICE 引擎。为达到较低排放和低燃料消耗，电动机可作为发电机为电池充电（制动或当 ICE 输出功率大于驱动车轮需要时）。与串联混合构型比较，平行混合构型的推进装置较小，使用的 ICE 和电动机都较小。平行混合构型的例子是 Honda Insight。

3. 串联-平行型混合构型

串联-平行型混合构型结合了串联和平行构型 HEV 的特色，但比串联混合多一机械连接，比平行混合多一个发电机。虽然该构型具有串联和平行混合构型 HEV 的优点特色，但也带来了结构复杂和较高成本的缺点。不管怎样，鉴于控制和制造技术的进展，一些现代 HEV 仍优先选用该构型。

4. 复杂混合系统

因该系统构型复杂，不能归属于前三种构型。虽然该系统与串联-平行型混合构型一样都含有发电机、电动机这样的电机械，但复杂混合系统的复杂性更高，成本也更昂贵。两者的关键差别是：前者电动机具有双向功率流、发电机具有单向功率流，而后者（串联-平行型混合构型）却不是这样。但不管怎样，新 HEV 几乎都采用该复杂混合系统，如 Toyota Prius。

温和 HEV 具有微 HEV 一样的优点，但其电动机功率和操作电压较高，分别为 7～12kW 和 150V/140V，因此能与 ICE 一起驱动车辆，但在没有 ICE（主功率）时它是不能驱动车辆的。这类构型能够使车辆获得的燃料效率高达 30%且 ICE 大小也降低了。GMC Sierra pickup、Honda Civic/Accord 和 Saturn Vue 是温和 HEV 的例子。今天，大多数汽车制造商对生产全 HEV 有同样的热情和速度，因为两条功率路线中的 ICE 或 EM 既可单独驱动运行也可同时驱动运行。对没有降低驱动性能的全 HEV，可节约多至 40%的燃料。正常情况下，HEV 类型都有高容量 ESS 和高操作电压 330V/228V。

HEV 也可按传动链构架来分类：①扩展（延伸范围）电动车辆（EREV）或串联全 HEV；②平行 HEV；③串联平行 HEV；④复杂 HEV；⑤插入式混合电动车辆（PHEV）。串联插入式 HEV 使用 EM 作为唯一推进功率，犹如一辆纯电池电动车辆（BEV），但差别在于它们仍使用高效 ICE 发动机内置充电。该构型的优点是车辆电池可以减小，取决于发电机功率和燃料容量，非常适合于频繁停开情形，即适合于在城市中行驶。但车辆总效率较低，约 25.7%。它可把大部分再生制动能量回收和存储到 ESS 中。

平行构型 HEV 在其机械耦合器中有两种推进功率（ICE 和 EM），这类 HEV 的总效率可高达 43.4%，其电池容量较低。平行全 HEV 的优点之一是在行驶期间 EM 和 ICE 是彼此互补的。这使平行全 HEV 成为在高速和城市两种行驶条件下都是比较被看好的车辆。当与串联全 HEV 比较时，平行全 HEV 由于 EM 和电池较小，有较高效率。串联-平行全 HEV 驱动链应用两个功率耦合器：机械功率和电功率耦合器。虽然它具有串联全 HEV 和平行全 HEV 优点，但结构相对比较复杂且成本较高。复杂混合与串联-平行混合构型是类似的。它们之间的关键差别是，在电机/发动机和电机间再加有功率转换器，使复杂全 HEV 比串联-平行全 HEV 更加可控和更加可靠。串联-平行全 HEV 和复杂全 HEV 的控制策略要比其他构型更灵活和灵巧，但它们的主要挑战是需要有精确的控制策略。另外，全 HEV 构型成本低，可选用现有制造方法制造引擎、电池和电机。Toyota Prius 和 Auris，Lexus LS 600h 和 CT 200h 及 Nissan Tino 属于商业可利用串联-平行全 HEV，而 Honda Insight 和 Civic Hybrid 及 Ford Escape 则属于商业可利用平行全 HEV。

10.3.4　插入式混合电动车辆

插入式混合电动车辆（PHEV）类似于 HEV，但电池充电可连接供应电网。实际上，PHEV 是从各种类型 HEV 直接转化而来的。PHEV 是从串联-平行 HEV 加入用电网电池充电的充电器转化而成。它们在行驶期间，司机可选用电模式达到全功率。该策略使 PHEV 既适合于在城市又适合于在高速公路行驶。

10.3.5 混合动力车中的混合因子

HEV 的电动程度常用混合因子（HF）评价，它是指电动功率（P_{EM}）在总功率（电动加内燃引擎 P_{ICE}）中所占比例：

$$HF = \frac{P_{EM}}{P_{EM} + P_{ICE}} \tag{10-1}$$

按 HF 大小可把 HEV 分类为温和或中等（温和 HEV）和混合全电动车辆（全 HEV）（假定车辆没有其他辅助能源）。燃料效率是从常规 ICE 到 AEV 逐步增加的。表 10-7 给出不同混合因子车辆的实际燃料经济性［环境保护署（EPA）数据，用每加仑汽油当量能行驶英里数表示］。对于电动车，33.7kW·h 电力能量等当于一加仑汽油能量。

表 10-7 不同混合因子车辆的实际燃料经济性

混合比($P_{EM}/P_{总}$)/马力	混合因子（HF）	车辆名称	EPA 燃料经济性	
			混杂模式	电模式
15/455	0.03	BMW Active-Hybrid 7 2012	20	—
49/438	0.11	Lexus LS 600h L 2012	20	—
13/111	0.12	Honda Insight 2012	42	—
47/380	0.12	PorchePanamera S Hybrid 2012	25	—
40/196	0.20	Ford Fusion Hybrid 2012	39	—
23/110	0.21	Honda Civic Hybrid 2012	44	—
36/134	0.27	Toyota Prius 2012	50	—
36/134	0.27	Toyota Prius Plug-in Hybrid 2012	50	95
66/200	0.33	Toyota Camry Hybrid 2012	41	—
149/232	0.64	Chevrolet Volt 2012	37	94
170/170	1	BMW ActiveE 2012	—	102
123/123	1	Ford Focus BEV FWD 2012	—	105
63/63	1	Mitsubishi-MiEV 2012	—	112
110/110	1	Nissan Leaf 2012	—	99
100/100	1	Honda Fit EV 2012	—	118

10.3.6　混合动力车辆优势

ICE 常规车辆之所以有好的性能和长的行驶里程，是因为使用的是高能量密度的液体燃料。但常规 ICE 车辆的缺点也是明显的：燃料经济性差且污染环境。产生缺点的主要原因有：①引擎燃料效率特征与实际行驶条件的不匹配；②车辆制动（特别是在市区条件下行驶）产生的能量被浪费了；③浪费了引擎空转和备用期间的能量；④停-启行驶使用的是低效率液压传动（自动）。另一方面，与常规车辆比较，纯电池电动车辆（BEV）有其突出优点，如高能量效率和零尾气排放。BEV 也有明显缺点，如行驶范围有限和时间充电长，使其与 ICE 车辆竞争力下降。原因是电池的能量密度比液体燃料低很多。而 HEV 正好组合了两动力源的最好特征，具有 ICE 和 BEV 两者的优点而没有了它们各自的缺点。虽然 HEV 比常规车辆昂贵（因需要额外组件和复杂性），但比 BEV 便宜（电池的高成本）。

10.3.7　全电动车辆

全电动车辆（AEV）是以电功率作为唯一驱动动力的车辆。AEV 的功率传输构型也有六类，其中仅有三类是被车辆生产商使用的。BEV 和 FCEV 的驱动链设计构型是类似的。燃料电池既可是主功率也可是次级能量供应者，与要求和使用的技术有关。AEV 驱动链可转换自常规 ICE 车辆，保留齿轮箱和离合器，也可用单一齿轮传动驱动链（这样可降低机械传动装置大小和质量）。这两个构型的效率都是（最）低的。为进一步简化动力传动链，可对不同齿轮传动装置进行组合集成。例如，使用有两个分离传动轴的电机和固定齿轮传动装置，以达到可以不同速度操作行驶。驱动链也可以是固定齿轮和电机的直接连接（没有传动轴）。而把牵引电机直接置于飞轮内（内飞轮驱动）的构型是比较紧凑的，能降低 AEV 大小。该类构型总质量小，最适合于城市行驶，但需要较高转矩牵引电机（启动和加速）。因电机绕组中流过高电流，其焦耳热损失较高，效率降低。但不管怎样，该构型最低的机械驱动链使机械与电间传输能量损失降低了。

BEV 主要缺点是行驶距离短和对环境气候条件敏感，适合于需常停开的城市中行驶。为扩展 BEV 行驶距离，使其既适合城市也适合高速公路行驶，可把齿轮箱固定在车辆内使牵引系统能力得以延伸。无齿轮 BEV（电动机到飞轮构型）能够增加车辆效率，因运动部件数量（转动惯性）减少，避免了齿轮和分档机制的能量损失。该构型虽然降低了车辆质量重心，但电机室增加了飞轮质量，对车辆产生负面效应。

10.3.8 燃料电池电动车辆

燃料电池（FC）能使运输工业的有害物质排放接近于零，且不会降低车辆推进系统效率。实践已证明，FC 效率几乎是常规内燃引擎的两倍。如再考虑其他优点，如安静操作、燃料灵活性、模块化制造和低维护等，它应是替代燃烧引擎的理想技术。FC 技术的计划目标主要是耐用性、成本和氢气公用基础设施等。在各种运输手段（特别是客车和物流车辆）中使用 FC 是对其进行研发的重要推动力。例如，日本宣布一个极有进取性的发展计划，到 2025 年发展 200 万辆燃料电池车辆（FCV）和 1000 个氢气充灌站。中国科学技术部/联合国开发计划署在 2016 启动了“促进中国燃料电池汽车商业化发展”项目，并在《节能与新能源汽车技术路线图 2.0》中明确提出，2020 年、2025 年和 2030 年，中国燃料电池汽车的发展目标分别为 5000 辆、5 万辆和百万辆。选择使用的燃料电池主要是 PEM 类型（低温）。FC 在运输部门中应用的主要市场是：轻牵引车辆（LTV）、轻载 FC 电动车辆（L-FCEV）、重载 FC 电动车辆（H-FCEV）、物流车辆（如叉车和铲车）、航空推进系统和海上推进系统以及辅助功率单元（APU）。因纯燃料电池车辆在燃料-车轮效率上不具优势，制造混合动力 FC 车辆成为必然的发展趋势。

电动车辆能量效率高度依赖于电能存储系统（ESS），其关键指标是能量密度、功率密度和成本。车辆中实际使用的 ESS 有三类（除燃料氢存储外）：超级电容器（UC）、FC 和电池，它们有各自的突出优点。FC 最理想的燃料是氢。因 FC 能量密度相对较低，需要车载存储大量氢气。锂离子（Li-ion）电池现在是电动车辆中最普遍使用的电池，在能量密度和功率密度上有合适的平衡，而镍金属氢化物电池（NiMH）比较适合于混合动力车辆。电池研究新近取得显著进展：锂空气（Li-air）电池和锂硫（Li-S）电池的能量密度接近锂离子电池的两倍；纳米技术正在被应用于燃料电池中，增强其应答时间和能量密度。

鉴于车辆用 FC 单独提供动力受到一些约束（对负荷变化应答缓慢和服务寿命不够长）以及其主体膜电极装配体（MEA）可能遭遇失败（膜破裂、气体泄漏和池泛洪/干燥），因此，FC 在性能、可靠性、成本、燃料可利用性、公众认知和瞬态性能等方面的改进提高，是使 FC 车辆与 ICE 车辆和 BEV 竞争的最有效途径。为此提出的应对策略是，采用 FC 混合电动车辆（FC-HEV）模式。它通常是多动力源，移动条件下的能量可来自电池和 FC 或这两者，用以确保需求或为电动机供应足够的功率。在某些点 FC 能量可作为电池和超级电容器的供电源。

世界上一些著名大汽车制造商都已开始生产 FC-HEV，其中有两个储能装置

（次级能源）：一个是高储能容量，如电池（延长行驶距离）；另一个是高功率可逆性装置，如超级电容器，它帮助车辆加速和回收制动能量。回收的制动电能可为电池充电再使用。FC-HEV 既可与电池集成，也可与超级电容器集成或两者都被集成。

10.4　可再生能源电力和氢储能

10.4.1　引言

为降低 CO_2 排放和保持地球气候环境，绝对有必要以可再生能源（RES）逐步替代化石能源。全球 RES 资源量与全球能源需求量比较，数量是巨大的，足以满足现在和未来的能源需求。RES 基本都是清洁和可持续的，如太阳能、风能和水电，替代化石能源应该是没有问题和很有吸引力的。从较长期角度看，RES 也是成本有效的。但是，由于 RES 供给本质上是不可预测和随机波动间断的，该替代过程也存在巨大挑战。虽然有一些缓解和解决该痼疾的办法，包括组合多种 RES 的集成系统，如风力透平（WT）和光伏板（PV）混合能源系统，因太阳辐射和风力的互补性质可使总利用效率得以提高。但最好的解决办法是使用合适的储能装置。

已证明，不同的混合能源系统（RES 和储能系统的组合）是经济可行的，其系统性能总优于单一能源利用系统，尤其是应用于遥远地区和无电网地区时。地球上的确存在数以万计的离（电）网遥远地区、岛屿和乡村，它们也需要像城市或联网地区那样，有足够可靠和满足需求的能源供应和调节管理系统。另外，扩展现有电网的高昂成本迫使我们使用替代办法。混合能源系统是很好的选项，尤其是含储氢单元（有合适氢能存储容量）的混合 RES 系统。它们可单独为离网社区提供可持续、可靠和清洁稳定的电力供应。氢是清洁能源和能量载体，其高能量含量有利于储氢技术的发展。另外，对于未来能源价值链，氢能是高度能量有效和灵活的。在技术上氢基能源系统也是有利的，其生产、存储、运输和使用都可基于 RES 资源以及使用绿色和环境友好技术，与互补的电力一起完全可以逐步替代碳基能源系统。

1. RES 的渗透、间断性和过剩能量

RES 生产电力所占份额正在不断快速增长，为有效降低温室气体（GHG）排放做出大的贡献。例如，欧洲 RES 贡献电力所占份额在 2020 年已接近 36%，预计到 2030 年要达到 45%～60%，2050 年超过 80%；中国正处于 RES 电力生产高速增长期，2022 年发电量已占总发电量的接近 31.6%，预期的发展与欧洲相当。RES 电力中约三分之二是光伏电和风电。因 RES 电力生产存在显著随机波动可变性，必须要有合适策略和工具来确保能源系统运行的安全性和灵活性，并且能与电网有效集成。对可变 RES 电力可利用的技术选项有四种主要类型：可派送电力的生产（水力、生物质、化石燃料）、传输分布线路的扩展、需求边管理和储能。储能系统分三步：储能、保持和释能。实际上储能技术可分为三类：①电力到电力（P2P），如泵抽水电、锂离子电池、电解产氢和氢生产电力。该方法基于在高生产和低电力需求期间的盈余电力为储能单元储能，在低生产和高需求期间需要释能满足负荷需求，实现电力在时间上的转移，为稳定电网做出贡献。②电力到热能（P2H）（热能存储和消费）。该方法主要基于把电力转换为其他能量载体的概念。同样也是在高生产和低需求期间把盈余电力转换成如热能并存储。该能量载体（或经转换）供应其他部门使用，如建筑物、移动部门和工业部门。热能可用于多个工业过程和所有类型建筑物，使室内温度保持在舒适范围和/或加热民用热水。③电力到气体（燃料）（P2G）（特别是电力到氢）。该方法基于电力到氢（燃料）的转换概念，氢能可供不同部门使用，为这些部门的脱碳做出贡献。利用盈余 RES 电力电解水制氢的转化应予以特别的重视，这是因为能使用几乎所有 RES 剩余能量（不用就被浪费掉了）。氢能不仅可作为各种运输工具（陆地或海上、航空）的燃料，也可应用于不同工业部门中（如化学工业和建筑部门）或者进入天然气管网作为民用气体燃料。但关键是有足够容量把 RES 电力吸收进入能源网络中。为把盈余 RES 电力转化为氢，预测指出，仅欧洲在 2050 年就需要安装容量数百 GW 的电解器，必须按区域匹配对氢能的需求或发展（安全和经济有效）运输氢的系统，把氢配送到需求的地区。

2. 氢的储能潜力

在多种 RES 混合能源系统中，可持续氢（RH）混合能源系统近来受到很多关注。其最重要的原因可能是，它不仅是未来智慧能源网络系统的主要能量载体之一，而且也能作为分布式能源网络的供应源，为难以与能源网络连接地区（如遥远和岛屿地区以及孤立的农村）独立提供可靠清洁和稳定的燃料和功率供应。

氢能够成功应用于存储能量，容易再次转化为电力。氢储能系统（HES）对脱碳和能源供应网络灵活性具有巨大的潜在利益，这对 RES 盈余电力是特别重要的。即储氢储能非常重要，能确保电力供应的稳定性。HES 也能为降低能源成本和 RES 更有效使用做出贡献。

HES 有别于其他储能系统，其关键特色是灵活性强和能提供多方面、多样性服务，这对确保电网系统可靠性至关重要。把 HES 集成进入电力、供热和运输公用基础设施内，对多种多样终端使用者也有决定性意义。HES 能存储的能量数量很大可达 1GW·h 到 1TW·h，而电池能储能范围通常为 10kW·h 到 10MW·h（压缩空气和泵抽水电存储范围为 10MW·h～10GW·h）。HES 在其他有兴趣的应用领域多与燃料电池（FC）密切相关，如 FCEV、叉车、EV 里程延伸器、UPS、备用电源、遥远地区电力系统，以及作为化学品原料在多种工业过程（如生物炼制）中的应用。

HES 能否大幅渗透进入储能市场取决于多种因素，包括非技术壁垒如政策、安全和经济等事情。氢能能以最小泄漏速率实现长期储能（季节性甚至多年存储）。虽然氢发电和储能成本相对较高，但仍是有经济竞争力的选项。RH 混合能源系统能够有效克服 RES 电力的随机波动和间断性，并以足够的可靠性和连续稳定性满足离网顾客的功率和燃料需求。例如，风电氢组合项目的实践证明，水电解生产绿氢可提高可变间断性 RES 的使用效率。但对全范围使用氢技术的可再生能源电力和氢储能系统（RHHES）及其组件大小和它们的集成仍然需要进一步的分析研究。

10.4.2　可再生能源电力和氢储能系统

已有的研究指出，在不远的将来需要长期存储能量的数量可能是非常巨大的，目的是要尽可能降低 RES 网络系统必须备用的化石燃料数量。这说明需要很低成本的储能技术。储能技术中只有化学能存储技术可以满足该要求，其中 RHHES 所受重视更多，它是很实用的能源系统，既可与电网连接也可离网单独运行。一个实际可行的 RHHES 框图示于图 10-7 中。虽然氢在整个能源系统中主要承担的是储能角色，但也在支持短期和长期电力存储、吸收消化需求波动和减缓组件（如燃料电池）长期使用衰减中具有重要作用。在该系统中，电力的短期存储常使用电池和超级电容器。

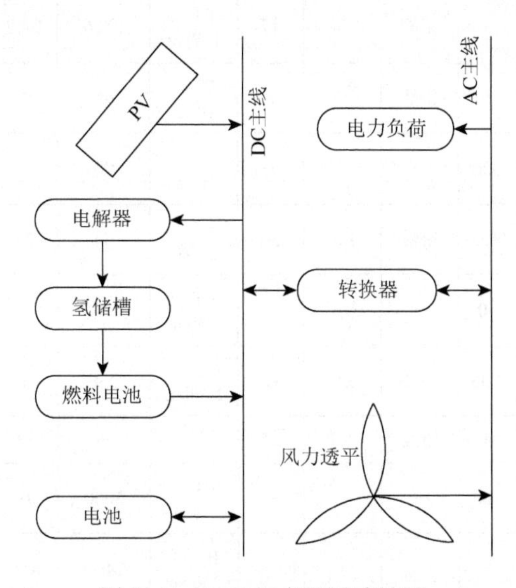

图 10-7　RHHES 框图示意表述

若干运行的 RHHES 列举于表 10-8 中。前一半是 2000 年后建设运行的系统，后一半是 2000 年前已关停的 RHHES。对后一半应着重指出，绝大多数地区应用 RHHES 是独立运行的（离网）且多是试验性质的，目的是要证明 RHHES 的可行性。对容量为 1.5～140MW 的 57 个 RHHES 进行的分析考察指出，电力存储主要使用铅酸电池，储能多使用压缩气体存储，其占比大于 3/4，金属氢化物存储次之，储氢容量范围为 0.2～450kg 氢，几乎都采用碱电解器生产。为成功部署 RHHES，发展氢能公用基础设施是至关重要的，因它能提供必需的燃料存储和运输。为让公众接受，RHHES 需要进一步进行中试和示范，以明确证明 RHHES［获取可靠（新）数据］能带来的实际经济和环境利益，并在安全性、可靠性和成本方面让公众获得认知。另外，示范和中试也能帮助了解氢能公用基础设施发展信息和为提高氢混合能源系统设计提供有用数据。现在正在研究发展更复杂的 RHHES，因氢是世界范围内的关键能量载体，是创新、环境友好和可持续的替代能源。

表 10-8　现在在运行和供应电力的若干 RHHES

资源类型	安装功率/kW	电解器		电池			氢存储			燃料电池		项目运行时间/年
		类型	功率/kW	类型	电容量/kW·h	等当小时	类型	体积容量/(Nm^3·h)	等当小时	类型	功率/kW	
PV	330	碱	200	锂离子	1310	22	MH 100bar	1502	37	PEM	60	2013
PV	62	—	—	—	—	—	MH	—	—	PEM	54	2017
PV-风-微水力	13-50-3.2	碱	36	铅酸	120	17	PT，137bar	2856	1068	PEM	?	2004
PV-风	1-10	碱	5	铅酸	42	8	PT，10bar	40	12	PRM	5	2001
风	6300	碱	320	—	—	—	PT，10bar	90	—	—	—	2009
PV-风	10-3	PEM	4.2	铅酸	144	36	PT，30bar	54	20	PEM	4	2008
PV	20	碱	50	—	—	—	PT，15bar	8	5	碱	2.5	2000
PV	5	PEM	3.35	铅酸	28	12	MH，1.14bar	5.4	3	PEM	2.4	2007
PV	8.6	PEM	4	铅酸	1.7	1.7	—	—	—	PEM	1	2009
PV	370	碱	100	—	—	—	PT，30bar	5000	93	PAFC	80	1989～1996
PV	8.5	碱	5	—	—	—	MH/PT，200bar	24/-9	4/2	PAFC/PEM	10/7.5	1989～1997

续表

资源类型	安装功率/kW	电解器		电池			氢存储			燃料电池		项目运行时间/年
		类型	功率/kW	类型	电容量/kW·h	等当小时	类型	体积容量/(Nm^3·h)	等当小时	类型	功率/kW	
PV	4.2	PEM	2	铅酸	20	6	PT，28bar	400	171	PEM	3.5	1992～1995
PV	5.6	碱	5	铅酸	51	17	PT，200bar	120	60	PEM	3	1994～1997
PV	9.2	碱	6	铅酸	5.8	4	PT，8bar	60	60	PEM	1.5	1989～1996
PV	6	PEM	1	铅酸	4.4	3	MH，5bar	7	7	PEM	1.5	—
PV	1.98	PEM	—	铅酸	3.6	3	PT，13.8bar	3	2	PEM	1.2	—
PV	1.4	PEM	0.8	铅酸	1.2	2.4	PT，25bar	200	598	PAFC	0.5	1990～1992

注：PV：光伏，MH：金属氢化物，PT：压力容器，PEM：质子交换膜，PAFC：磷酸燃料电池，电池等当小时：电池满功率供应小时定义作为燃料电池功率，氢存储等当小时：存储氢以燃料电池功率供应的小时，1bar = 10^5Pa。

10.4.3　可再生能源-氢能混合（电解水产绿氢与储氢组合）系统实例

在太阳能电力电解水产氢组合储能、运输和固定应用的系统中，组合了热电工程或 FC 发电。在从碳基向氢基能源过渡时期，它能提高能源效率和达到成本有效。下面选用的三个研究实例是：①世界上第一个全规模风电和氢工厂（挪威，Utsira）；②美国国家风能技术中心（National Wind Technology Center，NWTC）的领头计划，定向于用风电产氢和储氢储能多维优化；③燃料电池和氢联合执行体（Fuel Cells and Hydrogen Joint）选择的 BIG HIT 项目，目的是要建立完全集成低碳热能、电力和移动应用（实现储氢、储能、运输和利用）的模型。分析研究这些项目对发展 RHHES 有特殊作用，为不同领域如建筑物能源设计提供基础。从个例研究分析获得的结论是：高效电解器用 RES 电力产氢，把其作为储能介质具有大的环境和经济效益，能为建立和运行稳定有效和可持续能源系统做出重要贡献。为获取氢能优势和所有利益，选择的位置应能为实现氢存储、运输和固定应用提供良好机遇，包括为车辆和海上容器注氢。为此，建议利用 RES 电力产氢工厂最好位于 RES 发电厂附近且与需求位置有很好连接的地方；推荐把电解器置于海港地区（接近水源）以及易于海陆地运输地区。强烈推荐与 CHP 工厂或/和 FC 发动机组合。

1. 全规模风电-氢混合能源系统

该风电-氢混合能源系统是世界上第一个组合全规模风电和氢工厂，位于挪威西海岸，工厂由 Statoil ASA 出资与风力透平制造商合作操作。该项目主要目的是要示范利用风能电解水产氢。任务重点是安全、连续和有效地供应能源并试验验证全规模风电-氢混合能源系统。另外是要进行商业化试验验证该技术在降低成本和优化方面所具有的可能性。两台 Enercon E40 风力透平（每台 600kW·h，安装于 Utsira）所产电力能完全满足 10 户家庭需求。工厂由大陆控制中心操作，备用电源由现有 1MW 海底电缆提供。按照试验安排，第一个透平直接为自主电网外部提供电力，另一个经 300kW 单向逆变器与自主电网连接（图 10-8），盈余电能（大于 300kW）改向输送给地区电网。在风天，风电生产超过住户需求的盈余电力供应产氢系统的水电解器（50kW，10Nm^3/h）生产氢气，氢经压缩机压缩存储在 200bar 储槽（容量 2400Nm^3）中。当风力太弱或太强令风力透平无法运转时，切断电解器和开启氢引擎（55kW）连续供应电力，10kW FC 也利用存储的氢生产电力。长期功率过量时，电池（Ni-Gd 电池）被完全充电，开启电解器和关闭氢引擎。为实现频繁切换控制，安装了一台 5kW 飞轮，用于短期充能飞轮存储能量（功率），以提高系统电网稳定性。

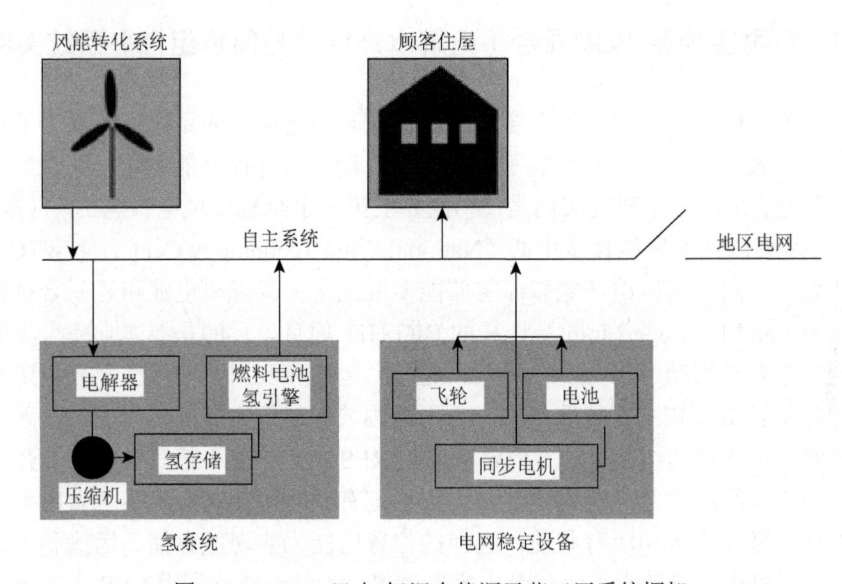

图 10-8　Utsira 风电-氢混合能源示范工厂系统框架

该示范工厂的操作数据示于图 10-9 中。在试验的 4 年期间，工厂连续操作而且有多于 50%的时间独立运行。所获结果证明，Utsira 风电-氢混合能源系统是成功的，生产电力的质量是好的，获顾客正面评价，满意度很高。虽有一些技术问题，但证明了风电与电解器产（可再生）氢能进行有效组合（绿氢完全可作为储能介质使用），其提供的能源供应是可靠的，特别是对有居民居住的遥远社区。最重要的技术问题是 FC 的耐用性差，低于 100h，此外还有制冷剂液体泄漏和电压跟踪系统受损以及多次送出虚假警报的问题。氢引擎操作是成功的，坚持了 3 年，此后活塞受损。单独操作运行时间占 65%，在整个项目时期内风能利用达到 20%。另外，电解器寿命很难预测。从示范项目获得的主要结论：一是必须发展高性能电解器和提高氢-电力转换效率；二是在未来项目中应包含多种 RES 资源（如风能、太阳能和生物质能）。

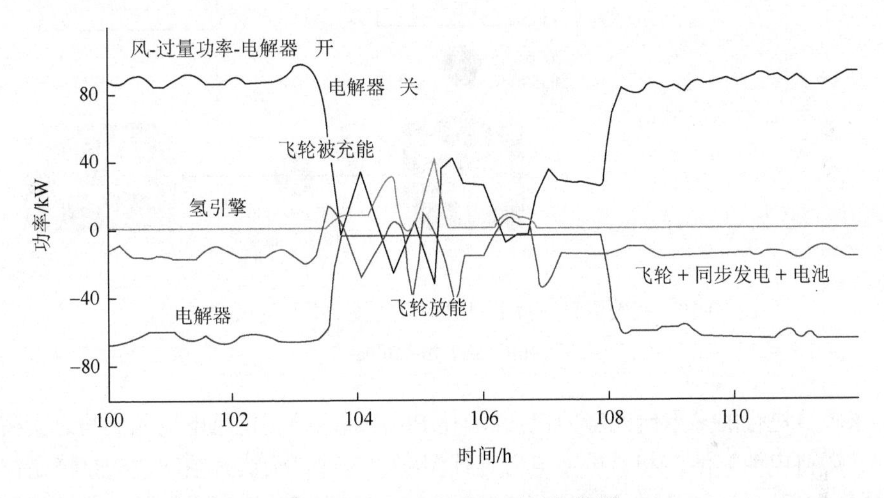

图 10-9　Utsira 示范工厂操作数据

2. 多能源和氢储能的多维产氢优化

这是美国领头的风 2H2 项目（2008～2009 年），定向于利用风力透平电力多维产氢优化和氢储能。该项目是 NWTC（国家风能技术中心）研究计划的一部分，由 NREL（国家可再生能源实验室）实施。项目位于美国科罗拉多 Boulder 县。为该项目确定的主要目标有：①通过改进设计和使用低成本材料降低电解器系统投资成本；②通过与 RES 电力源集成发展低成本电解产氢技术；③通过与公用基础设施配合发展低成本电解产氢（图 10-10）。

该项目研究风能到氢能转化过程及其优化，先评估了用公用设施大规模储氢和储氢-电力产氢间的协同作用，分析了风能和 PV 能源系统成本和“时间转移”（time shifting）容量，比较了碱和 PEM 电解器技术应答和性能，也评估了简化和集成功率控制器的效率。

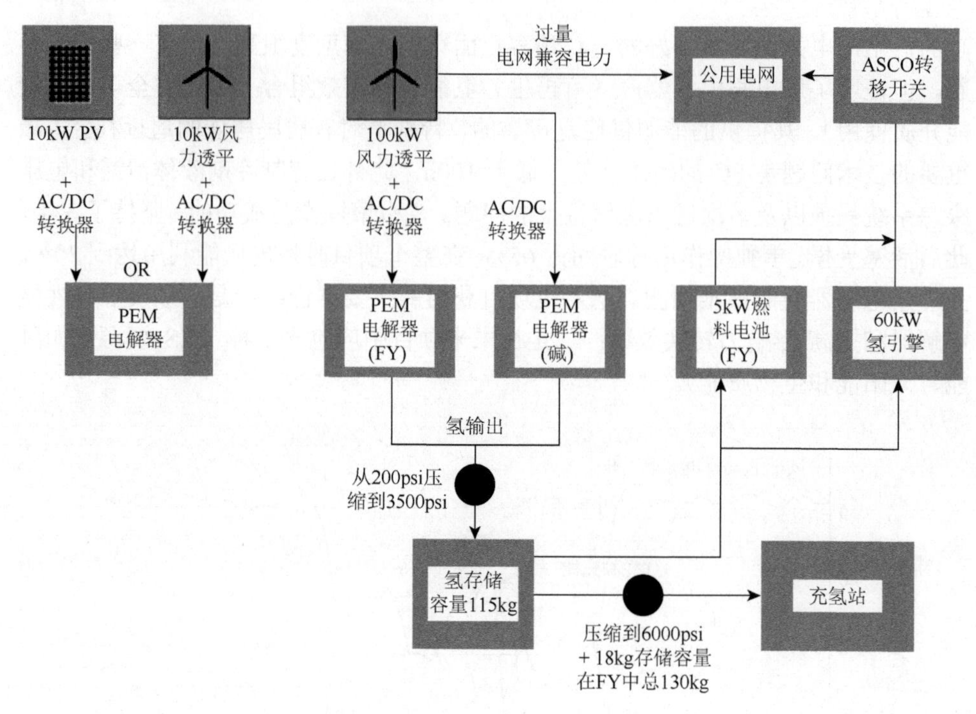

图 10-10　在美国科罗拉多州国家风能技术中心的风 2H2 项目

1psi = 6.89476×10^3Pa

该项目进行的多重研究努力包括：简化 PEM 通用控制把风电输入到与之紧密耦合的（燃料电池）池堆和对机械电力进行调度。该项目确认必须解决的事情是：在“装置掌控超出其额定输入功率能力（如 2MW）和需要推进过容量能力时，需要有附加成本的付出”，它们之间需要进行折中协调。如果电解器需要的供应功率和热管理系统过大，就会产生额外成本和复杂性。为使大规模发电机达到成本有效，需要对新膜技术进行评价，增加其电导率和降低膜厚度等。该项目研究确证了最大化电导率（在希望厚度时）的氟化膜材料。再一件事情是要与 3M 公司和 Brookhaven 国家实验室合作解决用新催化材料和先进电极结构替换现时电解器中使用的铂金属（PGM）催化剂；使用纳米结构和核壳催化剂能使 PGM 含量比现工作催化剂下降 50%以上。对在额定池堆电流条件下的系统效率进行的分析表明，PEM 电解器系统效率为 57%，碱电解器系统最大效率仅达到 41%。但是，也已注意到，产氢速率要比制造商宣称的低 20%。如果能达到额定流速，系统效率可达 50%。再者，由于使用了最大功率点跟踪（maximum power point tracking，MPPT）电子设备，使提高能量传输成为可能，这是因为它能捕集的能量比直接连接 PV 和电解器池堆时要多 20%。

从风 2H2 项目研发获得的关键结论是，氢为风能和太阳能提供了完整的储能解决办法，未来工作应该集中于进一步提高系统效率和降低成本。

3. 欧洲的 FCH JU 项目

遥远孤立地区建筑物新绿氢系统（BIGHIT）项目是在欧洲视界 2020（Horizon 2020）下实施的，并被燃料电池和氢联合体（Fuel Cells and Hydrogen Joint Undertaking，FCH JU）选用作为 FCH JU 的一个中间试验项目。BIGHIT 是一世界顶尖中间试验和示范项目，是为低碳热能、电力和移动能源体系设计的，它创生和实现了全集成模式氢生产、存储、运输和利用（图 10-11）。有来自欧盟 6 个国家 12 个参与者，自 2018 年 5 月起承担各自的职责。该项目也是在 Orkney Surf ‘n’ Turf 计划内发展的：利用爱琴海 Eday 岛和 Shapinsay 岛风电和潮汐电电解水产氢。靠近 Eday 岛的 2 个潮汐试验区（深度在 12～50m 范围）有 8 个潮汐试验位，位于强海流区域（达 4m/s）。通过 11kV 海底电缆与 Eday 岛上的 Caldale 变电站（配备有主开关设备和备用发电机）连接，以与电网连接并控制潮汐装置的供应。BIGHIT 项目的主要考虑是，把社区 RES 电力（岛上两台 Enercon E44 风力透平，每台 900kW）与产氢储氢系统组合起来。产氢装置（安装于 Orkney）是两套容量分别为 1MW 和 0.5MW 的最新 ITM Power 质子交换膜（PEM）电解器（特点是快应答、高操作效率、高压输出能力和紧凑的大小）。电解器容量可调节，每年产超纯氢（储能）约 50t，存储的氢可再转化为电力和热能。多数氢用 5 辆

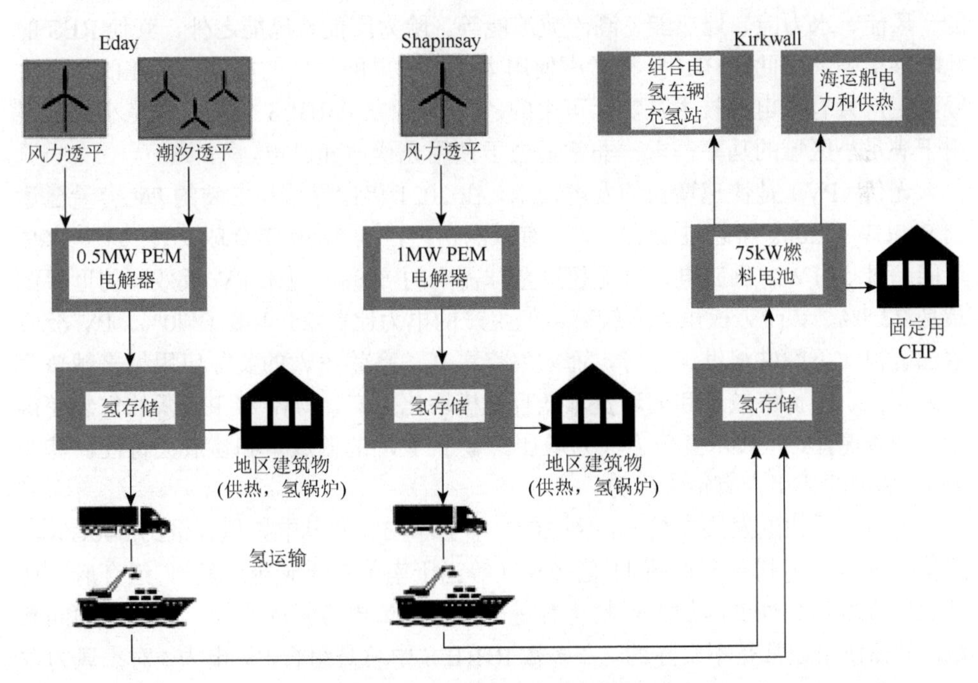

图 10-11　BIGHIT 建筑物新绿氢系统

欧洲的一个中间试验项目，风电和潮汐电与氢生产、存储的组合

长管拖车运输（后改为管道输送）到 Kirkwall，仅少量氢作为两台燃氢锅炉的燃料（为地区建筑物供应零碳热能）。氢既能在 Orkney 道路又能在海上安全地运输。在项目启动前的 2017 年，在 Kirkwall 安装了 75kW 氢燃料电池（HFC）装置，用氢和氧生产电力并建有为 5 辆零排放氢车辆（电和氢组合）灌注氢燃料的充氢站（后扩大到 10 辆）。该类车辆配置有 22kW·h 锂离子电池和 5kW HFC 里程延伸器，不仅使车辆行驶里程翻番而且车内供热不会降低行驶里程。有 3 套适合于海上和固定应用的 PM 400 FC 池堆（每套额定电功率 4.0～30.0kW）。港口地区产生的电力和热量（燃料电池副产品）也供应附近建筑物使用。该项目已对社会、环境和经济产生了实质性影响，也为低碳热能、电力和移动电源与氢生产、存储、运输和利用发展出新的一体化模式。

最近中国建立和计划建立多个 RES 电力（包括利用海上风电）产氢储能工厂，如湖北南漳、辽宁大连和吉林洮南（电解氢制甲醇）、甘肃平凉、内蒙古通辽和新疆等地建立风电电解制氢系统，使中国风电制氢容量达 3000MW。

10.4.4 水电解产氢

必须强调独立 RHHES 只使用 RES 生产的电力。地球上有多种 RES，如太阳能、风能、水力能、地热能、潮汐波浪能等。除太阳能、风能之外，其他 RES 的地域性很强，因此 RHHES 只考虑使用太阳能和风能生产的电力。现在的可再生绿氢生产只有水电解技术是实际可用的，单一/独立 RHHES 规模一般是小的，仅用于满足小区域的功率需求，非常适合于使用光伏电和风电。

光伏（PV）是快速增长的发电技术，在 2021 年世界累积安装的 PV 容量已达到 947GW，2022 年超过 1183GW。有预测指出，到 2050 年全球安装的 PV 容量可能超过 50TW，供应电力可能超过全球需求的 50%。现在 PV 板效率的世界纪录是 22.8%，该 PV 板虽成本较高，但生产的电力比前 25 年多了 70%。PV 板成本已有很大下降并将继续下降，而效率将更高。高效 PV 的实际应用越来越普遍和大众化。因价格较低和循环资本低且是模块化生产，MW 级 PV 板的安装变得越来越普遍，PV 技术竞争力大为增加。鉴于 PV 的低成本和易放大特性，其在 RHHES 中的应用占有很大优势。

风电也是快速发展的技术，到 2021 年全球安装的风电累积容量约 840GW，能使全球年 CO_2 排放降低超 11 亿多吨（等当于南美洲年碳排放量）。组合风电技术的低成本和高性能再加上税收优惠进一步推动风电容量的增加。因风电的间断性，单独使用通常是不实际的，在多数 RHHES 中总是组合 PV 电力。对小风力发电单独系统通常使用异步和同步发电机。

现在全球的氢产量超过 5000 万 t。虽然由于经济原因，水电解产氢仅占 4%。

如果电解使用的电力来自 RES(如太阳能电力和风电)，则电解过程是环境友好的、可持续的。把 RES 能量和氢（能源和能量载体）组合起来可形成一封闭能源环系统。该循环系统中氢（可再生氢）用 RES 电力电解水生产，氢又能以可持续方式发电（和热能），仅副产水。对于氢转化为电力的技术，除内燃引擎燃烧氢燃料的常规发电外，使用 FC 发电可提高 RHHES 的效率和总可靠性。现在在遥远地区用 FC 生产电力变得越来越普遍和大众化。在 RHHES 中的储氢使氢分布能独立运行，具有生产调节电负荷功率的能力。现在氢主要用于生产肥料（如合成氨）和液体燃料（烃类和甲醇等），在运输和公用事业中的使用也在不断增加，为此充氢站数量不断增加，2021 年全球已建 685 个。

电解过程的进行离不开电解反应器——电解器。电解过程是燃料电池过程的逆过程，FC 的逆向操作就成为电解器。按使用电解质分类，有多少种类型 FC 就有多少种类型电解器。目前最常用电解器有三类：碱电解器（AE)、质子交换膜电解器（PEME）和固体氧化物电解器（SOE)。前两类操作温度低，属低温电解器；而 SOE 的操作温度高达 600～1000℃。SOE 有很高效率，其电解质较少降解，这使其大规模应用具有很大吸引力。但因高操作温度，其结构材料是昂贵的，系统是复杂的。高温电解具有其突出优势，电解成本低于低温电解器，在能源工业中有更广泛应用的巨大潜力，这是因为电解的主要成本来自电力消耗（约占 2/3)。当电解器与应用的 RES 系统组合集成时，三类电解器显示其各自优缺点。因此，重要的是要在实际应用选用电解器时必须了解其正负面因素。下面简要介绍三类主要电解器。

1. 碱电解器

技术最成熟的是碱电解器（AE)，已被广泛使用，占世界安装电解器总量的约 80%。在电力输入 3.5MW，产氢速率达 760Nm^3/h 时水电解能达到成本有效。AE 技术使用寿命长，一般可达 20 年。AE 使用的电解质是浓度为 25%～35% KOH 溶液，羟基离子（OH^-）为电荷载体。AE 有两种类型：单极和双极。虽然它们的操作原理是相同的，但其单一池和池堆设计是不同的。单极结构中的池电极直接与供应的 DC 功率线反端平行连接；而双极堆每个电解池是串联连接的（输入输出电极及用作阳极和阴极的中间电极）。零间隙 AE（阴阳极间隙小于 0.5mm）由于能耗低，近来获得制造商青睐。经改进的 AE 电流密度可达 0.4A/cm^2，能耗也降低了。其最小额定生产容量同步在 25%～40%。该低限是为防止氢和氧形成有爆炸危险混合物。AE 操作温度在 50～120℃之间，压力在 10～30bar 范围。

2. 质子交换膜电解器

质子交换膜电解器(PEME)有宽的操作温度和压力范围。虽然有评论说 PEME

适合小规模应用（产氢速率＜$30Nm^3/h$），但实践证明它也已成功被放大到大规模工业应用。现在已经发展出效率更高和更成本有效的PEME系统，其大规模工业应用越来越普遍和大众化。2017年已有制造商生产出可输入兆瓦（MW）级电力的PEME，例如，10MW的产氢速率为$2000Nm^3/h$。这类PEME技术为用RES电力大规模商业化产氢铺平了道路。PEME现在已广泛应用于不同工业领域，包括汽车、航天和燃料电池系统。

虽然AE池堆成本低于PEME（因使用贵金属催化剂，制造成本高于AE），但是PEME具有自己的优势，雇主付出的总成本低于AE。一方面薄膜电解质有更高电导率，其操作电流密度（＞$2A/cm^2$）远高于AE，降低了工厂总成本；另一方面在系统大小增加时，复杂性和工厂平衡（BOP）付出的成本下降，其服务成本也仅有AE的1/3。PEME具有较长寿命和快速启动（与AE比较）等特点，对大规模应用有更大吸引力。在RHHES中安装使用的产氢电解器和电解技术是成熟的。PEME适合于生产高压氢，纯度可达99.99%，这降低了氢进一步纯化和压缩的成本，非常适合于需用高压氢场合。PEME技术在如下方面远胜AE：进展速率、简单、爆发式能力和产氢纯度（满足PEMFC车辆使用要求），因此成为RHHES优先选用的电解器，既可连网也可单独使用。另外，PEME的气体横流速率低，能在宽的额定功率密度内操作（10%～100%）。对于PEME，输入功率变化时系统惯性并不起作用。PEME使用的仍是Nafion膜、Ir阳极和Pt阴极、Ti电流收集器，基本结构50多年来变化很小。

3. 固体氧化物电解器

固体氧化物电解器（SOE）使用的电荷载体是氧阴离子（O^{2-}），在温度足够高时在固体陶瓷电解质［一般是钇稳定氧化锆（SYZ）］中的电导率是高的。当电极与电解质和气体接触时就能发生化学反应。因高操作温度（＞600℃），该电解器技术有能力使电耗显著降低。

总而言之，PEME启动时间短，操作温度低，需要的维护比AE少。SOE电效高，碳足迹比PEME小。除了各自优点外，它们也有各自的挑战。AE耗能较多，PEME易受腐蚀影响，SOE比较昂贵和需要仔细跟踪电解质以保持最优效率。但SOE比较耐用，需要的维护少，能在较高温度和压力下操作。在选用电解器时需要仔细考虑不同类型电解器的实际结果和成本，但最合适电解器的选用取决于应用（特定）需求。为此应对不同电解器要进行研究和比较以确保做出准确选择。维护和操作成本对确保电解器在应用中成本有效也是重要的。对于离网RHHES（利用太阳能），与电解器的连接可采用三种方式：直接耦合电解器、连接直流电（DC）电解器和连接交流电（AC）电解器。

10.4.5　可再生能源电力和氢储能系统中的储能组件

RES 如风能、太阳能本质上是随机波动和间断性的，要为顾客提供稳定电力供应依赖于有效可靠的储能系统。储能要确保有很大数量能量以满足需求的短期变化（当与电网连接时），并确保离网系统电力供应的连续性，缓解和解决电力产需间不平衡问题。不言而喻，准确确定储能子系统大小（容量）对发挥其运行功能是至关重要的。

储能技术有两大范畴：容量导向（如泵抽水电、压缩空气和氢储能）和使用导向储能系统（如电池、飞轮、超级电容器和超导磁能存储）。例如，电池作为使用导向并合进入储能子系统后，不仅可增加输出功率，也能增加储能容量；又如，FC 由储氢单元供应燃料，配送的能量和配送时间（容量）是可控的。RHHES 中的能量可以多种形式存储以满足分散性能量需求，达到在不同时间使用和使用于不同目的目标。为此使用各类储能组件如电池（供瞬间使用）、超级电容器（满足突击性能量需求）和储氢储能（FC，提供长时间功率），它们的灵活性可使能量使用更加可靠有效，达到节约成本和减少环境影响的双重目的。因此，确定储能技术是否合适及其可行性和成本成为事情的关键，要了解系统如何使用、要满足何种类型负荷和如何准确地设计它以确定储能技术大小类型和分级成本，从而也帮助确保 RHHES 可靠性、高效性和成本有效性以及对环境影响最小化。RHHES 中常用三类盈余能量存储技术是电化学（电池）、化学（氢）和电力（超级电容器）。它们已在前面章节详细介绍过，此处不再重复。

10.5　可再生能源电力和氢储能系统组件模型简介

RHHES 要在经受可变气候和地区能源状况的极大影响条件下确保功率的可靠稳定连续供应，即 RHHES 必须具备掌控可靠解决功率中断和短缺的能力。对这类复杂的 RHHES，其样机设计、安装和试验都要很长时间和耗用巨大资金，因此模型化和模拟成为评估 RHHES 和预测其性能的最重要工具（无论其是否联网或离网）。另外，在多个约束下满足多个目标要求确定系统和组件大小（最小化建设）及最小化运行成本和环境影响也要求建立利用模型。建立的模型必须能准确反映系统要完成的目标和所具有的基本特色，而模型的测试验证和模拟则需要可靠和完整的试验数据（至关重要）。鉴于 RHHES 的复杂性必须配备控制软件。

下面简述来自文献的部分 RHHES 模型化和模拟工作，首先叙述单个组件（特定应用）模型。

10.5.1 风电和光伏电

风力透平发电（风电）输出 E_w 和风速 V_w，风力透平发电机的发电特征参数 P_w 和风电透平数目 N_w 间的函数关系为

$$E_w = N_w \times f(V_w, P_w) \tag{10-2}$$

光伏排列发电 E_{pv} 和辐射水平 H、纬度角 λ、PV 排列倾角 s、风电机组排列数目 n、天数日照小时数 S、温度 T，以及光伏模束发电特征参数 P_{pv} 和 PV 排列数目 N_{pv} 间的函数关系为

$$E_{pv} = N_{pv} \times f(H, \lambda, s, n, S, T, P_{pv}) \tag{10-3}$$

风电和 PV 互补系统的设计和构型与电力负荷匹配负荷需求必须在一定时间内满足，达到可靠操作和降低配送、避免废物产生及降低系统成本。风电和 PV 互补系统的总成本应成为目标函数。总成本包括安装成本和运行成本。运行成本比例于安装风电机组的数目。设 β 为成本因子，其目标函数可表示为

$$C_{total} = C_b + C_o = (1+\beta)C_b = (1+\beta)(C_w N_w + C_{pv} N_{pv} + C_{bat} N_{bat}) \tag{10-4}$$

其中，C_{total}、C_b 和 C_o 分别为总成本、安装成本和操作成本；C_w、C_{pv} 和 C_{bat} 分别为风电透平、光伏和电池的成本；N_w、N_{pv} 和 N_{bat} 分别为风电透平、光伏和电池的数目。

以机场光伏发电厂为例。PV 发电厂布局可设计置于停车场，这是机场中除屋顶光伏和开放空间外的布局。PV 面板用单晶硅太阳能板，其长度和宽度分别为 1.64m 和 0.99m，计 250W。PV 单元的容量为 1kW，由四块 250W PV 板组成。PV 板的功率输出可按以下方程计算：

$$P_{t,pv}^{out} = N_{pv} P_{STC} \frac{I_t}{I_{STC}} [1 + \alpha(T_{t,C} - T_{c,STC})] \tag{10-5}$$

其中，$P_{t,pv}^{out}$ 为在时间点 t 的输出功率；N_{pv} 为 PV 板数目；P_{STC} 为 PV 板在标准条件（STC，池温度 25℃，辐射 1000W/m^2）下的额定功率；I_t 为在时间点 t 的太阳辐射强度；I_{STC} 为在 STC 下的辐射强度；α 为功率的温度系数；$T_{t,C}$ 为在时间点 t 的 PV 池温度；$T_{c,STC}$ 为在 STC 下的 PV 池温度。

10.5.2 水电解器

水电解器被模型化为有名义最大功率 $P_{ele,nom}$，没有最小，但可有小的部分负荷。由于低于额定功率 20%负荷会增加氢跨界与氧混合的机会，影响安全操作。下面模型中略去该限制以保持对系统的简单控制。作为输入和额定功率间的最小值，使用功率 $P_{ele,\,i}$ 计算如下：

$$P_{\text{ele},i} = \min\{P_{\text{ele,输入},i}, P_{\text{ele,正常}}\} \tag{10-6}$$

效率 $\eta_{\text{ele},i}$ 依赖于负荷水平，通常可使用拟合特定能量消耗的二阶多项式计算：

$$\eta_{\text{ele},i} = -0.1096\left(\frac{P_{\text{ele},i}}{P_{\text{ele,正常}}}\right)^2 + 0.0060\frac{P_{\text{ele},i}}{P_{\text{ele,正常}}} + 0.8952 \tag{10-7}$$

氢高热值（HHV）用于计算将存储能量值转换为氢质量值，以跟踪对氢存储的需求：

$$\Delta m_{\text{H},i} = \frac{\eta_{\text{ele},i} P_{\text{ele},i} \Delta t}{\text{HHV}} \tag{10-8}$$

电解器盈余功率计算如下：

$$P_{\text{ele,盈余},i} = P_{\text{ele,输入},i} - P_{\text{ele},i} \tag{10-9}$$

10.5.3　燃料电池

燃料电池的最大功率受限于它的额定功率 $P_{\text{fc,nom}}$，像电解器那样可以假设是部分负荷的（功率的名义）低限。FC 对动态变化负荷应答不是很好，多用于为电池充电，但在电池 SOC（荷电状态）不足以满足本身需求时，也可把盈余功率为电池充电。因此，FC 功率水平 $P_{\text{fc},i}$ 是基于电池 SOC（替代功率需求）来确定的：

$$P_{\text{fc},i} = \max\left\{P_{\text{fc,正常}}\left[1-\frac{\text{SOC}_i}{\text{SOC}_{i,\text{im}}}\right], \text{O}\right\} \tag{10-10}$$

该方程是线性的，SOC 为零时等于名义功率，在预先确定极限 SOC_{lim} 时它通过零点。不同月份设置有不同的极限值，这对太阳辐射（从 10 月到次年 2 月，$\text{SOC}_{\text{lim}} = 0.9$）很少或没有例外，对于从 3 月到 9 月有较高太阳辐射时，$\text{SOC}_{\text{lim}} = 0.5$。这样处理时 FC 为电池充电的阈值在高太阳辐射时期是高的，电池为盈余 PV 生产电力留有更多空余量。而在冬季月份，FC 能以高功率为电池充电（预期的 PV 电力是低的）。FC 效率 η_{fc} 近似为 0.5，这对 PEMFC 是有代表性的，其输出功率由式（10-11）计算：

$$P_{\text{fc,输出},i} = \eta_{\text{fc}} P_{\text{fc},i} \tag{10-11}$$

循环氢基于氢 HHV 计算：

$$\Delta m_{\text{H},i} = -\frac{P_{\text{fc},i}}{\text{HHV}} \tag{10-12}$$

10.5.4　氢储槽

氢存储本身模型化为无限大小，在模拟开始时充满氢，没有泄漏，允许确定每一个装置的正确大小，没有充燃料限制。由于有与之比较的容量限制，因此不能够确定氢存储的 SOC。替代的是，存储氢数量变化可通过进出储槽氢数量进行跟踪。

10.5.5 电池储能系统模型

1. 电池

电池被模型化为有限存储容量 C_{bat} 但有无限充放电速率。计算的充放电效率是横向对称的，对于锂离子电池 $\eta_{bat}=0.92$（往返效率 0.85），其中包括电池本身效率及功率电子设备效率。电池的荷电状态（SOC，总电容量的一个分数）可使用于跟踪电池被充电的能量数量。假设：忽略自放电且放电深度和循环数目不受限制。并且，使用的正负号不是流出和流入电池的能量流。对于充电模式，电池功率 $P_{电池,i}$ 由式（10-13）确定：

$$P_{电池,i}=-\min\{\eta_{电池}P_{电池,输入,i},(1-\mathrm{SOC}_{i-1})C_{电池}/\Delta t\} \tag{10-13}$$

它给出输入功率和可利用电池容量间的较小值。充电后电池的 SOC 为

$$\mathrm{SOC}_i=\mathrm{SOC}_{i-1}+\frac{|P_{电池,i}|\Delta t}{C_{电池}} \tag{10-14}$$

盈余功率的计算利用式（10-15）：

$$P_{电池,盈余,i}=P_{电池,输入,i}-\frac{|P_{电池,i}|}{\eta_{电池}} \tag{10-15}$$

放电时功率由式（10-16）给出：

$$P_{电池,i}=\min\{P_{电池,需求,i},\mathrm{SOC}_{i-1}\eta_{电池}C_{电池}/\Delta t\} \tag{10-16}$$

它给出需求功率输出和电池可利用功率间的最小值，后者被模型化为直接比例于储能数量。放电后的 SOC 可计算如下：

$$\mathrm{SOC}_i=\mathrm{SOC}_{i-1}+\frac{P_{电池}\Delta t}{\eta_{电池}C_{电池}} \tag{10-17}$$

电池放电后未能满足的功率需求：

$$P_{电池,未满足,i}=P_{电池,需求,i}-P_{电池,i} \tag{10-18}$$

2. 电池系统

电池储能系统（battery storage system，BSS）用于存储过量光伏电能。微电网系统中的 BSS 是负荷（充电时）或电源（放电时）。因锂离子电池具有高能量密度、低自放电、快速充电和安全性能好等特点，被用作储能系统（有多种储能单元）。储能系统主线电压设计为 600V，由 100 个 1kW/6V 锂电池串联组成。电

池储能系统的模型可用如下方程表示：

$$E_{t+1}^{\mathrm{BSS}}=(1-\delta)E_t^{\mathrm{BSS}}+\left(\eta^{\mathrm{c}}P_t^{\mathrm{in,BSS}}-\frac{P_t^{\mathrm{out,BSS}}}{\eta^{\mathrm{d}}}\right)\Delta t \tag{10-19}$$

其中，E_{t+1}^{BSS} 和 E_t^{BSS} 分别为时间 $t+1$ 和 t 时存储的能量；δ 为维持能量损失比；η^{c} 和 η^{d} 分别为充电效率和放电效率；$P_t^{\mathrm{in,BSS}}$ 和 $P_t^{\mathrm{out,BSS}}$ 分别为充电功率和放电功率；Δt 为时间间隔。

电池包满足下面的关系：

$$E_{\mathrm{b}}(n+1)=\begin{cases}E_{\mathrm{bm}} & E_{\mathrm{ov}}(n)\geqslant E_{\mathrm{bm}}\\ E_{\mathrm{ov}}(n) & 0<E_{\mathrm{ov}}(n)<E_{\mathrm{bm}}\\ 0 & E_{\mathrm{ov}}(n)\leqslant 0\end{cases} \tag{10-20}$$

$$E_{\mathrm{ov}}(n)=E_{\mathrm{w}}(n)+E_{\mathrm{pv}}(n)-E_t(n) \tag{10-21}$$

其中，E_{b} 和 E_{bm} 分别为电池包可用容量和最大可用容量；E_{w} 为风力透平发电；E_{pv} 为 PV 排列发电；E_t 为负荷电力消耗；E_{ov} 为盈余电力；n 为天数，$n=1, 2, 3, \cdots, 365$。

10.5.6　氢能系统

氢能系统（hydrogen energy system，HES）提供低碳和可持续的能源。氢燃料电池（HFC）具有无污染、无噪声和高效等特点。为太阳能产氢配套的低温电解器适合于小规模（如机场远机位）应用。使用氢燃料的 PEMFC 具有低操作温度（约 80℃）、可靠操作、启动快速（数分钟内达到满负荷）和相对高效率（45%～60%）的特点。模束电解器和 FC 方程如下：

$$m_t^{\mathrm{out,H_2}}=\frac{3.6P_t^{\mathrm{in,电解器}}\Delta t}{h_{\mathrm{HHV}}^{\mathrm{H_2}}}\eta^{\mathrm{电解器}}；\quad m_t^{\mathrm{out,O_2}}=8m_t^{\mathrm{out,H_2}} \tag{10-22}$$

$$P_t^{\mathrm{FC}}=a+bF_t^{\mathrm{H_2}} \tag{10-23}$$

其中，$m_t^{\mathrm{out,H_2}}$ 为电解器在时间 t 的产氢数量，kg/h；$P_t^{\mathrm{in,电解器}}$ 为输入电解器功率；$h_{\mathrm{HHV}}^{\mathrm{H_2}}$ 为氢高热值，MJ/kg；$\eta^{\mathrm{电解器}}$ 为电解器转化电力到氢的效率；$m_t^{\mathrm{out,O_2}}$ 为电解器在时间 t 生产的氧数量；$F_t^{\mathrm{H_2}}$ 为氢循环速率，kg/h；P_t^{FC} 为燃料电池在时间 t 的输出；a 和 b 为燃料电池发电系数。低温液氢储槽（hydrogen solution tank，HST）用作在电解器和移动燃料电池单元间的存储媒介，为孤立和偏远地区或单元（如远机位飞机）供应电功率。HST 的模型化可写作：

$$m_{t+1,\mathrm{H_2}}^{\mathrm{s}}=m_{t,\mathrm{H_2}}^{\mathrm{s}}+\left(m_{t,\mathrm{H_2}}^{\mathrm{s,in}}-m_{t,\mathrm{H_2}}^{\mathrm{2,out}}\right)\Delta t \tag{10-24}$$

其中，$m_{t,\mathrm{H_2}}^{\mathrm{s,in}}$ 和 $m_{t,\mathrm{H_2}}^{\mathrm{s,out}}$ 分别为充氢和释氢流速，kg/h；$m_{t+1,\mathrm{H_2}}^{\mathrm{s}}$ 和 $m_{t,\mathrm{H_2}}^{\mathrm{s}}$ 分别为在时间 $t+1$ 和 t 时存储的氢。

储能系统 BSS 和 HST 中的约束分别由如下方程给出：

$$P_t^{电网买入}+P_t^{PV}+P_t^{out,BSS}=P_{t,协议标准}^{用户}+P_t^{EV}+P_t^{in,电解器};\quad P_t^{FC}=P_{t,远地}^{用户};$$
$$P_t^{H_2}-m_t^{未满足H_2}=m_t^{out,H_2}+m_{t,H_2}^{s,out}-m_{t,H_2}^{s,in} \tag{10-25}$$

$$\sum_{t=1}^{T}m_t^{未满足H_2}\leqslant\lambda_{H_2}^{未满足}\sum_{t=1}^{T}F_t^{H_2};0\leqslant m_t^{未满足H_2}\leqslant F_t^{H_2};\varphi_i^{cap,min}\leqslant\varphi_i^{cap}\leqslant\varphi_i^{cap,max};$$
$$0\leqslant P_t^{cap}\leqslant P_{t,pv}^{out};P_{min}^{in,电解器}\leqslant P_t^{in,电解器}\leqslant P_{max}^{in,电解器};P_{min}^{in,FC}\leqslant P_t^{in,FC}\leqslant P_{max}^{in,FC} \tag{10-26}$$

$$0\leqslant P_t^{in,BSS}\leqslant u(t)P_{max}^{in,BSS};0\leqslant P_t^{out,BSS}\leqslant[1-u(t)]P_{max}^{out,BSS};E_{min}\leqslant E_t^{BSS}\leqslant E_{max} \tag{10-27}$$

$$v(t)m_{min,H_2}^{s,in}\leqslant m_{t,H_2}^{s,in}\leqslant v(t)m_{max,H_2}^{s,in};[-v(t)]m_{min,H_2}^{s,out}\leqslant m_{t,H_2}^{s,out}\leqslant(1-v(t))m_{max,H_2}^{s,out};$$
$$m_{min,H_2}^{s}\leqslant m_{t,H_2}^{s}\leqslant m_{max,H_2}^{s} \tag{10-28}$$

其中，P_t^{PV} 为 PV 在时间 t 消耗的功率；P_t^{EV} 是 EV 在时间 t 的负荷；$m_{t,H_2}^{s,in}$ 和 $m_{t,H_2}^{s,out}$ 分别为充氢和释氢流速，kg/h；$\lambda_{H_2}^{未满足}$ 为废氢的比例；$\varphi_i^{cap,min}$ 和 $\varphi_i^{cap,max}$ 分别为 φ_i^{cap} 的高限和低限；$P_{min}^{in,电解器}$ 和 $P_{max}^{in,电解器}$ 分别为 $P_t^{in,电解器}$ 的上限和下限；$P_{min}^{in,FC}$ 和 $P_{max}^{in,FC}$ 分别为燃料电池发电的上限和下限；$P_{max}^{in,BSS}$ 和 $P_{max}^{out,BSS}$ 分别为 BSS 的最大充电和放电功率；E_{min} 和 E_{max} 分别为 BSS 容量的上限和下限；$m_{min,H_2}^{s,in}$ 和 $m_{max,H_2}^{s,in}$ 分别为 $m_{t,H_2}^{s,in}$ 的上限和下限；$m_{min,H_2}^{s,out}$ 和 $m_{max,H_2}^{s,out}$ 分别为 $m_{t,H_2}^{s,out}$ 的上限和下限；m_{min,H_2}^{s} 和 m_{max,H_2}^{s} 分别为存储氢的上限和下限；$u(t)$和 $v(t)$分别为 BSS 和 HTS 的辅助二元变量，以表示不会同时受充放电的约束。

RHHES 的模拟和优化与其应用场合（如使用组件和负荷等）密切相关，为此将在个例研究中做简要介绍。

10.5.7　组件大小和集成

一个完整的 RHHES 可由模块化（特定容量、大小）组件（如光伏发电、风力发电机、电池等）装配集成（界面连接）而成，由控制模块（算法）集中管理。它们一般是脱中心化的分布式（复杂）系统。组件操作可以是接收局部控制器或中心控制器命令后做出的应答。很显然，在集成系统中应用模块化和界面化概念是自然而方便的，可按照操作科学原理和详细技术要求对单一组件模型化。根据能量交换、数据或其他组件命令进行和完成输入和输出操作。于是，可由每个组件与其他组件输入/输出间的连接确定组件构成以及如何和什么时候动作。这些组件的集成及其大小的确定是一个有交互影响的任务：组件优化大小是由它在系统中的使用确定的，意味着大小优化拓扑了在组件和用于管理它们控制方法间的连接。作为结果，确定大小时包含优化，而集成则包含的是物理连接。

确定系统组件大小的目的：一是按照负荷、地区资源（太阳能、风能）、技术及其成本找到合适构型；二是为合适地操作混合能源系统和最小化建设成本，准确确定系统功率和能量容量大小。按年度能量需求和在无初级能源供应时需要的服务时间先做初始计算；再按照预设控制程序对整个系统操作进行模拟精炼组件大小。因此，按设定目标进行优化确定大小是一个迭代过程。如果仅限于技术因素优化获得的构型不是唯一的，因为组件大小是可以进行校正的，增大一个可以减小另一个来补偿（如 PV 阵列大小和氢存储容量）。如果以多目标进行优化，获得的是唯一构型。对发展解决和技术优化混合可再生能源系统，文献中已给出确定模块大小的方法。

但是，为获得最优输出参数，不得不在系统可靠性及其成本间进行折中权衡。一般而言，减小系统组件大小可节约投资成本，这是因为用不确定性结果确定的系统组件通常是过大的。所以，关键是要评估系统长期性能，使其达到可靠性和成本间的合适平衡。对于混合能源系统，除必须确保可靠功率供应外，还必须考虑其成本和购价，因此很有必要进行可靠性和成本间的关系研究，这对多目标优化获得优化解是最关键的。同时，也必须认识到，混合能源系统组件大小对确保可靠提供功率及其可利用性有重要影响。所以，必须进行预可行性分析以确定其可行性。最基本的是要进行模拟以确定提议混合能源系统的操作、可行性和可靠性。另外，还必须评估提议混合能源系统成本及分析其对环境和社会可能产生的影响，包括危险和应采取预防措施。最后，需要为混合能源系统发展和实现制定一个完整计划，包括项目资源分析和人员需求。组件大小的确定常关系到系统如何部署，也关系到管理规则（PMA）如何控制，在单独使用时尤其重要。高效 PMA 对最大化可用功率和最小化停运是很关键的。特别是对于 RHHES，在由基于气象数据和系统组件瞬态行为建立的详细系统模型以及用它模拟能源可利用性时，必须预知 PMA 方面的知识。此外，富有活力的 PMA 可让系统在理想空间内（如电池在最大和最小推荐荷电状态范围内）操作运行，有助于增强系统稳定性和延长组件寿命。

10.5.8　系统集成和控制

集成实际上是能量流（本身需要模型化的电力、氢和热量）和转换器（嵌入组件内或插入作为组件，如 DC-DC 转换器）的相互连接，再加上控制器。连接的硬件必须按提供的能量流确定其大小。因能量在组件间交换，必须跟踪系统各部门实时状态并进行通信交流。为让控制器做控制决定、对组件下命令以及接收数据和确认信息，它需要有做基本控制决定的信息。RHHES 的状态变量（如辐射强度、风速、不同位置温度、氢压力、功率循环等）必须被跟踪以了解每个组件和整个系统的现时状态。组件和控制器间的通信应标准化以选出尽可能多的方案。图 10-12 中给出了一个基于 DC 微主线回路的 RHHES，包括热能管理和跟踪的物理结构。热能管理是必需的，取决于储氢类型。对于金属氢化物储氢，由于氢的吸着/脱附有焓变，热能管理是强制性的。模块（结构单元）有预测 PV 阵列及其功率电子设备，风力透平及其功率电子设备等的行为。系统利用所需参数控制模块。控制模块使用提供的信息了解系统状态和按 PMA 部署资源。这一模块方法有利于替代组件试验、组件模型替代和控制策略的改变，无须改变总结构模型。另外，在组件模型内使用的特定参数如太阳辐射强度和风速也进入控制器模型中用于决定的做出。

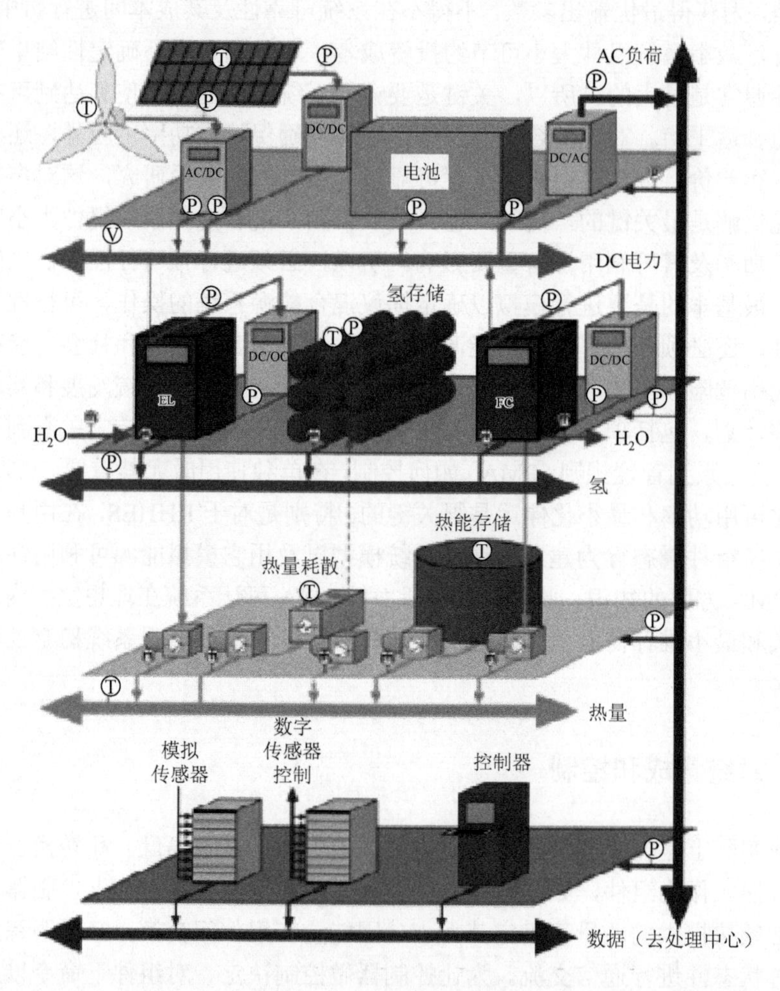

图 10-12　基于 DC 微主线回路的一个混合能源系统（包括热管理和跟踪）

10.5.9　小结

RHHES 是非常复杂的，需要多方面技术，包括能量捕集、电力和氢能生产存储、电化学存储和氢能转化为电力和热能（燃料电池）等。电力生产侧重于 RES 电力（光伏和风力透平），而可再生氢生产水电解是现时仅有的可行方法。近年来 PEME 技术快速进展使其在目前 RHHES 中的应用与 AE 平起平坐。RHHES 中可用的储能技术主要是电池和超级电容器以及储氢技术（如压缩气体、金属氢化物和液体有机分子储氢），它们很适合商业应用且已获得成功。已有文献给出确定极为复杂 RHHES 中组件大小（容量）的方法和步骤，以及建立该系统模型和进行模拟优化的例子。

RHHES 的实现必须借助于 FC 技术，用氢生产电力和热能，这使系统能在离（电）网条件下提供足够功率供应。FC 技术是现时快速进展和进入商业化的技术，尽管还需进一步提高。随着技术进展，HFC 与传统发电单元在成本上是有竞争力的，对大规模应用也具有吸引力。普遍预期，它在向低碳经济过渡中将起主要作用。关于 RHHES 组件大小（容量）确定和管理掌控技术，近年已取得巨大进展，使用实践管理规则的算法程序已被并合进入系统模型中。所有组件（如光伏板和风力透平、电解器、氢存储和 FC）和它们间的连接界面（也就是集成）是需要一起优化和运行的。到目前为止，还没有出现单一能源技术在能源价值链中占有支配地位，即全球能源系统是能源资源和能源管理的混合体。

遥远和其他离网地区与城市对功率需求都在不断增加，RHHES 应用也会日渐普遍。因氢能属于长期大数量储能范畴，能解决 RES 供应随机波动变化问题，确保功率的连续可靠供应。氢能季节性存储的能量损失几乎可以忽略不计（电池有容量和自放电损失，仅适合短期储能），但要达到 RHHES 组件有较高效率和较低成本仍需进一步研究。

10.6　可再生能源电力和氢储能系统可行性研究个例

10.6.1　高纬度孤立社区

RHHES 数量增长主要来源于遥远地区或离网地区，该设计没有 GHG 排放和低维护成本，对高纬度地区是合适和有益的。因 RES 电力生产随季节而变（随机波动间断性质），电网的需求边管理技术如电池适用于短期平衡管理，而长期平衡管理需要氢存储技术的帮助，RHHES 能以存储氢形式存储在 RES 电力充裕时段而能量供应不足时段使用（能量转移再分布）。现在岛屿和遥远地区主要功率源几乎都是化石燃料，除岛屿运输和移动领域应用外的其余功率都被用于生产热能和电力。不过从能量安全性和降低对化石燃料依赖性考虑，应该尽可能利用区域性 RES 资源替代化石能源来提高生活质量和促使经济增长。

在实验室和公用建筑物中对 RHHES 技术进行的试验结果说明，该技术是可行的且能胜任遥远/岛屿地区装置的应用。然而，为实现这个目标，仍需要克服若干重要挑战：①为使 RHHES 更经济可行，必须为降低组件成本和增加效率（尤其是氢能技术）做巨大努力。②要使 RHHES 能在有害和很大不同条件下长期运行，对成本和能源可利用性需要进行平衡折中。对组件大小（是一种挑战）还需要在需求和可靠性间进行平衡折中。创生牢固、灵活、可靠运行态势是一个目标。该态势用最大化能量可利用性和降低能量流波动来降低易损组件的能量流。③必须解决 RHHES 大多数组件性能随时间降低的问题，需要及时采用新的、便宜的技术。④为证明氢的安全性和无事故使用，可能需要建设更多该类能源系统。这是因为氢是高度可燃的，使用时的安全危险必须被最小化。另外，通过创生更多氢能系统，可以在事故观察和学习中发展出更好更安全的系统。而氢的公用基础设施建设对未来成功实现氢价值链是根本性的保障。⑤RHHES 要辅以不同法规和标准，对多个国家（尚未有氢能的法规和标准）是复杂和费钱的事情。

对于 RES 资源电力联网或离网系统研究过的范围从通信站到城市。在混合能源系统（HES）中除 RES（PV、风能和水力）外还有储能单元，通常是电池和/或氢燃料。因降低 GHG 排放是全社会未来数十年至关重要的任务，除工业和运输部门，家庭也必须要做部分贡献。发展高能量性能（新低碳、零碳和增能）新建筑物技术受到相当高的关注，其最雄伟目标是：第一，设计和建造产能（即能量的产生多于消耗）且最小污染物排放建筑物；第二，建造近零能耗（输出的能量几乎等同于消耗用）建筑物。该类建筑物需要使用多种可持续能源技术。例如，意大利的一个零能耗建筑物示范项目应用了组合木头和混凝土结构材料、三釉窗户（三层隔热）、地板加热、地热源热泵、光伏太阳能发电厂和热量回收通风设备等先进技术。

社区家庭降低 GHG 排放的最好方法之一是利用区域 RES（如太阳能和风能）生产电力。RES 分布式发电（特别是 PV 电力）是成本最低的选项（预期将持续下降），现已普遍流行，未来将进一步广泛使用。但是，RES 电力具有随机波动间断性，生产电力随天气和季节而变。特别是在北方高纬度地区，夏季月份太阳辐射是非常丰富的，而冬季月份则几乎没有太阳辐射。住宅能源消费则集中于黑暗寒冷的冬季月份（供热需求增加）。这个能源产需间的不匹配可用两种方式解决：一种是与电网连接情形，可通过购买电网电力平衡消费，盈余电力卖给电网。另一种是无电网电力可用情形，需用储能单元存储盈余电力供后面使用。当为远离电网的遥远地区设计新建筑物时，后一种方法是有吸引力的，因为建设长的电网线路很费钱，也希望该居住区（本地区）能量可完全自给自足。

虽然适合于离网建筑物的储能方法有很多，如可充式电池对短期储能（数天到若干星期）是理想的，但并不适合于长期季节性存储。要长期大量存储能量似乎必须使用燃料如氢储能，这是因为存储的燃料不会有能量损失。氢燃料是一种理想的存储介质，可从 RES 电力电解水生产和存储（大量和长时间），需要时可经燃烧（热能转化为电力）或 FC 转化为电力。氢是具有竞争力的，在所有燃料中具有最高质量能量密度（HHV = 39.42kW·h/kg）。储氢有多种方法，技术相对成熟、存储容量容易放大，很适合于季节性长期存储。但应注意到，氢转换往返效率是相对低的（不利于短期存储）。对住宅房屋可用热能存储来补充。组合网联-PV 电池-氢系统可使技术的可行性大为提高。

在高度动态电力消费和 PV 发电条件下，对氢存储系统的可行性进行了一些仿真模拟和试验研究，多数考察的是南方地区，其冬季供热需求不大。而高纬度北方地区冬季低 PV 供电住宅房屋很少受到注意。该研究是要对北方气候条件下的离网住宅房屋使用电池和氢存储进行模拟，目的是要从技术观点评估 PV 及离网住宅房屋能量系统，以及确定电池和氢组合存储系统的最小容量（能全年离网操作）。也是对氢作为住宅季节存储系统在北方气候条件下的总潜力进行研究。该模拟基于组合 PV 电力产生和电力消费真实数据。

对离网能源系统的年度自持续操作，需要短期和季节性储能，特别是在北方气候条件下，因太阳辐射和能源消耗具有很大间断性。为考察有短期电池和季节性氢存储离网能源系统的技术可行性进行了模拟研究。该模拟研究取用北欧芬兰的一个联网住宅单一家庭房屋数据，该家庭能源系统安装有 21kW 光伏和地源热泵基供热系统。使用真实 PV 发电数据和在 3 年时间内电网与房子间电力输出/入数据对能源系统性能进行模拟，试图找出具有年度离网操作能力所需要的电池和氢存储组合系统的最小容量。对以电池为短期储能和氢存储系统作为季节性存储的 PV 基离网能源系统也进行了模拟研究，还对在北方气候条件下操作该系统的技术可行性进行了研究。

结果指出，在无法与电网连接条件下，能源系统必须有能力支持住宅房屋日复一日地全年正常运作，消费生产足够可靠的能源且必须有短期和季节性的储能（因 RES 电力供应的间断性）。单一电池或储氢系统不足以在这类孤立条件下保持年度离网操作。这是因为电池容量必须要超想象的大，而使用储氢（包括燃料电池）系统是一种浪费（因难于管理动态负荷和低的往返效率）。一旦把两类储能方法组合起来就能使该 PV 基离网能源系统变得技术可行。从模拟结果获得的重要发现有：①对该类离网系统，重要的是限制高峰功率消费，而家用电器的智能设计和使用的自动调度能使高峰消费达到最小，还显著降低储能单元容量。②该离网系统电池存储容量达到 20kW·h 以上，可在没有储氢条件下进行夏季操作，否则 FC 和电解器名义功率至少分别需要 4kW 和 5～7kW。③为保持系统能在冬季月份操作，氢存储容量需要 170～190kg，相对大住宅房屋面积可能需要对氢进行物理压缩存储。④针对芬兰单一住宅房屋的该研究结果，应可用于全球类似高纬度日晒气候条件地区（需小心）。⑤预期氢存储系统容量随位置向北移而增大，而电池容量则减小。需要注意，对于更南地区，预期正确性将下降，这是因为冬季 PV 发电功率增加模糊了夏季和冬季操作的清楚界线。⑥描述的模拟方法可应用于全球气体的地域分布。

10.6.2 机场远机位

能使航空工/行业污染变得更少吗？能，机场微电网能源系统有可能使机场运行达到零排放。但这类微电网处理对新能源资源（如太阳能和氢能）集成存在工程挑战，目的是要达到脱碳化。

运输燃料燃烧直接排放的 CO_2 占 24%。虽然航空（空运）现时仅占总 CO_2 排放的约 3%（IEA，2018），而航空远运部门年增长达 6%，它的碳排放量应比 2020 年有显著下降。因航空工业消耗的大部分是化石燃料，其脱碳要比道路铁路运输更困难。为解决航空工业的环境挑战，欧盟提出了飞行路线（flight path）2050 计划，要求 CO_2 和 NO_x 排放量分别降低 75%和 90%，且要求机场地面操作为零排放；中国宣布航空碳排放目标比前五年至少降低 4%。办法是采用电动和混合电动航空器，重点之一是研究机场地面服务装备电动化的可行性，主要反映在两个领域：①机场地面车辆如旅客转运车、飞机牵引车、飞机导引车辆、服务车辆、货运拖车、铲车等的完全电动化；②为飞机提供功率地面单元的替代。但为此进行电网扩展存在两方面的挑战：①为达到机场能源系统“供需”平衡，扩展上游电网容量较少可行，因高投资成本、土地和资源约束以及长建设周期（可能招致电力工业高传输损失和高排放）；②降低能耗、降低排放和降低操作成本可利用机场大面积（机场航站楼、停车场和其他土地空间）发展光伏（PV）发电，PV 可为机场提供清洁和自给自足能源供应。例如，北京大兴国际机场安装有大量 PV 发电，年平均发电 6100 万 kW·h。而 PV 电力的间断性和波动性需要配备储能装置来解决。电池使用寿命 8～15 年，替换成本很高。此外，常规集成计划受制于土地空间约束和为停在远机位飞机供应功率。为远机位飞机供应功率的地面装置必须具有移动供应功率的能力。对此可考虑绿氢（电解水所产氢）作为解决未来脱碳能源系统的可行方法。氢能系统（HES）主要包括电解器、氢储槽（HST）和燃料电池（FC）发电单元。HES 服务寿命长，完全能够涵盖机场，存储的氢不会有损失和易于运输，可避免电网扩张和储能损失。因此，在未来机场集成有氢的能源系统是机场能源供应和存储有前途的发展趋势。为降低机场碳排放和噪声，对远机位飞机用携带 HFC 的地面移动功率车辆替代原位飞行器辅助功率单元（APU）提供功率供应是一个有效方法，可以说这对未来机场能源系统设计和优化（达到低碳可持续航空经济）是根本性有利的。因此，很有必要研究评价为机场电动化使用新能源如 PV、氢供应和储能集成系统的可行性、作用和价值。

1. 机场结构和对能源的需求

一般机场由如下部分组成：①飞行区，包括航道、出租车道和联络道路；②停机区；③航站楼；④指挥导航塔；⑤机场辅助部分，包括飞机维修机库、加燃料系统等（参阅图 10-13）。乘坐停泊于机桥飞机的旅客可从登机桥登机，乘坐停泊于远机位飞机的旅客要乘坐大巴到停机处登机。一些机场附近有功率分布箱，通过长距离中等功率电缆与电力车连接。电力车 400Hz 主功率用于转换电力频率以满足远机位飞机的功率需求。但是，机场的主要部分仍然是使用原位 APU 来供应远机位飞机的功率。另外，机场中电动车辆正在不断替代传统燃料车辆。航站楼外的能源消耗主要是为飞机供应功率以替代飞机的 APU 和为 EV 充电。这样的能源需求将由（设计的）多能源系统（包括 PV、BSS、HES 和 DC 微电网）供应，如图 10-13 所示。而图 10-14 给出了机场电动化所需的能源供应和需求。

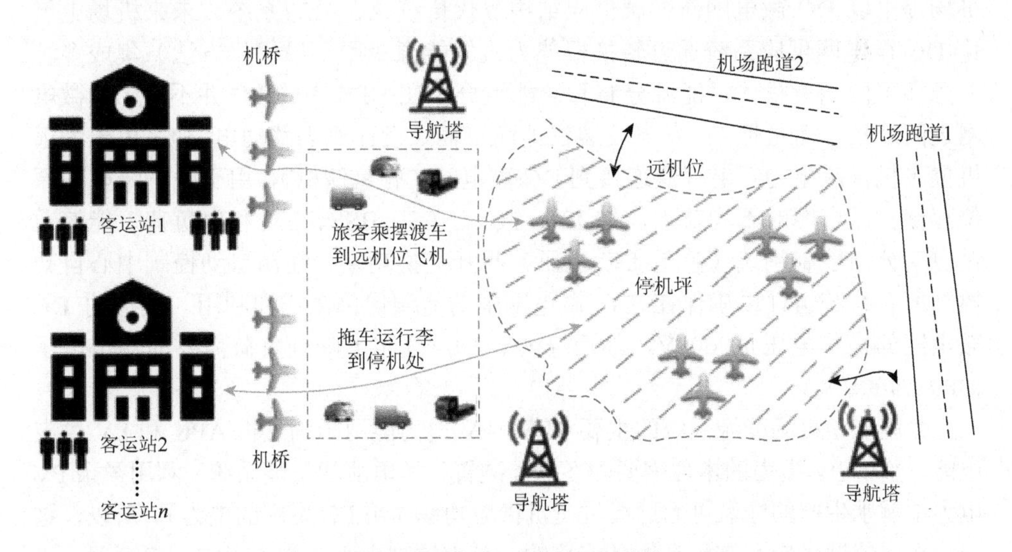

图 10-13　机场区域的一般结构

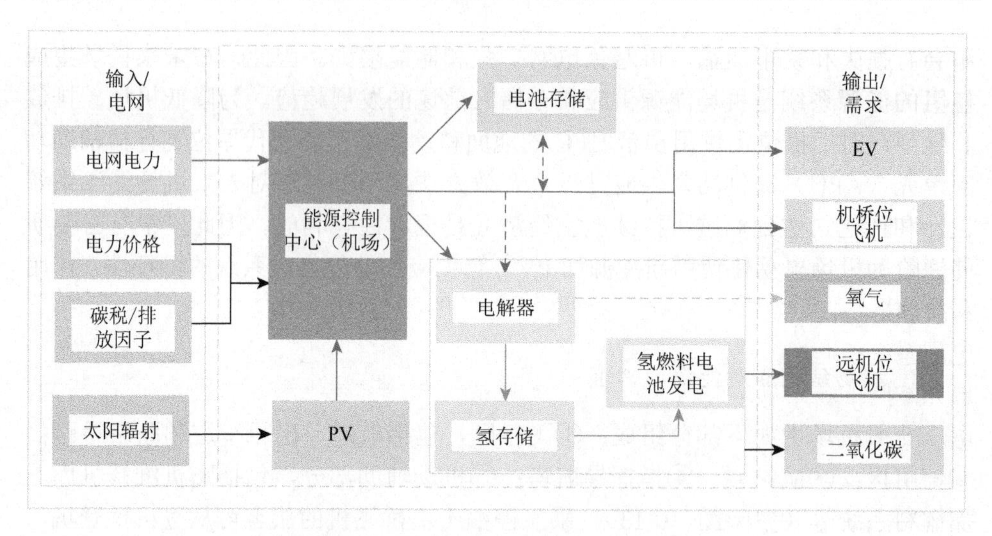

图 10-14　机场电动化的能源供应和需求

2. 机场 DC 微电网能源系统

未来机场 DC 微电网能源系统有多种 DC 源供应，包括 PV、电池、EV 和氢电解器。对于传统 AC 电网，常需要逆变器来转换发电或存储 DC 电力到 AC，以便通过 AC 电力分布系统配送。供需边的 DC/AC 能量转换不仅有电力损失，而且降低系统可靠性（因转换包含的复杂性）。DC 微电网结构的目的是要最小化有高质量电力供应转换构架及消除有功功率和相的不平衡事情。所以为未来机场提出以 DC 微电网新能源供应结构替代传统 AC 分布系统。未来机场电气化 DC 微电网供应系统通过转换器能为机场能源使用（以优化方法）集成多种能源和不同能量载体、能源分布和储能组分。在 HES 中的 FC 并不与 DC 微电网之间连接，而是把 FC 发电安装在地面车辆（设计作为移动电源），用于为远机位飞机供应电力。电解器连接到 DC 微电网（有氢储槽），用于生产绿氢并原位存储。微电网的不同节点，如 PV、FC、HES、BSS、EV 和电负荷，能够通过自动分布控制系统（基于 DC 电压）相互交换功率。能源自动控制中心自动控制所有系统组件以确保在 DC 微电网中的能源优化派送和利用。设计的 DC 微电网的操作电压是 600V，然后 600V DC 分布下降到负荷需要的输出电压（380V/400V）。

太阳能是机场能源系统的主要 RES，PV 电力能用于为飞机 APU 和 EV 供应电能。鉴于 PV 电力的本性需要配备储能装置，如电池和氢能系统。利用盈余 PV 电力电解水生产的绿氢可为远机位飞机供应功率（用 FC 生产的电力）。所以，这一分布式能源供应和需求是循环连接的，可由控制中心在微电网中一起管理。该研究对含氢供应、APU、电动车辆（EV）、PV 能源和电池储能集成系统的技术经济利益进行了探讨。HFC 为航站飞行器供应电力具有极大灵活性，而且降低了因使用传统燃料 APU 的碳排放。

3. 主要贡献

该研究在对文献工作进行详细评述的基础上，为机场电动化引进含氢-太阳能-储能的机场微电网系统。机场航站楼外的能源系统被设计作为直流（DC）微电网系统。机场飞机 APU 和 EV 集成进入 DC 微电网。HES 的集成已经建立起 DC 微电网系统和远机位飞机能源供应间的联系。更为特别的是，配备 HFC 的地面移动单元能为机场飞机功率供应提供足够的灵活性和移动性，避免了未来机场中对低电压功率分布网络供应机场设施的投资。

用混合整数线性程序（MILP）方法建立了机场微电网系统模型，在受计划和操作约束条件下进行模拟和优化，优化的目标函数是最小化机场微电网系统的总投资、运行和排放成本。模拟和优化获得的主要贡献如下：①为未来机场新引入集成有氢-太阳能-储能的微电网能源系统。发展出基于生命循环理论的 MILP 优化方法，用以设计能源系统的容量。目标是最小化机场计划生命循环期内的总成本，评估氢-太阳能-储能集成微电网的经济和环境利益。②基于飞行程序建立以机场 APU 负荷明显特征为基础的定量化机场地面功率需求。基于飞行计划和顺序算法提出了机场产生 EV 充电途径的方法。③对五个不同方案进行了研究和比较，以评估未来机场设计运行的氢-太阳能-储能集成微电网的经济和环境利益，集成有氢能的机场能源系统总年度成本和碳排放比基础方案分别降低了 41.6%和 67.29%。对关键参数如太阳辐射、电网排放因子、电力价格、碳税、HES 的单元投资进行了成本和氧价格（影响提出机场能源系统成本回报）敏感性分析。

参 考 文 献

BP 公司. 2020. Bp 世界能源统计年鉴（2020 年版）.

CNESA. 2023. 储能产业研究白皮书 2022.

贝努瓦·雷恩，布鲁诺·费朗索瓦，戈捷·德力尔，等. 2017. 电网储能技术. 杨凯，刘皓，高飞，等译. 北京：机械工业出版社.

本特·索伦森. 2016. 氢与燃料电池：新兴的技术及其应用. 隋升，郭雪岩，李平，等译. 北京：机械工业出版社.

彼得·库兹韦尔. 2019. 燃料电池技术：基础、材料、应用、制氢. 北京水力信息技术有限公司，译. 北京：北京理工大学出版社.

陈诵英，陈桥，王琴. 2024. 低温燃料电池：快速商业化技术. 北京：化学工业出版社.

陈诵英，陈桥，王琴. 氢：化学品、能源和能量载体. 书稿于 2021 年 7 月提交化学工业出版社，预计 2024 年出版.

陈诵英，陈桥. 固体氧化物燃料电池：材料、市场和展望. 书稿于 2019 年 10 月提交化学工业出版社，预计 2026 年出版.

陈诵英，王琴. 2021. 煤炭能源转化催化技术. 北京：化学工业出版社.

戴兴建，姜新建，张剀. 2021. 飞轮储能系统技术与工程应用. 北京：化学工业出版社.

丁玉龙，来小康，陈海生. 2018. 储能技术及应用. 北京：化学工业出版社.

高工. 2018. 电力电池种类梳理. 电力电池技术，（3）.

管从胜，杜爱玲，杨玉国. 2005. 高能化学电源. 北京：化学工业出版社.

国家发展改革委，国家能源局. 2016-04-07. 能源技术革命创新行动计划（2016—2030 年）. https://www.ndrc.gov.cn/xxgk/zcfb/tz/201606/W020190905517012835441.pdf.

国务院. 2012-07-09. 国务院关于印发节能与新能源汽车产业发展规划（2012－2020 年）的通知. https://www.gov.cn/gongbao/content/2012/content_2182749.htm.

国务院办公厅. 2014-11-19. 国务院办公厅关于印发能源发展战略行动计划（2014－2020 年）的通知. https://www.gov.cn/zhengce/content/2014-11/19/content_9222.htm.

华志刚. 2019. 储能关键技术及商业运营模式. 北京：中国电力出版社.

李建林，惠东，靳文涛，等. 2016. 大规模储能技术. 北京：机械工业出版社.

李建林，修晓青，惠东，等. 2016. 储能系统关键技术及其在微网中的应用. 北京：中国电力出版社.

李建林，徐少华，流超群，等. 2018. 储能技术及应用. 北京：机械工业出版社.

廖亮，白桦. 2011. 能源与未来. 北京：北京邮电大学出版社.

毛宗强，毛志明. 2015. 氢气生产及热化学利用. 北京：化学工业出版社.

梅生伟，李建林，朱建全，等. 2022. 储能技术. 北京：机械工业出版社.

施祖铭. 2016-05-11. 储能技术的现状与发展. http://www.newenergy. org. cn.

唐西胜，齐智平，孔力. 2020. 电力储能技术及应用. 北京：机械工业出版社.

特雷佛 M. 莱彻. 2018. 新能源手册. 2 版. 潘庭龙，吴定会，纪志成，等译. 北京：机械工业出版社.

伊夫·布鲁纳特. 2018. 储能技术及应用. 唐西胜，徐鲁宁，周龙，等译. 北京：机械工业出版社.

余勇，年珩. 2021. 电池储能系统：集成技术与应用. 北京：机械工业出版社.

赵永志，蒙波，陈霖新，等. 2015. 氢能源的利用现状分析. 化工进展，34（9）：3248-3255.

中国标准化研究院，全国氢能标准化技术委员会. 2018. 中国氢能产业基础设施发展蓝皮书（2018）——低碳低成本氢源的实现路径. 北京：中国质检出版社，中国标准出版社.

中国氢能联盟. 2019. 中国氢能源及燃料电池产业白皮书. 北京：机械工业出版社.

周大地，等. 2018. 迈向绿色低碳未来——中国能源战略的选择和实践. 北京：外文出版社.

Abdelkareem M A，Elsaid K，Wilberforce T，et al. 2021. Environmental aspects of fuel cells：a review. Science of the Total Environment，752：141803-141820.

Abdin Z，Khafaf N A，McGrath B，et al. 2023. A review of renewable hydrogen hybrid energy systems towards a sustainable energy value chain. Sustainable Energy & Fuels，7（9）：2042-2062.

Abdin Z，Khalilpour K R. 2019. Single and polystorage technologies for renewable-based hybrid energy systems//Khalilpour K R. Polygeneration with Polystorage for Chemical and Energy Hubs. London：Academic Press，77-131.

Abdin Z，Khalilpour K，Catchpole K. 2022. Projecting the levelized cost of large scale hydrogen storage for stationary applications. Energy Conversion and Management，270：116241.

Abdin Z，Mérida W. 2019. Hybrid energy systems for off-grid power supply and hydrogen production based on renewable energy：a techno-economic analysis. Energy Conversion and Management，196：1068-1079.

Abdin Z，Tang C G，Liu Y，et al. 2021. Large-scale stationary hydrogen storage via liquid organic hydrogen carriers. iScience，24（9）：102966.

Abdin Z，Webb C J，Gray E M. 2015. RETRACTED：solar hydrogen hybrid energy systems for off-grid electricity supply：a critical review. Renewable and Sustainable Energy Reviews，52：1791-1808.

Abdin Z，Webb C J，Gray E M. 2018. One-dimensional metal-hydride tank model and simulation in Matlab-Simulink. International Journal of Hydrogen Energy，43（10）：5048-5067.

Abdin Z，Zafaranloo A，Rafiee A，et al. 2020. Hydrogen as an energy vector. Renewable and Sustainable Energy Reviews，120：109620.

Acar C，Dincer I，Naterer G F. 2016. Review of photocatalytic water-splitting methods for sustainable hydrogen production. International Journal of Energy Research，40（11）：1449-1473.

Ahmadian A，Asadpour M，Mazouz A，et al. 2020. Techno-economic evaluation of PEVs energy storage capability in wind distributed generations planning. Sustainable Cities and Society，56：102117.

Ahmadian A，Mohammadi-Ivatloo B，Elkamel A. 2020. A review on plug-in electric vehicles：introduction，current status，and load modeling techniques. Journal of Modern Power Systems and Clean Energy，8（3）：412-425.

Alavi S A，Ahmadian A，Aliakbar-Golkar M. 2015. Optimal probabilistic energy management in a typical micro-grid based-on robust optimization and point estimate method. Energy Conversion and Management，95：314-325.

Alazemi J，Andrews J. 2015. Automotive hydrogen fuelling stations：an international review. Renewable and Sustainable Energy Reviews，48：483-499.

AlHajri I，Ahmadian A，Elkamel A. 2021. Stochastic day-ahead unit commitment scheduling of integrated electricity and gas networks with hydrogen energy storage（HES），plug-in electric vehicles（PEVs）and renewable energies. Sustainable Cities and Society，67：102736-102748.

Amirante R，Cassone E，Distaso E，et al. 2017. Overview on recent developments in energy storage：mechanical，electrochemical and hydrogen technologies. Energy Conversion and Management，132：372-387.

Amirnekooei K，Ardehali M，Sadri A. 2017. Optimal energy pricing for integrated natural gas and electric power network with considerations for techno-economic constraints. Energy，123（15）：693-709.

Amouroux J，Siffert P，Pierre Massué J，et al. 2014. Carbon dioxide：a new material for energy storage. Progress in Natural Science：Materials International，24（4）：295-304.

Andersson J，Grönkvist S. 2018. Large-scale storage of hydrogen. International Journal of Hydrogen Energy，44（23）：11901-11919.

Armor J N. 2014. Key questions，approaches，and challenges to energy today. Catalysis Today，236：171-181.

Atwater T B，Dobley A. 2011. Metal/Air Batteries//Reddy T B，Linden D. Linden’s Handbook of Batteries. 4th ed. New York：McGraw-Hill.

Badgett A，Brauch J，Buchheit K，et al. 2022. Water electrolyzers and fuel cells supply chain-supply chain deep dive assessment. USDOE Office of Policy.

Bai L，Li F，Jiang T，et al. 2016. Robust scheduling for wind integrated energy systems considering gas pipeline and power transmission N-1 contingencies. IEEE Transactions on Power Systems，32（2）：1582-1584.

Bartela U. 2020. A hybrid energy storage system using compressed air and hydrogen as the energy carrier. Energy，196（1）：117088.

Bolat P，Thiel C. 2014. Hydrogen supply chain architecture for bottom-up energy systems models. Part 2：techno-economic inputs for hydrogen production pathways. International Journal of Hydrogen Energy，39（17）：8898-8925.

Boscaino V，Miceli R，Capponi G，et al. 2014. A review of fuel cell based hybrid power supply architectures and algorithms for household appliances. International Journal of Hydrogen Energy，39（3）：1195-1209.

Bozoglan E，Midilli A，Hepbasli A. 2012. Sustainable assessment of solar hydrogen production techniques. Energy，46（1）：85-93.

Callini E，Aguey-Zinsou K F，Ahuja R，et al. 2016. Nanostructured materials for solid-state hydrogen storage：a review of the achievement of COST Action MP1103. International Journal of Hydrogen Energy，41（32）：14404-14428.

Castañeda M，Cano A，Jurado F，et al. 2013. Sizing optimization，dynamic modeling and energy management strategies of a stand-alone PV/hydrogen/battery-based hybrid system. International Journal of Hydrogen Energy，38（10）：3830-3845.

Chauhan A，Saini R P. 2014. A review on integrated renewable energy system based power generation for stand-alone applications：configurations，storage options，sizing methodologies and control. Renewable and Sustainable Energy Reviews，38：99-120.

Chen H S，Cong T N，Yang W，et al. 2009. Progress in electrical energy storage system：a critical review. Progress in Natural Science，19（3）：291-312.

Chen Z，Zhang Y，Ji T，et al. 2018. Coordinated optimal dispatch and market equilibrium of integrated electric power and natural gas networks with P2G embedder. Journal of Modern Power Systems and Clean Energy，6（3）：495-508.

Christensen J M，Hendriksen P V，Grunwaldt J D，et al. 2013. Chemical energy storage//Larsen I H H，Petersen L S. Energy storage options for future sustainable energy systems. Technical University of Denmark，DTU International Energy Report：47-52.

Congedo P M，Bagliv C，Carrieri L. 2020. Hypothesis of thermal and mechanical energy storage with unconventional methods. Energy Conversion and Management，218：113014.

da Silva Veras T，Mozer T S，da Costa Rubim Messeder dos Santos D，et al. 2017. Hydrogen：trends，production and characterization of the main process worldwide. International Journal of Hydrogen Energy，42（4）：2018-2033.

Das H S，Tan C W，Yatim A H M. 2017. Fuel cell hybrid electric vehicles：a review on power conditioning units and topologies. Renewable and Sustainable Energy Reviews，76：268-291.

Diawuo F A，Sakah M，Can S，et al. 2020. Assessment of multiple-based demand response actions for peak residential electricity reduction in Ghana. Sustainable Cities and Society，59：102235.

Díaz-González F，Sumper A，Gomis-Bellmunt O，et al. 2012. A review of energy storage technologies for wind power applications. Renewable and Sustainable Energy Reviews，16（4）：2154-2171.

Diesendorf M，Elliston B. 2018. The feasibility of 100% renewable electricity systems：aresponse to critics. Renewable and Sustainable Energy Reviews，93：318-330.

Dihrab S S，Sopian K. 2010. Electricity generation of hybrid PV/wind systems in Iraq. Renewable Energy，35（6）：1303-1307.

Ding T，Hu Y，Bie Z. 2017. Multi-stage stochastic programming with nonanticipativity constraints for expansion of combined power and natural gas systems. IEEE Transactions on Power Systems，33（1）：317-328.

Dini A，Pirouzi S，Norouzi M，et al. 2019. Grid-connected energy hubs in the coordinated multi-energy management based on day-ahead market framework. Energy，188：116055.

Doughty D H，Butler P C，Akhil A A，et al. 2010. Batteries for large-scale stationary electrical energy storage. The Electrochemical Society Interface，19（3）：49-53.

Dufo-López R，Bernal-Agustín J L，Yusta-Loyo J M，et al. 2011. Multi-objective optimization minimizing cost and life cycle emissions of stand-alone PV-wind-diesel systems with batteries storage. Applied Energy，88（11）：4033-4041.

Dutta S. 2014. A view on production，storage of hydrogen and its utilization as an energy resource.

Journal of Industrial and Engineering Chemistry，20（4）：1148-1156.

Egeland-Eriksen T，Hajizadeh A，Sartori S. 2021. Hydrogen-based systems for integration of renewable energy in power systems：achievements and perspectives. International Journal of Hydrogen Energy，46（63）：31963-31983.

Electricity Advisory Committee（EAC）. 2023. 2022 Biennial Energy Storage Review（Recommendations for the U. S. Department of Energy）.

Elkamel M，Ahmadian A，Diabat A，et al. 2020. Stochastic optimization for price-based unit commitment in renewable energy-based personal rapid transit systems in sustainable smart cities. Sustainable Cities and Society，65：102618.

Encyclopaedia Britannica. 2018-04-20. Battery：nickel-cadmium battery. http://kids. britannica. com/comptons/art-52969/A-cutaway-diagram-shows-anickelcadmiumrechargeable-cell-Its.

Eriksson E L V，Gray E M. 2017. Optimization and integration of hybrid renewable energy hydrogen fuel cell energy systems：a critical review. Applied Energy，202：348-364.

Fan X C，Wang W Q，Shi R J，et al. 2017. Hybrid pluripotent coupling system with wind and photovoltaic-hydrogen energy storage and the coal chemical industry in Hami，Xinjiang. Renewable and Sustainable Energy Reviews，72：950-960.

Gahleitner G. 2013. Hydrogen from renewable electricity：an international review of power-to-gas pilot plants for stationary applications. International Journal of Hydrogen Energy，38（5）：2039-2061.

Giannakoudis G，Papadopoulos A I，Seferlis P，et al. 2010. Optimum design and operation under uncertainty of power systems using renewable energy sources and hydrogen storage. International Journal of Hydrogen Energy，35（3）：872-891.

González A，Goikolea E，Barrena J A，et al. 2016. Review on supercapacitors：technologies and material. Renewable and Sustainable Energy Reviews，58：1189-1206.

Gray E M，Webb C J，Andrews J，et al. 2011. Hydrogen storage for off-grid power supply. International Journal of Hydrogen Energy，36（1）：654-663.

Gu W，Wu Z，Bo R，et al. 2014. Modeling，planning and optimal energy management of combined cooling，heating and power microgrid：a review. International Journal of Electrical Power & Energy Systems，54：26-37.

Guandalini G，Campanari S，Romano M C. 2015. Power-to-gas plants and gas turbines for improved wind energy dispatchability：energy and economic assessment. Applied Energy，147：117-130.

Guinot B，Champel B，Montignac F，et al. 2015. Techno-economic study of a PV-hydrogen-battery hybrid system for off-grid power supply：impact of performances' ageing on optimal system sizing and competitiveness. International Journal of Hydrogen Energy，40（1）：623-632.

Guo S P，Liu Q B，Sun J，et al. 2018. A review on the utilization of hybrid renewable energy. Renewable and Sustainable Energy Reviews，91：1121-1147.

Hannan M A，Wali S B，Ker P J，et al. 2021. Battery energy-storage system：a review of technologies，optimization objectives，constraints，approaches，and outstanding issues. Journal of Energy Storage，42：103023.

He C，Zhang X P，Liu T Q，et al. 2018. Coordination of interdependent electricity grid and natural gas network：a review. Current Sustainable/Renewable Energy Reports，5（1）：23-36.

He Y B，Shahidehpour M，Li Z Y，et al. 2018. Robust constrained operation of integrated electricity-natural gas system considering distributed natural gas storage. IEEE Transactions on Sustainable Energy，9（3）：1061-1071.

Hirscher M，Yartys V A，Baricco M，et al. 2020. Materials for hydrogen-based energy storage：past，recent progress and future outlook. Journal of Alloys and Compounds，827：153548.

Hua T Q，Roh H S，Ahluwalia R K. 2017. Performance assessment of 700-bar compressed hydrogen storage for light duty fuel cell vehicles. International Journal of Hydrogen Energy，42（40）：25121-25129.

Hua T，Ahluwalia R，Eudy L，et al. 2014. Status of hydrogen fuel cell electric buses worldwide. Journal of Power Sources，269：975-993.

Huggins R A. 2010. Thermal energy storage//Huggins R A. Energy Storage. Boston，MA：Springer.

IEC Market Strategy Board. 2011. Electrical Energy Storage White Paper. International Electrotechnical Commission IEC WP EES.

Inamuddin A M F，Asiri A M，Zaidi S. 2018. Electrochemical Capacitors：Theory，Materials and Applications. Millersville，USA：Materials Research Forum LLC.

Ismail M S，Moghavvemi M，Mahlia T M I，et al. 2015. Effective utilization of excess energy in standalone hybrid renewable energy systems for improving comfort ability and reducing cost of energy：a review and analysis. Renewable and Sustainable Energy Reviews，42：726-734.

Jamalzadeh F，Hajiseyed Mirzahosseini A，Faghihi F，et al. 2020. Optimal operation of energy hub system using hybrid stochastic-interval optimization approach. Sustainable Cities and Society，54：101998.

Jiang Y B，Xu J，Sun Y Z，et al. 2018. Coordinated operation of gas-electricity integrated distribution system with multi-CCHP and distributed renewable energy sources. Applied Energy，211：237-248.

Kalaiselvam S，Parameshwaran P. 2014. Thermal Energy Storage Technologies for Sustainability. Singapore：Elsevier.

Katsigiannis Y A，Georgilakis P S，Karapidakis E S. 2010. Multiobjective genetic algorithm solution to the optimum economic and environmental performance problem of small autonomous hybrid power systems with renewables. IET Renewable Power Generation，4（5）：404.

Khan F A，Pal N，Saeed S H. 2018. Review of solar photovoltaic and wind hybrid energy systems for sizing strategies optimization techniques and cost analysis methodologies. Renewable and Sustainable Energy Reviews，92：937-947.

Khan T，Yu M，Waseem M. 2022. Review on recent optimization strategies for hybrid renewable energy system with hydrogen technologies：state of the art，trends and future directions. International Journal of Hydrogen Energy，47（60）：25155-25201.

Khare V，Nema S，Baredar P. 2016. Solar-wind hybrid renewable energy system：a review. Renewable and Sustainable Energy Reviews，58：23-33.

Kim B K，Sy S，Yu A，et al. 2015. Electrochemical supercapacitors for energy storage and conversion//Handbook of Clean Energy Systems. New York：John Wiley & Sons Ltd.

Koohi-Kamali S，Tyagi V V，Rahim N A，et al. 2013. Emergence of energy storage echnologies as the solution for reliable operation of smart power systems：a review. Renewable and Sustainable Energy Reviews，25：135-165.

Lan R，Irvine J T S，Tao S W. 2012. Ammonia and related chemicals as potential indirect hydrogen storage materials. International Journal of Hydrogen Energy，37（2）：1482-1494.

Larsen H，Petersen L S. 2013. DTU International Energy Report 2013：energy storage options for future sustainable energy systems. Denmark：Technical University of Denmark.

Leicher J，Nowakowski T，Giese A，et al. 2017. Power-to-gas and the consequences：impact of higher hydrogen concentrations in natural gas on industrial combustion processes. Energy Procedia，120：96-103.

Lekvan A A，Habibifar R，Moradi M，et al. 2021. RETRACTED：robust optimization of renewable-based multi-energy micro-grid integrated with flexible energy conversion and storage devices. Sustainable Cities and Society，64：102532.

Leung P，Li X H，de León C P，et al. 2012. Progress in redox flow batteries，remaining challenges and their applications in energy storage. RSC Advances，2（27）：10125-10156.

Li Y，Liu W，Shahidehpour M，et al. 2018. Optimal operation strategy for integrated natural gas generating unit and power-to-gas conversion facilities. IEEE Transactions on Sustainable Energy，9（4）：1870-1879.

Liu H Z，Xu L，Han Y，et al. 2021. Development of a gaseous and solid-state hybrid system for stationary hydrogen energy storage. Green Energy and Environment，6（4）：528-537.

Liu W，Webb C J，Gray E M. 2016. Review of hydrogen storage in AB3 alloys targeting stationary fuel cell applications. International Journal of Hydrogen Energy，41（5）：3485-3507.

Lu X，Xia G，Lemmon J P，et al. 2010. Advanced materials for sodium-beta alumina batteries：status，challenges and perspectives. Journal of Power Sources，195（9）：2431-2442.

Luna-Rubio R，Trejo-Perea M，Vargas-Vázquez D，et al. 2012. Optimal sizing of renewable hybrids energy systems：a review of methodologies. Solar Energy，86（4）：1077-1088.

Mah A X Y，Ho W S，Hassim M H，et al. 2021. Targeting and scheduling of standalone renewable energy system with liquid organic hydrogen carrier as energy storage. Energy，218：119475.

Mahlia T M I，Saktisahdan T J，Jannifar A，et al. 2014. A review of available methods and development on energy storage；technology update. Renewable and Sustainable Energy Reviews，33：532-545.

Mahmoud M，Ramadan M，Olabi A G，et al. 2020. A review of mechanical energy storage systems combined with wind and solar applications. Energy Conversion and Management，210：112670.

Mandelli S，Barbieri J，Mereu R，et al. 2016. Off-grid systems for rural electrification in developing countries：definitions，classification and a comprehensive literature review. Renewable and Sustainable Energy Reviews，58：1621-1646.

Mansour-Saatloo A，Agabalaye-Rahvar M，Mirzaei M A，et al. 2020. Robust scheduling of hydrogen based smart micro energy hub with integrated demand response. Journal of Cleaner Production，267：122041.

Mansour-Saatloo A，Mirzaei M A，Mohammadi-Ivatloo B，et al. 2020. A risk-averse hybrid approach for optimal participation of power-to-hydrogen technology-based multi-energy microgrid in multi-energy markets. Sustainable Cities and Society，63：102421.

Mehrpooya M，Pakzad P. 2020. Introducing a hybrid mechanical-chemical energy storage system：process development and energy/exergy analysis. Energy Conversion and Management，211：112784-112803.

Mekhilef S，Saidur R，Safari A. 2012. Comparative study of different fuel cell technologies. Renewable and Sustainable Energy Reviews，16（1）：981-989.

Meng L X，Sanseverino E R，Luna A，et al. Microgrid supervisory controllers and energy management systems：a literature review. Renewable and Sustainable Energy Reviews，2016，60：1263-1273.

Mirzaei M A，Nazari-Heris M，Mohammadi-Ivatloo B，et al. 2020. A novel hybrid framework for co-optimization of power and natural gas networks integrated with emerging technologies. IEEE Systems Journal，12：963-972.

Mirzaei M A，Nazari-Heris M，Zare K，et al. 2020. Evaluating the impact of multi-carrier energy storage systems in optimal operation of integrated electricity，gas and district heating networks. Applied Thermal Engineering，176（1）：115413.

Mirzaei M A，Yazdankhah A S，Mohammadi-Ivatloo B. 2019. Stochastic security-constrained operation of wind and hydrogen energy storage systems integrated with price-based demand response. International Journal of Hydrogen Energy，44（27）：14217-14227.

Mitali J，Dhinakaran S，Mohamad A A. 2022. Energy storage systems：a review. Energy Storage and Saving，1（3）：166-216.

Namisnyk A M. 2003. A survey of electrochemical supercapacitor technology. BS Project Report，Sydney：University of Technology.

Nasiri N，Sadeghi Yazdankhah A，Mirzaei M A，et al. 2020. A bi-level market-clearing for coordinated regional-local multi-carrier systems in presence of energy storage technologies. Sustainable Cities and Society，63：102439.

Nelson D B，Nehrir M H，Wang C. 2006. Unit sizing and cost analysis of stand-alone hybrid wind/PV/fuel cell power generation systems. Renewable Energy，31（10）：1641-1656.

Newnham R H，Baldsing W G A，Hollenkamp A F，et al. 2002. Advancement of valve-regulated lead-acid battery technology for hybrid-electric and electric vehicle. Advanced Lead-Acid Battery Consortium，Durham，NC.

Olatomiwa L，Mekhilef S，Ismail M S，et al. 2016. Energy management strategies in hybrid renewable energy systems：a review. Renewable and Sustainable Energy Reviews，62：821-835.

Olympios A V，Brun N L，Acha S，et al. 2020. Stochastic real-time operation control of a combined heat and power（CHP）system under uncertainty. Energy Conversion and Management，216：112916.

Ong B，Kamarudin S，Basri S. 2017. Direct liquid fuel cells：a review. International Journal of Hydrogen energy，42（15）：10142-10157.

Panapakidis I P，Sarafianos D N，Alexiadis M C. 2012. Comparative analysis of different grid-independent hybrid power generation systems for a residential load. Renewable and Sustainable

Energy Reviews，16（1）：551-563.

Puranen P，Kosonen A，Ahola J. 2021. Technical feasibility evaluation of a solar PV based off-grid domestic energy system with battery and hydrogen energy storage in northern climates. Solar Energy，213：246-259.

Ren H B，Wu Q，Gao W J，et al. 2016. Optimal operation of a grid-connected hybrid PV/fuel cell/battery energy system for residential applications. Energy，113：702-712.

Ren J W，Musyoka N M，Langmi H W，et al. 2017. Current research trends and perspectives on materials-based hydrogen storage solutions：a critical review. International Journal of Hydrogen Energy，42（1）：289-311.

Revankar S T. 2019. Chemical energy storage//Storage and Hybridization of Nuclear Energy. Amsterdam：Elsevier.

Revankar S，Majumdar P. 2014. Fuel Cells：Principles，Design，and Analysis. Hoboken：CRC Press.

Romanchenko D，Nyholm E，Odenberger M，et al. 2021. Impacts of demand response from buildings and centralized thermal energy storage on district heating systems. Sustainable Cities and Society，64：102510.

Royal Society of Chemistry. 2018. Energy storage technologies. http://www. rsc. org/Membership/Networking/InterestGroups/ESEF/storage /energy storage technologies.

Salvi B L，Subramanian K A. 2015. Sustainable development of road transportation sector using hydrogen energy system. Renewable and Sustainable Energy Reviews，51：1132-1155.

Santarelli M. 2004. Design and analysis of stand-alone hydrogen energy systems with different renewable sources. International Journal of Hydrogen Energy，29（15）：1571-1586.

Schlogl R. 2013. Chemical Energy Storage. Berlin/Boston：Walter de Gruyter GmbH.

Schüth F. 2011. Chemical compounds for energy storage. Chemie Ingenieur Technik，83（11）：1984-1993.

Seyyedeh-Barhagh S，Majidi M，Nojavan S，et al. 2019. Optimal scheduling of hydrogen storage under economic and environmental priorities in the presence of renewable units and demand response. Sustainable Cities and Society，46：101406.

Sharaf O Z，Orhan M F. 2014. An overview of fuel cell technology：fundamentals and applications. Renewable and Sustainable Energy Reviews，32：810-853.

Shivarama Krishna K，Sathish Kumar K. 2015. A review on hybrid renewable energy systems. Renewable and Sustainable Energy Reviews，52：907-916.

Staffell I，Scamman D，Velazquez Abad A，et al. 2019. The role of hydrogen and fuel cells in the global energy system. Energy & Environmental Science，12（2）：463-491.

Strbac G，Aunedi M，Pudjianto D，et al. 2012-04-23. Strategic assessment of the role and value of energy storage systems in the UK low carbon energy future. Report for Carbon Trust，2018，Imperial College，London. http://www.carbontrust.com/media/129310/energy-storage-systems-rolevaluestrategic.

Suberu M Y，Mustafa M W，Bashir N. 2014. Energy storage systems for renewable energy power sector integration and mitigation of intermittency. Renewable and Sustainable Energy Reviews，35：499-514.

Tan Z，Yang S，Lin H，et al. 2020. Multi-scenario operation optimization model for park integrated energy system based on multi-energy demand response. Sustainable Cities and Society，53：101973-101983.

Tie S F，Tan C W. 2013. A review of energy sources and energy management system in electric vehicles. Renewable and Sustainable Energy Reviews，20：82-102.

Treptow R S. 2002. The lead-acid battery：its voltage in theory and in practice. Journal of Chemical Education，79：334-338.

UK Department of Trade and Industry. 2004. Review of electrical energy storage technologies and systems and of their potential for the UK. DTI Report.

Vangari M，Pryor T，Jiang L. 2013. Supercapacitors：review of materials and fabrication methods. Journal of Energy Engineering，139（2）：72-79.

Viswanathan V，Mongird K，Franks R，et al. 2022. Grid energy storage technology cost and performance assessment. Energy Storage Grand Challenge Cost and Performance Assessment 2022. 8.

Vivas F J，de las Heras A，Segura F，et al. 2018. A review of energy management strategies for renewable hybrid energy systems with hydrogen backup. Renewable and Sustainable Energy Reviews，82：126-155.

Wang C，Wei W，Wang J H，et al. 2018. Equilibrium of interdependent gas and electricity markets with marginal price based bilateral energy trading. IEEE Transactions on Power Systems，33（5）：4854-4867.

Wang L，Singh C. 2009. Multicriteria design of hybrid power generation systems based on a modified particle swarm optimization algorithm. IEEE Transactions on Energy Conversion，24（1）：163-172.

Widera B. 2020. Renewable hydrogen implementations for combined energy storage，transportation and stationary applications. Thermal Science and Engineering Progress，16：100460.

Xiang Y，Cai H H，Liu J Y，et al. 2021. Techno-economic design of energy systems for airport electrification：a hydrogen-solar-storage integrated microgrid solution. Applied Energy，283：116374.

Yang D S，Tang Q，Zhou B，et al. 2020. District energy system modeling and optimal operation considering CHP units dynamic response to wind power ramp events. Sustainable Cities and Society，63：102449-102462.

Yang H X，Lu L，Zhou W. 2007. A novel optimization sizing model for hybrid solar-wind power generation system. Solar Energy，81（1）：76-84.

Yang Z J，Gao C W，Zhao M. 2019. Coordination of integrated natural gas and electrical systems in day-ahead scheduling considering a novel flexible energy-use mechanism. Energy Conversion and Management，196：117-126.

Yang Z G，Zhang J L，Kintner-Meye M C W，et al. 2011. Electrochemical energy storage for green grid. Chemical Review，111（5）：3577-3613.

Yu C，Fan S S，Lang X M，et al. 2020. Hydrogen and chemical energy storage in gas hydrate at mild conditions. International Journal of Hydrogen Energy，45（29）：14915-14921.

Zeng Q，Fang J K，Li J H，et al. 2016. Steady-state analysis of the integrated natural gas and electric power system with bi-directional energy conversion. Applied Energy，184：1483-1492.

Zeng Z Y，Ding T，Xu Y T，et al. 2019. Reliability evaluation for integrated power-gas systems with power-to-gas and gas storages. IEEE Transactions on Power Systems，35（1）：571-583.

Zeynali S，Rostami N，Feyzi M，et al. 2020. Multi-objective optimal planning of wind distributed generation considering uncertainty and different penetration level of plug-in electric vehicles. Sustainable Cities and Society，62：102401-102414.

Zhang C，Greenblatt J B，Wei M，et al. 2020. Flexible grid-based electrolysis hydrogen production for fuel cell vehicles reduces costs and greenhouse gas emissions. Applied Energy，278：115651.

Zhang X P，Shahidehpour M，Alabdulwahab A，et al. 2015. Hourly electricity demand response in the stochastic day-ahead scheduling of coordinated electricity and natural gas networks. IEEE Transactions on Power Systems，31（1）：592-601.

Zhang X W，Chan S H，Ho H K，et al. 2015. Towards a smart energy network：the roles of fuel/electrolysis cells and technological perspectives. International Journal of Hydrogen Energy，40（21）：6866-6919.

Zhang Y C，Le J，Zheng F，et al. 2019. Two-stage distributionally robust coordinated scheduling for gas-electricity integrated energy system considering wind power uncertainty and reserve capacity configuration. Renewable Energy，135：122-135.

Zhao Y，Song Z X，Li X，et al. 2016. Metal organic frameworks for energy storage and conversion. Energy Storage Materials，2：35-62.

Zhong C，Deng Y D，Hu W B，et al. 2015. A review of electrolyte materials and compositions for electrochemical supercapacitors. Chemical Society Reviews，44（21）：7484-7539.

Zhu A L，Wilkinson D P，Zhang X，et al. 2016. Zinc regeneration in rechargeable zinc-air fuel cells：a review. Journal of Energy Storage，8：35-50.